国家科技重大专项
大型油气田及煤层气开发成果丛书
(2008—2020)

卷33

南方海相页岩气区带目标评价与勘探技术

郭旭升　胡东风　魏志红　李宇平　陈祖庆　腾格尔　等编著

石油工业出版社

内容提要

本书结合中国石化页岩气勘探实践,着眼于海相页岩气理论创新与技术发展的深度交叉融合,以中国南方海相主要页岩气层为对象,按照页岩发育特征及模式、页岩气储集及赋存机理、页岩气富集高产规律、页岩气勘探评价地球物理技术、工程"甜点"评价及储层改造技术、资源评价方法及勘探潜力等方面进行介绍,指出海相页岩气未来发展方向,提出战略建议,推动重大突破。重点总结近年来形成的相对成熟的、先进的海相页岩气勘探理论认识、勘探评价方法与技术,研究成果为页岩气重大突破提供科学依据和技术储备,期待对中国页岩气勘探开发起到借鉴和引领作用。

本书可供从事油气地质方向研究人员及高等院校相关专业师生参考借鉴。

图书在版编目(CIP)数据

南方海相页岩气区带目标评价与勘探技术 / 郭旭升等编著. —北京:石油工业出版社,2023.9
(国家科技重大专项·大型油气田及煤层气开发成果丛书:2008—2020)
ISBN 978-7-5183-5589-1

Ⅰ.①南… Ⅱ.①郭… Ⅲ.①海相–油页岩–油气勘探–研究–中国 Ⅳ.①P618.130.8

中国版本图书馆 CIP 数据核字(2022)第 167874 号

责任编辑:孙 宇 邹杨格
责任校对:罗彩霞
装帧设计:李 欣 周 彦

出版发行:石油工业出版社
(北京安定门外安华里 2 区 1 号 100011)
网 址:www.petropub.com
编辑部:(010)64222261 图书营销中心:(010)64523633
经 销:全国新华书店
印 刷:北京中石油彩色印刷有限责任公司

2023 年 9 月第 1 版 2023 年 9 月第 1 次印刷
787×1092 毫米 开本:1/16 印张:22.25
字数:560 千字
定价:230.00 元

(如出现印装质量问题,我社图书营销中心负责调换)
版权所有,翻印必究

《国家科技重大专项·大型油气田及煤层气开发成果丛书（2008—2020）》编委会

主　任：贾承造

副主任：（按姓氏拼音排序）

常　旭　　陈　伟　　胡广杰　　焦方正　　匡立春　　李　阳
马永生　　孙龙德　　王铁冠　　吴建光　　谢在库　　袁士义
周建良

委　员：（按姓氏拼音排序）

蔡希源　　邓运华　　高德利　　龚再升　　郭旭升　　郝　芳
何治亮　　胡素云　　胡文瑞　　胡永乐　　金之钧　　康玉柱
雷　群　　黎茂稳　　李　宁　　李根生　　刘　合　　刘可禹
刘书杰　　路保平　　罗平亚　　马新华　　米立军　　彭平安
秦　勇　　宋　岩　　宋新民　　苏义脑　　孙焕泉　　孙金声
汤天知　　王香增　　王志刚　　谢玉洪　　袁　亮　　张　玮
张君峰　　张卫国　　赵文智　　郑和荣　　钟太贤　　周守为
朱日祥　　朱伟林　　邹才能

《南方海相页岩气区带目标评价与勘探技术》

编写组

组　长：郭旭升　胡东风

副组长：魏志红　李宇平　陈祖庆　魏祥峰　高　波　刘若冰
　　　　腾格尔　郭全仕

成　员：（按姓氏拼音排序）
　　　　陈　超　陈斐然　段　华　范志伟　韩　京　李文锦
　　　　李真祥　刘　虎　刘晓晶　刘珠江　申宝剑　魏全超
　　　　严　伟　杨云龙　余光春　袁　桃

丛书·序

能源安全关系国计民生和国家安全。面对世界百年未有之大变局和全球科技革命的新形势，我国石油工业肩负着坚持初心、为国找油、科技创新、再创辉煌的历史使命。国家科技重大专项是立足国家战略需求，通过核心技术突破和资源集成，在一定时限内完成的重大战略产品、关键共性技术或重大工程，是国家科技发展的重中之重。大型油气田及煤层气开发专项，是贯彻落实习近平总书记关于大力提升油气勘探开发力度、能源的饭碗必须端在自己手里等重要指示批示精神的重大实践，是实施我国"深化东部、发展西部、加快海上、拓展海外"油气战略的重大举措，引领了我国油气勘探开发事业跨入向深层、深水和非常规油气进军的新时代，推动了我国油气科技发展从以"跟随"为主向"并跑、领跑"的重大转变。在"十二五"和"十三五"国家科技创新成就展上，习近平总书记两次视察专项展台，充分肯定了油气科技发展取得的重大成就。

大型油气田及煤层气开发专项作为《国家中长期科学和技术发展规划纲要（2006—2020年）》确定的10个民口科技重大专项中唯一由企业牵头组织实施的项目，以国家重大需求为导向，积极探索和实践依托行业骨干企业组织实施的科技创新新型举国体制，集中优势力量，调动中国石油、中国石化、中国海油等百余家油气能源企业和70多所高等院校、20多家科研院所及30多家民营企业协同攻关，参与研究的科技人员和推广试验人员超过3万人。围绕专项实施，形成了国家主导、企业主体、市场调节、产学研用一体化的协同创新机制，聚智协力突破关键核心技术，实现了重大关键技术与装备的快速跨越；弘扬伟大建党精神、传承石油精神和大庆精神铁人精神，以及石油会战等优良传统，充分体现了新型举国体制在科技创新领域的巨大优势。

经过十三年的持续攻关，全面完成了油气重大专项既定战略目标，攻克了一批制约油气勘探开发的瓶颈技术，解决了一批"卡脖子"问题。在陆上油气勘探、陆上油气开发、工程技术、海洋油气勘探开发、海外油气勘探开发、非常规油气勘探开发领域，形成了6大技术系列、26项重大技术；自主研发20项重大工程技术装备；建成35项示范工程、26个国家级重点实验室和研究中心。我国油气科技自主创新能力大幅提升，油气能源企业被卓越赋能，形成产量、储量增长高峰期发展新态势，为落实习近平总书记"四个革命、一个合作"能源安全新战略奠定了坚实的资源基础和技术保障。

《国家科技重大专项·大型油气田及煤层气开发成果丛书（2008—2020）》（62卷）是专项攻关以来在科学理论和技术创新方面取得的重大进展和标志性成果的系统总结，凝结了数万科研工作者的智慧和心血。他们以"功成不必在我，功成必定有我"的担当，高质量完成了这些重大科技成果的凝练提升与编写工作，为推动科技创新成果转化为现实生产力贡献了力量，给广大石油干部员工奉献了一场科技成果的饕餮盛宴。这套丛书的正式出版，对于加快推进专项理论技术成果的全面推广，提升石油工业上游整体自主创新能力和科技水平，支撑油气勘探开发快速发展，在更大范围内提升国家能源保障能力将发挥重要作用，同时也一定会在中国石油工业科技出版史上留下一座书香四溢的里程碑。

在世界能源行业加快绿色低碳转型的关键时期，广大石油科技工作者要进一步认清面临形势，保持战略定力、志存高远、志创一流，毫不放松加强油气等传统能源科技攻关，大力提升油气勘探开发力度，增强保障国家能源安全能力，努力建设国家战略科技力量和世界能源创新高地；面对资源短缺、环境保护的双重约束，充分发挥自身优势，以技术创新为突破口，加快布局发展新能源新事业，大力推进油气与新能源协调融合发展，加大节能减排降碳力度，努力增加清洁能源供应，在绿色低碳科技革命和能源科技创新上出更多更好的成果，为把我国建设成为世界能源强国、科技强国，实现中华民族伟大复兴的中国梦续写新的华章。

中国石油董事长、党组书记
中国工程院院士　戴厚良

丛书·前言

　　石油天然气是当今人类社会发展最重要的能源。2020 年全球一次能源消费量为 134.0×10^8 t 油当量，其中石油和天然气占比分别为 30.6% 和 24.2%。展望未来，油气在相当长时间内仍是一次能源消费的主体，全球油气生产将呈长期稳定趋势，天然气产量将保持较高的增长率。

　　习近平总书记高度重视能源工作，明确指示"要加大油气勘探开发力度，保障我国能源安全"。石油工业的发展是由资源、技术、市场和社会政治经济环境四方面要素决定的，其中油气资源是基础，技术进步是最活跃、最关键的因素，石油工业发展高度依赖科学技术进步。近年来，全球石油工业上游在资源领域和理论技术研发均发生重大变化，非常规油气、海洋深水油气和深层—超深层油气勘探开发获得重大突破，推动石油地质理论与勘探开发技术装备取得革命性进步，引领石油工业上游业务进入新阶段。

　　中国共有 500 余个沉积盆地，已发现松辽盆地、渤海湾盆地、准噶尔盆地、塔里木盆地、鄂尔多斯盆地、四川盆地、柴达木盆地和南海盆地等大型含油气大盆地，油气资源十分丰富。中国含油气盆地类型多样、油气地质条件复杂，已发现的油气资源以陆相为主，构成独具特色的大油气分布区。历经半个多世纪的艰苦创业，到 20 世纪末，中国已建立完整独立的石油工业体系，基本满足了国家发展对能源的需求，保障了油气供给安全。2000 年以来，随着国内经济高速发展，油气需求快速增长，油气对外依存度逐年攀升。我国石油工业担负着保障国家油气供应安全，壮大国际竞争力的历史使命，然而我国石油工业面临着油气勘探开发对象日趋复杂、难度日益增大、勘探开发理论技术不相适应及先进装备依赖进口的巨大压力，因此急需发展自主科技创新能力，发展新一代油气勘探开发理论技术与先进装备，以大幅提升油气产量，保障国家油气能源安全。一直以来，国家高度重视油气科技进步，支持石油工业建设专业齐全、先进开放和国际化的上游科技研发体系，在中国石油、中国石化和中国海油建立了比较先进和完备的科技队伍和研发平台，在此基础上于 2008 年启动实施国家科技重大专项技术攻关。

国家科技重大专项"大型油气田及煤层气开发"（简称"国家油气重大专项"）是《国家中长期科学和技术发展规划纲要（2006—2020 年）》确定的 16 个重大专项之一，目标是大幅提升石油工业上游整体科技创新能力和科技水平，支撑油气勘探开发快速发展。国家油气重大专项实施周期为 2008—2020 年，按照"十一五""十二五""十三五"3 个阶段实施，是民口科技重大专项中唯一由企业牵头组织实施的专项，由中国石油牵头组织实施。专项立足保障国家能源安全重大战略需求，围绕"6212"科技攻关目标，共部署实施 201 个项目和示范工程。在党中央、国务院的坚强领导下，专项攻关团队积极探索和实践依托行业骨干企业组织实施的科技攻关新型举国体制，加快推进专项实施，攻克一批制约油气勘探开发的瓶颈技术，形成了陆上油气勘探、陆上油气开发、工程技术、海洋油气勘探开发、海外油气勘探开发、非常规油气勘探开发 6 大领域技术系列及 26 项重大技术，自主研发 20 项重大工程技术装备，完成 35 项示范工程建设。近 10 年我国石油年产量稳定在 2×10^8 t 左右，天然气产量取得快速增长，2020 年天然气产量达 $1925 \times 10^8 m^3$，专项全面完成既定战略目标。

通过专项科技攻关，中国油气勘探开发技术整体已经达到国际先进水平，其中陆上油气勘探开发水平位居国际前列，海洋石油勘探开发与装备研发取得巨大进步，非常规油气开发获得重大突破，石油工程服务业的技术装备实现自主化，常规技术装备已全面国产化，并具备部分高端技术装备的研发和生产能力。总体来看，我国石油工业上游科技取得以下七个方面的重大进展：

（1）我国天然气勘探开发理论技术取得重大进展，发现和建成一批大气田，支撑天然气工业实现跨越式发展。围绕我国海相与深层天然气勘探开发技术难题，形成了海相碳酸盐岩、前陆冲断带和低渗—致密等领域天然气成藏理论和勘探开发重大技术，保障了我国天然气产量快速增长。自 2007 年至 2020 年，我国天然气年产量从 $677 \times 10^8 m^3$ 增长到 $1925 \times 10^8 m^3$，探明储量从 $6.1 \times 10^{12} m^3$ 增长到 $14.41 \times 10^{12} m^3$，天然气在一次能源消费结构中的比例从 2.75% 提升到 8.18% 以上，实现了三个翻番，我国已成为全球第四大天然气生产国。

（2）创新发展了石油地质理论与先进勘探技术，陆相油气勘探理论与技术继续保持国际领先水平。创新发展形成了包括岩性地层油气成藏理论与勘探配套技术等新一代石油地质理论与勘探技术，发现了鄂尔多斯湖盆中心岩性地层大油区，支撑了国内长期年新增探明 10×10^8 t 以上的石油地质储量。

（3）形成国际领先的高含水油田提高采收率技术，聚合物驱油技术已发展到三元复合驱，并研发先进的低渗透和稠油油田开采技术，支撑我国原油产量长期稳定。

（4）我国石油工业上游工程技术装备（物探、测井、钻井和压裂）基本实现自主化，具备一批高端装备技术研发制造能力。石油企业技术服务保障能力和国际竞争力大幅提升，促进了石油装备产业和工程技术服务产业发展。

（5）我国海洋深水工程技术装备取得重大突破，初步实现自主发展，支持了海洋深水油气勘探开发进展，近海油气勘探与开发能力整体达到国际先进水平，海上稠油开发处于国际领先水平。

（6）形成海外大型油气田勘探开发特色技术，助力"一带一路"国家油气资源开发和利用。形成全球油气资源评价能力，实现了国内成熟勘探开发技术到全球的集成与应用，我国海外权益油气产量大幅度提升。

（7）页岩气、致密气、煤层气与致密油、页岩油勘探开发技术取得重大突破，引领非常规油气开发新兴产业发展。形成页岩气水平井钻完井与储层改造作业技术系列，推动页岩气产业快速发展；页岩油勘探开发理论技术取得重大突破；煤层气开发新兴产业初见成效，形成煤层气与煤炭协调开发技术体系，全国煤炭安全生产形势实现根本性好转。

这些科技成果的取得，是国家实施建设创新型国家战略的成果，是百万石油员工和科技人员发扬艰苦奋斗、为国找油的大庆精神铁人精神的实践结果，是我国科技界以举国之力团结奋斗联合攻关的硕果。国家油气重大专项在实施中立足传统石油工业，探索实践新型举国体制，创建"产学研用"创新团队，创新人才队伍建设，创新科技研发平台基地建设，使我国石油工业科技创新能力得到大幅度提升。

为了系统总结和反映国家油气重大专项在科学理论和技术创新方面取得的重大进展和成果，加快推进专项理论技术成果的推广和提升，专项实施管理办公室与技术总体组规划组织编写了《国家科技重大专项·大型油气田及煤层气开发成果丛书（2008—2020）》。丛书共62卷，第1卷为专项理论技术成果总论，第2~9卷为陆上油气勘探理论技术成果，第10~14卷为陆上油气开发理论技术成果，第15~22卷为工程技术装备成果，第23~26卷为海洋油气理论技术装备成果，第27~30卷为海外油气理论技术成果，第31~43卷为非常规油气理论技术成果，第 44～62 卷为油气开发示范工程技术集成与实施成果（包括常规油气开发 7 卷，煤层气开发 5 卷，页岩气开发 4 卷，致密油、页岩油开发 3 卷）。

各卷均以专项攻关组织实施的项目与示范工程为单元，作者是项目与示范工程的项目长和技术骨干，内容是项目与示范工程在 2008—2020 年期间的重大科学理论研究、先进勘探开发技术和装备研发成果，代表了当今我国石油工业上游的最新成就和最高水平。丛书内容翔实，资料丰富，是科学研究与现场试验的真实记录，也是科研成果的总结和提升，具有重大的科学意义和资料价值，必将成为石油工业上游科技发展的珍贵记录和未来科技研发的基石和参考资料。衷心希望丛书的出版为中国石油工业的发展发挥重要作用。

国家科技重大专项"大型油气田及煤层气开发"是一项巨大的历史性科技工程，前后历时十三年，跨越三个五年规划，共有数万名科技人员参加，是我国石油工业史上一项壮举。专项的顺利实施和圆满完成是参与专项的全体科技人员奋力攻关、辛勤工作的结果，是我国石油工业界和石油科技教育界通力合作的典范。我有幸作为国家油气重大专项技术总师，全程参加了专项的科研和组织，倍感荣幸和自豪。同时，特别感谢国家科技部、财政部和发改委的规划、组织和支持，感谢中国石油、中国石化、中国海油及中联公司长期对石油科技和油气重大专项的直接领导和经费投入。此次专项成果丛书的编辑出版，还得到了石油工业出版社大力支持，在此一并表示感谢！

中国科学院院士 贾承造

《国家科技重大专项·大型油气田及煤层气开发成果丛书（2008—2020）》

分卷目录

序号	分卷名称
卷1	总论：中国石油天然气工业勘探开发重大理论与技术进展
卷2	岩性地层大油气区地质理论与评价技术
卷3	中国中西部盆地致密油气藏"甜点"分布规律与勘探实践
卷4	前陆盆地及复杂构造区油气地质理论、关键技术与勘探实践
卷5	中国陆上古老海相碳酸盐岩油气地质理论与勘探
卷6	海相深层油气成藏理论与勘探技术
卷7	渤海湾盆地（陆上）油气精细勘探关键技术
卷8	中国陆上沉积盆地大气田地质理论与勘探实践
卷9	深层—超深层油气形成与富集：理论、技术与实践
卷10	胜利油田特高含水期提高采收率技术
卷11	低渗—超低渗油藏有效开发关键技术
卷12	缝洞型碳酸盐岩油藏提高采收率理论与关键技术
卷13	二氧化碳驱油与埋存技术及实践
卷14	高含硫天然气净化技术与应用
卷15	陆上宽方位宽频高密度地震勘探理论与实践
卷16	陆上复杂区近地表建模与静校正技术
卷17	复杂储层测井解释理论方法及CIFLog处理软件
卷18	成像测井仪关键技术及CPLog成套装备
卷19	深井超深井钻完井关键技术与装备
卷20	低渗透油气藏高效开发钻完井技术
卷21	沁水盆地南部高煤阶煤层气L型水平井开发技术创新与实践
卷22	储层改造关键技术及装备
卷23	中国近海大中型油气田勘探理论与特色技术
卷24	海上稠油高效开发新技术
卷25	南海深水区油气地质理论与勘探关键技术
卷26	我国深海油气开发工程技术及装备的起步与发展
卷27	全球油气资源分布与战略选区
卷28	丝绸之路经济带大型碳酸盐岩油气藏开发关键技术

序号	分卷名称
卷 29	超重油与油砂有效开发理论与技术
卷 30	伊拉克典型复杂碳酸盐岩油藏储层描述
卷 31	中国主要页岩气富集成藏特点与资源潜力
卷 32	四川盆地及周缘页岩气形成富集条件、选区评价技术与应用
卷 33	南方海相页岩气区带目标评价与勘探技术
卷 34	页岩气气藏工程及采气工艺技术进展
卷 35	超高压大功率成套压裂装备技术与应用
卷 36	非常规油气开发环境检测与保护关键技术
卷 37	煤层气勘探地质理论及关键技术
卷 38	煤层气高效增产及排采关键技术
卷 39	新疆准噶尔盆地南缘煤层气资源与勘查开发技术
卷 40	煤矿区煤层气抽采利用关键技术与装备
卷 41	中国陆相致密油勘探开发理论与技术
卷 42	鄂尔多斯盆缘过渡带复杂类型气藏精细描述与开发
卷 43	中国典型盆地陆相页岩油勘探开发选区与目标评价
卷 44	鄂尔多斯盆地大型低渗透岩性地层油气藏勘探开发技术与实践
卷 45	塔里木盆地克拉苏气田超深超高压气藏开发实践
卷 46	安岳特大型深层碳酸盐岩气田高效开发关键技术
卷 47	缝洞型油藏提高采收率工程技术创新与实践
卷 48	大庆长垣油田特高含水期提高采收率技术与示范应用
卷 49	辽河及新疆稠油超稠油高效开发关键技术研究与实践
卷 50	长庆油田低渗透砂岩油藏 CO_2 驱油技术与实践
卷 51	沁水盆地南部高煤阶煤层气开发关键技术
卷 52	涪陵海相页岩气高效开发关键技术
卷 53	渝东南常压页岩气勘探开发关键技术
卷 54	长宁—威远页岩气高效开发理论与技术
卷 55	昭通山地页岩气勘探开发关键技术与实践
卷 56	沁水盆地煤层气水平井开采技术及实践
卷 57	鄂尔多斯盆地东缘煤系非常规气勘探开发技术与实践
卷 58	煤矿区煤层气地面超前预抽理论与技术
卷 59	两淮矿区煤层气开发新技术
卷 60	鄂尔多斯盆地致密油与页岩油规模开发技术
卷 61	准噶尔盆地砂砾岩致密油藏开发理论技术与实践
卷 62	渤海湾盆地济阳坳陷致密油藏开发技术与实践

本卷·前言

中国南方是我国页岩气增储上产的主战场。自2012年11月28日涪陵焦石坝区块JY1井取得页岩气战略性突破之后，中国在页岩气勘探开发理论和技术上均取得了长足的进步，"十二五"期间在中浅层发现了涪陵、长宁、威远、昭通4个页岩气田，实现了页岩气储量、产量的快速增长。但随着勘探实践和研究的不断深入，页岩气的复杂性逐渐体现，特别是在海相深层、盆缘复杂构造带、新层系等领域呈现出富集机理与富集规律不清、有利目标不明，页岩气勘探评价技术和配套的工程技术不完善等一系列挑战，严重制约了页岩气高质量勘探和效益开发。

面对挑战，笔者组织科研团队，在"十二五"涪陵页岩气田勘探实践基础上，依托国家科技重大专项"页岩气区带目标评价与勘探技术"等国家、省部级项目，按照"加快拓展志留系，攻关突破新类型，积极探索新区新层系"的思路，持续加强中国南方页岩气勘探理论及关键技术攻关，加大风险勘探力度，以新层系、新领域战略突破推动页岩气的大发展。经过"十三五"攻关，发展完善了中国南方海相页岩气"二元富集"理论，形成了深层、复杂构造区页岩气富集规律新认识，攻关形成基于深层页岩气"甜点"预测为核心的页岩气勘探关键地球物理技术以及深层、湖相和常压页岩气压裂工艺技术，建立了页岩气勘探地质评价及技术方法系列，落实了中国石油化工股份有限公司（以下简称"中国石化"）探区页岩气10个重点有利区带，实现了上奥陶统五峰组—下志留统龙马溪组深层、复杂构造区常压、二叠系海相及侏罗系陆相四个新领域勘探突破，较"十二五"新增页岩气探明储量$5602×10^8m^3$，实现了页岩气跨越式发展，助力国内页岩气快速上产，荣获国家科学技术进步奖一等奖1项。

本书是在中国石化"十三五"页岩气科技攻关和勘探实践的基础上，针对中国南方海相主要页岩层系，利用中国石化探区内大量分析数据和资料，引用和借鉴邻区部分文献和资料，总结形成相对成熟的海相页岩气勘探理论认识、评价方法与技术，指出了海相页岩气未来发展方向。全书共分八章。第一章简要介绍国内外页岩油气勘探开发概况；第二章主要从区域沉积构造演化特征入手，深化了中国南方海相页岩发育特征，揭示其成因差异，建立了优质页岩发育模式；第三章、第四章重点结合实验分析和典型气藏解剖，系统揭示海相页岩成烃与成储机理、页岩气赋存机理及"早期滞留，晚期改造"动态保存机理；第五章主要是发展完善了中国南方海相页岩气"二元富集"理论认识，形成了深层、复杂构造区页岩气富集规律新认识；第六章重点介绍了以深层页岩气"甜点"地震预测技术和深层页岩气压裂监测技术等为核心的页岩气勘探关键地球物理技术系列；第七章从工程"甜点"出发，探讨了影响工程"甜点"评价的主要因素，阐述了复杂缝网扩展理论以及探索形成的海相深层页岩气、常压页岩气压裂工艺技术；第八章展望了未来中国石化页岩气勘探的方向和发展潜力。

本书第一章由郭旭升、魏祥峰、刘珠江、袁桃执笔；第二章由胡东风、李宇平、韩京、袁桃、魏全超执笔；第三章由郭旭升、腾格尔、高波、申宝剑、魏祥峰等执笔；第四章由胡东风、魏祥峰、范志伟、韩京、余光春等执笔；第五章由郭旭升、胡东风、魏志红、刘若冰、刘珠江等执笔；第六章由陈祖庆、郭全仕、陈超、刘晓晶、严伟等执笔；第七章由李真祥、李文锦、刘虎、段华等执笔；第八章由郭旭升、胡东风、魏志红、杨云龙、陈斐然等执笔。全书由郭旭升、胡东风统稿、定稿。

本书全面反映了"十三五"中国石化在中国南方海相页岩气勘探的主要成果，这不仅是中国石油化工集团公司全面贯彻落实"四个革命、一个合作"能源安全新战略和"大力提升国内油气勘探开发力度"重要批示精神的良好体现，也是参与国家科技重大专项"页岩气区带目标评价与勘探技术"、中国石化配套课题"页岩气深探井钻完井与压裂技术研究"科技攻关全体工作者集体劳动成果的结晶。国家科技重大专项项目负责人为郭旭升、胡东风，主要攻关研究人员有魏志红、李宇平、高波、陈祖庆、魏祥峰、腾格尔、刘若冰、郭全仕、张汉荣、王千军、陈惠超、张元动、孙磊、余光春、王强、朱建辉、李金磊、郑坤、杜伟、冯庆来、仰云峰、申宝剑、范明、陆现彩、卢龙飞、许科伟、刘珠江、倪楷、范存辉、郭印同、何登发、熊亮、邓虎成、龙幼康、夏在莲、范志伟、刘卫华、印兴耀、孙建孟、张晋言、袁卫国、敬朋贵、於文辉、符力耘、盛秋红、陈超等。中国石化配套课题负责人为李真祥、林永学，主要研究人员有陈作、瞿佳、孙坤忠、李文锦、庞伟、段华、臧艳彬等。

在"十三五"中国南方海相页岩气科技攻关和勘探研究过程中，得到了中国石化总部的指导，以及中国石化石油勘探开发研究院、石油物探技术研究院、石油工程技术研究院、西南油气分公司、江汉油田分公司、华东油气分公司等长期在南方主要参战单位的大力支持，同时国家科技重大专项项目联合单位中国科学院大连化学物理研究所、武汉岩土力学研究所、地质与地球物理研究所、南京地质古生物研究所、中国地质大学（北京）、中国地质大学（武汉）、中国石油大学（北京）、中国石油大学（华东）、成都理工大学、西南石油大学、南京大学等单位对页岩气基础地质理论研究和关键技术攻关提供了大力的帮助。在该成果结集出版之际，笔者表示衷心的感谢！也感谢为本书编撰辛勤付出的绘图人员。

国内页岩气勘探开发已取得长足的进步，但商业性开发仍主要集中在五峰组—龙马溪组中浅层，深层、常压和二叠系等新层系、新领域页岩气虽然在"十三五"取得了勘探突破，但形成的理论认识和勘探关键技术仍处于探索阶段，因此本书对中国南方海相页岩气富集规律认识及勘探技术进行的总结和探讨，难免以偏概全，同时限于笔者水平，文中的观点或认识难免有不妥甚至错误之处，恳请业内外专家、学者提出宝贵意见。

目 录

第一章 页岩气勘探概况 … 1
第一节 国内外页岩气发展现状 … 1
第二节 中国南方页岩气勘探历程 … 10

第二章 中国南方海相富有机质页岩发育特征及模式 … 19
第一节 区域地质背景 … 19
第二节 富有机质页岩发育及展布特征 … 22
第三节 优质页岩发育主控因素及模式 … 48

第三章 海相页岩气生成、储集及赋存机理 … 57
第一节 海相页岩成烃演化过程及滞留机制 … 57
第二节 海相页岩气储集空间类型及形成机制 … 73
第三节 海相页岩气赋存机理 … 99

第四章 页岩气动态保存机理 … 114
第一节 保存条件对页岩气富集的控制作用 … 114
第二节 页岩气封存与逸散机制 … 130
第三节 页岩气保存条件评价体系 … 145

第五章 海相页岩气富集规律认识 … 155
第一节 典型海相页岩气藏特征 … 155
第二节 南方海相页岩气富集高产规律认识 … 176
第三节 中国南方海相页岩气盆地—区带—目标评价体系 … 195

第六章　页岩气勘探评价地球物理技术 ········· 201

第一节　复杂山地深层页岩气全方位采集及高精度成像处理技术 ········· 202
第二节　页岩储层测井技术 ········· 217
第三节　页岩气"甜点"地震预测技术 ········· 230
第四节　深层页岩气压裂监测技术 ········· 252

第七章　工程"甜点"评价及储层改造技术 ········· 265

第一节　工程"甜点"评价技术 ········· 265
第二节　页岩气储层改造技术 ········· 281

第八章　页岩气勘探前景与展望 ········· 305

第一节　资源评价与勘探潜力 ········· 305
第二节　继承与展望 ········· 318

参考文献 ········· 327

第一章　页岩气勘探概况

页岩气指主要以吸附和游离状态赋存于富有机质泥页岩地层中的"连续型"非常规天然气，需要人工改造才能释放出工业性天然气，具有初期产量较高、衰减快、后期低产、时间较长的特点（Curtis，2002）。随着页岩气工业技术水平的不断进步，美国页岩气产量大幅提升，产量从2010年的$1378\times10^8m^3$增长到2019年的$7161\times10^8m^3$，占天然气总产量的61.85%，年增长率为17.93%。美国以页岩气为代表的非常规油气资源的成功开发，是全球油气工业理论技术的一次创新与跨越，拓展了油气资源勘探开发类型与资源量，突破了油气资源"峰值论"和"枯竭论"（马永生等，2018）。

经过十多年的尝试和实践，中国页岩气勘探开发取得重大突破，成为北美之外第一个实现规模化商业开发的国家，创新形成符合中国地质特色的页岩气地质理论，建立了具有针对性的勘探开发技术体系（郭旭升，2014b；马新华和谢军，2018）。从无到有，页岩气探明储量连年大幅度增长，年总产气量逐年攀升。2020年，中国页岩气探明地质储量和年总产气量分别突破了$2\times10^{12}m^3$和$200\times10^8m^3$，成为天然气储产量重要的增长点，对保障中国能源安全并改善能源结构，推动中国油气工业科技进步具有重要意义。

第一节　国内外页岩气发展现状

一、国外页岩气勘探开发现状

全球页岩气资源非常丰富。据2013年6月美国能源信息署（EIA）评估，全球41个国家95个盆地共137套页岩地层，页岩气地质资源量约为$1013\times10^{12}m^3$，技术可采资源量为$220.7\times10^{12}m^3$，主要分布在北美、东亚、南美、北非、澳大利亚等地区。在美国页岩气革命的推动下，许多国家开展了页岩气勘探开发研究或实践（周庆凡，2021；EIA，2021），但目前只有美国、加拿大、中国和阿根廷实现了页岩气商业开发，与美国页岩气产量规模相比，其他三个国家的页岩气产量规模还非常小，2019年产量依次为$620\times10^8m^3$、$153\times10^8m^3$、$28\times10^8m^3$，整体表明页岩气在整个世界范围内具有良好的勘探前景。

1. 美国页岩气勘探开发现状

1）美国主要页岩区带分布和页岩气储量

根据美国能源信息署（EIA）的资料，美国页岩区带主要包括阿科马与阿纳达科盆地的伍德福德（Woodford）页岩区、阿巴拉契亚盆地的马塞勒斯（Marcellus）和尤蒂卡（Utica）页岩区、威利斯顿盆地的巴肯（Bakken）页岩区、墨西哥湾盆地西部的伊格尔福特（Eagle Ford）页岩区、墨西哥湾盆地西部与得克萨斯—路易斯安那盐盆的海恩斯维尔/博西尔（Haynesville/Bossier）页岩区、丹佛盆地的奈厄布拉勒（Niobrara）页岩区、沃斯堡盆地的巴奈特（Barnett）页岩区以及阿科马盆地的费耶特维尔（Fayetteville）页岩区、二叠盆地的沃尔夫坎普（Wolfcamp）与博恩斯普林（Bone Spring）以及斯普拉贝里（Sparberry）等页岩区。

近10年来，针对上述页岩区带通过加大勘探开发力度，页岩气证实储量（1P）不断增长，至2019年末，证实储量$9.87×10^{12}m^3$在天然气证实储量总量中占比超过了98.80%。其中阿巴拉契亚盆地马塞勒斯区带（宾夕法尼亚和西弗吉尼亚州部分）页岩气储量最多，证实储量约为$3.95×10^{12}m^3$，约占美国总量的39.5%；其次是二叠盆地沃尔夫坎普/博恩斯普林区带，证实储量约为$1.40×10^{12}m^3$，约占美国总量的14.0%；第三位是得克萨斯—路易斯安那盐盆海恩斯维尔/博西尔区带，证实储量$1.32×10^{12}m^3$，占美国总量的13.2%（表1-1-1）。

表1-1-1 美国主要页岩区带页岩气证实储量统计表

盆地	页岩区带	所在州	2018年产量/$10^{12}m^3$	2018年末证实储量/$10^{12}m^3$	2019年产量/$10^{12}m^3$	2019年末证实储量/$10^{12}m^3$	储采比
阿巴拉契亚	马塞勒斯	宾夕法尼亚、西弗吉尼亚	0.22	3.83	0.25	3.95	0.45
二叠盆地	沃尔夫坎普/博恩斯普林	新墨西哥、得克萨斯	0.09	1.32	0.13	1.40	0.31
得克萨斯—路易斯安那盐盆	海恩斯维尔/博西尔	得克萨斯、路易斯安那	0.07	1.27	0.10	1.32	0.39
西墨西哥湾沿岸盆地	伊格尔福特	得克萨斯	0.06	0.87	0.06	0.75	0.36
阿巴拉契亚	尤蒂卡/Pt.Pleasant	俄亥俄	0.07	0.68	0.07	0.97	0.37
俄克拉荷马南阿纳达科	伍德福德	俄克拉荷马	0.04	0.61	0.04	0.59	0.39
沃斯堡	巴奈特	得克萨斯	0.03	0.49	0.03	0.40	0.36
威利斯顿	巴肯/斯里福克斯	蒙大拿、北达科他	0.03	0.34	0.03	0.35	0.35
阿科马	费耶特维尔	阿肯色	0.01	0.17	0.01	0.14	0.29
小计			0.61	9.56	0.72	9.87	0.39
其他			0.01	0.12	0.00	0.12	1.25
美国总计			0.62	9.68	0.72	9.99	1.64

2）页岩气产量及产量增长

根据 EIA 的统计，2008 年以来的 10 年间，美国页岩气产量持续快速增长，除 2016 年 9 月、10 月出现过较明显下降外，几乎未受近年油气价格低迷的影响；2019 年 11 月页岩气产量达到高峰 $216.19\times10^8m^3/d$，之后由于新冠肺炎疫情及油价暴跌的影响，美国页岩气产量开始呈下降趋势，2020 年 5 月降至 $190.30\times10^8m^3/d$，接下来的 6—8 月产量回升，但是 9—12 月又转为下降趋势（EIA，2020）。目前，美国页岩气产量主要来自马塞勒斯、二叠盆地、尤蒂卡、海恩斯维尔和伊格尔福特等区带。阿巴拉契亚地区（包括马塞勒斯和尤蒂卡区带）是美国页岩气产量最大的地区，该区 2020 年 12 月的页岩气产量达到 $89.20\times10^8m^3/d$，约占美国页岩气总产量的 45%，其中马塞勒斯区带是美国乃至世界最大的页岩气产区，2020 年 12 月的产量为 $68.07\times10^8m^3/d$，占美国页岩气总产量的 1/3 以上。二叠盆地页岩气产量近年快速增长，目前是美国页岩气第二大产区，2020 年 12 月的产量为 $33.05\times10^8m^3/d$，占美国页岩气总产量的 16.7%。海恩斯维尔区带 2020 年 12 月的页岩气产量为 $24.89\times10^8m^3/d$，占美国页岩气总产量的 2.6%，是美国第三大页岩气产区（图 1-1-1）。

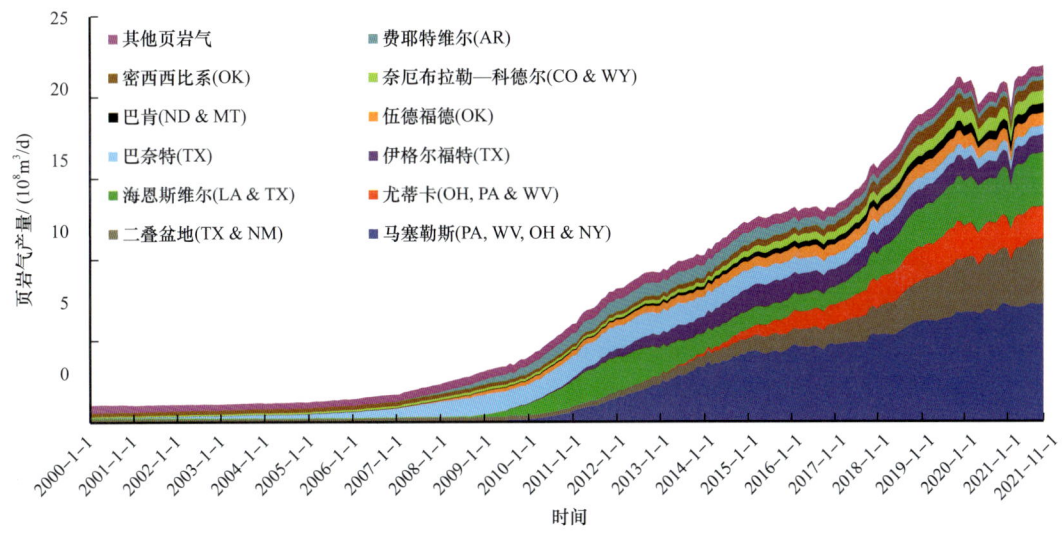

图 1-1-1　美国 2000—2020 年页岩气月度产量变化趋势图

3）美国页岩气勘探开发关键技术进展

美国的页岩气勘探开发经历了相当长的一段时间，在勘探开发理论和工程技术方面都较为成熟，尤其在页岩层系"甜点区"筛选和压裂工程技术方面具有优势（张奥博等，2019）。20 世纪 80—90 年代，以米歇尔能源公司为代表的中小型企业大量投资参与页岩气开发技术研究，形成了以"直井 + 压裂"为核心的第一代页岩气开发技术，使页岩气年产量达到十亿立方米级，基本实现页岩气开发收支平衡，使得页岩气生产研发能继续进行。进入 21 世纪，水平井压裂技术突破，井工厂开发模式开始应用，形成了以"水平井 + 分段压裂"为核心的第二代页岩气开发技术，使页岩气年产量达到百亿立方米级，在高气价的推动下，拉开了页岩气商业化开发序幕。

2014年以来，美国页岩气产量却持续快速增长，其关键在于页岩气开发技术的不断提升（Philip et al.，2018；Jack，2019），主要表现在以下三个方面。

（1）"甜点区"预测技术组合大幅增加优质井占比（吕建中等，2019）。在低油价时期，美国非常规油气开发战略从"遍地开花"向几个高产富集盆地集中，即使在同一盆地中，作业者也倾向于围绕已证实的高产富集区进行开发。如何快速准确地找到油气"甜点区"（高产富集区）、精准布井、提高储层钻遇率和油气产量，对于降本增效至关重要。"甜点区"预测技术组合包括四项关键技术：① 基于大数据的资源评价与有利选区评价技术；② 致密储层微观孔隙结构三维可视化及定量表征技术；③ "甜点"关键地质参数定量表征技术；④ 地质—工程一体化"甜点"准确识别与评价技术。

（2）"一趟钻"、立体井网布井技术等大大提高了钻井效率（Billa et al.，2011；Haj-Kacem et al.，2017；刘伟等，2018）。"一趟钻"是水平井钻井提速降本的牛鼻子工程，是钻井工程的全面升级，也是一项系统工程，涉及八项关键技术：① 钻井方案优化设计；② 自动化钻机；③ 高效长寿命钻头，通常是定制钻头；④ 个性化优质钻井液；⑤ 高压喷射钻井及优选参数钻井；⑥ 常规导向钻井或旋转导向钻井；⑦ 随钻地质导向；⑧ 远程专家决策支持中心。钻头、钻井液、导向工具、仪器以及钻井工艺、装备的最佳匹配是"一趟钻"的基本保证，"一趟钻"不仅需要集成应用先进高效钻井技术与装备，还需要地质工程一体化解决方案，更需要团队协作。

2017年，斯伦贝谢公司在二叠盆地的一口长水平井中，用其PowerDrive Orbit旋转导向钻井系统和PDC钻头，"一趟钻"完成全部$8\frac{1}{2}$in水平段的钻进，完成进尺4146m，是当年二叠盆地"一趟钻"完成的最长水平段；用时4.5天，日进尺912m，平均机械钻速38m/h。美国怀俄明州DJ盆地一口井深5405.02m、水平段长度2895.6m的页岩水平井，一开和二开均为"一趟钻"，钻井周期仅3.5天；该井二开应用贝克休斯公司的$8\frac{1}{2}$in Talon Force高转速PDC钻头、$6\frac{3}{4}$in高造斜率旋转导向钻井系统AutoTrak Curve、7in Navi–Drill Ultra XL45螺杆钻具，"一趟钻"至总井深5405.02m，实现了二开三个井段（直井段+斜井段+水平段）的"一趟钻"，创造了该盆地两项新的钻井纪录。1.95天钻进4651.55m（含2895.6m水平段），最快日进尺2519.78m。

（3）"长水平井+超级压裂"技术组合大幅提高单井产能。近年来，美国水平井段平均长度不断增加，许多区块水平段长度实现了翻倍增长，涌现出了许多超长水平井。在主要致密油产区，新钻井水平段长度大于2400m的占比超过了40%，其中巴肯和二叠盆地米德兰地区甚至超过了70%。在水平段长度增加的同时，压裂设计向大液量、大砂量以及更小的压裂簇间距和阶段间距方向发展。自2014年低油价以来，先锋自然资源公司（Pioneer）先后进行了三次压裂技术革新，水平段长度从2400m增至3000m以上，支撑剂用量从1.5t/m增至4.5t/m，压裂簇间距从18m缩短至4.6m，充分发挥了"长水平井+超级压裂"的技术组合效力，单井日产和单井估算最终可采储量（EUR）都实现了翻倍。从综合经济评价结果来看，加大液量和支撑剂用量、延长水平段长度会导致建井投资上升，但同时大幅提高了单井产量和单井估算最终可采储量。综合计算结果显示，这种技术组合成功降低了桶油成本，降幅高达9美元/bbl。但"超级压裂"并不是所有生产井的灵丹妙药，主要适用于核心区的优质井。应用实践表明，"长水平井＋超级压裂"技术组合效果与区块资源品位有很强的正相关性，也就是说，该技术组合最适合在资源品位较好的核心区采用。在非核心区，这种技术组合不但没有效果，反而会增加钻井和压裂成本。

美国页岩气革命的成功，与美国得天独厚的页岩气资源条件、政府产业政策的推动、地面输气设施的完善配套等客观条件和外部因素密切相关，但更为重要的是，美国油气企业围绕技术突破持续推动原始创新、协同创新和产业化合作创新，最终实现了关键技术的突破和商业化应用，助推了美国页岩气的大发展。

2. 其他国外页岩气勘探开发现状

纵观世界页岩气发展趋势，除北美步入发展快车道外，其他主要页岩气资源国都重视页岩气资源，并对未来页岩气发展均有乐观规划。由于页岩气资源量巨大，世界页岩气产量未来大幅增长前景可期。

1）加拿大页岩气

加拿大对页岩气资源的认识仅次于美国，是世界上第二个成功进行页岩气商业开发的国家。其页岩气资源层多、分布广。加拿大 CSUG 协会对于国内的资源进行了系统的评估，认为全国的页岩气存储量 $43\times10^{12}m^3$，技术可采资源量 $16\times10^{12}m^3$。其勘探开发区主要集中在不列颠哥伦比亚省东北部中泥盆统 Horn River 盆地与三叠系 Montney 页岩，近年来逐渐扩展到了萨斯喀彻温省、安大略省、魁北克省、新布伦斯威克省及新斯克舍省。目前加拿大第一个商业性页岩气藏 Montney 页岩气已大规模开发，艾伯塔省中东部 Wildmere 地区的 Colorado 页岩气已投入小规模开发，Horn River 盆地内页岩气处于开发早期评价阶段，而 Utica 和 Horton Bluff 页岩气处于勘探阶段。总体看，加拿大的页岩气勘探开发作业量和页岩气产量一直保持增长，2015 年平均日产能力为 $1.2\times10^8m^3$，成为全球第二大页岩气生产国，2017 年产量达到 $570\times10^8m^3$。

2）阿根廷页岩气

阿根廷积极开展页岩气先导试验，是南美地区最有前景的国家。2011 年，阿根廷在 Neuquen 盆地发现了页岩气，据美国能源信息署 2013 年开展的全球页岩资源评估，阿根廷拥有全球第二大的页岩气储量和第四大的页岩油储量，是继美国和加拿大之后，世界第三个对页岩油气资源实现商业化开发的国家。

据估计，阿根廷的页岩气储量为 $22.7\times10^{12}m^3$，页岩油储量为 270×10^8bbl，品质高、埋藏浅，是北美之外最好开采的页岩油气资源区，页岩气储量占全球总储量的 10% 以上。阿根廷的油气资源主要集中在内乌肯、奥斯特拉尔和诺罗斯特三个盆地，占天然气总产量的 85%。据美国能源信息署的资料，阿根廷内乌肯盆地 860×10^4acre 的巴卡穆埃尔塔地区，预计技术可采的天然气资源为 $8.7\times10^{12}m^3$，石油和凝析油资源为 160×10^8bbl（EIA，2020），被认为是全球最有发展潜力的页岩区之一，有可能复制美国的页岩革命。

3）欧洲页岩气

自 2000 年以来，欧洲许多国家开始着手页岩气研究，通过对欧洲大陆地质资料的收集和勘探，期望能实现较大的页岩气勘探突破和发现。先进资源国际公司估算欧洲页岩气资源量约 $30\times10^{12}m^3$，可采资源量约 $4\times10^{12}m^3$，主要分布在俄罗斯、波兰、法国和乌克兰等国家，其中波兰是欧洲除俄罗斯外页岩气资源量最丰富的国家，页岩气开发已经成为波兰重要的能源战略。然而，由于开发成本远高于美国，许多公司陆续退出，波兰的页岩气开发有待突破。法国的页岩气资源潜力巨大，几乎占西欧的一半，而法国政府内部对页岩气的开发问题存在分歧，目前开发页岩气阻力较大。其他欧洲国家，如德国、英国、西班牙等，尽管也已着手页岩气的试探性开发，但国内各方利益冲突不断。由于欧洲人口稠密、环保监管严格、开发成本高昂，距离实现页岩气大规模商业开发仍为时尚远。

4）非洲页岩气

南非页岩气地质资源量为 $44.15\times10^{12}m^3$，技术可采资源量 $11\times10^{12}m^3$，卡鲁盆地（Karoo）拥有丰富的非常规油气资源，主要分布在中部和东南部的 Karoo 盆地。而非洲北部的阿尔及利亚，其页岩气资源主要位于 Mouydir、Ahnet、Berkine-Ghadames、Timimoun、Reggane 和 Tindouf 盆地，拥有非洲第一大页岩气资源量，国际能源署认为该国页岩气资源量可满足欧盟 27 国 10 年的天然气需求。未来 20 年页岩气开发有望使该国天然气产量翻一倍，突破 $1600\times10^8m^3/a$，预计到 2030 年，阿尔及利亚有望实现 $1100\times10^8m^3/a$ 的天然气出口。

二、中国页岩气勘探开发现状

中国页岩气资源丰富，勘探前景广阔，据 2015 年中国油气资源动态评价，中国页岩气地质资源量为 $121.86\times10^{12}m^3$，可采资源量为 $21.81\times10^{12}m^3$。"十二五"以来，国家高度重视页岩气发展，国家发展改革委、国土资源部、国家能源局等相关部门纷纷出台政策，其中 2011 年 12 月，国务院批准页岩气为新的独立矿种，正式成为中国第 172 种矿产。2012 年 11 月，国家发布页岩气开发利用财政补贴政策。2012 年 11 月在位于重庆市涪陵区的 JY1HF 井钻获高产页岩气流，发现了我国首个海相页岩气田——涪陵页岩气田（郭旭升等，2016），成为中国页岩气勘探开发历史性转折点，掀起了中国页岩气勘探开发高潮。

1. 在四川盆地探明页岩气储量超 $2\times10^{12}m^3$，建成三个国家级海相页岩气示范区

四川盆地是中国率先实现页岩气工业化的地区，其中上奥陶统五峰组—下志留统龙马溪组是该区最有利的页岩气勘探开发层系。截至 2020 年底，已在该层系相继发现涪陵、威荣、长宁、威远、昭通和永川六个大中型页岩气田（郭旭升，2014a；梁兴等，2017；马新华，2018），建成重庆涪陵、四川长宁—威远、滇黔北昭通三个国家级海相页岩气示范区，累计探明地质储量超过 $2\times10^{12}m^3$，页岩气年产量由早期的无增至 2020 年的 $154\times10^8m^3$，储量、产量实现了跨越式发展［《全国石油天然气资源勘查开采通报（2020 年度）》］。

涪陵页岩气田自 2012 年 JY1HF 井测试获日产气量为 $20.3\times10^4m^3$ 后，中国石化及时启动了一期 $50\times10^8m^3$ 产能建设，2014 年首次完成国内第一块页岩气探明储量申报，提交

页岩气探明储量 $1067.5×10^8m^3$。于 2015 年 12 月顺利建成了中国首个国家级页岩气示范区、勘查开发示范基地（马永生等，2018）。截至 2020 年，涪陵页岩气田累计探明储量 $7926×10^8m^3$，累计建成产能 $140×10^8m^3$，累计产气量 $369×10^8m^3$，成为中国最大的页岩气田。

中国石油天然气集团有限公司（以下简称"中国石油"）截至 2020 年底在川南地区长宁、威远和昭通区块已累计提交浅层（埋深不超过 2500m）和中浅层（埋深介于 2500~3500m）页岩气探明地质储量 $1.061×10^{12}m^3$（马新华等，2020），累计生产页岩气超 $260×10^8m^3$，已初步形成川南地区"万亿立方米储量、百亿立方米产量"页岩气大气区。

2. 深层（埋深大于 3500m）、盆缘及盆外常压、二叠系海相、寒武系、陆相页岩油气勘探取得突破

在涪陵页岩气田的引领下，通过持续加强页岩气富集规律研究与关键技术攻关，加大风险勘探力度，在四川盆地及周缘取得了五峰组—龙马溪组深层、常压和二叠系、侏罗系等多个新领域的勘探突破，展现出了良好的勘探潜力。

1) 深层页岩气

深层页岩气是中国页岩气增储上产的重要领域。在发现涪陵页岩气田以后，中国石化在 2013 年针对深层页岩气开展了前瞻性基础研究和勘探实践，优选了丁山地区部署实施了 DY2HF 井，该井于 2013 年 12 月试获日产 $10.42×10^4m^3$ 页岩气流（导眼井完钻井深为 4418m，是国内首口深层获得工业气流的页岩气井；郭旭升等，2020），取得深层页岩气的首次发现。"十三五"期间中国石化通过加强深层页岩气基础地质理论研究及技术攻关，在 2018 年探明国内首个千亿立方米级的深层页岩气田——威荣页岩气田，提交页岩气探明储量 $1247×10^8m^3$（蔡勋育等，2021），截至 2020 年底，气田页岩气年产量达 $5.40×10^8m^3$，历年累计产气量为 $6.90×10^8m^3$；与此同时丁山、东溪、永川等地区取得重要进展，其中 DYS1 井、DYS2 井分别测试获 $31.18×10^4m^3/d$、$41.20×10^4m^3/d$ 的高产气流，实现了埋深大于 4200m 的重大突破（蔡勋育等，2021），永川地区提交探明储量 $235×10^8m^3$。中国石油在泸州、长宁、渝西等地区也积极加强部署，多口井获得了 $(10.56~137.9)×10^4m^3/d$ 页岩气流（马新华等，2020），其中在四川省泸县部署实施的 L203 井（导眼井上奥陶统五峰组底深度为 3892m）在五峰组—龙马溪组获日产 $137.9×10^4m^3$ 高产页岩气流，这也是目前国内首口单井测试日产气量超过 $100×10^4m^3$ 的页岩气井（黄昌武，2019；赵文智等，2020）。

2) 盆缘及盆外常压页岩气

常压页岩气藏总体具有压力系数和含气量较低、有中—低丰度的特征，在中国南方广泛分布，多家单位积极进行探索，取得重要进展。中国石化自 2011 年以来持续在盆外槽挡转换带残留向斜开展攻关，先后在彭水、武隆、道真等向斜取得勘探突破，其中，桑柘坪向斜共实施五口井，测试日产气量介于 $(2.52~3.50)×10^4m^3$（何希鹏等，2017）；武隆向斜探井效果较好，实施的 LY1HF 井、LY2HF 井分别测试获 $4.6×10^4m^3/d$、$9.22×10^4m^3/d$（高全芳，2019）；近期加强川东南道真地区的整体评价（胡东风，2019），

道真向斜实施的两口页岩气探井自喷生产取得了良好的效果，ZY1HF 井和 ZY3 井分别试获 $7.49\times10^4m^3$、$3.10\times10^4m^3$。2020 年东胜—平桥西区块新增探明地质储量 $1918\times10^8m^3$，其中常压页岩气区探明地质储量 $1446.58\times10^8m^3$，实现中国首个常压页岩气规模商业发现。另外白马向斜常压页岩气单井测试产量（$4.06\sim12.72$）$\times10^4m^3/d$（刘尧文，2021），基本落实一个千亿立方米规模增储新区。另外贵州地方企业针对安场向斜也正在开展常压区攻关评价，部署实施了多口页岩气井，获得了工业气流。

3）二叠系海相页岩气

二叠系页岩气勘探层系多，其中茅口组孤峰段、吴家坪组、大隆组发育深水陆棚—盆地相页岩。其中，2020 年中国石化在川东红星地区部署钻探的 HY1HF 井在吴家坪组二段试获日产气量为 $8.9\times10^4m^3$，取得四川盆地二叠系海相页岩气勘探重要突破（郭旭升等，2020；蔡勋育等，2021），2020 年 12 月 20 日，该井按照 $6\times10^4m^3/d$ 定产试采，试采压力稳定；另外川东北 LB1 井大隆组钻遇优质页岩 25m，揭示其在页岩气储层特征上与龙马溪组深水陆棚相相似，均具有"高 TOC、高孔隙度、高含气量、高硅质含量"的地质特征，展示了二叠系海相页岩气具有良好的勘探潜力。

4）寒武系页岩气

寒武系页岩是中国最早开展页岩气地质评价的深水陆棚相层系之一，其页岩品质好，具连续厚度大、TOC 含量高、硅质含量高等地质特征。但由于有利相带多处于构造复杂区，保存条件复杂；加之历经埋藏深度大，热演化程度高等客观原因，该层系一直未获得商业突破。目前仅在四川盆地内威远地区及中扬子黄陵古隆起周缘获得工业油气流，其中中国石油于 2011 年在威远地区实施的 W201 井压裂获气 $1.08\times10^4m^3/d$（赵文智等，2016），取得寒武系页岩气的首次发现，2014 年中国石化在井研—犍为部署实施的 JY1HF 井压裂获产 $5.95\times10^4m^3/d$（熊亮等，2021）；国土资源部在中扬子黄陵古隆起周缘，2017 年部署实施的 EYY1HF 井压裂获得 $7.83\times10^4m^3/d$ 的高产工业气流，取得盆外寒武系的重大突破（翟刚毅等，2020）。

5）陆相页岩油气

陆相页岩油气同样是中国早期页岩气积极探索的领域。2011 年延长石油 LP177 井在鄂尔多斯盆地三叠系延长组发现陆相页岩气，在延安下寺湾地区建立了中国第一个陆相页岩气工业化生产示范区，延长组已完井超过 60 口，其中水平井 13 口，测试产量（$0.2\sim5.3$）$\times10^4m^3/d$（王香增等，2014），目前正在进行工程工艺针对性的攻关。2011—2012 年中国石化在四川盆地三叠系—侏罗系不同页岩层段分别获日产气量（$0.26\sim51$）$\times10^4m^3$，但不能连续生产（周德华等，2013）。2018 年借鉴海相页岩气勘探成功做法，针对自流井组东岳庙段、大安寨段、凉高山组页岩层系，在元坝、涪陵部署实施 FY10HF 井、YY2 井、YY3 井、TY1 井开展风险勘探，其中 FY10HF 井于 2020 年压裂测试获日产油 $17.6m^3$，日产气量为 $5.6\times10^4m^3$，取得四川盆地侏罗系东岳庙段陆相页岩油气重大突破（舒志国等，2021）；YY3 井、TY1 井同样见到良好的油气显示，有望获得勘探新突破（郭旭升等，2021；何希鹏等，2020）。另外，中国石化在松辽盆地梨树凹陷部署实施的 LY1HF 井在下白垩统营城组压裂测试日产气量为 $1.5\times10^4m^3$，取得松辽盆地陆相页岩气的首次发现（蔡勋育等，2021）。

3. 其他层系和领域探索取得积极进展

在四川盆地及周缘取得战略性突破的同时，不同单位也积极开展页岩气三新领域的前瞻性基础研究并进行积极探索，取得了积极进展。

1）埋深大于4500m超深层页岩气

埋深大于4500m超深层领域是"十四五"乃至今后较长时期页岩气持续增储上产的重要方向。中国石化和中国石油都部署风险探井进行加快布局。其中在埋深6000m左右的超深层页岩气领域，中国石化勘探分公司在川东隔挡式褶皱带黄泥塘高陡构造带实施的常规风险探井——PS1井在埋深5917.66~5971.00m钻遇五峰组—龙马溪组页岩气储层，平均孔隙度为5.22%、平均总含气量为7.74m^3/t，证实了深层页岩气"超压富气"的特征，直井压裂获页岩气产量7045m^3/d（郭旭升等，2020）；另外在綦江地区已针对埋深4500~5000m部署实施QYS1井，力争早日实现超深层页岩气领域的重大突破。中国石油在渝西分别部署JYT1井（设计垂深4600m）、L211井（导眼井五峰组底界埋深4929m），目前正在实施评价。

2）海陆过渡相页岩气

中国海陆过渡相富有机质页岩多与煤层伴生，富有机质集中段厚度小，横向变化快，连续性差，含气量高低变化剧烈，可压裂性一般，多家单位进行积极探索，但目前还未形成商业发现。其中石炭系—二叠系过渡相页岩气勘探在河南开封钻探的WC1井发现厚层高含气富有机质页岩（厚465m、含气量4.5m^3/t），鄂尔多斯盆地北部钻探的EY1井太原组压后获日产气量为1.95×$10^4 m^3$，东南部钻探的YYP1井山西组分段压裂获日产气量为2.0×$10^4 m^3$，神府地区钻探的SM0-5井太原组压后日产气量为6695m^3，湖南涟源钻探的XY1井二叠系大隆组—龙潭组压后获日产气量为2300m^3（匡立春等，2020）；四川盆地钻探的SY1井二叠系龙潭组直井压裂未获天然气流（郭旭升等，2018）。因此过渡相页岩气勘探目前还只是少数井获气流，这种类型的页岩气富集机理和具有针对性的工程工艺技术是实现商业性开发的关键。

3）其他复杂构造区页岩气

针对四川盆地以外中国南方广大的复杂构造区，中国地质调查局、中国华能集团有限公司、中国华电集团有限公司、神华集团有限责任公司以及地方企业积极参与页岩气勘探，取得一定进展。其中大南盘江地区针对石炭系页岩气钻探的SY1井获得2.0×$10^4 m^3$/d气流（胡东风等，2018），广西柳州针对石炭系钻探的LY1井获得5.3×$10^4 m^3$/d的产量（李博等，2016），展现泥盆系、石炭系具有较好的勘探潜力。另外中国地质调查局在中国南方页岩气资源调查部署实施的HD1、YND1、QSD1、EYC1、EYC3、GD1、WWD1等井见到了好的苗头（翟刚毅等，2017；包书景等，2019）。

通过勘探开发实践，中国学者先后提出复杂构造区海相页岩气"二元富集"规律（郭旭升，2014a）、"构造型甜点"和"连续型甜点区"页岩气富集模式等认识（郭彤楼和张汉荣，2014），海相页岩气选区评价、目标优选等勘探评价技术体系日趋成熟（金之钧等，2016；何治亮等，2016），初步形成了页岩气气藏描述、产能评价、开发参数优化等相关开发技术；水平井优快钻井、泵送桥塞分簇射孔分段压裂、同步压裂、拉链式压裂等技术工艺日趋成熟，具备了3500m以浅海相页岩气规模开发的技术能力；形成了山地井工厂作业模式，大大提高施工效率，与单个平台单口钻井相比，钻井、建井周期同比均缩短30%以上；配套形成了废渣、废液和废气循环利用、无害化处理的清洁生产技术体系。在关键压裂设备的研制方面，形成了具有自主知识产权的3000型压裂车等，建立了国产大功率压裂机组的研发、试验、制造体系和应用规范；自主研发的裸眼封隔器、桥塞等井下压裂工具，实现了工业化批量生产（孙焕泉等，2020，2021）。

第二节　中国南方页岩气勘探历程

20世纪60—90年代，中国不同地区在常规油气勘探过程中，于泥页岩层系发现过天然气流，部分学者对此还进行过研究，一般按泥页岩裂缝性油气藏进行评价（陈章明等，1988；王德新等，1996）。21世纪初，通过技术引进、消化吸收和自主创新以及多年来的勘探实践，中国页岩气勘探开发取得重要的进展，但与北美页岩气勘探开发走过的历程相比，可以说我国的页岩气勘探开发还处于发展初期阶段，目前初步划分为探索与准备、战略突破、商业性开发和新领域攻关试验等发展阶段。

一、调研北美页岩气，积极探索与准备

1. 调研与选区评价阶段

进入21世纪，在北美页岩气勘探开发取得巨大成功的带动下，国内开始重视页岩气研究工作。2002—2007年，国内勘探开发企业、大专院校及研究机构查阅、收集了大量国外页岩气勘探开发的资料和文献，开展了中国页岩气资源调查与成藏地质条件评价与研究，对促进中国页岩气的研究起到了积极的推动作用。中国石化自2000年开始组织内部科研单位查阅、收集了大量国外页岩气勘探开发的资料和文献，2004年设立"南方构造复杂区有效烃源岩评价"项目，开展了中国南方海相烃源岩的发育、分布及控制因素研究；2006年设立中国石化科技前瞻性项目"中国页岩气早期资源潜力分析"，通过与北美典型页岩气形成条件对比，开展选区评价，优选出南方海相（寒武系、志留系、二叠系）和四川盆地（志留系、寒武系、侏罗系）为页岩气勘探有利区，为页岩气后期突破奠定了良好的基础。

2. 早期实践钻探探索阶段

2008年中国石油在川南长宁构造志留系龙马溪组露头区钻探了中国第一口页岩气地质评价浅井——CX1井，拉开了中国页岩气实质性取资料和钻探探索阶段。在此期间，国家高度重视页岩气资源的勘探开发，2009年中美两国签署《中美关于在页岩气领域开展合作的谅解备忘录》，同年国土资源部联合国内几家石油公司和高校启动了"全国页岩气资源潜力调查评价与有利区优选"项目，对中国陆上页岩气资源潜力进行系统

评价；2011 年国土资源部评价中国页岩气地质资源量为 $134.42\times10^{12}m^3$，可采资源量为 $25.08\times10^{12}m^3$，同年国家正式将页岩气列为中国第 172 种矿产，按独立矿种进行管理；2012 年国家发展改革委、财政部、国土资源部、国家能源局研究制定了《页岩气发展规划（2011—2015 年）》，提出 2015 年实现页岩气产量 $65\times10^8m^3$，并将页岩气开发向民营资本开放；同年 11 月，国家发布页岩气开发利用财政补贴政策，进一步鼓励产业发展。

在一系列政策的鼓励下，从企业到政府、从国企到民企，都在关注或者直接投入页岩油气勘探开发，先后在很多地区开展勘探实践，在 2010 年前后页岩气勘探开发形成了第一个热潮。其中中国三大国家石油公司采取多种途径积极与国外油气企业在页岩气勘探开发方面寻求合作，并建立了多个页岩气开发先导试验区；非油企业也积极参加页岩气区块的竞标。但该阶段借鉴北美的勘探经验，先后在中国南方实施了 120 余口页岩气勘探井，仅少数井获得工业气流（YB21 井、FYHF-1 井、JYHF-1 井、W201 井、N201-H1 井；表 1-2-1），但总体勘探效果不理想，未取得规模商业性开发。截至 2012 年前后，页岩气勘探处于低谷状态，国内页岩气发展前景一度出现了许多怀疑和悲观的论调。

表 1-2-1　2012 年前后中国南方部分页岩气井及其测试统计表

区块	井名	地层	目的层	完钻井深 /m	测试结果
宣城—桐庐	XY1	下寒武统	荷塘组	2848	未测试
湘鄂西 I	HY1	下志留统	龙马溪组	2208	见页岩气显示，压裂后未见气流
黄平	HY1	下寒武统	九门冲组	2488	压后最高日产 $418m^3$
涟源	XY1	上二叠统	大隆组	2068	压后最高日产 $2409m^3$

回顾该阶段海相页岩气勘探历程，多个方面的问题制约着中国页岩气高效勘探：一是缺乏现成的理论指导，南方海相页岩相比于北美页岩年代老、生油气高峰已过，改造作用强烈，必须形成符合中国页岩气的地质理论；二是缺乏适用的评价方法，北美以生烃能力和可压裂性为核心的理论技术可借鉴性差，中国南方复杂构造条件下目标评价体系和标准有待建立；三是缺乏关键技术手段，技术装备受限，国内没有成熟的水平井分段压裂改造技术与装备；四是没有商业开发的先例可借鉴，前期勘探效果不理想，能否找到具备商业开发价值的大型页岩气田存在质疑。

二、创新理论认识，实现战略突破

通过以上钻探实践和研究，不同专家、学者进入深入研究，其中中国石化科研团队深刻认识到中国南方页岩气与北美页岩气差别较大，不能简单套用北美地区现成的勘探理论和技术方法。经过系统的基础研究，创新形成中国南方海相页岩气"二元富集"理论认识，指导了涪陵页岩大气田的发现。

1. 形成"二元富集"规律认识，明确了有利目标

以四川盆地及邻区古生界海相页岩气勘探实践和地质研究为基础，初步明确了中国

南方复杂构造区、高演化海相页岩气富集主控因素，提出中国南方海相页岩气"二元富集"规律新认识，即深水陆棚相优质页岩发育是页岩气"成烃控储"基础，良好的保存条件是页岩气"成藏控产"关键（郭旭升，2014a）。

1）深水陆棚相优质页岩发育是页岩气"成烃控储"基础

通过对中国南方主要页岩沉积、地球化学特征分析及成因模式研究，发现深水陆棚相页岩不仅有机碳含量、内生硅质矿物含量高，而且二者具有良好的正相关耦合规律（图1-2-1）；其有机碳含量与生烃量、孔体积呈正相关，且脆性好，有利于页岩气生成、储集和压裂改造（郭旭升等，2017）。通过离子束抛光扫描电镜和碳同位素分析，发现等效镜质组反射率2%~3%的深水陆棚相页岩有机质孔发育较好，不仅存在干酪根孔，而且新发现孔径较大的沥青孔，页岩气为原油、干酪根裂解形成的混合气，揭示了高演化页岩"干酪根、液态烃裂解生气，干酪根孔、沥青孔伴生发育"的机理，发现了深水陆棚相页岩"蛋白石随地温增高转化成高硬度石英，伴生大量粒间孔"，石英及粒间孔抗压实作用强，为油气生成、有机质孔的发育和保持提供了空间和保护；明确了深水陆棚页岩石英、粒间孔与有机质孔"共生耦合"，有利于压裂缝—粒间孔—纳米级有机质孔的高效连通（郭旭升等，2020），因而被业界公认为页岩气发育最有利岩相。

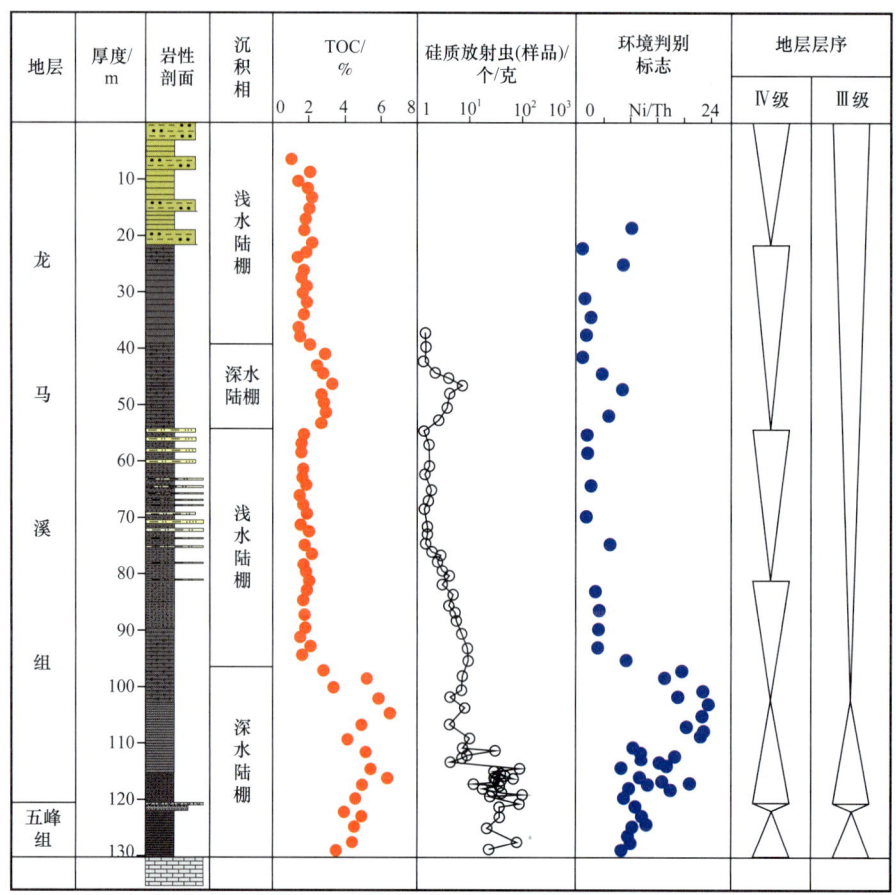

图1-2-1　重庆漆辽五峰组—龙马溪组页岩剖面综合柱状图

2）良好的保存条件是页岩气"成藏控产"关键

通过页岩气藏形成演化史恢复，结合深水陆棚相区失利与高产页岩气井对比分析，发现气层压力系数与产量呈正相关关系，明确了顶底板、构造运动等保存条件对页岩气藏形成和改造的控制作用。页岩顶底板突破压力均较高的地层组合，从页岩生烃开始就能有效阻止烃类纵向散失，利于液态烃的滞留、相态转化及流体压力的保持，指出五峰组—龙马溪组页岩顶底板条件优越。印支期以来构造作用的强度与时间控制了页岩气逸散方式及残留丰度，抬升剥蚀、断裂活动改变了盖层的完整性和顶底板的封闭性能；通过三轴物理模拟实验和渗透率的压力敏感性分析，发现了随埋深变浅页岩自身封闭性变差的规律，揭示了页岩气"早期滞留、晚期改造"的动态保存机理（郭旭升，2014b）。建立了页岩气保存—逸散模型（图1-2-2），认为顶底板好、埋深适中、远离剥蚀露头区和开启断裂的地区保存条件好，有利于页岩气富集（郭旭升，2014b）。

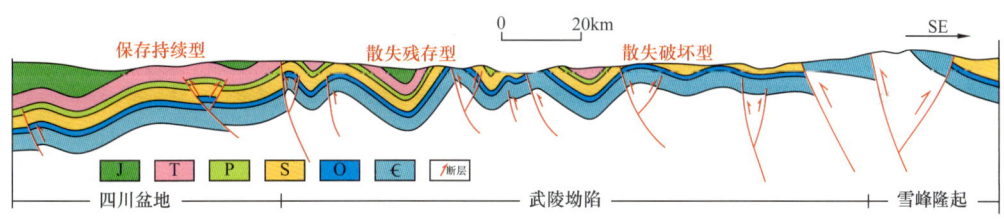

图 1-2-2　南方地区页岩气保存—逸散模型图

3）创新构建中国南方海相页岩气战略选区评价体系，明确勘探突破方向

基于上述新认识，厘定出页岩有机碳含量、脆性指数、压力系数等18项具体参数，构建"以深水陆棚相优质页岩为基础、以保存条件为关键、以经济性为目的"的战略选区评价体系，实现了从静态向动静结合评价的转变。通过量化评价，将勘探突破方向聚焦到四川盆地南部五峰组—龙马溪组深水陆棚相页岩，提出焦石坝区块是首选突破目标（郭旭升等，2012）。

2. 优选焦石坝，首钻取得战略性突破

为了研究涪陵地区页岩气形成基本地质条件并争取实现页岩气商业突破，中国石化勘探分公司于2011年9月在焦石坝区块论证部署了第一口海相页岩气参数井——JY1HF井，2012年2月14日JY1HF井开钻，涪陵页岩气田非常规页岩气勘探从此拉开序幕（图1-2-3）。JY1井为JY1HF井导眼井，该井于2012年5月18日完钻，完钻井深2450m，完钻层位中奥陶统十字铺组。钻遇五峰组—龙马溪组页岩气层89m，其中，TOC不小于2.0%的优质页岩气层38m。JY1井完钻后决定不开展直井压裂测试，直接实施水平井钻探，评价产能。选择JY1井2395～2415m优质页岩气层作为侧钻水平井水平段靶窗，实施侧钻水平井——JY1HF井，2012年9月16日水平井完钻，完钻井深3653.99m，水平段长1007.90m。同年11月，对JY1HF井水平段2646.09～3653.99m分15段进行大型水力压裂，2012年12月28日，测试获日产$20.3 \times 10^4 m^3$工业气流，从而宣告了涪陵页岩气田的发现。

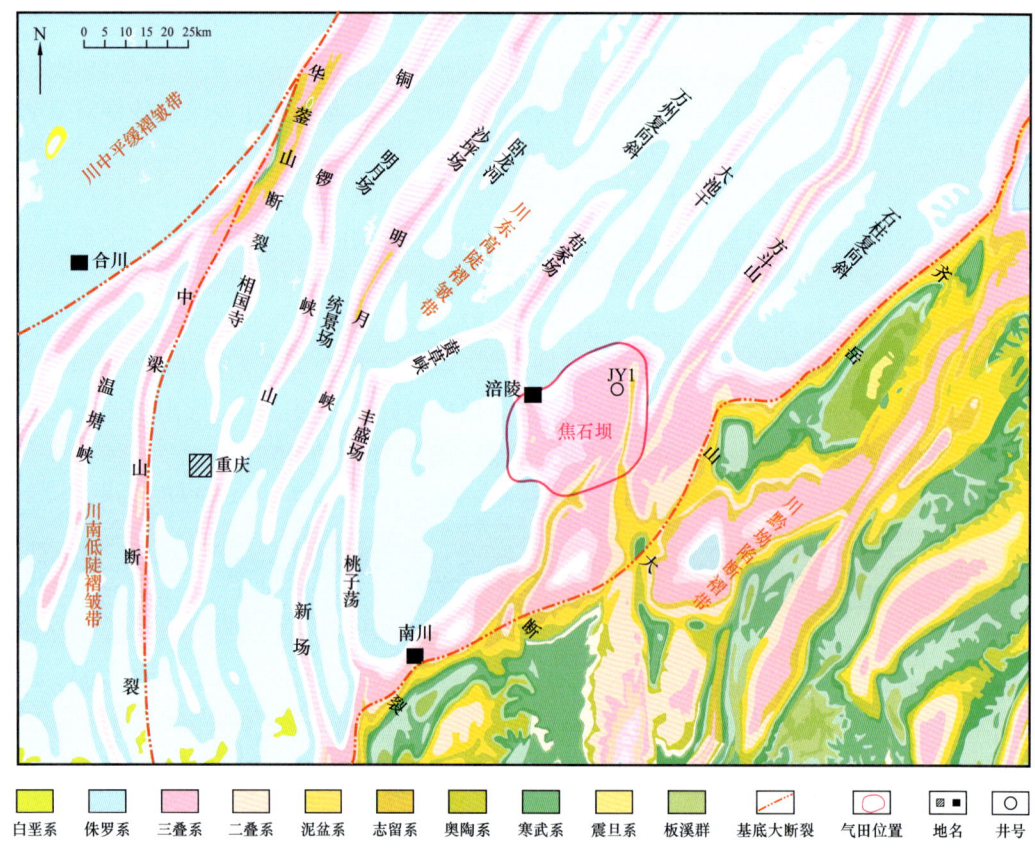

图 1-2-3 涪陵页岩气田构造位置图

三、"三高"示范引领，储产快速增长

1. 高效探明开发涪陵页岩气田，建成百亿立方米产能

涪陵页岩气田发现以后，展开评价和商业性开发同步实施。在JY1HF井南部甩开部署JY2井、JY3井、JY4井三口评价井，压裂测试分别试获日产$33.69×10^4m^3$、$11.55×10^4m^3$、$25.83×10^4m^3$中高产工业气流，实现了焦石坝构造主体控制。2014年，继涪陵页岩气田焦石坝主体控制后，中国石化勘探分公司针对不同构造样式和深层页岩气积极向外围甩开部署实施了五口探井——JY5井、JY6井、JY7井、JY8井和JY9井，其中在涪陵外围平桥构造，部署实施的第一口页岩气探井——JY8井（JY8HF井），对五峰组—龙马溪组水力压裂后获日产$20.8×10^4m^3$高产页岩气流，突破了平桥构造。

在展开评价的同时，为加快涪陵页岩气田"增储上产"的步伐，探索涪陵页岩气田的开发方式，评价气藏开发技术指标，2013年初，优选JY1井区$28.7km^2$部署开发试验井组进行产能评价，部署钻井平台10个，钻井26口，新建产能$5.0×10^8m^3/a$。2013年11月28日，中国石化通过涪陵页岩气田一期$50×10^8m^3$产能建设方案。2014年7月，中国石化完成国内第一块页岩气探明储量，提交涪陵区块JY1—JY3井区页岩气探明地质

储量 $1067.5 \times 10^8 m^3$，截至 2015 年 12 月 31 日，涪陵页岩气田累计提交页岩气探明地质储量 $3805.98 \times 10^8 m^3$，气田累计开钻井 290 口，完井 256 口，投产 180 口，累计生产页岩气 $43.91 \times 10^8 m^3$、销售 $42.13 \times 10^8 m^3$，标志着涪陵页岩气田顺利完成 $50 \times 10^8 m^3/a$ 产能建设目标。

"十三五"期间持续加大涪陵气田勘探评价，相继在江东、平桥和东胜—平桥西区块实现规模增储，新增探明储量 $4120 \times 10^8 m^3$，截至 2020 年，涪陵气田累计探明储量 $7926 \times 10^8 m^3$，成为中国最大的页岩气田。同时在白马、凤来和阳春沟等外围新区取得勘探突破，初步落实资源规模 $2000 \times 10^8 m^3$ 以上，万亿立方米储量规模大气田已见雏形。2020 年底，涪陵页岩气田累计建成产能约 $140 \times 10^8 m^3$；产量由 2015 年的 $31.6 \times 10^8 m^3$ 将上升到 2020 年的 $78 \times 10^8 m^3$，累计产气量 $369 \times 10^8 m^3$，实现气田持续快速上产。

涪陵页岩气田是中国首个也是目前最大的海相页岩气田，该气田的发现和成功开发标志中国成为北美之外第一个实现规模化开发页岩气的国家。2013 年 9 月 3 日国家能源局批准设立重庆涪陵国家级页岩气示范区；2014 年 4 月 21 日国土资源部批准设立重庆涪陵页岩气勘查开发示范基地；2014 年 4 月 9 日，JY1HF 井被重庆涪陵区人民政府命名为"页岩气开发功勋井"；2014 年由于涪陵页岩气田的发现，中国石化荣获 2014 年世界页岩油气国际先锋奖。2015 年 12 月国家能源局"重庆涪陵国家级页岩气示范区建设"通过验收，验收意见摘要：示范区建成了我国第一个实现商业开发、北美以外首个取得突破的大型页岩气田。示范区高水平、高速度、高质量的开发建设，是我国页岩气勘探开发理论创新、技术创新、管理创新的典范，对我国页岩气勘探开发具有很强示范引领作用，显著提升了页岩气产业发展的信心，展示了页岩气勘探开发的良好前景。于 2017 年"涪陵大型海相页岩气田高效勘探开发"项目荣获国家科学技术进步一等奖。

2. 多个新领域实现突破，引领国内页岩气快速发展

在涪陵页岩气田的引领下，中国页岩气在"十三五"期间的发展步入了快车道。截至 2020 年底，全国累计探明页岩气地质储量超过 $2 \times 10^{12} m^3$，页岩气产量由 2015 年的 $45 \times 10^8 m^3$ 增至 2020 年的 $154 \times 10^8 m^3$，储量、产量实现了跨越式发展。另外，通过持续加强页岩气富集规律研究与关键技术攻关，加大风险勘探力度，在建成百亿立方米级涪陵页岩大气田的同时，在四川盆地及周缘取得了五峰组—龙马溪组深层、常压和二叠系、侏罗系等多个新领域的勘探突破，展现出了良好的勘探潜力，为"十四五"形成更大产量规模夯实了的资源基础。

1）深层页岩气勘探取得重大成果

在发现涪陵页岩气田以后，中国石化在 2013 年针对深层页岩气开展了前瞻性基础研究和勘探实践，优选了丁山地区部署实施了 DY2HF 井试获日产 $10.42 \times 10^4 m^3$ 页岩气流，取得深层页岩气的首次发现。"十三五"期间继续加大深层页岩气地质工程一体化攻关，取得了多个重要发现。

（1）提出深层页岩气"超压富气"认识，建立了深层页岩气富集模式。

通过对四川盆地五峰组—龙马溪组深层（埋深 3500m 以深）页岩气富集机制研究，

明确深层页岩仍然能够发育"高孔"优质储层，具有"高压、高孔、高含气量"的特征，且以游离气为主；"石英抗压保孔"和"储层流体超压"是深层优质页岩高孔隙度发育的关键，晚期构造作用较弱是深层页岩气保持高压、高含气量的主要原因（郭旭升等，2020）；流体压力高、微裂缝发育、地应力低是有利目标的关键要素。对于海相深层页岩气而言，超压不仅有利于页岩气富集，还降低了页岩储层有效应力，有利于压裂改造。为此，针对四川盆地五峰组—龙马溪组深层页岩气藏的地质特点，建立了深层页岩气两类"超压富气"模式，即以东溪东斜坡为代表的盆内高陡背斜/向斜"超压富气"模式和以丁山构造深层为代表的盆缘低缓断鼻/斜坡"超压富气"模式，指导了深层页岩气勘探的重大突破。

（2）发现并探明了中国首个深层页岩气田——威荣页岩气田。

威荣页岩气田位于四川盆地威远隆起南部斜坡白马镇向斜轴部，具"两凹一凸"的构造特征。气田发现井为WY1HF井，该井为WY1井侧钻井，侧钻水平段长1004.92m，分16段进行压裂测试，在井口压力为26.20MPa条件下测试日产气量为$17.50 \times 10^4 m^3$，取得了威远—荣县地区（以下简称"威荣地区"）龙马溪组深层页岩气勘探的重大突破。继该井获得勘探突破后，通过加快勘探开发一体化整体部署，实施五口评价井。其中，WY23-1HF井、WY29-1HF井在井底流压分别为47.93MPa、34.99MPa的条件下，测试获得日产气量分别为$25.99 \times 10^4 m^3$、$23.82 \times 10^4 m^3$的高产工业气流，实现了威荣地区深层页岩气商业发现。2018年提交页岩气探明储量$1247 \times 10^8 m^3$，探明了国内首个深层千亿立方米级的页岩气田，同年，启动了气田一期$10 \times 10^8 m^3/a$产能建设，预测单井平均最终可采气量为$0.79 \times 10^8 m^3$。截至2020年底，气田累计投产井数59口，页岩气年产量达$5.40 \times 10^8 m^3$，历年累计产气量为$6.90 \times 10^8 m^3$。

（3）丁山、东溪构造埋深大于4000m领域取得勘探重大突破。

丁山构造为四川盆地东南部一个大型鼻状构造，五峰组—龙马溪组埋深介于3500~4200m，优质页岩厚度介于26.0~35.5m。继2013—2014年DY1HF井、DY2HF井在浅层和深层页岩先后压裂测试获日产气量分别为$3.43 \times 10^4 m^3$和$10.36 \times 10^4 m^3$的工业气流后，针对不同埋深的页岩部署实施了DY3HF井、DY4HF井、DY5HF井。其中，DY4HF井、DY5HF井压裂测试日产气量分别为$20.56 \times 10^4 m^3$和$16.33 \times 10^4 m^3$。2019年，在四川盆地东南部东溪构造部署的DYS1井、DYS2井分别压裂测试日产气量为$31.18 \times 10^4 m^3$和$41.2 \times 10^4 m^3$，取得五峰组—龙马溪组4200m深层页岩气勘探的重大突破。

（4）永川区块深层页岩气取得商业发现。

永川区块位于川中地区稳定构造带，发育新店子背斜，五峰组—龙马溪组埋深介于3800~4200m，优质页岩厚度介于22~25m。2016年1月完成对YY1HF井长度为1502.06m的水平段压裂，测试日产气量为$14.12 \times 10^4 m^3$。为了评价该区块页岩气产能，2019年开展井组试验，六口井投入试采，单井日产气量介于$(3.00~6.00) \times 10^4 m^3$，平均单井日产气量为$4.80 \times 10^4 m^3$，实现了永川区块深层页岩气勘探商业发现，提交探明储量$235 \times 10^8 m^3$。2019年启动永川南区产能建设，新建产能$5 \times 10^8 m^3/a$。截至2020年底，永川区块完钻井25口，累计投产16口，已建成产能$1.3 \times 10^8 m^3/a$，2020年产气量为

$1.00 \times 10^8 m^3$，历年累计产气量为 $2.77 \times 10^8 m^3$。

2）常压页岩气低成本勘探开发技术取得重大进展，实现国内首个常压页岩气规模商业开发

2012年，中国石化通过选区评价，在盆地复杂构造区优选了彭水区块桑柘坪向斜部署实施PY1HF井，该井在五峰组—龙马溪组压裂测试日产气量为 $2.50 \times 10^4 m^3$，取得了南方海相页岩气盆缘复杂构造区常压页岩气的勘探战略突破。

2015—2017年，以"甜点"目标评价为主线、保存条件为核心，深化成藏要素研究，积极向外拓展。2016年，SY1HF井在长度为1628m的水平段分23段压裂，测试日产气量为 $14.36 \times 10^4 m^3$；2018年，在东胜背斜甩开部署的SY2HF井测试获得日产气量为 $32.80 \times 10^4 m^3$，压力系数为1.20，试采平均日产气量为 $8.00 \times 10^4 m^3$，实现了盆缘复杂构造区常压页岩气勘探重大突破；2020年，在东胜—平桥西区块新增页岩气探明储量 $1918 \times 10^8 m^3$。截至2020年底，该区开钻井56口，投产井26口，2020年页岩气年产量达到 $3.10 \times 10^8 m^3$，实现了中国首个常压页岩气规模商业开发。

另外持续加强盆外残留向斜区保存条件研究，加强常压区有利目标统一排队优选，相继在武隆、道真等残留向斜实现勘探新突破，落实了两个千亿立方米级规模的常压页岩气资源阵道真向斜实施的两口页岩气探井自喷生产取得了良好的效果，ZY1HF井和ZY3井分别获日产气量 $7.49 \times 10^4 m^3$、$3.10 \times 10^4 m^3$，其中ZY1HF井试采累计产量 $900 \times 10^4 m^3$。在盆缘复杂构造区常压页岩气的勘探开发中，探索形成了关键装备国产化等低成本勘探开发技术与集成应用，有望带动中国南方近 $6 \times 10^{12} m^3$ 资源规模的海相页岩气实现商业开发。

3）持续加强选区评价，率先在四川盆地二叠系页岩气勘探取得重大发现

"十三五"期间，中国石化在展开五峰组—龙马溪组海相页岩勘探的同时，也加大了新区新层系的勘探力度。通过持续深化基础研究，在四川盆地上二叠统龙潭组（吴家坪组）等页岩气新层系勘探取得突破和进展，多口井在龙潭组（吴家坪组）见到不同程度的气测显示，展示龙潭组具有较好的含气性特征。2019年，在川东红星地区部署钻探了HY1井，钻遇优质页岩厚度达45m，页岩水平段穿越长度为1615m，压裂测试日产气量 $8.90 \times 10^4 m^3$，取得了四川盆地页岩气新层系的重大发现，初步落实有利区资源量 $4330 \times 10^8 m^3$。2020年12月20日，该井按照 $6 \times 10^4 m^3/d$ 定产试采，试采压力稳定。

4）中国石化在四川盆地侏罗系陆相页岩油气取得重大勘探突破

中国石化通过持续加强基础地质攻关研究，"十三五"期间在四川盆地侏罗系陆相页岩油气领域取得重大勘探突破，是继五峰组—龙马溪组之后，四川盆地另一个上产增储的重要领域。目前仅在四川盆地下侏罗统和鄂尔多斯盆地南部三叠系延长组陆相页岩获得了工业气流。2020年，在川东复兴地区拔山寺北向斜部署钻探的FY10井，钻遇东岳庙段优质页岩厚达28.0m，水平段穿行长度为1531.00m，压裂测试日产气量为 $5.58 \times 10^8 m^3$、日产油量为 $17.6 m^3$，取得了四川盆地东岳庙段页岩油气重大发现；2021年，在拔山寺南向斜部署的TY1井，钻遇凉高山组④小层优质页岩厚达25.2m，水平井穿行长度为1502.00m，压裂测试日产气量为 $7.8 \times 10^8 m^3$、日产油量为 $11.4 m^3$，取得了凉高山

组页岩油气重大发现。初步落实川东复兴地区侏罗系页岩油气有利区 4291km²，总资源量为 $1.06×10^{12}m^3$。

中国石油作为中国油气最主要的生产商，也高度重视页岩气的发展，从"十二五"开始相继在四川盆地五峰组—龙马溪组取得了一系列重要勘探成果。早在 2010 年中国石油西南油气田公司依托在威远构造钻成的国内第一口页岩气直井（W201 井），开展页岩气地质、工程相关的攻关研究工作；2011 年钻成国内第一口页岩气水平井（W201–H1井），为页岩气水井的实施、压裂等积累了宝贵经验；2012 年 3 月在长宁背斜南翼钻获国内第一口具有商业价值的页岩气井（N201–H1 井，测试产气 $15.26×10^4m^3/d$），同年，长宁、威远、昭通被国家发展改革委、国家能源局设立为"国家级页岩气示范区"；自示范区建设以来，中国石油加快页岩气勘探部署规划，截至 2021 年底，中国石油川南页岩气区在长宁、威远、昭通三个区块新增探明含气面积 1369km²，累计探明地质储量 $1.06×10^{12}m^3$。

第二章　中国南方海相富有机质页岩发育特征及模式

中国南方海相富有机质页岩具有层系多、分布广、厚度大等特点，是中国页岩气勘探开发的主要阵地和类型，根据其沉积环境，可将富有机质页岩划分为海相页岩、海陆交互相页岩、陆相页岩三种基本类型。近年来，随着勘探开发实践和研究的深入，中国南方海相富有机质页岩发育特征与分布规律的研究一直受到众多专家学者的关注。本章主要通过理论与实践认识的有机结合，重点分析中国南方海相富有机质页岩发育特征，总结富有机质页岩发育主控因素及发育模式，以期为中国海相页岩气的勘探开发与研究提供理论基础和素材。

第一节　区域地质背景

中国南方在全球大地构造的分区上隶属于中国板块的南部，包括秦岭—大别造山带以南的扬子板块（扬子准地台）和中国东南部的华夏板块两部分，而狭义的南方主要包括扬子地块、湘桂地块、江南隆起和华南地块等。从元古宙—新生代，板块的离散—聚集旋回性的演化，经历了扬子旋回、加里东旋回、海西旋回、印支旋回、燕山旋回以及喜马拉雅旋回共六大沉积构造旋回的地史发展，形成了以拗拉槽—裂陷槽、克拉通坳陷为主的海相盆地，以及陆相大型坳陷盆地、裂陷盆地、前陆盆地的多期次多旋回叠置，在新元古界上震旦统陡山沱组、古生界下寒武统牛蹄塘组、上奥陶统五峰组—下志留统龙马溪组、中泥盆统罗富组、下石炭统鹿寨组、上二叠统吴家坪组和大隆组等主要海相层系发育了厚度大、分布稳定的多套富有机质页岩。

一、震旦纪—早古生代

晚震旦世—早古生代经历了扬子旋回和加里东旋回两大沉积构造旋回，主要包括晚震旦世—中奥陶世扩张、稳定以及晚奥陶世—志留纪收缩、残留两个时期。板块以稳定沉降为主，内部以碳酸盐岩台地—陆棚沉积为主，而板块边缘则以拗拉槽、被动陆缘或边缘坳陷的盆地—斜坡沉积为主，稳定的深水、还原环境为富有机质页岩的发育提供了极佳的地质条件。特别是板块内部发育的稳定深坳陷，是富有机质页岩发育的重要场所，如早古生代四川盆地主要为稳定的克拉通板块，以陆表海沉积为主，随着周围古隆起的逐渐隆升崛起，发育克拉通内坳陷沉积，发育了一大套富有机质页岩。

扬子旋回晚期的裂陷运动大部分以稳定沉降为主，形成了以震旦系陡山沱组为代表的第一套页岩层系，岩性以黑色页岩、白云质泥岩为主，页岩厚度较大，但是分布相对局限，主要分布在鄂西、川北以及湘西等地区。

加里东旋回早期（早寒武世）的裂陷运动，使得扬子克拉通南、北两侧的拉张裂解作用再次活跃，伴随大规模海侵，在扬子板块边缘和克拉通内裂陷槽深水陆棚相区及盆地相区沉积了下寒武统牛蹄塘组（也称筇竹寺组、荷塘组）富有机质页岩，是中国南方海相页岩气勘探重要勘探层系之一，岩性以黑色碳质页岩为主，平面分布广泛，主要发育在扬子区东南缘（川东—鄂西、湘黔、川南）、下扬子区南部（皖南—浙西）以及扬子区北缘（川北）三个克拉通边缘坳陷之中，而克拉通坳陷内部除绵阳—长宁拉张槽和鄂西裂陷槽内发育富有机质页岩外，其他地区相对较不发育。

加里东旋回中晚期（晚奥陶世—志留纪），由早期裂陷转为挤压背景，随着周围古隆起（乐山—龙女寺、黔中、江南等古隆起）的逐渐隆升崛起，在扬子克拉通内部形成具隆坳格局的半闭塞滞流环境，火山活动频繁，营养物质丰盛，发育五峰组—龙马溪组深水陆棚相富有机质页岩，岩性以富含笔石的碳质页岩、硅质页岩为主，在整个扬子克拉通内部广泛分布，为中国南方海相页岩气勘探的主力层系之一。此外，扬子克拉通坳陷西缘和北缘为被动陆缘环境，在深水陆棚相及盆地相区同样发育了五峰组—龙马溪组富有机质页岩。

二、泥盆纪—晚三叠世

泥盆纪—晚三叠世经历了海西旋回和印支旋回两大沉积构造旋回，古大洋逐渐消亡，板块逐渐拼贴聚合，中国南方形成了"北挤南张"的两大盆地区，北部发育碰撞前陆盆地和扬子台内坳陷沉积，南部发育多个裂谷，在这两个盆地区之间为上扬子—江南剥蚀古陆。晚石炭世—早二叠世以区域整体沉降为主，接受广泛海侵，形成广阔的碳酸盐岩台地。晚二叠世—中三叠世为区域幕式强烈拉张阶段，为川北台内坳—断陷盆地、龙门山—康滇裂谷和扬子地台等沉积充填格局。

海西旋回早期泥盆纪随着洋盆扩张与海平面上升，南方局部地区发生裂陷，在华南板块西南部形成受北东、北西向断裂控制的湘桂边缘海盆地，主要显示"槽台相间"的沉积格局，中泥盆世晚期在湘桂地区发育了沿裂陷槽分布的台盆相富有机质页岩，石炭纪基本继承了泥盆纪台盆格局背景，在早石炭世广泛海侵背景下发育了沿裂陷槽展布的富有机质页岩。中二叠世东吴运动之后，发生于晚二叠世的峨眉地裂运动导致扬子周缘发生裂陷，在陆棚相区发育二叠系茅口组、吴家坪组和大隆组三套富有机质页岩，以硅质页岩为主，受裂陷活动强弱影响，平面上主要在川北、鄂西、下扬子和湘桂地区，为中国南方海相重要的页岩勘探层系之一。

印支旋回以来，中国南方出现由海变陆的重大地质事件，海相富有机质页岩基本结束，而燕山旋回、喜马拉雅旋回晚期持续抬升阶段构造作用强烈，富有机质页岩进入抬升或剥蚀为主的改造阶段，该阶段对海相页岩的成岩阶段和分布具有重要控制作用。

综上所述，中国南方海相富有机质页岩受构造沉积旋回影响明显，经历不同阶段构造—沉积演化的海相沉积盆地，控制了海相富有机质页岩的沉积、类型和分布。下寒武统牛蹄塘组和上奥陶统五峰组—下志留统龙马溪组分别是被动大陆边缘和克拉通坳陷背景下发育的富有机质页岩，中泥盆统罗富组、下石炭统鹿寨组、上二叠统大隆组是陆缘裂陷构造背景下发育的富有机质页岩（图 2-1-1）。

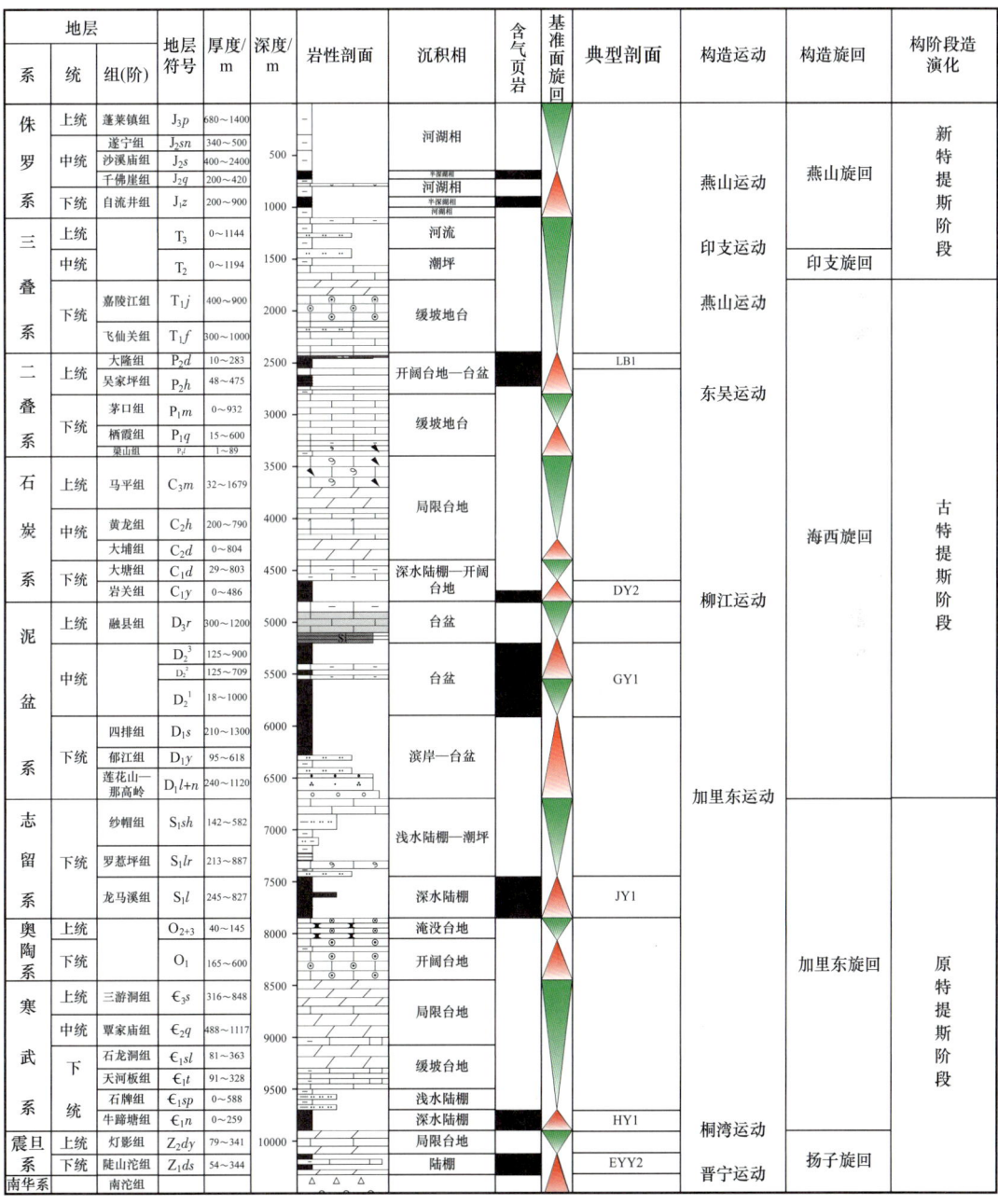

图 2-1-1　中国南方构造旋回及地层综合柱状图

第二节　富有机质页岩发育及展布特征

前期研究认识到中国南方四套海相富有机质页岩分布广泛，页岩储层品质好，资源潜力大，勘探开发前景广阔（郭旭升，2014a）。"十三五"期间，对这几套页岩从地层沉积、地球化学、矿物组成及纵横向展布特征等方面系统开展了页岩特征的分析与对比，查明了富有机质泥页岩发育特征及展布规律。本节主要对下寒武统牛蹄塘组、上奥陶统五峰组—下志留统龙马溪组、中泥盆统罗富组—下石炭统鹿寨组及上二叠统吴家坪组—大隆组等重点层系发育及展布特征进行论述。

一、下寒武统牛蹄塘组

震旦纪末，在扬子板块东南缘和北缘为持续被动大陆边缘环境，伴随海水的快速侵入，在早寒武世形成了一套相对缺氧、静水环境的深水陆棚相黑色页岩，浮游生物红藻、褐藻繁盛，是中国南方古生界页岩气勘探的有利层系之一。

1. 地层与沉积特征

下寒武统黑色富有机质页岩在中国南方广泛发育，主要发育于牛蹄塘组及其相当层位（为叙述方便，下文统称为牛蹄塘组），下以黑色磷块岩、白云岩或硅质岩的消失及黑色高碳质页岩的出现与灯影组、戈仲伍组或老堡组整合或平行不整合分界，上以黑色碳质页岩的消失和灰、灰绿色含钙质砂质页岩的出现与明心寺组整合分界。三叶虫分带是牛蹄塘组最典型的特征，也是该时期地层划分的主要依据，牛蹄塘组由下至上分为 *Mianxiandiscus* 和 *Tsunyidiscus* 两个顶峰带。晚梅树村组沉积期—筇竹寺组沉积期沉积地层在中国南方不同地区岩相和生物相都有差别，因此命名也各异，如弥勒—宣威—盐津以东、筠连—习水—黔江以南、丹寨—玉屏—铜仁—张家界以西为牛蹄塘组（$\epsilon_1 n$），在滇东、川西、川西南、川中沉积的地层称为筇竹寺组（$\epsilon_1 q$），在峨眉山则称九老洞组（$\epsilon_1 j$），陕南—川北地区称为郭家坝组（$\epsilon_1 g$），鄂西渝东为水井沱组（$\epsilon_1 sh$），黔南三都称为渣拉沟组（$\epsilon_1 c$）等，在下扬子地区称为幕府山组（$\epsilon_1 m$）。

以黔东南地区 HY1 井为例，牛蹄塘组纵向上为一个完整的三级层序（SS1），自下而上由深水陆棚、浅水陆棚和斜坡三个亚相组成（图 2-2-1）。SS1 层序由海侵体系域（TST）与高位体系域（HST）组成，海侵体系域厚度小于高位体系域厚度，呈现为一个下薄、上厚不对称的海平面升降旋回。海侵体系域由 SQ1 和 SQ2 早期旋回组成，岩性主要为含硅—硅质泥岩、碳质泥岩；高位体系域由 SQ2 晚期旋回和 SQ3 组成，岩性为灰色粉砂质泥岩、泥质灰岩、灰质泥岩组成。

牛蹄塘组深水陆棚相泥页岩沉积厚度为 81m，以碳泥质深水陆棚亚相和含磷硅碳泥质陆棚亚相为主，岩性为深灰色碳质泥岩、硅质页岩、页岩、泥岩互层沉积，块状构造。黄铁矿异常发育，以团块状、结核状、条带状、草莓状等形式分布，局部水平层理、页理较为发育，裂缝发育较少，局部发育，为方解石、石英或碳质泥岩充填。薄片资料反映出该段泥页岩岩性具有明显的三分性,下段为热水混入的硅质页岩段,薄片下见骨针、硅质胶结的鲕粒发育;中段为含粉砂泥页岩或粉砂质泥页岩段,薄片下见石英、长石碎屑,呈棱角—次棱角状,正交偏光井下石英呈一级灰干涉色;上段为硅质泥页岩段,薄片下多见水平层理,硅质以玉髓、蛋白石为主,正交偏光井下不消光,生物成因的硅质含量高。浅水陆棚相泥页岩沉积厚度为31m,岩性为灰色、深灰色泥岩、粉砂质泥岩、云质泥岩、碳质泥岩互层沉积,块状构造。黄铁矿发育,黄铁矿结核周围为方解石包裹,由此可分析,主要经过两期流体沉淀而形成,方解石在边缘形成,黄铁矿形成于内部;局部发育水平、平行层理,局部裂缝发育,为方解石充填。薄片下方解石染色呈红色,见藻团块。

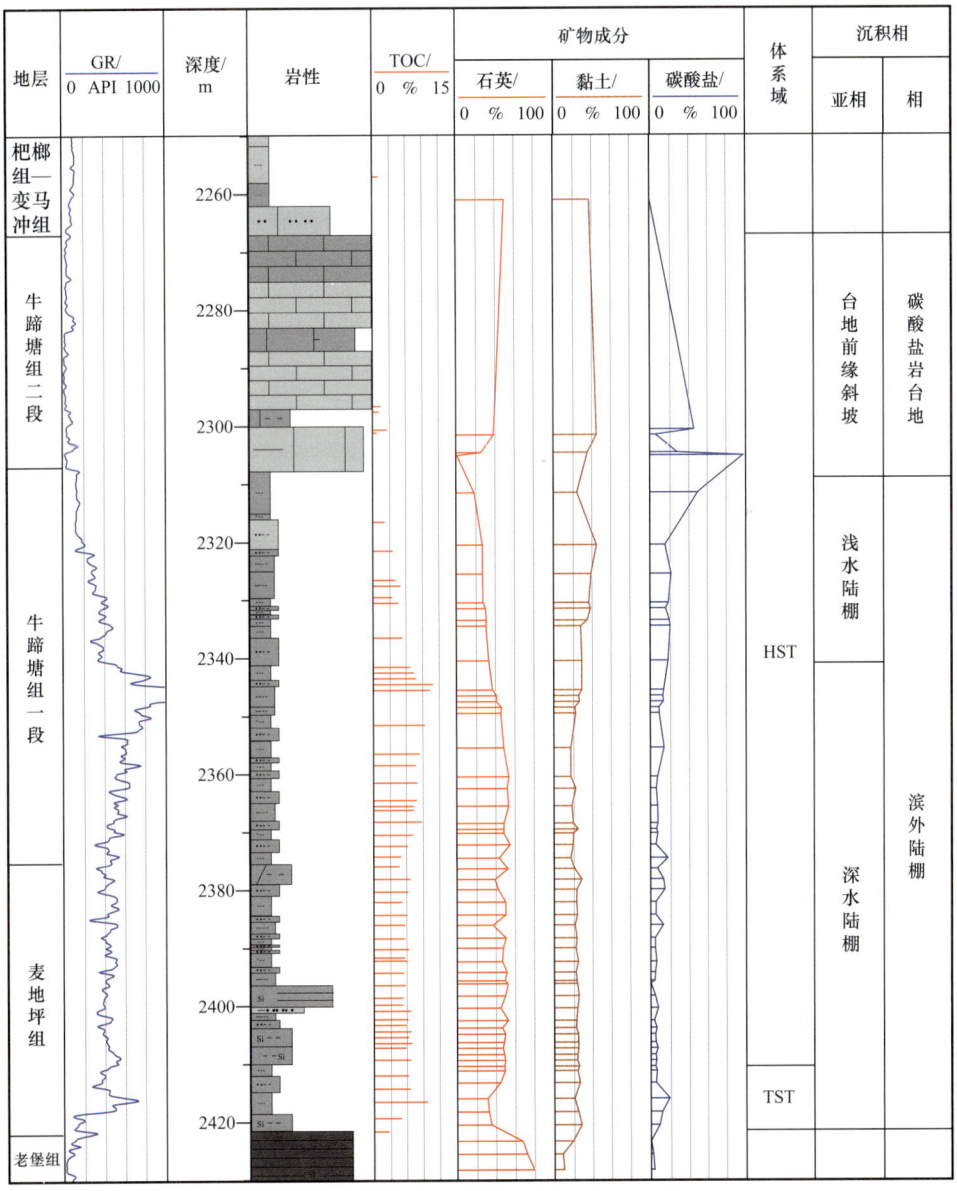

图 2-2-1 HY1 井下寒武统牛蹄塘组综合柱状图

牛蹄塘组深水陆棚相富有机质页岩主要沉积在牛蹄塘组一段和二段，其中牛蹄塘组一段厚度为46m，TOC含量为4.8%~9.9%，平均值为6.3%；牛蹄塘组二段，厚度为68m，全段TOC均大于2%，平均值为6.83%，具有向上TOC含量降低的特点。泥页岩矿物组成方面，石英含量约45%，黏土含量约25%，长石含量约10%，碳酸盐含量约占9%。同样具有向上硅质矿物含量降低的特点。总体来看，处于被动大陆边缘的牛蹄塘组优质页岩具有"高TOC、高硅质、低黏土"的特点。

2. 富有机质页岩关键参数特征

前期不同专家学者对中国南方不同地区下寒武统牛蹄塘组优质页岩（TOC≥2%）地球化学特征、储层特征、矿物组成特征等方面开展了大量研究工作，认为牛蹄塘组具备形成页岩气的物质基础。有机碳和硅质矿物是原始沉积环境判别的重要指标，也是评价优质页岩品质的关键参数，且涪陵页岩气田勘探开发实践已证实，深水陆棚相高TOC、高硅质页岩层段是勘探开发的最有利层段。因此，通过深入分析探讨有机质丰度、矿物组成及其耦合关系与成因，进一步明确下寒武统富有机质页岩发育的典型特征，为勘探开发过程中有利层段的优选提供参考。

1）TOC与硅质耦合特征

下寒武统牛蹄塘组为被动大陆边缘型深水陆棚相页岩，纵向上主要发育于麦地坪组—牛蹄塘组一段，该层段富含有机质，TOC含量基本均超过5%，其中麦地坪组厚度为30~50m，TOC含量为4.8%~9.9%，平均值为6.3%；牛蹄塘组一段厚度为60~80m，全段TOC均大于2%，平均值为6.83%，明显较五峰组—龙马溪组深水陆棚优质页岩TOC平均值（3.6%）高。泥页岩矿物组成方面，石英含量约60%，黏土含量约25%，碳酸盐含量约占9%，较五峰组—龙马溪组硅质含量高，五峰组—龙马溪组深水陆棚页岩层段的硅质矿物含量一般介于22.9%~80.5%，平均含量达到49.0%，整体具有高TOC和高硅质的特点。HY1井的TOC和硅质含量相关图表明（图2-2-2），牛蹄塘组深水陆棚相优质页岩硅质矿物含量与TOC存在正相关的耦合关系。

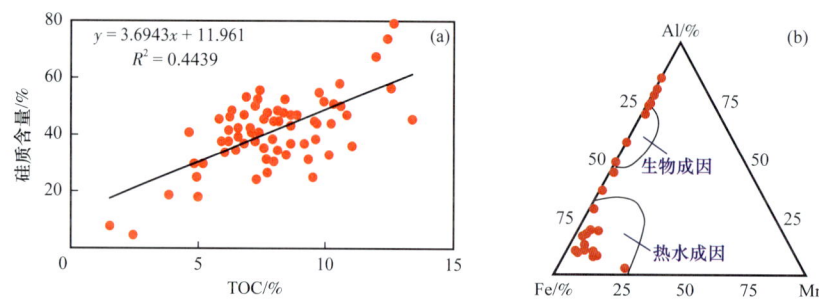

图2-2-2 下寒武统牛蹄塘组优质页岩硅质含量与TOC相关性图（a）和Al-Fe-Mn硅质成因三角判别图（b）

2）高TOC与高硅质成因分析

（1）高TOC成因。

上扬子地区早寒武世分布在不同构造位置，下寒武统页岩的沉积受多种因素控制，因此不能用单一的成因机制来解释。在总结四川盆地及其周缘下寒武统富有机质页岩的沉积空间形态、构造背景、洋流特征、岩石特征、古生物特征、地球化学特征等因素的基础上，分析其发育特征及富集机制，总结了两种沉积模式，即拉张槽或裂陷槽"滞留盆地模式"和陆棚—斜坡—盆地相被动大陆边缘"上升流模式"的有机质富集模式。

拉张槽或裂陷槽"滞留盆地有机质富集模式"包括四川南江—资阳—长宁以及鄂西宜昌等地区，早寒武世由于兴凯地裂运动，在陆棚内部形成拉张槽。由于川中水下隆起的阻隔，棚内凹槽区与开放海沟不通畅，导致沉积环境较闭塞。在早寒武世海侵作用下，海平面上升，沉积可容纳空间增加，闭塞的环境导致水体分层明显，表层为氧化水体，底部为缺氧水体，沉积速率较慢，初级生产力低于陆棚—斜坡—盆地相。棚内凹槽相梅树村组沉积期—筇竹寺组沉积期以机械沉积、化学沉积为主，发育磷硅碳质泥质白云岩、碳质页岩及粉砂岩等，水平层理/纹层发育，有机质丰度较陆棚—斜坡—盆地相低。

被动大陆边缘"上升洋流有机质富集模式"包括四川中部—重庆—贵州—湖南西部地区，随着Rodinia超大陆裂解，扬子板块东南缘由于分离裂解作用形成被动大陆边缘。早寒武世梅树村组沉积期—筇竹寺组沉积期海侵时期，相对海平面上升，沉积可容纳空间增加，表层为氧化水体，底部为缺氧铁化水体，中部陆棚边缘—斜坡区存在缺氧硫化水体。由于存在富含营养盐的上升洋流，导致浮游生物和藻类大量繁盛，生物初级生产力远高于台内拉张槽，并且生物产生的有机质大量沉降并消耗氧气，加剧了底部水的缺氧程度。梅树村组沉积期—筇竹寺组沉积期以絮凝沉积、生物沉积为主，发育磷块岩、硅—碳页岩组合、碳—硅—磷页岩组合、石煤—硅质岩—金属硫化物富集层—黑色页岩组合、碳—硅质页岩—金属硫化物富集层组合，有机质丰度高。

综上所述，早寒武世由于海平面上升，水动力减弱，沉积速率缓慢，海水分层现象明显，上升洋流刺激表层浮游生物及藻类的发育，生物初级生产力较高，底部缺氧水使有机质得以保存。在这些因素的共同作用下，使得下寒武统广泛发育富有机质页岩。

（2）高硅质成因。

野外露头及钻井资料揭示，扬子板块西南缘牛蹄塘组发现大量的微体生物化石，如放射虫和海绵骨针等，而微量元素Al-Fe-Mn三角关系图分析也证实了牛蹄塘组页岩中硅质成分存在生物成因（图2-2-2）。另外，前人针对华南地区早寒武世的热液活动进行了大量研究，普遍认为上扬子区东南缘（渝东—湘西、贵州部分地区）早寒武世早期经历了多期次的热液活动。

众所周知，稀土元素中的Eu异常可用于判断沉积物是否受热液活动影响，在正常海水中一般无明显的或具有微弱的Eu亏损；而在热液沉积中通常富集Eu而呈正异常。研究表明，不同地区不同沉积相Eu/Eu^*值表现出明显的差异性，如棚内凹槽相Eu/Eu^*远小于1（JY1井），而被动大陆边缘陆棚相遵义剖面Eu/Eu^*远小于1，桃子冲剖面近一半样品Eu/Eu^*大于1，斜坡—盆地相HY1井牛蹄塘组下段部分样品Eu/Eu^*大于1。整体来看，早寒武世早期（梅树村组沉积期—筇竹寺组沉积期）的热液活动影响范围有限，仅存在于贵阳—张家界一线及以东地区（如桃子冲、HY1井、渣拉沟、龙鼻嘴、岩背剖面）。其中，贵阳及渣拉沟地区及邻区（如HY1井）受热液活动影响较大，可能接近热液中心源区,沿东北向热液影响逐渐减小。

综上所述,中国南方下寒武统牛蹄塘组高硅质含量的主要原因为生物和生物化合作用,另外也受到一定程度热液的影响,但影响范围有限。

3. 沉积相与优质页岩展布特征

早寒武世初期发生了著名的前寒武纪—寒武纪缺氧事件和生物大爆发,沉积了一套富有机质黑色页岩,并且含有大量小壳化石和三叶虫化石。随着海平面的上升,在中国南方大部分地区造成缺氧环境,扬子地块西部及北部开始接受来自古陆的碎屑砂质机械沉积,扬子板块东南、东北部仍以泥质絮凝及生物沉积为主。中国南方发育三个大型的深水陆棚相区,第一个是四川盆地西南部资阳—长宁一线近南北向展布的区域,第二个是鄂西地区南北向展布的区域,第三个是四川盆地之外东南部鄂渝黔和下扬子大部分地区,为早寒武世牛蹄塘组沉积早期四个沉积中心,是富有机质页岩发育的主要地区(图2-2-3)。其差别在于前两者为靠近西部古陆物源区,夹持于砂泥质浅水陆棚内部,受继承性克拉通内裂陷控制,呈带状展布的碳泥质深水陆棚沉积,而后者为浅海大陆架上远离物源、靠近深海区的碳泥质深水陆棚沉积。黔南三都—天柱—溆浦一线附近及以东地区、城口—房县以北地区仍为硅碳质斜坡—深水盆地沉积,主要发育薄层黑色硅质页岩、碳质页岩;平面上自西向东依次发育砂质滨岸—砂泥质浅水陆棚—碳泥质深水陆棚—泥质浅水陆棚—碳泥质深水陆棚—陆棚边缘斜坡—硅碳质深水盆地沉积。

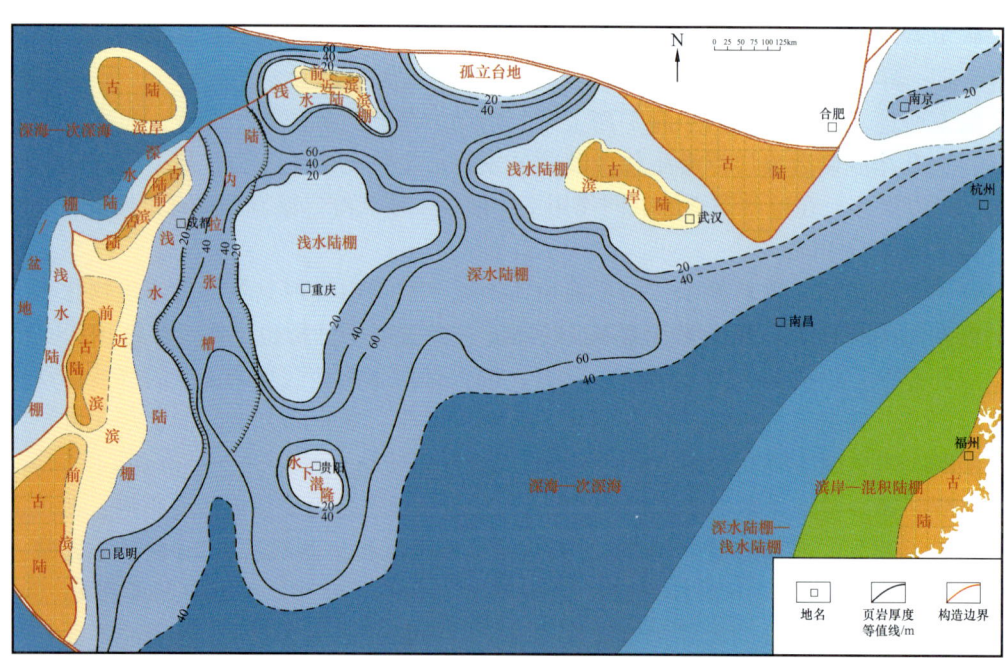

图 2-2-3　中国南方地区下寒武统牛蹄塘组沉积相与优质页岩(TOC≥2%)厚度叠合图

中国南方下寒武统页岩岩相及沉积相类型丰富多样,砂泥质、泥质、碳酸盐质、混积等均有发育,如江油—井研—昭通—禄劝以西的地区发育滨岸相中—细砂岩及浅水砂泥质陆棚沉积，利川地区发育浅水灰泥质陆棚沉积，丁山地区发育浅水砂泥灰质互层的混积陆棚沉积，其发育除受相对海平面升降变化（快速海侵—缓慢海退）控制外，还与砂质碎屑古陆物源区或碳酸盐岩水下隆起的发育密切相关。

整体来看，下寒武统富有机质页岩在南方地区分布范围广，但即使在深水陆棚相区内，富有机质泥页岩厚度变化较大。扬子板块内部优质页岩主要分布在川西拉张槽和鄂西裂陷槽，川西拉张槽优质页岩厚度一般在10～40m，鄂西裂陷槽厚度一般在40～60m；而扬子板块南缘和北缘分布更广泛，优质页岩连续厚度大，一般多在60m以上，最厚可达100m，由此可见，处于被动大陆边缘的黔南、湘西等地区优质页岩明显厚度更大。

二、上奥陶统五峰组—下志留统龙马溪组

奥陶纪—志留纪，全球板块逐渐拼合转为聚敛期，为强烈挤压的地史时期，隆坳格局分异明显，且火山活动频繁，营养物质丰富，伴随全球海侵作用影响，在中国南方扬子克拉通内坳陷发育了广泛分布的深水陆棚相优质页岩（TOC≥2%），是中国南方古生界页岩气勘探最重要层段之一。

1. 地层与沉积特征

1）生物地层特征

目前关于扬子地区五峰组—龙马溪组生物地层学的认识基本清楚，且被大多数专家学者所接受，根据五峰组—龙马溪组最新的生物地层研究成果，扬子地区上奥陶统（对应于五峰组）自下而上可以划分为凯迪阶（*Dicellograptus complanatus*-WF1、*Dicellograptus complexus*-WF2、*Paraorthograptus pacificus*-WF3）和赫南特阶（*Normalograptus persculptus*-WF4、*Persculptogr persculptus*-LM1）两阶五个笔石带；下志留统（对应于龙马溪组）则可以划分为鲁丹阶（*Akidograptus ascensus*-LM2、*Parakidogr acuminatus*-LM3、*Cystograptus versiculosus*-LM4、*Coronograptus cyphus*-LM5）、埃隆阶（*Demirastrites triangulatus*-LM6、*Lituigraptus convolutus*-LM7、*Stimulograptus sedgwickii*-LM8）和特里奇阶（*Spirograptus guerichi*-LM9、*Spirograptus turriculatus*-N2）三阶九个笔石带，这也为建立等时地层格架提供了重要依据。陈旭等（2017）根据对扬子区五峰组和龙马溪组黑色页岩中笔石带的研究成果，参考国际间通用的笔石带，提出了五峰组和龙马溪组黑色页岩序列中笔石带的划分标准，建立了国内五峰组—龙马溪组黑色页岩地层划分和对比的"标尺"，基于JY1井实钻井的笔石特征，建立了国内JY1井五峰组—龙马溪组笔石生物地层典型基干剖面，将JY1井五峰组—龙马溪组划分为13个笔石生物地层单元，其中五峰组包含WF1—WF4，龙马溪组包含LM1—LM9（图2-2-4）。

2）层序地层特征

前期关于龙马溪组层序地层研究已做过大量研究，本次根据前期主要界面的识别，扬子地区五峰组—龙马溪组可识别出两个Ⅲ级层序（图2-2-4），分别对应于五峰组、龙马溪组。五峰组—龙马溪组一段为页岩气层，基于此，本节主要对五峰组—龙马溪组一段沉积期对应的层序特征进行重点介绍和划分。根据界面的成因、发育周期和规模等因素，扬子地区五峰组—龙马溪组一段可识别出三个中期旋回层序、六个短期基准面旋回。

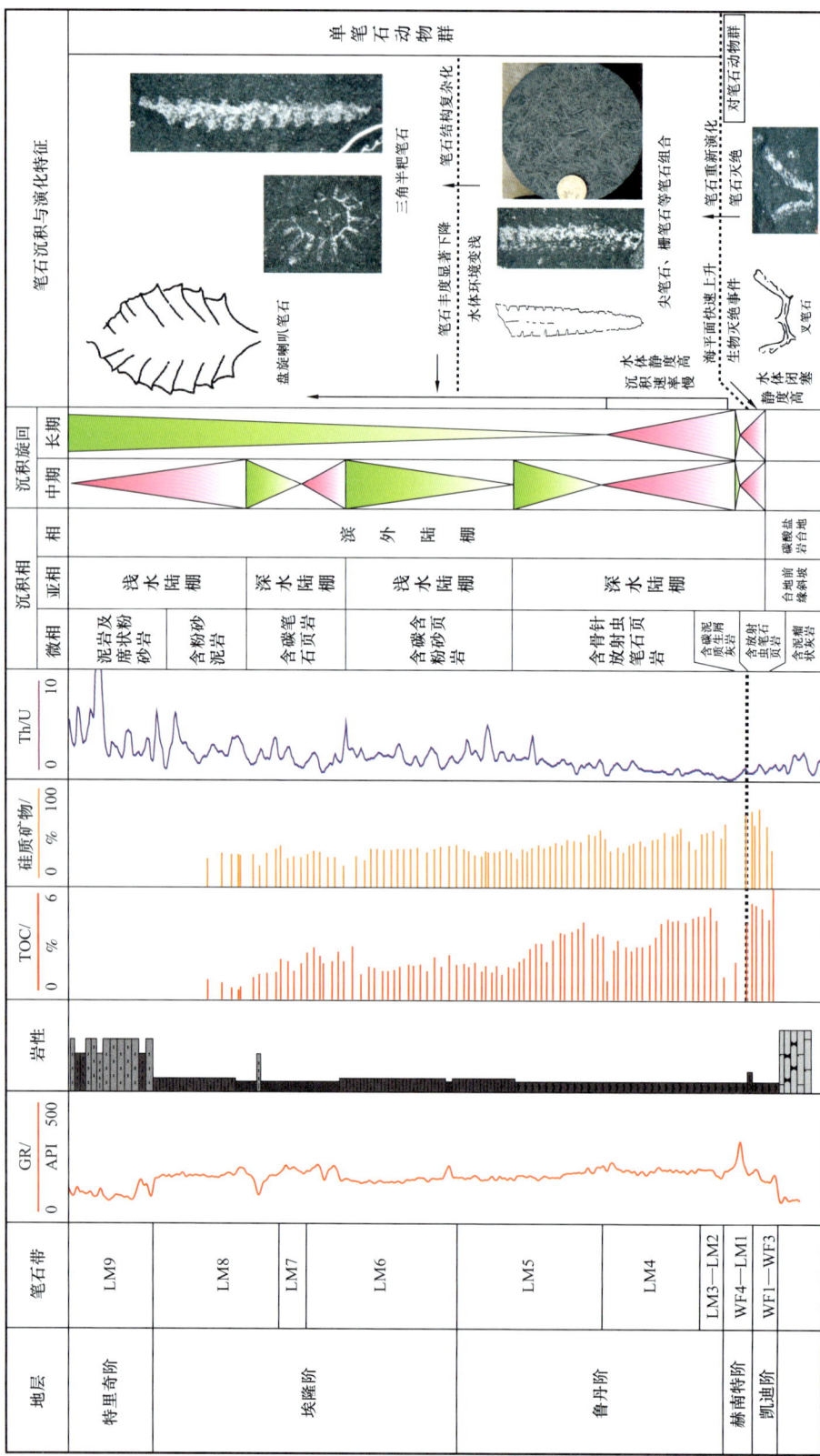

图 2-2-4 四川盆地五峰组—龙马溪组层序地层划分综合柱状图

SQ1层序对应于五峰组，由海侵体系域（TST）与高位体系域（HST）组成，海侵体系域厚度大于高位体系域厚度，呈现为一个下厚上薄不对称的海平面升降旋回。海侵体系域为深水陆棚亚相，岩性为含放射虫碳质笔石页岩夹26层厚0.2～3cm不等的钾质斑脱岩薄层或条带；高位体系域同为深水陆棚亚相，岩性为碎屑流形成的含碳泥质生屑灰岩或含生屑碳灰质泥岩。该Ⅲ级层序仅包含了一个Ⅳ级层序——SQ1。

SQ2层序对应于龙马溪组，由海侵体系域（TST）与高位体系域（HST）组成，海侵体系域厚度远小于高位体系域厚度，表现为下薄上厚不对称的海平面升降旋回特征。层序顶底均为岩性、岩相转换Ⅱ型层序界面。海侵体系域发育深水陆棚沉积环境，发育一套灰黑色含碳笔石页岩；高位体系域发育深水陆棚、半深水陆棚沉积环境，发育一套以含碳笔石页岩、含碳含粉砂泥岩和粉砂质泥岩为主的细粒碎屑沉积物。

龙马溪组一段为该Ⅲ级层序的一部分，由SQ2海侵体系域（TST）与高位体系域（HST）一部分组成。其中龙马溪组一段与二段之间的岩相转换面为一个明显的Ⅳ级层序界面，可以有效地将龙马溪组一段和上覆龙马溪组二段及以上地层进行划分。

该Ⅲ级层序在龙马溪组一段内还可进一步划分为两个四级层序，分别为SQ2及SQ3。

（1）Ⅳ级层序（SQ2）：对应于龙马溪组一段一亚段和二亚段。可进一步划分为三个准层序，其中下部两个准层序对应于龙马溪组一段一亚段，为深水陆棚亚相，岩性主要为含骨针放射虫碳质笔石页岩；上部一个准层序对应于龙马溪组一段二亚段，为浅水陆棚亚相，岩性主要为含碳含粉砂泥岩。

（2）Ⅳ级层序（SQ3）：对应于龙马溪组一段三亚段。可进一步划分为两个准层序，其中下部一个准层序对应于龙马溪组一段三亚段①小层，为深水陆棚亚相，岩性主要为含碳质笔石页岩；上部一个准层序对应于龙马溪组一段三亚段②小层，岩性主要为含粉砂泥岩。

3）沉积特征

晚奥陶世五峰组沉积期—早志留世龙马溪组沉积期，扬子地区形成了大套暗色碳质泥页岩、碳质笔石泥页岩夹薄层泥质粉砂岩，属浅海滨外陆棚相。纵向上，依据其岩性、岩相、有机质丰度、矿物含量及生物特征等的变化，其可进一步划分出浅水陆棚、深水陆棚两种亚相以及富碳高硅、高碳高硅等六种微相类型。五峰组发育两种微相类型，包括高碳高硅页岩和含生屑含碳灰质泥岩/含生屑泥质白云岩；龙马溪组一段发育四种微相类型，包括富碳高硅页岩、高碳中硅页岩、中碳中硅粉砂质页岩、低碳中硅粉砂质页岩。其中高碳高硅页岩微相和高碳中硅页岩微相为页岩气层最有利的沉积微相类型。

（1）富碳高硅页岩微相、高碳高硅页岩微相。

富碳高硅页岩微相和高碳高硅页岩微相处于深水陆棚相水体能量最低的海域，水动力条件弱，基本不受海流和风暴流的影响，在整个上扬子地区该类微相稳定发育，主要发育在五峰组下段及龙马溪组一段一亚段下部。

这两种微相岩性较单一，以灰黑色碳质笔石页岩为主[图2-2-5（a）、（b）]，局部间夹黄铁矿薄层、条带或条纹以及10余层单层厚0.2～3cm不等的浅灰—灰色钾质斑脱岩。沉积构造以水平层理、块状层理为主。页岩中含丰富的笔石化石，其含量一般在40%左

石,局部富集成层;见少量腕足类及介形类化石,局部层段硅质放射虫含量较高;页岩中含较多分散状黄铁矿晶粒。以上特征总体反映了安静、贫氧的沉积水体,有利于富有机质页岩的发育。

富碳高硅页岩具有高TOC、高孔隙度和高硅质矿物含量的特征,TOC主要介于4%～6%,孔隙度主要介于4%～7%,硅质含量一般介于30%～70%。因此该微相的页岩气层具有"高碳、高孔、高硅"的特征,不仅有利于页岩气的生成和储集,还有利于后期的压裂改造,为页岩气层最有利的岩相类型之一。

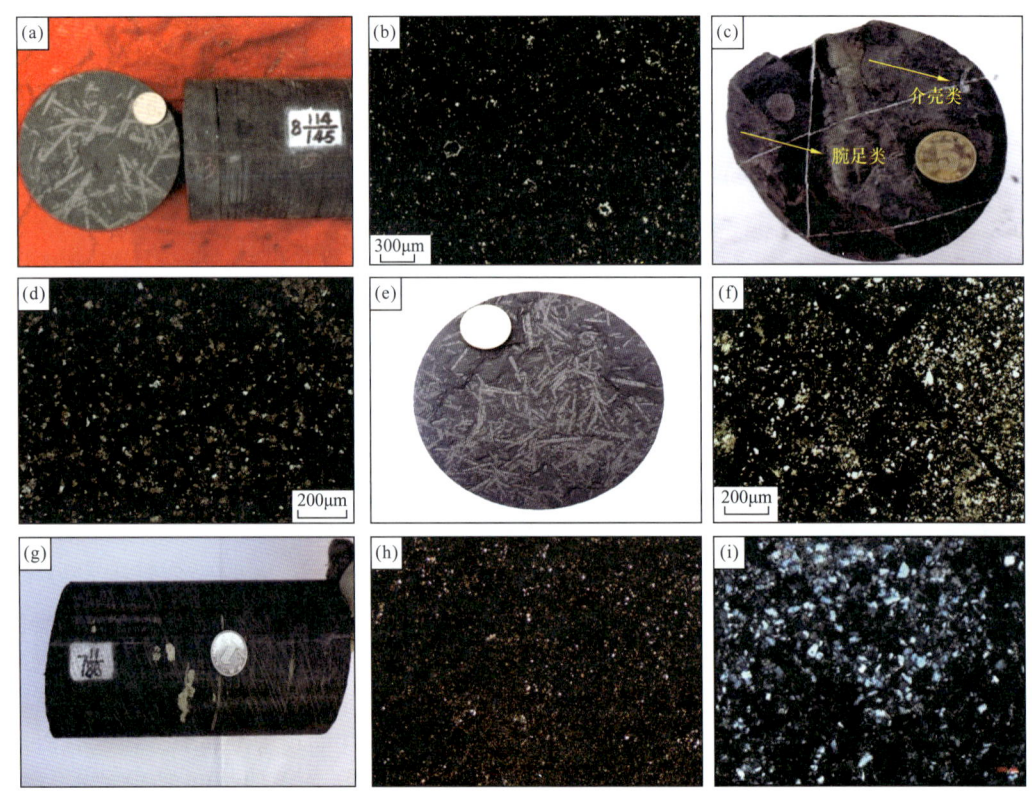

图 2-2-5 中国南方上奥陶统—下志留统页岩岩相特征

(a) 富碳高硅页岩,JY2井,2753.99m;(b) 富碳高硅页岩,JY2井,2753.99m,单偏光;(c) 含介壳泥质白云岩,DY4井,五峰组观音桥段,3727.32m;(d) 含介壳泥质白云岩,白云石呈半自形—自形晶粒状,DY4井,3727.47m,单偏光;(e) 碳质笔石页岩,DY4井,3724.45m;(f) 含骨针放射虫笔石页岩,见硅质骨针,JY1井,2390.02m,单偏光;(g) 含碳含粉砂泥岩,DY4井,3636.43m;(h) 含碳含粉砂泥岩,DY4井,3635.15m,2×10,正交偏光;(i) 含粉砂泥岩,DY5井,3777.23m,10×10,正交偏光

(2) 含生屑含碳泥灰岩/含生屑泥质白云岩微相。

含生屑含碳泥灰岩、泥质白云岩仅出现于五峰组顶部观音桥段,属于深水陆棚亚相。岩性为深灰—黑灰色含生屑含碳泥灰岩、含生屑含碳泥质白云岩[图2-2-5(c)、(d)],该微相在川东南地区厚度0.25～0.65m不等,区域上展布稳定,与下伏五峰组下段和上覆龙马溪组一段一亚段的深水碳质笔石页岩之间都是连续沉积,呈夹层状态产出。所含生屑以腕足类碎片或碎屑为主,棘屑次之,分选较差,大小混杂,纵向上具有自下而上生屑颗粒由大变小、含量也随之减少的特点，呈正粒序递变特征，是较典型的深水碳酸盐岩碎屑流环境沉积的岩相类型。

含生屑含碳泥灰岩碳酸盐含量高，通常表现出低TOC、低孔隙度的特征，但由于是以较薄的夹层状产出，因此，对五峰组—龙马溪组整套页岩气层总体影响不大。

（3）高碳中硅页岩微相。

高碳中硅页岩分布于龙马溪组一段一亚段中上部。岩性以灰黑色碳质笔石页岩为主［图2-2-5（e）、（f）］。页岩呈灰黑色，含丰富的笔石化石，局部富集成层，其含量一般为50%左右，质地较纯，水平纹层发育，见黄铁矿薄层、条带或条纹以及分散状黄铁矿晶粒。与富碳高硅页岩和高碳高硅页岩相似，沉积水体安静、贫氧，有利于富有机质页岩的形成。

高碳中硅页岩与高碳高硅页岩相似，同样也具有高TOC、高孔隙度和高硅质矿物含量的特征，TOC主要介于2.0%～5.5%，孔隙度主要介于3.0%～6.8%，硅质矿物含量主要介于35%～63%，由此可见，该沉积微相也同样为页岩气层有利的岩相类型之一。

（4）中碳中硅粉砂质页岩微相。

中碳中硅粉砂质页岩分布于龙马溪组一段二亚段中下部，属于半深水陆棚亚相。岩性以黑灰色含碳含粉砂泥岩为主［图2-2-5（g）、（h）］，页岩呈灰黑色，岩石中生物化石单调，仅见少量近搬与原地生态特征的笔石化石及其碎片，一般顺层分布。与粉砂质条带相伴的泥质岩内，薄片鉴定见少量硅质放射虫。黄铁矿薄层、条带或条纹相对于富碳高硅、高碳高硅页岩明显减少。少量层段见顺层集中分布的粉砂质条纹分布，与泥质条纹呈频繁韵律互层。

中碳中硅粉砂质页岩通常表现出中有机碳含量、相对略低孔隙度、中等硅质矿物含量的特征，TOC主要介于1.0%～1.6%，孔隙度主要介于3.0%～5.0%，硅质矿物含量主要介于30%～40%。相对于富碳高硅页岩微相、富碳中硅页岩微相页岩气层特征参数相对略差，为页岩气层较有利的岩相类型。

（5）低碳中硅粉砂质页岩微相。

低碳中硅粉砂质页岩分布于龙马溪组一段二亚段上部，属于半深水陆棚亚相，岩性以黑灰色含粉砂质泥岩为主［图2-2-5（i）］。岩石显水平层理，泥岩中见少量笔石。含较多黄铁矿晶粒，呈斑块状分布，并具有顺层集中分布呈条带或条纹状的特点，而且凡有黄铁矿晶粒顺层集中分布呈条带或条纹的部位，往往也是粉砂质顺层集中分布的部位，从而形成黄铁矿—粉砂质条带或条纹，说明该套岩石是半深水陆棚相对较深水还原环境条件下以泥级碎屑为主的沉积。

低碳中硅粉砂质页岩通常表现出低有机碳含量、高孔隙度以及低硅质矿物含量的特征，TOC主要介于1.0%～1.3%，孔隙度主要介于3.0%～5.0%，硅质矿物含量主要介于25%～40%。页岩气层TOC和硅质含量变差，为页岩气层较有利的岩相类型。

4）典型钻井实例分析

扬子地区五峰组—龙马溪组一段整体为滨外陆棚沉积，纵向上沉积环境略有变化，由多次深水陆棚及浅水陆棚亚相组成的向上变浅的沉积序列组成，是一个由海侵到缓慢海退的完整的沉积旋回，整体岩性以暗色的泥页岩类沉积为主，各沉积微相均有一定的生烃潜力，底部含骨针放射虫碳质笔石页岩、含放射虫笔石页岩或碳质笔石页岩微相有机质高度富集，有利于页岩气的形成。

以 DY4 井为例，五峰组—龙马溪组一段可分为两个长期、三个中期和六个短期旋回，其中五峰组下段和龙马溪组一段一亚段沉积期对应于两个三级层序的海泛期（图 2-2-6）。五峰组—龙马溪组一段沉积了一套暗色碳质页岩。

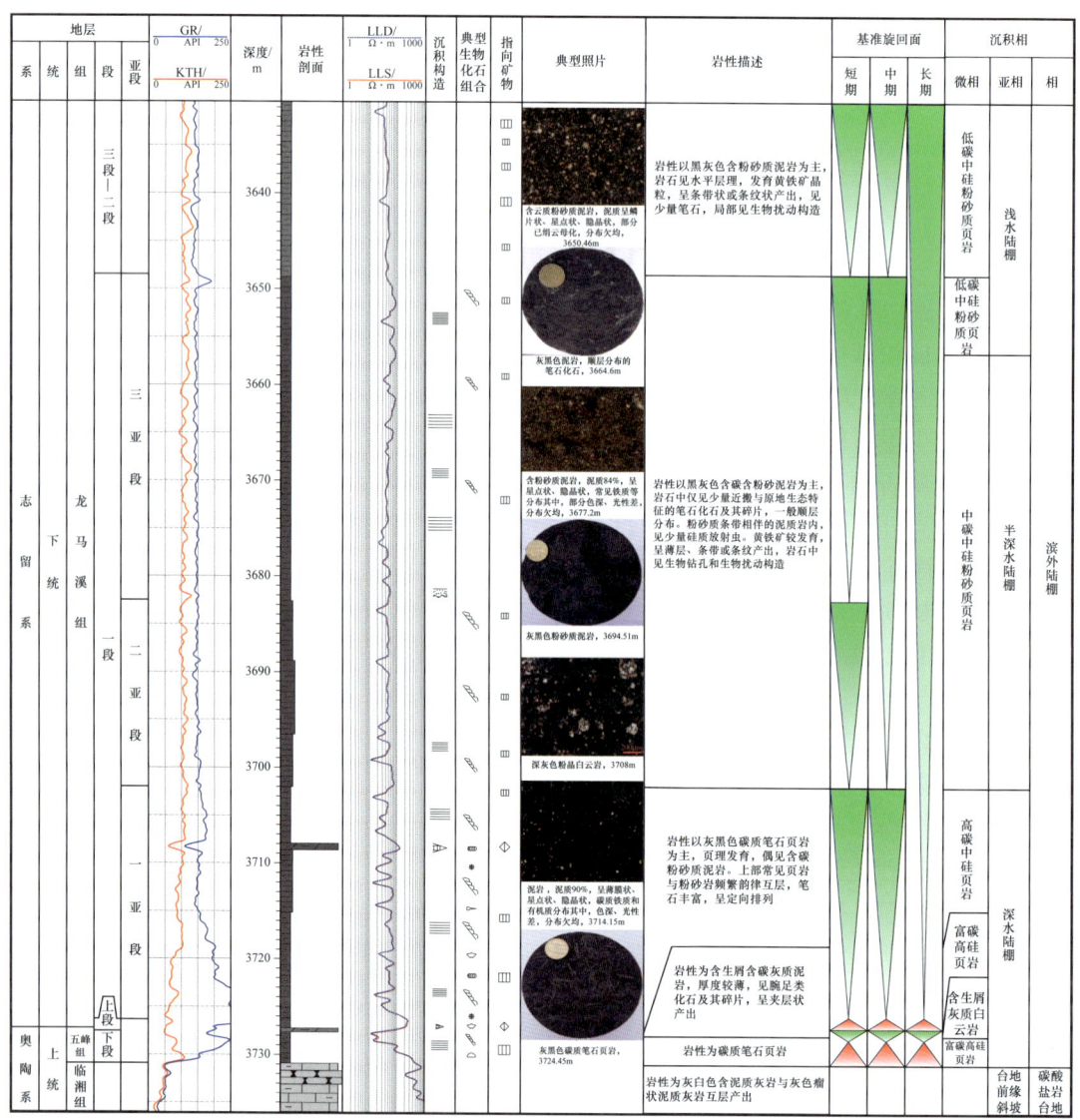

图 2-2-6　DY4 井五峰组—龙马溪组沉积与层序综合柱状图

龙马溪组一段按岩性、古生物及测井曲线等特征可划分为深水陆棚、半深水陆棚两个亚相，纵向上自下而上包括富碳高硅页岩、高碳中硅页岩、中碳中硅粉砂质页岩、低碳中硅粉砂质页岩微相共四个微相；五峰组纵向上自下而上包括高碳高硅页岩、含生屑泥质白云岩共两个微相。其中深水陆棚主要发育富碳高硅页岩、高碳中硅页岩、含生屑泥质白云岩微相；半深水陆棚主要发育中碳中硅粉砂质页岩、低碳中硅粉砂质页岩。

五峰组—龙马溪组底部发育富碳高硅页岩、高碳高硅页岩、高碳中硅页岩微相，厚度约28.9m。岩性主要为灰黑色碳质笔石页岩，该段具有高GR、高TOC、高硅质、较高孔隙度的特征，其GR值最高可达393API，TOC含量一般在3%~6%之间，硅质含量介于30%~70%；孔隙度介于3.5%~7.0%，整体表现出良好的页岩品质。

2. 富有机质页岩关键参数特征

上奥陶统五峰组—下志留统龙马溪组富有机质页岩整体研究程度较高，前期不同专家学者对中国南方不同地区上奥陶统五峰组—下志留统龙马溪组优质页岩地球化学特征、储层特征、矿物组成特征等均做过详细阐述，本书主要重点介绍有机碳和硅质矿物含量等关键参数特征，以揭示其内在成因关系。

1）TOC与硅质耦合特征

四川盆地及周缘深水陆棚页岩主要发育于五峰组—龙马溪组一段一亚段，该层段有机质丰度高，TOC平均值达到3.6%，远大于龙马溪组一段一亚段—二亚段浅水陆棚泥岩TOC的平均值（1.69%）；另外深水陆棚页岩层段的硅质矿物含量介于22.9%~80.5%，平均含量达到49.0%，而浅水陆棚泥岩的硅质矿物含量平均仅为35.8%。通过涪陵、丁山典型钻井以及漆辽、骑龙村等露头资料分析，川东南地区五峰组—龙马溪组深水陆棚优质页岩具有高TOC、高硅质良好的正相关耦合关系，且硅质以生物成因为主（图2-2-7）。

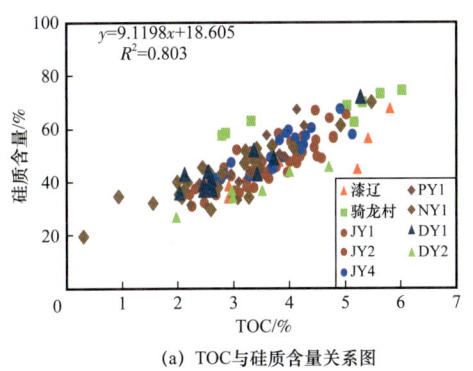
(a) TOC与硅质含量关系图

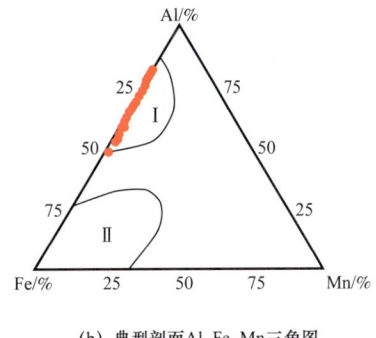
(b) 典型剖面Al-Fe-Mn三角图

图2-2-7 五峰组—龙马溪组TOC与硅质关系图及硅质成因判别图

2）高TOC与高硅质成因

（1）高TOC成因。

五峰组—龙马溪组优质页岩主要发育于底部层段，由五峰组和龙马溪组底部向上有机碳含量逐渐降低，是什么原因造成了烃源岩在纵向上的如此变化和差异？

前人对五峰组—龙马溪组有机质富集机理研究主要包括"生产力模式"和"保存模式"，总结下来主要包括三个方面：① 火山作用广泛发育，火山喷发，释放大量火山灰，火山灰中携带大量营养物质，其表面附着易溶薄层盐膜，进入海水后可迅速释放铁盐等营养物质，为海洋低等生物提供重要的营养盐，促进藻类及硅质浮游生物（放射虫、硅质海绵骨针）繁盛、生产力升高；② 温暖气候条件下，化学风化较为剧烈，陆源输入中携带营养盐，也可以促进生物繁盛，陆源输入物质中含有大量黏土矿物，黏土对有机质有较强的捕获能力，无论是生物硅还是黏土矿物对有机质的吸附都会加速有机质沉降速率，减少有机质暴露时间，从而促进有机质埋藏，也为沉积物中有机质埋藏提供了足够的储存空间；③ 生物繁盛会消耗水体中的少量溶解氧，会加剧水体缺氧程度，有利于富有机质页岩的保存。

晚奥陶世，具陆内坳陷型典型代表的四川盆地，由于川中—黔中和江南雪峰三大古隆起的形成，导致扬子地区处于"三隆夹一坳"的古地理格局，发育古隆起所包围的半局限—局限浅海环境。在该时期，北边秦岭洋的向南侵入，使扬子海域形成了四个海湾体系（梁狄刚等，2009），由于海湾体系靠陆，营养丰富，使得五峰组—龙马溪组沉积期具有高的古生产力。五峰组沉积期构造挤压作用导致沉积基底下降，盆地滞留程度加强，造成底层水体缺氧，为有机质保存提供了良好条件。尽管五峰组沉积期水体相对较浅，但较浅的水体在障壁性的盆地中被隆起分割，阻碍与大洋水体的交换，导致滞留程度较强，形成了有利于有机质保存的贫氧—缺氧环境。而进入志留纪，古气候迅速转暖而冰盖快速消融，消融的冰水入海造成海水体积大幅增加，发生大规模的海侵，海平面上升造成海盆在区域上扩大，水体变深并缺氧，形成含 H_2S 的厌氧（静海相）环境，有利于有机质得到较好的保存。由于海水漫过障壁，致使海盆与大洋的流通性增强，海盆的滞留程度相对减弱，但氧化还原条件对有机质的富集在该时期的海洋体系中占据主导地位。随后海平面缓慢下降，加上陆源碎屑物质供给逐步增加，使底部缺氧环境遭受破坏，海盆由龙马溪组底部的厌氧环境转变为不利于有机保存的正常富氧环境，造成页岩有机质丰度自下而上逐渐降低。

综上所述，火山作用和温暖湿润的气候环境是奥陶纪—志留纪富有机质泥页岩发育的动力学机制，五峰组—龙马溪组优质页岩（五峰组—龙马溪组一段一亚段）形成于火山活动频繁发育、温暖湿润气候背景下，营养盐供应充足，促进生物繁盛、生产力提高，为大量原始有机质的形成提供了先决条件；而缺氧硫化、富硅的沉积水体，沉积速率中—较低，黏土矿物发育特征，为有机质的富集提供了优良的保存条件。五峰组主要是水体滞留造成的海底缺氧，使有机质得到了较好的保存，而海平面升降造成的氧化还原条件变化控制了龙马溪组页岩中有机质的富集。尽管五峰组—龙马溪组沉积期具有高生产力背景，但较强的氧化还原环境也仍然是页岩有机质的富集的关键控制因素（图 2-2-8）。

（2）高硅质成因。

不同类型页岩受沉积环境、成烃生物以及陆源供应等因素影响，其高硅质成因存在一定差异。五峰组—龙马溪组页岩普通薄片中发现大量微体生物化石，包含了含量较多的放射虫、海绵骨针等（图 2-2-9、图 2-2-10），这些生物体大小主要介于 25~2000μm，呈星点状散布于页岩中，其中放射虫含量可高达30%，硅质骨针最高可达7%。放射虫多呈球形、椭球形或纺锤形，球状直径主要介于 30~150μm，个别可达 300μm，显微镜下有些样品可看到同心圆和放射状结构。未保存完好硅质化石物质，推测可能是因为海水二氧化硅不饱和或沉积物中孔隙水导致生物硅（蛋白石）的溶解。在纵向上，放射虫在五峰组—龙马溪组一段深水陆棚相带中明显增多，个体较大，向上个体变小，且含量减少。放射虫多呈球形、椭球形或纺锤形，球状直径主要介于30~150μm，个别可达300μm。放射虫是一种单细胞浮游生物，从奥陶纪开始大量出现。通常认为，只有分泌氧化硅的放射虫才能呈化石状态保存下来。由于分泌氧化硅的放射虫的蛋白石壳不稳定，在埋藏前有98%以上在水体中和海底上溶解。

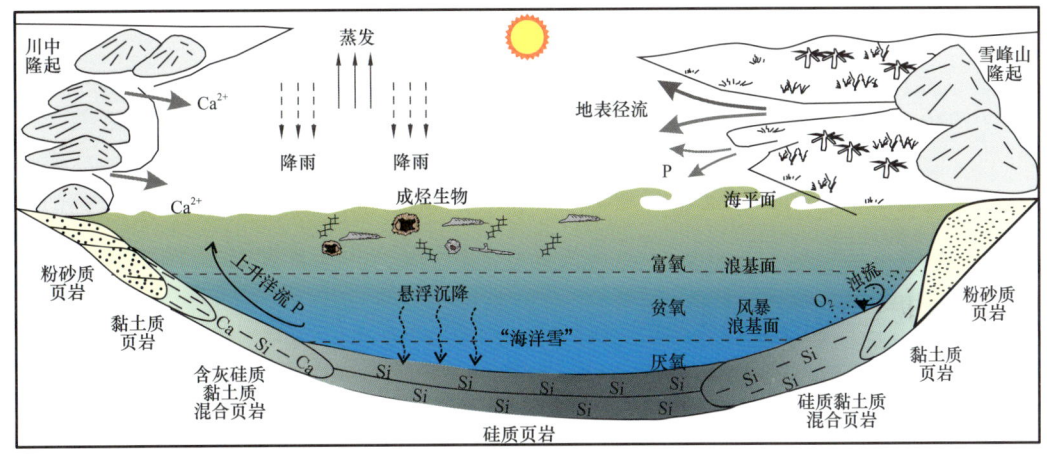

图2-2-8　四川盆地及周缘五峰组—龙马溪组页岩有机质富集模式图

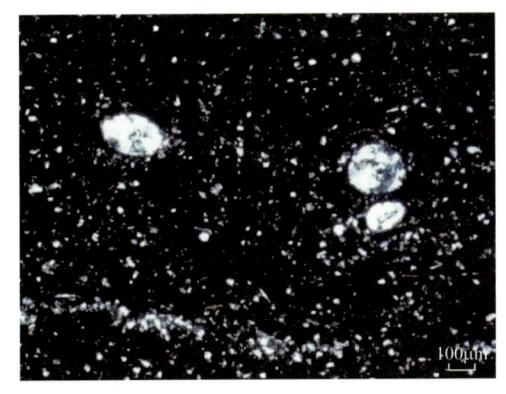 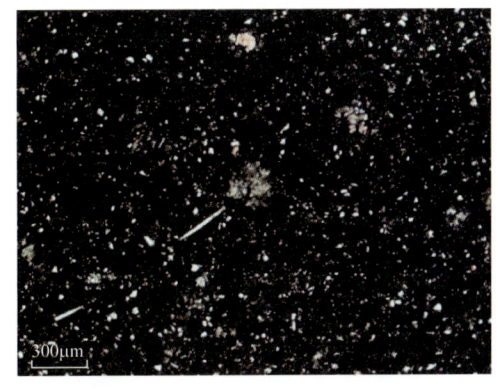

图2-2-9　含骨针放射虫笔石页岩，放射虫含量30%，JY1井，五峰组，2367.88m，（−）

图2-2-10　放射虫笔石页岩，骨针较多，JY1井，龙马溪组一段，2388.52m，（+）

通过元素分析可知，Fe-Mn-10（Cu+Ni+Co）三角图投影点大多数点位于热水成因的沉积区内。但在lgU-lgTh关系图解上，页岩样品中基本没有数据点落在热水沉积范围内（图2-2-11）。而结合典型剖面的Al-Fe-Mn三角图分析可知（图2-2-7），五峰组—龙马溪组以生物成因为主，基本未受到热液影响。由此可见，虽然不是所有的证据都指向硅质受到热水的明显影响，但仍有少量的现象说明了五峰组—龙马溪组泥页岩沉积环境可能受到低强度热水的影响，但热水成因并不是造成五峰组—龙马溪组TOC和硅质呈正相关关系的主要原因。

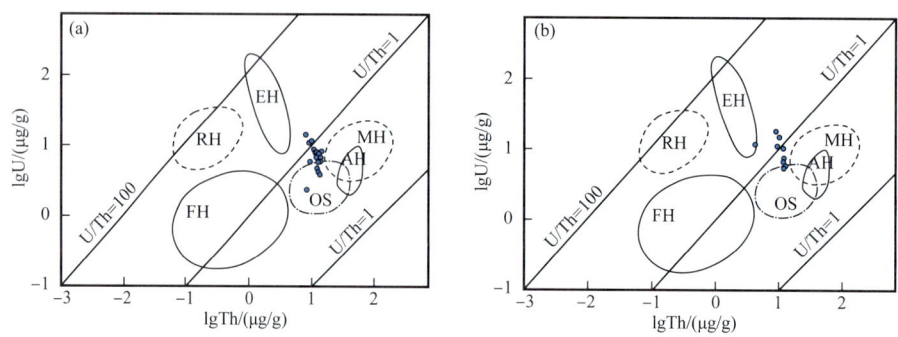

图 2-2-11　JY2 井（a）和 JY4 井（b）五峰组—龙马溪组一段页岩 lgU–lgTh 图解
EH—太平洋洋中脊热水沉积；RH—红海热卤水沉积；FH—石化热水沉积；OS—正常海相沉积；
MH—深海铁—锰结核；AH—铝土矿

综上所述，五峰组—龙马溪组深水陆棚页岩中来源于生物成因以及生物化学成因的硅质含量较高，这也是 TOC 和硅质含量呈良好正相关关系的主要原因。

3. 沉积相与优质页岩展布特征

晚奥陶世凯迪期（WF1—WF4）—早志留世（兰多维列世）埃隆期（LM1—LM8）是一个极为特殊的地质历史时期，全球经历了奥陶纪生物大辐射、显生宙以来的第一次生物大灭绝、短时期多幕次的大规模冰川作用、多期次的火山喷发，以及气候的回暖和生物复苏。

中国南方晚奥陶世五峰组沉积期—志留纪沉积形成于华南盆地消亡和南华造山带形成阶段。从晚奥陶世早期以后，扬子北部边缘海仍然具有被动大陆边缘特征，除此之外，其他地区都明显表现为挤压、收缩的构造特征。晚奥陶世五峰组沉积期—早志留世，随华夏陆块由南东向北西方向挤压作用的不断增强，四川地区发生差异升降，并构成南高、北西高和北东低的古地理格局，在该格局背景下，海水由北东向南西不断侵入，形成了北西浅、南浅和北东深的沉积环境，从而接受了上奥陶统五峰组—下志留统龙马溪组以泥质碎屑岩为主的沉积（图 2-2-12）。

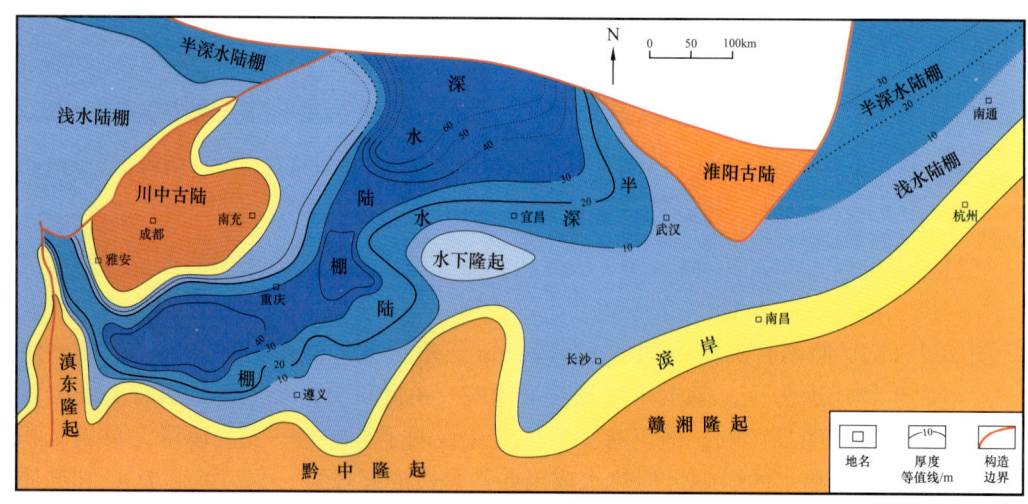

图 2-2-12　中国南方五峰组—龙马溪组沉积相与优质页岩厚度叠合图

四川盆地晚奥陶世五峰组沉积期发生海侵，海水由北东—南西方向开始侵入区内，同时伴有来自北秦岭海槽频繁的火山物质的注入。之后又由于华夏陆块向北西方向不断挤压，并伴有晚奥陶世末期的冰川消融，至早志留世初期引起全球大规模的海平面上升。这次早志留世初期大规模的海侵表现在四川盆地龙马溪组沉积早期达到高潮，并在其周缘北西高、南高和北东低的古地理格局制约下，在上扬子地区，尤其是沿川西南及川东南等地区形成了龙马溪组沉积早期相对滞留、缺氧、水体较深的深水陆棚沉积环境，从而发育了一套巨厚的暗色碳质笔石页岩，其内不但富含黄铁矿，而且还见丰富的笔石与大量硅质放射虫及少量硅质海绵骨针等同时富集的特点。该套岩性横向稳定，分布广，不但是四川盆地常规油气勘探主要的烃源岩层系，而且还是中国南方海相页岩气勘探开发的主力层系之一。

三隆夹一坳的古地理格局，使得四川盆地及周缘地区五峰组—龙马溪组发育三个优质页岩沉积中心，分别位于川东北、川西南和川东南地区（图 2-2-12），优质页岩广泛分布，一般厚 25~40m，优质页岩厚度由沉积中心分别向古陆或水下潜隆方向逐渐减薄。川南—川东北地区优质页岩整体发育，北西—南东方向，涪陵—武隆地区为优质页岩厚度中心，向东、向西距隆起越近，优质页岩厚度越薄、TOC 越低；南西—北东方向，优质页岩存在两个较薄、TOC 略低区，分别为仁怀—綦江南南部和鄂西—渝东。其中，川西南地区新站—宜宾—泸州一带优质页岩厚度 50~80m，向靠近古陆的威远、威信、云荞等地厚度减薄到 30m 以下；川东南地区丁山—涪陵—武隆—潜江一带优质页岩厚度 30~42m，向华蓥溪口、酉阳等地厚度减薄到 20m 以下；川东北地区廖子—巫溪—田坝一带优质页岩厚度 40~70m，向观音—巴中、宾山—荆州等地厚度减薄到 20m 以下。

三、中泥盆统罗富组、下石炭统鹿寨组

中国南方加里东运动之后，受海西期区域拉张的影响，自泥盆系开始在陆块边缘或接合部位发育基底断裂，控制着陆缘裂陷盆地的形成，伴随着由南向北海侵作用的逐渐扩大，在滇黔桂盆地内形成台盆交错的沉积格局，在台盆相区形成了中泥盆统罗富组和下石炭统鹿寨组两套富有机质页岩，这两套层系也是中国南方页岩气勘探的主要层系之一。

1. 地层与沉积特征

湘桂地区泥盆系出露完整，具有多种沉积充填类型，生物群落丰富，是研究中国南方泥盆系的典型地区。前人通过多门类化石综合研究，建立了泥盆纪标准剖面，如南丹罗富泥盆纪标准剖面。泥盆系的底为加里东运动不整合面，其顶为紫云运动不整合面。早泥盆世—中泥盆世艾菲尔期，相应的岩石地层单位自南而北逐渐超覆尖灭；从中泥盆世吉维特期—晚泥盆世，又形成一个自北而南逐渐退覆尖灭的地层体，最终形成一个大型楔状体由南而北逐渐尖灭。中泥盆统的岩石地层单位，在贵州独山一带以邦寨组和独山组的混合岩系、台盆相区的罗富组、斜坡相区的那叫组和民塘组、孤立台地相的北流

组和唐家湾组为特征，形成一系列复杂而有序的岩石地层系统。中泥盆统的岩石地层单位中台盆相的罗富组及其相关地层泥页岩相对较发育，在三级沉积层序的高水位期多发育生物礁和生物丘石灰岩，而晚泥盆世的岩石地层单位均以大套碳酸盐岩为主。

1）泥盆系

湘桂地区泥盆纪经历了一个从南向北逐渐海侵的过程，中泥盆世晚期海侵达到最大，主要发育在台盆相区，优质页岩（TOC≥2%）发育层位为纳标组和罗富组，不同古地理背景下页岩沉积特征存在较大差异。以南丹—都安裂陷槽内GY1井为代表（图2-2-13），GY1井中泥盆统划分为两个Ⅲ级层序（SQ1、SQ2），而优质页岩层主要发育在SQ1、SQ2两个三级层序的海侵体系域及高位体系域早期。

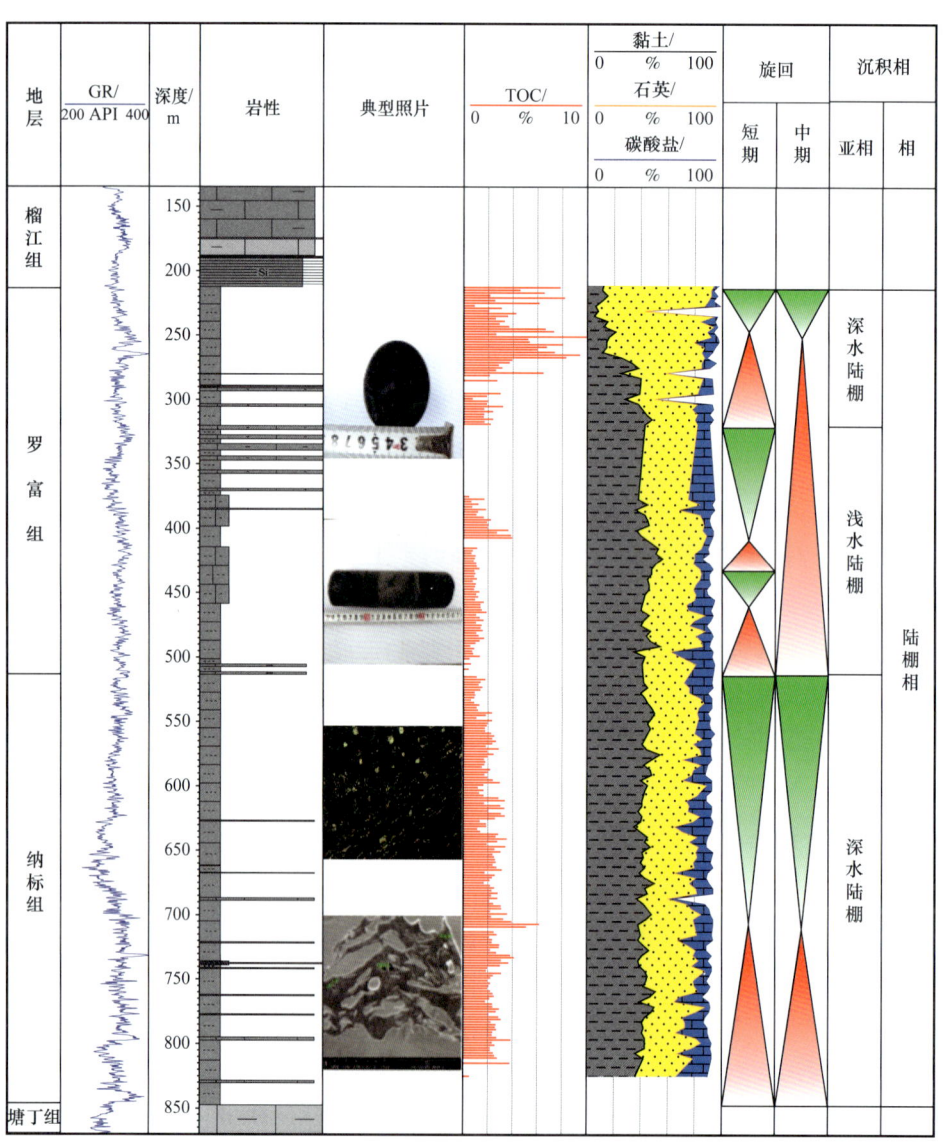

图2-2-13 GY1井中泥盆统地层综合柱状图

SQ1层序对应中泥盆统纳标组，由海侵体系域（TST）与高位体系域（HST）组成，海侵体系域厚度小于高位体系域厚度，呈现为一个上厚下薄不对称的海平面升降旋回。海侵体系域对应纳标组的下部，岩性为灰黑色含生屑碳质泥岩，生物碎屑以轮藻为主，高位体系域对应纳标组的上部，主要沉积了含灰泥岩、灰质泥岩及泥灰岩，生屑仍以轮藻为主，可见少量放射虫和海绵古针，整体为稳定的深水陆棚沉积。其中优质泥页岩主要发育在海侵体系域和高位体系域早期，对应纳标组沉积早、中期。

SQ2层序对应中泥盆统罗富组，由海侵体系域（TST）与高位体系域（HST）组成，海侵体系域厚度大于高位体系域厚度，呈现为一个下厚上薄不对称的海平面升降旋回。海侵体系域对应罗富组中下部，岩性为泥质灰岩、灰质泥岩、碳质泥岩、含生屑碳质泥岩和黑色硅质岩，生屑含量较高，且以介屑为主，含量可达25%～30%，为浅水陆棚沉积；高位体系域对应于罗富组上部，主要为含生屑碳质泥岩、黑色硅质页岩，放射虫和海绵骨针含量急剧增加，轮藻含量急剧减少（图2-2-14），且在岩石裂隙间见重金石矿物（图2-2-15），为受热液影响的深水陆棚沉积。其中优质页岩主要发育在海侵体系域晚期和高位体系域，对应罗富组沉积晚期。

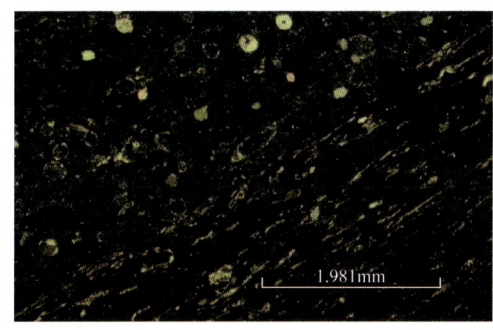 

图2-2-14　硅质放射虫，GY1井，罗富组　　　图2-2-15　重晶石条带，GY1井，罗富组

2）石炭系

在晚泥盆世晚期，受紫云运动Ⅱ幕造成的强迫型海退事件影响，在岩关组沉积早期古陆范围缩小，沿古陆边缘发育了潮坪—局限台地—台盆沉积体系，该时期湘中坳陷北部大部分区域为剥蚀区，到了鹿寨组沉积中期时，海水由南向北超覆，滇黔桂地区沿古陆边缘主要为潮坪—局限台地沉积，向南为台盆—台地相间的沉积格局，台盆相优质页岩（TOC≥2%）分布范围明显扩大。晚石炭世，海域面积在北部略有缩小，这主要是由于海平面下降造成环境变浅导致的。该时期湘桂地区的古地理格局较早石炭世基本相同，滇黔桂地区台盆相分布范围较早石炭世略有缩小，其他大部分区域仍为局限台地—潮坪沉积，不发育优质页岩。

因此，石炭系继承了泥盆系的沉积格局，但裂陷槽范围扩大，纵向上具有早期海侵、晚期海退的特点，优质页岩主要发育在台盆相区，发育层位为鹿寨组二段，而不同古地理背景下优质页岩发育存在较大差异。以桂中地区处于台盆中心的DY2井为代表（图2-2-16），其优质页岩发育在鹿寨组二段，具有高TOC、高硅质的特点。

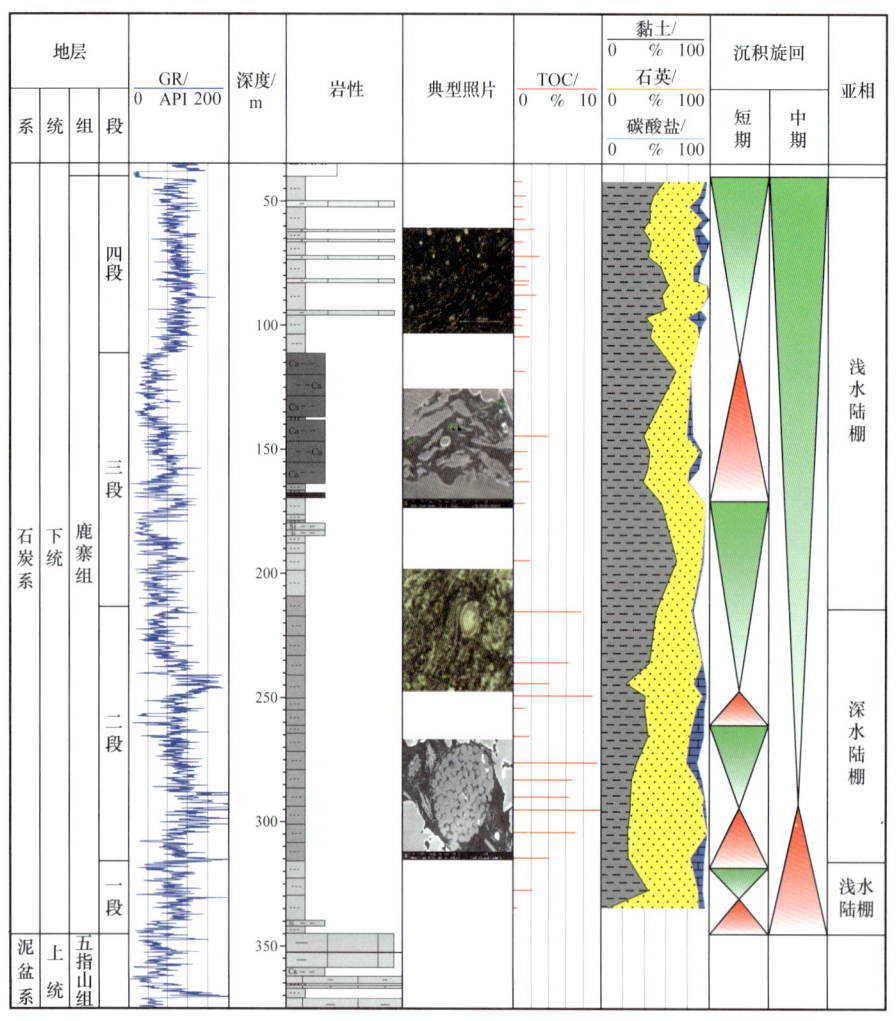

图 2-2-16　DY2 井鹿寨组综合柱状图

鹿寨组主要由海侵体系域（TST）与高位体系域（HST）组成，海侵体系域厚度小于高位体系域厚度，鹿寨组优质页岩主要发育于海侵体系域。海侵体系域主要显示一个明显的海侵旋回，由鹿寨组一段和鹿寨组二段中下部组成，其中鹿寨组一段岩相为灰色泥岩夹含粉砂质泥岩，为浅水陆棚沉积，鹿寨组二段岩性为碳质页岩、碳质泥岩，为深水陆棚沉积，而鹿寨组一段—鹿寨组二段持续海侵过程中在鹿寨组二段中部达到最大海泛面，形成凝缩层段，为广泛分布的深水陆棚相优质泥页岩；高位体系域主要显示一个海退的过程，由鹿寨组二段上部、鹿寨组三段和鹿寨组四段组成，而在鹿寨组二段上部碳质泥页岩沉积结束后，深水陆棚相优质泥页岩的沉积也宣告结束，鹿寨组三段主要由灰色泥岩和灰色钙质泥页岩组成，区内演变为浅水陆棚沉积，而到鹿寨组四段岩性主要为灰色泥岩和含泥灰岩，反映海平面持续下降。

DY2 井富有机质泥岩连续厚度累计约 102m，平均 TOC 达到了 6.24%。有机碳含量分析揭示，研究区鹿寨组二段页岩有机碳含量总体较上部高，鹿寨组一段含粉砂较多、鹿寨组三段含钙质较多和鹿寨组四段含灰质较多的样品 TOC 较低，且随着剖面地层向上颜色变成浅灰色，其 TOC 总体具减小趋势。鹿寨组富有机质黑色页岩中脆性矿物含量丰富，其中石英含量范围在 35.6%～75.2% 之间，平均值为 47.3%；黏土矿物含量仅次于石英，平均值为 43.6%，且以稳定矿物为主，缺乏蒙皂石等膨胀性黏土矿物，碳酸盐矿物含量较低，平均值为 9.1%。

2. 富有机质页岩关键参数特征

泥盆系罗富组优质页岩段 TOC 主要分布在 2.1%～10.63% 之间，平均值为 3.9%，罗富组上段硅质含量为 22%～91%，平均值为 54.86%，从罗富组优质页岩段 TOC 与硅质相关性可知，TOC 与硅质具有一定的相关性（图 2-2-17），反映以生物成因为主，从 Al-Fe-Mn 三角图可知（图 2-2-17），罗富组硅质主要存在生物成因和热水成因两种，镜下大量的硅质放射虫是其生物成因的主要证据，但同时可见重晶石等热液矿物，推测也有部分热水成因硅质。

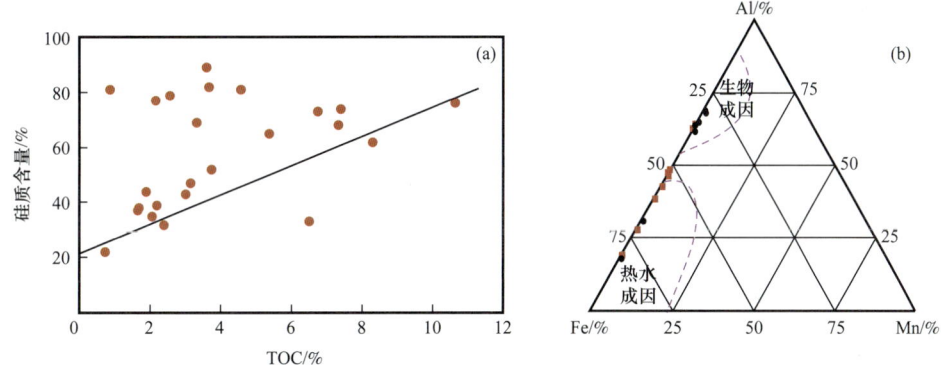

图 2-2-17 罗富组 TOC 与硅质相关性图（a）和 Al-Fe-Mn 三角图（b）

石炭系鹿寨组优质页岩段 TOC 主要分布在 2%～10%，平均值为 6.24%，硅质含量为 35.6%～75.2%，平均值为 47.3%，从鹿寨组优质页岩段 TOC 与硅质相关性可知，TOC 与硅质具有明显的相关性（图 2-2-18），反映以生物成因为主，相邻的宜州峡口剖面同样呈现 TOC 与硅质具有明显的相关性，且镜下大量的硅质放射虫是其生物成因的主要证据（图 2-2-18）。

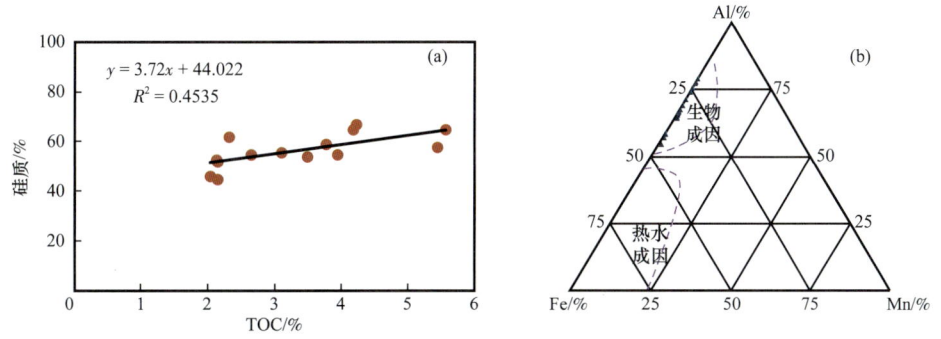

图 2-2-18 鹿寨组 TOC 与硅质相关性图（a）和 Al-Fe-Mn 三角图（b）

3. 沉积相带与优质页岩展布特征

1）泥盆系

中泥盆世，海侵范围进一步扩大，槽台格局较早泥盆世更加明显，除北部上扬子隆起区，该时期仍然有多个较深沉积区。南盘江—桂中—黔南地区古地形特点为自黔中向东南，向南古地形逐渐降低，至钦州—防城地区为次深海海槽，古地形最低，发育大套硅质岩，局部含锰结核，在滇黔桂地区仍发育了大量孤立台地和台盆沉积，台盆相区发育泥页岩及薄层灰岩，为区域上泥盆纪最为优质的页岩层系。中泥盆统黑色泥页岩主要分布在桂中坳陷及南盘江地区，其中南盘江坳陷黑色泥页岩主要为纳标组和罗富组灰黑色、深灰色泥页岩，发育厚度差异较大，沉积中心位于坳陷南部的紫云—罗甸—南丹一带，桂中坳陷主要分布于南丹、河池往南至来宾、柳州到鹿寨、永福一带，主要为深色泥岩及碳质泥岩类。

中泥盆统优质泥页岩整体厚度较大，横向变化较快。优质泥页岩厚度一般沿垭紫罗、南丹—都安、南盘江、弥勒—师宗、龙胜—永福五大裂陷槽展布。平面上，罗富组优质泥页岩厚度一般超过20m，最厚可达90m，纵向、横向变化具有规律性，南盘江坳陷最优，桂中坳陷次之，湘中坳陷不发育。在南盘江坳陷南北方向也存在多个厚度中心，如S1井优质泥页岩厚度为72m，岩性以碳质泥岩为主；南丹地区GY1井位于裂陷槽中，优质页岩厚度为95m，罐子窑剖面优质页岩厚度为15m。总体上罗富组优质泥页岩整体厚度大，沿紧邻垭紫罗断裂的郎岱—紫云—罗甸一线分布（图2-2-19）。

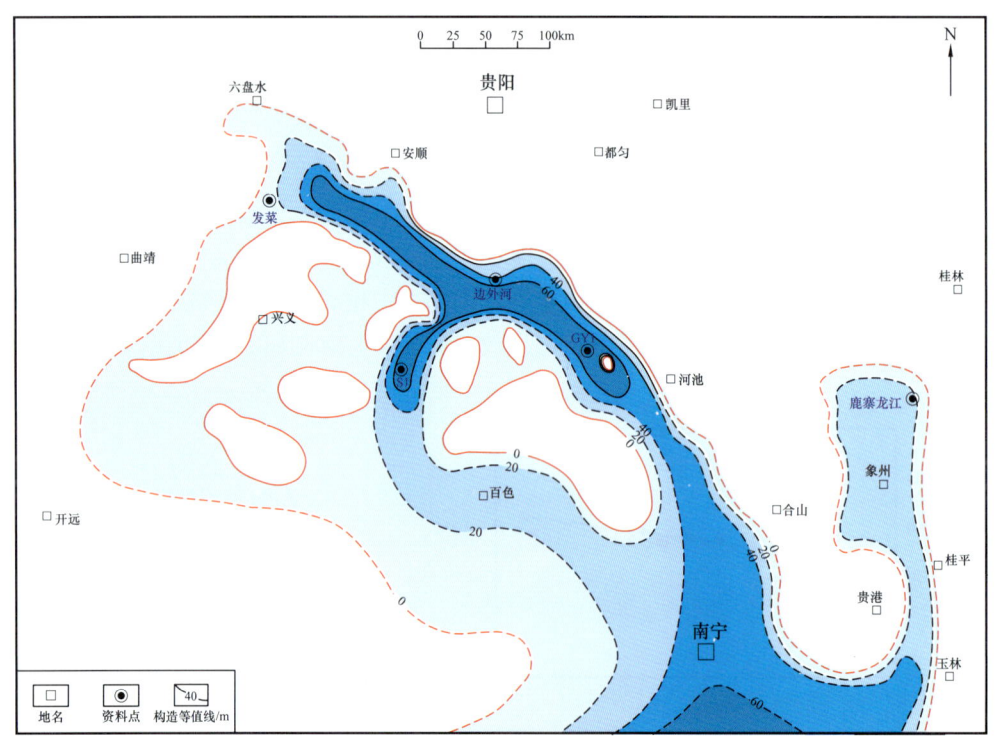

图2-2-19　湘桂地块中泥盆统罗富组优质页岩厚度图

2）石炭系

石炭系基本继承了泥盆系沉积格局，在泥盆系裂陷槽形成基础上，经早期的海水大规模侵入，台盆相区沉积范围变大，优质页岩较泥盆世分布更为广泛，主要发育在早石炭世早期。南盘江—桂中坳陷下石炭统优质页岩发育在垭紫罗—河池、右江、南盘江、南丹—都安、龙胜—永福五个主要裂陷（坳陷）槽。下石炭统优质泥页岩厚度主要介于20~60m，一般超过40m，最厚地区超过100m（图2-2-20），在南盘江—桂中坳陷大面积分布，湘中地区主要发育台内洼陷灰质泥岩、泥灰岩，优质泥岩不发育。优质泥页岩沉积中心主要位于郎岱—罗甸、河池—宜州—鹿寨的台盆相区，在北部斜坡或中部台地相区优质泥页岩厚度明显变薄，一般在10m以下。

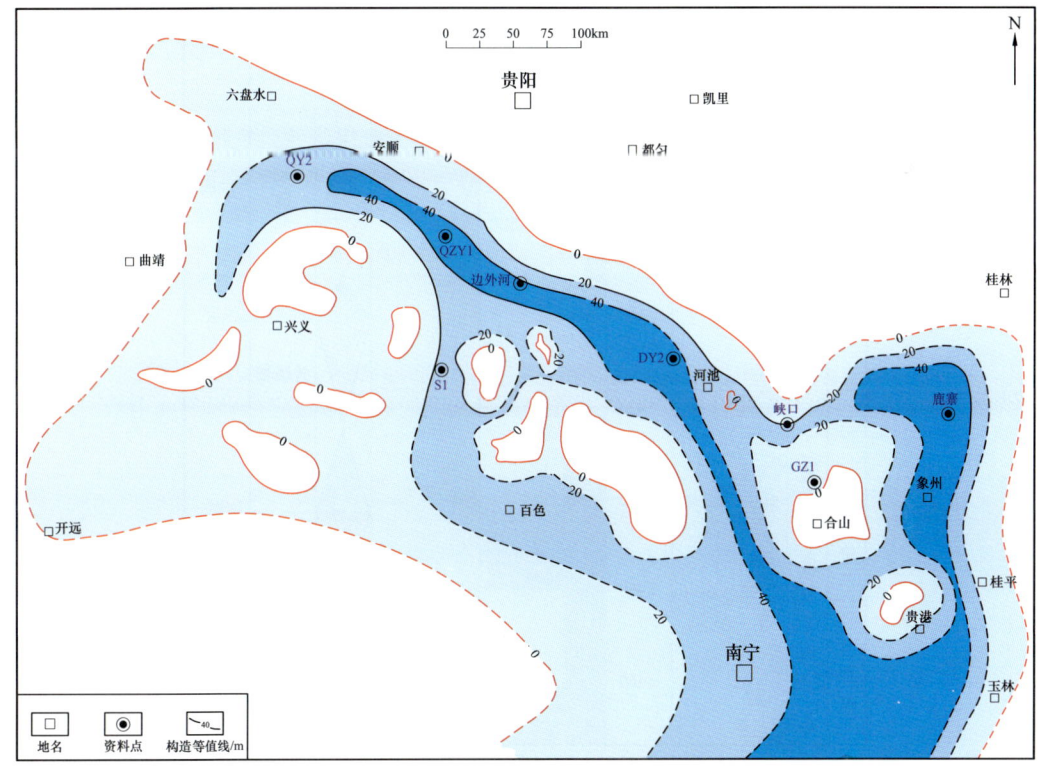

图2-2-20　湘桂地区下石炭统鹿寨组优质页岩厚度图

四、上二叠统吴家坪组、大隆组

受陆缘裂陷沉积格局控制，伴随海侵作用影响，在四川盆地北部广元—开江—梁平陆棚发育了茅口组三段、吴家坪组和大隆组三套富有机质页岩（图2-2-21），其中上二叠统吴家坪组、大隆组是富有机质页岩发育的重点层段，为中国南方古生界页岩气勘探的有利层系之一。

1. 地层与沉积特征

根据各个地区晚二叠世沉积特征分析其沉积水动力条件和沉积环境，将川北地区晚二叠世沉积相划分为盆地、深水陆棚、斜坡脚、斜坡、台地边缘、开阔台地等沉积单元，其中富有机质泥页岩主要发育于盆地、深水陆棚、斜坡脚相带内。川北地区大隆组和吴家坪组深水陆棚相带发育硅质页岩和灰质页岩两个沉积微相，硅质页岩微相硅质含量高，常见水平层理及黄铁矿团块，发育了骨针、放射虫等古生物化石。灰质页岩微相主要岩性为灰质页岩夹薄层泥灰岩条带，钙质含量总体较高，总体反映沉积水体较硅质页岩微相略浅。

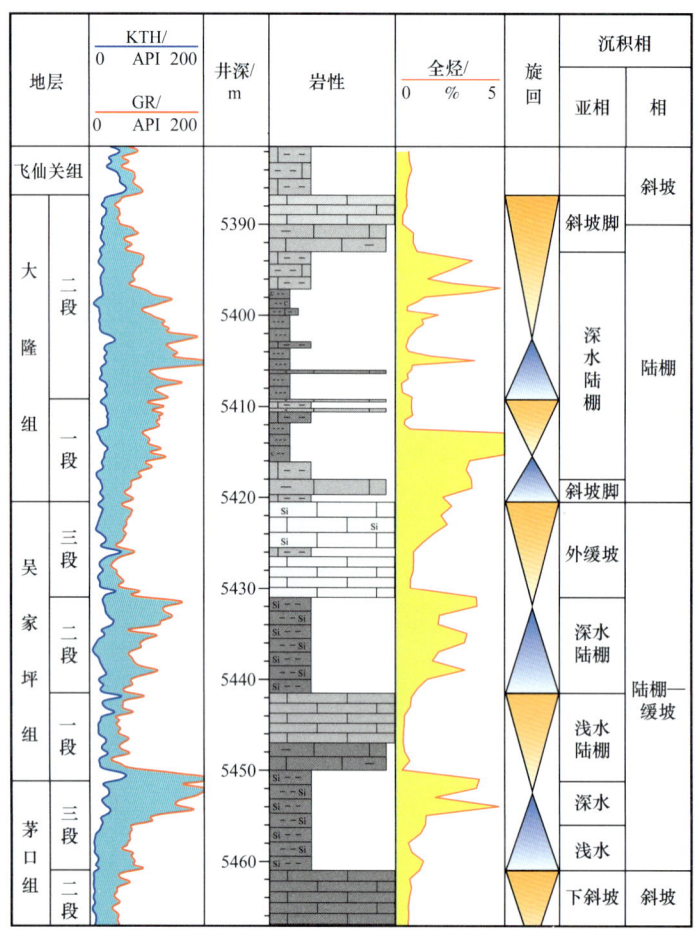

图 2-2-21　川北地区上二叠统地层划分综合图

1）大隆组

长兴组/大隆组为同期异相，大隆组主要分布于沿广元—开江—梁平陆棚一带深水区域，呈北西南东向一直延伸至普光地区，东西两侧为长兴组台地边缘礁滩沉积。长兴组/大隆组顶与飞仙关组一段底部泥岩、灰质泥岩、泥质灰岩呈整合接触，底与吴家坪组含硅质团块灰岩、硅质灰岩整合接触（图 2-2-22）。根据岩性特征及测井响应特征，大隆组可分为两段四个小层。

④小层：上部为灰色石灰岩，中部为灰色、深灰色泥质灰岩，下部为深灰色灰质泥岩，自然伽马相对低值，顶部与飞仙关组底部灰色泥岩、灰质泥质呈整合接触。LB1 井测井 TOC 平均值为 2.59%，整体位于斜坡—斜坡脚，泥页岩发育较差。

③小层：岩性为灰黑色碳质硅质泥页岩夹薄层深灰色灰质泥岩，见生物碎屑、黄铁矿及斑脱岩条带。自然伽马呈相对高值，岩心 TOC 平均值为 8.09%，为深水陆棚沉积，是大隆组泥页岩主要发育层段。

②小层：整体岩性为深水陆棚相灰黑色碳质硅质泥岩、黑灰色灰质泥岩，顶部夹有薄层泥质灰岩，见生物碎屑、黄铁矿及斑脱岩条带。自然伽马较③小层略低，仍呈相对高值。测井 TOC 平均值为 6.90%，为深水陆棚沉积，为大隆组泥页岩主要发育层段。

①小层：岩性主要为深灰色泥质灰岩、深灰色灰质泥岩。自然伽马相对低值，底部与吴家坪组灰色含硅质团块灰岩、灰色硅质灰岩呈整合接触。LB1 井测井解释 TOC 平均值为 4.08%，为斜坡脚沉积，灰黑色碳质硅质泥页岩发育较差。

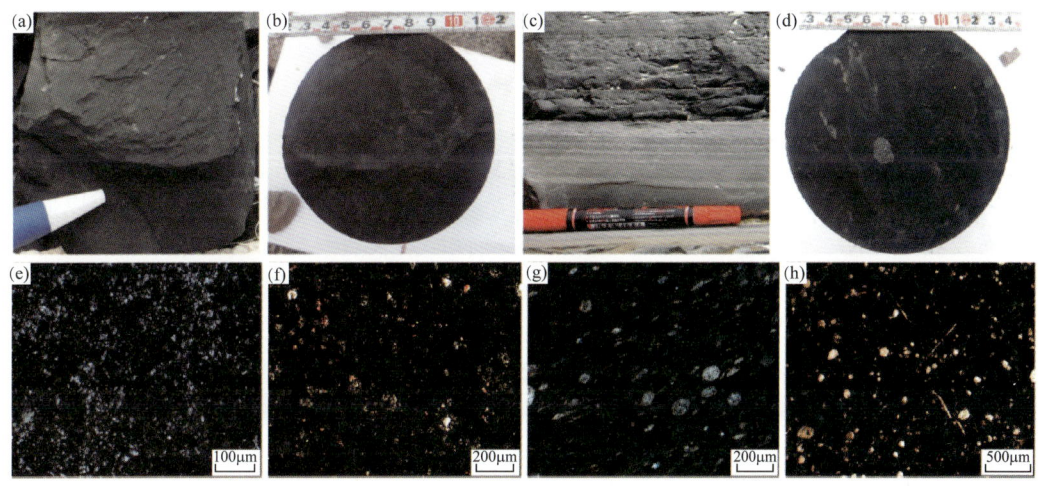

图 2-2-22　川北地区大隆组深水陆棚沉积特征

（a）灰黑色硅质页岩，大隆组，长江沟剖面；（b）灰黑色硅质页岩，大隆组，LB1 井；（c）水平层理发育，大隆组，长江沟剖面；（d）团块黄铁矿，大隆组，HB1 井；（e）硅质页岩，大隆组，HB1 井（−）；（f）灰质页岩，大隆组，HB1 井（−）；（g）硅质页岩，含放射虫，大隆组，长江沟剖面（−）；（h）骨针，大隆组，长江沟剖面（−）

由此可见，大隆组深水陆棚相富有机质泥页岩主要发育在大隆组一段上亚段、大隆组二段下亚段，由厚层泥页岩及中—薄层石灰岩组成，岩性组合特征与吴家坪组相似。LB1 井大隆组岩心实测 TOC 介于 1.04%～16.95%，平均值为 9.17%，石英含量平均值可达 50.4%，显示出大隆组深水陆棚相泥页岩具有高 TOC、高硅质的特征。

2）吴家坪组

川东北吴家坪组与川东南龙潭组为同期异相，以碳酸盐岩台地、斜坡及深水陆棚沉积为主，岩性以硅质泥页岩、硅质灰岩与沉凝灰岩为主。吴家坪组顶与大隆组一段底部灰质泥岩呈整合接触，底与茅口组三段硅质泥岩整合接触（图 2-2-21）。

根据岩性特征及测井响应特征，可划分为三段。

吴家坪组三段：整体岩性为灰色硅质灰岩，岩性较纯，厚度介于 4～6m。GR 值相对较低，介于 52～82API，平均值为 63API。

吴家坪组二段：岩性为灰黑色硅质泥页岩、含凝灰质泥岩，厚度介于 6～12m。表现出明显的高 GR 值特征，介于 107~297API，平均值为 208API，为深水陆棚沉积，是吴家坪组泥页岩主要发育层段。

吴家坪组一段：岩性相对复杂，上段以沉凝灰岩为主，下段为灰色泥质灰岩与灰质泥岩互层，底部可见薄层铝土质泥岩，为吴家坪组底部标志层，整体地层厚度介于 25~28m。GR 值相对中等，介于 56~166API，平均值为 106API。

由此可见，吴家坪组富有机质泥页岩主要发育在吴家坪组二段，主要为深水陆棚沉积，由厚层泥页岩及中—薄层石灰岩组成，是页岩气勘探"甜点"层段。实测吴家坪组二段泥页岩 TOC 介于 1.16%~28.94%，平均值为 8.77%，且高 TOC 样品主要集中于层段中部，纵向连续厚度超过 10m；有机质显微组分以腐泥组（TOC>65%）和贫氢次生组分（TOC>25%）为主，属于 II_1 型有机质；石英含量介于 12.5%~83.2%，平均值为 43.1%；黏土矿物含量介于 6.1%~67.1%，平均值为 21.95%。

2. 优质页岩关键参数特征

二叠系大隆组优质页岩段（TOC≥2%）TOC 主要分布在 2%~20% 之间，平均值为 7.78%，反映区内泥页岩有机质丰度整体很高，具备生烃的物质基础。矿物组成以硅质、方解石及黏土为主，含少量黄铁矿、白云石、菱铁矿及长石，局部偶见重晶石、硬石膏、石膏等矿物，其中硅质矿物含量最高，介于 4.6%~76.7%，平均值为 50.1%，其次方解石占比为 0.5%~86.1%，平均值为 21.9%，黏土含量介于 4.5%~75.9%，平均值为 15.5%，相比川东南五峰组—龙马溪组页岩较低，从 LB1 井大隆组优质页岩段 TOC 与硅质相关性可知，TOC 与硅质具有明显的相关性（图 2-2-23），反映以生物成因为主，镜下见大量硅质放射虫和海绵骨针，在 Al-Fe-Mn 三角图上（图 2-2-23），绝大多数测量值落在了生物成因区，少数落在热水成因区，且稀土元素 δEu、δCe 负异常不明显，反映大隆组优质页岩为正常海水沉积，局部受热水作用的影响。

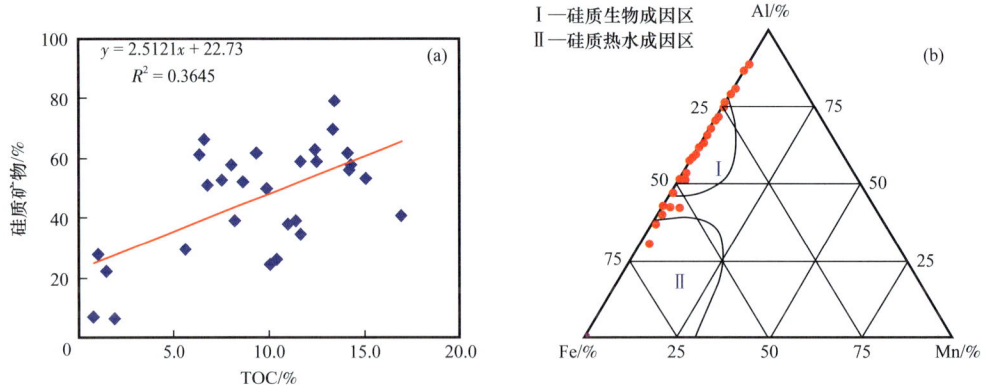

图 2-2-23 大隆组优质页岩与 TOC 相关性图（a）和 Al-Fe-Mn 三角图（b）

3. 沉积相与优质页岩展布特征

四川盆地吴家坪组沉积期，由于强烈的拉张作用，导致四川盆地西南部玄武岩喷发，成为四川盆地主要陆源区。陆源区以东发生相对沉降，接受沉积，导致大范围碎屑岩台地的发育。伴随着海水不断沿北东向南西方向入侵，盆地东北部地区海水变得开阔，沉积环境向清水环境转变，形成了海相、陆相并存的格局。在该沉积环境下，吴家坪组沉积期发育了四种不同的岩相类型，即峨眉山玄武岩、宣威组陆相碎屑岩、龙潭组海陆过渡相碎屑岩以及吴家坪组海相灰岩。峨眉山玄武岩广泛分布在川中及川西南地区，与吴家坪组、龙潭组为相变关系，为一套火山喷发沉积，以基性为主。川中及川东南地区发育龙潭组，为一套海陆交互相含煤碎屑岩系。受沉积相控制，四川盆地北部盆地相及深水陆棚相区吴家坪组下部为沼泽相煤系地层，向上水体变深，岩性组合以硅质灰岩、泥页岩为主。

吴家坪组富有机质泥页岩主要发育在川东—川北地区，整体为深水陆棚及斜坡浅水陆棚环境下的产物，在元坝—普光—涪陵—建南地区广泛分布，厚度较大，主要介于10~30m，在元坝、普光及涪陵北局部地区泥页岩厚度大于30m，最厚可达60m以上（图2-2-24）。

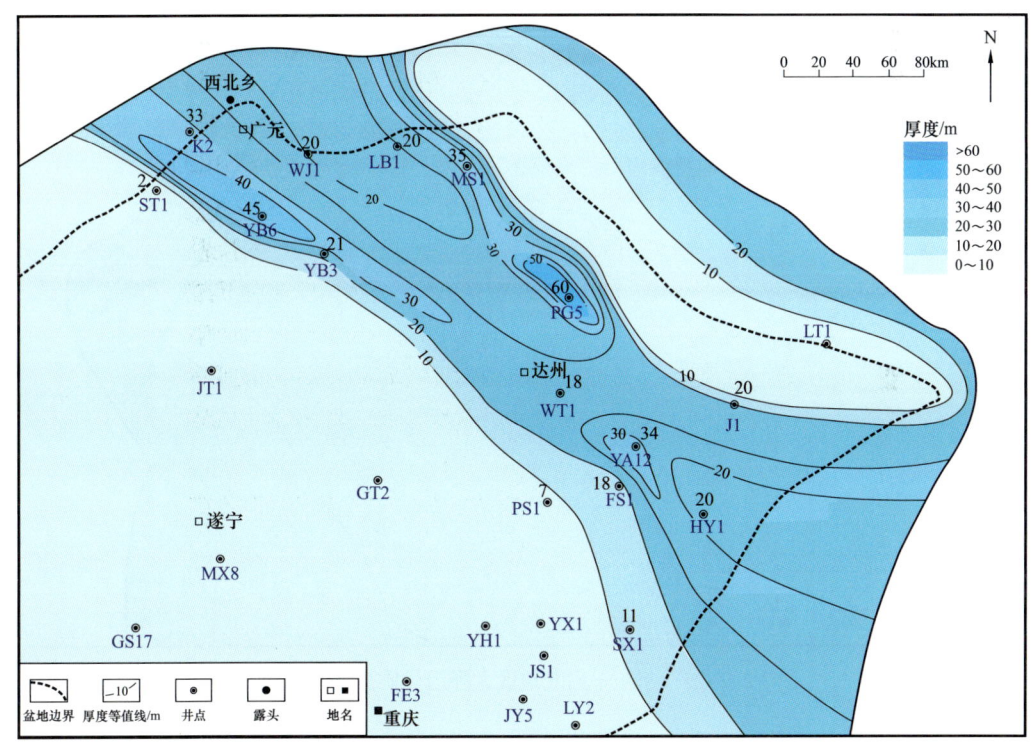

图2-2-24　川东—川北地区吴家坪组优质页岩厚度图

早期认为大隆组沉积受"开江—梁平海槽"沉积模式控制，主要为盆地相，发育灰黑色硅质灰岩、硅质岩组合。随着碳酸盐岩研究的深入，碳酸盐岩沉积模式得到逐步完善，以马永生为代表的学者通过区域构造背景、地震反射特征、沉积格局、岩石特征等的对比研究，提出了"开江—梁平陆棚"的沉积模式，认为川北地区大隆组为碳酸盐岩台地相对深水的台棚（缓坡）沉积环境，局部发育盆地相。大隆组黑色页岩主要发育在深水陆棚和盆地相区。通过对荞田村、金银村、明星村、正源、龙洞坝等盆地相野外剖面实测可知，川北地区大隆组盆地相地层厚度薄，介于 16.5~24.0m，黑色页岩厚度介于 8~12m，明显小于深水陆棚相地层厚度。

大隆组优质页岩整体受沉积相控制，其主要分布于开江—梁平、城口—鄂西深水陆棚沉积区。从泥页岩横向展布及沉积展布特征来看，川北大隆组优质页岩分布明显受控于沉积相带，主要位于旺苍、南江等地，其厚度一般在 15~35m 之间（图 2-2-25）。其中盆地相硅质泥页岩厚度在 10~20m 之间，TOC 较高，至深水陆棚相逐渐增厚；深水陆棚相优质页岩厚度较大，介于 20~40m，北西—南东向有增厚趋势，TOC 基本大于 4%；斜坡脚相 TOC 大于 2% 泥页岩厚度在 10~20m 之间，TOC 大于 4% 厚度明显减薄，厚度在 0~10m 之间；斜坡、台缘相优质页岩储层基本不发育。因此，川北旺苍、南江地区是大隆组页岩气勘探有利区。

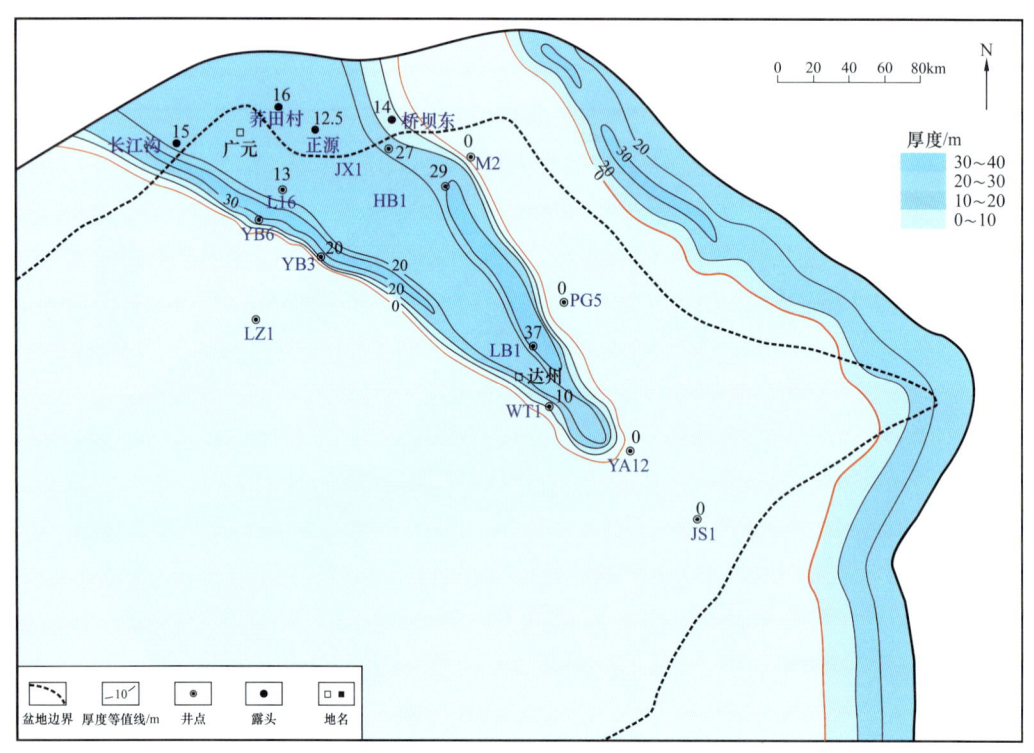

图 2-2-25　川东—川北地区大隆组优质页岩厚度图

第三节　优质页岩发育主控因素及模式

生物的生存环境和保存条件制约了优质页岩的形成，而匹配关系良好的古构造、古环境、古气候和古洋流等各要素控制了优质页岩的时空分布。分析优质页岩形成的地质条件，并建立相关的优质页岩发育模式，不仅有利于落实优质页岩发育的特征及纵横向展布规律，也是研究页岩气富集规律的基础。本节通过对富有机质页岩形成与发育主控因素进行研究，建立了中国南方重点页岩层系的优质页岩发育模式。

一、优质页岩发育主控因素

海相优质页岩（TOC≥2%）的发育，是多种因素在不同时期协同作用的结果。总的来说，主要包括几个方面，如板块运动控制着优质页岩发育的年代，而板内活动控制了优质页岩发育的盆地类型，古地理格局控制了优质页岩的分布，古气候与古海水的变化控制了优质页岩发育的层位，沉积相类型与生物相类型控制了优质页岩的品质等。本节主要是结合中国南方主要海相页岩层系富有机质页岩发育特点及时空展布规律，总结归纳富有机质页岩发育的主控因素，主要包括以下四个方面。

1. 不同构造背景下盆地类型控制优质页岩形成的时序

构造对富有机质页岩发育的控制作用是显而易见的。构造作用通过对海—陆分异格局、海底地貌格局的控制从而控制了海相富有机质页岩的时空分布。通过控制地球表面海—陆格局、陆地地势分异、冰川类型等变化，引起古大气环流、气候带、古洋流形式、类型的形成和演变，从而影响了高有机质丰度沉积物的形成和沉积。海相富有机质页岩主要发育于被动大陆边缘盆地、克拉通内坳陷盆地和陆缘裂陷盆地这三类盆地中。

从基底形成到晚期造山成盆，中国南方经历了扬子、加里东、海西、印支、燕山及喜马拉雅共六大构造沉积旋回，是一个多期构造叠合发育区。经历了震旦纪—早古生代被动陆缘—克拉通内裂陷—坳陷（形成了下寒武统、上奥陶统—下志留统富有机质页岩）、晚古生代陆缘裂陷（形成了中泥盆统、下石炭统、中二叠统、上二叠统富有机质页岩）演化阶段，晚白垩世以来，上扬子地区持续隆升，盆地萎缩并改造。

中国加里东期与海西期伸展聚敛旋回海侵体系域控制了四套富有机质页岩的展布，加里东运动早期伸展阶段发育了下寒武统硅质型富有机质页岩，主要分布于被动大陆边缘内带和台内裂陷，晚期聚敛阶段发育上奥陶统—下志留统陆内坳陷深水陆棚相硅质型富有机质页岩；海西期伸展阶段发育中泥盆统、下石炭统、中二叠统、上二叠统台盆相硅质型富有机质页岩和中二叠统黏土型烃源岩。

整体来看，裂陷控制了上震旦统陡山沱组、下寒武统牛蹄塘组、中泥盆统罗富组、下石炭统鹿寨组、中二叠统茅口组三段、上二叠统吴家坪组和大隆组七套海相富有机质页岩的分布；坳陷控制了上奥陶统五峰组—下志留统龙马溪组和上二叠统龙潭组两套海相富有机质页岩的分布。

2. 深水陆棚相环境控制了优质页岩的时空展布

受区域构造背景的差异，在不同古地理格局下发育不同类型的优质页岩，但纵观中国南方四套重点层系富有机质页岩的发育特征，其实质是深水陆棚相环境控制了富有机质页岩的纵向、横向展布。

下寒武统牛蹄塘组在扬子地台南北两侧的古构造背景为被动大陆边缘环境，而在扬子板块内部发育长宁—绵阳拉张槽以及鄂西海槽，富有机质页岩厚度中心主要发育在古地貌较低的台内裂陷槽或拉张槽、被动陆缘斜坡—陆棚—盆地等深水陆棚环境中，而古地貌较高的浅水台地富有机质页岩厚度明显减薄。

早志留世龙马溪组沉积期是中国南方挤压阶段非常强烈的时期，特别是四川盆地及周缘"三隆夹一坳"的古地理格局，使得四川盆地及周缘地区五峰组—龙马溪地区发育三个优质页岩沉积中心，分别位于川东北、川西南和川东南地区，优质页岩厚度由三个中心分别向古陆方向逐渐减薄。此外，湘鄂西水下古隆起区龙马溪组沉积早期优质页岩不同程度的缺失，导致了深水陆棚相环境的持续时间明显不同，反映了对富有机质页岩明显的控制作用。

泥盆系—石炭系—二叠系受到海西期拉张作用的影响，古地理格局呈现明显的槽台格局，优质页岩主要形成于裂陷槽背景的深水陆棚环境。湘桂地块泥盆系优质页岩明显受控于裂陷槽，垭紫罗等控相断裂上盘优质页岩不发育，下盘台盆中心优质页岩厚度大，如GY1井富有机质页岩厚96m和罗甸边外河富有机质页岩厚42m，远离裂陷槽厚度变薄，如罐子窑剖面富有机质页岩厚15m，而且页岩品质同样受到裂陷槽背景下深水陆棚环境持续程度的控制，台盆中心深水陆棚持续时间长、水体深，优质页岩TOC高、硅质含量高，黏土矿物和碳酸盐含量较低，有机质类型以Ⅰ型为主，台盆边缘厚度、TOC、硅质矿物有所降低。四川盆地二叠系富有机质页岩的分布同样受到台棚背景下深水陆棚环境的控制，开江梁平海槽内部硅质泥页岩厚度在10~20m之间，TOC较高，至深水陆棚相逐渐增厚，厚度可达20~40m，TOC基本大于4%，至斜坡脚相TOC大于2%的泥页岩厚度在10~20m，TOC大于4%的泥页岩厚度明显减薄至0~10m；斜坡、台缘相优质页岩储层基本不发育。

3. 海侵体系域—高位体系域是优质页岩发育的主要时期

原始有机质的高产量并不等于沉积有机质的高丰度，因为沉积过程中常常会受多种因素的影响而导致有机质或富集保存，或被破坏、稀释。

1）海侵期是优质页岩发育的主要时期

海平面升降变化对于海相富有机质页岩沉积作用至关重要。当海平面上升时，海水向陆地侵进，海洋面积扩大而陆地面积缩小，可容纳空间增大，从而有利于富有机质页岩的发育；反之，则导致可容纳空间减小，从而不利于富有机质页岩的发育。

因此，纵向上富有机质页岩主要发育于海侵体系域，最大海侵时期也就是沉积水体总体变深的时期，所形成的沉积物中有机质含量相对最高。四川盆地在早二叠世和晚二叠世末期发生了较大规模的海侵，与中二叠统和上二叠统两套区域性分布的富有机质页岩也有较好的对应关系。此外，四川盆地筇竹寺组、五峰组—龙马溪组富有机质页岩等也主要发育于海侵体系域。

以五峰组—龙马溪组为例，Mo/Ti及Th/U比值可作为海平面变化地球化学指标。根据其应用原理，Mo/Ti值与古水深呈正比，Th/U值与古水深呈反比，因此在海侵过程中Mo/Ti呈高值且Th/U呈低值，在海退过程中Mo/Ti呈低值且Th/U呈高值。五峰组页岩形成时水体深度变化范围较大，揭示了该沉积期海平面变化较为频繁，而龙马溪组下部优质页岩主要形成于深水陆棚环境，水体深度相对较大，而龙马溪组中上部页岩主要形成于浅水陆棚环境，水体深度相对较小。

2）低能环境有利于优质页岩的发育

沉积环境既控制有机质丰度，又影响有机质含量，是控制海相富有机质页岩发育和分布的重要因素。有利于形成海相富有机质页岩的沉积环境，主要有台内（或陆内）盆地、台地凹陷及近滨潟湖、台地斜坡、前缘斜坡及前礁等，浮游水生生物发育，水体稳定且较深，往往处于还原—强还原环境，富有机质页岩厚度一般向台内（或陆内）盆地、台地凹陷及近滨潟湖中心增厚或向台地斜坡、前缘斜坡及前礁相深水方向增厚。岩石类型主要是黑色/灰黑色/深灰色页岩、含钙页岩、钙质页岩、泥灰岩及含泥灰岩等。一些动荡水体沉积的石灰岩，尤其生屑灰岩、礁灰岩不能成为原生优质烃源岩。

有机质颗粒聚集和黏土等细粒碎屑的沉积往往共同受控于水动力条件。在低能静水的环境中，有机质等细—微沉积颗粒通常没有被氧化或被细菌净化而沉积下来，形成细粒沉积岩。因此，有利于有机质发育的沉积环境包括欠补偿浅水—深水盆地、台缘斜坡、半闭塞—闭塞海湾、蒸发潟湖等水动力相对较弱的静水低能环境。已有的研究表明，不同沉积水动力环境形成的岩相类型具有较大的差异，从页岩沉积的水动力成因角度，可划分为强弱两类水动力带，弱水动力带下发育硅质页岩、含钙硅质页岩和泥晶钙质页岩；强水动力带下发育钙质纹层页岩、介壳泥灰岩和波状层理页岩（王志峰等，2014）。五峰组和龙马溪组下部主要发育富碳高硅页岩相、中碳高硅页岩相，龙马溪组上部发育中碳中硅页岩相、低碳粉砂质页岩相，这与五峰组—龙马溪组页岩水体深度逐渐变小、水动力条件逐渐变强相一致。

此外，沉积速率对富有机质页岩的形成也具有一定影响。富有机质页岩一般都具有欠补偿沉积的特征。低的无机物输入和低的沉积速率可使单位时间、单位体积内的有机质得到高度"浓缩"，从而有利于富有机质页岩的形成。但是沉积速率太慢，不能造成水体底部的缺氧环境，有机质逐渐被消耗。而沉积速率太快会造成大量无机颗粒的稀释作用，也不利于富有机质页岩的形成。研究表明，沉积速率在20~80m/Ma最有利于富有机质页岩的形成（陈践发等，2006）。如大隆组是四川盆地晚二叠世最大海泛面对应的凝缩层，为饥饿型深水盆地沉积，沉积速率缓慢。

3）高生产率和良好保存条件是海相优质页岩形成的关键

要形成高有机质丰度的烃源岩，有机质还必须具有高生产率和良好的保存条件，沉积或底水环境必须为还原环境。原始生产率是控制海相沉积物中有机碳含量及烃源岩形成的最重要因素。Ba积累率与有机碳通量、生物生产率呈正相关，Ba富集指示上层水体的高生产率，二者有较好的正相关关系，表明古生产率对有机碳含量的影响很大；有机质的聚集和保存是形成优质烃源岩的另一重要因素，沉积有机质只有在相对还原环境中才能被保存下来，微量元素V/(V+Ni)、V/Cr、Ni/Co、U/Th等指标常被用来判别保存条件。如四川盆地五峰组—龙马溪组优质烃源岩就具有高生产率和良好的保存条件。

前人对习水喉滩剖面研究表明，五峰组—龙马溪组Ba丰度高，表明其生产率高。此外，当TOC>0.5%时，Ba含量平均值大于803×10^{-6}mg/g；当TOC在0.1%~0.5%之间时，Ba含量平均值为546.88×10^{-6}mg/g；当TOC<0.1%时，Ba含量平均值小于45.37×10^{-6}mg/g。有机碳含量高的层位Ba含量也较高，二者有较好的正相关关系，表明

古生产率对有机碳含量的影响很大。五峰组—龙马溪组沉积早期，川西—滇中古陆、汉南古陆扩大、川中隆起范围不断扩大，整个扬子南缘的黔中隆起、武陵隆起、雪峰隆起、苗岭隆起基本相连形成滇黔桂隆起带，上扬子区则处于"多隆夹一坳"的半闭塞滞流环境中，这些古隆起和海底高地对海水的循环起到了阻隔作用，使海水处于滞留状态，从而在隆起背后形成了广泛的滞留环境，有利于缺氧环境的形成。

通过对JY2井五峰组—龙马溪组进行微量元素测定，发现其元素含量和比值具有以下特征：（1）V/Cr、Ni/Co、V/（V+Ni）、U/Th、AU以及δU在垂向上具有相似的变化趋势，即各值总体都具有由五峰组—龙马溪组底部向上减小的趋势；（2）V/Cr、Ni/Co、V/（V+Ni）、U/Th、AU以及δU值在垂向上具有明显的二分性，拐点大致出现在第11个样品的深度（2535m）附近，即龙马溪组最底部（2575～2535m），厚度约为40m的页岩，各值明显较大，而在2535m以上的井段，各值明显变小；（3）V/Cr、Ni/Co、V/（V+Ni）、U/Th、AU以及δU值与GR、AC和RT等电测曲线变化趋势同样具有明显的一致性（图2-3-1）。上述特征反映了龙马溪组缺氧的沉积环境在垂向上具有由下向上逐渐富氧的特征，其中在五峰组—龙马溪组沉积早期焦石坝地区总体为厌氧环境，有利于优质烃源岩有机质的富集和保存。

此外，上升流对有机质丰度高的烃源岩形成的控制作用主要通过改变原始生产率和保存条件来实现。一方面，上升流所带来的底部营养盐有利于生物的发育，从而较大幅度地提高原始生产率；另一方面从底层带来的底层水氧含量低，有利于缺氧环境的形成。

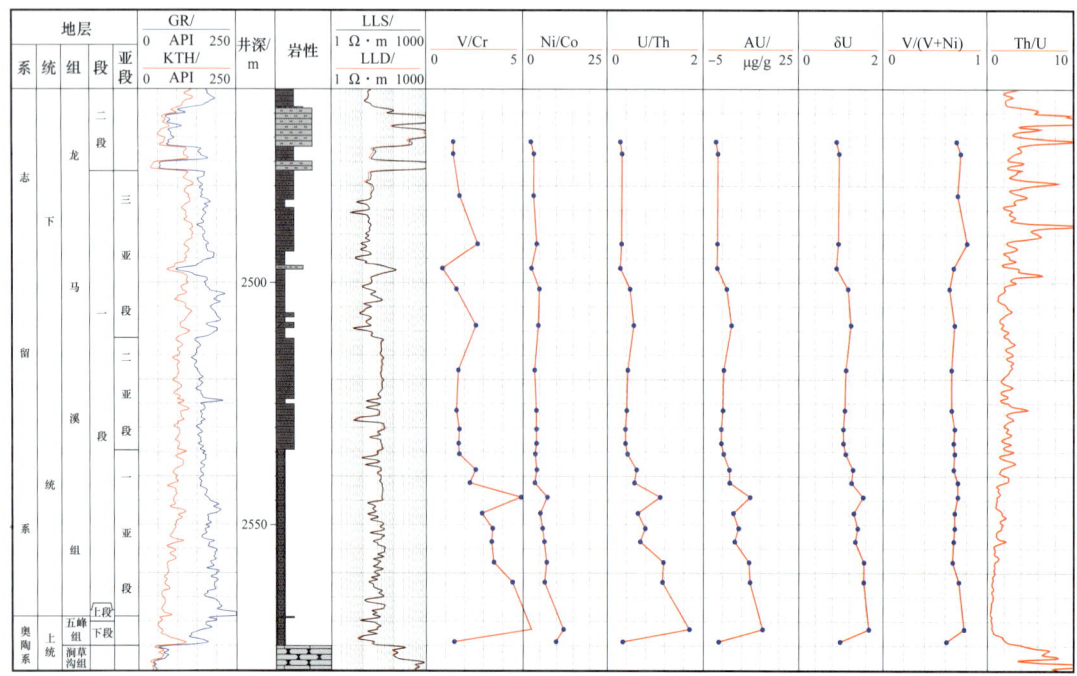

图2-3-1 JY2井五峰组—龙马溪组微量元素综合评价图

4.火山作用等特殊事件有利于优质页岩的形成

火山作用带来的凝灰质能够提供藻类繁盛所需的营养物质，有利于初始有机质生产。火山灰快速水解，促进水体中 P、Fe、Mo、V 等元素富集，利于藻类勃发。另外表层海水中火山灰的存在，阻止了部分光照进入透光带，加剧了海底缺氧和生物的大量死亡，且对大量有机质埋藏、保存起了重要的作用。而前人研究认为，在奥陶纪—志留纪过渡时期，大规模密集的火山爆发引发了全球变冷、海平面变化、晚奥陶世生物灭绝和初级生产力的增加，从而促进了缺氧，甚至可能是间歇性缺氧的海底条件，导致了该时期富有机质页岩的大量形成。

火山频繁活动，导致生物所需的营养物质丰富，笔石等浮游生物的高度富集，有机质丰度高。如在四川盆地二叠系吴家坪组钻揭的凝灰质岩、含凝灰质泥页岩具高 TOC、高孔隙度、高含气量特征，也表明热事件利于优质页岩的发育。另外，在扬子地区 JY1 井和武隆黄莺剖面五峰组—龙马溪组发现了多达 20～26 层单层厚 2～30mm 的钾质斑脱岩（K-bentonite，或译为钾质膨润土、膨土岩）的存在，其物质来源就是火山喷发所产生的物质沉积后经过成岩作用的产物，证实了火山喷发物的存在，而且斑脱岩集中层段与优质页岩发育层段匹配性较好。

分析认为，火山作用对五峰组—龙马溪组富有机质页岩的形成具有双重作用，一方面，火山灰提供营养物质促进海洋生物生产力，为生物硅及有机质的富集提供物质基础；另一方面，火山作用产生极度缺氧的环境，提高了有机质的埋藏量和保存率。

到目前为止，关于火山作用对有机质富集的研究还相对较薄弱，需要通过火山作用影响因素的系列判定指标，如 Hg 含量、Hg/TOC 比值和 Hg 稳定同位素等来深入分析，以探究火山作用与有机质富集的内在机理关系。

二、优质页岩发育模式

自 20 世纪 70 年代以来，国内外对海相优质烃源岩的沉积环境及其相关模式进行了广泛的研究，从不同的角度深入剖析了环境对海相有机质富集和油气烃源岩发育的控制作用，并建立了相关的烃源岩发育模式。谢泰俊（1997）提出海相碎屑烃源岩的四种沉积模式：滞流模式（黑海模式和南海模式两个亚类）、生产率模式、密度分层模式（北海模式）及三角洲模式；梁狄刚等（2000）研究表明塔里木盆地下古生界海相烃源岩中上述两种基本类型均有发育。梁狄刚等（2009）在系统研究中国海相碳酸盐岩系有机质富集和叠合盆地优质烃源岩发育环境及控制因素基础上，提出了中元古界—下古生界海相优质烃源岩的发育环境和形成模式，主要有四种：缺氧事件（海底热液活动）—上升洋流复合模式、高生产力模式、咸化静海相模式和滞留静海模式。

本书主要基于中国南方重点地区典型井和露头剖面解剖，在此基础上加强各页岩层系构造背景、沉积相、有机质丰度、矿物组成及成因研究，建立了克拉通内坳陷、被动大陆边缘、陆缘裂陷深水陆棚三种海相优质页岩发育模式。

1. 克拉通内坳陷型

奥陶纪—志留纪,全球板块逐渐拼合转为聚敛期,为挤压强烈的时期,隆坳格局分异明显,且火山活动频繁,伴随全球海侵作用影响,发育深水陆棚相优质页岩。该类型以中国南方扬子克拉通内坳陷发育的晚奥陶世五峰组沉积期—早志留世龙马溪组沉积期深水陆棚相优质页岩最为典型,在南方地区广泛分布,是页岩气勘探最重要层段之一。

通过 JY1 井、JY11 井、DYS1 井、石柱漆辽等重点钻井或露头剖面的解剖,从构造背景、沉积相、有机质丰度、矿物组成及成因研究等方面研究五峰组—龙马溪组深水陆棚相富有机质页岩发育特征及规律发现,受古地理环境、古气候、古生产力及海平面变化的控制,富有机质页岩主要形成于克拉通内坳陷深水陆棚滞留闭塞环境,发育浅水陆棚和深水陆棚等沉积亚相(图 2-3-2)。在该模式中,富有机质泥页岩沉积稳定、分布面积广、沉积厚度较大、页岩品质好,水体分层明显,氧化还原界面清晰,常伴随着海平面的迅速上升和古生物的高度繁盛,在中国南方五峰组—龙马溪组成烃生物以浮游红藻、绿藻、疑源类、笔石、放射虫等,而且强烈挤压背景下火山活动频繁,斑脱岩发育有利于营养物质繁盛,有机碳含量高。

受该模式控制,优质页岩主要形成于周缘隆起夹持的坳陷内,如在中国南方晚奥陶世—早志留世,受平面上"三隆夹一坳"的古地理格局控制,使得四川盆地及周缘地区五峰组—龙马溪组发育三个优质页岩沉积中心,分别位于川东北、川西南和川东南地区,优质页岩广泛分布,一般厚 25~40m,优质页岩厚度由坳陷中心分别向古陆或水下潜隆方向逐渐减薄。

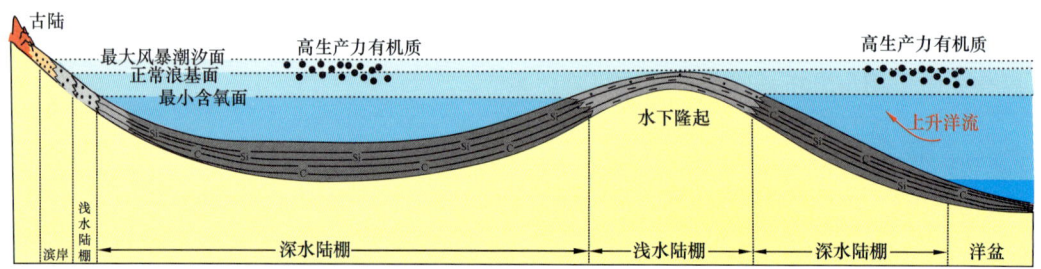

图 2-3-2 克拉通内坳陷深水陆棚滞留闭塞碳质、硅质页岩发育模式图

2. 被动大陆边缘型

震旦纪—寒武纪伴随着 Rodinia 超大陆裂解和海底扩张的加速,扬子板块由裂谷盆地向被动大陆边缘转变,发育被动大陆边缘深水陆棚相优质页岩。该类型以中国南方扬子板块边缘发育的下寒武统牛蹄塘组深水陆棚相优质页岩最为典型。

前期关于下寒武统页岩发育特征的研究主要集中在川西长宁—绵阳拉张槽筇竹寺组以及鄂西裂陷槽的水井沱组,而对于湘西—黔南地区被动大陆边缘型页岩研究相对较少,由上述研究可知相较于裂陷槽内寒武系优质页岩分布相对局限的特点,处于被动大陆边缘的寒武系页岩具有分布广泛、连续厚度大、TOC 更高、硅质含量高的特点。

通过 HY1 井、JY1 井、CY1 井等重点钻井的解剖和下寒武统牛蹄塘组深水陆棚相富有机质页岩发育特征及规律研究认识，该模式主要发育于被动大陆边缘斜坡，由陆及海方向，常发育滨岸相、浅海陆棚相和半深海—盆地相，而浅海陆棚相主要发育浅水陆棚相和深水陆棚相等沉积亚相（图2-3-3）。在该模式中，富有机质页岩主要集中分布于浅海陆棚相，其沉积期表现出古生物的高度繁盛和明显的快速海侵，海平面的快速上升是该模式中富有机质页岩异常发育的重要原因。此外，在该模式中，除了受古气候、古生产力和海平面升降等因素，还受到上升洋流的控制，古海水水体分层明显，水体氧化还原界面清晰，表现出上层富氧—贫氧带，中部为缺氧带，下部深水环境贫氧—富氧带。在中国南方下寒武统成烃生物以球形藻类和具刺异源类为主，细菌类和浮游宏观藻类次之，只有其底部和顶部有底栖宏观藻类出现，藻类主要为红藻、绿藻和褐藻。

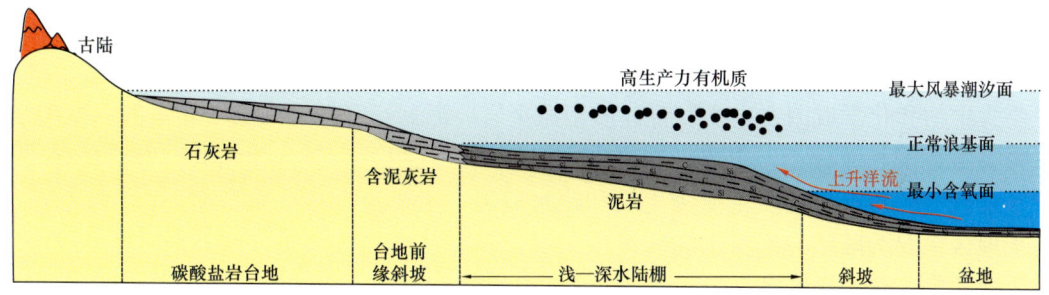

图2-3-3　被动陆缘深水陆棚上升洋流页岩发育模式图

受该模式控制，优质页岩主要形成于板块或地台边缘，如在中国南方寒武系被动大陆边缘型优质页岩主要发育在扬子板块南缘和北缘等地区，分布更广泛，优质泥页岩连续厚度大。

3. 陆缘裂陷型

中国南方在海西期拉张背景下，主要在陆块边缘或接合部位发育基底断裂，控制着陆缘裂陷盆地的形成，伴随着由南向北海侵作用的逐渐扩大，在盆地内形成台盆交错或台地夹陆棚的沉积格局，在台盆相区形成了中泥盆统罗富组、下石炭统鹿寨组两套主要的页岩气勘探层系，主要发育在南盘江—桂中地区；在陆棚相区主要形成了中二叠统茅口组三段、上二叠统吴家坪组和大隆组三套页岩气勘探层系，平面上主要发育在川北地区。

通过GY1井、DY2井以及LB1井等重点钻井的解剖，对泥盆系、石炭系及二叠系深水陆棚相或深水台盆相富有机质页岩发育特征及规律总结认为，该模式主要发育于台盆相间的陆缘裂陷环境，发育台地相、台盆、陆棚相等沉积单元，富有机质泥页岩主要发育于台盆等强烈裂陷的沉积区，水体较闭塞，明显富钙，分层明显，呈现出富氧层、厌氧—贫氧层、缺氧层的三元分层模式（图2-3-4），富有机质泥页岩含灰且沉积厚度大、页岩品质好是该模式发育的富有机质泥页岩的典型特征。

受该模式控制，优质页岩主要形成台盆或陆棚强烈裂陷的沉积区，分布相对局限。如泥盆系和石炭系优质页岩一般沿湘桂地块垭紫罗、南丹—都安、南盘江、弥勒—师宗、龙胜—永福共五大裂陷槽展布；而二叠系大隆组主要分布于开江—梁平、城口—鄂西深水陆棚沉积区。

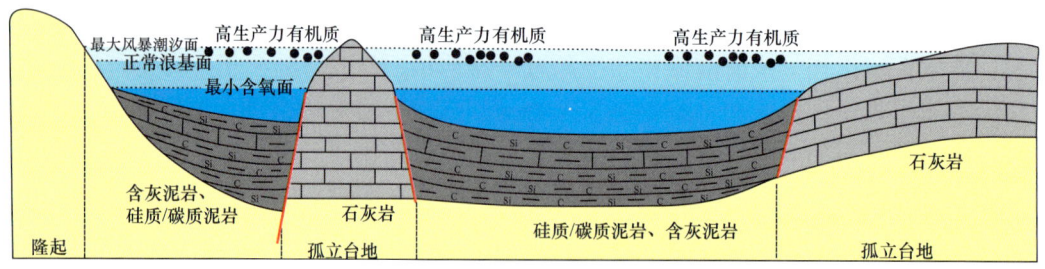

图 2-3-4　陆缘裂陷深水陆棚滞留闭塞灰泥质页岩发育模式图

综上所述，寒武纪在板块离散背景下，在扬子地区发育被动陆缘与拉张槽两种不同类型页岩，其中被动陆缘型页岩具有"高碳、高硅"的特征，硅质为生物和化学成因，为硅质型页岩。奥陶纪—志留纪在板块聚敛背景下，火山活动频繁，营养物质丰盛，在扬子地台发育陆内坳陷深水陆棚相页岩，优质页岩普遍具有"高碳、富硅"特征，硅质主要为生物和化学成因，主要发育硅质型泥页岩。泥盆纪开始进入新一轮离散—聚敛期，拉张裂陷范围相对较小，主要在中国南方湘桂地区沉积了一套台盆相的页岩，具有"高碳、富硅"的特征，硅质主要为生物和热水成因，主要为含灰硅质型泥页岩。晚二叠世扬子地区主要为陆缘裂陷深水陆棚沉积，页岩普遍具有"高 TOC、高硅质"特征，受火山活动影响，富含凝灰质。

第三章　海相页岩气生成、储集及赋存机理

上扬子地区五峰组—龙马溪组是中国页岩气勘探开发的主力层位，页岩中的成烃生物作为油气原始物质来源，是页岩成烃与成储研究的重要载体。

对南方海相页岩而言，页岩品质、空间展布呈现明显的非均质性，页岩气形成、储集条件复杂，存在诸多亟待系统研究的科学问题。在页岩气生成方面主要包括：（1）不同成烃生物高—过成熟页岩生气潜力；（2）干酪根和原油裂解气占比；（3）持续埋藏过程中油的排出—滞留过程与页岩气生成；在页岩储集性能研究方面主要包括：（1）硅质生物对页岩气储集性的影响；（2）成岩演化过程中不同矿物对页岩储集性能的影响；（3）不同演化阶段孔隙结构类型、影响因素、形成机制和保存机理等。

本研究以中国南方海相页岩层系为主要研究对象，定量分析海相页岩成烃生物与有机质富集耦合关系、页岩气生成及滞留机理和泥页岩孔隙形成演化及保存、赋存机理，研究深层页岩气成烃、成储、赋存状态的动态演化与匹配关系，为页岩气潜力分析和选区评价提供理论与技术支持。

第一节　海相页岩成烃演化过程及滞留机制

南方海相页岩历经了多期构造活动，普遍具有热演化程度高、现今埋深差异大等特点，高演化阶段富有机质页岩中成烃生物的识别、定量化分析及其生烃潜力评价是亟待解决的关键问题。另外，关于海相页岩的气体成因认识存在一定分歧，尤其缺乏直接的实验证据支撑，在一定程度上也制约了页岩气的勘探开发。本节主要通过分析富有机质页岩中成烃生物的组合特征，进而分析其生烃潜力，重建五峰组—龙马溪组富有机质页岩生、排烃全过程，查明页岩气的来源。

一、海相页岩成烃生物组合特征及生烃潜力评价

成烃生物指烃源岩中对成烃有贡献的生物，指页岩中保存的具有较好生物结构与形态的有机质，其保存的完整性受生物原始沉积形态、有机质热成熟阶段等因素的制约（申宝剑等，2016），主要包括疑源类、藻类、细菌、微体动物和高等植物等，具有鲜明的年代、环境特性和组成差异性。

由于南方下古生界烃源岩普遍经历了高热演化过程，有机显微组分光性趋同、组分裂解，难以采用传统的有机岩石学和地球化学分析方法有效判别其原始性质。本文采用扫描电子显微镜等高分辨率、多类型显微镜技术，对显微组分开展形态、成分和结构的综合分析，并将孢粉相分析方法及其定量统计技术结合起来，对各类有机质或（和）化石进行系统鉴别和定量统计，不仅可以全面鉴定各种有机质类型和生物种类，而且可以定量查明有

机质的时空分布特征,为有机质富集机理、烃源岩品质和页岩气储层评价提供重要依据。

1. 成烃生物的定性识别

通过对中国南方等十余口钻井岩心和数条露头剖面页岩中成烃生物的定性分析,根据李建国和David J.Batten(2005)的形态分类方案,将有机质划分为无结构有机质、结构有机质和孢型有机质三大类,其特征如下。

1)无结构有机质

无结构有机质(AOM)是所有在光学显微镜下无结构的颗粒有机物质,包括无定形有机质和凝胶化均质体。五峰组—龙马溪组页岩样品中存在大量黑棕色絮凝态[图3-1-1(a)、(b)]的无定形有机质(包括固体沥青),单独存在的无定形有机质颗粒为数微米,而絮凝状态下的无定形有机质的粒径大小可以达到毫米级,扫描电镜下颗粒表面粗糙,内部可以观察到一些丝状或管状的结构物质,也能看到与之紧密结合的球粒状黄铁矿[图3-1-1(c)、(d)]。

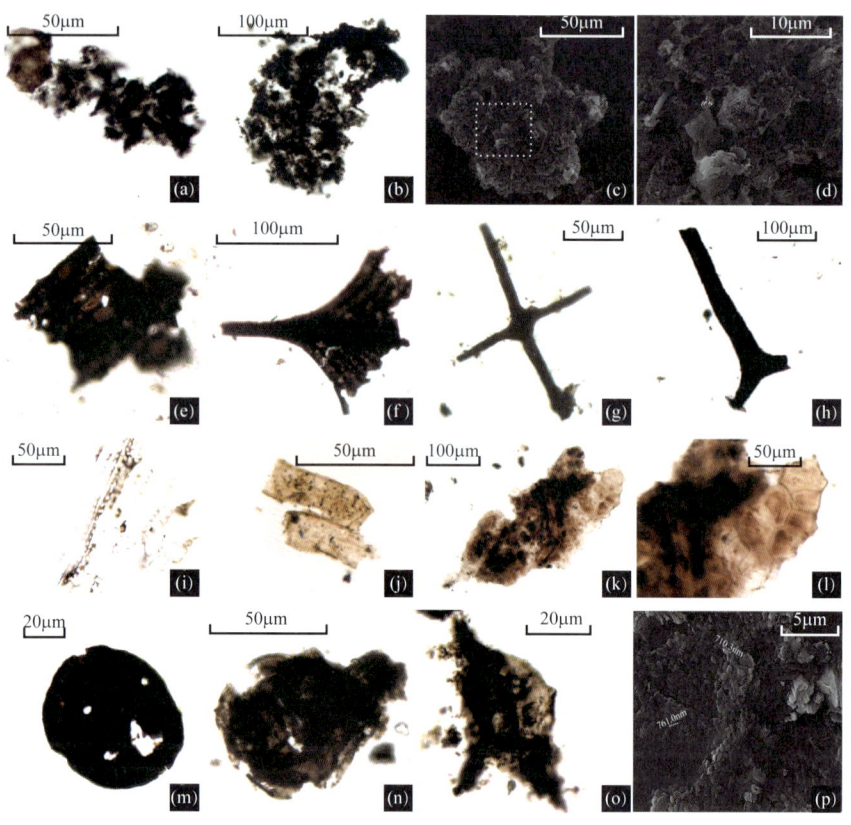

图3-1-1 光学显微镜和扫描电镜下成烃生物照片

(a)黑棕色颗粒絮凝态无定形有机质1;(b)黑棕色颗粒絮凝态无定形有机质2;(c)50μm无结构有机质;(d)图(c)中白色方框放大部分,中央可见无结构有机质包含的粒状黄铁矿;(e)龙马溪组具平行纹饰笔石碎片;(f)龙马溪组具扇状纹饰笔石碎片;(g)龙马溪组上部⑧小层海绵骨针化石1;(h)龙马溪组上部⑧小层海绵骨针化石2;(i)龙马溪组上部⑦小层多孔薄膜状组织;(j)五峰组①小层膜状结构组织;(k)裸蕨类植物组织碎片及放大状态1(可观察到的多室孢子囊);(l)裸蕨类植物组织碎片及放大状态2(可观察到的多室孢子囊);(m)光面球藻1,*Leiosphaeridia* sp.;(n)光面球藻2,*Leiosphaeridia* sp.;(o):光梭藻 *Leiofusa* sp.;(p):细菌类有机质(或化石)

2）结构有机质

结构有机质（STOM）在光学显微镜下具有一定外部形状，边界比无结构有机质清晰，在高强透射光或者高放大倍数下观察到包含细胞结构和其他生物特征的痕迹[图3-1-1（e）至（i）]，包含的生物信息较明确。根据生物来源不同，大致将其分为植物碎屑和动物碎屑，镜下可以看到明显的细胞结构和生物特征。例如笔石碎片具有平行、扇状、交叉状、网状纹饰，以及裸蕨类植物具有明显的多室细胞结构。

3）孢型有机质

孢型有机质指各种抗酸的具有有机质壁的微体化石，在五峰组—龙马溪组页岩中孢型化石以疑源类[图3-1-1（m）至（o）]、藻类和菌孢体为主，见少量的虫牙、几丁虫以及极少量的蕨类植物的生殖三缝孢。另外，在高分辨率扫描电镜下发现细菌状化石[图3-1-1（p）]，总体呈多个球粒的集合体，集合体大小在数十纳米到数微米之间，单体球粒直径多为十余纳米至数百纳米，形状为圆形、椭圆形或扁圆形，球粒结构较为明显，推测可能为烃类的主要母质来源之一的细菌类，其在地质历史时期对页岩气的形成和储集具有重要的作用（申宝剑等，2018），对早期有机质碎片具有改造作用。

2. 成烃生物的定量分析

在有效鉴别成烃生物类型的基础之上，成烃生物的定量分析基于石油行业化石孢粉分析鉴定（SY/T 5915—2018），采用常规酸碱法及重液浮选法富集有机质化石，并用外来石松孢子作为标记，对各类有机质进行统计定量。其具体实验流程如下（图3-1-2）。

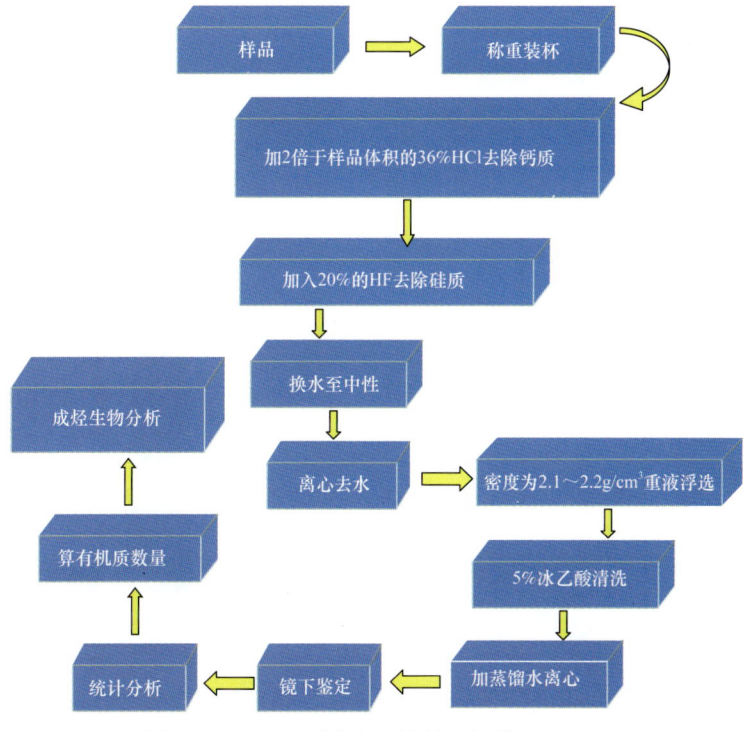

图3-1-2　有机质鉴定和统计分析处理流程图

统计公式为

$$X_1 = \frac{S \times C_{ly}}{N_{ly}} \qquad (3-1-1)$$

$$X_2 = \frac{N \times C_{ly}}{N_{ly}} \qquad (3-1-2)$$

式中 X_1——AOM 浓度，$\mu m^2/50g$；

S——AOM 面积，μm^2；

C_{ly}——石松孢子浓度，27637piece/50g；

N_{ly}——镜下统计的石松孢子数量，piece；

X_2——孢型（或 SOM）浓度，piece/50g；

N——镜下统计的孢型（或 SOM）数量，piece。

按照上述三种有机质的分类方法，通过对钻井岩心和剖面样品中有机质的数量统计，查明了五峰组—龙马溪组页岩中不同类型有机质在各小层或纵向剖面上的空间分布特征。以 JY143-5 井为例，总体上有机质类型以 AOM 为主（包括没有固定形态的有机质，以及生物降解后残留的丝状体、管状体等生物组织），在大部分样品中含量超过 60%，最高含量为 99%，平均含量约占总有机质量的 73%；其次为 STOM（包括笔石、放射虫、海绵动物、低等植物碎片以及薄膜状组织、多室孢子囊等，以笔石为主），平均丰度为 26%；剩余少量有机质为孢型（包括疑源类、藻类、菌孢体、虫牙、几丁虫和三缝孢等生物种类），占比不到 1%。结合 TOC 含量变化，可以将 JY143-5 井五峰组—龙马溪组页岩的有机质组合特征划分为六个阶段（图 3-1-3）。

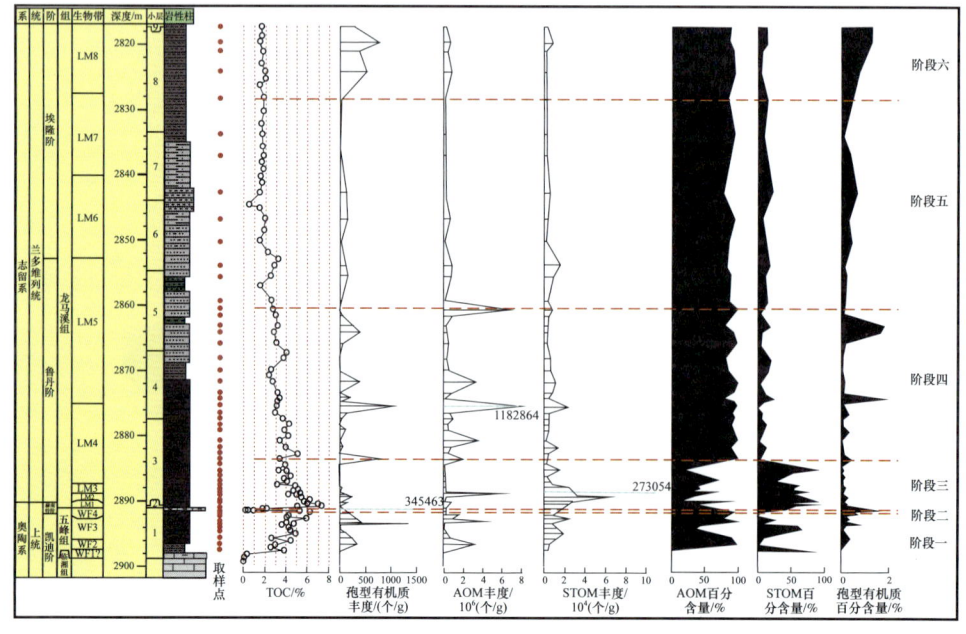

图 3-1-3　JY143-5 井有机质丰度及百分比含量变化趋势图

阶段一：为五峰组主体部分，TOC含量总体从较低值波动升高，在此阶段早期AOM百分比含量较高，与孢型有机质呈现相近的变化趋势，随着TOC含量增高，STOM的丰度开始慢慢增加，百分比含量在WF3处达到一次峰值，随后在阶段末期降低，回到以AOM含量较高的状态。

阶段二：对应赫南特阶观音桥段，该阶段TOC含量极低，为整个剖面TOC含量最低位置，三种类型有机质含量都处于低位，以AOM占最主要部分。

阶段三：对应LM1—LM4段中下部，即第3小层下部，该阶段TOC含量整体较高（均大于3%，最高值可达7%），为整个剖面TOC含量最高值域。STOM较阶段二丰度明显升高，具有高占比优势，但AOM与孢型有机质依旧保持低丰度水平。

阶段四：大致对应LM4上部—LM5段，该阶段TOC含量在3%左右波动。对应的三类有机质丰度在该阶段也波动变化，AOM与孢型有机质总体而言较阶段三丰度增加，而STOM丰度明显降低。从该阶段起，AOM百分比含量快速回升，有机质中80%以上都为AOM。

阶段五：对应LM6—LM7，该阶段TOC含量在2%左右较平稳波动，各类有机质丰度较低。

阶段六：对应LM7中部—LM8，该阶段TOC含量平稳在2%，整个8小层初期维持阶段五的低丰度水平，但后期以孢型有机质含量小幅度增加为特征。

值得注意的是，定量统计表明，无论是STOM的绝对数量，还是STOM在有机质总量中的占比数量，均与TOC的含量具有良好的正相关关系（图3-1-4），这与前人研究认为五峰组—龙马溪组页岩中笔石（STOM主要组成）丰度与总有机碳呈正相关关系相一致（张翔等，2016；腾格尔等，2017）。孢型有机质含量虽然最少，但包含的生物信息最为丰富。在各类孢型有机质中，疑源类化石最为丰富（图3-1-5），并且以球形亚类为主，特别是光面球藻（*Leiosphaeridia*）在剖面中最丰富；不同层段具有不同的疑源类化石组合，例如在阶段一和阶段三，几乎所有类型都能见到，反映出这些阶段疑源类存在较高的分异度；从分类学来看，阶段一和阶段三以光面球藻（*Leiosphaeridia*）、梨形藻（*Pirea*）和几丁虫（*Chitinozoans*）组合为特征。在阶段二、阶段四和阶段五，疑源类无论在丰度还是在分异度上均较低。阶段六，疑源类分异度很低，但丰度增高，以光面球藻（*Leiosphaeridia*）泛滥发育为特征。大量研究表明（孟凡巍等，2006），疑源类的生物亲缘关系尚未明确，但是大多数疑源类被认为是海生浮游型藻类。结合中上扬子区晚奥陶世—早志留世生态环境分析，五峰组—龙马溪组页岩的孢型有机质以海洋来源为主，受陆源影响小。另外，在第1、3小层发现稀少的网孔状的化石碎片，根据其结构特征推测可能为底栖藻类的碎片。可见，五峰组和龙马溪组微体植物以浮游藻类为主，底栖藻类稀少。

整体而言，中上扬子区五峰组—龙马溪组中生物相在时间上分为五峰组、观音桥段和龙马溪组底部三个演化阶段，观音桥段以底栖生物组合为特征，而五峰组和龙马溪组底部页岩以浮游生物广泛分布为特征，成烃生物主要由浮游红藻、浮游绿藻、疑源类、细菌类、放射虫、笔石等浮游植物和微体动物组成，纵向上主要分布于1小层、3—6小层和 8 小层，其中浮游藻类是最主要的成烃贡献者，富含类脂物（脂肪）的浮游微体动物次之。

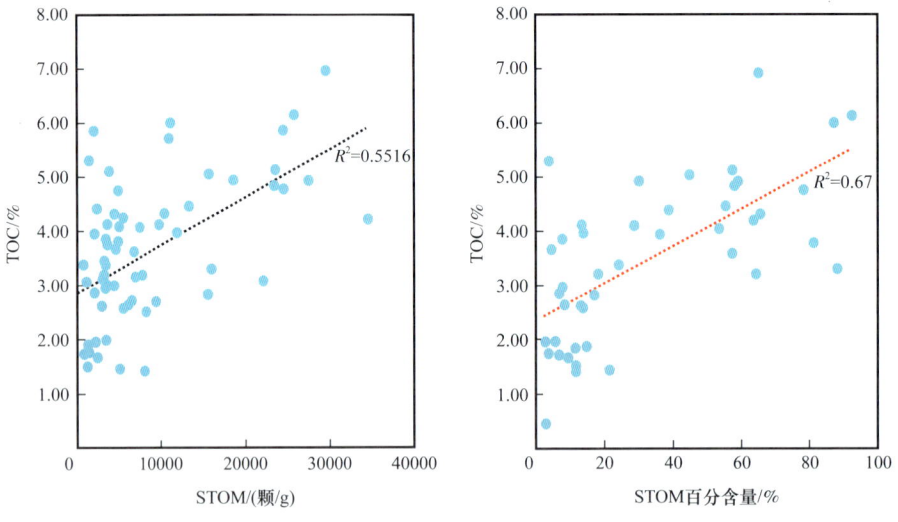

图 3-1-4　TOC 含量与结构有机质的相关性分析

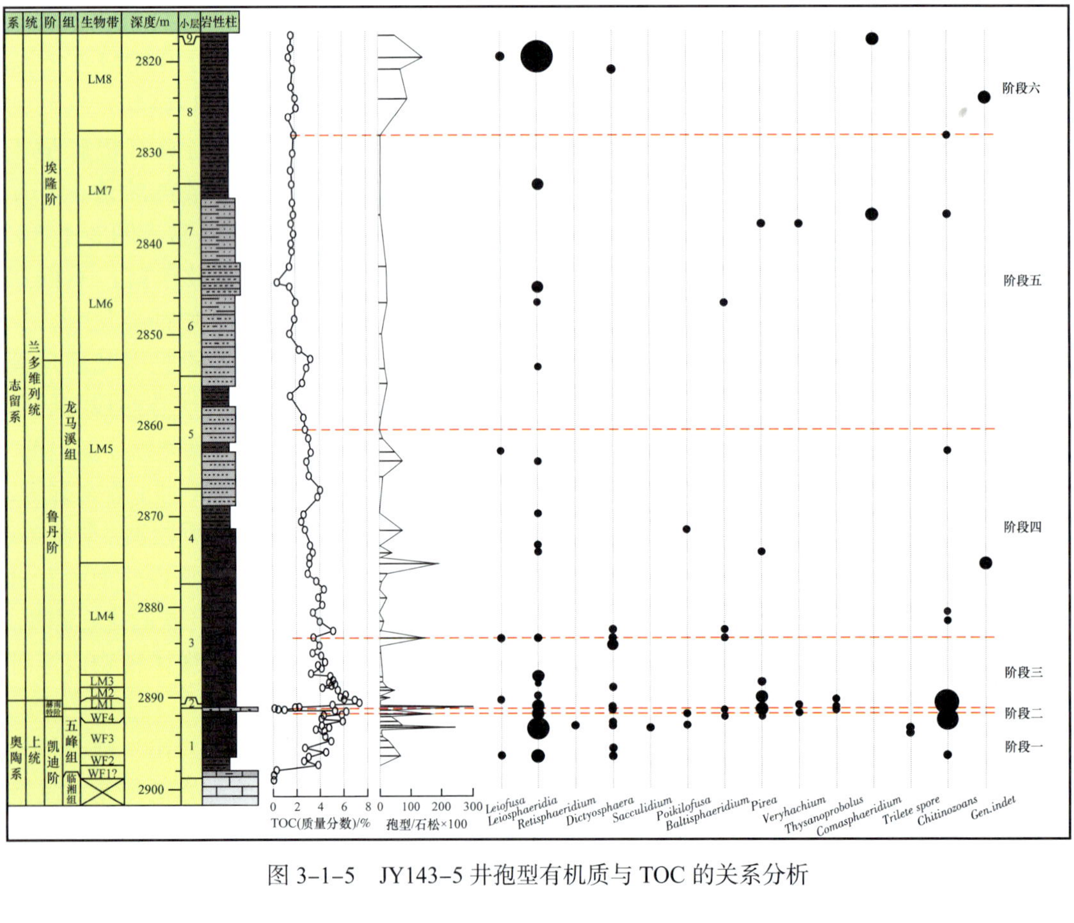

图 3-1-5　JY143-5 井孢型有机质与 TOC 的关系分析

3. 成烃生物的生烃潜力评价

前人在海相优质烃源岩常规有机地球化学分析的基础上，综合利用仿真地层热压模拟实验与超显微有机岩石学等技术对优质烃源岩中不同成烃生物生烃潜力分析表明，浮游藻类、疑源类和细菌等具有更多的脂肪族结构和更少的芳香族组成的富氢有机质具有更高的生烃潜力（秦建中等，2014），生烃潜力与Ⅰ型干酪根相当。底栖藻类相当于Ⅱ$_1$型，真菌一般相当于Ⅱ$_2$型（秦建中等，2014）。笔石体属于富芳香结构的贫氢有机质，其生烃能力与Ⅲ型干酪根（煤）相当，高—过成熟阶段有一定的生气能力，最高可达浮游藻类生气能力的20%左右，对高热演化阶段页岩气生成有一定贡献（申宝剑等，2016；马中良等，2020）。同时，研究表明烃源岩中其他生物体残余有机骨壁壳及其碎屑在高—过成熟早期具有与Ⅲ型干酪根或镜质组相当的生烃能力（秦建中等，2020）。除有机质壁生物外，一些低等动物的软体部分也是成烃生物的重要组成部分，如放射虫脂类含量高达0~48%，并且放射虫与浮游藻类具有紧密的共生关系，因此放射虫对古生代烃源岩有机质和成烃的贡献可以与新生代烃源岩有机质主要贡献者之一的硅藻类（脂类含量为8%~40%）媲美（杜永灯等，2012）。由此可见，不同成烃生物具有不同的生烃潜力，其数量和类型直接决定了烃源岩品质，进而控制页岩的成烃潜力，是页岩气形成的物质基础。

五峰组—龙马溪组底部富有机质页岩段（1—3小层，阶段一——阶段三底部）是一套有利的页岩气勘探开发层段，结构有机质中动物碎屑（主要由笔石、几丁虫和海绵骨针组成）由于生烃能力差，其保留的形态相对较好，从贫氢、高残留有机碳和高芳香度特性可以预测其难以成为主要的油气来源。孢型有机质经历了强烈的热成熟作用，保留的信息仍然非常有限。虽然结构有机质和孢型有机质生动地展示了五峰组—龙马溪组页岩的原始有机质面貌，但这些生物只占总有机质很小的一部分，大部分有机质为无结构有机质，分散在矿物基质中，它们可能为固体沥青、微粒体和沥青质体中的一种，由于强烈的热成熟作用，使得这些有机质的性质趋于一致而无法分辨。但无论哪一种无结构有机质，都是原始生烃母质热成熟过程的次生产物，以脂肪族化合物为主的富氢有机质（浮游藻）大量生烃，有机质的大量损失，因此能够保留形态的原始母质仅占总有机质很小的一部分。大量存在的无结构有机质从侧面说明，五峰组—龙马溪组底部原始生烃母质具有很强的生烃能力，具备形成页岩气藏的物质基础（申宝剑等，2016；腾格尔等，2017）。

二、海相页岩气来源及生成机理

重建复杂的生排烃过程主要基于生排烃热压模拟实验的正演与地球化学示踪的反演相结合的方法。黄金管封闭体系热模拟实验装置（刘金钟和唐永春，1998；米敬奎等，2009）、地层孔隙半封闭—半开放体系热模拟实验仪（郑伦举和马中良，2010）是目前应用最为广泛的生排烃热压模拟实验装置和技术，为烃源岩生排烃机制研究、生烃潜力评价和资源量计算提供重要的参数。然而，传统的常规油气生排烃模拟实验研究的思路和技术路线，不能适用于以"滞留烃"为核心的页岩气形成机制的实验研究，难以定量分析干酪根与滞留油裂解气及其比例关系。因此，研究设计了以"烃类生成—滞留—裂解"为主线的页岩气形成演化的模拟实验方案和前处理方式，自主研制出模拟产物自动分离—定量收集装置，基于地层孔隙热模拟实验仪创建了页岩气生成与有机质孔演化模拟实验技术，并选取与五峰组—龙马溪组烃源岩同期的低、中成熟度富有机质页岩和笔石，开展了实际地质条件约束下的生烃—滞留—裂解生气的不同体系热模拟实验，结合页岩气地质—地球化学示踪研究，以揭示成烃演化过程与页岩含气性关系。

1. 成烃母质对页岩气生成的贡献

1) 样品挑选及实验步骤

四川盆地及周缘五峰组—龙马溪组页岩因普遍达到高—过成熟阶段不适合开展生烃模拟实验，故而选取国内外晚奥陶世—早志留世的低、中成熟度富有机质页岩和晚奥陶世低成熟笔石，开展黄金管生烃热模拟实验，证实页岩中不同成烃母质对烃类生成的贡献。实验样品采自川东北城口庙坝剖面志留系龙马溪组底部的黑色页岩（MB-3）、美国俄亥俄州上奥陶统的黑色页岩（AO-1，Ameirica Ohio）和立陶宛西部地区下志留统的黑色页岩（EG-3，Europe），其中 MB-3、AO-1 样品进行纯笔石体的挑选，基础地球化学参数见表 3-1-1，EG-3 为 II_1 型烃源岩。

表 3-1-1 样品基础地球化学参数

样品编号	岩性	国家/地区	地质年代	TOC/%	S_1+S_2/(mg/g)	T_{max}/℃	HI/(mg/g)	R_b/%
MB-3	笔石	中国城口	S_1	71.34	75.54	456	86	1.10
AO-1	笔石	美国俄亥俄州	O_3	71.47	134.64	437	165	0.84
EG-3	黑色页岩	立陶宛	S_1	7.14	36.92	437	467	0.56

样品在氩气保护下封入金管，金管放置于高压釜中，通过高压泵对高压釜充水，高压水使金管产生柔性变形，从而对样品施加压力，压力为 50MPa。以 20℃/h 的升温速率对样品加热至设定温度，热解实验结束后，通过 GC-MS 对产物定性、定量分析。其中，MB-3、AO-1 笔石样品由于已处于成熟阶段，热模拟实验温度为 350~600℃，EG-3 黑色页岩为低熟样品，热模拟温度为 300~600℃。同时，为了查明其演化至成熟阶段的干酪根的生烃能力，对 EG-3 样品 408℃热模拟（$EasyR_o$=1.10%）后的残渣进行干酪根制备，制备的干酪根样品（EG-3-MK）按照上述实验方法开展了热模拟温度为 300~600℃ 的生烃模拟实验。

2) 实验结果及分析

实验分析结果如图 3-1-6 所示，EG-3 和 EG-3-MK 生油曲线均呈现增加后减小的演化趋势，与 II_1/I 型有机质生油特征类似（李剑等，2018）；MB-3 和 AO-1 生油曲线较为平直，与 III 型有机质生油特征类似（王勤等，2017；张贺等，2018）。EG-3 页岩在 $EasyR_o$ 为 0.96% 时达到生油高峰，油产率为 390.45kg/t（HC/TOC），随后由于在黄金管限定的封闭体系中油开始裂解，产率迅速下降，至 $EasyR_o$ 为 3.50% 时，油基本裂解殆尽；EG-3-MK 同样也在 $EasyR_o$ 为 0.96% 时达到生油高峰，油产率为 120.78kg/t（HC/TOC），至 $EasyR_o$ 为 3.50% 时油裂解殆尽；MB-3 在整个演化阶段，油产率均小于 15kg/t（HC/TOC），AO-1 油产率均小于 50kg/t（HC/TOC）。

MB-3 和 AO-1 是从页岩中提取的笔石碎屑样品，代表了笔石的生油能力，因 AO-1 样品成熟度（R_b=0.84%）更低，其生油能力大于 MB-3（R_b=1.10%），由此可见，高成熟阶段的笔石已基本没有生油能力，中、低成熟度的笔石有一定的生油能力。另外，EG-3 由于其初始成熟度更低（R_b=0.56%），且其除了笔石之外，富集了大量浮游藻类、疑源类等富氢、富脂质有机质，但其生油产率远高于 MB-3 和 AO-1，同时也大于成熟阶段 EG-3-MK（$EasyR_o$=1.10%），由此可知，处于成熟阶段的干酪根仍具有一定的生油潜力。综合分析认为样品初始成熟度和成烃母质的不同是造成上述生油差异性的主要原因。

实验分析结果如图 3-1-7 可知，烃气产率整体上均随着成熟度的升高而增加，EG-3 的烃气产率远大于 EG-3-MK、MB-3 和 AO-1。EG-3 页岩在 $EasyR_o$ 大于 1.19% 后，烃气产率快速增加，至 $EasyR_o$ 大于 2.19% 后继续增加，但增加的速率稍变缓慢，至 $EasyR_o$ 为 3.87% 时，累计烃气产率可达 484.92m³/t（HC/TOC）。EG-3-MK、MB-3 和 AO-1 的烃气生成特征类似，其中，对于笔石来说，AO-1 烃气产率大于 MB-3，这主要归因于 AO-1 样品成熟度低，且上述油产率结果也表明其生油能力大于 MB-3，在高演化阶段该部分油发生裂解，故其生成的烃气量高于 MB-3；而处于成熟阶段的干酪根 EG-3-MK 虽然在生油阶段生油能力强于笔石 AO-1 和 MB-3，去除原始样品成熟度的影响，但至高—过演化阶段其烃气生成量与 MB-3 类似，这是因为早期生成的油裂解生气过程中，约有 50% 的有机碳生成烃气，其余聚合成固体沥青。成熟度稍低的笔石 AO-1 显示生气能力强于 MB-3 和 EG-3-MK，这也说明笔石是一种倾气型有机质，对于中、低成熟的笔石而言，至过成熟阶段生气能力可达 100～120m³/t（HC/TOC）。

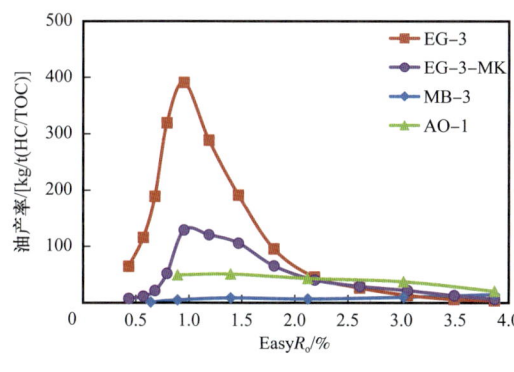

图 3-1-6　热模拟实验油产率

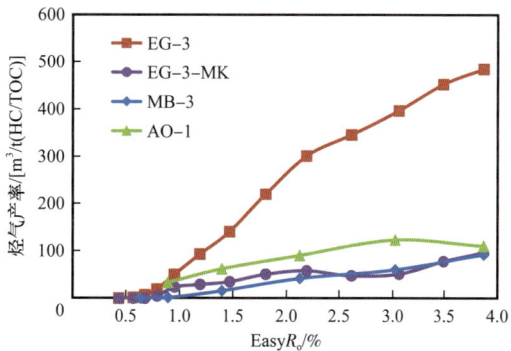

图 3-1-7　热模拟实验烃气产率

因此，从页岩气生成的角度来看，上述实验结果表明对于五峰组—龙马溪组页岩来说，笔石是一种倾气型生烃母质，至过演化阶段生气能力可达 100～120m³/t（HC/TOC），浮游藻类、疑源类等富氢、富脂质有机质早期生成的原油滞留在页岩内，高—过成熟度时裂解生气是页岩气的主要来源，其生气能力是笔石的 2~4 倍，为 200~400m³/t(HC/TOC)，连同干酪根裂解气量，II_1 型页岩（EG-3）总生气潜力为 300~500m³/t(HC/TOC)，笔石生气能力可达 II_1 型页岩总生气能力的 20%。五峰组和龙马溪组底部层位由于富集浮游藻类、疑源类等富氢、富脂质有机质等生烃能力更强的有机质，从生气量上就优于上部以笔石为主的层位，再加上上部层位储集和保存条件较差，从而造成下部为商业性页岩气层。

2. 高演化阶段干酪根和原油裂解生气潜力

在明确成烃母质对页岩气贡献的基础上，为了进一步查明成烃演化过程与页岩含气性关系，明确页岩气生成的主要阶段、高—过成熟页岩生气能力、干酪根和原油裂解气的贡献大小，设计了两个系列的成烃演化模拟实验（图 3-1-8）。实验一，将页岩不同演化阶段的排出油都去除，再进行下一个阶段的演化实验，视为干酪根和滞留油生成页岩气的过程；实验二，将页岩不同演化阶段的排出油和滞留油都去除，再进行下一个阶段的演化实验，反映了页岩不同演化阶段干酪根生成页岩气的过程，通过实验一和实验二的对比分析可以获知不同演化阶段滞留油的生气潜力。

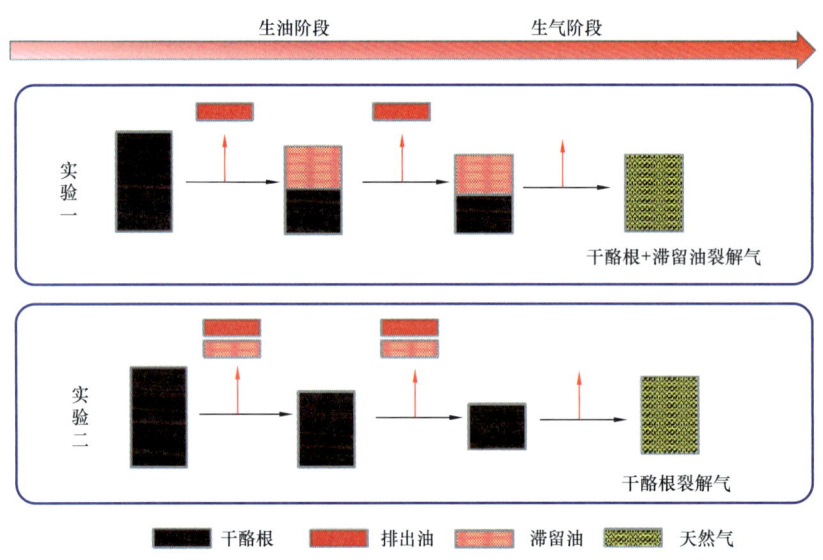

图 3-1-8 干酪根裂解气和滞留油裂解气区分方法

通过收集前人成果资料，并在野外调查、井下取样、常规试验测试分析和综合研究评价的基础上，选取了云南禄劝茂山中泥盆统低熟泥岩，生烃母质主要为藻类等低等水生生物（刘文斌等，2008；马中良等，2020），有机质类型为 II_1 型，与五峰组—龙马溪组页岩有机质类型相近，TOC 为 2.64%，R_o 为 0.48%。依据 JY1 井的埋藏演化史，可以获知实际地区的埋深与等效镜质组反射率的关系，同时，根据热压模拟实验生烃模拟温度和等效镜质组反射率的对应关系，以镜质组反射率为桥梁将模拟的演化点对应到模拟实验的温度点，转换成相应的埋深，确定地层压力和上覆岩层静岩压力（马中良等，2017），见表 3-1-2。

表 3-1-2　模拟实验样品温压参数

序号	模拟埋深 /m	模拟温度 /℃	静岩压力 /MPa	生烃系统流体压力 /MPa	排烃系统流体压力 /MPa
1	2000	250	50.0	22.0	20.0
2	3000	300	75.0	33.0	30.0
3	4000	350	100.0	48.0	40.0
4	4800	400	120.0	62.4	48.0
5	5500	450	137.5	71.5	55.0
6	5750	500	143.8	86.3	57.5
7	6200	550	155.0	93.0	62.0

页岩干酪根裂解生气具有阶段性，三个高峰分别位于 VR_o 为 1.0%、2.0%、3.2%，VR_o 为 1.0% 是生油高峰期，可能是有机质解聚生油的同时一部分活化能较低的小分子脱落生成气；当 VR_o 为 2.0% 时，由于热裂解能量较高，生气能力最强，之后可能由于有机质的缩聚反应生成固体沥青，产率下降；当 VR_o 大于 3.0% 后可能由于水的作用又产生部分烃气，但从累计生气产率趋势来看，后续生气量不大（图 3-1-9）。干酪根累计生气能力为 2m³/t（HC/岩石），滞留油对高—过演化阶段天然气量贡献较大，生油高峰期排油效率 68% 的页岩（原始 TOC=2.64%），滞留油累计最大生气能力为 6m³/t（HC/岩石）。

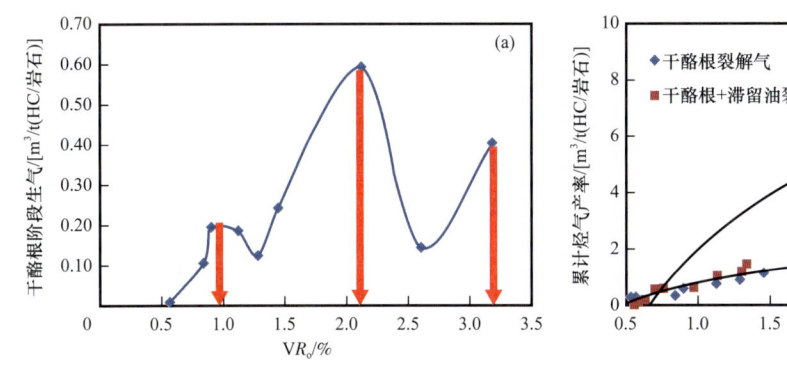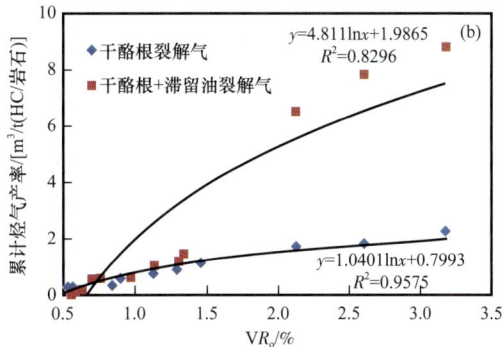

图 3-1-9　干酪根阶段生气产率（a）和干酪根和滞留油累计生气产率（b）

以上实验结果显示高—过成熟阶段滞留油和干酪根仍然具有一定的生气能力，以滞留油裂解生气为主，高—过成熟阶段后，滞留油裂解气占 70% 左右，干酪根裂解气占 30% 左右。张贺等（2018）基于两个端元气（干酪根与原油裂解气）按照不同演化阶段、不同比例混合并测定其甲烷、乙烷等烷烃气同位素值的实验研究和碳同位素组成分馏的理论计算，建立了预测两种端元混合气在某一演化阶段某种比例条件下的烷烃气碳同位素值的图版，可以根据两种端元混合气的甲烷、乙烷实测值来预测其成熟度和混合比例范围，判识该混合气中是否存在原油裂解气贡献。如图 3-1-10 所示，将现今涪陵页岩气甲烷和乙烷同位素组成投点到干酪根和原油裂解气同位素组成的定量判别图版上，发现原油裂解气含量占比为60%~80%。这一页岩气同位素地球化学示踪不仅证实了涪陵页岩气属于干酪根与原油裂解气的混合气,以原油裂解气为主,而且进一步验证了模拟实验的正演结果的可信度。

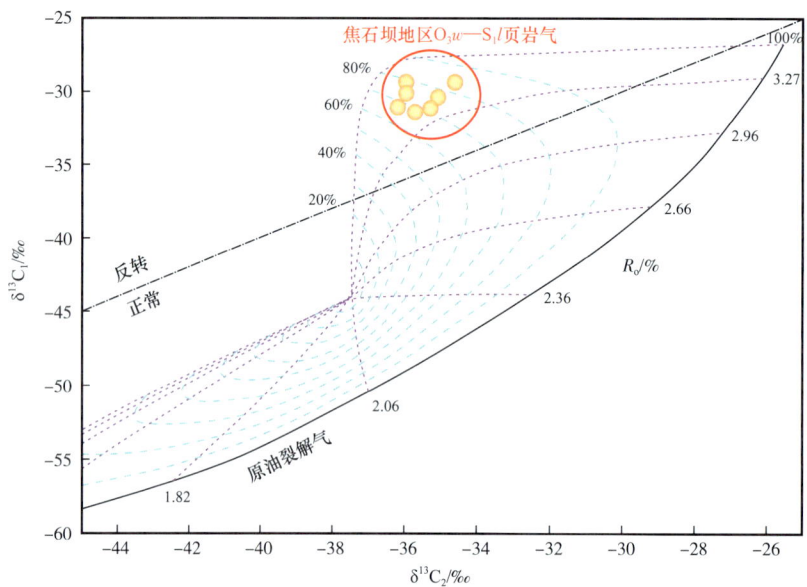

图3-1-10　焦石坝五峰组—龙马溪组页岩气干酪根和原油裂解气同位素的定量判别
（据郭旭升等，2020）

3. 海相页岩气地球化学特征及成因

页岩气组分主要为烃类气体和非烃气体两大类,其中烃类气体主要包括甲烷（CH_4）及其同系物,非烃气体包括CO_2、N_2、H_2及稀有气体等。五峰组—龙马溪组页岩气均以烃类气体为主,其中CH_4为主要组分,含量大多高于98%,乙烷（C_2H_6）含量为0.2%~0.8%,C_{2+}重烃气含量很低（表3-1-3）,含有少量非烃气体,主要是CO_2和N_2,其中CO_2含量为0.2%~1.2%,N_2含量为0~0.7%,干燥系数普遍高,均大于0.99,呈现出高热成熟度和典型的干气特征（表3-1-3）。

五峰组—龙马溪组页岩气的$\delta^{13}C_1$为 −36‰~−29‰,$\delta^{13}C_2$、$\delta^{13}C_3$介于 −39‰~−33‰。甲烷、乙烷、丙烷碳同位素组成具有三个明显特点：（1）$\delta^{13}C_2$、$\delta^{13}C_3$随$\delta^{13}C_1$变重而变重；（2）甲烷、乙烷、丙烷碳同位素组成序列全部出现了倒转现象,即$\delta^{13}C_1>\delta^{13}C_2>\delta^{13}C_3$（表3-1-3）；（3）$\delta^{13}C_1$分布特征与五峰组—龙马溪组页岩的热成熟度（$R_o$）具有较好的对应关系,其中涪陵地区龙马溪组页岩的热演化程度高于威远地区,对应的页岩气的$\delta^{13}C_1$相对较重。

天然气成因类型一般分为无机成因气、有机成因气和混合成因气,利用天然气成分和碳同位素组成特征来判别。无机成因气的$\delta^{13}C_2$值一般大于 −30‰,有机成因气的$\delta^{13}C_2$值一般小于 −30‰（戴金星等,2008）。如表3-1-3和图3-1-11所示,五峰组—龙马溪组页岩气的$\delta^{13}C_2$均小于 −30‰,而且所有气样中CO_2含量质量分数都较低,表明该类页岩气为有机成因气。在有机成因的烷烃气中,生物气和裂解气均具有高甲烷含量、低重烃含量的特点，它们的区别之一是生物气的 δC₁ 较轻，一般小于 –55‰，而裂解气的 δC₁ 偏重（戴金星等，2008），由此分析认为五峰组—龙马溪组页岩气均为有机成因的高温裂解气。

表 3-1-3　五峰组—龙马溪组页岩气组成和碳同位素特征

地区	井号	组分 /%				同位素组成 /‰		
		CH_4	C_2H_6	CO_2	N_2	$\delta^{13}C_1$	$\delta^{13}C_2$	$\delta^{13}C_3$
涪陵	JY-1HF	98.81	0.66	0.25	0.28	–29.2	–34.1	–34.2
	JY-2HF	98.75	0.62	0.38	0.24	–30.2	–34.7	–37.1
	JY-3HF	98.51	0.61	0.31	0.55	–30.5	–35.9	–38.4
	JY-4HF	98.45	0.57	0.56	0.40	–29.9	–35.6	–37.0
	JY6-3HF	98.51	0.58	0.31	0.60	–30.7	–34.9	–37.4
	JY7-2HF	98.66	0.60	0.22	0.50	–30.0	–34.6	–36.2
	JY8-2HF	98.37	0.65	0.51	0.46	–29.1	–34.3	–37.1
	JY23-1HF	98.59	0.64	0.30	0.46	–29.8	–34.5	–36.3
	JY42-4HF	98.61	0.63	0.33	0.44	–30.6	–35.9	–38.1
武隆	LY1	98.93	0.59	0.37	0.09	–31.1	–34.0	–36.4
彭水	PY-1HF	98.46	0.69	0.15	0.70	–30.2	–33.7	–33.8
	PY-4HF	98.40	0.72	0.08	0.70	–29.4	–34.3	–34.4
永川	YY-1HF	98.17	0.28	1.15	0.39	–33.4	–35.4	–38.0
丁山	DY-1HF	98.94	0.41	0.37	0.23	–32.9	–36.5	–
威远	WY-1HF	99.41	0.38	0.20	0.00	–35.3	–38.1	–

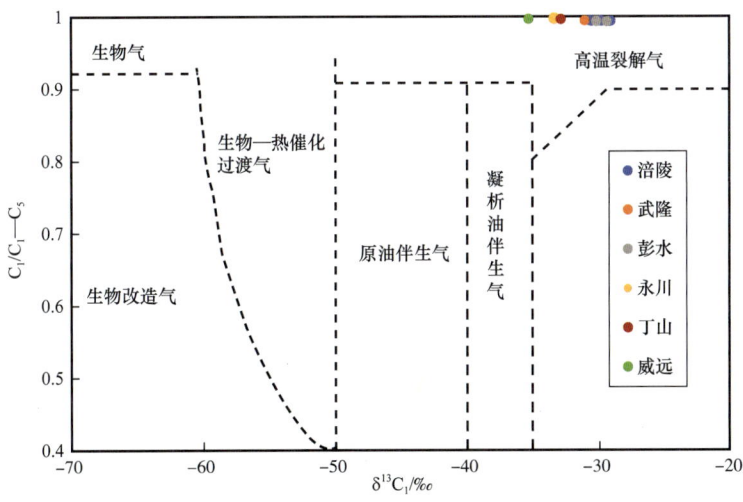

图 3-1-11　五峰组—龙马溪组页岩气 $\delta^{13}C_1$—（C_1/C_1—C_5）关系图（据汪生秀等，2017，修改）

由于不同类型的有机质母质具有各自不同的成烃演化及产物特征，有机热成因天然气可根据生气母质的类型进一步划分为油型气、煤型气。其中，油型气成气母质以Ⅰ型和Ⅱ$_1$型干酪根为主，其原始母质为低等植物和浮游动物，特别是藻类、细菌的类脂化合物和聚合类脂化合物组分，该类干酪根具有高的H/C、低的O/C原子比，在热演化过程中早期以形成液态烃为主，晚期以大量生气为主；煤型气成气母质以Ⅱ$_2$型、Ⅲ型干酪根为主，其相对贫氢，含多环芳烃，缩合稠环芳烃结构为主，带有许多含氧官能团，脂类及类脂结构的基团含量相对较低，该类型的母质在热演化过程中以形成气态烃为主。由于天然气中乙烷碳同位素具有较强的母质继承性（戴金星等，2005），一般认为 $\delta^{13}C_2$ 小于 $-29‰$ 为油型气，$\delta^{13}C_2$ 大于 $-27.5‰$ 为煤成气，混合气的 $\delta^{13}C_2$ 值为 $-29‰\sim-27.5‰$。由图3-1-12可知，五峰组—龙马溪组页岩气均是油型气。同时，海相页岩有机质类型测定结果表明，五峰组—龙马溪组页岩干酪根以Ⅰ型、Ⅱ$_1$型为主，也进一步表明五峰组—龙马溪组页岩气为典型的油型气。

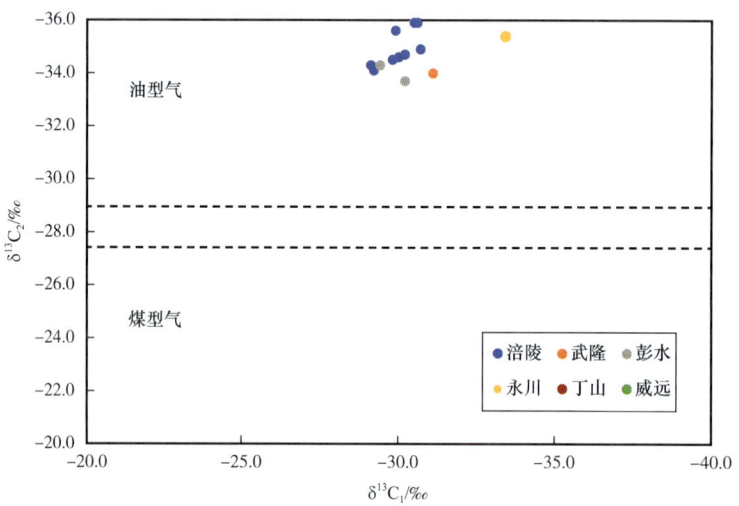

图3-1-12　页岩气甲烷与乙烷碳同位素特征

综上所述，南方海相页岩气成分以甲烷气为主，含量普遍高达98%以上，干燥系数不小于0.99，含有少量乙烷、二氧化碳和氮气等，其烷烃气碳同位素组成总体变化在 $-39‰\sim-28‰$ 之间，甲烷、乙烷、丙烷碳同位素组成序列全部出现了倒转现象。但是，甲烷、乙烷碳同位素组成在空间分布上，威荣页岩气表现为偏轻，即 $\delta^{13}C_1$ 为 $-36‰$ 左右、$\delta^{13}C_2$ 为 $-38‰$ 左右，而涪陵页岩气显示偏重，$\delta^{13}C_1$ 为 $-30‰$ 左右，$\delta^{13}C_2$ 为 $-33‰$ 左右，并与五峰组—龙马溪组页岩的热成熟度（R_o）具有较好的对应关系，涪陵地区龙马溪组页岩的热成熟度高于威远。在成因类型上，南方海相页岩气属于有机热成因干气，高温裂解的油型气。

4. 页岩排—滞油效率与页岩气生成潜力

上述研究表明南方海相高演化页岩气主要来自滞留油裂解气，页岩气的富集除了受后期构造改造影响，在持续埋藏阶段油的滞留同样至关重要。因此，在页岩气勘探开发过程中，在考虑页岩基础地质条件、强调保存条件重要性的同时，应从页岩气形成与演化的动态角度出发，将排—滞油效率与排油后的生气能力作为一个重要参数。

原油裂解主要生成两个产物：天然气和固体沥青。基于质量守恒原理，通过生排烃模拟实验数据和生烃动力学计算等，可以定量分析原油裂解过程中气、液、固态三相反应物—产物之间的转化率或产率变化，页岩中残留固体沥青量反映滞留油量的大小，代表着后续页岩气的生成潜力。采用高分辨率扫描电镜技术识别有机质产状和孔隙发育情况，联用能谱技术分析化学成分，结合激光拉曼的结构分析，综合识别固体沥青，依据原油裂解生气模型（刘金萍等，2007），结合现今有机碳含量，估算滞留油量及生气量。

如图 3-1-13 所示，JY2 井埋深 2520～2575m 层段固体沥青含量介于 0.28%～1.34%，平均值为 0.72%，其估算的滞留油量为 7.0～33.5kg/t，平均值为 17.96kg/t，原地生气量为 12.74～24.99m³/t，平均值为 19.93m³/t，反演的排油效率变化范围较大，介于 12%～80%，平均值为 48%，其中滞留油量高值段均处于当前正在重点开采的③—④小层"甜点"层段，其排油效率为 12%～36%，平均值为 23%，相应的滞留油量为 16.75～33.5kg/t，平均值为 27.67kg/t，原地生气量为 15.68～24.99m³/t，平均值为 21.23m³/t；而富有机质层段的上下两个边界段滞留油量低或排油效率高，尤其底部两个样品正处于观音桥段顶底两侧，排油效率高达 73%～80%。

上述固体沥青、滞留油量等分布特征表明，纵向上以③—④小层为主的富有机质层段的排油效率低于其上段的泥质粉砂岩段和下部临近的观音桥段；横向上涪陵地区排油效率远低于彭水地区（图 3-1-14），PY1 井反演的排油效率平均值为 65%，原油原地滞留率仅为 35%，尤其以③—④小层为主的富有机质层段在焦石坝构造区排烃效率平均值仅为 23%，原油原地滞留率近 80%，该层段在桑柘坪向斜区排油效率与其上部泥质粉砂岩层段相近，普遍达 65% 以上，平均达 70%，原油原地滞留率仅约 30%，指示在这两个地区内五峰组—龙马溪组烃源岩埋藏过程中的生排烃作用不同。在涪陵地区烃源岩层自身封闭性较好，加之构造稳定和致密的顶底板条件，总体排烃作用较弱，有利于更多的油气滞留于烃源岩层内；而彭水地区烃源岩层尽管与涪陵地区具有类似的顶底板条件，但埋藏过程中整体自身封闭性相对较差，排替压力较低，生烃增压等作用下更容易发生幕式排烃过程，使得在生烃高峰期更多的油气排出烃源岩层，降低了页岩气生成与富集潜力。

综上所述，浮游藻类、疑源类等富氢、富脂质有机质（干酪根）和由其生成的沥青（原油）是页岩气的主要来源，以源内滞留的原油裂解生气贡献为主，笔石对页岩气的形成具有一定的贡献。干酪根热解和滞留源内原油、重烃气在晚期高热演化阶段二次裂解生成以甲烷为主的天然气是南方海相页岩气生成的主要机制，其中富有机质页岩埋藏生烃演化过程中生烃高峰期与关键构造变革期的匹配、最大埋藏期的排—滞油效率（滞留烃量）是页岩气生成并聚集成藏的必要条件。

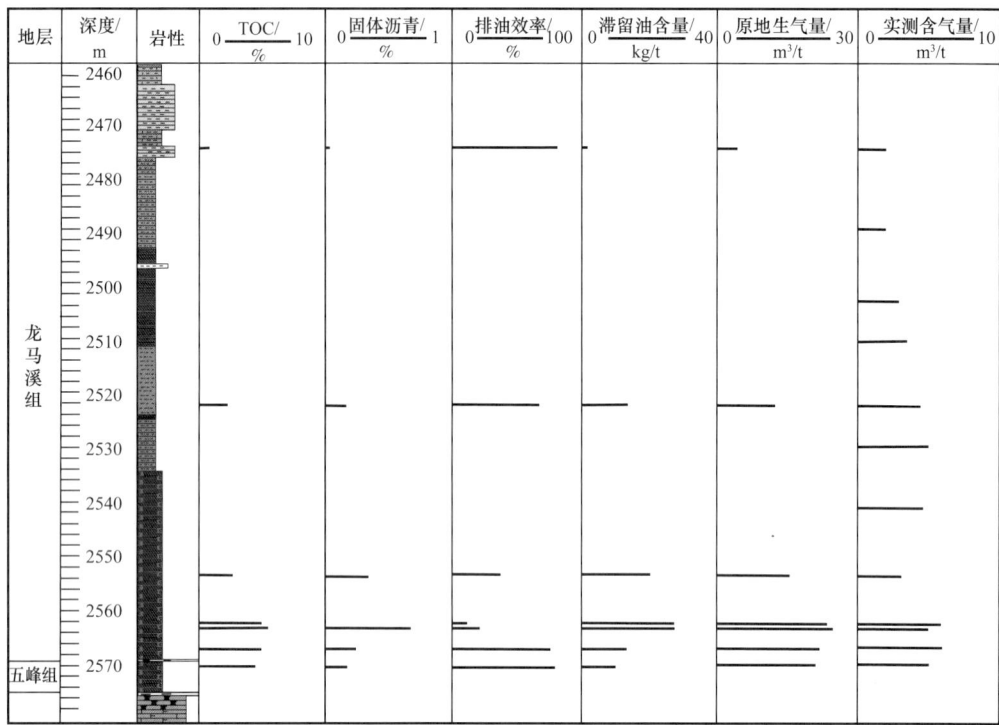

图 3-1-13　四川盆地 JY2 井五峰组—龙马溪组岩性与地球化学综合柱状图

图 3-1-14　四川盆地 PY1 井五峰组—龙马溪组岩性与地球化学综合柱状图

第二节　海相页岩气储集空间类型及形成机制

在传统地质认识中，页岩的物理性质除了受控于原始矿物组成和沉积颗粒结构外，还受沉积后成岩作用的影响，尤其机械压实作用起着极为重要的控制作用，在有限的埋深范围内使页岩孔隙度迅速降低至较低水平，以至于无法作为油气的有效储层。随着页岩中有机质孔的发现，彻底改变了页岩不具储集性能的观念，使人们认识到富有机质页岩作为非常规油气储层的巨大潜力，有力地推动了油气地质理论的革新和发展。近年来，随着理论认识不断深入和技术的进步，页岩气勘探开发的脚步也逐渐走向深层、甚至超深层，而深层页岩气的勘探实践表明，即使埋深超过3500m，甚至更深（如PS1井埋深近6000m），页岩气储层仍然保持着高孔、高压、高含气量的特征，大大改变了传统认识。

通过对中国南方海相页岩等重点钻井岩心和露头剖面页岩的超显微分析，研究页岩微观结构、纳米级孔隙和成岩特征，查明有机质孔类型与成因，探讨不同成岩作用对页岩孔隙发育和保存的影响，进而建立成岩作用约束下页岩孔隙的形成与演化模式，揭示有机质孔和深层页岩储层形成与保持机理。

一、海相页岩有机质孔类型及成因机制

关于页岩孔隙类型及特征的研究，前人从孔径、赋存位置、形态、成因等方面开展了大量研究，也取得了丰硕的成果（何建华等，2014；于炳松，2013），将页岩孔隙分为无机孔、有机质孔和微裂缝三类。而国内外大量研究表明，有机质孔是海相页岩中最重要的孔隙类型，与页岩油气的形成、富集息息相关（Curtis et al.，2002），且普遍认为有机质孔主要是有机质裂解生烃作用形成的。前人研究认为，含气页岩中有机质孔度与TOC具有正相关关系，且TOC越大，含气性往往也越好。由此可见，有机质孔的发育是海相页岩油气生成、富集的关键，然而页岩不同有机质孔的发育程度有较强的非均质性，同一样品中不同有机质的面孔率可以从0~40%变化。但目前看来除了后期成烃等过程形成的次生有机质孔，也存在较多的有机原生孔隙，且有机质孔的发育受到有机质类型、成熟度、矿物组成及孔隙压力等多种因素的影响，有机质孔形成的研究必须是立足于页岩油气成烃、成储的整个过程。本次研究主要是基于海相页岩成烃演化过程认识的基础上，通过有机质孔发育特征与主要控制因素的综合分析，探讨有机质孔的形成机制，为进一步查明成岩阶段孔隙演化规律奠定基础。

1. 有机质孔发育特征

有机质孔主要发育于Ⅰ型和Ⅱ型干酪根中，Ⅲ型干酪根通常不发育有机质孔（Jarvie et al.，2007；Curtis et al.，2002；魏志红和魏祥峰，2014）。但在高演化阶段，大部分干酪根经历了强烈的压实和物理化学变化，并与残留的油/沥青混合在一起，区分不同的干

酪根类型和沥青具有一定的难度。通过高分辨率扫描电镜、原子力显微镜等先进的实验分析技术，结合有机质成烃理论，对于部分有典型特征的有机质颗粒，根据有机质形态、内部结构和分布特征识别出沥青有机质孔、疑源类有机质孔、藻类/细菌有机质孔、笔石有机质孔等。

1）沥青有机质孔

沥青有机质中普遍发育孔隙，按照其孔隙特征可分为两类。一种为不规则形状的孔隙[图3-2-1（a）]，该类孔隙在整个有机质中均匀分布、孔隙密度大、孔径基本小于50nm，形状不规则。另一种孔隙形状整体接近圆形或椭圆，为气泡状孔隙，孔隙大小可以从10～100nm不等，常可见不同大小孔隙共存，在个别沥青中还可见超大孔隙，直径可至数百纳米甚至达到1μm[图3-2-1（b）]。

2）疑源类有机质孔

该类有机质微孔发育不均匀，核部和外围有机质的孔隙发育明显不同。多数个体核部孔隙不发育或少量发育，而外围有机质中孔隙密度相对大，孔径基本大于20nm，反映出外围有机质与核部有机质在化学性质上存在明显差异性。在多口钻井样品中均见球状有机质，具有球形、椭球形或半球形[图3-2-1（c）]，直径从2μm至十余微米不等，边缘轮廓清晰，多具有双层结构，有机质内部均可见星点状分布的磷酸盐矿物。

3）藻类碎片有机质孔

主要发育与两种藻类碎片相关的孔隙类型。第一种有机质类型主要表现为不规则块状、无定形，孔径超过20μm，甚至可达100μm，呈无规则平直的边缘形态，周边常被石英等矿物环绕，有机质内部见纤维状分布的黏土矿物[图3-2-1（d）]，该类有机质中大部分孔隙较为发育，孔隙形态为不规则棱角状孔，孔隙大小较为均匀，孔隙面孔率通常较高。另一种藻类碎片有机质内部较干净，无黏土出现，整体轮廓整齐[图3-2-1（e）]，该类有机质形态不固定，呈多边形、弧形等，孔径小于20μm，有机质中孔隙非常发育，面孔率高，孔隙形态为不规则棱角状，大小均一，连通性好。

4）细菌状集合体有机质孔

该类有机质中的孔隙均为球粒间孔隙[图3-2-1（f）]，孔隙形态为不规则棱角状，孔径大小为10～50nm。主要是由于在压实作用下球粒集合体相互挤压，仅保留了部分残留孔隙[图3-2-1（g）]，该情况下已很难看出原始的球粒形态。

5）笔石有机质孔

该类有机质孔主要以压扁的碳质薄膜形式存在，平行于层理分布，切面宽通常为2～3μm，多见分节，常见团簇状的黄铁矿集合体与笔石体伴生发育[图3-2-1（h）]，呈多孔状产出，可能于沥青充填有关。除此之外，在笔石体内部也发育有机质孔，但观察分析认为，多数笔石中的孔隙是相对不发育的，笔石本身较弱的生烃能力是其孔隙较不发育的主要原因。

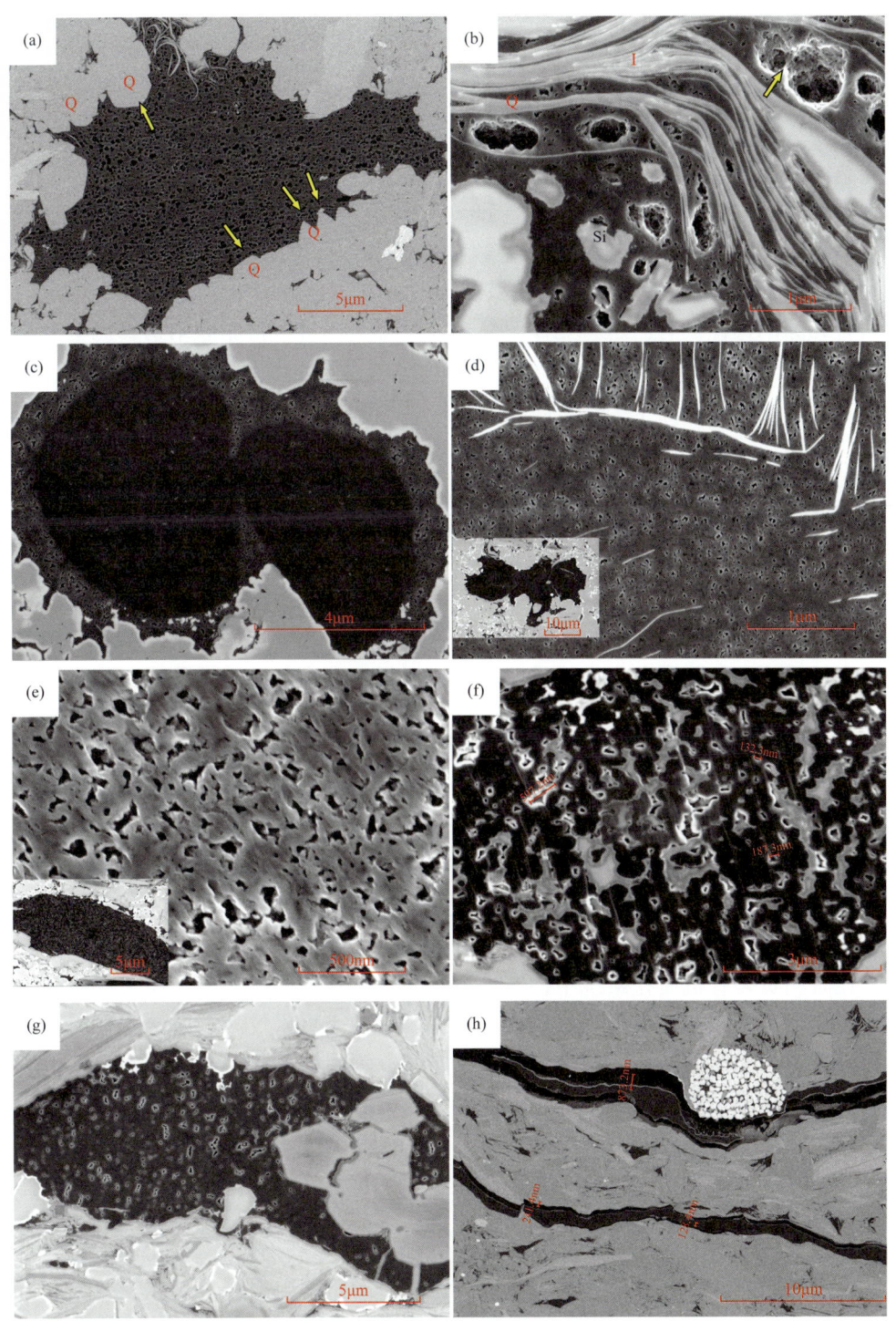

图 3-2-1 不同类型有机质中的孔隙发育特征

（a）沥青孔隙特征（不规则形状）；（b）沥青孔隙特征（近圆形或椭圆形）；（c）疑源类及孔隙特征；（d）藻类碎片孔隙特征（不规则块状、无定形）；（e）藻类碎片孔隙特征（多边形、弧形）；（f）细菌状集合体孔隙特征；（g）细菌状集合体孔隙特征（仅保留部分残余孔隙）；（h）笔石孔隙特征

2. 有机质孔成因类型

有机质类型对孔隙发育非均质性的影响与不同化学组分的生烃过程有关。在沉积有机质组分中，不同比例芳香族、脂族和杂环官能团构成了不同类型有机质，包括富含富氢脂族结构的腐泥型有机质（Ⅰ—Ⅱ型）、富含贫氢芳香结构的腐殖型有机质（Ⅲ型）。

在生烃过程中，有机质中的富氢组分，尤其是类脂组分，释放出大量的沥青或石油碎片，既使干酪根发育孔隙，又使沥青裂解生成富含孔隙的固体沥青。而贫氢有机质，尤其是腐殖型有机质，生油潜力低，主要依靠自身富氢部分的生气过程而局部产生孔隙，缺乏富含孔隙的固体沥青。这就是浮游藻类、疑源类等富氢富脂族结构腐泥型有机质普遍发育孔隙的原因所在［图 3-2-1（c）至（e）］。另外，不同有机质或同一有机质不同部位的组分、结构不同，如低成熟笔石（Ⅰ—Ⅱ型）和高成熟笔石（Ⅲ型），有机质孔发育表现出明显的非均质性。由此可见，有机质类型是有机质孔生成的物质基础，有机质组分、结构及生烃能力的差异性是控制有机质孔发育程度及其非均质性的内因，有机质孔主要发育于腐泥型干酪根及固体沥青，腐殖型有机质孔发育有限。

综上所述，不同类型有机质孔主要是页岩中的干酪根和沥青通过高温热裂解生气过程中产生的储集空间，是普遍认可的次生孔隙类型，而有机质孔还发育一种成因类型，即有机质原生孔隙，但有机质原生孔隙尚未引起关注，对其定义、成因尚不清楚。本次研究将有机质原生孔隙定义为有机质沉积和成岩早期发育的继承性孔隙，与沉积有机质类型、生物结构和微生物作用密切相关。五峰组—龙马溪组页岩中有机质原生孔隙主要来自生物碎屑的原生质构造，如藻类体纤维状或网格状孔隙［图 3-2-2（a）、（b）］、放射虫的海绵状孔隙［图 3-2-2（c）、（d）］、疑源类壳体［图 3-2-2（e）至（g）］、笔石体腔及其表皮纤维层间缝（图 3-2-3）等。这些生物死亡之后，软体组织部分（如脂肪等）类脂物分解，多孔骨骼、壳体中心和壳壁孔、体腔等未被全部充填或压实、压碎而保存下来的孔隙。其中，生物腔体、网格状孔隙等原生孔隙常见被后期的沥青和硅质、黏土、黄铁矿等矿物充填，可能与成岩早期尚未压实前被生成的液态烃或其他流体充填有关。在海相页岩有机质孔系统中，原生孔隙与次生孔隙同等重要，原因有两个：一是有些原生孔隙仍处于开放或半开放状态，本身属于现今页岩气的有效储集空间；二是更多的原生孔隙为早期液态烃滞留提供了储集空间，为后期这些液态烃二次裂解生成更多的页岩气及纳米孔隙网络作出了贡献，表明其发育程度对液态烃的滞留量及次生孔隙形成产生重要影响。

二、海相页岩成岩作用及孔隙形成演化模式

页岩是沉积盆地中分布十分广泛的一种沉积岩类，但成岩作用研究程度却远不及粗颗粒的砂岩和碳酸盐岩等常规储集岩深入。泥页岩的矿物组成颗粒总体较细，主要由黏土矿物和黏土粒级的石英、长石和碳酸盐等碎屑矿物组成，矿物颗粒总体较小的特点给泥页岩成岩作用的研究带来了极大的困难和挑战。在前述岩心观察、岩石薄片鉴定和 X 射线衍射分析基础上，借助环境扫描电镜和高分辨率场发射扫描电镜及能谱两级电子显微与微区成分分析技术，开展五峰组—龙马溪组页岩微观结构特征、成岩作用类型和成

岩特征研究，重点通过超显微特征分析探讨不同成岩作用对有机质孔发育和保存的影响，进而建立了成岩作用约束下有机质孔的形成与演化模式。

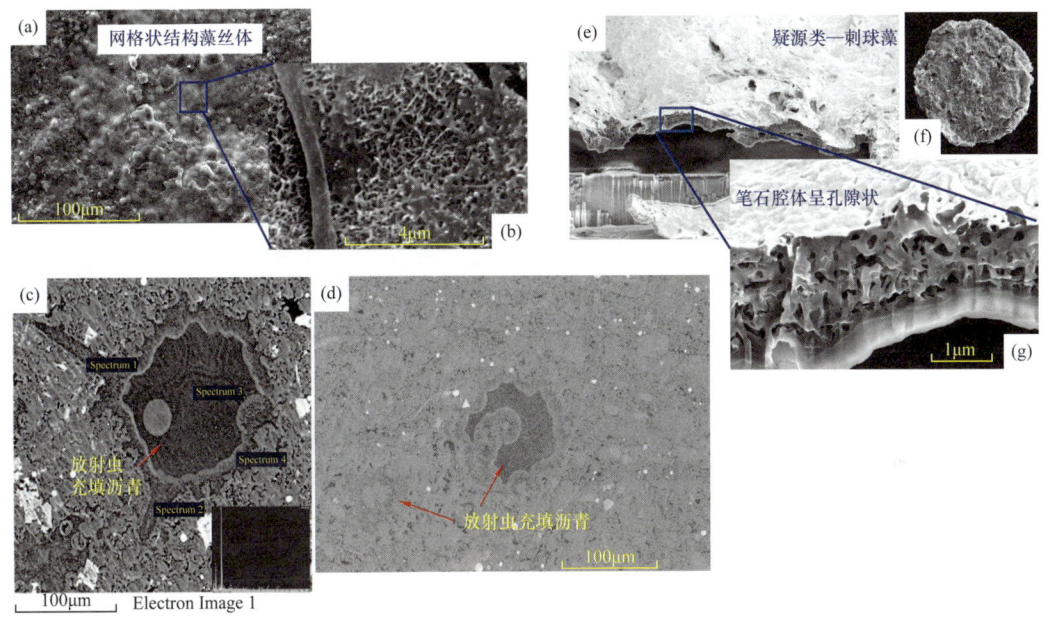

图 3-2-2　五峰组—龙马溪组页岩中有机质原生孔隙特征

（a）藻类，藻丝体，网格状孔隙，沥青充填；（b）藻类，藻丝体放大图；（c）放射虫的海绵状孔隙1，沥青充填；（d）放射虫的海绵状孔隙2，沥青充填；（e）疑源类—刺球藻壳体1，呈圆饼状，纤维壁，发育亚微米—纳米孔，多呈开放至半开放形态；（f）疑源类—刺球藻壳体2，呈圆饼状，纤维壁，发育亚微米—纳米孔，多呈开放至半开放形态；（g）疑源类—刺球藻壳体局部放大图，笔石腔体呈孔隙状

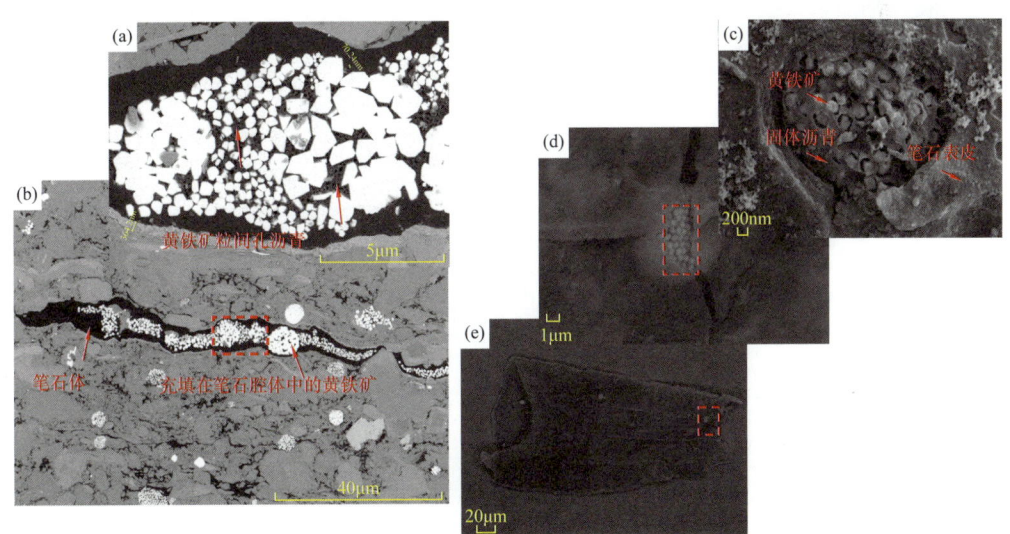

图 3-2-3　五峰组—龙马溪组页岩中笔石体孔缝发育特征

（a）笔石腔体、黄铁矿粒间孔中固体沥青1；（b）笔石腔体、黄铁矿粒间孔中固体沥青2；（c）笔石单体，表皮为含碳的致密有机质，腔体呈开放、半开放，含黄铁矿；（d）笔石腔体中的草莓状黄铁矿，使笔石体破裂产生微裂缝；（e）笔石腔体中的黄铁矿粒间孔隙中充填固体沥青

1. 成岩作用类型及孔隙特征

五峰组—龙马溪组页岩经历了压实作用、胶结作用、黏土矿物转化作用、交代作用、溶蚀作用、有机质的热成熟作用以及构造破裂作用等多种成岩变化，其中压实作用和胶结作用减小储层孔隙度，有机质热成熟作用、溶蚀作用以及构造破裂作用可增大储层孔隙度，而交代作用和黏土矿物转化作用对储层孔隙度影响较小。

1）机械压实作用

五峰组—龙马溪组页岩普遍较为致密，电镜观察黏土矿物含量较高的泥质页岩，可见片状的黏土矿物多呈近平行的定向排列，相互紧密堆积，部分刚性颗粒的长轴亦平行于层理方面，粒间孔隙发育较差，矿物颗粒以面接触为主（图3-2-4），由于刚性碎屑颗粒抗压实能力强于黏土质，黏土颗粒遭受挤压则发生弯曲变形，与刚性颗粒形成紧密的凹凸接触关系，刚性颗粒则被黏土矿物包围形成鱼尾状分叉结构（图3-2-4），粒间孔隙（后期被沥青充填）偶有发育，表明泥页岩原生粒间孔隙在压实过程中大量消亡，所经历的机械压实作用较为强烈。另外，也有少部分未明显定向重排的黏土矿物片晶则在压实作用下发生层间劈裂和断折变形，构成三角状的稳定支撑结构，产生一定数量的次生孔隙，为烃类充注提供了一定空间的同时还有利于后期液态烃裂解所形成有机质孔的保存（图3-2-4），是泥质页岩中有机质孔发育的主要空间。这种未明显重排的结构被认为是泥质沉积时受到了一定底流的扰动影响，经压实后发生变形，产生次生孔隙。

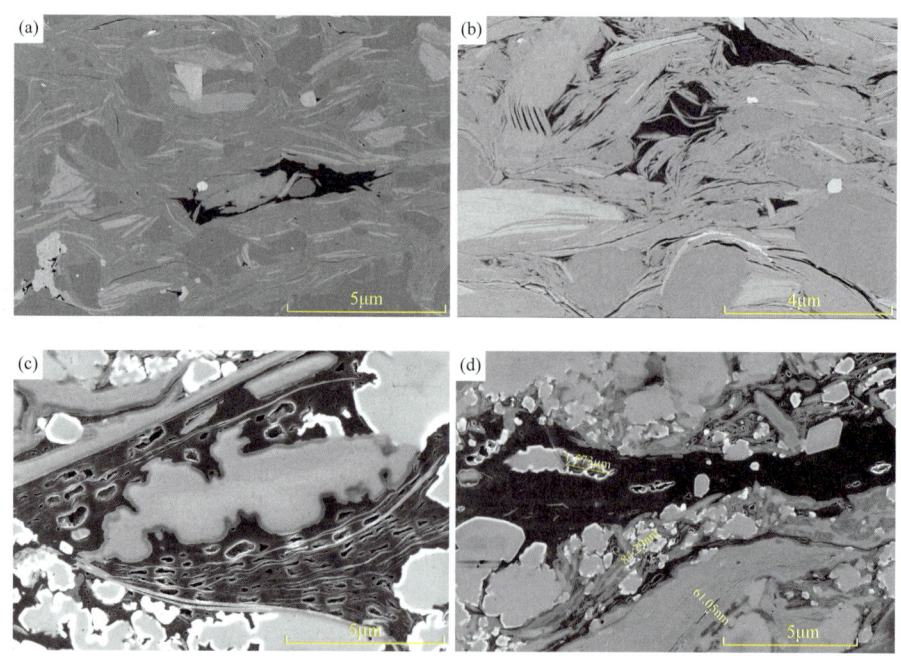

图3-2-4 机械压实作用特征

（a）基质支撑结构，黏土矿物弯曲变形明显，偶见残余粒间孔隙；（b）基质支撑结构，黏土矿物片晶发生劈裂或扭曲，见粒间孔隙和次生有机质孔；（c）沥青中发育有机质孔，呈椭球状，长轴方向近平行排布；（d）条带状沥青中发育有机质孔，呈压扁状，孔隙长轴方向平行于顺层沥青条带

机械压实作用除早期对页岩原生孔隙造成破坏外,在晚成岩阶段对液态烃裂解形成的有机质孔也具有挤压破坏作用。镜下观察到泥质页岩中较多平行于层理方向的条带状沥青中发育的有机质孔大多呈挤压变形状或多个孔隙挤压合并后的线状或串珠状,其长轴方向基本平行于沥青条带和层理面[图3-2-4(d)],且孔隙发育程度明显低于附近非条带状沥青的发育度,表明有机质孔形成后受到了一定程度压实作用的改造和破坏(卢龙飞等,2022)。

2)胶结作用

(1)黄铁矿胶结。

黄铁矿胶结作用在五峰组—龙马溪组页岩优质段十分普遍,产出形式多样,常以颗粒状、草莓状、不规则状和微裂缝充填物等形式出现(图3-2-5),前者为单颗粒态,其他均为集合体态。虽然黄铁矿胶结会占据一小部分原生孔隙空间,但由于其颗粒具有刚性特点,胶结后可以有效抑制颗粒及毗邻区域进一步的压实作用。草莓状黄铁矿胶结物由于球粒较大,常能够在其周围诱导微裂缝形成并保持适度开启[图3-2-5(a)],这些微裂缝平均宽度在3~4μm之间,平均长度在15μm左右。而鞍状和不规则状颗粒态黄铁矿等则更多胶结于黏土矿物片晶之间,从而起到"柱撑"作用,使晶间孔隙避免遭受完全压实破坏,其中一部分孔隙得以保留下来,为后期液态烃充注和滞留提供了所需的空间。黄铁矿胶结作用还对后期液态烃裂解所形成的有机质孔给予"柱撑"保护,使其避免遭受压实破坏而有效保存。

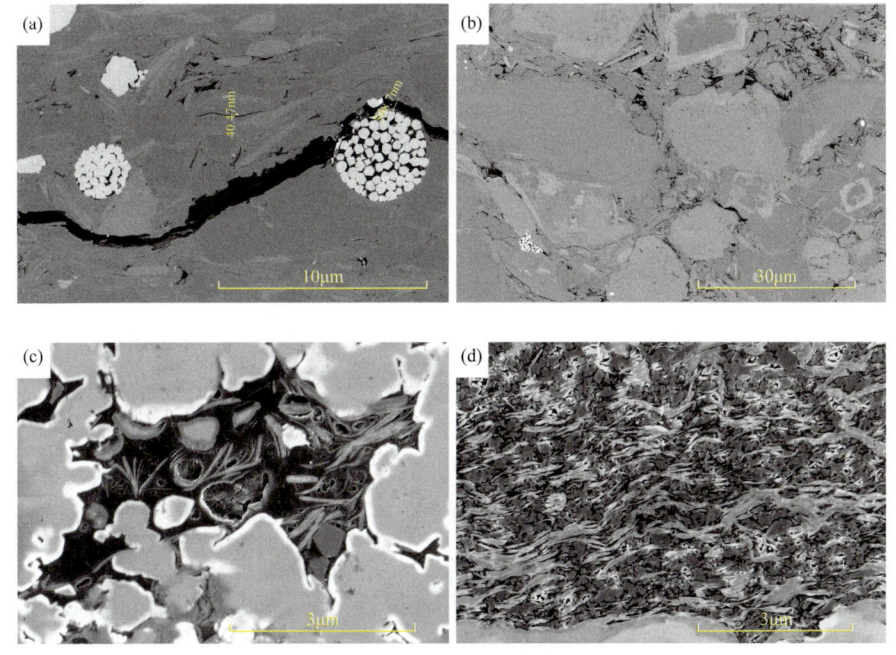

图3-2-5 胶结作用特征

(a)基质支撑结构,早期草莓状黄铁矿胶结充填,并使微裂缝沿其边缘形成,局部充填沥青;(b)颗粒支撑结构,晚期白云石交代方解石胶结,自形程度高;(c)粒间孔隙内微晶石英胶结,自形程度较好,剩余孔隙充填沥青,内发育有机质孔;(d)自生伊利石胶结,呈弯曲片状,伴有大量硅质胶结

五峰组—龙马溪组页岩中普遍发育于黏土矿物片晶间的"柱撑"颗粒状黄铁矿与草莓状黄铁矿，其产状特点及压实过程中边缘诱导微裂缝的存在，反映出它们形成于黏土矿物沉积时所具"卡—房"结构，且未被完全压实、尚有较多粒间孔隙存在的阶段，说明黄铁矿胶结作用发生较早。早期黄铁矿胶结作用发育程度越高，对机械压实作用的抑制越强，就越有利于页岩原生粒间孔隙的保持以及后期有机质孔的形成和保存。龙马溪组一段中下部有机质孔和总孔隙发育较好，与早期黄铁矿胶结作用有非常密切的关系。

　　（2）碳酸盐胶结。

　　碳酸盐胶结物在五峰组—龙马溪组页岩中也较为普遍，含量在10%以下，主要以粒间胶结物和交代物的形式出现，多以微晶状和晶粒状产出，自形程度中等—较高，矿物类型主要包括方解石、白云石及少量铁白云石，并且具有明显的多期次性（图3-2-5）。碳酸盐胶结物在不同成岩阶段均有产出，不同阶段的碳酸盐胶结物其晶体特征和矿物成分存在较大差异，主要受控于不同成岩阶段温压条件、流体—岩石相互作用的效应、成岩流体酸碱度等成岩环境参数。方解石胶结物形成于同生—早成岩期，碱性成岩流体环境是其形成的主控因素，由于形成期较早，多充填粒间孔隙，呈镶嵌状，是页岩中碳酸盐胶结物的主要类型。白云石和铁白云石胶结物是另一主要类型，多为半自形晶和自形晶，以分散状产出[图3-2-5（b）]，主要通过交代早期的方解石胶结物和长石及黏土矿物颗粒形成，形成期较晚，与孔隙流体晚期的碱性转变有关。

　　在发生早期方解石胶结时，方解石颗粒充填后会占据所充填原生孔隙较大的空间，但同时也由于刚性支撑作用使未充填的少量剩余孔隙得到保存，并且与黄铁矿胶结作用类似，能够诱导微裂缝形成并保持开启，为有机质孔形成保留了少量孔隙空间，可见适度的早期方解石胶结有利于增强泥页岩的抗压实能力，有利于原生无机孔和次生有机质孔的保存，只是该部分孔隙贡献量较小。晚期白云石和铁白云石胶结作用则充填在剩余粒间孔隙内，充填后使剩余孔隙进一步减少，属于破坏性成岩作用。

　　（3）硅质胶结。

　　五峰组—龙马溪组页岩中最常见的硅质胶结物以石英次生加大和自生石英胶结两种形式存在，前者主要产出于碎屑石英颗粒表面，后者则主要充填于原生粒间孔隙内[图3-2-5（c）]。石英次生加大主要在碎屑石英颗粒表面生长，多由大小在2um以下的微晶石英组成，呈卵状或椭球状，自形程度较低，部分碎屑石英颗粒呈明显的多期次次生加大现象，总体上石英次生加大胶结作用较弱。自生石英胶结作用相对较强，石英胶结物主要产于原生粒间孔隙内，少量胶结于粒间孔隙孔壁，多以微晶石英单颗粒或集合体形式存在，有一定晶形，自形程度相对较高[图3-2-5（c）]。硅质胶结所需的Si^{4+}主要来源于温压条件升高后生物蛋白石重结晶、石英颗粒间的压溶和长石蚀变及蒙皂石向伊利石转化过程中硅的释放。硅质胶结作用形成的微晶石英颗粒将占据相当一部分的原生无机孔，使孔隙度降低，供液态烃生成后原位滞留的空间减少，是五峰组—龙马溪组页岩储层主要的破坏性成岩作用之一。

　　（4）黏土矿物胶结。

　　泥页岩中除了原始沉积的黏土矿物外，还含有一定数量的黏土矿物胶结物，它们均为自生成因。五峰组—龙马溪组页岩以伊利石胶结物最为普遍,偶见高岭石胶结物,主要以填隙物形式出现,多呈丝状、纤维状和鳞片状充填于原生无机孔内及喉道中[图3-2-5(d)]。前者主要形成于弱酸性的孔隙水环境,后者则主要形成于弱碱性的孔隙水体中。在有机质开始生烃阶段,有机酸大量生成,成岩流体由弱碱性逐渐转变为弱酸性,铝硅酸盐矿物(如长石等)发生溶蚀,溶蚀过程释放出的Si、Al等元素在原地或附近孔隙中形成黏土矿物胶结物和硅质胶结物,这也是黏土矿物胶结物多与硅质胶结物共生的原因。

3)重结晶作用

重结晶作用是使沉积矿物由非晶质向隐晶质、晶质体变化的过程,是化学岩或生物化学岩成岩的主要作用方式。五峰组—龙马溪组下部富有机质硅质页岩发育有丰富的硅质生物——放射虫、海绵骨针碎屑和残体,属典型的生物成因。放射虫和海绵骨针等硅质生物碎屑以非晶质的硅质矿物蛋白石-A形式存在,随着埋深和温度的增加,蛋白石-A经脱水和重结晶作用,从含水的无周期性非晶体结构逐步向不含水具周期性结构的结晶体转化,经历蛋白石-A、蛋白石-CT和石英三大相态及中间过渡阶段最终转变为晶体石英(图3-2-6)。

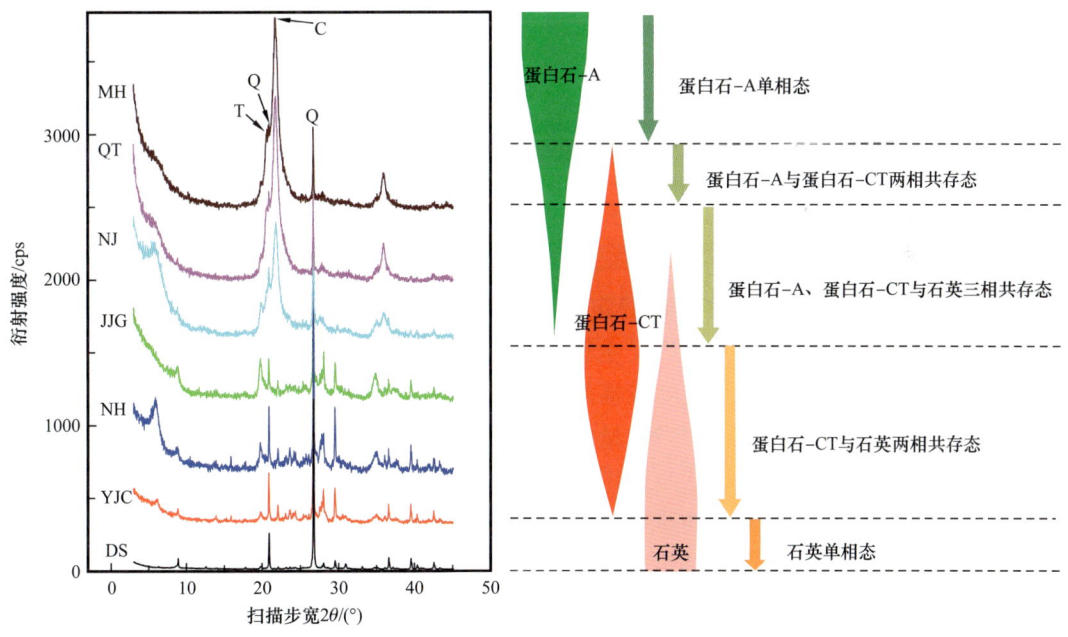

图3-2-6 生物蛋白石硅质页岩X射线衍射图谱
Q—石英;C—方石英;T—鳞石英

五峰组—龙马溪组页岩X射线衍射谱线上既无蛋白石-A衍射峰,又无鳞石英和方石英(蛋白石-CT)衍射峰,而石英衍射峰则强度高,锐度和对称性好,表明生物成因硅质经成岩演化已完全转化为晶体石英。在重结晶作用下生物硅质多呈蛋白石-CT硅球形态,以微晶石英集合体形式产出,微晶石英颗粒呈粒径较接近的卵状、椭球状或不规则状,为隐晶质结构,互有接触(图3-2-7;卢龙飞等,2018)。

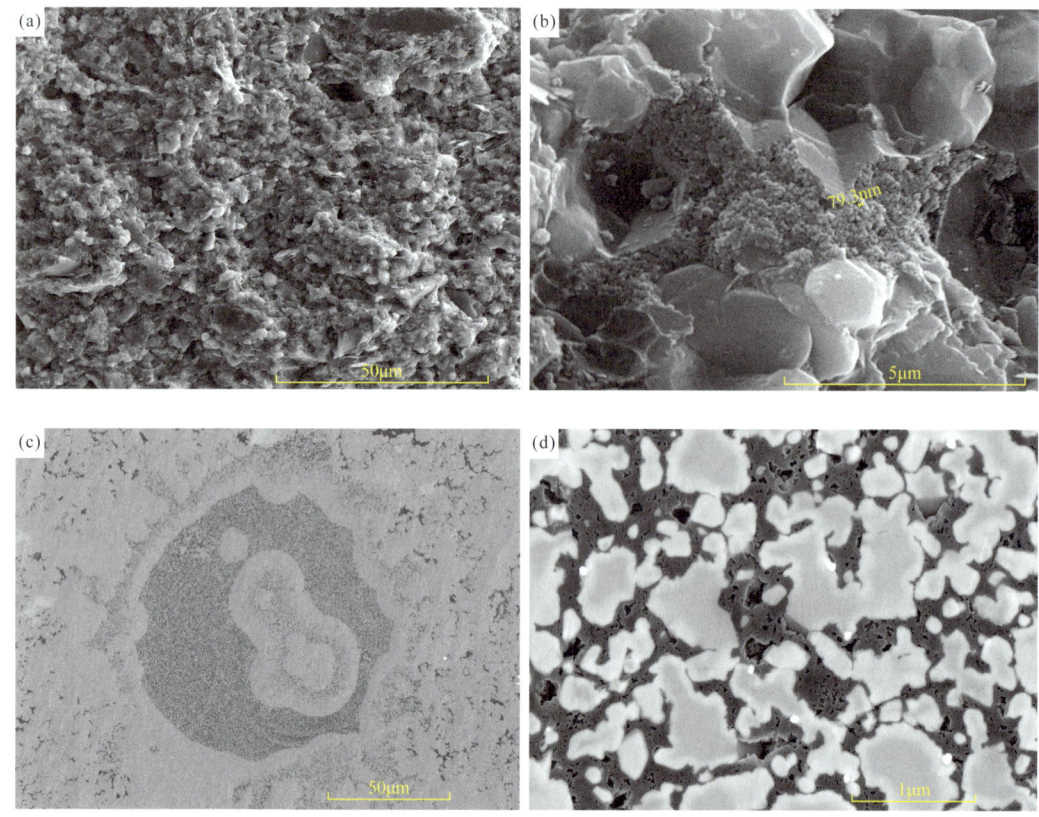

图 3-2-7 重结晶作用特征
（a）颗粒支撑结构，微晶石英集合体，多为隐晶质；（b）颗粒支撑结构，多孔絮状有机质；（c）放射虫腔体及周围硅质特征，结构致密；（d）放射虫腔体内局部放大，微晶石英，自形程度较低，粒间孔隙充填沥青，发育孔隙

由于蛋白石-A 和蛋白石-CT 的稳定性都不高，成岩转化的温度和压力条件均相对较低，在持续埋藏过程中重结晶作用发生较早且完成较迅速，近乎与机械压实作用同步进行。在该过程中由于不断形成硬度较高的石英而使页岩整体硬度不断增大，能够有效抑制机械压实作用的破坏，仍有相当数量的孔隙得以有效保存。由于石英硅质支撑格架的抗应力改造能力大大增强，重结晶作用结束后就完成了硅质页岩的成岩定型，机械压实和后续发生的其他成岩作用对硅质页岩原生孔隙的破坏就变得相当有限，因此至生油高峰期仍然保持有较多孔隙，尤其是微晶石英颗粒间存在的大量纳米级孔隙（图 3-2-7），为液态烃充注提供了有效空间，并在演化后期对有机质孔的规模发育和保存持续起到保护作用。生物成因蛋白石重结晶作用及其抗压实机制是龙马溪组一段下部硅质页岩发育高孔隙而成为页岩气产层的根本原因。

因此，根据上述分析确定海相五峰组—龙马溪组页岩的成岩序列为：早期碳酸盐胶结—草莓状黄铁矿、自形黄铁矿胶结—机械压实—生物成因硅质重结晶—石英次生加大—有机流体注入—长石颗粒溶解—自生黏土矿物形成—方解石溶解溶蚀—石油侵位—晚期白云石交代—原油裂解—沥青形成—干气形成。由于自生矿物的形成需要一定时间完成，因此上述各成岩作用必然在地质过程中出现一些重叠。

4）蒙皂石伊利石化作用

蒙皂石向伊利石转化是页岩最主要的化学压实作用，并通过所引起的压实和胶结作用使泥页岩结构和物性发生较大变化。五峰组—龙马溪组页岩的 X 射线衍射分析结果显示黏土矿物以伊利石为主，并含有少量有序伊/蒙混层矿物，且随着埋深的增加，伊/蒙混层矿物逐渐减少而伊利石含量不断增加，表明伊利石主要为蒙皂石的伊利石化作用转变而成。电镜下黏土矿物主要以片状形式产出，水平定向性较强，多平行层理面排列，片晶间近乎平行，具有明显的定向排列特征（图 3-2-8）。这是由于伊利石化过程中新形成的伊利石趋向于沿垂直于最大主应力方向发生定向排列，从而在机械压实基础上进一步强化了黏土矿物片晶的定向排列程度，使页岩各向异性增强。蒙皂石伊利石化作用在泥质页岩经历了强烈的机械压实作用之后继续对其进行化学压实改造，使泥质页岩除黄铁矿胶结较发育层段外原生粒间孔隙几乎丧失殆尽，孔隙度进一步降低，页岩结构变得更加致密。

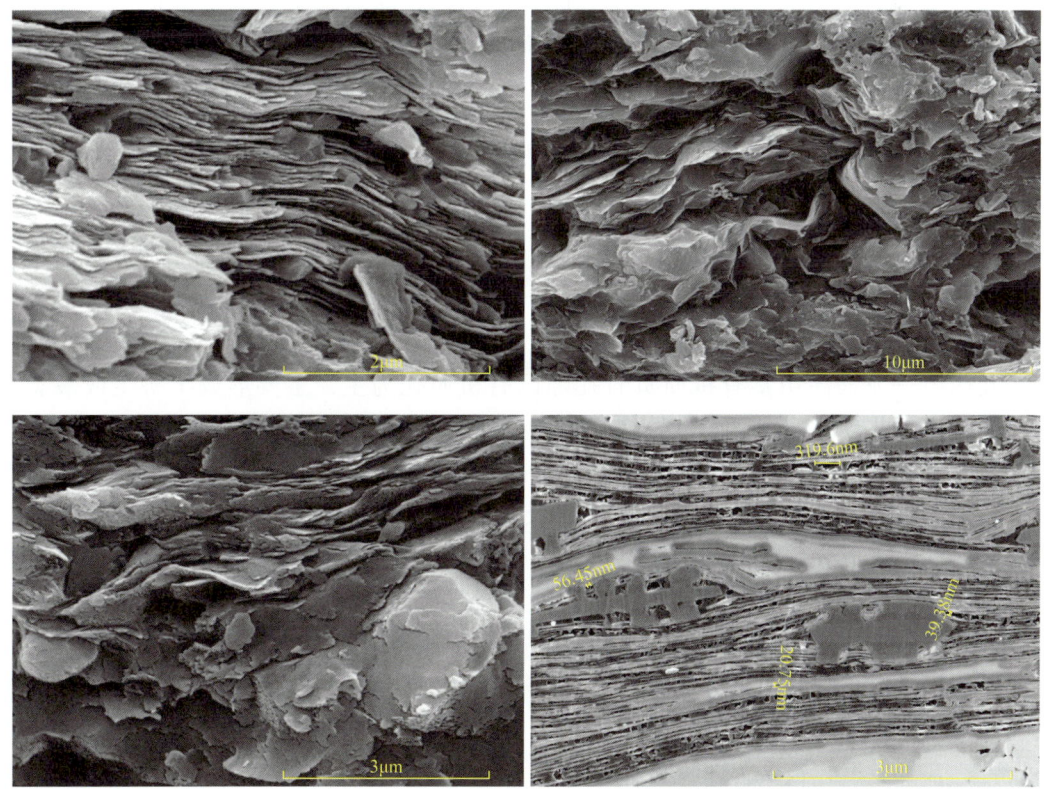

图 3-2-8 蒙皂石伊利石化特征

蒙皂石的伊利石化过程是加钾加铝脱水脱硅的反应过程，除了孔隙流体的硅浓度和石英浓度都达到饱和而抑制伊利石化反应的进行外，足量 K^+ 的供应和参与是反应进行的重要条件之一，而 K^+ 最主要的来源是钾长石。X 射线衍射分析结果显示涪陵地区五峰组—龙马溪组页岩中仍含有一定量的伊/蒙混层矿物，并有一定数量钾长石的存在，JY-1 井岩心页岩样品的镜下观察发现，钾长石颗粒大多都较为完整，其溶蚀现象虽有存在但并不非常强烈，应与较封闭的页岩系统中钾长石溶蚀受限从而抑制 K^+ 的供应导致蒙皂石未完全转化为伊利石有关。

2. 孔隙形成和保持的主要影响因素

1）成岩定型期对孔隙形成与保持的影响

较早的成岩定型期有利于较多原生残余无机孔的保存，为液态烃原位滞留提供了大量孔隙空间，从而控制页岩的总滞留烃量。五峰组—龙马溪组底部生物成因硅质页岩在早期成岩阶段虽然会损失 40%～60% 的原生孔隙，但由于生物蛋白石重结晶转化较早，与压实作用近乎同步，转化形成的大量石英颗粒在压实和自身胶结作用下相互接触构成整体刚性的格架，从而形成了一个有效应力支撑系统，硅质页岩的抗压实能力大大增强，能够有效抵御压实作用的继续破坏，为后期液态烃类的原位充注提供了充足的储集空间。而五峰组—龙马溪组富含黏土矿物的泥质页岩，由于石英含量较少且多被黏土矿物包裹，遭受压实后变形强烈，原生孔隙大量丧失，随后发生的蒙皂石伊利石化作用（化学压实）及所引起的硅质、钙质胶结致使页岩更加致密，导致可供液态烃滞留的原生孔隙持续减少，因此电镜下所能观察到的沥青仅充填于黄铁矿和碳酸盐胶结后柱撑黏土片晶保存下来的极少量残余孔隙之中。当黄铁矿和碳酸盐胶结不发育时几乎无热解沥青存在，表明泥质页岩在机械压实和化学压实相继作用下原生残余孔隙极少而导致液态烃原位滞留空间严重不足。因此，当有机质达到热成熟阶段后页岩中是否仍具有较多原生无机孔非常关键，将直接决定液态烃原位滞留量的多少，这是后期有机质孔能否发育的重要前提。

2）有机质热成熟作用对有机质孔的影响

五峰组—龙马溪组富有机质页岩孔隙以有机质孔为主，主要形成于所生成液态烃的热裂解，因此热演化程度不仅控制着页岩有机质孔的形成与发育，而且也影响着有机质孔自身的演化与保持。热成熟是有机质孔发育的热力学基本条件，随着有机质成熟度（R_o）的增加而生烃，有机质内部孔隙增多或孔容增加，生烃早期可能由于生成液态烃在干酪根内的溶胀而导致生成孔隙不易识别，在干气阶段孔隙度显著增加，主要来自有机质孔的生成。国内外学者通过对不同成熟度页岩有机质孔发育特征研究以及生烃成孔模拟实验都证实了成熟度对有机质孔形成与演化的控制作用，认识到有机质孔随成熟度的增加而增加，至高成熟期为最发育（马中良等，2017）。而在国内外页岩气勘探中，通过成熟度与孔隙度、含气性之间统计分析发现，R_o 大于 3.5% 的富有机质页岩普遍呈现孔隙不发育、含气量低，被认为过高的成熟度导致孔隙度偏低是勘探失利的原因之一，提出 R_o 为 3.5% 是页岩气勘探上限值（肖贤明等，2015）。

随着埋深增加热演化程度不断增高，干酪根热解生烃，所生产的烃类滞留孔隙中后继续受热裂解生气并转化为热解沥青，气体在沥青内膨胀占位而形成孔隙。四川盆地五峰组—龙马溪组页岩的热演化程度普遍较高，在构造保存良好的地区有机质孔的发育程度总体较好（图 3-2-9），当 R_o 在 2.0%～3.0% 之间时有机质孔发育最好，但 R_o 大于 3.0% 以后孔隙发育程度开始出现明显降低趋势，孔径变小，在 3.5% 以后有机质孔发育程度变差，总孔隙度明显偏低，可能与基本接近"有机质孔热生成窗"的 R_o 上限值有关。同时烃类的生、排过程，将原有的水—岩两相系统改变为水—油—岩三相系统，改变了岩石的地球化学环境及湿润性，有效阻止了水—岩相互作用的持续进行，使胶结作用基本停滞。

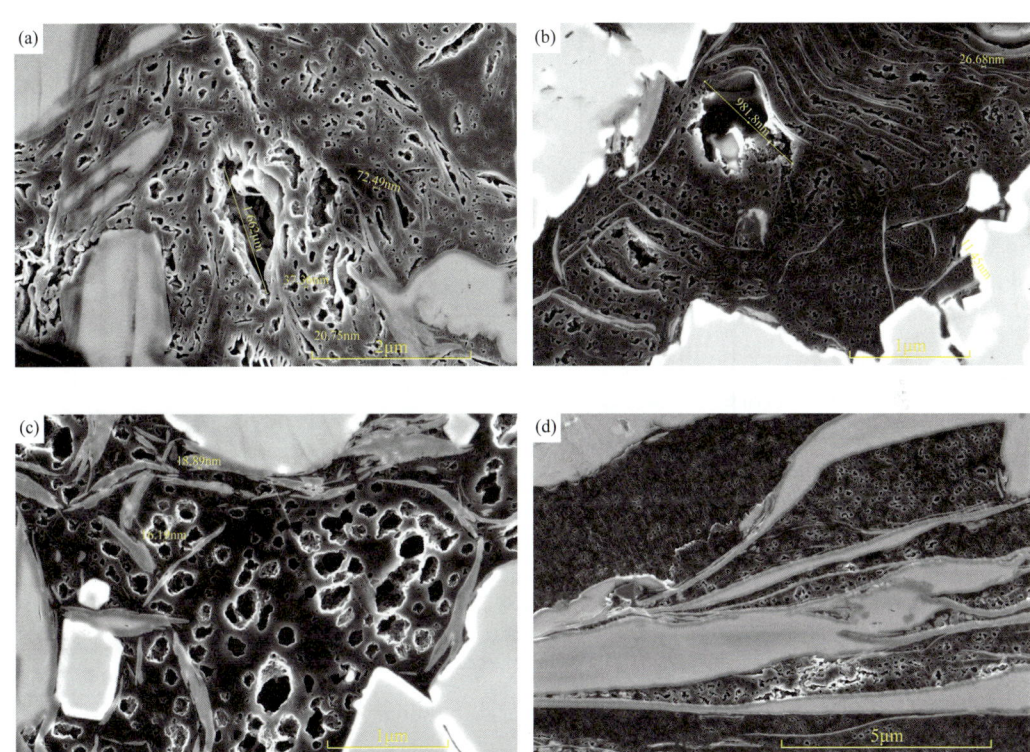

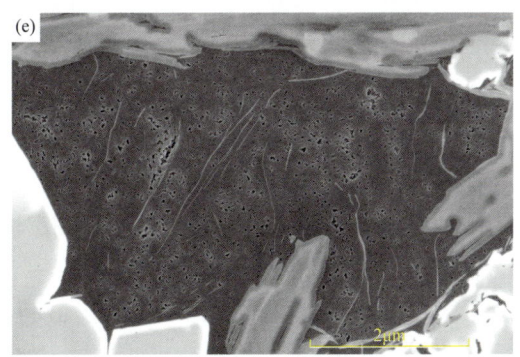

图 3-2-9 不同热成熟度页岩有机质孔发育较好视域特征对比
（a）R_o=2.2%；（b）R_o=2.5%；（c）R_o=2.8%；（d）R_o=3.1%；（e）R_o=3.6%

通过五峰组—龙马溪组页岩笔石反射率与拉曼光谱参数关系研究表明（图 3-2-10），当 GR_o 达 3.8% 后，拉曼光谱 D 峰（代表了 C 原子晶格的缺陷峰程度、无序性）位移发生反转且强度减弱，G 峰（芳香结构内的碳碳双键伸缩振动）位移不变且强度增强，指示晶格缺陷（如空位、官能团等）降低，由芳香核的乱层结构向石墨晶体结构的有序转化。

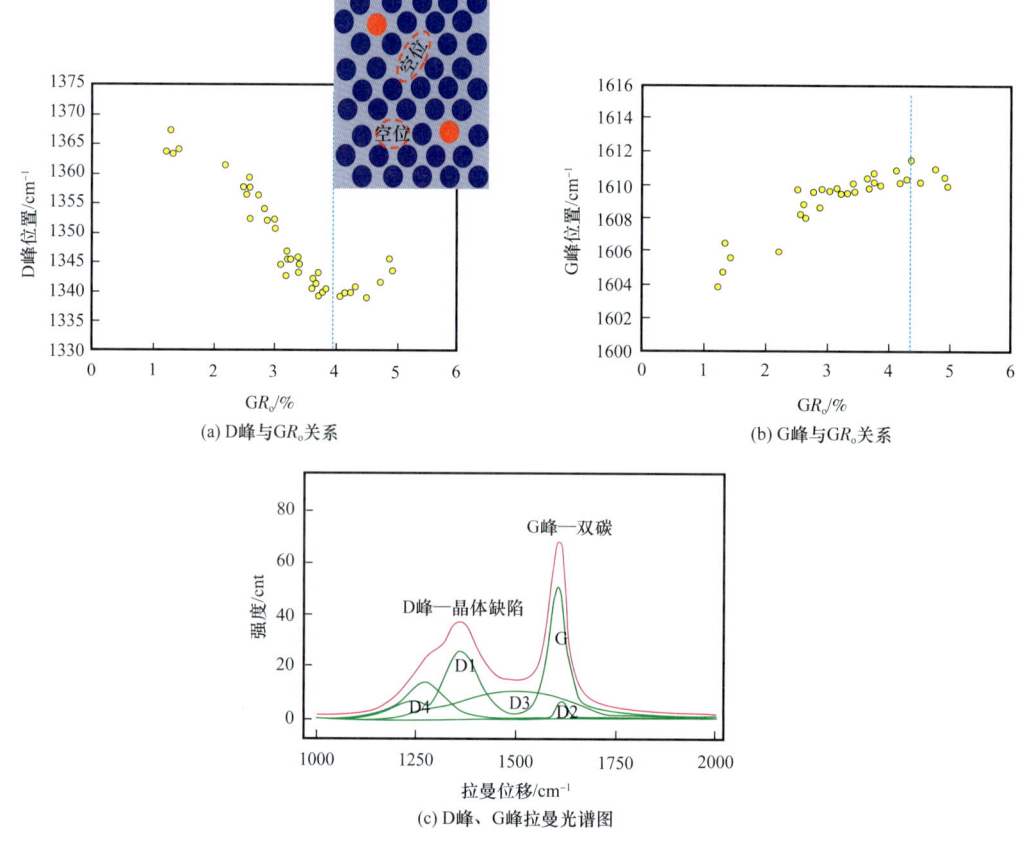

图 3-2-10 笔石反射率与拉曼光谱参数关系

前人研究证实，R_o 大于 4.0% 时，镜质组、固体沥青的各向异性亦显著增强，最大与最小反射率之间不再显示线性关系，表示有机质结构发生根本性变化。而前人研究认为（王玉满等，2018；赵文韬等，2018），五峰组—龙马溪组页岩 R_o 大于 3.5% 的层段普遍呈低—超低电阻率响应、拉曼谱出现石墨峰和物性差等基本特征，被解释为有机质过成熟和炭化造成。显然，R_o 达 4.0% 后，芳香核高度有序排列，使得固体沥青、干酪根的结晶度和致密化增强，指示有机质在生烃演化过程中存在结构根本性变化与有机质孔消亡的一个重要界限，其 R_o 门限值就是 4.0%。这一认识从机制上揭示了为什么存在页岩气勘探 R_o 为 3.5% 的上限值，将其确定为上限值是符合地质实际的。

基于上述认识，结合五峰组—龙马溪组的地质演化过程及其页岩气地球化学研究，发现南方海相页岩 R_o 大于 3.5% 层段的孔隙不发育、含气性偏低的主因在于"先天不足"（腾格尔等，2017），其抬升前生烃体系就处于开放状态，排烃效率高，缩合反应强烈，有机质孔开始致密化，至 R_o 达 4.0% 时有机质孔趋于消亡；R_o 小于 3.5% 层段，抬升前生烃体系封闭性好，含气性高低主要受制于抬升后期构造改造强度的差异。

3）滞留烃对有机质孔的影响

五峰组—龙马溪组页岩在埋藏成烃过程中处于封闭状态，烃源岩排烃效率低，滞留烃量大，从而为页岩气生成和有机质孔的发育提供了丰厚的物质基础，也为抑制有机质芳构化并保持有机质孔创造了条件（腾格尔等，2020）。如前文所述，海相页岩气主要来自页岩内部滞留油高温裂解，因此高—过成熟期有机质孔的显著增加主要来自固体沥青的孔隙贡献，含有胶质、沥青质的滞留油量的多少在一定程度上决定了有机质孔的发育潜力。

滞留烃通过其所处的孔隙压力变化，包括异常高压和毛细管压力，对成岩压实和热成熟产生抑制作用，对有机质孔起到了保存作用。随着干酪根和滞留油的不断热裂解生成大量气态烃，导致孔隙流体压力不断升高。在良好的封存条件下，滞留大量高压气态烃的有机质孔系统处于超压状态，能够抵消来自上覆压力、构造应力作用，对深埋条件下有机质孔的保持起到建设性作用。在涪陵、威荣页岩气田的超压系统中，五峰组—龙马溪组的富页岩气层段中有机质孔异常发育，呈大小不等、圆形或椭圆形态和墨水瓶结构，这与其在超压条件下岩石抗压实强度增强，使有机质孔得以保持密切相关，尤其在硅质、黄铁矿等刚性矿物格架的抗压实耦合作用下，即使在深层—超深层条件下仍可发育高有机质孔带。川东南地区 DYS1 井五峰组—龙马溪组深层储层（4200m）以有机质孔为主的高孔度与高含气性就是最好的例证（郭旭升等，2020）。

常压条件下有机质孔发育机制比超压系统复杂，主要与生烃产物在原位保存程度及毛细管压力有关。毛细管压力和孔喉半径呈反比关系，通常在以微孔—介孔为主的有机质纳米孔系统中具有较高的毛细管压力，如孔喉半径约为 5.0nm 时，毛细管压力可达 35MPa（压汞法分析），按静水压力 25MPa（埋深 2500m）计算，在常压条件下排替或突破压力可达 60MPa，有利于页岩气的滞留及孔隙保存。彭水、武隆地区五峰组—龙马溪组页岩气处于常压系统，有机质孔发育较好，又未见压实现象（何希鹏等，2020），归因于一定量的气态烃通过吸附、毛细管压力封闭等作用仍滞留于有机质孔，其尚未被突破压力逸散之前足以减缓上覆地层压力或后期构造挤压对有机质孔的破坏。再者，其现今正处于中浅层（2000~2800m）的脆性带，在石英等刚性矿物的抗压实耦合作用下，有助于有机质孔保存。

由此可见，有机质孔是南方海相页岩气储层的主要孔隙类型之一，可分为原生、次生有机质孔。次生有机质孔是通过页岩中干酪根和沥青的高温裂解生气机制形成的孔隙，主要受制于有机质组分、热成熟度和生烃滞留机制，致使不同类型、不同热成熟阶段的有机质孔发育特征不同、非均质性强，其中沥青有机质孔最为发育，是有机质孔的主要类型。有机原生孔隙则是继承了生物体原生的孔隙发育特征，主要为早期沥青的充填，并为后期这些沥青裂解成气成孔提供了重要的储集空间。有机质孔的保存主要受成烃演化与热成熟度、成岩作用与矿物组成、滞留烃及其孔隙压力、埋藏深度与脆延转换等多因素的协同控制，其中有机质缩合与机械压实是有机质孔致密化的根本原因，前者限于生烃过程，后者贯穿于成岩演化全过程。另外，刚性矿物格架和滞留烃及其孔隙压力的支撑是有机质孔保持的主要机制，矿物格架脆延转化和孔隙流体压力对有机质孔的动态演化均具重要控制作用，页岩储层脆性、足够的滞留烃量及其孔隙流体压力对孔隙的形成和保持也尤为关键。

4）脆性矿物对孔隙形成与保持的影响

高含量脆性矿物（石英、长石、黄铁矿）能够有效抑制压实作用，有利于原生孔隙和次生有机质孔的保存。无论是生物成因硅质页岩还是泥质页岩，虽然机械压实作用在早成岩期对页岩原生孔隙破坏程度较高，但生物硅质重结晶、黄铁矿与碳酸盐胶结等作用发生相对较早，当生物硅质与碎屑石英、长石和黄铁矿含量较高时，能够使页岩硬度增高或局部抗压实能力增强，有效抑制机械压实作用对孔隙的进一步破坏，因此原生孔隙在遭受到一定程度的破坏后仍有一部分能够保留下来。同时，在后期干酪根成熟生烃后，生成的烃类在原位滞留于由于脆性矿物支撑作用而残余的无机孔中，随着热演化程度的继续增高开始裂解形成有机质孔，有机质孔继续在脆性矿物的柱撑作用下受到保护而得以有效保存。热成熟阶段页岩系统的封闭性也非常重要，在无机孔仍较发育的前提下将保证更多的液态烃滞留于页岩系统内部而不被排出，为后期进一步裂解形成大量有机质孔奠定了基础。

此外，在后期演化的构造抬升过程中，深埋藏作用和构造压实作用对页岩有机质孔的保存同样影响极大。深埋藏阶段强烈的压实作用和后期构造抬升过程中强烈的构造侧向挤压作用等会对矿物颗粒和塑性的有机质（沥青）进行挤压，对已生成的有机质孔产生不同程度的改造和破坏。当气体散失较多，有机质孔内的流体压力不足以抵抗该埋深条件下上覆地层压力或构造应力时就会发生一定形变，当达到新的压力平衡后孔隙保持稳定状态，孔隙形态则呈压扁状甚至垮塌状，然后可能继续散失并不断进行平衡调整。若气体散失极少，使得储层始终保持流体超压状态，孔隙则仍能够抵抗来自上覆地层和侧向应力的挤压，保存程度较好，总孔隙度相对保持稳定。

3. 孔隙形成及演化模式

五峰组—龙马溪组页岩自沉积伊始就开始接受成岩作用改造，在关键成岩期的约束下，页岩经历了早成岩期无机孔大量消亡、中成岩期液态烃大量生成滞留于无机孔内、晚成岩期液态烃裂解生气生成有机质孔和构造抬升期有机质孔改造甚至破坏的多阶段演化过程，孔隙类型从早—中成岩期原生无机孔单一型逐渐转变为晚成岩期以次生有机质孔为主的二元混合型。结合海相页岩不同成岩演化阶段总孔隙、孔隙类型和孔径分布变化特征，建立了成岩演化约束下页岩孔隙形成与演化综合模式（图3-2-11）。

在早成岩期，以机械压实为主，页岩孔隙变化主要受压实作用引起的有效应力控制。压实初期，沉积物颗粒压实迅速，孔隙水大量排出，粒间孔隙损失较快。压实中后期，颗粒压实减缓，在生物蛋白石重结晶和黄铁矿胶结等作用影响下粒间孔隙损失率降低。硅质页岩因同期蛋白石重结晶作用对机械压实的有效抑制，只有一半以上的原生孔隙在该过程中消亡，孔隙度由原始的80%左右降至25%左右，仍有较多原生孔隙残余。泥质页岩在压实作用下孔隙损失量较多，压实后残余孔隙度大致为10%，80%以上的原生孔隙在该过程损失殆尽。该阶段无论是泥质页岩还是硅质页岩，作为孔隙主体的大孔和介孔均损失十分明显，但微孔却呈略为增加趋势，相当部分来自大孔和介孔的转化。

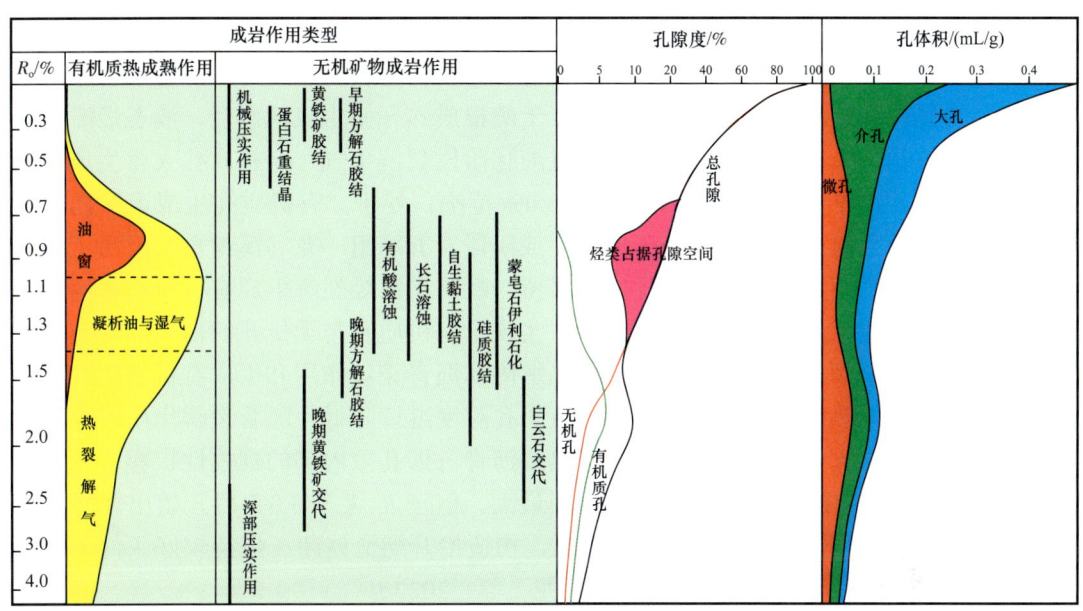

图 3-2-11　成岩演化约束下页岩孔隙形成与演化综合模式图

中成岩期，泥质页岩孔隙变化主要受蒙皂石伊利石化和干酪根生烃作用的控制，硅质页岩则主要受干酪根生烃作用影响。蒙皂石伊利石化及所引起的硅质、钙质胶结作用使泥质页岩无机孔进一步降低，之后干酪根成熟所生成的液态烃充注到这些残余孔隙之中。当进入干酪根生烃高峰期，液态烃充注占据页岩大部分孔隙，虽然干酪根自身也能够形成少量孔隙，但不足以补偿烃类的占据量，导致页岩总孔隙降至最低。利用 MAPS 技术统计五峰组—龙马溪组页岩无机孔面孔率，可近似得到充注高峰期总孔隙度最低值。当达到最低值时，泥质页岩滞留烃占据了 5% 左右的无机孔隙度，无机孔隙度降至 1% 左右，干酪根形成的有机质孔为 1% 左右，总孔隙度为 2% 左右，硅质页岩无机孔隙度降至 3%~4%，干酪根形成的有机质孔为 1%，总孔隙度降至 5% 左右，孔隙以微孔为主，介孔和大孔较少。

晚成岩期，页岩孔隙变化主要受液态烃热裂解作用控制。该阶段页岩内滞留烃持续受热发生裂解，生成气态烃的同时有机质孔也大量形成，出现液态烃已占据孔隙的内部扩容现象，页岩总孔隙度逐渐增大，最大可增至 8%~15%。当 R_o 为 2.8% 左右时总孔隙度达到最大，泥质页岩有机质孔约为 3%，总孔隙度在 5% 以下，硅质页岩有机质孔约为 5%，总孔隙度最大增至 10% 左右，介孔明显增多，成为孔隙主体，大孔也有所增加，与微孔基本相当。页岩孔隙类型从原生无机孔单一型逐渐转变为以次生有机质孔为主体的二元混合型，然后随着热演化的继续进行，总孔隙又趋于缓慢降低，孔隙以微孔和介孔为主，大孔趋于减少。

综上所述，五峰组—龙马溪组页岩成岩过程复杂，成岩作用类型多样，对页岩孔隙尤其是有机质孔的发育和保存具有重要控制作用。在早—中成岩期，泥质页岩主要遭受机械压实、黄铁矿与碳酸盐胶结、蒙皂石伊利石化等作用的破坏改造，导致大量原生无机孔丧失，而硅质页岩主要经历机械压实和生物蛋白石重结晶作用，由于生物蛋白石重结晶作用使机械压实作用受到有效抑制，部分原生孔隙从而得以保留。进入生烃门限后，有机质热成熟作用成为成岩主导因素，干酪根成熟开始生成液态烃，液态烃滞留于保留的原生有机、无机孔内，继而在高—过演化阶段裂解生气，有机质孔大量生成。五峰组—龙马溪组页岩热成熟度多在 2.0%～3.0% 范围，处于"有机质孔生成窗"内，表明在达到最大埋深时有机质孔仍处于大量生成阶段。五峰组—龙马溪组页岩经历了成岩早期无机孔损失、中期液态烃大量生成与滞留、晚期滞留烃裂解生成有机质孔和构造抬升期有机质孔调整改造的多阶段演化过程，实现了有机质孔与无机孔的衔接和转换。从液态烃逐渐裂解至裂解高峰期，因所形成热解固体沥青充填作用和生成有机质孔数量较少，尚不足以弥补热解沥青的填充量而导致总孔隙度继续降低，随着裂解作用的继续进行，有机质孔开始大量生成，从而实现了热解沥青占据孔隙内部的规模性扩容，总孔隙度逐渐增大，在 R_o 在 2.0%～3.0% 范围达到最大，但至 R_o 大于 3.0% 后开始出现降低趋势，特别是至 R_o 大于 3.5% 后明显大幅降低，构造抬升期流体超压保持较好条件下孔隙结构有所变化，但总孔隙度仍较为稳定（卢龙飞等，2022）。

三、海相深层页岩气储层发育特征及孔隙保存机理

中浅层优质页岩气资源已实现了效益开发，埋深大于 3500m 的深层页岩气在丁山—东溪、威远、大足等地区也取得了战略突破，深层页岩气成为中国页岩气勘探开发的主要接替领域。国内专家学者掀起了深层页岩气的基础理论和勘探开发研究的热潮，主要集中在三个方面：一是深层优质页岩品质研究，如沉积相带展布、水体环境、页岩脆性、可压裂性等方面（张晨晨等，2019；蒲泊伶等，2020）；二是富集高产控制因素的分析，如优质页岩水平段长、地应力、微裂缝等方面（庞河清等，2019；曹海涛等，2019；方栋梁和孟志勇，2020；何治亮，2020；马新华等，2020）；三是对工程工艺技术等方面的总结（蒋廷学等，2017；段华等，2019；赵金洲等，2021），而系统地开展海相深层页岩储层特征与孔隙保存机理的研究还相对薄弱。

近期通过 PS1 井开展五峰组—龙马溪组深达近 6000m 埋深的页岩系统取心，首次发现超埋深的深水陆棚相深层优质页岩依然具有高孔、有机质孔发育的特征，其优质页岩发育厚 44m，平均 TOC 达 3.66%，平均孔隙度达 5.22%，有机质孔发育，孔隙结构与中浅层相似，展示了深层甚至超深层页岩气仍可能具备良好的勘探潜力。那么在深埋条件下，优质页岩储层有何典型特征，孔隙是如何形成并保存下来的，存在何种规律和形成机制，这是解决海相深层页岩气油气勘探开发的关键问题之一。本次研究通过前人研究认识，结合实际勘探成果，探索海相深层页岩气储层发育特征，期以开启深层页岩孔隙保存机理的研究。

1. 深层页岩储层发育特征

1）深水陆棚优质页岩具有高 TOC、高硅质矿物含量

四川盆地及周缘五峰组—龙马溪组深水陆棚深层优质页岩有机质以腐泥组为主，属

于Ⅰ型有机质，干酪根显微组分以腐泥无定形体、藻类体为主，热演化程度适中，R_o介于2.3%～2.7%，具备良好的生烃能力，页岩储层具有高 TOC、高硅质矿物含量的特征，为深层页岩高孔隙度的发育与保持奠定基础。

（1）有机地球化学特征。

深层重点钻井五峰组—龙马溪组深水陆棚优质页岩储层 TOC 含量高。见表 3-2-1，DY5 井优质段 TOC 含量主要介于 1.69%～4.99%，平均值为 3.01%；JY11 井优质段 TOC 含量主要介于 1.99%～5.77%，平均值为 3.15%；DYS1 井优质段 TOC 含量主要介于 1.02%～6.94%，平均值为 3.62%；PS1 井优质段 TOC 含量主要介于 1.93%～8.86%，平均值为 3.58%。由此可见，深水陆棚深层优质页岩 TOC 含量为中—高有机碳含量，具备形成页岩优质储层的物质基础。

表 3-2-1　四川盆地及周缘五峰组—龙马溪组优质页岩段 TOC 统计表

井号	页岩底界深度 /m	最小值 /%	最大值 /%	平均值 /%
PS1	5969	1.93	8.86	3.58
JY11	4185	1.99	5.77	3.15
DYS1	4227	1.02	6.94	3.62
DY5	3817	1.69	4.99	3.01

（2）硅质矿物含量。

深水陆棚相深层优质页岩也表现出高硅质矿物含量特征，丁山—东溪地区、泸州地区硅质矿物含量介于 45%～50%。以东溪地区 DYS1 井为例，优质页岩段硅质矿物含量介于 25.2%～68.7%，平均值为 42.2%，其中底部含量最高，平均值高达 52%，向上具有逐渐降低趋势；碳酸盐含量介于 1%～14.7%，平均值为 6.8%；黏土矿物含量介于 20.1%～80.7%，平均值为 40.0%，向上有增加趋势（图 3-2-12）。

2）储集性能特征

（1）随埋深的变化规律。

五峰组—龙马溪组深水陆棚相页岩储层孔隙以有机质孔、黏土矿物孔等塑性孔为主，由于这些孔隙赋存于塑性较强的介质内。在埋深条件较大的情况下，受上覆地层压力的影响，塑性有机质孔相对更易受到压实作用而发生不同程度的形变，甚至会消失，从而出现有机质致密化。但基于对四川盆地及周缘不同埋深探井的五峰组—龙马溪组优质页岩段的孔隙度值随埋深变化的情况来看，页岩储层孔隙度大小与埋藏深度并无明显的相关关系，而是从小于 500m 的浅层至埋深大于 4500m 的超深层页岩储层，均发育有较高或高的孔隙度（图 3-2-13）。甚至在页岩埋深接近 6000m 的 PS1 井中，依然发育优质页岩储层，实测优质段孔隙介于 2.85%～8.27%，平均值为 5.22%；含气量介于 4.98～13.71m³/t，平均值为 7.74m³/t，孔隙仍以有机质孔为主，主要发育于粒间充填的固体沥青中，多发育圆孔状气泡状孔隙，与浅层页岩有机质孔发育形态相似（图 3-2-14）。

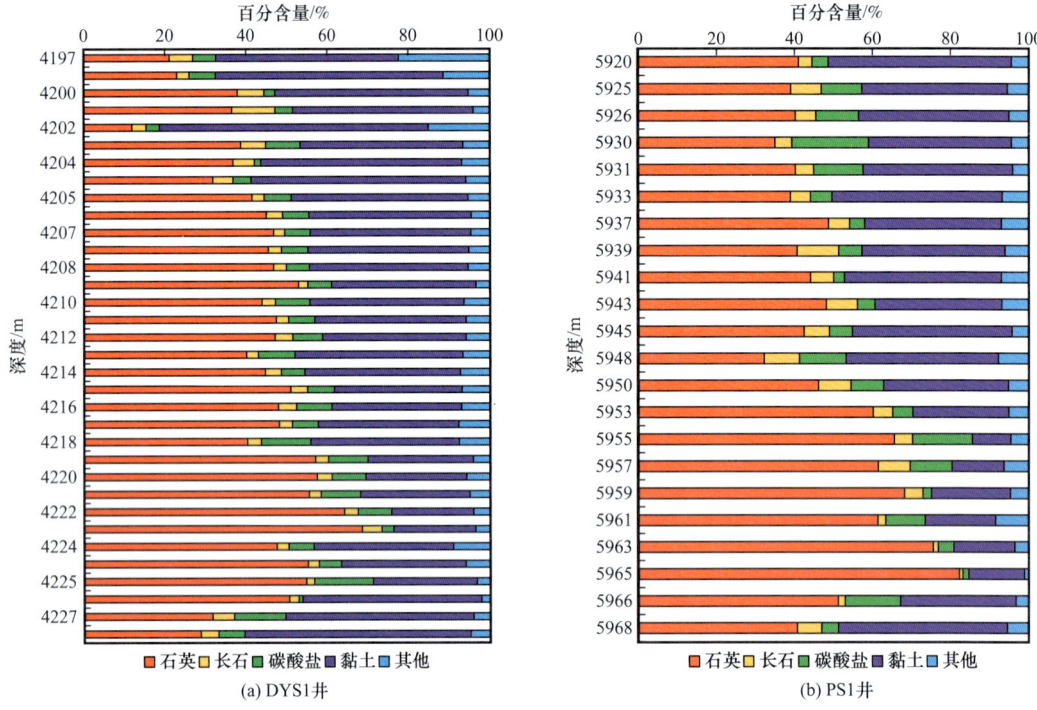

图 3-2-12　DYS1 井、PS1 井五峰组—龙马溪组优质段矿物百分比图

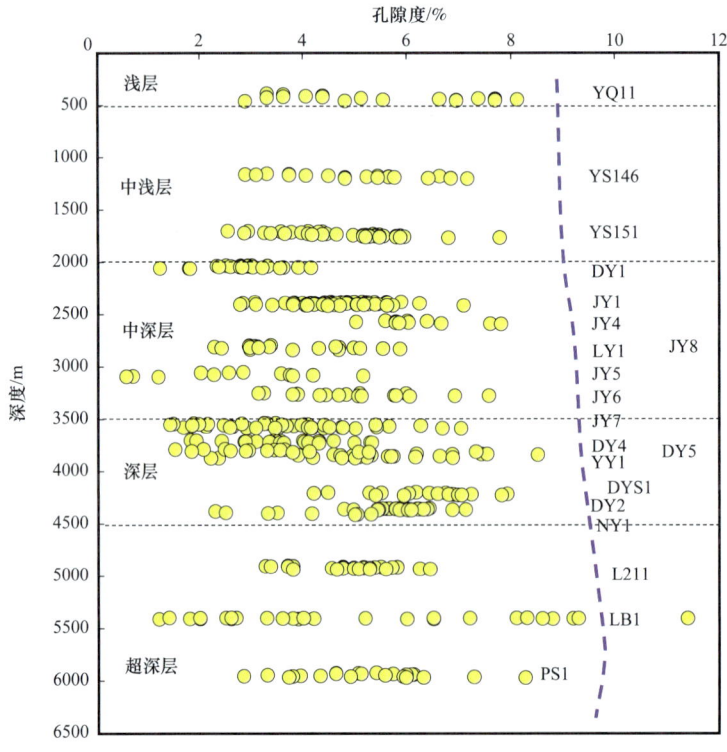

图 3-2-13　不同埋深条件下优质页岩孔隙度变化规律图

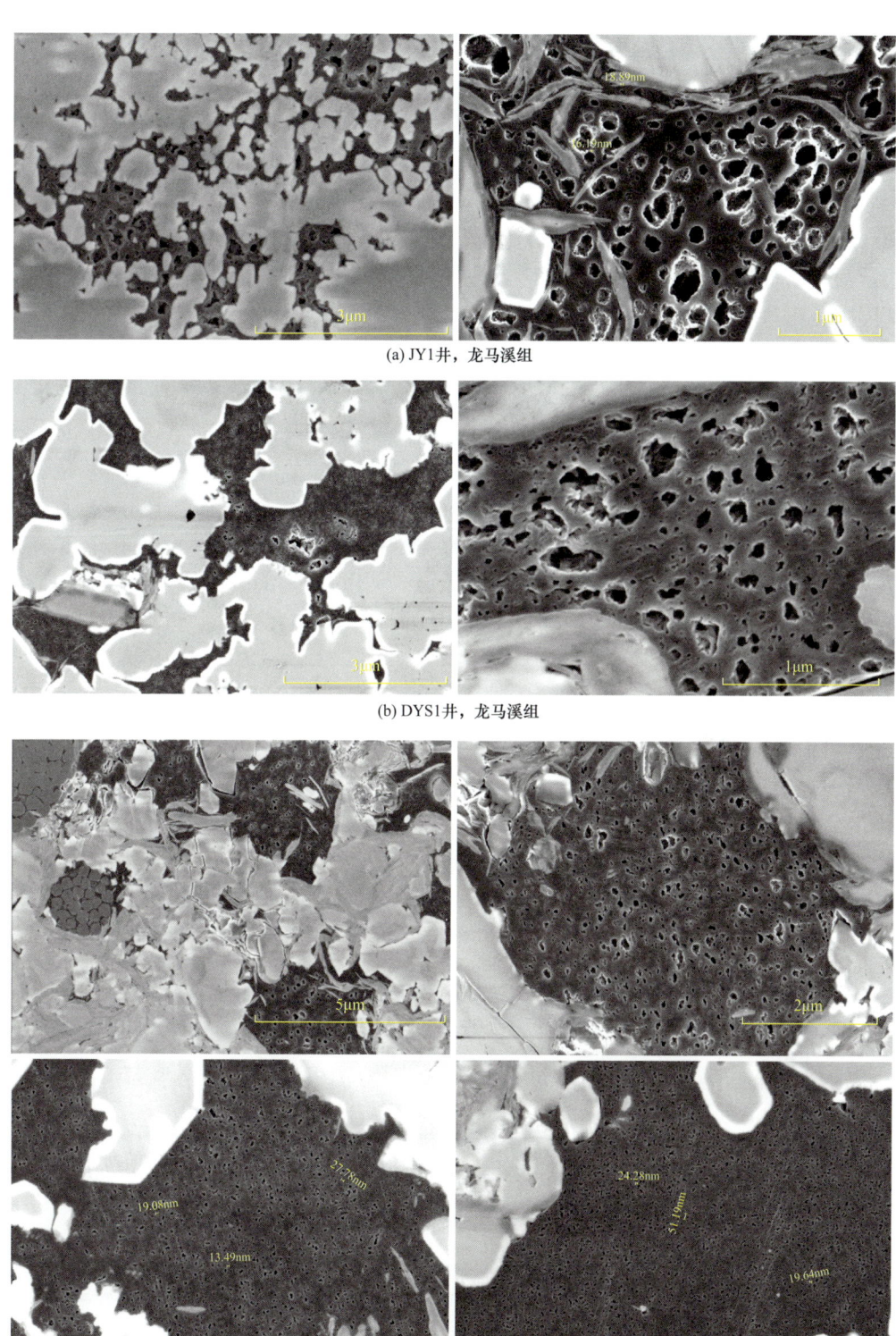

图 3-2-14　超深层—深层—浅层探井优质页岩气层段页岩有机质孔发育特征对比图

另外，从不同深度页岩的孔隙结构的对比来看，不管是有机质孔的发育形态，还是不同孔径、孔容均未存在随埋藏深度增加，页岩储层孔隙结构发生变化，整体差异不大。如 JY2 井埋深 2575m，优质段页岩中微孔占比 23.7%，介孔占比 75.0%，大孔占比 1.3%；DY4 井优质页岩段中微孔占比 27.5%，介孔占比 62.4%，大孔占比 10.1%；DYS1 井优质页岩段中微孔占比 25.3%，介孔占比 67.4%，大孔占比 7.3%；PS1 井优质页岩段中微孔占比 40.95%，介孔占比 55.34%，大孔占比 3.71%（图 3-2-15）。由此看来，超深层—深层—浅层优质页岩储层孔隙结构差异不大，整体还是以介孔为主要的孔隙空间，但超深层页岩储层中微孔占比相对略高。

（2）纵向分布规律。

研究结果表明，深层页岩气尽管具有高孔隙度特征，但是在纵向上页岩孔隙度的大小还是存在差异，其明显受沉积相带的纵向控制。以 DYS1 井为例，五峰组—龙马溪组一段一亚段为深水陆棚沉积，岩性为含放射虫碳质笔石页岩，整体表现出高孔特征，实测孔隙度值介于 0.93%~7.92%，平均值为 6.05%；龙马溪组一段二段—三亚段为浅水陆棚沉积，岩性为以含碳含粉砂质泥岩为主，孔隙度相对较低，实测孔隙度值介于 1.77%~6.72%，平均值为 5.16%。

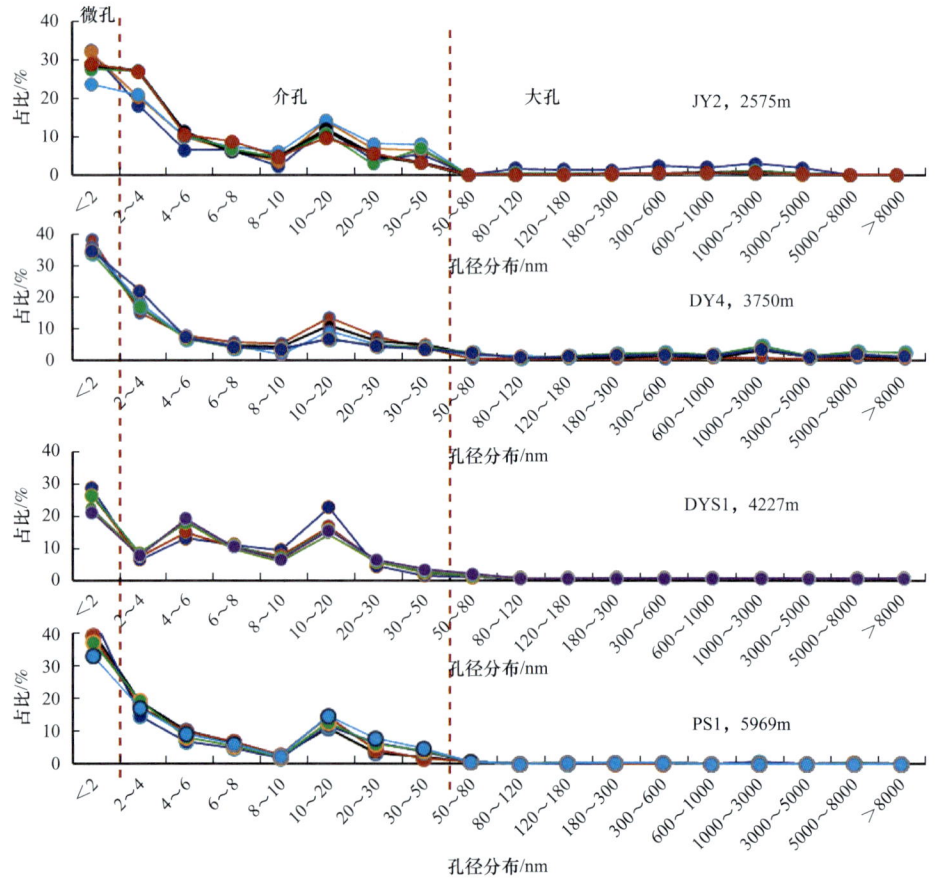

图 3-2-15　超深层—深层—浅层探井优质页岩气层段孔隙结构对比图

2. 深层页岩孔隙保存机理分析

1）深水陆棚相生物硅质矿物对深层页岩有机质孔的形成和保持具有重要作用

深水陆棚相深层优质页岩普遍具有高生物硅含量、高有机碳含量，并且具有耦合特征，而这种高生物硅含量、高有机碳含量通常都有利于页岩孔隙的发育和保存。以DYS1井为例，五峰组—龙马溪组页岩孔隙度与硅质矿物、有机质含量都呈良好的正相关关系。其原因在于，在沉积成岩过程中，随着埋深、热演化程度的增大，伴随着干酪根、液态烃裂解生气，有机质孔伴生发育，同时深水陆棚相生物成因的硅质（蛋白石-A）在埋藏成岩早期转化成高硬度晶态石英，高硬度石英抗压实作用强，为优质页岩储层早期原油充注及纳米级蜂窝状有机质孔的发育和保持提供了空间和保护，使得有机质孔得以保存，而浅水陆棚相孔隙度与硅质矿物相关性则不好（图3-2-16），这可能是由于浅水陆棚生物成因的硅质含量低、颗粒支撑弱，对早期形成的孔隙保护作用相对前者较弱。

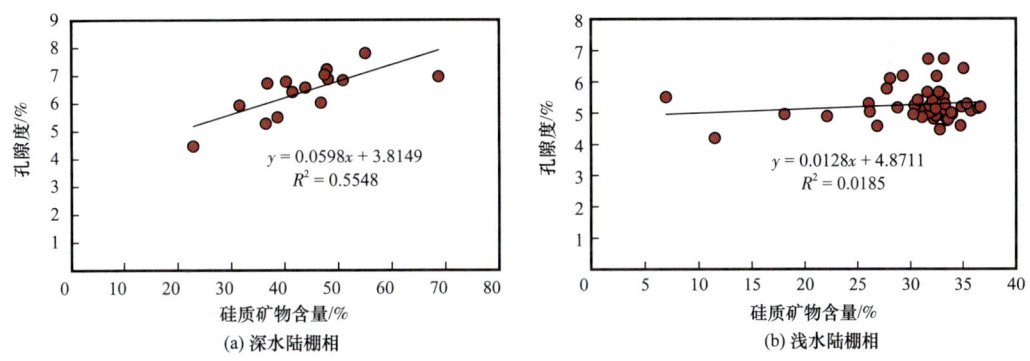

图3-2-16 深水陆棚相、浅水陆棚相硅质矿物含量与孔隙度相关关系图

由此可见，生物硅质（蛋白石）通过成岩作用不断脱水转变成刚性的晶态石英，大量石英颗粒构成一个相对刚性的格架，抗压实能力增强，使得硅质生物壳体具有较高的抗压实能力，对大量原生孔隙和成岩次生孔隙起到保护作用。生物成因硅质的富集不仅有利于烃类充注前页岩中原生粒间孔隙的保持，而且有利于烃类裂解时所形成有机质孔的后期保存。

基于上述研究，结合成岩作用类型、孔隙演化规律，建立了生物硅质页岩成岩演化与"石英抗压保孔"发育模式。在早成岩阶段，蛋白石转化为石英粒间孔，为早期液态烃提供了储集空间；随着埋深增大，大量油气形成，在中成岩晚期—晚成岩期，由于石英粒间孔的支撑和保护作用，纳米级有机质孔、黏土矿物孔等得到保持（图3-2-17）。

2）储层流体超压有利于深层有机质孔的保持

在深层碎屑岩地层中，储层孔隙保存机制一直是研究的重点，而超压在碎屑岩超深层孔隙的保存作用是关注的焦点，且深层页岩储层亦是如此。美国Alma Plantation油田埋深6000m的白垩系中，压力系数为2.0时，孔隙度高达23.7%；塔里木克深地区在大于7000m的白垩系碎屑岩超压地层中突破碎屑岩孔隙保存的死亡线，取得天然气勘探大发现，这些都说明超压在储层孔隙保存方面具有重要作用，在超压带内，砂岩的孔隙流体支撑了上覆地层的部分负荷，降低了机械压实作用的效果。近年来，国内学者在前期理论认识的基础上，关于储层流体压力与孔隙特征等方面也开展了相关研究工作，取得了一些成果认识（刘若冰，2015；马新华等，2020）。

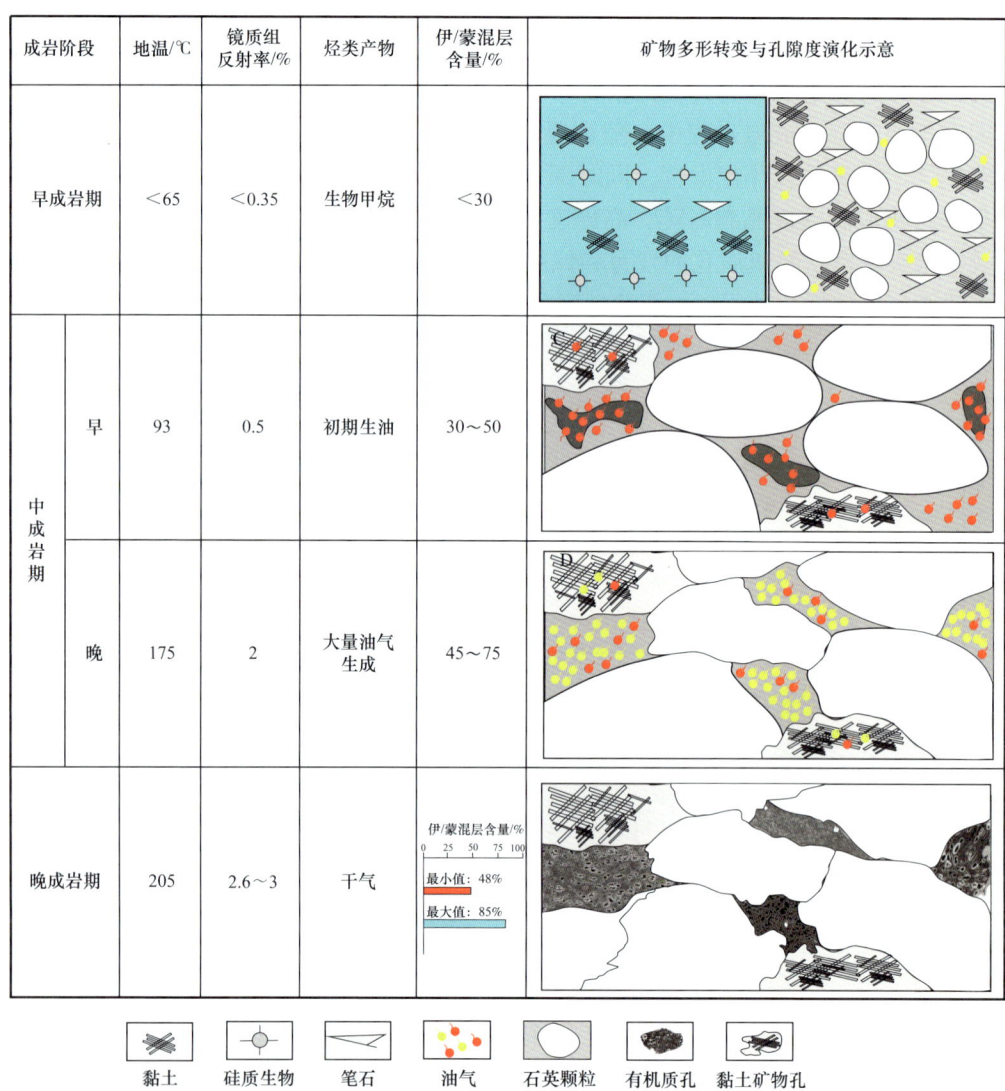

图 3-2-17 龙马溪组生物硅质页岩成岩演化与"石英抗压保孔"发育模式

四川盆地南部五峰组—龙马溪组深层页岩构造形变弱、普遍具有超压特征，超压对于页岩孔隙的发育与保持具有明显的保护作用，能够有效抵消上覆地层有效应力对页岩储层的机械压实，从而使已形成的塑性有机质孔保存下来，有利于页岩孔隙的发育与保持。进而优质页岩层在TOC含量相近的情况下，如果流体压力越高，则孔隙度高，且TOC与孔隙度的正相关关系更加明显；而保存条件较差的井，压力系数，孔隙度同样较小（图3-2-18）。

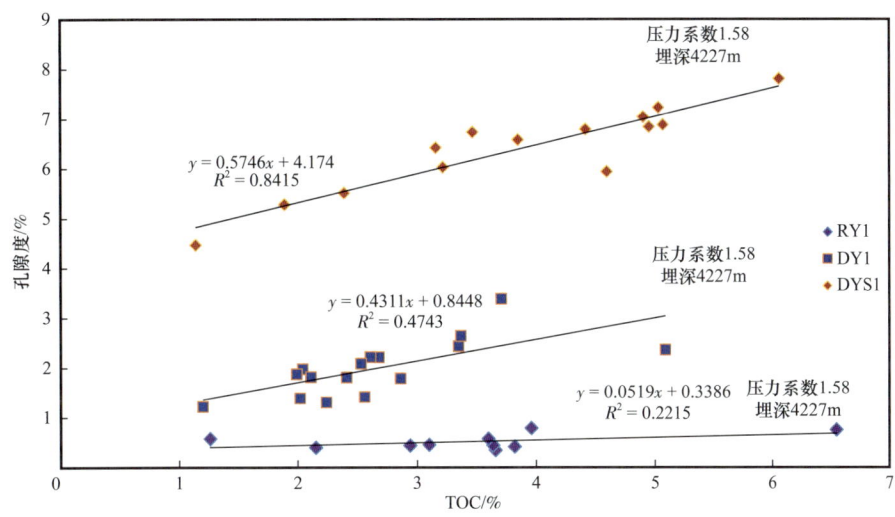

图 3-2-18 川东南不同压力系数井孔隙度与 TOC 相关关系

典型的 YZ1 井保存条件较差，压力系数小于 1.0，优质页岩实测孔隙度介于 0.60%～2.60%，平均值为 1.91%，扫描电镜下显示，孔隙发育程度相比于 DYS1 井要差，孔径也明显较小（图 3-2-19）。这也进一步证实了深层非超压条件下有机质孔不能有效保存。因此，页岩储层流体超压对深层页岩孔隙的保持至关重要。

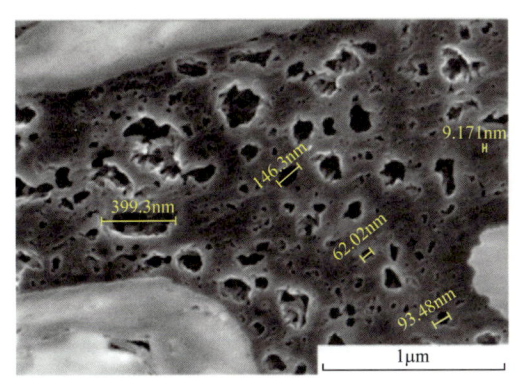
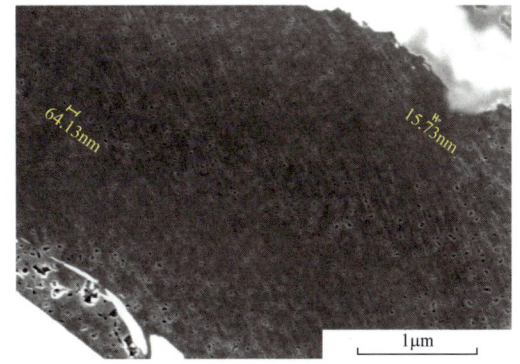

(a) 有机质孔发育，孔径介于 20～200nm，面孔率达 50%，DYS1 井，井深 4139.80m

(b) 有机质孔不发育，孔径介于 20～200nm，面孔率达 5%，YZ1 井，井深 4512.3m

图 3-2-19 深层页岩气井五峰组—龙马溪组优质页岩有机质孔照片

3. "石英抗压保孔"和"储层流体超压"是深层优质页岩高孔隙度发育的关键

深水陆棚深层优质页岩储层中，石英、粒间孔与有机质孔"共生耦合"，有利于压裂缝—粒间孔—纳米级有机质孔的高效连通。深水陆棚深层优质页岩储层均质性好，有机质、硅质矿物呈分散状产出，硅质粒间孔与有机质孔"共生耦合"，压裂施工，脆性好的硅质矿物颗粒首先被压开，使孤立的纳米级有机质孔得以连通，而有机质孔本身连通性好，最终形成微裂缝—粒间孔—有机质孔的流通通道（图 3-2-20）。

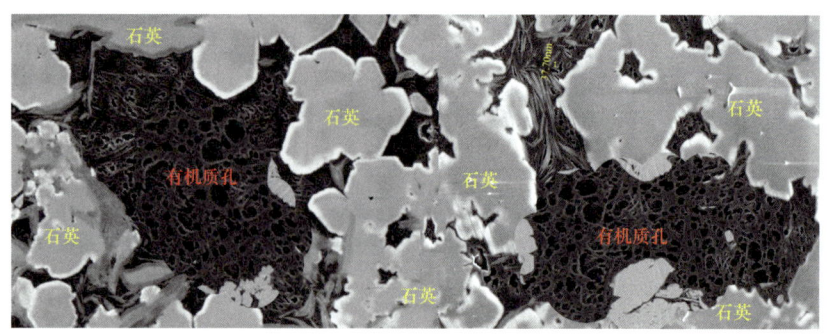

图 3-2-20　石英、粒间孔与有机质孔"共生耦合"高效连通示意图

对五峰组和龙马溪组下段放射虫硅质页岩进行高放大倍数观察，发现微晶石英颗粒之间均填充热解沥青，沥青中则发育大量纳米级孔隙（图3-2-21）。硅质生物通过吸收溶解态硅和分泌硅质氧化物形成硅质骨骼，主要由含水的非晶态 SiO_2（蛋白石）组成。成岩研究表明其稳定性较低，成岩转化迅速，进入沉积地层后在低温压条件下快速脱水（叶曦雯等，2003），逐步向稳定的矿物相晶态石英转化。这种重结晶作用与机械压实作用基本同步进行，对页岩物性改造作用强，在原生孔隙部分减小的同时又使页岩硬度增大，生物成因硅质在向晶体石英转化过程中形成的大量石英颗粒在压实和自身胶结作用下相互接触构成整体刚性的格架，从而形成了一个有效应力支撑系统（卢龙飞等，2018），硅质页岩的抗压实能力大大增强，能够有效抵御压实作用的继续破坏，使较多孔隙得以良好保存，而流体超压条件则对有机质孔起着非常重要的保护作用。

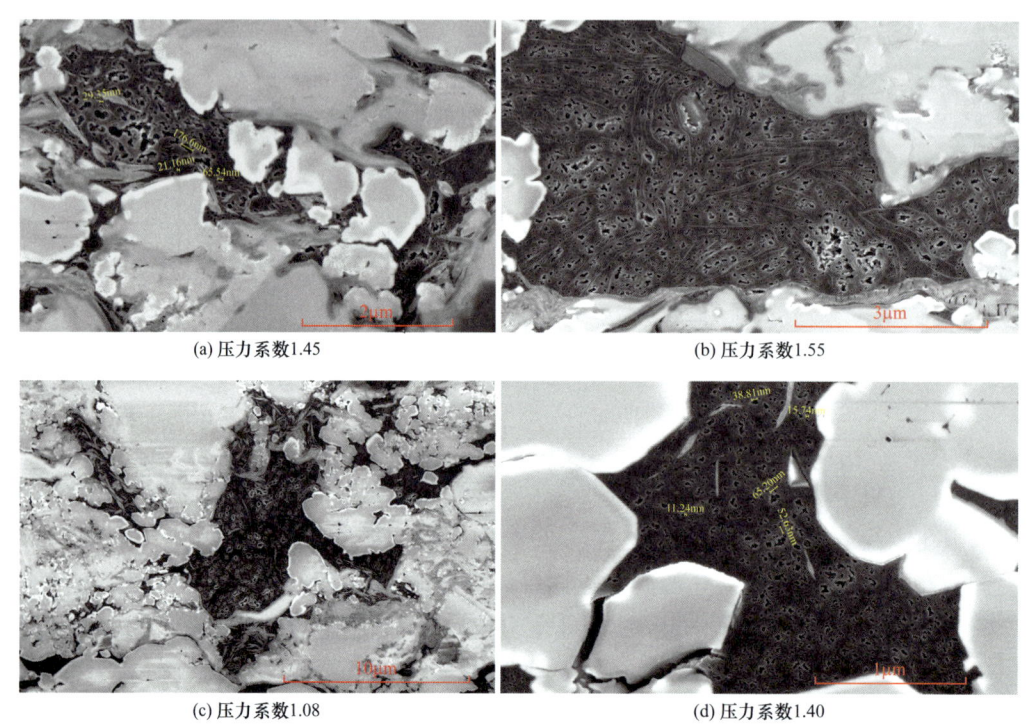

(a) 压力系数1.45　　　　　(b) 压力系数1.55

(c) 压力系数1.08　　　　　(d) 压力系数1.40

图 3-2-21　五峰组—龙马溪组不同压力系数钻井岩心有机质孔发育特征（硅质页岩）

综上所述，五峰组—龙马溪组深层页岩气储层孔隙度高，深层发育"高孔"优质储层，具有高孔、高压、高含气量的特征。在生烃过程中，储层形成超压状态，可以在一定程度上降低储层的有效应力，可以对深埋条件下储层的压实作用具有缓冲和抑制作用。另外，生物成因硅质矿物最初以非晶态的蛋白石形式存在，但生物蛋白石稳定性低，成岩转化迅速，随着成岩作用进行逐步向稳定的晶态矿物相转变，并在成岩作用早期就完成成岩定形。生物成因硅质页岩早期成岩阶段机械压实和化学压实（压溶）近乎同步进行，对页岩物性改造作用强，使页岩孔隙减小的同时硬度增大，支撑和抗压实能力增强，进而使中后期和晚期成岩作用的改造和破坏变弱。生物成因的硅质在向晶体石英转化过程中使页岩整体上构成一个刚性的格架，抗压实能力大幅增强，非常有利于有机质孔的规模保存，"石英抗压保孔"和"流体超压"二者联合作用使得深层页岩孔隙得以发育和保持。

第三节　海相页岩气赋存机理

页岩气赋存方式是页岩气成藏的核心，以吸附态和游离态为主（邹才能等，2011）。不同深度、不同类型页岩的吸附态与游离态占比（李新景等，2007；蒲泊伶等，2010；孔德涛等，2014）、赋存相态转换（俞凌杰等，2016）、吸附载体的判断（闫建萍等，2013；陈尚斌等，2018）是页岩气成藏的重要机理。前人在不同相态所占比例的厘定、相态转化随埋深的变化、吸附特征、有机质和黏土矿物的吸附机理等方面开展了大量研究工作，取得了较为丰硕的成果。

Curtis等（2002）研究美国五大页岩盆地的气藏赋存相态时认为，页岩气储层中吸附气含量所占比例为20%~85%，而孔德涛等（2014）通过总结前人一系列研究认为吸附气含量占总气量的20%~80%，由此可见，以吸附态和游离态两种形式赋存的页岩气，其赋存相态变化范围较广。然而，页岩气开采是游离气释放—吸附气解吸—游离气释放的动态过程，吸附气含量对页岩气井开采方案的制订及其长期、稳定产出都有重要影响（贾承造等，2012；邹才能等，2012），因此吸附态页岩气是页岩气的重要组成部分，吸附作用是页岩气成藏的重要机理，在一定程度上决定了页岩气的富集特征，而对不同类型页岩的吸附作用、吸附气量、相态转换过程等方面的研究在页岩气赋存机理分析中占有举足轻重的地位。

目前研究页岩对甲烷吸附的方法主要分为实验和理论模拟，实验方法中多采取测吸附等温线的方法。但是受实验条件、实验装置的影响，高温高压下干酪根吸附甲烷的状态及吸附的微观机理无法通过实验测得；而理论模拟通常可采用分子动力学（MD）以及巨正则蒙特卡罗（GCMC）方法近似模拟高温高压下甲烷在页岩中的吸附状态及吸附机理以弥补实验上的缺陷。理论研究甲烷在页岩微纳孔隙中赋存状态，其关键科学问题是精确描述微纳米级孔隙环境与甲烷之间的范德华力，对于大多数常用的力场，范德华力相互作用通常采用Lennard-Jones势描述。基于前人研究的成果认识，通过本次研究，提出了一套基于高精度量化计算的范德华力场的新理论方法，其以探索地质温压下页岩气游离态与吸附态之间的转化规律，及水分子对页岩气吸附态的影响机制。

一、不同孔隙类型含气性特征

关于页岩气吸附载体，主要包括有机质类和无机质类（陈尚斌等，2018）。有机质既是重要的生烃母质、储层产气的基础，又是大量纳米级孔隙的集合体、页岩气赋存的主要空间。因此对于成熟度高、有机碳含量高的海相页岩，有机质孔（有机质类）是影响甲烷吸附能力的主要因素，而热演化程度相对较低的页岩，有机质孔发育有限，黏土矿物孔隙（无机质类）却可以为甲烷的吸附提供更多的比表面积和吸附点位，对甲烷的吸附能力影响更大。由此可以看出，高演化程度的海相页岩（如五峰组—龙马溪组、牛蹄塘组），有机质孔类型、孔隙成因、孔隙尺度等对页岩气的吸附作用具有重要影响，是页岩气赋存机理研究中的重要科学问题。

中国南方海相五峰组—龙马溪组泥页岩的纳米级孔隙主要包括有机质孔、黏土矿物间孔、黄铁矿晶间孔、次生溶蚀孔等，其中深水陆棚相页岩以有机质孔为主；浅水陆棚相页岩以黏土矿物间孔为主。有机质孔和黏土矿物间孔作为两大主要孔隙类型，对孔隙度的贡献最大，二者共占了 90% 左右。在纵向上，随着 TOC 增大、黏土矿物含量减少，有机质孔占比逐渐增大、黏土矿物间孔占比逐渐减少。南方五峰组—龙马溪组页岩均为海相沉积，目前处于过成熟干气阶段。五峰组—龙马溪组页岩样品在有机质类型和热成熟度之间的差异很小，可以忽略不计，因此重点研究 TOC 含量、孔隙、矿物组成与吸附性能的关系。

1. 有机质丰度对不同页岩赋存状态的影响

研究表明，TOC 与吸附能力之间存在强烈的正相关关系，相关系数大致均大于 0.5，即 TOC 越高，甲烷的饱和吸附量也就越高（图 3-3-1）。其他研究中页岩也具有类似的正相关关系，如五峰组—龙马溪组页岩、Sargelu–Garau 页岩和其他北美和欧洲页岩。由此可见，有机质丰度是控制五峰组—龙马溪组海相页岩甲烷吸附能力的主要因素，TOC 较高的页岩样品具有较高的微孔体积和 BET 比表面积（图 3-3-1），而有机质孔显著增加了甲烷分子的吸附点位和吸附体积，进而增加了对页岩储层的吸附能力（图 3-3-1）。因此，中国南方五峰组—龙马溪组海相页岩 TOC 与甲烷吸附能力正相关的本质是纳米级有机质孔的发育。

2. 黏土矿物含量对不同页岩赋存状态的影响

除了有机质中的有机质孔外，黏土矿物间孔也可为甲烷分子提供吸附场所。川东南地区五峰组—龙马溪组页岩黏土矿物含量与甲烷吸附能力呈负相关（图 3-3-2），这种相关性与陆相沉积页岩不同，如柴达木盆地石炭系克鲁克组页岩和鄂尔多斯盆地长七段页岩（Guo et al.，2015），这些陆相页岩吸附能力随黏土矿物含量的增加而增加。五峰组—龙马溪组页岩显示的负相关主要归因于其页岩组成和有机质孔的发育。尽管有机质和黏土矿物都具有吸附性，但有机质的吸附能力大约是纯黏土矿物的 10 倍。因此，

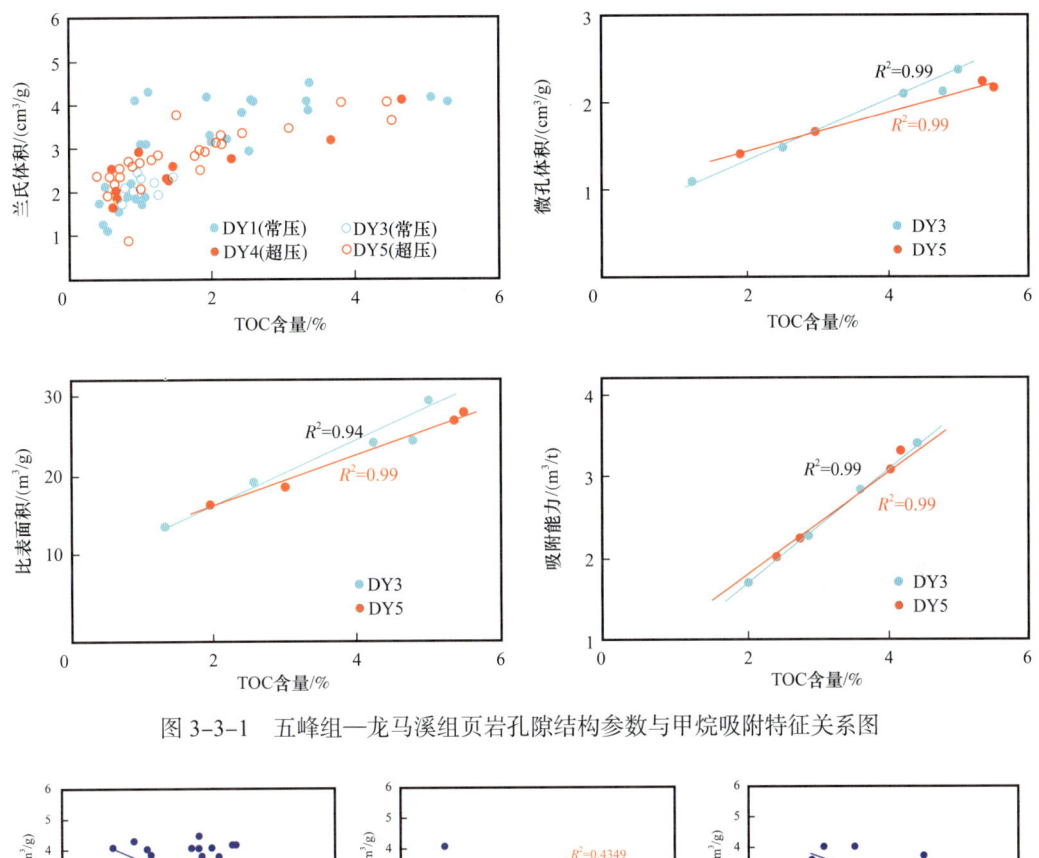

图 3-3-1　五峰组—龙马溪组页岩孔隙结构参数与甲烷吸附特征关系图

图 3-3-2　川东南研究区五峰组—龙马溪组页岩黏土矿物含量对甲烷吸附能力的影响

对于富含有机质贫黏土页岩，五峰组—龙马溪组页岩 TOC 对甲烷吸附能力的贡献远远高于黏土矿物。此外，除了 TOC 和黏土矿物的相对含量外，黏土矿物的类型也会影响甲烷吸附能力。研究表明，纯黏土矿物的甲烷吸附能力按以下顺序增加：伊利石＜绿泥石＜高岭石＜混合层 I/S＜蒙皂石。由于中国南方五峰组—龙马溪组页岩样品处于干气阶段，初始具有高甲烷吸附能力蒙皂石大部分已转化为低甲烷吸附能力的伊利石。因此，五峰组—龙马溪组页岩具有高 TOC 和以伊利石为主要类型黏土矿物的属性，可

- 101 -

以用来解释黏土矿物与甲烷吸附能力之间的负相关关系，也就是说，黏土矿物对甲烷吸附能力的贡献被有机质所屏蔽。

另外，有效含气饱和度与 TOC 呈明显的正相关关系，而含水饱和度与黏土矿物含量呈明显的线性正相关（图 3-3-3），由此说明 TOC 越高，有机质孔越发育，有效含气饱和度越高，而黏土矿物含量越高，黏土矿物间孔越发育，有效含水饱和度越高。分析认为有机质孔具有明显的亲油性，该特点决定了有机质孔往往相对于黏土矿物间孔等无机孔能够优先促使甲烷在其内吸附和储存。TOC 与有效孔隙度呈明显的正线性相关（图 3-3-4），反映了有机质孔为泥页岩提供了更多的储集空间，有利于页岩气更大量的储集，而黏土矿物则由于其亲水性，造成黏土矿物含量与有效含水饱和度、黏土束缚水和结构水含量呈较明显的正线性关系（图 3-3-4）。因此相对于有机质孔，总体不利于页岩气的吸附和储集。

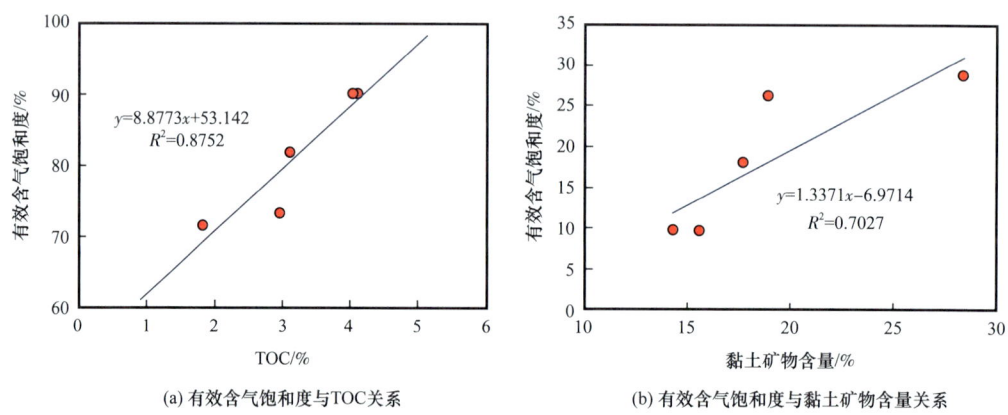

图 3-3-3　川东南地区五峰组—龙马溪组页岩饱和度与 TOC、黏土矿物含量关系图

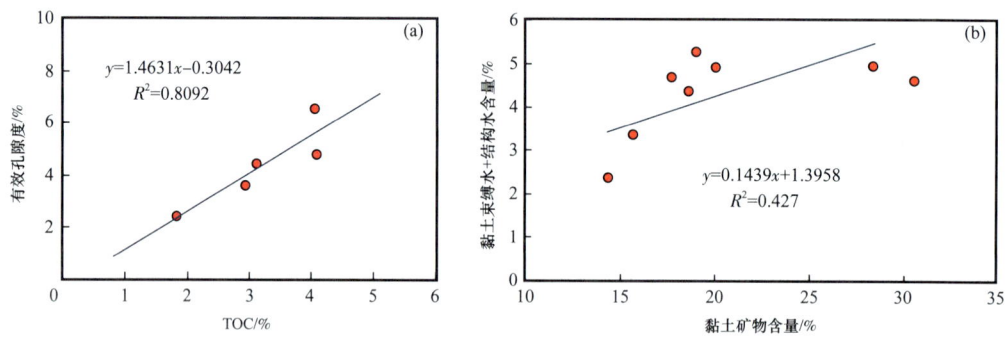

图 3-3-4　有效孔隙度与 TOC 相关关系（a）和黏土水含量与黏土矿物含量相关关系图（b）

综上分析认为，高 TOC 海相页岩发育纳米级有机质孔、含气性好，对甲烷具有较强的吸附能力，是海相页岩气赋存的最重要储集空间。

二、高演化海相页岩吸附气预测模型

基于上述不同矿物组成页岩、不同孔隙类型页岩含气特征的认识，建立了分子模拟理论预测模型。该模型由精确范德华分子力场和页岩孔隙原子尺度模型两部分构成。

1. 精确范德华分子力场

在已有理论认识的基础上，为进一步探索甲烷气体分子在页岩中的赋存状态，需要准确描述甲烷与页岩之间的吸附作用。由于无法通过高精度模拟方法直接研究页岩与甲烷之间的相互作用，因此只能根据页岩微观结构特征，选择多种小分子片段替代页岩结构，采用高精度量化计算方法得到甲烷—甲烷、甲烷—分子片段间范德华相互作用力，拟合出力场参数。为了得到甲烷等气体小分子与页岩的相互作用参数，以页岩模型为基础，提取其中的局部重要片段，构建相应的有机无机分子团簇（图3-3-5）。

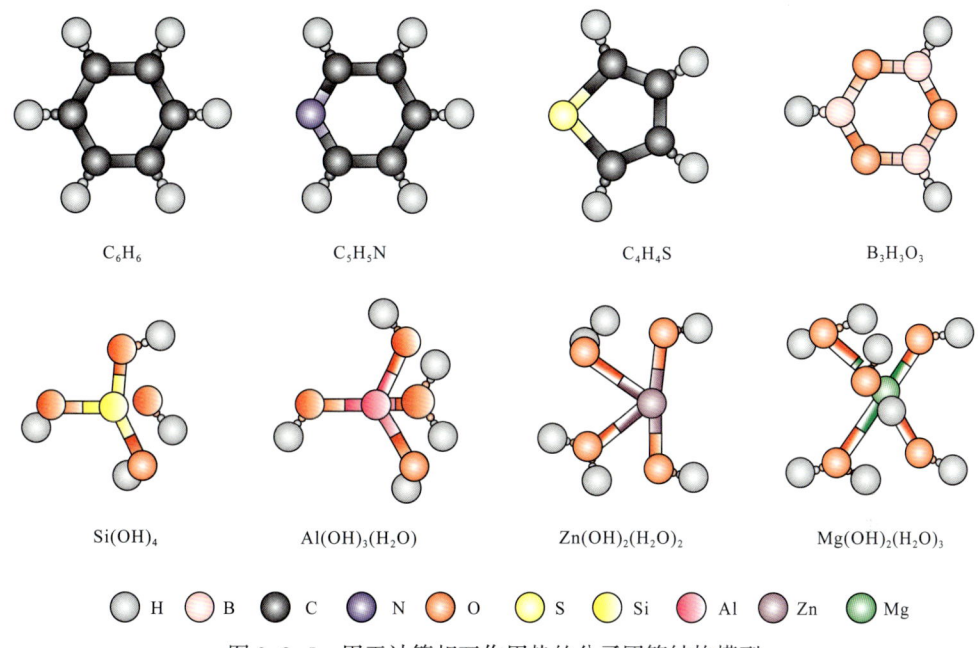

图 3-3-5　用于计算相互作用势的分子团簇结构模型

通过几种金属团簇与甲烷相互作用的量化计算结果和拟合的力场（图3-3-6），通过拟合的力场较好地重现了量化计算结果。

另外，利用同样的力场发展方法，发展了甲烷等气体分子与常见有机质元素间的范德华作用力场。页岩的干酪根成分中，较常见的有碳、氧、硼、硅、氢等。根据这些原子类型，设计了若干种有机分子与甲烷等气体分子相互作用，并由此拟合出气体分子—有机质间精确范德华力场参数。如图3-3-7所示，分别给出了甲烷—苯、甲烷—硼氧烷和甲烷—氢氧化硅的量化计算结果和拟合的力场结果。可以看出，拟合的力场较好地重现了量化计算结果。

常规范德华分子力场（UFF、Pcff、Dreiding、COMPASS等）由兰纳—琼斯势（L-J势）及实验和经验参数构成，在描述常规物理化学过程中表现较好，如常温常压下的气体吸附模拟。但由于L-J势函数本身缺陷及半经验的力场参数，在应用于高压条件下的分子模拟时，常规分子力场的预测结果往往误差较大。因此，不适用于在地质温压下的页岩气赋存状态模拟。为了能够准确预测地层经历的页岩气游离气与吸附气转化规律，本次研究开发了精确范德华分子力场。该力场采用莫斯势（Morse 势）描述分子间的范德华作用力，克服了 L-J 势在描述分子间近程排斥力中的不足。同时，采用高精度量子化学方法计算了甲烷分子与页岩孔隙结构的代表性分子团簇之间的相互作用力，从而通过数值拟合方法获得了更加精确的分子力场参数。不仅如此，本次研究发展出 Morse 势相应足和规则，构建了完备的精确范德华分子力场。

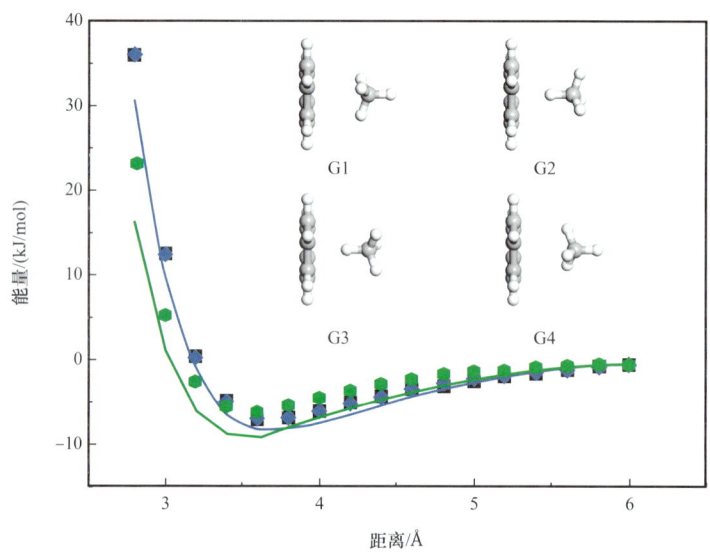

图 3-3-6　无机团簇—甲烷间范德华力相互作用的量化计算结果和发展力场结果对比

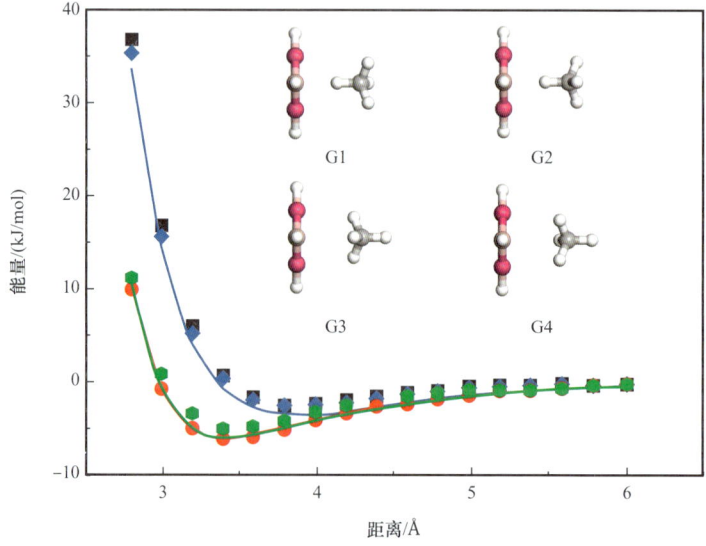

图 3-3-7　甲烷—有机分子间范德华力相互作用的量化计算结果和发展力场结果对比

应用所发展的精确范德华分子力场模拟了高压条件下的甲烷气体密度。结果如图 3-3-8 所示，其中黑线为甲烷气体分子的标准密度，红点代表所发展的精确范德华分子力场（VDW）模拟结果，其他点为常规分子力场模拟结果。模拟结果表明，在较低压强时，常规分子力场也能比较准确预测甲烷气体密度。但当压强逐渐增大后，常规分子力场的模拟结果与标准结果差距越来越大。当达到50MPa时，只有发展的精确范德华分子力场能够准确重新标准数据。即便是商业化分子力场（COMPASS力场）也无法准确预测甲烷气体密度。不仅如此，如图3-3-9所示，发展的精确范德华分子力场还能够准确预测甲烷气体在不同类型多孔材料中的吸附量、吸附热及吸附状态。这些模拟结果验证了发展的精确范德华分子力场能够准确预测甲烷气体在微纳孔隙结构中的赋存状态。

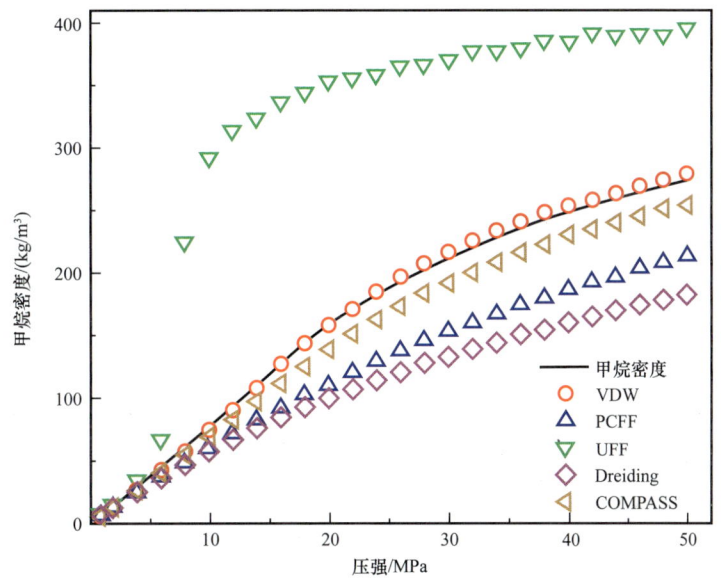

图3-3-8　甲烷气体密度模拟结果

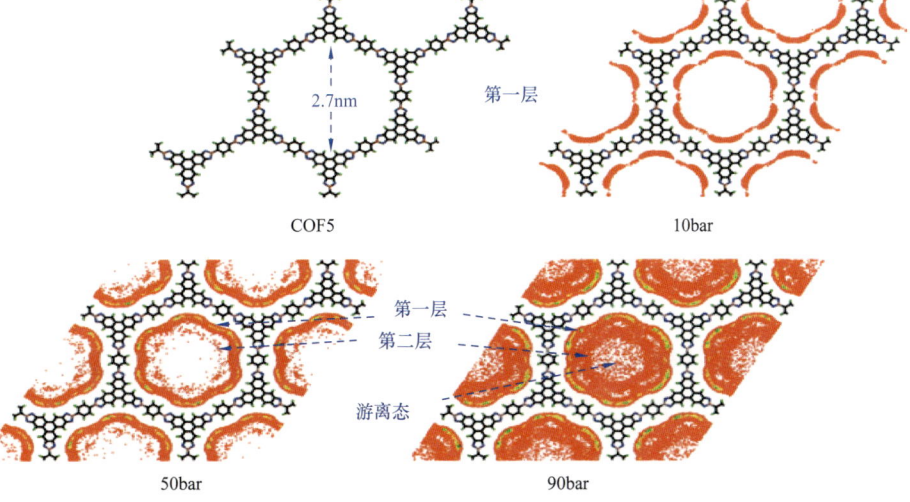

图3-3-9　精确范德华分子力场甲烷在COF5中的吸附行为

2.页岩孔隙原子尺度模型

采用不同矿物质的孔道结构作为页岩微纳孔隙的原子分辨理论模型,如图 3-3-10 所示。对于有机质,采用氧化石墨烯替代以往研究中的石墨烯结构作为干酪根孔壁。氧化石墨烯结构中引入了氢和氧元素,能够更加准确地重现有机质不同元素比例对甲烷吸附过程的影响。无机质分为黏土矿物和石英矿物,其中黏土矿物主要为蒙皂石、伊利石和高岭石三种化合物,石英为二氧化硅。分别采用四种化合物分别作为四种无机矿物的孔壁。利用孔道模型的优势,体现在可以根据地质岩石样品的元素分析及孔径分布表征结果数据中,对不同孔径孔道的甲烷赋存性能进行综合评价,其中构建的页岩孔道尺寸主要包括三类:(1)有机质干酪根孔道为 1nm、3nm、5nm、7nm、9nm、15nm、25nm 和 40nm;(2)无机质黏土矿孔道为 1nm、3nm、5nm、7nm、9nm、15nm、25nm 和 40nm;(3)无机质石英孔道为 80nm 和 200nm。

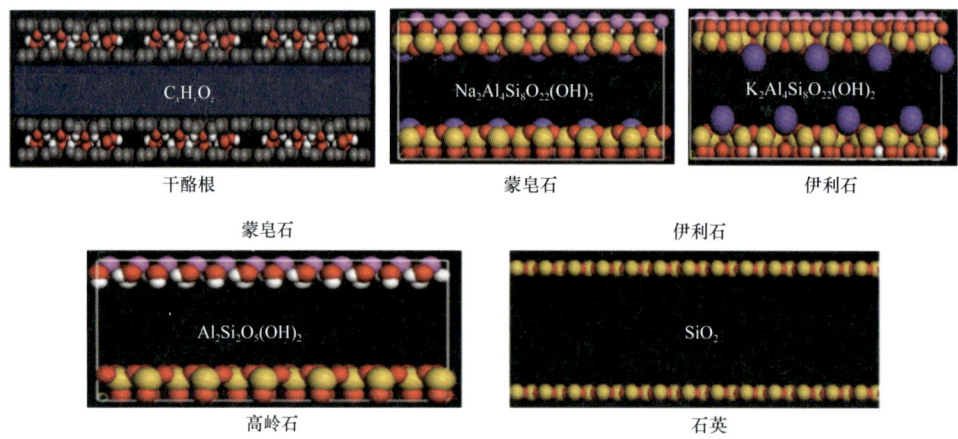

图 3-3-10 页岩孔道模型化学结构

灰色为碳原子、红色为氧原子、白色为氢原子、黄色为硅原子、粉色为铝原子、浅紫色为钠原子、深紫色为钾原子

三、页岩储层孔隙中游离气、吸附气赋存状态及其控制因素

基于已发展的精确范德华分子力场和页岩孔道模型,能够对地质温压条件下甲烷吸附态与游离态之间的静态分布与动态转化规律进行研究。

1.有机质中的转化规律

研究了两种不同元素比例干酪根孔道模型中甲烷游离态与吸附态随埋深的变化规律。通过对比可以发现,随着埋深增加,所有孔径中的甲烷吸附态比例逐渐降低,游离态比例逐渐升高。但当孔径达到 5nm 时,超过一定深度后,吸附态占比开始逐渐升高,伴随着游离态占比开始达到峰值后开始下降。这种现象是孔径因素与地质温压共同作用的结果。当孔径在 2nm 以下时,甲烷吸附态明显多于游离态,吸附态占比在 80% 以上。虽然此时地层压力相对较低,但是由于孔道孔径尺寸的限制,形成第一层稳定吸附甲烷后的剩余空间较小,甲烷分子间的排斥力阻碍了游离态甲烷分子进入孔道。当孔径达到 2nm

以上时，较大的孔道空间不再是限制游离态甲烷进入孔道的限制因素，游离态开始显著增加，除此之外，温度的升高也加速了吸附态向游离态的转化。因此，吸附态占比开始快速下降。尽管如此，由于埋深增大，地层压力持续增大，过大的压强迫使游离态向吸附态进行转化，从而使吸附态占比又开始缓慢增长。

为了进一步分析有机质中吸附态与游离态之间的转化规律，对 1nm、7nm 和 15nm 共 3 种孔径中甲烷吸附与游离状态进行了分析（图 3-3-11）。通过对比发现，在 2nm 孔径下受到孔径大小限制，只能在孔壁表面形成均匀的单层吸附。即便是到达 5km 的深度，游离态与吸附态的分布特征也无明显变化。当孔径大于 2nm 时，孔壁表面形成了明显的单层吸附态甲烷。随着埋深增大，在第一层吸附态外，可以观察到不明显的第二层吸附。尽管如此，由于范德华力随分子间距离增大衰减较快，且随着埋深增大带来的温度升高，促使第二层吸附结构与孔壁之间的相互作用非常弱，因此，第二层吸附的甲烷分子不应该视为吸附态。另外，随埋深增大，可以观察到孔道内的游离态甲烷也在显著增加。

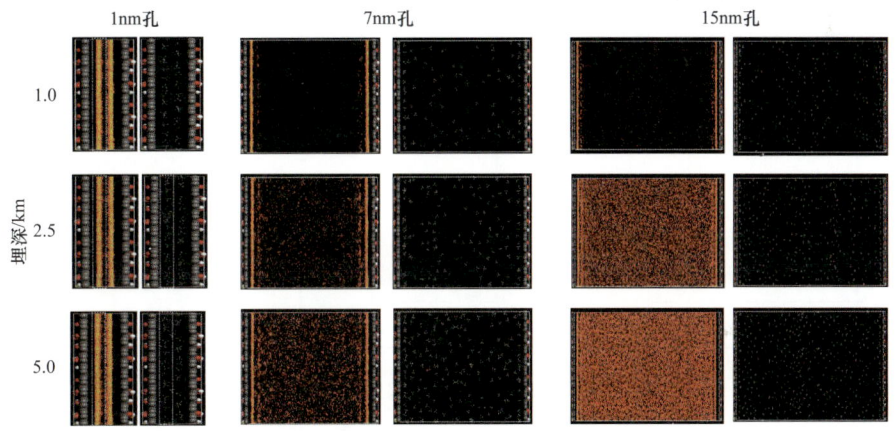

图 3-3-11　干酪根 I 不同孔径孔道中甲烷游离与吸附模式
左图为甲烷赋存密度分布图，右图为甲烷分子赋存状态分布图

2. 无机孔中的转化规律

1）甲烷在无机孔中吸附相态转化规律

采用与前文相同的方法，研究了地质温压下蒙皂石、伊利石、高岭石及石英中吸附态与游离态随埋深增加的变化规律。研究结果表明（图 3-3-12），在三种黏土矿物中游离态与吸附态占比的变化规律与有机质中的变化规律基本一致。游离气与吸附气之间的转换受孔径及地质温压的共同作用，当孔径小于 2nm 时，吸附态含量更高，当孔径增大后，吸附态开始随埋深增大比例快速下降，吸附态比例快速增加，当到达一定深度时，吸附态占比开始缓慢升高，游离态占比开始下降，但游离气含量仍高于吸附气。与之相比，在大孔为主的石英矿物中，在较浅埋深时甲烷基本全部以游离态存在于孔道中，当埋深增大到 3km 后，受到地层中的高压作用，开始逐渐出现吸附态。尽管如此，由于石英与甲烷之间的相互作用很低，吸附态的成因主要由地质压力造成，这些吸附态甲烷，将随开采过程中压强的降低，快速释放。

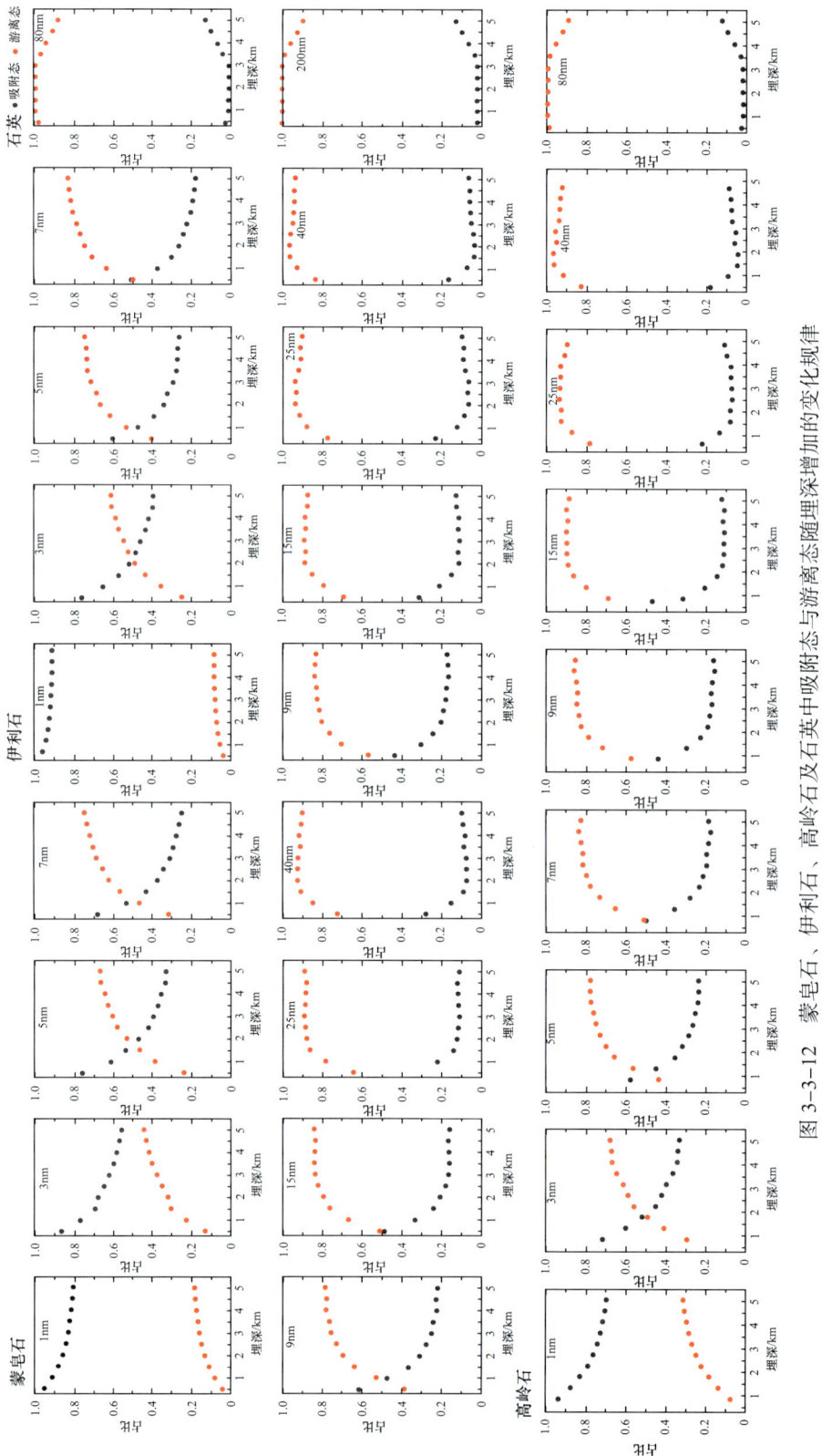

图 3-3-12 蒙皂石、伊利石、高岭石及石英中吸附态与游离态随埋深增加的变化规律

2）甲烷在无机孔中的游离与吸附模式

当孔径小于 2nm 时，甲烷分子主要以吸附态存在于孔道内部，当孔径大于 2nm 时，孔道中的游离态随埋深增大开始逐渐增多（图 3-3-13）。这一现象与有机质孔道内的甲烷游离于吸附模式相同。尽管如此，由于化学成分不同，有机质和黏土矿物同甲烷分子的相互作用模式具有较大区别。从而造成黏土矿物孔壁表面的甲烷呈现出显著的多层吸附状态。原因主要是由于黏土矿物中含有较多的金属离子（钠、钾、镁等），能够与甲烷分子间形成较强的静电作用力。虽然甲烷分子为非极性分子，但甲烷分子中的碳原子和氢原子仍有较大的电荷差异。负电的碳原子收到正电金属离子的吸引作用，从而弥补了无机质与甲烷分子间较弱的范德华作用，使得甲烷分子在黏土矿物孔道内也具有较高的赋存能力。另一方面，由于静电力正比于分子间距离的倒数，而范德华作用力正比于分子间距离六次幂的倒数，二者相比范德华作用力随距离衰减速度明显快于静电力。因此，在黏土矿物孔道中能够观察到显著的多层吸附状态。

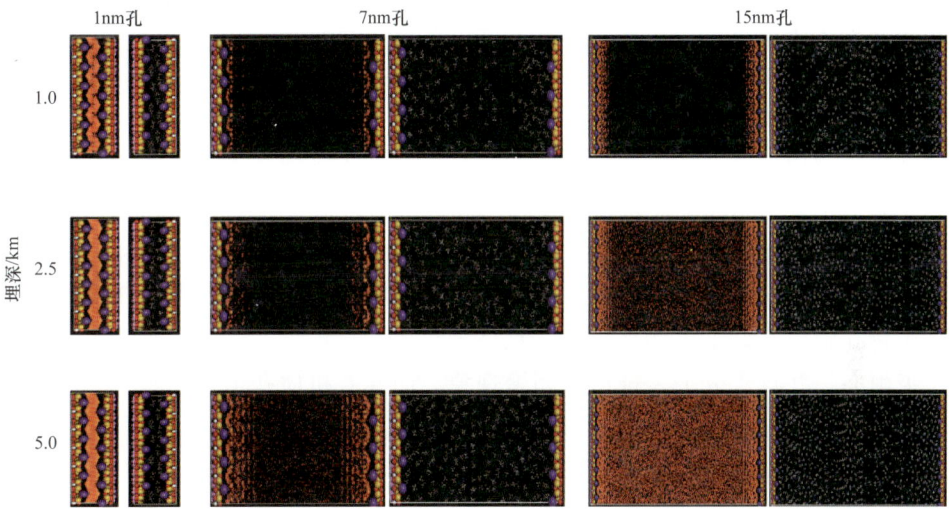

图 3-3-13　蒙皂石无机孔不同孔径孔道中甲烷游离与吸附模式
左图为甲烷赋存密度分布，右图为甲烷分子赋存状态分布

3. 不同孔径孔道吸附态与游离态

结合实验分析结果，将不同类型孔道中甲烷吸附态和游离态进行累加，如式（3-3-1）所示。

$$N = \sum_{i} n_i w_i + \sum_{j} n_j m_j + \sum_{k} n_k d_k \quad (3\text{-}3\text{-}1)$$

式中　N——总吸附量，mg/g；
　　　n_i——微孔吸附量，mg/g；
　　　n_j——介孔吸附量，mg/g；
　　　n_k——大孔吸附量，mg/g；
　　　w_i——微孔占比；

m_j——介孔占比；

d_k——大孔占比。

基于这种方法，可以分析不同孔径页岩孔隙中游离态与吸附态之间的转化规律。根据图中所示，当孔径小于 2nm 时，页岩气主要以吸附态存在于孔道中，当孔径大于 2nm 时，页岩气主要以游离态存在于孔道中。同样，随着埋深增大，吸附态快速下降后开始缓慢升高。这些变化规律与在纯有机质和无机矿物孔中的变化规律一致（图 3-3-14）。

结合地质实际开展不同埋深条件下不同孔径的模拟，模拟结果显示，随着孔径增大，游离气含量逐渐增多，在 3nm 孔径、埋深大于 3500m 情况下，游离气占比达到 50% 以上（图 3-3-15）。四川盆地五峰组—龙马溪组及陆相页岩孔径分布特征显示，孔径在 3nm 以上的游离气占比在 55% 以上，因此认为大孔、陆相和深层页岩以游离态为主。

4. 水对甲烷吸附的影响

基于以上的模拟与分析，黏土矿物对于甲烷吸附态的形成具有重要的作用。但该结论是建立在无水的条件下。在实际的地质情况中，地层中含有大量水分。为了研究水分子所造成的影响，继续模拟了有机质与黏土矿物中水分子及水/甲烷混合物的赋存状态。

通过分子模拟技术，首先分析了水分子分别与黏土矿物和有机质之间的吸附能。计算结果表明，水分子与黏土矿物作用更强，高出与有机质之间的作用约 4kcal/mol。这主要是由于水分子为强极性分子，能够与黏土矿物形成很强的静电和氢键相互作用。而水分子与有机质表面主要通过范德华作用相互吸引。根据能量分布规律，水分子将优先进入黏土矿物孔隙。在黏土矿物孔道中，水分子距离孔壁更近，在单层吸附外表现出显著的多层吸附态，并且水分子表现出了团聚现象。而在有机质孔道内，水分子的赋存状态与甲烷分子类似，均能形成较为均匀的单层吸附态（图 3-3-16）。

为了明确水分子对甲烷分子吸附态形成的影响机制，继续模拟了水/甲烷混合物在有机质和黏土矿物孔道中的赋存状态，如图 3-3-16 所示。结果表明，在黏土矿物中，无论是低水含量还是高水含量，水分子都均会优先吸附在黏土矿物表面，从而有效阻碍了甲烷分子吸附态的形成。尽管随着埋深增加，水分子开始在孔道内出现较大的"水团簇"，但并不会影响水分子在黏土矿物表面形成紧密的吸附层。与之相比，在有机质孔道中，无论是低水含量还是高水含量，水分子只有少部分在有机质表面形成吸附态，大部分水分子主要以"水团簇"形态游离于孔道内部。水分子会优先吸附于黏土矿物表面，并形成致密的吸附层，从而阻碍甲烷分子在黏土矿物表面形成有效的吸附。当过多的水进入有机质孔后，甲烷吸附态受到水分子的影响也是有限的。因此，页岩中的水对甲烷吸附态的影响主要作用于黏土矿物孔隙，当页岩中黏土矿物组分增大后，将降低页岩中甲烷吸附态的含量，这一模拟结果也与岩心实测数据相符合。

综上所述，高温高压条件下深层页岩气生、排、滞机理及有效储层的形成和保存机理、深层页岩气赋存机理及富集主控因素，以及深层页岩气多相态流动机理等，是深层页岩气高效勘探和效益开发的关键问题，亟待深入研究和攻克。

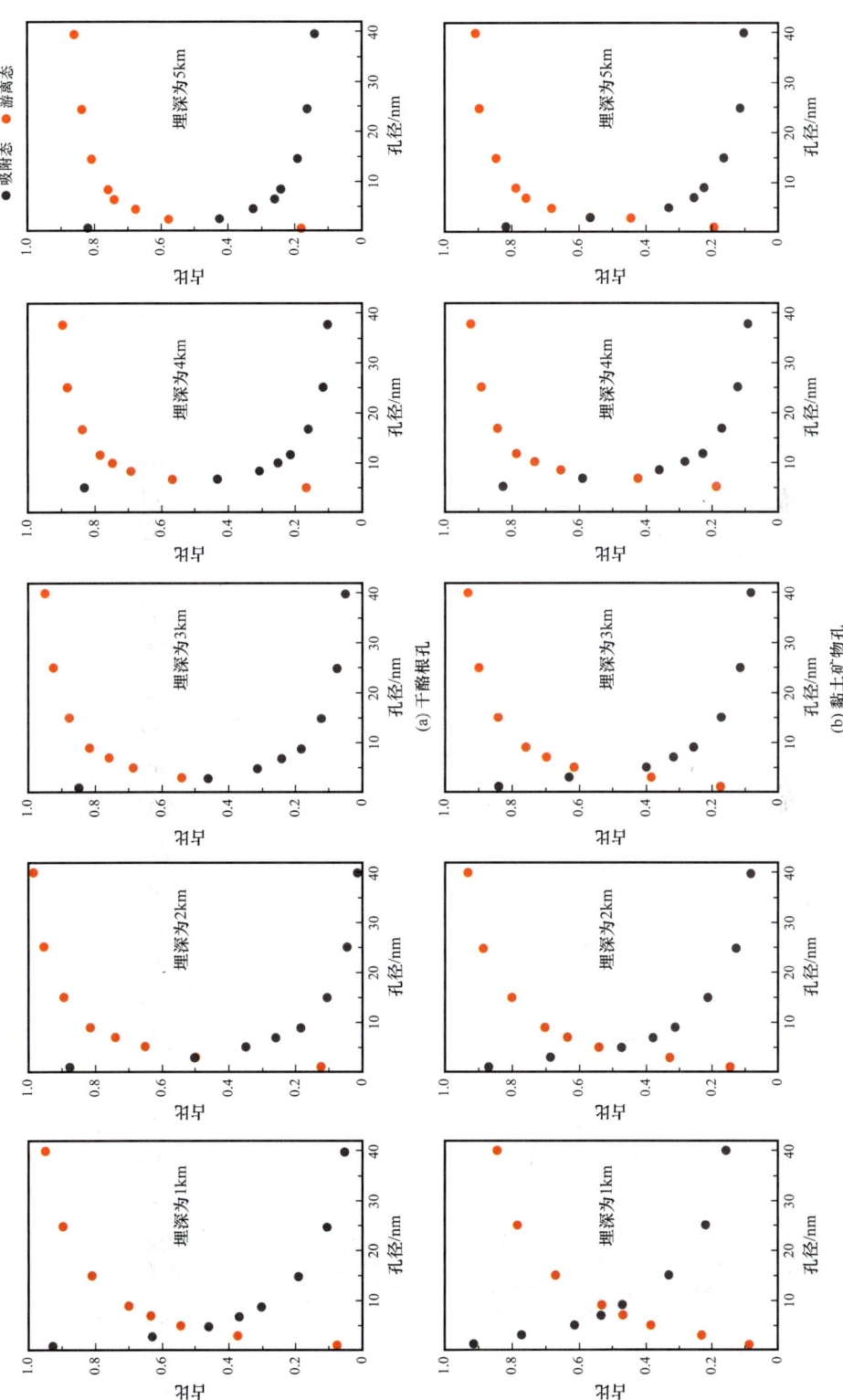

图 3-3-14 页岩不同孔径孔道中吸附态与游离态随埋深增加的变化规律

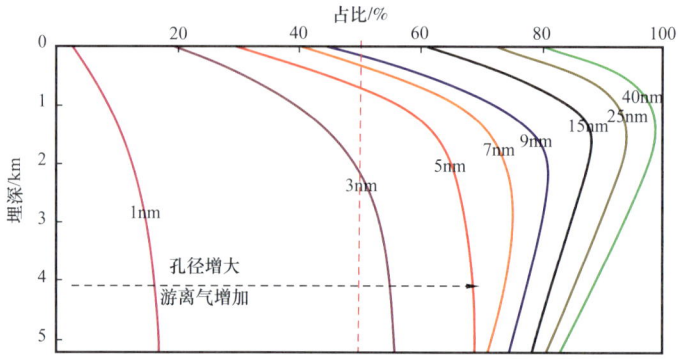

图 3-3-15　分子动力学模拟不同埋深条件下游离气占比与孔径关系图

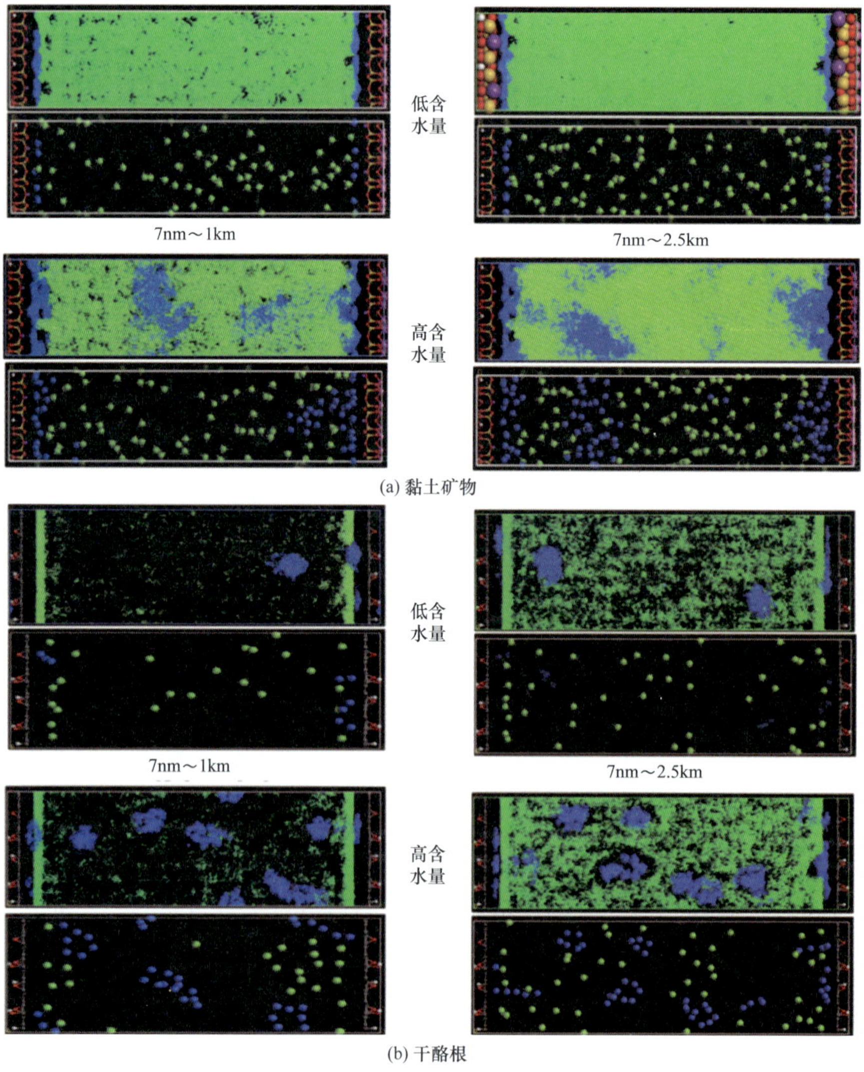

(a) 黏土矿物

(b) 干酪根

图 3-3-16　水/甲烷混合物在黏土矿物和有机质孔道中的赋存状态
上图为混合物赋存密度分布图，右图为混合物分子赋存状态分布图

海相页岩成烃生物的数量和类型直接决定了烃源岩的品质，进而控制着页岩的成烃潜力，早期持续深埋和后期抬升改造过程中的富有机质页岩生烃、排烃及滞留机制决定了页岩气原始资源潜力。深层页岩气生排烃、滞留烃量与有机质类型、丰度、成熟度及排烃效率有关，但现有技术手段难以有效区分干酪根与原油裂解气，从而影响页岩气来源的准确计算。中国南方下古生界页岩最大古埋深高达 7km 以上，经历的成岩作用复杂，其孔隙的形成与保存机理研究是一个世界级的科学难题。目前对于高—过成熟页岩（R_o>2.0%），前期生成的有机和无机孔隙在后期构造运动演化过程中能否有效保存是深层页岩气富集的关键因素之一，但是对于其早期深埋阶段和后期抬升阶段如何形成和保存机理尚不明确。相比于 3500m 以浅海页岩气富集规律及勘探开发技术的成果，深层页岩气成烃、成储、赋存状态的动态演化与匹配，深层页岩气超压的形成与保持，深层页岩源—储—超压动态演化及富集规律均缺乏系统研究，深层页岩气地质工程"甜点"评价技术亟需解决。

第四章 页岩气动态保存机理

近年来页岩气保存条件越来越受到关注,普遍认为其已成为制约页岩气井高产、稳产关键的因素之一(郭旭升,2014b)。通过对中国南方页岩气的钻探实践和科研攻关,发现页岩气保存条件在评价参数和方法上既有与常规石油、天然气具有相似的特征,又有其独有的特性,如顶底板条件、页岩自封闭性、渗流方向性等特征是区别于常规油气保存条件评价的主要地质因素(胡东风等,2014)。研究表明,油气的聚集具有明显的时间性和有效性,油气在聚集后会随着时间慢慢散失,页岩气保存条件经历了动态调整的过程,这就要求对油气动态保存的过程和各阶段保存条件的主控因素进行系统的研究,因此有必要对页岩气的动态保存机理进行研究。本章通过对典型页岩气井进行实例解剖,总结页岩气动态保存过程及各演化阶段的主控因素,探讨页岩气动态保存机制,建立了复杂构造区保存条件评价体系,以期对中国南方海相页岩气高效勘探与开发提供借鉴。

第一节 保存条件对页岩气富集的控制作用

页岩气与常规天然气成藏相同,同样是聚集与逸散的平衡过程,保存条件涉及油气生成、排出、运移、聚散的全过程,但由于页岩气本身的特性,使得其动态保存条件的研究与常规油气存在差异性。本节则通过典型井解剖和页岩气藏形成演化史恢复,揭示了南方海相页岩气"早期滞留、晚期改造"动态保存过程,明确了良好的顶底板条件是页岩气具有良好保存条件的前提,页岩良好的自封闭性则有利于页岩气的滞留,晚期构造改造强弱是页岩气是否具有良好保存条件的关键。

一、页岩气动态保存过程

中国南方海相盆地经历多旋回演化和多期构造的叠加与改造,致使其海相富有机质页岩均经历了早期深埋藏、后期强隆升、强剥蚀和强变形作用,即早期深埋藏生烃以及晚期强烈抬升改造作用过程(图4-1-1),这也是中国南方富有机质页岩与北美页岩气产层在地质特征和演化上的最大不同。早期持续深埋阶段是富有机质页岩生烃排烃与烃类滞留动态演化的页岩气层形成阶段,在持续抬升开始前的最大埋深时刻,形成的页岩气层一般具有高压、超高压特征;晚期持续抬升阶段构造作用强烈,是生烃停止、页岩气逸散的页岩气层改造阶段。

1. 深埋藏阶段

1)深埋藏作用特征

结合前期不同学者对四川盆地及周缘下古生界页岩现今埋深和古埋深特征研究(刘树根等,2016),基于地震、钻井及分析化验等资料,研究表明四川盆地及其周缘下志留统龙马溪组底界面现今等深线呈北东—南西向展布，埋深普遍小于4000m，其厚度尖灭线与加里东古隆起带重合。盆地东南部具有明显北东—南西向的龙马溪组底界面隆起地区，位于达州—重庆—泸州一线地区，其现今埋深为4000~4500m；其向西逐渐变浅，最终被加里东古隆起交切；向南西埋深逐渐减小，至盆地西南缘最小达到约3000m。盆内龙马溪组底面最大埋深处位于川北前陆盆地巴中—广元地区，埋深大于5500m；川南具有零星埋深中心，如宜宾西、盆地南缘习水地区，埋深大于5000m，龙马溪组底面埋深分别向盆地北缘和盆地南东缘逐渐减小（至盆地北缘米仓山、西南缘大凉山和南东缘齐岳山—大娄山普遍出露地表）。它们共同揭示出龙马溪组底界空间区域上具有一定的埋深差异性。

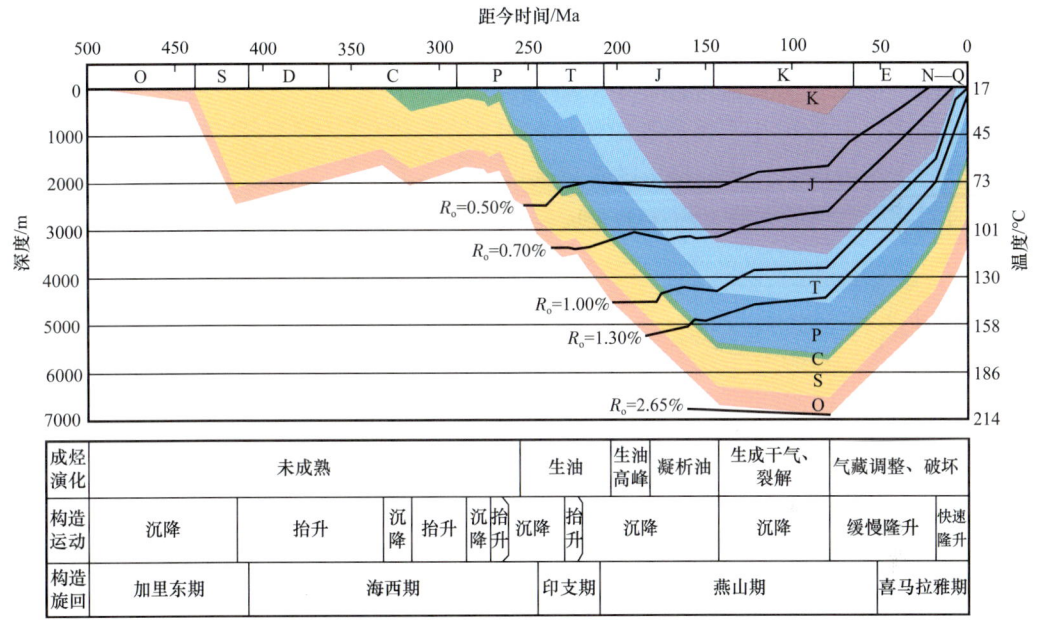

图 4-1-1　四川盆地五峰组—龙马溪组埋藏史图

结合四川盆地地表剥蚀量与下志留统龙马溪组现今底面埋深图，可恢复四川盆地龙马溪组底面古埋深特征。四川盆地及其周缘下志留统龙马溪组底界面古埋深普遍大于6500m，盆地中心具有明显的北东—南西向展布低值或浅埋深带，在加里东古隆起带剥蚀尖灭，盆内龙马溪组底面埋深具有由北东向南西逐渐减小的趋势。龙马溪组底面古埋深最浅位于盆地南缘宜宾南绥江地区，约6000m，向盆地中心埋深大致相似，形成绥江—宜宾—泸州一带的北东—南西向至北北东—南南西向展布低值区。同时，盆地北部—北东部达州—巴中地区也存在一埋深低值地区，其埋深约7500m。龙马溪组底面古埋深向盆地东南缘和北缘明显加深，其最大埋深处分别位于川北地区米仓山与龙门山和大巴山造山带交会地区前缘，约9000m。川东南地区龙马溪组底面古埋深普遍大于8000m，由于高陡褶皱带地层褶皱变形和剥蚀量明显较高，其埋深应相对较浅；川东南地区也具有零星埋深中心，位于重庆南部（埋深>8000m）。

2）深埋藏与超压形成

对于页岩气产层来说，异常高压的形成是从沉积埋藏阶段开始，主要包括：（1）沉积初期的差异性压实作用会形成异常高压;(2)成岩期黏土矿物的转化,会促进孔隙流体增多,促进高压形成;(3)埋藏期有机质的演化分解会使流体体积大幅增加,基于页岩的非均质性及自封闭性必然会产生高压;(4)抬升期地层压力降低,干酪根的裂解生气,孔隙内流体膨胀相对超压,构造隆升过程若有横向的挤压,也会使孔隙内流体形成高压。

其中埋藏阶段泥(页)岩机械压实不均衡作用被认为是最基本的超压成因。当上覆负荷快速增加使得泥岩来不及排出孔隙水时,就会形成超压(赵靖舟等,2017)。根据丁山地区典型钻井岩屑、岩心和自然伽马测井综合确定不同层段泥质含量,利用地层厚度和地层年代计算获得不同层段沉积速率。结果表明,该地区五峰组—龙马溪组泥质含量往往超过80%,上覆被二叠系石灰岩地层覆盖。尽管五峰组—龙马溪组沉积速率并不高(约50m/Ma),但是下三叠统飞仙关组沉积速率超过了230m/Ma,嘉陵江组沉积速率也达到160m/Ma,导致页岩快速埋藏。下三叠统飞仙关组快速沉积导致五峰组—龙马溪组页岩被快速埋藏,有效阻止了页岩孔隙流体的顺利排出,从而使机械压实不均衡发生,压力升高至静水压力以上,并且超压随着持续埋藏而逐渐增大,至晚白垩世(约80Ma)最大埋深时期超压达到最大值(图4-1-2)。

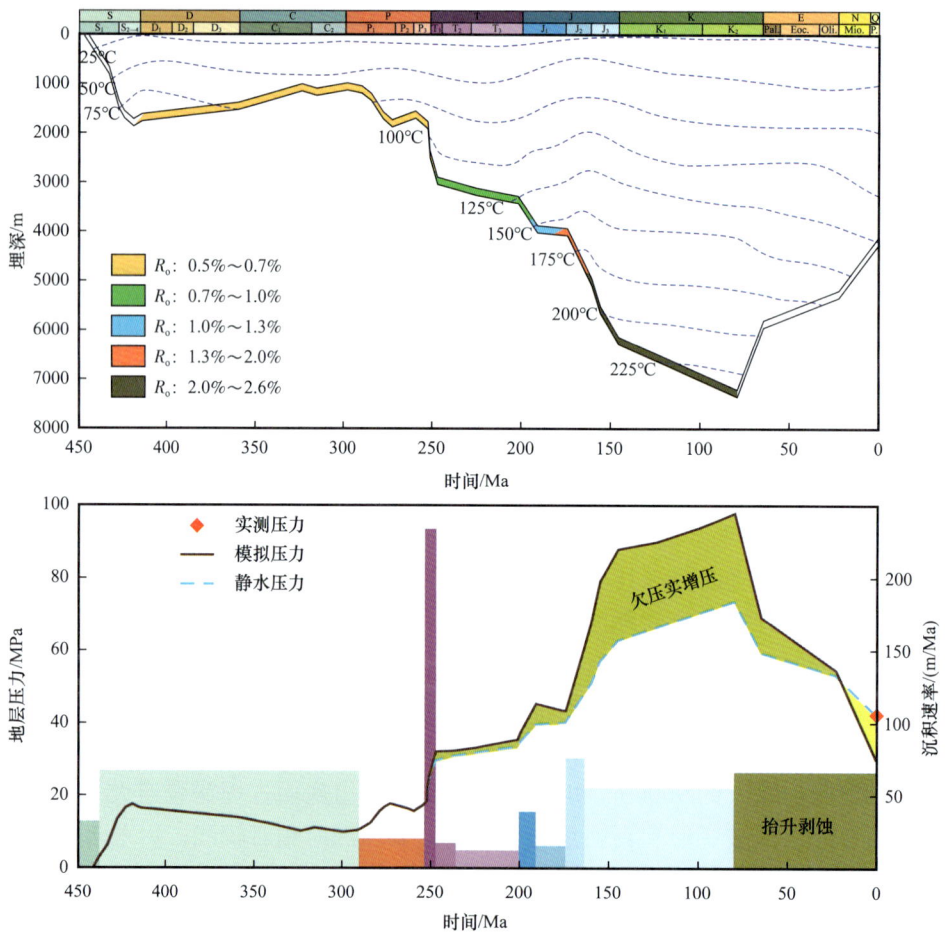

图4-1-2 丁山地区页岩机械压实不均衡增压效应图

有机质热解生油气会引起孔隙流体体积增大，进而导致显著的超压形成。基于丁山地区优质页岩烃源岩地球化学参数，恢复了埋藏过程中生烃演化。该地区五峰组—龙马溪组烃源岩明显的生烃作用从二叠纪末期开始，生油门限约2000m，二叠纪末期—早侏罗世为主要生油阶段（$0.7\% < R_o < 1.3\%$）。当埋深至3000m时，烃源岩逐渐生气，埋深为4200m左右达到生油高峰。早侏罗世烃源岩达到高—过成熟（$R_o > 1.3\%$），干酪根和原油裂解生气，原油含量逐渐降低，天然气含量逐渐增大。原油在6000m左右几乎全部裂解为天然气，生气量在7500m左右达到最大值。五峰组—龙马溪组页岩中有机质生烃作用会导致地层压力增大，耦合机械压实和有机质生烃作用开展数值模拟，并且以机械压实不均衡形成的超压作为对比依据，定量评价有机质生烃作用对超压的贡献。模拟结果表明（图4-1-3），五峰组—龙马溪组页岩埋藏至4000m时开始发育超压，并且以机械压实不均衡导致的超压为主。

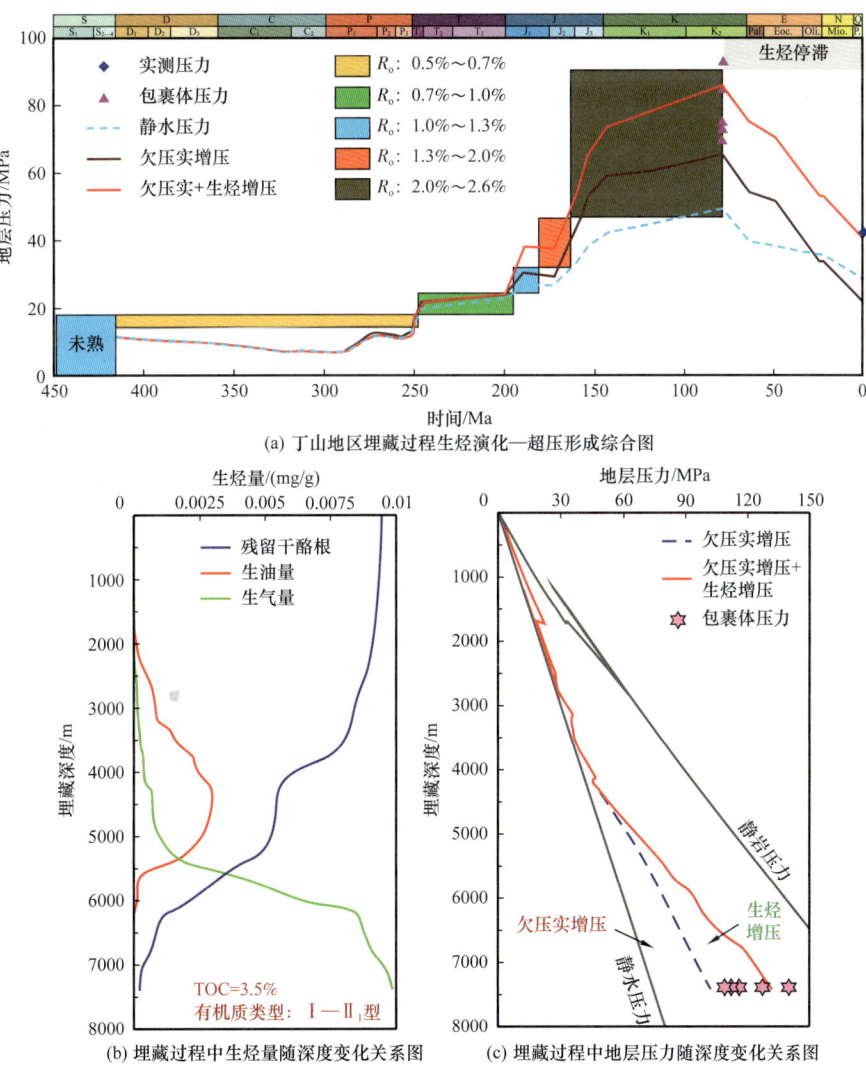

(a) 丁山地区埋藏过程生烃演化—超压形成综合图

(b) 埋藏过程中生烃量随深度变化关系图

(c) 埋藏过程中地层压力随深度变化关系图

图4-1-3 丁山地区生烃增压模拟结果图

2. 强改造阶

1）强隆升剥蚀作用特征

基于低温热年代学等研究，揭示晚白垩世以来四川盆地整体上进入隆升改造阶段，尤其是喜马拉雅期盆地及周缘地区普遍发生强烈隆升运动。总体上，晚白垩世以来隆升剥蚀可分为三个阶段（刘树根等，2008）。第一阶段：晚白垩世—古近纪，差异隆升阶段，大部分地区处于隆升状态，但隆升的速率有差异。第二阶段：整体隆升阶段，隆升幅度大，速率一般大于40m/Ma，隆升幅度超过1000m。第三阶段：快速隆升阶段，全盆地的隆升速率除川西坳陷外均大于100m/Ma，隆升幅度超过1500m。新生代四川盆地普遍经历强烈地表隆升剥露作用，其多阶段性隆升过程普遍具有1000~4000m地表剥蚀厚度，盆内空间上新生代加速隆升剥露过程具有不同步性，如开始于距今40Ma、30—20Ma或10Ma，盆地空间上地表剥蚀厚度与快速抬升事件具有明显的空间差异性。四川盆地西缘及东北缘龙门山—米仓山—大巴山盆山结构带前缘晚白垩世以来地表隆升剥蚀量较小，普遍小于3000m，向盆地边缘剥蚀量逐渐增大。盆地东南缘齐岳山盆山结构带和西南缘大凉山盆山结构带晚白垩世以来地表剥蚀幅度明显较大，其剥蚀量普遍大于3500m。川南地区盆地边缘部分地区，如泸州—绥江地区晚白垩世以来地表剥蚀厚度较小（1000~2500m），与盆内出露大量上白垩统—古近系特征一致。

四川盆地是典型的叠合盆地，显生宙以来经历了震旦纪—中三叠世伸展体制下的差异升降和被动大陆边缘（海相碳酸盐岩台地）、晚三叠世—始新世挤压体制下的褶皱冲断和复合前陆盆地（陆相碎屑岩盆地）、晚—中新生代隆升改造（构造盆地）三大演化阶段。因此，下古生界页岩层系上覆巨厚的（剥蚀残存的）陆相地层。晚三叠世以来（残存）陆相碎屑岩总厚度极不均匀，局部厚度可达4500m以上，其最厚沉积地区（>3000m）集中于大邑—成都—绵阳—巴中—通江—达州一带，在盆地南部具有零星沉积充填厚度中心。陆相地层展布厚度总体向盆地南部、西南部逐渐减薄，尤其是向西南缘减薄速度加剧，至宜宾西南一带陆相地层剥蚀殆尽。

2）强改造作用特征

四川盆地地处青藏高原东侧，位于特提斯—喜马拉雅构造域和滨太平洋构造域的交接转换部位；盆地及其周缘龙门山、米仓山—大巴山、齐岳山、大娄山及大凉山形成一个有机联系的复合盆山体系，具有多期多样的构造转换过程和复合联合作用（沈传波等，2007），体现出中生代—新生代多期构造变形特征。总体上，盆地内部相对于盆地周缘地区构造变形、抬升剥蚀等作用较小，形成典型的微弱—中等构造变形特征的宽缓—中等构造或川东高陡褶皱，盆内中生代陆相地层普遍出露。盆地西缘、北缘和东北缘发育典型的褶皱冲断带和前陆盆地二元结构，构建扬子板块西缘典型的突变型盆山结构带。受控于盆缘冲断扩展变形作用，盆地川中地区和川北地区形成多向挤压成因机制的典型弱变形特征的旋转构造和雁列构造等，如绵阳、巴中等弧形旋转构造。同时，由于晚—中新生代强隆升剥蚀作用，导致盆地中北部形成典型的平原—丘陵地貌。盆地东南缘受控于雪峰造山带北西向陆内扩展变形过程和多层次滑脱变形作用，形成盆地东南地区典型的川东高陡褶皱带，背斜高陡紧闭、向斜宽缓，滑脱变形特征明显。晚—中新生代强隆升剥蚀作用使其形成典型的深切峡谷地貌。盆缘南东向构造变形作用逐渐增强，形成鄂渝黔隔槽式构造变形带，背斜宽缓、向斜紧闭，晚—中新生代抬升剥蚀作用逐渐增强，导致晚—中新生代地层完全剥蚀，与盆地东南部晚—中新生代地层出露形成显著区别。

3）强抬升改造作用与页岩气富集

四川盆地及其周缘现今钻探成果和失利的下古生界页岩气井特征与差异性埋藏—隆升剥蚀—构造变形作用特征具有一定的相关性（表4-1-1），揭示出下古生界页岩气独特地质作用对于页岩气分布与富集的控制影响作用。四川盆地内虽然经历多期构造变形过程，但其构造变形和抬升剥蚀作用相对盆地周缘和中上扬子其余地区明显较弱。位于盆内的丁山构造为受齐岳山断裂控制的鼻状断背斜，齐岳山断裂与前缘多条分支断层共同多级逆冲，构造变形强度由南东至北西向逐渐变弱，地层高程也逐步降低，南部的齐岳山断裂带页岩气层冲起、被剥蚀出露地表，同时开启断裂、伴生高角度裂缝发育，为强烈泄压带，如距离齐岳山近、页岩气层埋藏较浅的地区（DY3井区）埋深约2400m，剥蚀量超过4500m，实测压力系数仅1.06，页岩气日产量为$3.36 \times 10^4 m^3$；而远离齐岳山断裂带、向盆内方向随着埋深的增加，构造变形明显减弱，虽然有一些断裂，但多为断距不大、上下沟通较小的层间断层，页岩气层垂向逸散弱，如DY5井埋深约4000m，剥蚀量约3000m，实测压力系数为1.82，页岩气日产量为$20.56 \times 10^4 m^3$，具有较好保存条件。盆地边缘页岩气钻井N203井和JY1井产层龙马溪组埋深为2300～3000m，抬升剥蚀量较高（约为4000m），都具中等构造变形强度，但普遍具有较高压力系数，其中JY1井压力系数为1.55，具有较好保存条件，页岩气日产量分别为$1.7 \times 10^4 m^3$和$20.3 \times 10^4 m^3$。相反，地处高陡褶皱断裂带附近的NY1井具有明显的强构造变形作用，下志留统龙马溪组埋深较大、抬升剥蚀量较高，其压力系数为1.2，页岩气日产量为$0.5 \times 10^4 m^3$。四川盆地及周缘下古生界页岩气钻井揭示，高产井的页岩气层均存在异常高压，低产井和微含气井页岩气层一般都为常压或异常低压，页岩气产量与压力系数呈正相关关系。而页岩气层异常压力（系数）的保持又受后期强改造作用控制。

中上扬子四川盆地外围地区，受控于扬子陆内构造变形系统的影响，下古生界页岩虽然早期深埋藏作用与四川盆地差别不明显，但晚—中新生代构造变形与地表隆升剥蚀作用等却具显著差别，导致盆地外部形成不同类型和时期的造山带和晚—中新生代地层完全剥蚀，因此现今下古生界一般相对于四川盆地埋深较浅（普遍为1000～3000m）、隆升剥蚀作用较强（普遍为4000～6000m；表4-1-1），其现今压力系数常常为弱低压—常压、保存条件相对较差，可能受地表大气淡水下渗作用严重影响，下古生界页岩层系CH_4含气率低、常富含N_2。如HY1井等，其页岩气产层现今埋深为1000～2500m，但地表抬升剥蚀量普遍大于4500m，保存条件较差，页岩气日产量为$0.2 \times 10^4 m^3$。PY1井下志留统龙马溪组埋深约为2200m，井位地区主体构造具强变形和强隆升剥蚀作用，其现今压力系数仅为0.9，页岩气日产量为$2.5 \times 10^4 m^3$。至今中上扬子四川盆地外围地区下古生界页岩气勘探未获得商业性成功，其强隆升剥蚀作用和强变形作用致使的保存条件差可能是主要原因。

表 4-1-1 四川盆地及其周缘差异性埋深—隆升剥蚀—变形作用与页岩气特征对比表

区带	典型钻井	页岩气产层	压力系数	产气量/ $10^4m^3/d$	现今深度/ m	地表剥蚀量/ m	构造变形强度
盆内	DY3	S_1l	1.06	3.36	约2400	约4500	中等变形
	DY5	S_1l	1.82	20.56	约4000	约3000	弱变形
	JY1	S_1l	1.55	20.3	约2300	约4000	弱变形
	NY1	S_1l	1.2	0.5	约4500	>4500	强变形
	Y101	S_1l	2.25	5.8	约3500	约2000	弱变形
盆外	PY1	S_1l	0.9	2.5	约2200	>4500	强变形
	HY1	S_1l	—	0.2	约2500	>4500	强变形
	XY1	P_2d		0.2	约1000	>4500	强变形
	HY1	ϵ_1n		0.2	约1000	>6000	强变形

二、早期深埋藏阶段烃类滞留主控因素

早期持续深埋阶段顶底板条件、自封闭性作用以及页岩气封闭体系的形成时间与生烃高峰期匹配关系控制了页岩气的滞留富集。

1. 顶底板条件

与常规气藏保存条件不同，页岩气藏的顶、底板条件是形成页岩气藏的关键因素，致密、突破压力均较高的顶底板条件是页岩气具有良好保存条件的前提。四川盆地及周缘下古生界五峰组—龙马溪组和牛蹄塘组分布范围广、TOC 高，但截至目前，只有五峰组—龙马溪组取得了页岩气规模性、商业性开发，顶底板对页岩气的封堵作用是造成这两套页岩层系勘探效果差异巨大的原因之一。

对寒武系页岩而言，牛蹄塘组最底部厚度大、TOC 高的暗色碳质页岩层段，顶板为上部相对致密的泥质粉砂岩或含泥灰岩，厚度较大，孔隙度、渗透率较低，对页岩气具有良好的封盖作用；但底板为震旦系灯影组古风化壳，桐湾运动造成灯影组古岩溶、裂缝发育，下寒武统页岩气不断通过灯影组不整合面这条油气运移的"高速公路"运移出去，造成了页岩气藏的破坏，如 TX1 井和 FS1 井井下寒武统优质泥页岩发育，但底板为震旦系灯影组古风化壳，压裂后效果不理想，该种页岩气层与顶底板配置关系为典型的"上盖下渗"组合 [图 4-1-4（a）]，不利于页岩气的保存。

对奥陶系—志留系页岩而言，上奥陶统五峰组—下志留统龙马溪组一段页岩气层的顶板在川东地区为大套灰色—深灰色厚层泥岩夹薄层粉砂质泥岩、粉砂岩，厚度在 170m 左右，在川南地区龙马溪组二段为深灰色泥灰岩；底板为上奥陶统涧草沟组和中奥陶统宝塔组连续沉积的灰色瘤状石灰岩、泥灰岩、石灰岩，总厚度介于 30～40m，为典型的"上盖下堵"组合 [图 4-1-4（b）、（c）]，有利于页岩气保存。龙马溪组页岩气藏顶底板

与页岩气层接触关系、厚度、物性及突破压力均表明其具有较好的封盖性能（胡东风等，2014）。因此五峰组—龙马溪组这种早期烃类有效地滞留在页岩层内，也造成同源不同期生成的天然气混合，从而引起碳同位素值完全倒转现象（图 4-1-5）。

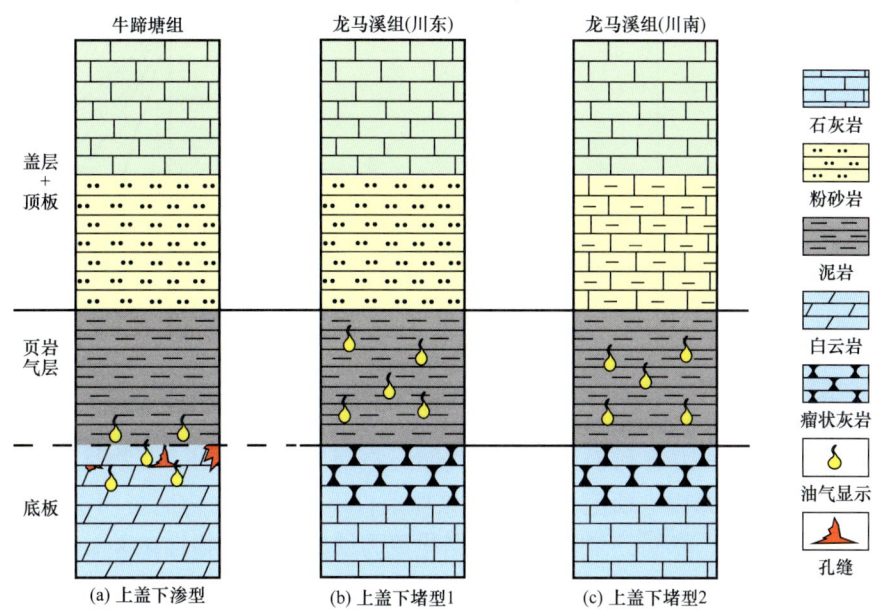

图 4-1-4 四川盆地及周缘下古生界海相页岩气层顶底板示意图

2. 页岩自封闭性

据 Jarvie 等（2007）的研究，经页岩排烃后，受毛细管阻力等影响，最后页岩内部仍残留生成烃量的 40%～50%；此外据前人研究，排烃过程只会发生在一定范围内，只有在靠近比页岩物性更好的储层约 14m 的范围内，页岩与储层产生浓度差，页岩中的烃类才能够向储层有效排出，且在整个排烃过程中，烃源岩排烃总厚度不会超过 30m，特别是对于四川盆地五峰组—龙马溪组富有机质页岩，厚度一般在 85～105m 之间，页岩的排烃效率更低。

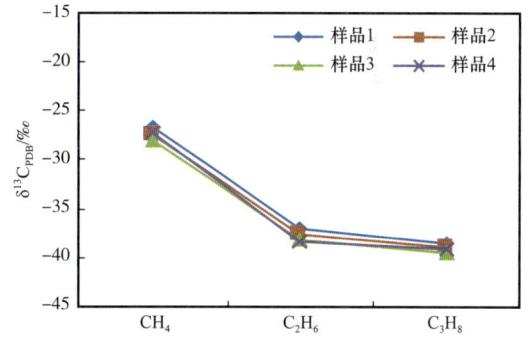

图 4-1-5 涪陵页岩气田五峰组—龙马溪组天然气碳同位素组成特征

四川盆地及周缘五峰组—龙马溪组、牛蹄塘组两套海相泥页岩在生成大量页岩气的过程中，较大比表面积、具有亲烃性的有机质孔大量形成，而页岩气首先吸附在这些孔隙表面，之后才会呈游离状态储集在孔径较大的孔隙或裂缝内。由于页岩对烷烃气体具有较大吸附力，因此相对于常规天然气脱离常规储层，同样气量的页岩气若逸散出页岩，还需要克服该吸附阻力，而吸附阻力不仅与岩性有关，还明显与岩层的厚度有关（吕延防等，2000），通常 TOC 越高、粉砂质含量越少、页岩（或泥岩）纯度越高，则吸附阻力越大；厚度越大，页岩气脱离整个页岩气层所需克服的吸附阻力越大（图 4-1-6）。

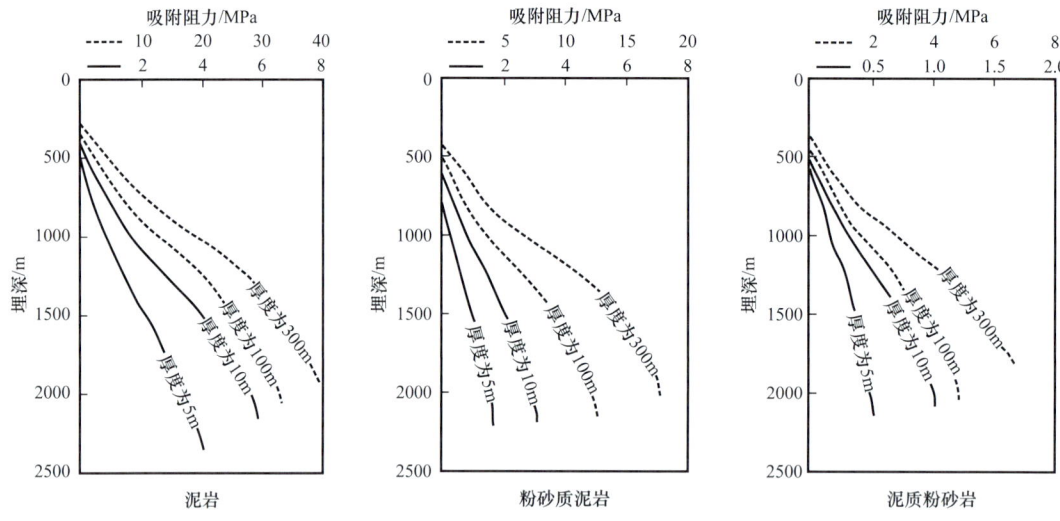

图 4-1-6 不同岩性对天然气吸附阻力随埋藏深度、厚度变化曲线

页岩除了其吸附能力有利于页岩气在其储集空间内发生滞留，其物性封闭能力相对较强也是一个重要的原因。研究发现，在深埋条件下，页岩的物性封闭能力明显增强，孔隙度和渗透率都明显降低，尤其渗透率变化更为敏感，覆压物性试验显示，涪陵页岩气田五峰组—龙马溪组优质页岩在有效压力从 3.5MPa 升高到 40MPa 的过程中，渗透率基本上降低了两个数量级（图 4-1-7）。从上述试验可以判断，在断裂不发育加之埋深较大的地区，页岩渗透性相对较差，对页岩气具有自封闭能力。

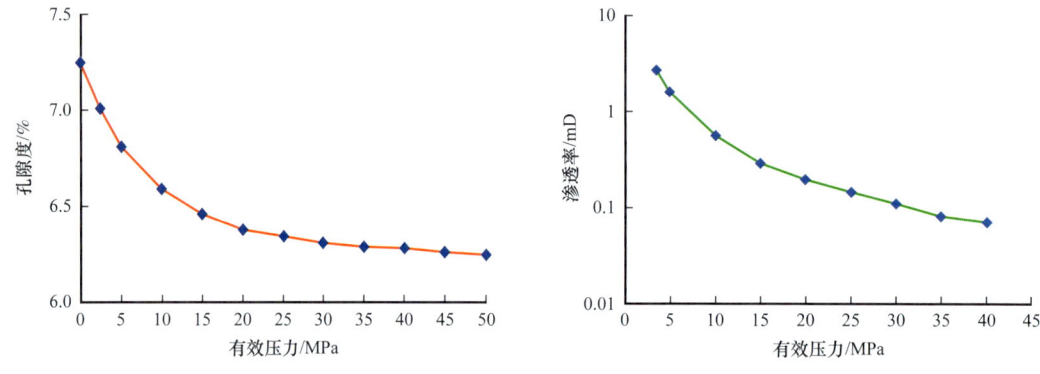

图 4-1-7 涪陵页岩气田 JY2 井龙马溪组页岩物性—有效压力关系曲线

3. 封闭体系的形成与生烃高峰期匹配关系

在地质历史上，页岩顶底板封闭性和页岩自封闭性是动态变化的，页岩生排烃量也是变化的，使封闭性可能是有效的，也可能是无效的。只有页岩顶底板封闭性、页岩自封闭性形成的时期早于页岩主要生气期或者与页岩主要生气期同时，这种页岩顶底板及自封闭性才是有效的，能够抑制页岩气散失；若页岩顶底板封闭性、页岩自封闭性形成的时期晚于页岩主要生气期或者页岩顶底板封闭性、页岩自封闭性遭受破坏的时间距今时间较早，则这种页岩顶底板及自封闭性是无效的，页岩气大量散失。

常规天然气利用气藏中 ^{4}He 的年代累计效应来约束其形成的年代。页岩气自生自储，其封闭机制与常规天然气不同，无需传统圈闭条件，烃类气体源内成藏。作为区别于常规天然气的特殊地质体，页岩气藏封闭有效性及对应的地质时间是研究的重要方面。He 具良好的时间效应、化学惰性和运动活性，页岩中 He 地球化学行为实际上包括两个过程：一是页岩中 U、Th 元素 α 衰变产生 ^{4}He；二是伴随物理化学作用过程，^{4}He 从固体岩石中析出进入气相。同时矿物对 He 的封存能力是有限的，通过核反冲等物理化学作用，^{4}He 脱离宿主矿物进入气相，释放比例近似为 1，释放过程相对于地质时间跨度非常短暂，可以忽略。He 为非吸附质，主要在页岩游离气相中积累，通过 U、Th 的衰变方程可以对页岩 U、Th 衰败产生 ^{4}He 的量和时间效应进行量化，从而应用 ^{4}He 年代累计效应估算页岩气藏有效封闭的地质时间，示踪页岩气成藏过程的关键时间节点。

选取 JY1 井、PY1 井页岩气样品开展 He 含量和同位素比值分析，结合 O_3w—S_1l 中 U、Th 含量数据（表 4-1-2），估算页岩气及氦气封闭体系形成起始年龄。结果表明，涪陵页岩气 ^{4}He 年龄为 231Ma，彭水页岩气年龄为 183Ma。

表 4-1-2　四川盆地 JY1 井和 PY1 井 O_3w—S_1l 页岩气稀有气体年龄计算参数与结果

井号	Th 含量 / μg/g	U 含量 / μg/g	^{4}He 浓度（体积浓度）/ 10^{-6}	游离气比例 / %	总含气量 / m^3/t	年龄 / Ma
JY1	10.4	16.2	3.05	65.7	1.97	231
PY1	10.9	17	8.3	31.2	1.29	183

结合焦石坝地区和桑柘坪向斜区五峰组—龙马溪组埋藏史、热演化史分析表明（图 4-1-8），涪陵页岩气开始聚集并被封存富集成藏的时间为 231Ma，对应于早三叠世印支期。该时间刚好对应生油高峰期初期阶段，也是油气开始大量生成并被封闭滞留富集的起始时间，具有足够的气源供给页岩气富集成藏。特别是包裹体古压力分析表明，五峰组—龙马溪组最大埋藏期时烃源岩层处于超压状态，压力系数高达 2.17，即使后期抬升仍保持超压至今。进一步证实有充足的气源和良好的封闭环境，使得生烃增压导致页岩气藏体系处于超压状态。彭水页岩气封闭体系形成的起始时间为 183Ma，处于早侏罗世燕山期，对应的埋藏深度和温度分别超过 5000m 和 180℃，处于过成熟阶段，已过原油和干酪根裂解生气高峰期。显然彭水地区五峰组—龙马溪组页岩气封闭体系形成时间晚于生气高峰期，页岩气开始聚集并富集成藏前已有大量油气排出烃源岩层，减少了页岩气来源。包裹体古压力分析也证明，桑柘坪向斜区五峰组—龙马溪组最大埋藏处附近的压力系数仅为 0.94，指示气源和生烃增压程度不足，使页岩气体系至今处于常压状态。通过页岩气中 ^{4}He 的年代累计效应示踪焦石坝和桑柘坪页岩气藏封闭时间的差异，发现焦石坝构造区页岩气有效封闭时间早于桑柘坪，处于生油高峰期或之前，即在页岩生气高峰期前已形成有效封闭并积累至今；而此时桑柘坪向斜区封闭体系仍未形成，页岩生成油气能大量排出，不利于页岩气的大量聚集成藏。因此，页岩气封闭体系的形成时间与生烃高峰期的有效匹配，也是页岩气深埋阶段滞留富集的关键因素之一。

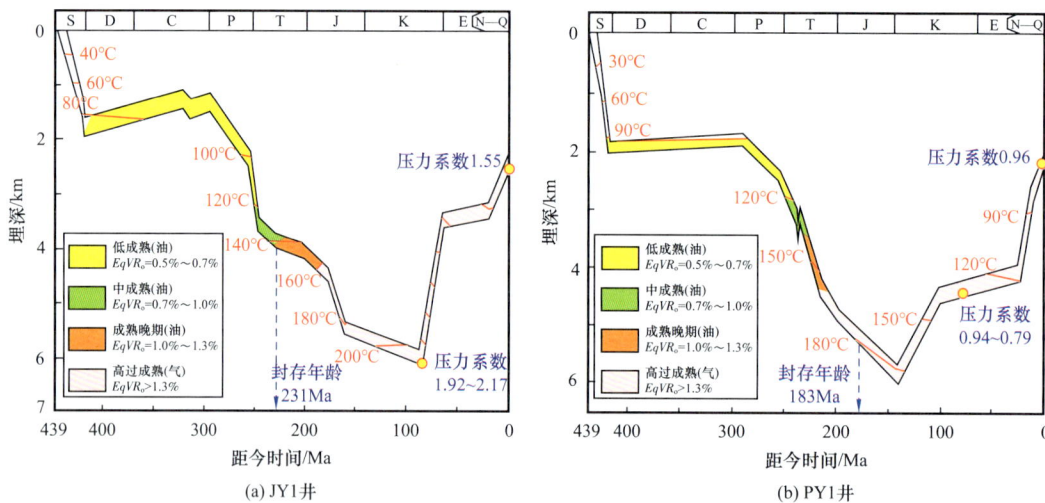

图 4-1-8　四川盆地 JY1 井和 PY1 井五峰组—龙马溪组埋藏史、热演化史及页岩气封存年龄、最大埋藏处古压力

三、晚期抬升改造阶段页岩气散失主控因素

深埋阶段后的晚期持续抬升阶段构造作用强烈，生烃停止、页岩气将发生不同程度的逸散。而该阶段构造抬升作用与断裂作用控制了页岩气藏的含气丰度，构造抬升和断裂作用越弱，页岩气藏的含气丰度越高；反之，页岩气将发生大规模的逸散。

1. 构造抬升作用

地壳的抬升和剥蚀如果发生在油气大量生、排之后，而又在区域盖层形成之前，这种抬升和剥蚀对油气的保存极为不利。不仅油气的生成将停滞，而且抬升剥蚀会使含气页岩层段之上的上覆岩层和区域盖层减薄或剥蚀，导致上覆压力变小，提高残余盖层的孔隙度、渗透率，也易使盖层的脆性破裂或已形成的断裂（含微裂缝）变成开启状态，降低盖层的封闭能力。如果抬升剥蚀的幅度较大，整个含气页岩段之上的盖层可能完全剥蚀，导致页岩含气段没有盖层的保护。同时抬升作用导致页岩含气段本身压力降低，游离气和吸附气逐渐散失，从而造成总含气量降低。

1）构造抬升起始时间

地层抬升剥蚀后，烃源岩生烃作用停止，页岩气在后期保存中得不到有效的补充，而页岩气的散失却持续进行，抬升时间决定了散失量，抬升时间越晚越有利于页岩气的保存。

四川盆地及其周缘海相页岩气层开始持续抬升的起始时间主要在燕山期（局部地区在喜马拉雅期），由于燕山期—喜马拉雅期的构造活动处于下古生界两套海相页岩主生烃期后，对页岩气层含气丰度具有明显调整作用，总体页岩气层抬升剥蚀作用开始的时间越晚，对页岩气保存越有利。磷灰石裂变径迹表明，四川盆地及其周缘从盆外到盆内，燕山期—喜马拉雅期起始抬升时间表现出从早到晚有序递进的特征（图 4-1-9），盆外抬升持续时间较长，为早白垩世至今，盆地内抬升持续时间则较短，为晚白垩世至今，这也决定了盆内、盆外保存条件的差异。

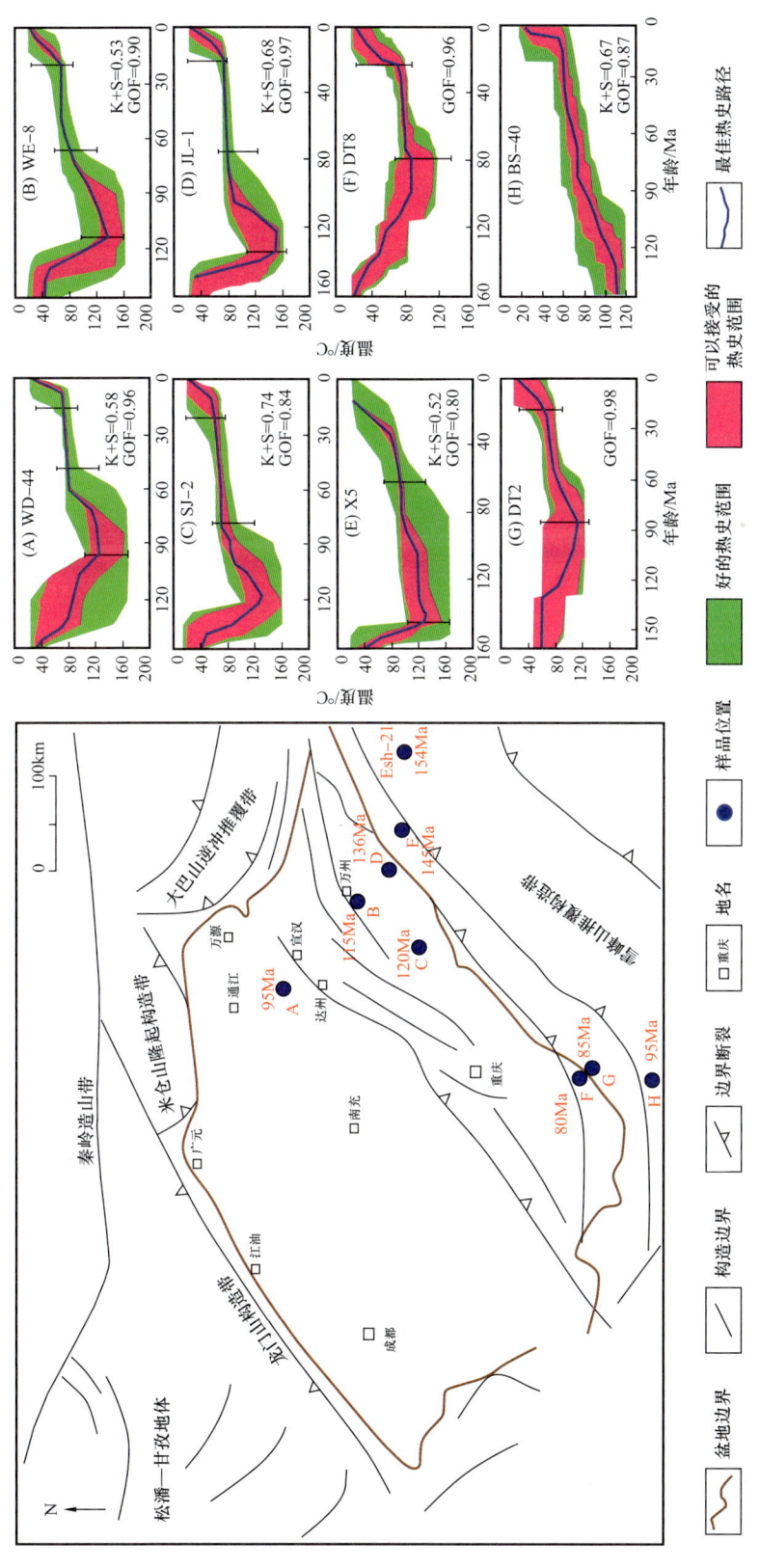

图 4-1-9 四川盆地及其周缘地层磷灰石裂变径迹热演化史模拟分布图

K+S—径迹长度模拟值与实测值的吻合程度；GOF—模拟年龄值与测试年龄的吻合程度；若 K+S 和 GOF 的值均大于 0.05 表明模拟结果是可以接受的；若 K+S 和 GOF 的值均大于 0.5，则说明模拟结果是高质量的

2）抬升剥蚀作用

抬升剥蚀造成页岩气层段以上岩层厚度减薄，甚至页岩气层段出露地表，上覆压力减小而打破原有的平衡，在构造应力、孔隙流体压力的作用下，闭合的裂缝又重新开启，页岩气渗流散失。

（1）抬升剥蚀到一定埋深，页岩基质渗流、扩散作用加强。

抬升剥蚀过程中，页岩气层埋深逐渐变浅，随着埋深减小、上覆压力降低至16MPa，渗透率急剧增大，造成页岩气渗流散失作用增强。剥蚀造成页岩孔隙负荷减小，页岩基质渗透率增大的同时，天然气扩散速率也增大。甲烷吸附解吸实验表明，当上覆有效岩层压力大于15MPa时，甲烷吸附量最大，且基本趋于定值，但是，当上覆有效岩层压力小于15MPa时，甲烷吸附量迅速减少，且减小的速率越来越大，也就是说，当有效上覆岩层压力大于15MP左右时，页岩中吸附气开始大量解吸，且随压力的降低解吸速率越来越大，会加剧页岩气的逸散（图4-1-10）。

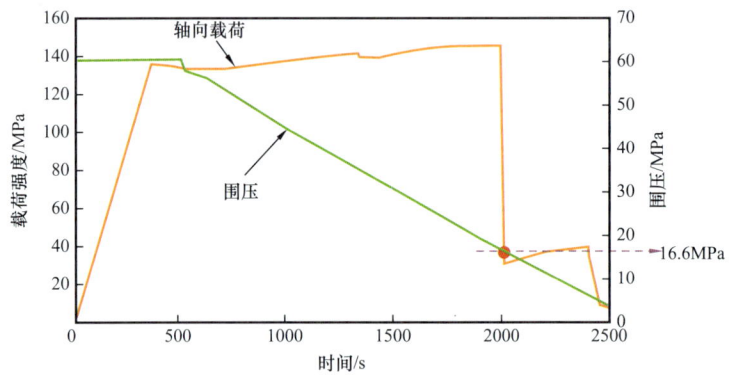

图4-1-10 JY1井围压卸压下的破坏模拟图

（2）构造抬升造成高角度缝发育，页岩气层垂向封闭性变差。

大量实验揭示，抬升剥蚀造成页岩气层埋藏变浅，岩石发生剪切破裂，产生微裂缝。采用RTR-1000型三轴岩石力学测试系统对JY1井龙马溪组页岩样品进行围压卸载实验，实验过程中对三轴缸内的岩样先增加围压，再增加轴压，当轴向应力到达预定值后，保持轴向力不变，逐渐卸去围压使岩样破坏，卸载速率设定为0.1MPa/s，轴压设定值为66.5kN（约为132.2MPa），围压为50MPa。结果表明，当围压下降到一定压力（16.6MPa）时，岩石发生剪切破裂，从而产生微裂缝。推测持续抬升剥蚀过程中，当龙马溪组上覆有效地层压力降低至16.6MPa以后，微裂缝开始大规模开启，页岩气通过渗流方式快速散失。

（3）构造抬升致使页岩基质水平渗透率增大、水平缝开启，页岩气侧向逸散。

页岩地层侧向扩散作用是页岩气发生散失的方式之一。构造抬升过程中，随着埋深减小、上覆压力降低，渗透率及有效扩散系数会明显增大，使得垂向和横向的页岩气扩散、渗流强度迅速增大。同时，广泛密集分布的页理缝和层间滑动缝由闭合变为开启，页岩气沿层面方向的渗流作用大大增强。JY4井五峰组—龙马溪组全直径岩心样品纵横向渗透率差异巨大，页岩水平渗透率是垂直渗透率的2~8倍（图4-1-11）。深埋的页岩地层若其侧向出露或侧向与开启性断层接触，由于横向顺层散失，气藏丰度会逐渐降低乃至彻底破坏。因此，通常地层倾角越小，埋深越大，越有利于保存。

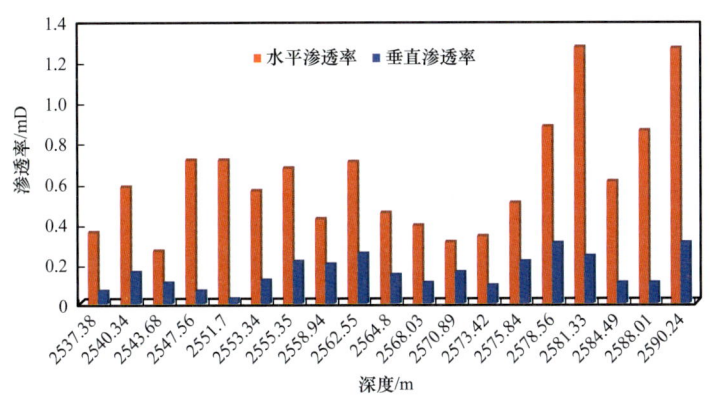

图4-1-11　JY4井水平渗透率与垂直渗透率对比统计图

2. 断裂作用

断层是构造运动积累的应力释放而破裂的结果，断层与裂缝相伴而生，断层附近裂缝也相对发育。裂缝的发育使得页岩渗透率增大，页岩气以渗流的方式快速向断裂带运移，如果断层开启，将对页岩气保存不利。断层对页岩气的破坏作用最直接表现在"通天"断层可断穿上部区域盖层，成为页岩气散失的通道，造成页岩气藏被破坏；而断穿页岩气层的开启断层连通高渗透层也可造成页岩气向外运移而造成含气量减少（胡东风等，2014）。断裂附近的伴生裂缝也发育，裂缝的发育程度与距离断层的距离呈明显的正相关关系，其对页岩气保存条件的影响主要表现为天然气逸散提供优势通道。页岩气保存条件一般与距断裂的距离、断裂规模、断裂性质、断裂类型、多期断裂叠置程度有关。

1）断裂规模越大，对保存条件影响的范围越大

断裂活动是造成油气晚期散失的主要原因。前人通过模拟计算认为，大型断裂带油气输导能力远大于储层。断裂活动期进入"通天"大断裂带的油气主要趋于散失；小断裂由于储层的分流作用，即使在活动期，它作为油气散失通道的作用也是有限的，其油气的散失量可以忽略不计（柳广弟等，2002）。因而起破坏作用的断裂主要指规模性断裂，断裂级别越高影响范围越大。

通过对四川盆地典型页岩气钻井距不同级别断裂距离的统计对比发现：一、二级断裂对于页岩气保存具有直接的破坏作用，总体来说距离一级断裂（控盆断裂）较近（约10km以内）的钻井保存条件受到了较大的破坏，基本为微气或常压的状态，典型钻井如南天湖TY1井、仁怀RY1井、丁山DY1井、DY3井等；距二级断裂5km以内钻井保存条件同样也受到较大的影响，典型钻井如焦石坝JY5井、屏边MY1井等，基本为常压或微含气；三级断裂破坏作用相对有限，距离三级断裂2~3km，页岩气保存条件受到了一定影响，地层压力系数总体不超过1.5，典型钻井如焦石坝南部复杂构造区JY6井、JY7

井；四级断裂破坏作用不明显，焦石坝及平桥产能建设区多口钻井钻遇四级断层，压力系数和产量基本不受影响。

2）走滑性质越强，对页岩气保存影响越大

走滑断裂是地壳在扭应力或剪切应力场作用下，断层两盘在力偶作用下作相对水平运动产生的断裂，其在不同的演化时期或不同的区段，其力学性质和构造样式可发生重大变化，并形成各种走滑转换构造，其流体的组成、性状及分配特征也各不相同，对油气成藏的控制作用差异较大。对于页岩气藏而言，走滑性质越强，可造成页岩气沿走滑断裂带向外运移而造成含气量减少。

焦石坝地区北西、近南北向断层主要受晚期左旋走滑的影响；北东向断层主要受早期冲断的影响，断层走滑相对较弱。焦石坝背斜主体及南部构造复杂区早期北东向断层为印支期—燕山期雪峰山北西向应力推覆的逆断层，走滑现象不明显；晚期大娄山挤压，发育近南北向走滑断层，其中乌江断裂和大耳山断裂为两条二级走滑断裂，对大焦石坝现今应力场有调节作用。从探井现今水平主应力与早期主应力夹角判断左旋程度，白马向斜（变化80°）＞焦石坝主体（变化35°）＞平桥断背斜（变化5°）。各构造主体现今最大主应力与断裂走向之间的夹角越大（最大为90°），走滑性质越弱，附近所钻井保存条件越好，含气性越好。如JY5井距乌江断裂较近，仅1km，页岩气逸散较强，压力系数低，仅为0.99，显示常压特征，分析认为乌江断裂显示走滑性质。JY8井现今最大水平主应力方向与构造走向垂直，平桥西断裂断距较大，但不显示走滑特征，JY8井日产气量为$20.8 \times 10^4 \text{m}^3$、压力系数为1.56，显示了良好的保存条件。

3）断裂叠置越复杂破坏性越强

在四川盆地及周缘下组合海相页岩气的勘探实践中，除了不同级别的断裂造成的影响范围的不同以外，不同级别断裂的叠置方式也对井区页岩气保存条件具有重要的影响。不同断裂之间在空间上的叠置关系可以简单地分为平行、小角度相交、大角度相交。显然同一地区平行分布的断裂一般其构造应力背景相对接近，而相交的断层一般在构造发育期次及应力背景上有明显的差异。

从川东南断裂叠置关系统计来看（表4-1-3），平桥断背斜JY8井区尽管距三、四级断裂都比较近，且断裂相对较多，但是该地区的断裂叠置方式相对简单，二、三、四级断裂基本呈平行状态，反映构造期次相对较少，因此断裂对保存条件的影响相对较小；焦石坝背斜南部JY5井区四级断裂也相对不发育，但是两组二级断裂呈相交的叠置方式，反映该区经历了不同期次的构造叠加作用，页岩气保存条件受到较大的破坏；川西南地区屏边断背斜及南部的永善向斜，四级断裂发育且与三级断裂小角度相交，而三级断裂又与二级断裂近垂直相交，这种复杂的叠置关系使得该地区页岩气后期散失严重，钻井普遍含气性差，MY1井、SY1井、YD1井等仅微含气。

4）断裂活动期次越多，对含气性影响越大

随着构造运动和断裂的演化，断裂的活动性会发生周期性的变化，盆地中断裂活动的周期性与断裂封闭及开启密切相关，对油气的多期成藏及破坏具有重要影响。从断裂活动期次来看，位于断裂带附近的JY5井比位于构造弱变形区的JY1井活动期次多，JY5

表 4-1-3 四川盆地及周缘五峰组—龙马溪组重点页岩气钻井井区断裂统计表

构造位置	井号	埋深/m	距一级断裂/km	距二级断裂/km	距三级断裂/km	距四级断裂/km	不同级别断裂的叠置方式	压力系数	产量/$10^4 m^3/d$
南天湖斜坡	TY1	3940	10.7	2~3	0~2.3		二、三级断裂呈45°相交	<0.8	微气
丁山断背斜及斜坡	DY1	2050	5.6			0.9	四级与一级断裂平行不相交	0.98	3.40
	DY3	2270	8.4			0.7	四级与二级断裂呈小角度不相交	1.08	3.36
	DY4	3730	9.5		1.65	1.4	三级与二级断裂呈垂直相交，三、四级断裂呈垂直相交	1.45	20.56
	DY5	3810	15.5			1.15	四级与一级断裂呈大角度相交	1.55	16.33
	DY2	4360	17.6			0.1	四级与二级断裂呈大角度不相交	1.82	10.50
焦石坝箱状背斜	JY1	2400		5.8	1.9		三级与二级断裂呈小角度不相交	1.55	20.30
	JY3	2450		4.3	2.1	1.5	四级平行三级断裂，三级断裂呈小角度相交	1.25	11.55
鸭江断鼻	JY5	3080		1.2~5.5		1.7	四级与三级断裂呈小角度相交，两组二级断裂平行	0.99	4.50
白马向斜	JY6	3270		4.8~7.4	0.7	0.7	四级与二级断裂平行，两组二级断裂呈小角度相交	1.19	6.68
平桥断背斜	JY7	3570	7.3	4.6~5.7	3.7	1.2	各级断裂平行不相交	1.39	3.68
屏边断背斜	JY8	2820			1.4~2.0	1~1.4	三、四级断裂平行不相交	1.56	20.9
	MY1	3100		13.8	0.8	2.4	三、四级断裂近垂直相交	<0.8	微气
仁怀斜坡	RY1	4100	12		6	1.5~2.4	各级断裂平行不相交	<0.8	微气

井包裹体均一温度显示至少有 4 期流体活动（每期的平均温度分别为 139.2℃、149℃、169.5℃、196℃），而 JY1 井包裹体均一温度仅显示出三期（每期的平均温度分别为 110.3℃、164.2℃、206℃），JY5 井测试产量为 $4.5\times10^4\mathrm{m}^3/\mathrm{d}$，较 JY1 井的 $20.3\times10^4\mathrm{m}^3/\mathrm{d}$ 明显要差，这也在一定程度上反映了除构造活动强度外，主生烃期后构造活动的频繁性对页岩气层含气性同样有一定的影响。

第二节 页岩气封存与逸散机制

前文论述了页岩气动态早期深埋阶段烃类滞留的主控因素包括顶底板和页岩自封闭性，而晚期抬升改造阶段散失的主控因素包括构造抬升作用和断裂作用，本节从顶底板、页岩自封闭性以及逸散作用等方面对页岩气保存机理进行了研究，探讨页岩气封存和逸散机制，建立页岩气封存与逸散模型。

一、页岩气封闭机制

页岩气封闭性主要通过区域盖层、顶底板和自封闭等多级封闭作用形成的。区域盖层封闭主要指作为页岩气层顶板之上的间接盖层对页岩气层的封闭；顶底板封闭指与页岩气层相邻的上覆和下伏地层对页岩气层的封闭；自封闭性指由于页岩层内部纳米级孔喉发育差异以及页岩自身吸附作用从而对页岩气的自身封闭作用。页岩气勘探开发实践表明，页岩气藏区域盖层和顶底板封闭机制与常规油气藏盖层封闭机理差异不大，主要包括毛细管封闭、压力封闭和烃浓度封闭三种机理（刘方槐，1991；付广等，1996），但是页岩自封闭机制相比常规油气藏的盖层封闭机制有相似性也有其特殊性。

1. 顶底板封闭机制

对于天然气藏而言，毛细管封闭是盖层封闭天然气最普遍的机理，是由于盖层与下伏储层之间的物性差异引起毛细管压力的差异，造成盖层对油气的封闭作用。直接盖层之所以具有封隔性，其主要原因是具有高于储层排替压力和水对天然气藏浮力之和的突破压力。油气欲通过盖层孔隙喉道运移，必然受到盖层与储层之间排替压力的阻挡，只有当油气能量大于其盖层与储层之间的排替压力差时，才能驱替盖层孔隙中的水而通过盖层孔隙喉道运移散失，否则将被封盖在盖层之下聚集起来。因此，盖层突破压力是评价其物性封闭能力最直接的参数，即盖层的突破压力越大，其盖层物性封闭能力越强；反之则越弱。突破压力与岩石孔隙度、渗透率、岩石密度、颗粒中值半径以及比表面积等因素有关，因此，也可以用这些参数来间接评价顶底板的物性封闭能力。

对于四川盆地及周缘五峰组—龙马溪组页岩气层而言，其顶底板无论是泥岩、粉砂岩还是石灰岩都很致密，其与页岩自身物性差异较大，对于页岩气层具有良好的封闭性作用。

JY2 井为川东南地区典型页岩气井，五峰组—龙马溪组一段岩性主要为深水陆棚相页岩；其顶板为龙马溪组二段和龙马溪组三段，龙马溪组二段岩性为灰—深灰色致密粉砂岩；龙马溪组三段岩性为灰—深灰色致密泥岩；区域盖层为四川盆地普遍发育的下三叠统嘉陵江组膏盐岩；其底板为上奥陶统临湘组深灰色含泥瘤状致密灰岩和中奥陶统宝塔组灰色致密灰岩。

实验分析表明，JY2井龙马溪组二段的粉砂岩孔隙度平均值为2.4%，渗透率平均值为0.0016mD，在80℃的条件下，地层突破压力为69.8~71.2MPa；作为底板的涧草沟组和宝塔组连续沉积的灰色瘤状石灰岩等岩性的孔隙度平均值为1.58%，渗透率平均值为0.0017mD；DY1井下志留统石牛栏组泥灰岩孔隙度为0.61%，渗透率为0.0028mD，突破压力高达75.9MPa，下伏上奥陶统临湘组泥灰岩孔隙度为1.81%，渗透率为0.0467mD，突破压力为48.8MPa。在80℃的条件下，龙马溪组一段页岩地层突破压力为64.5~70.4MPa，而孔隙度平均值为4.39%，渗透率平均值为0.202mD，地层突破压力为9.7~33.7MPa，明显低于顶板和底板突破压力，顶底板与页岩本身较大的物性差异而形成良好的顶底板封闭性，反映了五峰组—龙马溪组一段页岩气层顶底板对页岩气层具有较好的封隔效果。

2. 自封闭性机制

自封闭（Self-sealing）最早由Facca和Tonani曾在Bulletin Volcanologique杂志发表的 *The Self-sealing Geothermal Field* 一文中提出，系指在干热岩矿藏顶部的散热过程中由于硅的沉积和沉淀使盖层散热的自封闭性变好而保护干热岩矿藏形成的一种地质作用。"自封闭"这一概念被1993年由科学出版社出版、全国自然科学名词审定委员会公布的《地质学名词》一书收录。自封闭目前被不同领域的专家学者用来概指在地层温压变化及地下流体共同作用下使岩体发生重结晶和再胶结，最终封闭盖层之下储集岩体内流体的地质作用，它使地下流体与盖层之外失去联系后构成相对独立的流体单元或成藏单元。这一概念被油气地质领域专家们用来表示油气通过上覆盖层时形成次生矿物或引起黏土矿物变化而堵塞了微渗漏孔隙提高了盖层封油气能力，盖层内部的沉淀作用增强了盖层的有效性。对于页岩气藏而言，页岩自封闭性的形成主要由于自身特殊的物理化学特性或在特殊储层介质条件共同作用下，依赖油气自身内部或油气与储层介质界面之间的分子间作用力，不依赖储集体之外的圈闭等上倾封堵条件，与外界隔离并独立成藏富集保存的地质作用。

本节以四川盆地五峰组—龙马溪组页岩为例探讨页岩自封闭性机制。上奥陶统五峰组—下志留统龙马溪组一段为主要页岩气层段，又可以进一步分为三个亚段，五峰组—龙马溪组一段页岩气层的自封闭性可分为两个层次：一个是五峰组—龙马溪组二亚段和三亚段对一亚段页岩气层的封闭；一个是一亚段页岩气层自身的封闭性，其中页岩气层的自身封闭性是主要封闭机制。

1）自封闭作用

由于页岩自身特殊的孔隙结构，其对烷烃气体具有较大的吸附能力，有利于页岩气在其储集空间内发生滞留，是页岩自封闭形成的主要原因。研究表明，烃源岩中生成的烃类能否排出，关键在于生烃量必须大于岩石和有机体对烃类的吸附量，同时必须克服页岩微孔隙强大的毛细管吸附等因素。

页岩中存在大量纳米级孔隙和微裂缝，属于典型的低孔隙度、超低渗透率气藏，流体在多孔介质中流动时会偏离达西定律，出现低速非达西流（朱光亚等，2007）。页岩渗流机理表明，页岩中流体的流动遵循低速渗流规律（冯文光，1986），结合运动方程推导，页岩在垂向上的自封闭能力可以用双相流体下的流体流动所需的驱动压差来表征，与岩石对天然气的吸附能力、页岩对流体的吸附阻力呈正相关关系，而页岩对流体的吸附阻力与岩石的厚度、岩石的排替压呈正相关关系。因此，在同一套页岩内部厚度和排替压力值一定的情况下，页岩的自封闭能力主要与吸附能力呈正相关关系。

（1）优质页岩自身吸附能力强，有利于页岩气自封闭。

前期大量研究表明，页岩的 TOC 含量是影响页岩吸附能力的主要因素之一。研究发现 TOC 含量越高，吸附气量越大，有机质对于吸附起到了重要的作用。页岩中的有机质降低了密度，增加了孔隙度，提供了气源，传递了各向异性，改变了润湿性并提高了吸附量。四川盆地五峰组—龙马溪组优质页岩兰氏（Langmuir）体积以及吸附气量都与 TOC 含量存在良好的正相关线性关系，反映了 TOC 含量越高，页岩吸附气体的能力就越强。

为进一步表征五峰组—龙马溪组一段一亚段页岩吸附能力，利用 Langmuir 等温模型对涪陵地区五峰组—龙马溪组 92 个样品进行干样实验，研究发现 V_L（Langmuir 体积，反映页岩的最大吸附能力）明显与岩石的密度和 TOC 含量有关，岩石密度越小、TOC 值越大，V_L 越大，而在纵向上，五峰组—龙马溪组一段具有自上到下岩石密度逐渐小、TOC 值逐渐增大的趋势，因此 V_L 同样具有自上到下逐渐增大的趋势（表 4-2-1），反映五峰组—龙马溪组一段一亚段吸附能力更强，越有利于页岩的自封闭。

表 4-2-1 四川盆地及周缘五峰组—龙马溪组一段等温吸附数据表

地层	深度/m	TOC/%	ρ/（g/cm³）	兰氏体积 V_L/（m³/t）
龙马溪组一段三亚段	2333.98	0.75	2.70	0.98
龙马溪组一段一亚段	2379.19	2.67	2.55	3.18
	2392.74	3.09	2.53	3.96
五峰组	2414.15	5.89	2.41	5.10

（2）优质页岩以纳米级孔喉为主，有利于页岩气自封闭。

常规气藏储集空间以微米及更大的孔径为主，毛细管压力小到可以忽略不计（由毛细管压力公式 $p_c=2\delta\cos\theta/r$ 可以看出，毛细管压力与毛细管半径呈反比。一般实验条件下，5nm 对应的毛细管压力为 56MPa，那么对常规储层而言，半径为 5μm 的孔径所对应的毛细管压力则为 0.056MPa，与静水压力相比可以忽略不计）。而对于页岩气而言，毛细管压力对孔隙空间中气体压力的影响是显著的，从而使得页岩气保存机制发生彻底改变。对于常规油气，纳米级孔喉对页岩气富集有重要意义，页岩气主要储集在微米—纳米级孔隙中，具有连续型分布、无明显气—水界面的地质特征，这就决定其保存于富有机质页岩中，并且不受构造产状的约束、无需圈闭条件。因此，储集空间孔径结构差异所造成的封闭作用的差异性是页岩具有自身封盖作用的主要原因之一。

压汞曲线形态可以反映页岩各孔喉段孔隙的发育情况、孔隙之间的连通性等信息。高压压汞法测试的孔径范围大于3.6nm，其不能有效地对小于3.6nm的微孔和中孔进行测量和反映。涪陵地区五峰组—龙马溪组页岩压汞曲线显示微观孔隙结构可大体划分为两类：A类毛细管压力曲线孔隙结构；B类毛细管压力曲线孔隙结构（表4-2-2）。

表4-2-2　涪陵地区五峰组—龙马溪组一段高压压汞法不同孔隙结构参数表

主要参数	孔隙结构类型	
	A类毛细管压力曲线	B类毛细管压力曲线
孔隙度/%（最小值—最大值/平均值）	1.7～5.59/3.91	1.92～4.91/3.14
渗透率/mD（最小值—最大值/几何平均值）	0.1369～333.087/9.06	0.0016～12.7014/0.184
排驱压力/MPa（最小值—最大值/平均值）	16.59～49.90/31.06	27.57～83.40/48.29
中值半径/nm（最小值—最大值/平均值）	4.7～9.3/6.3	4.7～5.9/5.1
分选系数（最小值—最大值/平均值）	1.11～1.99/1.51	1.06～1.43/1.18
进汞饱和度/%（最小值—最大值/平均值）	45.62～65.84/58.41	41.75～61.52/51.89
退汞效率/%（最小值—最大值/平均值）	0～9.90/5.58	0～7.03/1.48
对渗透率作主要贡献的孔径范围/nm	146.5～2343.8	3.6～36.6

A类毛细管压力曲线孔隙结构：具有该类毛细管压力曲线的样品通常表现为低孔隙度、低—高渗透率；排驱压力相对略小，主要分布在16.59～49.90MPa，平均值为31.06MPa；在毛细管压力曲线上表现为"双峰"特征，孔隙孔径以4～36.6nm的纳米级中孔为主，同时也具有孔径为0.1～5μm的大孔径孔隙以及微裂隙；其中大孔径孔隙以及微裂隙对渗透率贡献大，孔径为146.5～2343.8nm的大孔以及微裂隙对渗透率贡献一般占到60%～97%，平均值达到85.9%，具有该种孔隙结构的孔隙度的微小变化能引起渗透率数量级的变化。

B类毛细管压力曲线孔隙结构：具有该类毛细管压力曲线的样品通常表现为低孔隙度、特低渗透率；排驱压力大，主要分布在27.57～83.40MPa，平均值达到48.29MPa；在毛细管压力曲线上表现为"单峰"特征，孔隙孔径主要分布在3.6～36.6nm之间，以中孔为主，其自身的喉道提供了主要的渗滤通道，孔径为3.6～36.6nm的中孔对渗透率贡献一般占到70%～99%，平均值达到85.7%，具有该种孔隙结构的孔隙度与渗透率常呈线性正相关。

虽然泥页岩具有两种不同的孔隙结构特征，但不管具有何种孔隙结构特征，都表现为泥页岩的纳米级孔隙为其提供了绝大多数的比表面积，这与前期对泥页岩样品的低温氮比表面积及孔体积测试（孔径测试范围在1.5～300nm）结果分析一致。

当页岩中的气体压力处于平衡时，在页岩气纳米级储层中，任一孔隙中的压力应等于与其相连的最大喉道所对应的毛细管压力与静水压力之和。因为页岩气是"自生自储"的，所以孔隙压力来自生烃过程，而非外源供应，孔隙内部含水毛细管的封隔，可以使每个孔隙中的压力均不相同，从而使得页岩气不具备传统意义上的"气藏"概念，也没有富集和运移过程，且不需要常规天然气藏所需要的圈闭和盖层。静水压力加上毛细管压力控制了储集空间中页岩气的压力，只有当连通的两孔隙存在压力差异时，并且需要这个差异足够大，才有可能克服喉道位置产生的强大毛细管压力，游离气发生散失。范明等（2018）通过模拟实验发现，若孔喉直径的宽度为5nm（孔隙半径2.5nm）左右，其毛细管压力可高达56MPa，加上焦石坝地区的静水压力为25MPa左右（对应2500m埋深），孔隙中页岩气压力可高达80MPa左右。两相邻孔隙之间的高突破压力使得有机质生成的页岩气只有在大于孔喉毛细管压力和静水压力的总和时才能逸散。但在地层相对封闭的条件下，当页岩生气过程产生的压力大于与该有机质孔网络连通的最大毛细管所对应的毛细管压力时，多余的气体将无法被保存下来，使得孔隙中的压力仍处于平衡状态，两相邻孔隙中的压力始终趋于接近，很难出现强大的压力差，从而使得页岩气得以保存。

另外，从前文可知页岩气在微纳米级孔隙内以单层吸附为主，甲烷分子直径为0.38nm，而涪陵、丁山等地区优质页岩孔隙中值半径多数低于2nm，因此在有机质两侧以及喉道都会紧密吸附页岩气，导致页岩气在有机质孔中发生散失的临界孔径值也增大，即孔径较小（微孔级别）的有机质孔甲烷散失作用弱，甚至不发生散失，而孔径较大（中孔级别）的有机质孔才有可能在孔隙之间的压力差作用下，通过喉道发生散失。因此，这种使页岩气吸附可有效占据页岩喉道位置，改变页岩孔喉结构，有利于增强页岩自封闭性。

综上所述，页岩气是以单个或多个有机质碎片所形成的连通孔隙网络为单元被保存在页岩中，有机质孔可以是孤立的也可以是网络状的，但是相互之间被含水的毛细管所隔开，不能形成连续流动相，每一含气孔隙网络的压力也可能不同，基于毛细管压力的本质，孔隙压力决定于与其连通的最大毛细管的毛细管压力及静水压力之和，孔隙中的气体得以保存是因为静水压力与毛细管压力的共同作用，因此页岩气的存在不受构造形态或圈闭的控制。

2）物性封闭机理

以JY1井为例，对各亚段孔隙度数据进行统计，龙马溪组一段三亚段表现为相对较高的孔隙度段，孔隙度主要分布于1.17%～7.98%，平均值为5.30%；龙马溪组一段二亚段表现为相对较低的孔隙度段，孔隙度主要分布于2.49%～5.09%，平均值为3.79%；五峰组—龙马溪组一段一亚段表现为相对较高的孔隙度段，孔隙度主要分布于2.78%～7.08%，平均值为4.82%，很明显页岩自身（五峰组—龙马溪组一段）各亚段孔隙度差异小，因此页岩自身无法通过宏观物性的差异分析封闭性的形成原因。

通过加强超微观孔隙结构特征的研究，JY1井选送了5块页岩样品进行了纳米CT扫描，试验结果表明，五峰组—龙马溪组一段一亚段页岩与五峰组—龙马溪组一段二亚段、三亚段的泥、页岩超微观孔隙结构特征存在一定差异。与五峰组—龙马溪组一段一亚段页岩储集空间及喉道结构相比，五峰组—龙马溪组一段二亚段、三亚段的泥、页岩有机质孔明显减少，孔隙形态为席状、片状，连通性相对较差；喉道形态为针管状，局部球状；以孔径为50nm的大型纳米孔为主（图4-2-1）。以上特征显示，五峰组—龙马溪组一段一亚段页岩有机质纳米孔发育，以中孔为主，连通性中等；五峰组—龙马溪组一段二亚段、三亚段的泥、页岩有机质纳米孔欠发育，虽以大孔为主，且原生孔发育，但连通性变差。

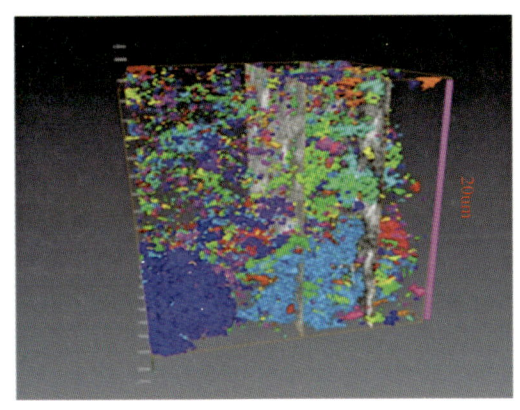 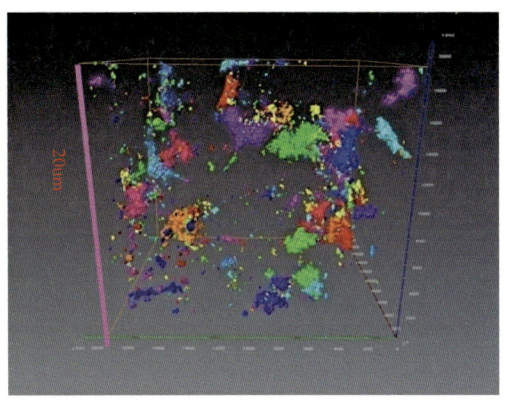

(a) 孔隙分布（孔隙度为5.06%），连通性好，五峰组—龙马溪组一段一亚段

(b) 孔隙分布（孔隙度为2.44%），连通性差，龙马溪组一段二亚段、三亚段

图 4-2-1　涪陵地区 JY1 井五峰组—龙马溪组页岩纳米 CT 扫描图

五峰组—龙马溪组一段一亚段有机质孔相对较发育，主要提供了微孔和中孔，连通性较好；龙马溪组一段二亚段和三亚段黏土矿物孔较发育，主要提供了宏孔，但连通性较差。因此，页岩内部连通性和孔喉结构的差异可以造成龙马溪组一段二亚段和三亚段对五峰组龙马溪组一段一亚段的封闭。

3）烃浓度封闭机理

在正常情况下，由于地层孔隙水中含气浓度的大小主要受温度、压力等条件的影响，地层水中的含气浓度具有向上递减的浓度梯度，天然气在该浓度梯度的作用下，向地表进行扩散散失，然而，当上覆的泥岩盖层为生烃岩时，其生成的天然气溶解于地层孔隙水中，增大了孔隙水的含气浓度，使向上递减的含气浓度减小、扩散作用减轻，从而对下伏呈扩散运移的天然气起到了封闭作用。由于页岩自身为烃源岩，当页岩正处于生气阶段时，将出现一定浓度的气态烃，气态烃向上、下方向迁移，从而阻止下伏气藏天然气向上散失，页岩的生气强度越大阻滞下伏天然气向上散失的能力越强。

从四川盆地及周缘五峰组—龙马溪组现场含气量测试来看（表4-2-3），在纵向上基本均具有五峰组—龙马溪组一段一亚段同上含气量递减的特征。如 JY1 井 2378.00~2415.50m 井段五峰组—龙马溪组一段一亚段平均总含气量达到 5.85m³/t；JY1 井 2353.00~2378.00m 井段龙马溪组一段二亚段平均总含气量达到 3.22m³/t；JY1 井 2326.00~2353.00m 井段五峰组—龙马溪组一段三亚段平均总含气量达到 2.61m³/t，纵向上含气浓度向上递减，使得下部页岩气层扩散作用减轻，从而对下伏呈扩散运移的天然气起到了封闭作用。

因此，通过顶底板封闭作用和页岩自封闭作用机制分析，说明页岩顶底板均致密、突破压力均较高，从页岩生烃开始就能有效阻止烃类纵、横向散失，滞留成藏、相态转化及高压保持是页岩气富集的前提，页岩良好的自封闭性则有利于页岩气的滞留。

二、页岩气逸散机制

页岩气与常规天然气成藏相似，具有聚集与逸散的平衡过程（魏志红，2015）。四川盆地及其周缘五峰组—龙马溪组页岩气勘探实践揭示，厚度、TOC 含量、热演化程度以及顶底板条件相似的页岩气层含气性存在较大差异，而页岩气晚期逸散、保存的差异是其主要原因。前期国内外学者在常规天然气保存条件和晚期的逸散取得了一定的认识（马永生等，2006），中国南方复杂构造区页岩气勘探、研究仍处于探索阶段，目前国内外学者对页岩气逸散、保存的研究较少。四川盆地及其周缘晚期构造作用强烈，断裂、隆升剥蚀总体发育但存在差异，页岩气的晚期逸散普遍存在且差异明显，探讨页岩气的晚期逸散对页岩气勘探开发具有重要意义。

表 4-2-3 JY1 井五峰组—龙马溪组一段现场含气量分层统计表

地层		井深/m	样品数/块	平均值/（m³/t）	最大值/（m³/t）	最小值/（m³/t）
龙马溪组一段	三亚段	2326~2338	3	1.85	2.26	1.52
		2338~2353	5	3.36	3.83	2.96
	二亚段	2353~2378	9	3.22	4.42	2.30
	一亚段	2378~2411	12	5.45	7.02	3.52
五峰组		2411~2415.5	2	8.26	8.85	7.67

1. 页岩气逸散作用

页岩气生成之后，由于受自身条件和外界构造活动的影响，不同地区页岩气将发生不同程度的散失，页岩气会在散失动力的作用下，在页岩孔—缝系统中发生散失，不同地区的页岩气散失方式、散失动力和散失机制可能会存在差异。

1）页岩气散失方式

页岩中的游离气含量高，游离气不仅富集于有机质孔，同时也大量存在并赋存于无机孔和裂缝中。在局部游离气占比较高的区域，游离气甚至可以连续气相连通无机孔与有机质孔。基于页岩气开发理论，认为地层抬升过程中，页岩气的散失方式主要通过渗漏、扩散和水溶流失三种途径散失。

第一种逸散途径为渗漏。能抑制或阻滞、减缓天然气散失的岩层称盖层，实际上能绝对阻止天然气散失的盖层是不存在的。因此相对储层其散失速率小到一定程度、能阻滞天然气散失，并足以形成工业性气藏的岩层就可以称为盖层。天然气要通过盖层逸散首先必须排替盖层中的水，而后才能进入其中并开始渗漏。天然气排替盖层中水需要一定的排替压力。直接盖层之所以具有封隔性，其主要原因是具有高于储层排替压力和水对天然气藏浮力之和的突破压力。如果驱使天然气运移的动力未达到进入盖层所需的排替压力值，在其他条件配合下，天然气将被遮挡在盖层之下聚集成藏。

第二种逸散途径为扩散。扩散作用指由于浓度差产生的分子扩散。页岩作为烃源岩，一般具有比周围岩石高的含烃浓度，因此烃类的扩散方向必然由烃源岩指向四周围岩。扩散作用是初次运移的一种动力，尤其对于气态烃类分子扩散具有重要意义。

另外水溶流失也是页岩气散失较重要的途径。

2）页岩气散失动力

页岩气在页岩储层散失过程中可能受到异常压力、构造应力、渗透压力、分子扩散力、毛细管压力、浮力、分子间的吸着力等作用。由于页岩气藏为非浮力成藏，甲烷分子直径只有0.38nm，且南方海相页岩处于高成熟演化阶段，地层中几乎不含自由水，因此南方海相页岩气主要受有机质和黏土矿物等对其的吸附力以及游离气非均质分布造成烃浓度差、压力差引起的分子扩散。

浓度差是页岩气散失的主要动力。由于页岩储层中甲烷浓度高于围岩，并且页岩储层内部甲烷浓度也有差别，导致在页岩储层之间或页岩储层内部发生扩散作用。虽然扩散作用在烃类散失方面的效率较低，但只要存在烃浓度差，扩散作用就无时无刻不在发生，尤其是对于致密的页岩储层，分子扩散几乎为烃类散失的唯一方式。页岩储层中甲烷发生扩散的主要动力为游离气的浓度差。页岩在深埋过程中，甲烷的大量生成，提供了初始的甲烷扩散浓度差。由于不同含气层段页岩生烃潜力的不同，最终生成的甲烷含量不同，导致甲烷在页岩地层垂直方向上具有初始浓度差，并随之发生扩散作用。在后期地层抬升过程中，甲烷浓度差在不断地发生调整变化，最终形成了现今在垂直方向上的甲烷浓度差异剖面。

压力差也可以造成页岩气散失。因为页岩气是"自生自储"的，所以孔隙压力来自生烃过程，而非外源供应，孔隙内部含水毛细管的封隔，可以使每个孔隙中的压力均不相同，当生气过程产生的压力大于与该有机质孔网络连通的最大毛细管所对应的毛细管压力与静水压力之和时，多余的气体将无法被保存下来。

3）页岩气散失机制

泥页岩相对碳酸盐岩、砂岩而言，通常具有更强的塑性，加上低孔低渗特征，因而具有一定的抗破坏能力，但当过于强烈的构造运动引起地层强烈隆升剥蚀、褶皱变形、断裂切割、地表水下渗以及压力体系破坏时，或因构造动力和应力作用使盖层岩石失去塑性时，泥页岩封闭保存条件变差。因此，后期构造运动改造强度是油气藏破坏与散失的根本原因，并且主要通过断裂作用、抬升剥蚀作用以及剥蚀露头区距离改变油气的保存条件。

（1）抬升作用下页岩自封闭性降低，页岩气散失。

该模式页岩气散失的主要动力是浓度差，散失方式为分子扩散，散失途径主要通过页岩中水平层理和微裂缝。中国南方下古生界海相页岩气层的抬升和剥蚀通常发生在油气大量生、排之后，因此这种抬升不仅会使油气的生成发生停滞，而且抬升剥蚀会造成含气页岩层段之上的上覆岩层和区域盖层减薄或剥蚀，导致上覆压力变小，提高残余盖层的孔隙度、渗透率，也易使盖层的脆性破裂或已形成的断裂（含微裂缝）变成开启状态，降低盖层的封闭能力。如果抬升剥蚀的幅度较大，整个含气页岩段之上的盖层可能完全剥蚀，导致页岩含气段没有盖层的保护（图4-2-2），从而造成总含气量降低。同时抬升导致页岩含气段本身压力降低，游离气散失，进一步导致吸附气解吸，从而造成总含气量降低。

（2）剥蚀露头区附近页岩气散失。

该模式页岩气散失的主要动力是浓度差，散失方式为分子扩散，散失途径主要通过页岩中水平层理和微裂缝。前文已研究证实，在稳定状态下，页岩气的运移以顺层方向的扩散和渗流为主，如果页岩气层段出露或缺失，页岩气就易于顺层运移而散失，向出露区或缺失区方向由于埋深的变浅，页岩渗透率逐渐增大，页岩气扩散、渗流作用增强，页岩气出现逸散，造成页岩气被破坏（图4-2-3）。

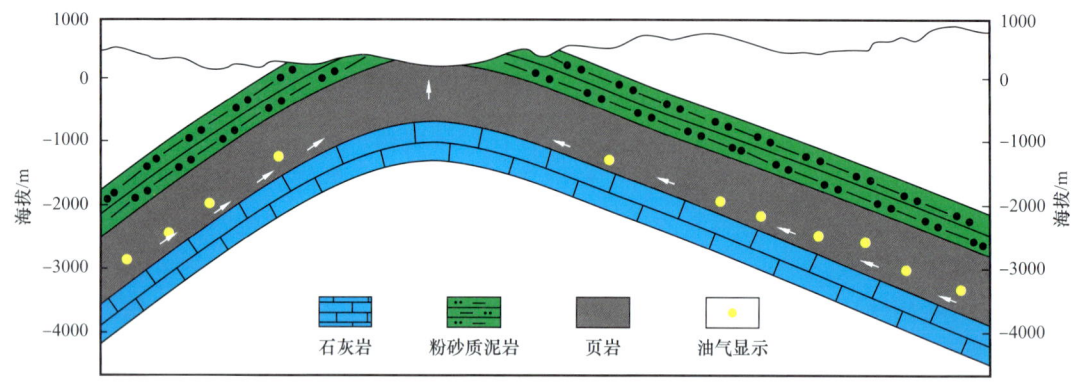

图 4-2-2　构造抬升与页岩气散失模式图

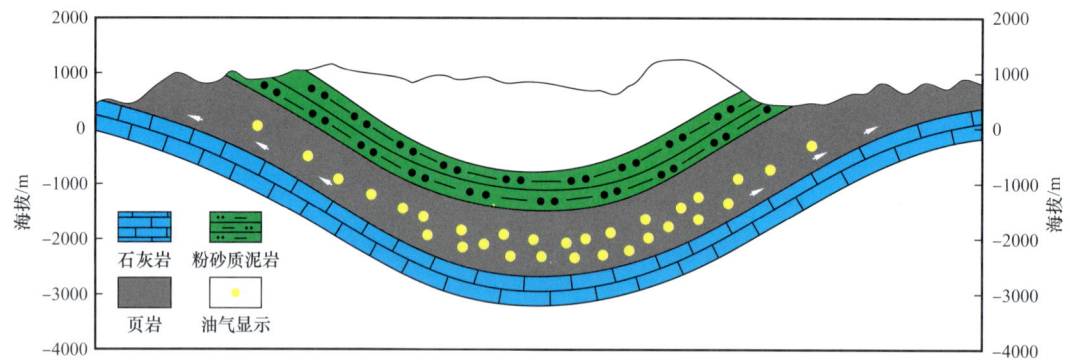

图 4-2-3　剥蚀露头区与页岩气散失模式图

（3）开启断裂附近页岩气散失。

该模式页岩气散失的主要动力是压力差，散失方式为滑脱流，散失途径主要通过页岩中水平层理和断层。断层是构造运动积累的应力释放而破裂的结果，断层与裂缝相伴而生，也就是说断层附近裂缝也发育。页岩气层段发育的裂缝使得页岩渗透率增大，页岩气以渗流的方式快速向断裂运移，如果断层开启，将对页岩气保存不利。断层对页岩气破坏作用最直接地表现在"通天"断层可断穿上部区域盖层成为页岩气散失的通道，造成页岩气藏被破坏；而断穿页岩气层的开启断层连通高渗透层也可造成页岩气向外运移而造成含气量减少（图4-2-4）。

2. 页岩气保存及逸散模型

前期将从川东南地区的勘探实践分析，距离东南部雪峰造山带越近，保存条件总体变差。盆内隔挡式变形带总体保存条件好，宽缓背斜、高陡构造、宽缓向斜及斜坡均具有较好的保存条件，已实施钻井的盆内构造如焦石坝背斜、永川及东溪高陡构造、丁山深层斜坡等，压力系数都在1.4以上，高陡构造主体核部紧邻主体断裂附近，保存条件相对复杂；盆缘复杂构造带构造样式多样，受控盆断裂的控制，保存条件从差到好均有发育，平桥—东胜斜坡带、丁山断鼻主体钻井取得较高的压力系数外，焦石坝南部复杂构造带白马复向斜、仁怀斜坡、南天湖斜坡、川西南屏边断背斜等钻井都显示保存条件受到了不同程度的破坏；盆外保存条件总体一般到较差，其中槽挡转换带残留向斜具有一定的保存条件，目前在武隆向斜、桑拓坪向斜、安场向斜、松坎复向斜、道真向斜等均取得了一定的勘探发现，钻井基本显示常压特征，局部可能存在好的保存条件；隔槽式构造带保存条件差，目前的钻井均未取得工业气流。

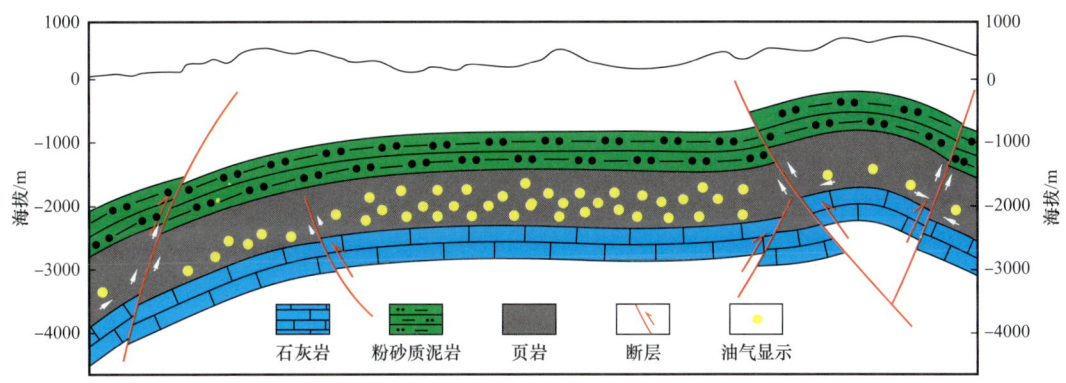

图 4-2-4 开启性断裂与页岩气散失模式图

根据页岩气逸散机制分析，结合四川盆地周缘目前已钻典型页岩气钻井的特点，可以将四川盆地周缘海相页岩气按照保存条件分为深层持续保存型、适度抬升微调型、大幅抬升改造型、断裂开启破坏型和抬升剥蚀破坏型五种主要的保存及散失模型。

1）深层持续保存型

具有该模型的钻井具有以下特征：后期抬升改造弱，剥蚀量少，埋藏深度大（埋深>3500m），保存条件好，普遍发育超压或超高压，虽然在抬升剥蚀过程中会造成页岩气层降温、降压。在封闭条件下孔隙气体弹性膨胀，从而使页岩气层持续保持高压或超高压，页岩气得到持续保存，在钻井及深层页岩气工程工艺攻关效果较好的情况下可以获得高产商业性页岩气流，根据构造样式又可划分为深层高陡型和深层宽缓向斜、斜坡型。

（1）深层高陡型。

川东南地区发育一系列近南北、北西向展布狭长型高陡构造，控制构造的主断裂向上终止于嘉陵江组膏岩层，构造内部发育少量小断层，断距较小，保存条件较好，与盆缘呈断注接触，整体处于齐岳山断层下盘，发育两期断层，以三级、四级断层为主，断裂顶部不通天，整体构造简单，变形弱，为盆内完整独立构造，页岩层埋深普遍在4000m以深，具有超压—超高压特征（图4-2-5）。典型的钻井如东溪地区DYS1井、DYS2井，其中位于东溪断背斜主体的DYS1井页岩气层埋深为4259m，实测压力系数为1.58，测试日产量为$31.18\times10^4m^3$，实现了高陡构造深层页岩气的重大突破。DYS2井页岩层埋深为4293m，构造样式同样为高陡构造，采用14mm油嘴、34mm孔板测试求产，井口压力为26.67MPa，压裂测试获得日产$41.2\times10^4m^3$高产页岩气流。

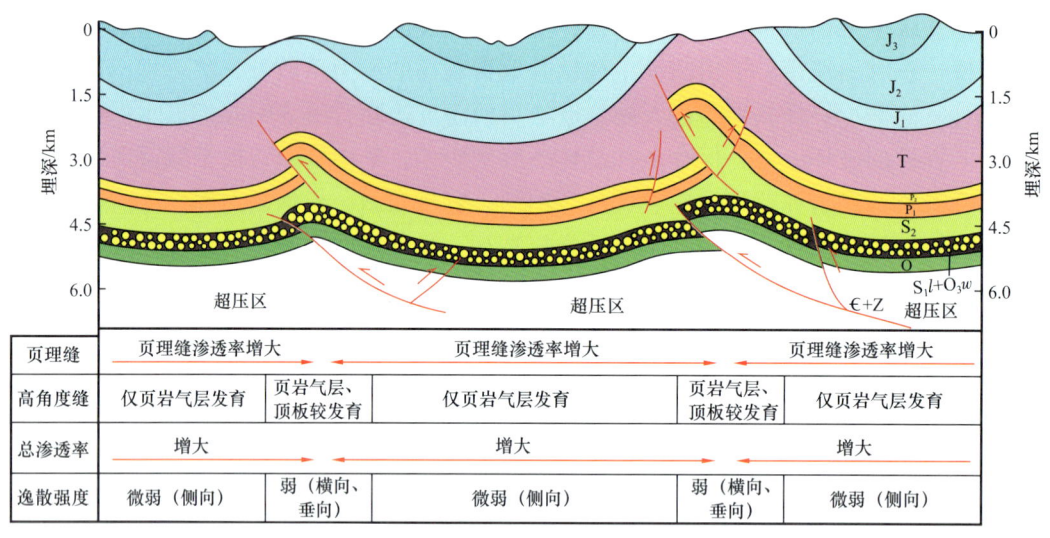

图 4-2-5　东溪地区 DYS1 井页岩气保存模式图

（2）深层宽缓向斜、斜坡型。

盆内宽缓向斜及斜坡远离控盆大断裂及露头剥蚀区的影响，断裂不发育，随着埋深的增大及构造宽缓程度的增大，页岩气保存条件好，典型构造为风来向斜、丁山深部斜坡。如丁山构造西北部为远离齐岳山断裂带及剥蚀区的宽缓斜坡，向盆内随埋深增加，压力系数、含气量增高（图 4-2-6），DY4 井、DY5 井、DY2 井位于丁山鼻状背斜向盆内过渡区的平缓斜坡上，页岩气层埋深为 3960~4398m，井区周边断裂不发育，三口井实测地层压力系数为 1.56~1.82，测试日产气量（10.5~20.56）×$10^4 m^3$，反映了丁山西北部斜坡深埋部位具有良好的保存条件。

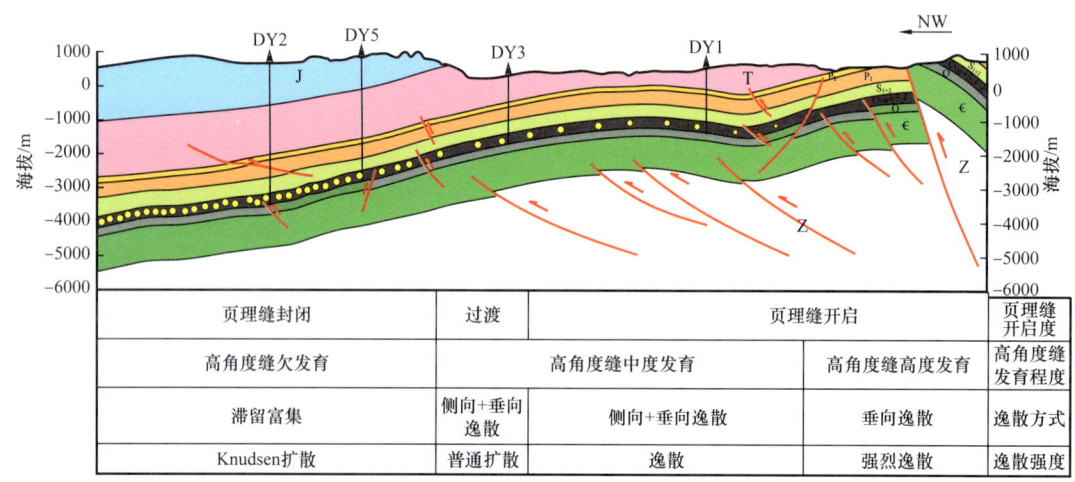

图 4-2-6　丁山地区 DY2 井、DY5 井页岩气保存模式图

2）适度抬升微调型

与盆内持续保存不同，盆缘转换带先后经历多期构造体制改造，构造演化与变形程度、地层抬升剥蚀时间与强度、页岩气聚集与逸散等相较盆内有显著差异，受抬升剥蚀

及多期构造变形影响，页岩气经历了散失过程，但由于区域盖层、顶底板以及页岩自封闭性未遭受破坏，整体保存条件好，仍能保持高压，可获得商业性页岩气流，依据散失作用发生的原因可分为微调背斜型和微调斜坡型。

（1）微调背斜型。

具有该模型的钻井常具有以下特征：页岩气层段具有良好的封盖作用（良好的顶底板条件、区域盖层完整），适中的埋深（埋深＞1500m），远离开启性断裂、抬升剥蚀区及地层缺失区，构造样式为宽缓的背斜，逸散破坏时间短，页岩自封闭性未受到破坏，具有较高的地层压力系数，在钻井及压裂工艺得当的情况下可以获得高产商业性页岩气流。典型的钻井如焦石坝地区JY1井以及ZT地区的Y102井（图4-2-7），水平井压裂测试均获得高产。JY1井页岩层埋深为2415m，埋深适中；盖层完整，出露地层为三叠系，离龙马溪组露头区大于30km，构造样式为似箱状断背斜，构造主体断裂不发育，边缘断裂为逆断层、封闭性好，计算压力系数为1.55，水平井初始日产气量为$20.3 \times 10^4 m^3$；太阳构造页岩气层埋深一般在500～1500m之间，压裂测试普遍获得高产，太阳背斜虽历经抬升变浅，但切顶的走滑—逆冲断层持续呈挤压状态，两侧致密岩性对接封堵好，断层的封闭性良好，目的层背斜形态整体保存完整（图4-2-8），从志留系石牛栏组存在常规天然气和龙马溪组页岩气处于超压情况反映背斜构造区保存条件良好，具备三维整体封闭体系，气层压力系数总体为1.2～1.6，处于弱超压状态（梁兴等，2020）。

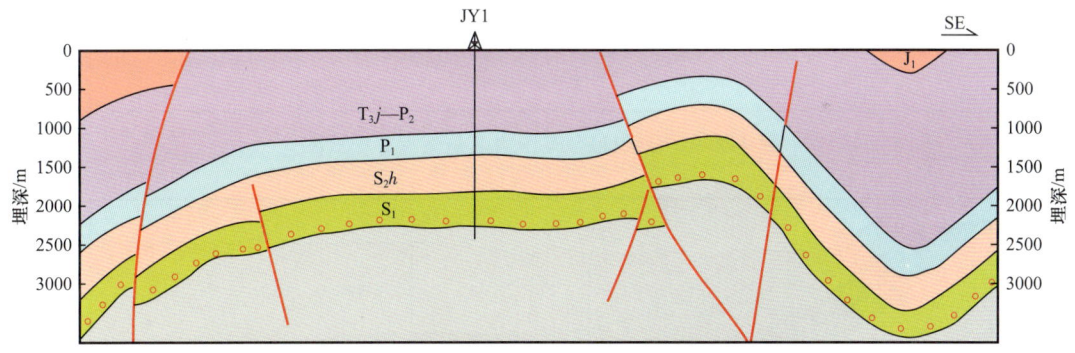

图4-2-7 焦石坝地区JY1井页岩气保存模式图

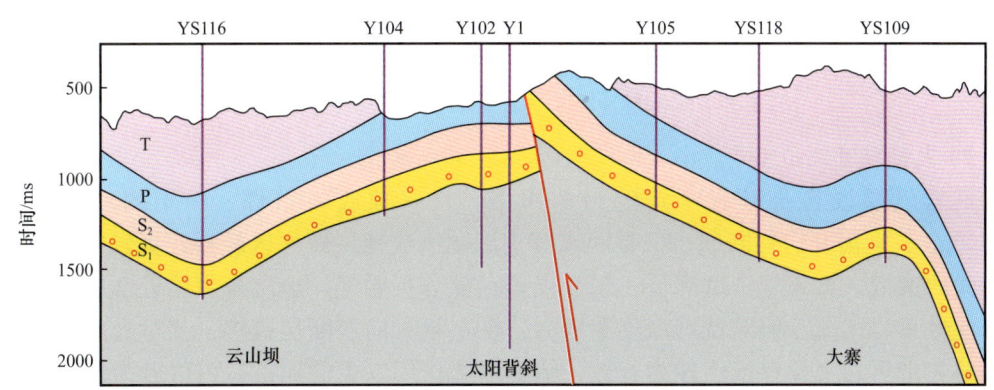

图4-2-8 太阳背斜区页岩气保存模式图

（2）微调斜坡型。

微调斜坡型页岩气藏主要分布于盆缘转换带向四川盆地延伸部位，目的层一侧出露地表，一侧延伸至盆内。在地层抬升过程中，页岩气发生侧向逸散，受页岩非均质性、上倾方向断层遮挡、离剥蚀边界距离等控制，部分残留于原地，保存条件相对较好，压力系数中—低，属逸散滞留型成藏，可获得高产商业性页岩气流。典型的钻井如处于金佛斜坡带 JY10 井、JY10-10 井和东胜斜坡的 SY1 井、SY2 井（图 4-2-9、图 4-2-10），其中处在金佛斜坡部位较浅的 JY10-10 井页岩气层埋深为 2837m，距离剥蚀区 4.3km，测试地层压力系数为 1.12，测试产量日产气量为 $9.01\times10^4m^3$；较深的 JY10 井页岩气层埋深为 3433m，距离剥蚀区 6.4km，发育反向断层，测试地层压力系数为 1.18，测试日产气量为 $19.6\times10^4m^3$；SY1 井位于东胜斜坡，距离剥蚀区 15km，页岩气层埋深为 3505m，实测压力系数为 1.35，测试日产气量为 $14.4\times10^4m^3$。SY2 井距剥蚀区 6.4km，页岩气层埋深为 3031m，实测压力系数为 1.2，测试日产气量为 $32.8\times10^4m^3$（图 4-2-10）。总体上，微调斜坡型页岩气藏随着距离剥蚀区距离及埋深增大，页岩气逸散规模越弱，产量越高。

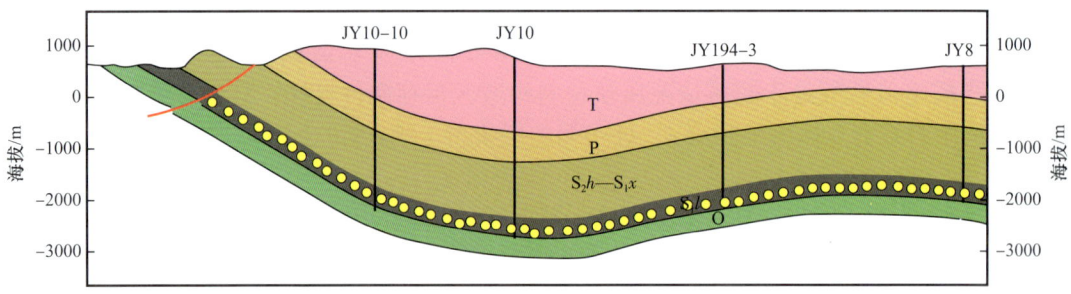

图 4-2-9　金佛地区 JY10 井页岩气保存模式图

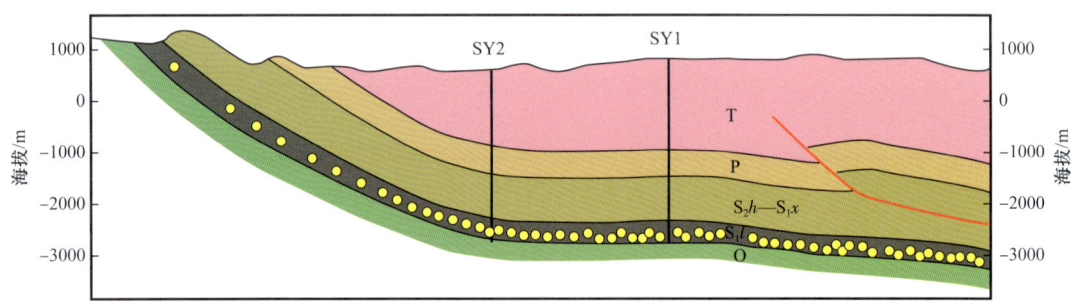

图 4-2-10　东胜地区 SY1 井、SY2 井页岩气保存模式图

3）大幅抬升改造型

页岩气层段自身具有一定的封盖作用、良好顶底板条件、一定的埋深（埋深>1500m）、远离开启性断裂，但是距离露头剥蚀区或地层缺失区较近，页岩气经历了较长时间的逸散，页岩气丰度降低，现今仅残存部分页岩气，地层压力接近常压，难以获得商业性页岩气流。但随着埋深逐渐增大，受上倾方向逆断层遮挡，相对远离露头区或地层缺失带页岩气保存依然较为有效，依据散失作用发生的原因，可以分为上倾方向逆断层遮挡散失残存型、剥蚀露头区散失残存型和地层缺失区散失残存型三种主要模型。

(1)上倾方向逆断层遮挡散失残存型。

该模型最典型的特点具有以下特征:在盆缘和盆外残留向斜中均有发育,下盘目的层与上盘致密隔层对接,受逆断层侧向封堵,页岩气横向运移减弱,页岩气滞留于断下盘,但仍表现为常压,在钻井及压裂工艺得当的情况下获得高产的工业气流。典型的钻井如道真地区 ZY1HF 井(图 4-2-11),该井位于道真向斜南翼,处于茶园断裂下盘,页岩气层埋深为 3173m,实测压力系数为 0.96,测试日产气量为 $7.49×10^4m^3$,反映受断层遮挡,页岩气横向运移减弱,滞留成藏,页岩气富集程度进一步得到证实。

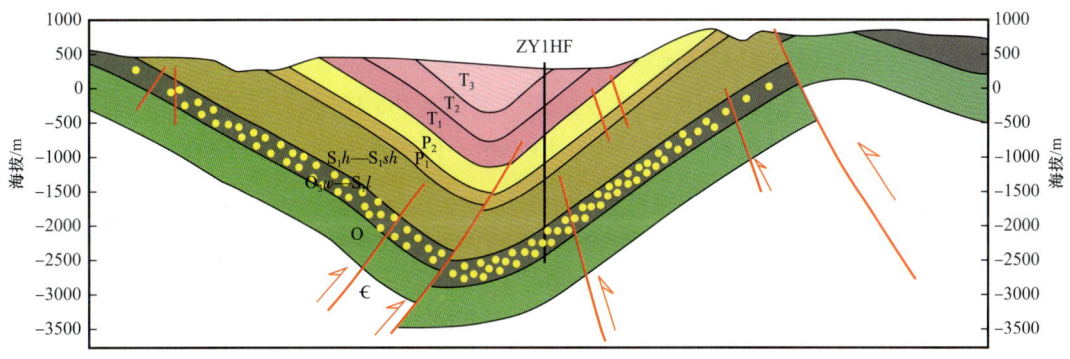

图 4-2-11 上倾方向发育逆断层遮挡向斜富气模式

(2)剥蚀露头区散失残存型。

该模型最典型的特点是由于后期构造运动的影响,造成地层发生形变,在较小的范围内出现页岩气层抬升至地表并发生剥蚀,因此区域盖层不完整。页岩气层直接遭受地表的风化或大气淡水淋滤,造成页岩气大量的侧向扩散,尤其在距离露头剥蚀区较近的地区,地层压力系数明显较低,页岩气井产能通常不高,但随着埋深逐渐增大,地层压力系数明显逐渐增大,页岩气井产能也随之增高,甚至获得高产的工业气流。典型实例如 PS 地区和 CN 地区(图 4-2-12)。CN 地区 N201 井、N203 井同处于长宁背斜的南翼,为单斜构造,断层不发育;N203 井页岩层埋深为 2400m,由于临近龙马溪组地层剥蚀区(9.5km),页岩气发生了较大程度的散失作用,压力系数为 1.35,直井压裂日产气量为 $1.29×10^4m^3$;而 N201 井页岩层埋深增大至 2526m,距龙马溪组地层剥蚀区的距离也增大为 19.5km,页岩气的散失程度降低,压力系数达到 2.03,水平井测试获得日产气量为 $15×10^4m^3$ 的高产。PS 地区钻井显示相似的特征,PY1 井及 PY3 井同处于彭水地区桑柘坪向斜,桑柘坪向斜保存完整,变形程度低,向斜形态较宽缓,地面断裂发育较少。PY1 井页岩层埋深为 2520m,距龙马溪组露头区 5.95km,压力系数为 0.9~1.0,水平井压裂后最高日产气量为 $2.5×10^4m^3$,电潜泵排液生产;PY3 井页岩层埋深为 3019m,距龙马溪组露头区距离 8.06km,最高日产气量为 $3.5×10^4m^3$,自喷生产。

(3)地层缺失区散失残存型。

该模型最典型的特点是虽然区域盖层完整,但由于页岩气层缺失带的影响,页岩气同样发生大量的侧向扩散,尤其在地层缺失带较近的地区,地层压力系数明显较低。但随着埋深逐渐增大,地层压力系数明显逐渐增大,页岩气井产能也随之增高。

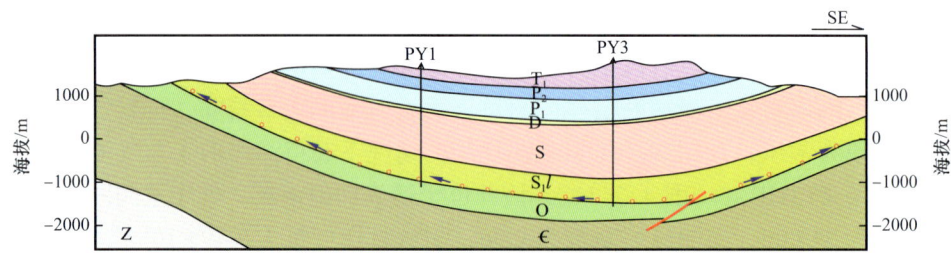

图 4-2-12　PS 地区页岩气剥蚀露头区散失残存型模式

典型实例如 WY 地区（图 4-2-13）。WY 地区 W201 井、W202 井所处构造断层不发育，区域盖层完整，但距离龙马溪组缺失带较近。W201 井页岩层埋深 1535m，距龙马溪组缺失带 6.9km，压力系数为 0.92，直井日产气量为 $0.26×10^4m^3$；而 W202 井页岩层埋深增大至 2573m，距龙马溪组缺失带距离为 13.8km，页岩气的散失程度降低，压力系数达到 1.40，直井日产气量达到 $2.75×10^4m^3$。

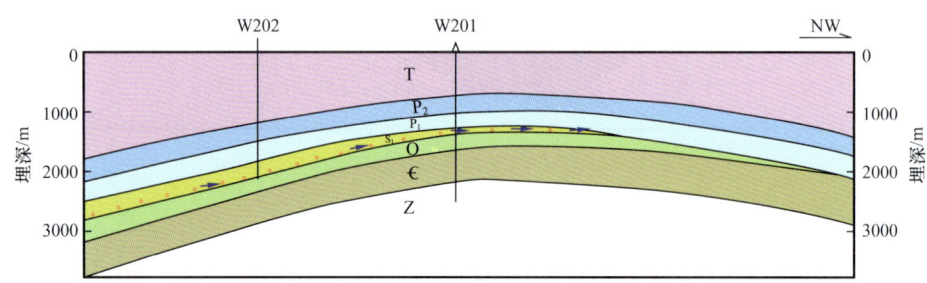

图 4-2-13　WY 地区页岩气地层缺失区散失残存型模式图

4）断裂开启破坏型

页岩气层段自身具有一定的埋深（埋深>1500m）、一定的自身封盖作用，但是处于复杂构造区，距离开启性断裂较近，页岩气沿开启性断裂发生向地表方向的散失。典型的钻井如 ZT 地区 Z101 井（图 4-2-14）。Z101 井页岩层埋深为 1767m，解吸含气量仅为 $0.57m^3/t$，且天然气组分以 N_2 为主，说明开启性断裂沟通页岩气层与地表，发生了置换作用，导致保存条件的丧失。

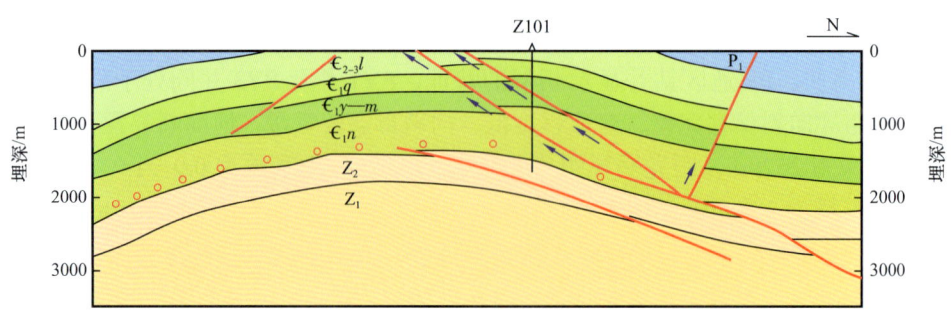

图 4-2-14　ZT 地区埋藏浅、顶板条件不佳散失破坏型模式图

5）抬升剥蚀破坏型

页岩气层段埋深浅（埋深<1500m），页岩由于大幅度的抬升剥蚀作用，地层压力大幅

降低，造成页岩层裂缝的开启，自身封盖作用缺失，加之无良好的顶板条件或顶板条件直接缺失，页岩气向地表基本散失殆尽。典型的钻井如QJ地区YY1井（图4-2-15）。YY1井完钻井深325.48m，钻井取心裂缝发育，游离气已发生破坏性的散失，实测解吸含气量仅为 $0.1m^3/t$。

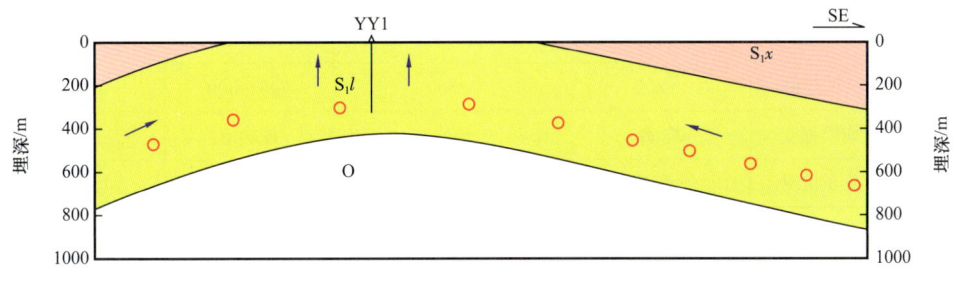

图4-2-15　QJ地区埋藏浅、顶板条件不佳散失破坏型模式图

第三节　页岩气保存条件评价体系

在中国页岩气早期选区评价过程中，更多地参考北美地区选区评价标准，强调了一些静态指标（泥页岩厚度、TOC含量、孔隙度、脆性矿物含量等）进行类比研究，而忽视了中国与北美地区地质背景的差异性，降低了保存条件评价中动态指标的占比。随着勘探研究的逐渐深入，众多石油地质学家才逐渐认识到对于中国南方复杂构造区，优质页岩是否发育仅是海相页岩气能否生烃、储集、可压的基础，而保存条件的优劣则是决定页岩气能否持续保留在页岩气层内且富集的关键。结合四川盆地及周缘典型页岩气的勘探实践，对保存条件主要的表征参数开展了定性分析和定量分析，同时在前文保存主控因素和保存机理分析的基础上，建立南方海相复杂构造区页岩气保存条件评价体系，对于指导实际的页岩气勘探开发具有重要的意义。

一、页岩气保存条件评价的主要参数

封盖条件和构造作用作为页岩气藏保存与破坏的关键因素，其封盖条件有效性、构造抬升时间、断裂发育情况、地层变形强度是保存条件评价最为直接的参数，而含气性表征参数和地层压力系数则是反映页岩气保存的间接指标。因此，页岩气保存条件评价的主要参数包括以下四个方面。

1. 封盖条件评价参数

1）盖层条件

盖层可分为直接盖层和区域盖层，前者指储油气层上方直接阻止油气逸散的岩层，后者则为位于含油气层系上方对油气系统起整体保护的上覆岩系。盖层条件可从宏观和微观两个角度评价，宏观评价主要是研究盖层岩性、组成、类型、厚度、分布范围等；微观评价则主要是研究盖层的微观封盖性能，包括盖层岩石的渗透率、孔隙度、突破压力及中值半径等。

本书对于盖层宏观评价的指标主要参考前期马永生等（2006）对南方海相地层盖层宏

观封闭能力评价的标准（表4-3-1），该划分标准对于评价盖层微观封闭能力具有较好的借鉴意义。

表4-3-1　盖层宏观封闭能力等级划分标准表（据马永生等，2006）

因素	评价参数	好	较好	一般	差
区域盖层	厚度/m	>300	300～150	150～50	<50
	埋深/m	>800	>800	500～800	<500
	均质程度	均质	均质	较均值	不均质
	分布情况	大面积连片	较大面积连片	较大面积连片	小面积零星分布

此外，前期学者利用上述渗透率、孔隙度、突破压力及中值半径等评价参数对盖层微观封闭能力进行了综合评价（付广等，1996），本书问在前人成果基础上结合勘探实践，将盖层微观封闭能力划分了四个评价等级（表4-3-2）。

表4-3-2　盖层微观封闭能力等级划分标准表（据付广等，1996，修改）

评价参数	好	较好	一般	差
孔隙度/%	≤0.5	0.5～1.5	0.5～2.0	0.5～3.0
渗透率/D	≤10^{-9}	10^{-9}～10^{-7}	10^{-7}～10^{-6}	10^{-6}～10^{-5}
突破压力/MPa	≥120	120～80	80～60	<60
中值半径/nm	≤5	5～10	10～20	20～30

2）自封闭性条件

如前文所述，页岩自封闭性主要由于页岩气特殊的赋存机理及其低孔低渗的特性，但是页岩自封闭性能评价目前罕有报道。前文通过页岩自封闭性机理分析可知，一般情况下TOC含量越高，页岩吸附能力越强，导致页岩有效孔隙喉道变窄，页岩渗透率降低，自封闭能力增强；富有机质页岩厚度越大，页岩吸附量越大，同样可以导致页岩自封闭性增强；埋深越大，基质水平渗透率越小，垂向封闭性越好，基质渗流、扩散作用弱，页岩自封闭性越好。

结合前期对页岩气评价选区的研究，通过对埋深、厚度、吸附能力以及脆塑性四类地质因素来评价页岩自封闭性的方法见表4-3-3。

表4-3-3　页岩自封闭性评价表

因素	好	较好	一般	差
埋深/m	>3500	2500～3500	1500～2500	<1500
厚度/m	>120	120～60	60～30	<30
吸附能力	强	较强	一般	差
脆塑性	韧性	韧性	脆性	被裂缝化

2. 构造作用评价参数

1）构造抬升时间

前文研究可知，鄂西—渝东石柱地区地表下三叠统须家河组样品则显示了三期隆升作用，起始抬升作用时间为距今 120Ma，焦石坝地区 JY1 井燕山期—喜马拉雅期起始抬升剥蚀时间为距今 85Ma 左右，彭水地区 PY1 井喜马拉雅期起始抬升剥蚀时间约为距今 125Ma。湘鄂西、彭水、石柱、焦石坝地区起始抬升剥蚀时间依次变晚，湘鄂西下古生界页岩气勘探失利，而焦石坝地区获得页岩气商业发现，分析认为与构造抬升时间有关。一般情况下，起始抬升时间决定了散失量，抬升时间越晚越有利于页岩气的保存。

2）断裂发育情况

涪陵页岩气田勘探开发表明，断裂的性质、规模、期次以及所派生高角度缝是影响页岩气层保存条件的重要因素，其影响含气量、产量变差的宽度范围明显不同。前文通过解剖四川盆地典型构造断裂发育情况与保存条件的关系，断裂规模、断裂性质、断裂活动期次以及距各级断裂的距离均可以作为判别保存条件的重要指标，这里不再赘述。

3）地层变形强度

地层倾角大小则是反映褶皱作用强弱程度的一个重要体现。页岩层在距断层或页岩露头区较近距离范围内，由于地应力的减小，页岩气的扩散或渗流作用在顺层方向将显著增强，而地层倾角增大，又会明显地加剧上述现象。分析造成这种结果的主要原因是由泥页岩本身性质〔即水平缝（页理缝、层间滑动缝等）〕决定的，造成页岩水平方向的渗透率远大于垂直方向的渗透率。因此，表征地层变形强度主要通过地层倾角大小和距目的层露头区或剥蚀区距离。

结合主要钻井地层压力系数与距剥蚀区、地层缺失区的距离相关性（图 4-3-1），研究发现距离剥蚀区、地层缺失区距离越远，压力系数越高，一般情况下距离剥蚀区或缺失区 5km 以下，基本无产量数据；距离剥蚀区或缺失区 5~10km，以常压为主；距离剥蚀区或缺失区 10~15km，以高压为主。按距剥蚀区、地层缺失区距离将保存条件一般划分为四类：好（距剥蚀区、地层缺失区距离≥15km），较好（10km<距剥蚀区、地层缺失区距离<15km），一般（5km<距剥蚀区、地层缺失区距离≤10km），差（距剥蚀区、地层缺失区距离≤5km）。

结合主要钻井地层压力系数与地层倾角相关性（图 4-3-1），研究发现地层倾角越小，压力系数越高，特别是地层倾角大于 20°，基本均为常压，保存条件风险较大。按地层倾角将保存条件一般划分为四类：好（地层倾角<5°），较好（5°≤地层倾角<10°），一般（10°≤地层倾角≤20°），差（地层倾角>20°）。

3. 含气性表征参数

保存条件的好坏直接决定了页岩气层含气量的大小。除此之外，保存条件对页岩气层的含气量、孔隙度、含水饱和度以及页岩气气体组分等有明显的影响：保存条件差，页岩气层含气量、孔隙度较低，含水饱和度、N_2 含量则较高，这些被影响的参数可以作为评价页岩气保存条件优劣的间接指标。

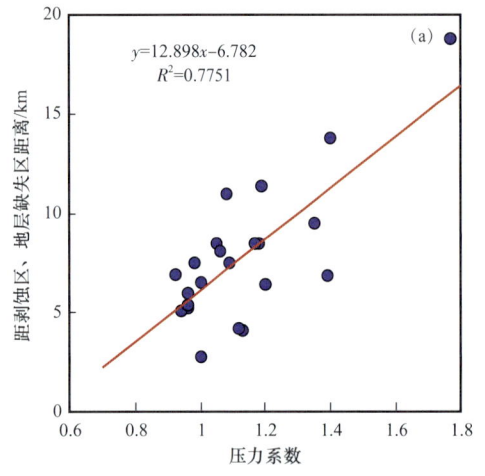 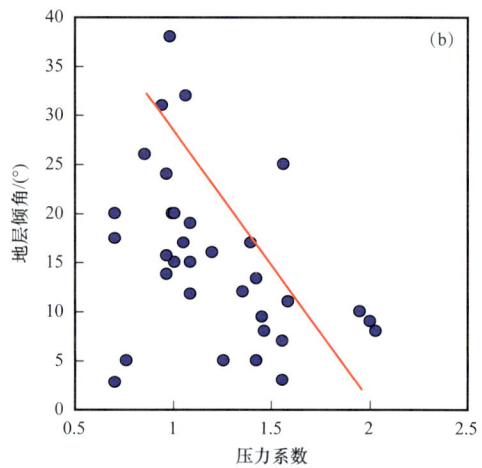

图 4-3-1 压力系数与距剥蚀区或地层缺失区距离（a）、地层倾角（b）相关性图

1）含气量和孔隙度

含气量和孔隙度是决定页岩气层产能和资源规模的关键参数。研究发现，川东南地区五峰组—龙马溪组优质页岩段（TOC≥2%）平均孔隙度、平均含气量和压力系数总体具有良好的耦合关系（图 4-3-2），高的含气量，通常具有高的孔隙度和压力系数。

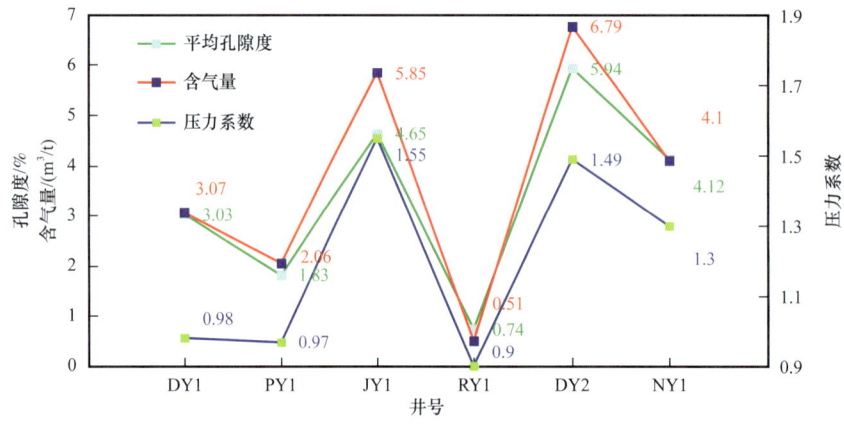

图 4-3-2 页岩孔隙度、含气量与压力系数关系图

对于四川盆地五峰组—龙马溪组页岩层来说，其烃源岩条件是优越的，在早期深埋阶段，页岩气层孔隙度和页岩气层中聚集的页岩气量与 TOC 含量具有良好的正相关关系；但在后期抬升阶段，起决定作用的是其压力封存性。在保存条件较好情况下，深埋阶段生成的页岩气在抬升阶段继续在页岩气层内得到良好的聚集，没有发生大规模的逸散，页岩气层含气性好，孔隙内流体压力大，而高的流体压力可以减缓有机质孔等以页岩塑形孔为主的孔隙被压实，孔隙得到保持；保存条件差，页岩气将顺着断层、裂缝等散失通道从页岩层向外逸散，而这也导致页岩孔隙内流体压力降低，在压实作用下有机质孔、黏土矿物孔等塑性孔隙将发生变形甚至被破坏，从而使页岩有效储集空间大幅减少，以 RY1 井为例，其含气量一般小于 $1m^3/t$，压力系数小于 1.0，平均孔隙度也仅为 0.74%（图 4-3-3）。

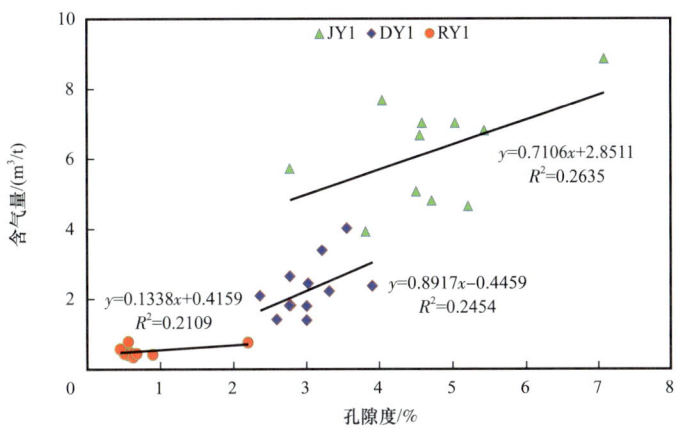

图 4-3-3　页岩孔隙度与含气量关系图

2）含水饱和度

除含气量外，含水饱和度同样是反映页岩气层富气程度的一个关键指标。美国已成功商业开发的页岩气田，如 Barnett 气田、Haynesville 气田等，其页岩含水饱和度都很低，大多介于 15%～35%；但在四川盆地及周缘地区，由于页岩气层本身的性质以及保存条件的影响，含水饱和度在不同地区表现出明显的差异性；已开发的涪陵、长宁、威远等页岩气田，位于四川盆地内，构造变形相对较弱，五峰组—龙马溪组页岩气保存条件较好，显示高压或超高压，含气量高、含水饱和度较低，如 JY4 井、JY8 井、N201 井等，优质页岩（TOC≥2%）含水饱和度主要介于 20%～50%，且含水饱和度与 TOC 值呈较显的负相关关系；如 TY1 井等，由于井周大规模断裂及伴生的高角度裂缝发育，破坏了页岩气藏的整体性，在纵向上形成页岩气逸散的通道，同时地表水等将通过这些通道侵入页岩气层，造成页岩气层含气丰度极低，而含水饱和度较高，主要介于 50%～80%。

根据统计，优质页岩段储层含水饱和度小于 30%，其压力系数高，大于 1.5。而优质页岩段储层含水饱和度大于 30%，其压力系数逐渐降低，其中含水饱和度为 30%～40%，地层压力系数为 1.2～1.5，显示一定的超压特征；含水饱和度为 40%～50%，压力系数为 1.0～1.2；含水饱和度大于 50%，压力系数小于 1.0 或页岩气井显示微含气（图 4-3-4）。通过以上含水饱和度与保存条件之间的联系可以看出，页岩气层含水饱和度可以作为保存条件的一个间接指示性参数。结合勘探实践，按含水饱和度将保存条件一般划分为四类：好（含水饱和度<30%），较好（30%≤含水饱和度≤40%），一般（40%<含水饱和度<50%），差（含水饱和度≥50%）。

3）N_2 含量

保存条件对页岩气气体组分有一定的控制作用。通常保存条件越好，页岩气的烃类气体含量就越高，N_2 含量就越低，反之，N_2 含量越高。N_2 含量大于 20% 的气体称为富氮气体，对中上扬子地区五峰组—龙马溪组、牛蹄塘组两套页岩气层而言，高含氮的页岩气中的氮大部分来自大气层，它在一定程度上反映了地下地层与地表大气层的连通状况，即与常规保存条件评价相似，页岩气气体组分中 N_2 含量对页岩气藏保存条件的优劣具有良好的指示。当地下和地表连通较好时，大气中的 N_2 通过地表水下渗或其他方式携带到地下页岩层中，然后以过饱和方式从水中脱出从而在页岩气层储集空间中富集。

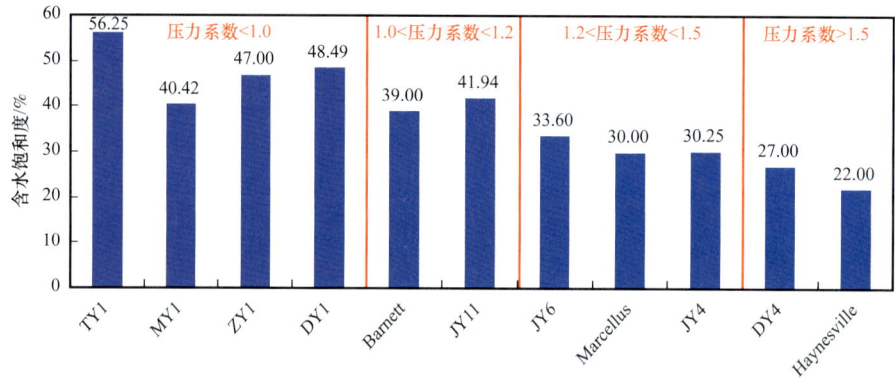

图 4-3-4　四川盆地及周缘五峰—龙马溪组页岩含气饱和度统计直方图

四川盆地外由于强烈的抬升剥蚀仅残留下古生界奥陶系—震旦系等古老地层，而五峰组—龙马溪组下部页岩气层在构造高部位出露于地表，加之页岩气层总体埋藏深度较小，页岩气将通过断裂、水平方向的页岩缝或层间滑动缝等纵向、横向的通道发生逸散，而在这些地区，页岩气中 N_2 含量相对于保存条件好的地区则明显升高；黔中隆起的 FS1 井下寒武统页岩气层由于底板条件差、井周保存条件同样不好，造成页岩气组分同样具有 N_2 含量高的特征，可达 20.80%；而在焦石坝、长宁、威远等构造稳定区，保存条件好，地层多为高压、超高压，气体组分主要为烃类，N_2 含量一般小于 1%（表 4-3-4）。

按 N_2 含量将保存条件一般划分为四类：好（N_2 含量<2%），较好（2%<N_2 含量<5%），一般（5%<N_2 含量<20%），差（N_2 含量>20%）。

表 4-3-4　四川盆地及周缘部分钻井天然气组分表

地区	井号	层系	C_1/%(mol)	C_2/%(mol)	N_2/%(mol)	H_2S/%(mol)	CO_2/%(mol)	He/%(mol)	H_2/%(mol)
川东南	JY1	龙马溪组	98.26	0.57	0.87	0	0.19	0.05	0
	DY2	龙马溪组	98.42	0.53	0.77	0	0.00	0.05	0.17
川南	W1	龙马溪组	98.24	0.51	0.95	0	0.24	0.04	—
	YS1	龙马溪组	97.39	0.79	1.62	0	0.16	0.01	—
湘鄂西	H2	龙马溪组	78.65	—	20.80	0	0.33	—	0.08
渝东南	XY3	龙马溪组	35.04	0.27	49.05	0	0.03	0.03	0
川东北	TX1	筇竹寺组	96.46	0.34	2.11	0	1.05	0.05	0.02
黔中	FS1	牛蹄塘组	69.72	—	20.80	0	9.41	—	0.08

4. 地层压力系数

地层压力系数是页岩气保存条件评价的综合指标。页岩气藏相比常规油气藏具有特殊性，是生储盖三位一体的地质体，决定了其保存条件的评价也有所不同。常规油气藏为外源性，保存条件好可能表现为超压，也可能表现为低压。页岩气藏为内源性，作为烃源岩的页岩生烃造成孔隙压力增大而形成异常高压；随着页岩埋深增加，热演化程度逐步升高，页岩进入生油气阶段，页岩的有效孔隙（有机质孔）逐渐生成，油气在孔隙中聚集成藏，并伴随着生烃增压过程，形成页岩超压，并在埋深最大时页岩的生烃量、有机质孔、含气量、压力系数最大；后期伴随着抬升，页岩的有机质孔基本保持不变，而压力系数、含气量有所降低，但仍表现为超压，页岩的含气量总体较高，且以游离气为主；而在异常压力和烃浓度差的作用下，烃类的运移总是指向外面，如果气藏封闭性不好，页岩气排出过快造成压力大幅降低，甚至形成低压；反之则会保持较高的地层压力。因而地层压力系数对页岩气的保存条件具有良好的指示作用。

下古生界页岩气钻井中，高产井（如 JY1 井、N201-H1 井、Y201-H2 井）均存在异常高压页岩气层，低产井和微含气井（如 HY1 井、YQ1 井、YY1 井等）一般都为常压或异常低压页岩气层。另外，统计发现四川盆地及周缘下古生界页岩气产量与压力系数呈对数正相关关系（图 4-3-5）。以上现象和规律均说明了较高压力系数体现了下古生界海相页岩气藏好的保存条件，低的压力系数则代表保存条件差。

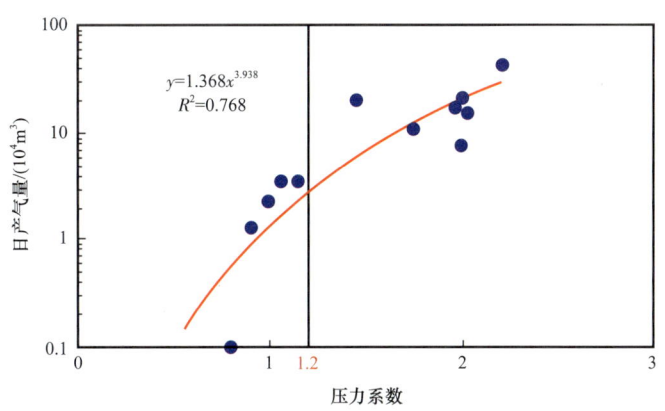

图 4-3-5　压力系数与页岩气产量关系

按压力系数将保存条件一般划分为四类：好（压力系数＞1.2），较好（1.0＜压力系数＜1.2），一般（0.8＜压力系数＜1.0），差（压力系数＜0.8）。

二、评价思路和方法

1. 页岩气保存条件的评价思路和方法

关于页岩气保存条件评价的思路：从动态保存角度出发，分析早期封盖体系、晚期构造体系是影响保存条件和页岩气散失的根本原因。其中盖层和页岩自封闭性是决定保存条件的基础，后期构造运动则是影响保存条件和油气藏破坏与散失的根本原因，含气性表征参数和地层压力系数是判识页岩气保存状况好坏的判识性指标。因此，评价油气保存条件需要从上述三个互为成因联系的方面进行分析。

（1）条件性因素分析：主要指组成封盖体系的盖层条件和页岩气自封闭性条件。盖层条件评价分为宏观评价和微观评价，宏观评价主要是研究盖层厚度、岩石类型、分布范围及与页岩气接触关系等宏观条件；微观评价则主要是研究盖层的封盖性能，包括盖层岩石的微孔结构及突破压力等。

（2）成因性因素分析：主要研究后期构造运动的地层变形强度、断裂和抬升剥蚀等。经历强烈构造运动改造、长期隆升剥蚀改造、断裂发育的盆地或地区，油气保存条件可能受到严重破坏。具体研究方法可从构造抬升剥蚀时间，断裂的规模、性质、活动期次、距断裂距离以及地层变形强度等方面进行分析。

（3）判识性指标分析：包括两大类，一是含气性表征参数，二是地层压力系数。含气性表征参数主要指页岩储层中气、水的物理化学性质和微观地球化学信息，地层压力系数主要指地层压力特征。

2. 评价指标优选与分类

根据页岩气在页岩中赋存和自身保存条件的特殊性，本次研究通过参考常规油气保存条件的评价方法和综合评价指标体系的研究成果（马永生等2006；楼章华等，2008），并在对四川盆地及周缘典型页岩气钻井的解剖基础上，初步建立了四川盆地及周缘下古生界海相页岩气4大类、28项参数的保存条件评价指标体系（表4-3-5）。

该评价体系主要综合了页岩气层封盖条件、构造改造作用（抬升时间、断裂作用、地层变形强度）等条件在时间和空间上的组合关系，另外页岩气层含气性表征参数（含气量、孔隙度、含水饱和度、N_2含量）和地层压力系数同样可在一定程度上指示保存条件的优劣，因此在评价过程中，应将页岩气保存条件的评价参数有机结合起来，客观地评价打分，从而能够有效地指导南方海相页岩气保存条件的选区评价。该保存条件评价体系根据前述研究内容，以四大评价因素区域盖层、顶底板、自封闭性及构造作用，并以地层压力系数作为最终指标，将页岩的封盖性能划分为好、较好、一般、差四个等级。

该评价体系核心之一是自身封盖条件的评价，这也是区别于常规油气保存条件评价体系的主要特征。常规油气对于区域盖层条件较为苛刻，而页岩具有的千层饼状结构以及不同层段之间具有独立的压力系统使得页岩气的封盖以自身封盖作用为主，是页岩气保存条件评价最重要参数之一，也是本次评价体系与前人最大的不同。顶底板是对于页岩早期生排烃阶段的生排烃效率影响相对较大，而对于后期页岩气散失阶段的影响作用相对较小，也是作为封盖性能评价的辅助评价因素。

该评价体系核心之二是构造作用的评价，其评价整体框架强调宏观构造运动是影响页岩气散失的根本原因，宏观保存体系中构造抬升时间、断裂发育情况及地层变形强度是页岩气得以富集和保存的最直接的因素，也是页岩气保存条件评价最重要的参数之一。

表 4-3-5 四川盆地及周缘海相页岩保存条件评价体系

因素		评价参数	评分等级			
			好（Ⅰ）	较好（Ⅱ）	一般（Ⅲ）	差（Ⅳ）
封盖条件	区域盖层	出露地层	K—J_2	J_1—T_2	T_1—P_2	P_1—S
		区域盖层厚度 /m	>300m	150～300	50～150	<50
		区域盖层岩石类型	膏盐、泥岩	粉砂质泥岩	泥质粉砂岩	致密碳酸盐岩
		区域盖层分布情况	大面积连片	较大面积连片	较小面积连片	小面积零星分布
		盖层微观封闭性	好	较好	一般	差
	顶底板	与页岩气层接触关系	整合	整合	平行不整合	角度不整合
		厚度 /m	>50	30～50	15～30	<15
		孔隙度 /%	<0.5	0.5～1.5	1.5～2.0	>2
		渗透率 /D	$<10^{-9}$	10^{-9}～10^{-6}	10^{-6}～10^{-3}	$>10^{-3}$
		突破压力 /MPa	>120	80～120	60～80	<60
		中值半径 /nm	<5	5～10	10～20	>20
	自封闭性	埋深 /m	>3500	2500～3500	1500～2500	<1500
		厚度 /m	>120	60～120	30～60	<30
		吸附能力	强	较强	一般	差
		脆塑性	韧性	韧性	脆性	被裂缝化
构造作用	构造抬升	深埋期后最早抬升时间	晚	较晚	较早	早
	断裂发育情况	断裂规模	三级或四级	二级或三级	二级	一级
		断裂性质	走滑性质弱逆断层	走滑性质弱逆断层	走滑性质较强逆断层	正断层
		断裂发育程度	中等—弱发育	中等发育	较发育	非常发育
		断裂活动期次	少	较少	较多	多
		距断裂距离 /km	一级断裂>10；二级以上断裂>6	一级断裂5～10；二级以上断裂3～6	一级断裂2～5；二级以上断裂1～3	一级断裂<2；二级以上断裂<1
	地层变形强度	地层倾角 /(°)	<5	5～10	10～20	>20
		距目的层露头区或剥蚀区距离 /km	>15	10～15	5～10	<5

续表

因素	评价参数	评分等级			
		好（Ⅰ）	较好（Ⅱ）	一般（Ⅲ）	差（Ⅳ）
含气性表征参数	含气量 /（m³/t）	>4	2~4	1~2	<1
	孔隙度 /%	>10	5~10	2~5	<2
	优质段含水饱和度 /%	<30	30~40	40~50	>50
	N_2 含量 /%	<2	2~5	5~20	>20
页岩气层压力系数		>1.2	1.0~1.2	0.8~1.0	<0.8

本次评价体系核心之三是含气性表征参数和地层压力系数两种判实性指标，前期判识油气保存状况好坏的判识性指标主要是水文地质条件和地下流体化学—动力学参数，实际上这些指标对于评价页岩气保存条件同样有效，但是页岩气藏相比常规油气藏具有特殊性，是生储盖三位一体的地质体，含气性和压力系数对页岩气的保存条件具有良好的指示作用。

第五章 海相页岩气富集规律认识

中国南方发育寒武系、志留系、二叠系、泥盆系—石炭系等多套海相页岩层系，截至 2020 年底已探明涪陵、威远、长宁、昭通、威荣、永川共六个页岩气田，累计探明页岩气地质储量 $20018.18\times10^8m^3$，累计产气量 $688.25\times10^8m^3$，发现和建产主要集中在五峰组—龙马溪组，实现了储量、产量快速增长。近期四川盆地及周缘地区页岩气勘探开发工作快速推进，向更深、更复杂领域全面拓展，并在五峰组—龙马溪组深层、常压和二叠系页岩气等新领域取得勘探突破，进一步揭示了四川盆地及周缘地区海相页岩气具有良好的勘探潜力。相比于涪陵页岩气田，新层系、新领域页岩气藏在地质特征、富集规律和高产主控方面存在差异，尤其在构造复杂区、深层等领域。本章通过开展典型海相页岩气藏解剖，深化页岩气藏地质规律认识，总结页岩气富集规律，明确页岩气富集主控因素，以期为中国页岩气的发展提供典型案例和参考蓝本。

第一节 典型海相页岩气藏特征

涪陵、丁山、东溪、道真页岩气田（气藏）是四川盆地及周缘地区五峰组—龙马溪组不同构造特征、地层压力系统和气藏特征的代表，通过不同典型页岩气藏构造特征、沉积特征、地球化学特征、储集与含气性特征等研究，为其他地区页岩气藏的勘探评价提供借鉴。

一、涪陵页岩气田

1. 气藏概况

涪陵页岩气田位于重庆市涪陵区、南川区及武隆区内，目前主要勘探区范围约 $3000km^2$。地表总体以中山、低山和丘陵为主，海拔介于 200~1000m。区域构造位于四川盆地东部川东地区隔挡式褶皱带、盆地边界断裂—齐岳山断裂以西的万州复向斜南部。主要含气层系为上奥陶统五峰组—下志留统龙马溪组一段页岩。

2. 气藏特征

1）气藏地质条件

（1）构造特征。

涪陵页岩气田位于四川盆地川东地区隔挡式褶皱带南段石柱复向斜、方斗山复背斜和万州复向斜等多个构造单元的结合部，盆地边界断裂齐岳山断裂以西。区内东西分带、南北分块、隆凹相间的构造格局，包含焦石坝背斜带、凤来向斜带、东胜平桥复背斜带及白马断褶带等多个三级构造单元（图5-1-1）。

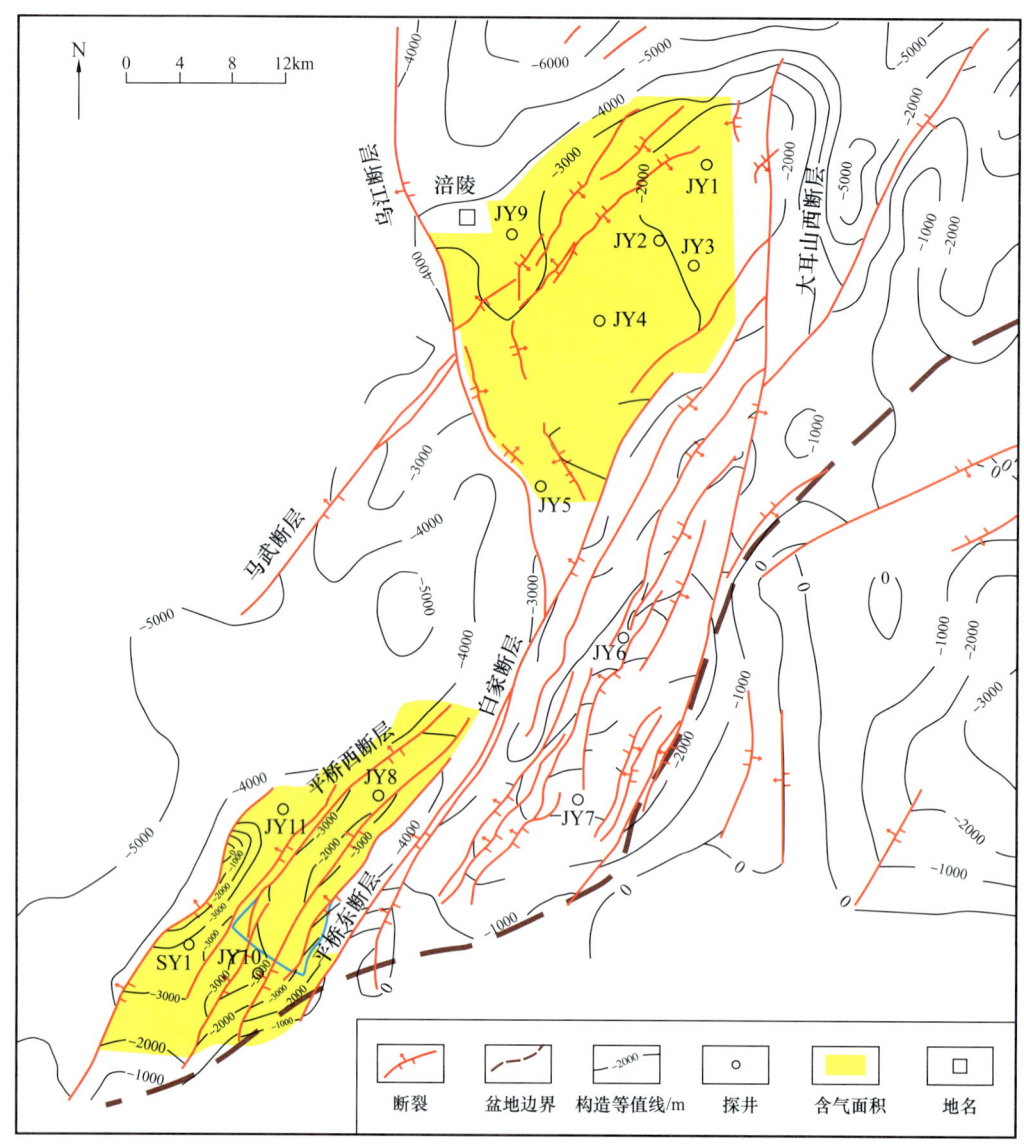

图5-1-1 涪陵页岩气田气藏平面分布图

目前主产气区位于焦石坝背斜带及东胜平桥复背斜带。焦石坝背斜带发育焦石坝箱状背斜、焦石坝西北斜坡及乌江断鼻三个构造单元，焦石坝箱状背斜是第一期$50\times10^8 m^3$产能建设的主体，构造形态完整，主体平缓，倾角0°～10°，西北部地层较陡，东南部则被断层复杂化。东胜平桥复背斜带主要包括平桥断背斜和东胜斜坡，平桥断背斜为受平桥西断层和平桥东断层所夹持的断背斜，地层向南、北两端倾伏。东胜斜坡北部为斜坡形态，地层平缓，中部为低幅断背斜形态，南部逐渐抬升至出露，构造逐渐变宽缓，核部地层倾角在5°～10°之间，翼部地层倾角在20°～30°之间。

(2）沉积特征。

涪陵页岩气田位于深水陆棚的沉积中心，富有机质泥页岩平面上分布稳定，厚度为80～130m，总体由北部的焦石坝似箱状断背斜向南部平桥断背斜具有逐渐增厚的趋势。

纵向上五峰组—龙马溪组一段由底部的深水陆棚相向上逐渐过渡为浅水陆棚沉积。五峰组—龙马溪组一段底部深水陆棚相优质泥页岩（TOC≥2%）厚度一般在30～45m之间，具有岩性较纯、粉砂岩含量低、碳质含量高、笔石和放射虫等生物富集的特点，反映安静、贫氧、深水的还原沉积环境，可识别出含放射虫碳质笔石页岩、碳质笔石页岩、含骨针放射虫笔石页岩和含碳质笔石页岩等岩石类型；龙马溪组一段中上部主要沉积了浅水陆棚相含碳质笔石页岩以及含粉砂泥岩，总体为静水、低能的沉积环境，但相对于下部深水陆棚相水体略有变浅，页岩TOC含量略有变小。

（3）有机地球化学特征。

涪陵页岩气田焦石坝气藏五峰组—龙马溪组一段TOC平均值为2.73%；平桥气藏页岩气层页岩TOC平均值为2.00%；平桥西—东胜气藏页岩气层页岩TOC平均值为2.04%。页岩有机质丰度在纵向上差异明显，其中底部五峰组—龙马溪组一段一亚段优质泥页岩段TOC含量最高，以JY1井为例，五峰组—龙马溪组一段一亚段，TOC普遍不低于2.0%，平均值为3.56%。龙马溪组一段二亚段、三亚段TOC平均值分别为1.65%和1.69%，TOC含量明显较低。五峰组—龙马溪组富有机质页岩有机质类型主要为Ⅰ型，R_o平均值为2.59%，处于过成熟演化阶段，以生成干气为主。

（4）储集特征。

涪陵页岩气田五峰组—龙马溪组暗色泥页岩中储集空间主要发育两种类型，一种为泥岩自身基质微孔隙，按成因类型可识别出有机质孔、晶间孔、矿物铸模孔、黏土矿物间微孔、次生溶蚀孔等类型，孔径一般为2～2000nm，主要集中在2～50nm之间。另一种类型为泥页岩储层中发育的裂隙系统，岩心观察和FMI测井解释的结果主要为相对较大的构造缝和层间缝等；而更小尺度的微裂缝主要包括微张裂缝、黏土矿物片间缝、有机质收缩缝以及超压破裂缝等。

五峰组—龙马溪组页岩气层总体表现出低—中孔、特低渗—低渗特征。其中焦石坝气藏泥页岩孔隙度平均值为4.17%；渗透率平均值为0.857mD。平桥气藏泥页岩样品孔隙度平均值为3.47%；渗透率平均值为0.0107mD。平桥西—东胜气藏泥页岩样品孔隙度平均值为3.39%；渗透率平均值为0.015mD。

（5）含气性特征。

涪陵页岩气田焦石坝气藏五峰组—龙马溪组一段页岩总含气量平均值为4.51m³/t，吸附气量平均值为2.43m³/t，平桥气藏五峰组—龙马溪组一段页岩总含气量平均值为3.10m³/t，吸附气量平均值为1.78m³/t，平桥西—东胜气藏五峰组—龙马溪组一段页岩总含气量平均值为4.35m³/t，吸附气量平均值为2.30m³/t。在纵向上都有向底部层段明显增大的特征，在五峰组—龙马溪组一段一亚段最高。以JY1井为例，五峰组—龙马溪组一段一亚段总含气量平均值为 5.85m³/t，龙马溪组一段二亚段、三亚段总含气量平均值分别为 3.22m³/t 和 2.79m³/t。

（6）可压裂性特征。

涪陵页岩气田焦石坝气藏、平桥和平桥西—东胜气藏五峰组—龙马溪组泥页岩脆性矿物含量平均值分别为 66.10%、54.80% 和 53.4%，以硅质矿物为主，平均含量为 42.10%、35.80% 和 38.6%；碳酸盐矿物相对较少，平均含量分别为 9.50%、9.70% 和 8.6%，黏土矿物含量平均值分别为 34.90%、45.20% 和 43.10%，以伊/蒙混层和伊利石为主，其次为绿泥石。

页岩气层泥页岩脆性矿物和硅质矿物含量总体都具有自上而下逐渐增高的特点，以 JY1 井为例，五峰组—龙马溪组一段一亚段页岩层段中脆性矿物含量明显较高，平均含量为 62.40%，硅质矿物含量最高达到 70.60%，平均达到 44.40%。

2）气藏类型及流体性质

涪陵页岩气田五峰组—龙马溪组一段气藏为典型的自生自储式连续型页岩气藏，具体特征表现为：（1）干酪根碳同位素和气体组分碳同位素倒转显示，页岩气来源于自身泥页岩层系，为同源不同期混合气，气层具有源储一体的特征；（2）页岩储层发育大量纳米级孔隙，孔隙度较高，横向展布稳定，顶、底板岩性相对致密，有利于页岩气在页岩层内的聚集；（3）涪陵地区超 3000km² 范围已钻探超 400 口页岩气探井和开发井，均钻遇气层，未见明显的含气边界和气水界面，证实气层具有大面积层状分布、整体含气的特点；（4）气田单井产能需要水平井技术和大型水力压裂才能进行经济开采，单井产能与水平井长、段数、簇数、压裂液和支撑剂规模呈一定的正相关关系。

涪陵页岩气田焦石坝页岩气藏和平桥页岩气藏都为连续型、中深层、低地温梯度、高压页岩气藏（图 5-1-2、图 5-1-3、表 5-1-1、表 5-1-2）。气藏内钻井测试都未见水，返排液为压裂液；试采期间基本不产水或产少量的水，产少量的水实验分析结果显示同样多为压裂液。页岩气相对密度为 0.5593~0.6010，成分都以甲烷为主，平均含量大于 98%，低含二氧化碳，不含硫化氢，为优质干气气藏。

表 5-1-1　涪陵页岩气田 JY1—JY9 井区、JY8 井区和 JY10—SY1 井区气藏单元页岩气藏压力、温度统计表

构造	气藏单元	含气面积/km²	气层中深/m	气层中深地层压力/MPa	压力系数	气层中深地层温度/℃	地温梯度/℃/100m
焦石坝构造	JY1—JY9 井区	383.54	3250	43.87	1.55	96.65	2.75
平桥构造	JY8 井区	109.51	3457	52.90	1.56	112.07	2.75
平桥西—东胜构造	JY10—SY1 井区	177.94	3000~3400	32.06~47.39	1.05~1.35	89.8~104.73	2.36~2.51

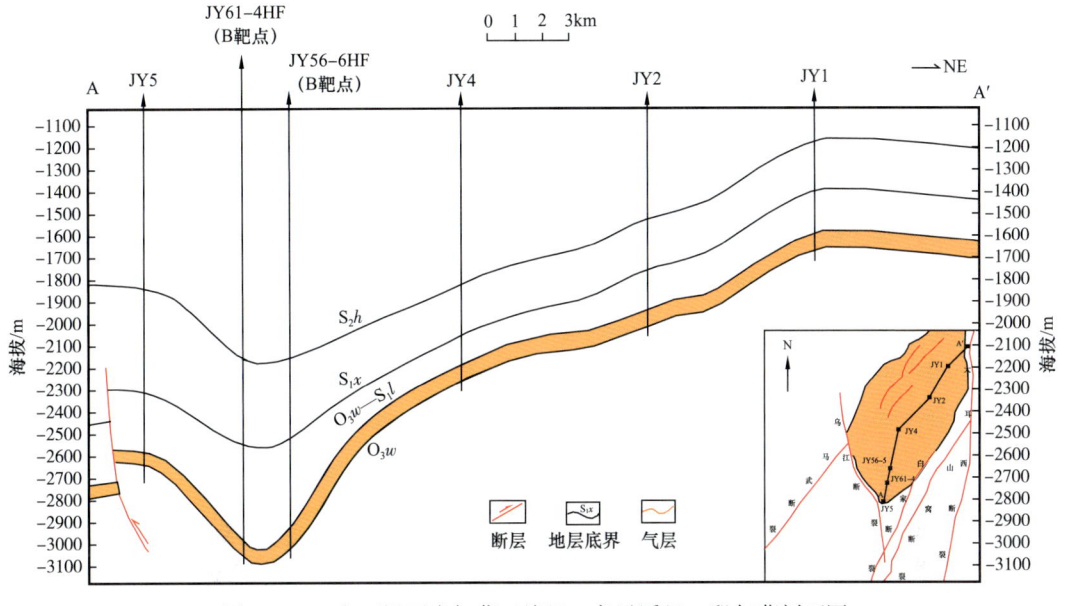

图 5-1-2 焦石坝页岩气藏五峰组—龙马溪组一段气藏剖面图

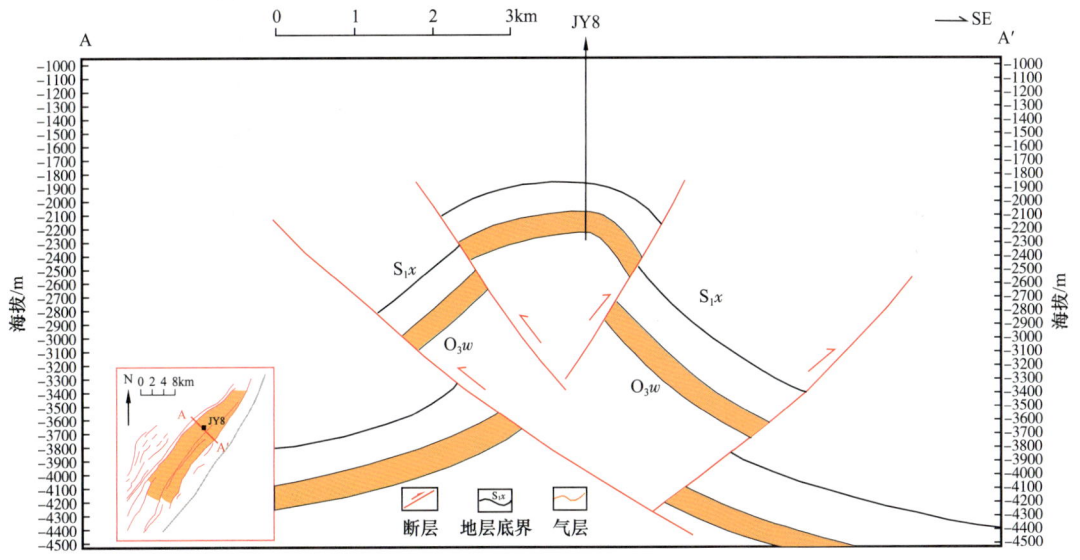

图 5-1-3 平桥页岩气藏五峰组—龙马溪组一段气藏剖面图

3. 开发简况

2013 年 1 月 9 日，JY1HF 井投入试采，日配产 $6 \times 10^4 \text{m}^3$，随后启动焦石坝区块试验井组开发，相继开展不同井距、井网、水平段长度等一系列试验和一期产建区整体评价。2013 年底，累计产气 $1.42 \times 10^8 \text{m}^3$，实现当年开发、当年生产、当年见效。根据开发试验井组和一期产建区整体评价取得的认识，按照"整体部署、评价先行、分步实施"的思路，将一期产建区分为试验井组和北、中、南 4 个产建区，由北向南稳步推进滚动评

表 5-1-2 涪陵页岩气田五峰组—龙马溪组页岩气藏天然气分析表

构造	气藏单元	天然气组分 /%						天然气相对密度	临界温度 / K	临界压力 / MPa
		甲烷	乙烷	丙烷	丁烷	氢				
焦石坝构造	JY1HF	97.221~98.410/ 98.148	0.545~0.690/ 0.654	0.005~0.232/ 0.042	0~0.028 /0.002	0~0.006/ 0.002		0.5620~ 0.5665	189.7~ 191.4	4.578~ 4.635
		氦	氧	氮	二氧化碳	硫化氢				
		0.031~0.040/ 0.036	0	0.797~2.192/ 0.972	0~0.220/ 0.143	0				
构造	气藏单元	天然气组分 /%						天然气相对密度	临界温度 / K	临界压力 / MPa
		甲烷	乙烷	丙烷	丁烷	氢				
平桥构造	JY8HF	98.338~98.464/ 98.381	0.432~0.444/ 0.436	0.012	0	0		0.5634~ 0.5645	191.0~ 191.2	4.600~ 4.600
		氦	氧	氮	二氧化碳	硫化氢				
		0.041~0.045 /0.043	0	0.634~0.661/ 0.648	0.405~0.522/ 0.480	0				
构造	气藏单元	天然气组分 /%						天然气相对密度	临界温度 / K	临界压力 / MPa
		甲烷	乙烷	丙烷	丁烷	氢				
平桥西—东胜构造	JY10HF- SY1HF	97.97~99.05/ 98.49	0.320~0.610/ 0.470	0.01	0	0		0.5590~ 0.6010	191.1	4.610
		氦	氧	氮	二氧化碳	硫化氢				
		0~0.770 /0.046	0	0.041~0.049/ 0.045	0~1.080/ 0.500	0				

价建产。截至 2015 年底，顺利建成 $50\times10^8m^3$ 产能，年产气量攀升至 $31.67\times10^8m^3$、增长 22 倍。在抓好一期焦石坝区块产建开发的同时，按照"先期评价、优化调整、滚动实施"的思路，分步推进二期江东、平桥区块产能建设，截至 2016 年底，年产气量达到 $50\times10^8m^3$，气田累计产气量 $94\times10^8m^3$。2017 年焦石坝区块按照"单井评价—井组试验—整体部署—滚动建产"的思路有序推进焦石坝立体开发，建立了国内首个页岩气立体开发动用模式，完试 150 口井，新建产能 $27.8\times10^8m^3$，新增可采储量 $128\times10^8m^3$，预计焦石坝区块采收可从 12.6% 提高到 23.3%，其中立体开发区采收率达到 39.2%，实现了焦石坝区块采收率整体翻番，保障了涪陵页岩气田持续稳产上产。截至 2020 年底，气田累计动用地质储量 $4744.94\times10^8m^3$，投产井 530 口，日产气水平 $2326\times10^4m^3$，2020 年产气量 $77.7\times10^8m^3$，累计产气量 $369.5\times10^8m^3$（图 5-1-4）。

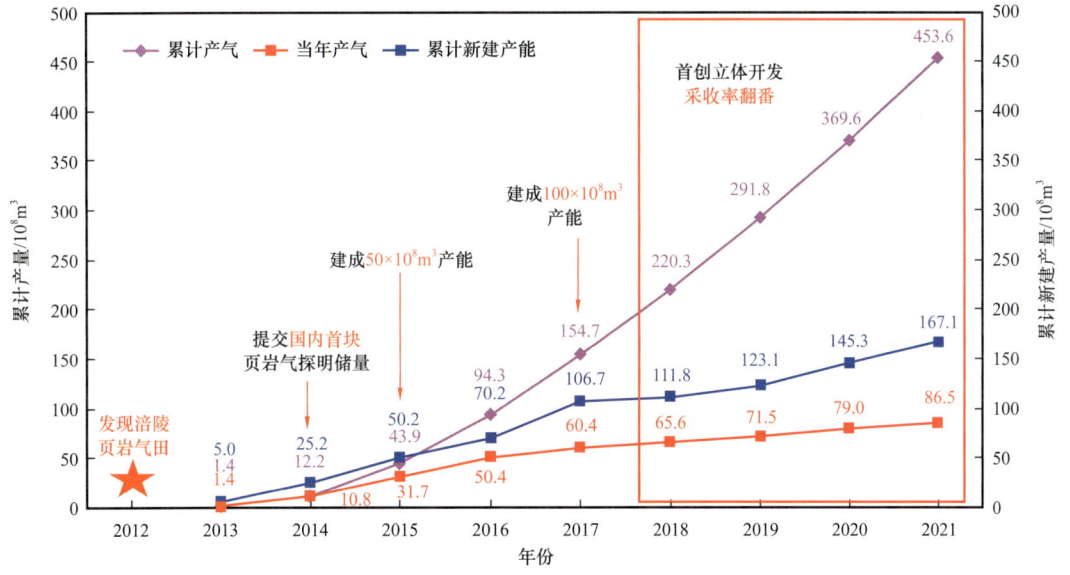

图 5-1-4 涪陵页岩气田年度综合开发曲线图

二、丁山页岩气藏

1. 气藏概况

丁山页岩气藏位于重庆市綦江区和贵州省习水县境内，地表以低山丘陵地貌为主，海拔介于 500～1200m。区域构造位于川东南地区林滩场—丁山北东向构造带，总体表现为受齐岳山断裂控制下、向盆内延伸的北西—南东走向的鼻状构造（图 5-1-5）。主要含气层系为上奥陶统五峰组—下志留统龙马溪组一段页岩。

发现涪陵页岩气田后，开展四川盆地及周缘五峰组—龙马溪组页岩气新一轮评价，2013 年优选出丁山地区是有望实现规模增储上产的有利目标，并于同年在丁山主体部署实施"一浅、一深"两口探井（DY1 井和 DY2 井），压裂测试分别获稳定测试产量 $10.42\times10^4m^3/d$ 和 $3.40\times10^4m^3/d$，基本明确了丁山地区页岩气基本地质条件和页岩气层纵、横向的变化规律认识。2015年在浅埋藏带部署DY3井、在中深埋藏带部署DY4井和DY5井，测试分别获得$3.36×10^4m^3/d$、$20.56×10^4m^3/d$、$16.33×10^4m^3/d$，实现了丁山页岩气藏的商业突破和"甜点区"的整体控制。

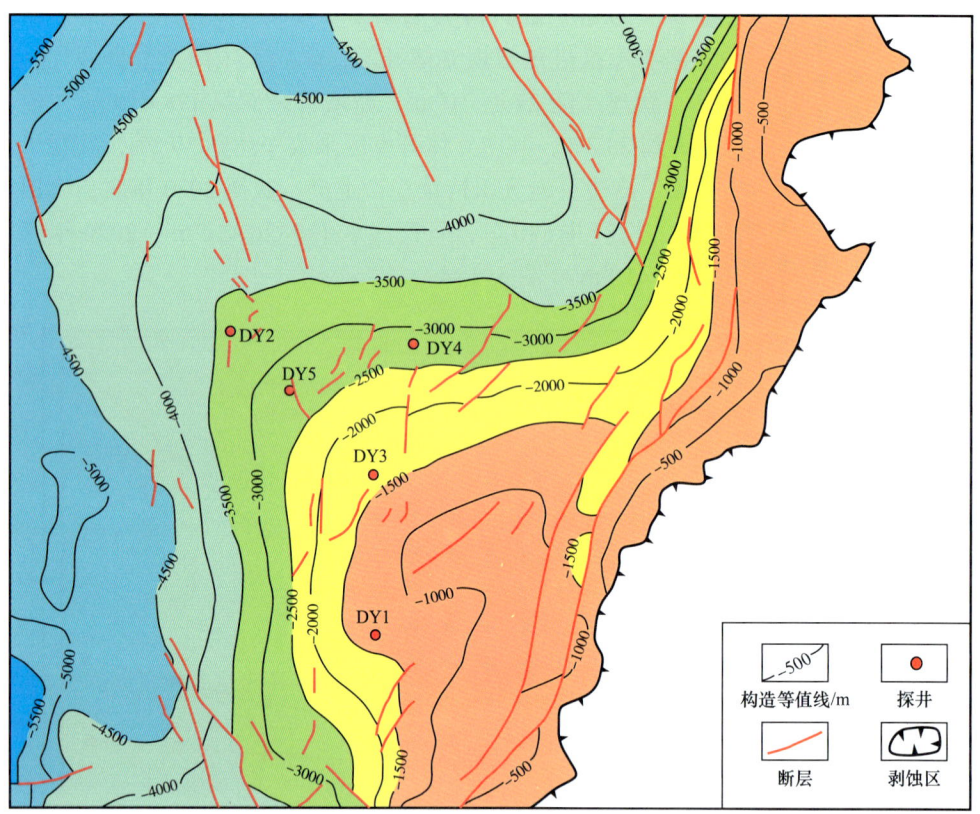

图5-1-5 四川盆地东南缘丁山地区五峰组底界构造等值线图

2. 气藏特征

1）气藏地质条件

（1）构造特征。

丁山气藏构造上位于川东南地区林滩场—丁山北东向构造带，总体表现为受齐岳山断裂控制下、向盆内延伸的北西—南东走向的鼻状构造，现今构造面貌为受北西向和北东向两期构造应力作用叠合改造，形成一个北东向和北西向构造联合的复合构造。即在早期（晚燕山期）主要受到来自雪峰推覆构造带北西向的挤压作用下，发育一系列呈北东向展布的构造；晚期（喜马拉雅期）受大娄山楔入及印度—欧亚板块碰撞持续作用，丁山页岩气田受到北东向的构造应力挤压，发育一系列呈北西向、北北西向展布的构造。

由于受两期两个方向的构造应力作用，主要发育北东—北北东、北西—北北西两个方向的断裂。其中，北东—北北东走向断裂为受晚燕山期雪峰山北西向推覆形成的，形成时期相对较早，主要发育齐岳山一级控盆断裂及一系列次级断裂；北西—北北西走向断裂为喜马拉雅期受大娄山楔入及印—亚板块碰撞持续作用形成的北东向挤压而形成，东北部具有明显的晚期北西走向断层切割早期北东走向断层的特征。丁山构造在平面上具有自齐岳山断裂向盆内构造变形强度、地层抬升剥蚀强度逐渐减弱的特征；靠近盆缘丁山断鼻浅层目标为常压页岩气藏，向盆内保存变好，页岩气藏逐渐过渡为超压气藏，含气性变好。

（2）沉积特征。

丁山页岩气田五峰组—龙马溪组与上覆志留系石牛栏组、下伏奥陶系临湘组呈整合接触。五峰组厚度较薄，分布较稳定，厚度一般为3~6m，岩性以中下部的灰黑色碳质页岩和顶部（观音桥段）黑灰色含生屑灰岩或含生屑泥质白云岩为主。龙马溪组厚度在丁山页岩气田变化不大，厚度一般为130~160m；龙马溪组纵向上可进一步将其细分为三个岩性段，即自下而上为龙马溪组一段、龙马溪组二段、龙马溪组三段。其中龙马溪组三段和二段主要为滨岸—浅水陆棚相黑灰色泥岩、深灰色—黑灰色含灰/灰质泥岩，龙马溪组一段主要为浅水陆棚—深水陆棚相灰黑色碳质笔石页岩、含碳含粉砂泥岩，页岩TOC含量一般大于1%，无明显夹层、纵向分布连续，是页岩气勘探的主要目的层。

川东南地区丁山及邻区在晚奥陶世五峰组沉积期—早志留世龙马溪组沉积期，大致经历了海侵到持续海退的海平面变化过程，发育了大套暗色碳质笔石页岩、含碳含粉砂泥页岩及含灰含粉砂泥岩的岩石组合，属浅海滨外陆棚沉积。根据泥页岩古生物特征、岩性及其组合特征和海平面升降变化特征等，又可进一步将丁山地区滨外陆棚相细分为深水陆棚亚相和浅水陆棚亚相。

纵向上，丁山地区五峰组—龙马溪组一段可识别出多个中期旋回层序和短期基准面旋回，水体整体较深，发育灰黑色—黑灰色碳质笔石页岩、含碳粉砂质页岩和含灰含粉砂泥页岩，主要为深水陆棚沉积，龙马溪组二段—龙马溪组三段为水体持续变浅的沉积旋回，发育黑灰色泥岩、深灰色—黑灰色含灰/灰质泥岩，为浅水陆棚沉积（图5-1-6）。

丁山页岩气田在五峰组沉积期—龙马溪组一段沉积期，位于深水陆棚相区内，沉积相展布稳定，富有机质页岩厚度在70~90m之间，TOC大于2%的优质页岩厚度30~35m；TOC含量高，脆性矿物含量高，为有利沉积相带。

（3）有机地球化学特征。

丁山气藏五峰组—龙马溪组一段TOC主要分布在0.51%~6.67%之间，平均值为2.49%。页岩TOC含量在纵向上差异明显，TOC值总体具有自上而下增大的趋势，其中五峰组—龙马溪组一段一亚段TOC值最高。以DY4井为例，五峰组—龙马溪组一段一亚段TOC普遍不小于2.0%，其中五峰组为4.26%~5.86%，平均值为4.93%；龙马溪组一段一亚段为1.28%~4.78%，平均值为3.06%。龙马溪组一段二亚段、三亚段TOC值明显变小。龙马溪组一段二亚段TOC介于0.81%~1.71%，平均值为1.29%；龙马溪组一段三亚段TOC介于0.59%~1.41%，平均值为0.94%，TOC含量明显较低。

（4）储集特征。

丁山页岩气田五峰组—龙马溪组暗色泥页岩中储集空间主要发育两种类型：一种为

泥岩自身基质微孔隙，按成因类型可识别出有机质孔、晶间孔、矿物铸模孔、黏土矿物间微孔、次生溶蚀孔等类型，孔径主要介于 2~400nm。裂缝发育程度整体较低，以发育微细裂缝为主，基本以水平缝为主，高角度缝裂缝较少（图 5-1-7）。

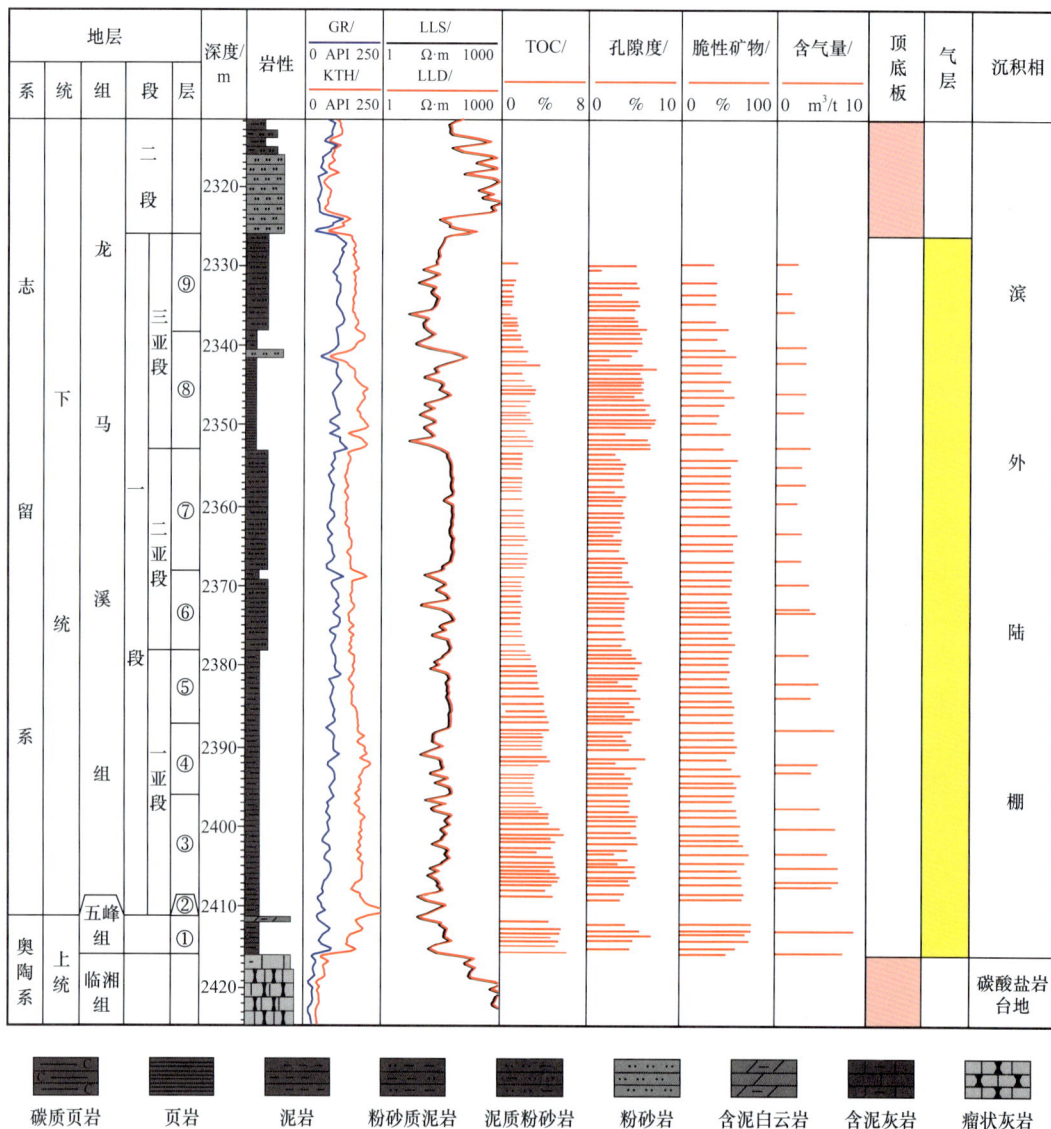

图 5-1-6　川东南丁山地区 DY4 井上奥陶统—下志留统龙马溪组一段综合柱状图

丁山页岩气田五峰组—龙马溪组页岩气层总体表现出低—中孔、特低渗—低渗特征。页岩气层岩心具有较好的孔隙，孔隙度分布在 0.50%～8.80% 之间，平均值为 4.37%；垂直渗透率远远低于水平渗透率，其中水平渗透率分布在 0.00007～12.1172mD，平均值为 0.1539mD，垂直渗透率介于 0.0006～0.0039mD，平均值为 0.00189mD，其中 1.0～50nm 孔隙是页岩孔体积和比表面积的主要贡献者，纳米级孔隙中有机质孔发育，有利于天然气的赋存。

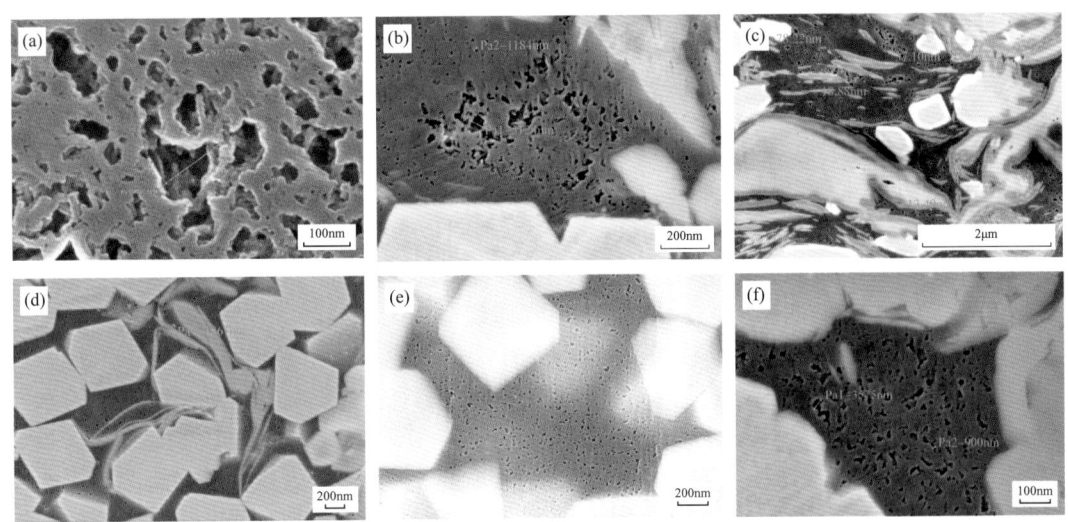

图 5-1-7 丁山页岩气田五峰组—龙马溪组一段页岩中有机质孔特征
（a）块状有机质中有机质孔，近圆形、近椭圆形，呈蜂窝状分布，DY4 井，龙马溪组，3726.99m；（b）粒间有机质孔，近椭圆形及不规则状，孔径 2～410nm 不等，DY5 井，龙马溪组，3796.13m；（c）黏土矿物间有机质孔，DY5 井，龙马溪组，3863.83m；（d）黄铁矿晶间孔中有机质孔，近椭圆形或不规则状，孔径 2～110nm 不等，DY4 井，龙马溪组，3730.09m；（e）草莓状黄铁矿晶间孔内填充有机质，有机质内微孔隙发育较好，DY4 井，龙马溪组，3730.09m；（f）石英颗粒间充填有机质，有机质内有机质孔发育较好，DY4 井，龙马溪组，3730.09m

（5）含气性特征。

丁山页岩气田页岩气层含气量总含气量整体较高，在纵向上同样都具有向页岩沉积建造底部层段明显增大的特征。主要分布在 2.54～12.06m^3/t 之间，平均值为 5.26m^3/t，含气量不小于 3m^3/t 的样品频率高，达到 95.4%，其中 3～4m^3/t 占 17.6%，4～5m^3/t 占 33.5%；大于 5m^3/t 达到 44.4%。另外现场总含气量与 TOC 含量呈明显的正相关关系，其主要是由于高 TOC 含量的页岩提供了充足的生烃能力，高 TOC 含量的页岩有机质孔更为发育，更有利于页岩气的吸附和储集。

（6）可压裂性特征。

① 脆性特征。

丁山页岩气田丁山气藏五峰组—龙马溪组一段脆性矿物和硅质含量总体具有自下而上逐渐减小的特征，底部脆性矿物和硅质含量最高。五峰组—龙马溪组泥页岩脆性矿物总量平均值为 55.5%，成分以硅质矿物为主，平均含量为 46.7%；碳酸盐矿物相对较少，平均含量为 9.2%，黏土矿物含量平均值为 42.5%，以伊/蒙混层和伊利石为主，其中伊/蒙混层平均含量为 32.7%，伊利石平均含量为 57.20%。五峰组—龙马溪组页岩层段下部见大量的硅质骨针、放射虫生物化石，是页岩气层硅质矿物含量高的一个重要原因。

② 应力特征。

页岩气层地应力整体随着埋深增大，且现今地应力受构造挤压持续性作用，盆缘复杂构造带靠近控盆断裂地应力梯度较高。其中埋深较大的 DY2 井、DY4 井和 DY5 井最大水平主应力介于 115.13～120.80MPa，最小水平主应力介于 97.79～105.00MPa，最小主应力梯度介于 2.41～2.49MPa/100m，相对于埋藏相对较浅的 DY3 井虽然最大水平主应力（81.00MPa）和最小水平主应力（69MPa）较小，但最小主应力梯度明显较大，达到 2.76MPa/100m，明显比受构造挤压力较低的深埋区高。

2）气藏类型及流体性质

气藏气源来自暗色富有机质泥页岩，自生自储。气源对比显示，丁山气藏五峰组—龙马溪组页岩气来源于自身泥页岩层系烃源岩，为自生自储。实测 CH_4 碳同位素介于 $-30.4‰ \sim -24.7‰$，平均值为 $-27.8‰$；C_2H_6 碳同位素介于 $-34.5‰ \sim -31.6‰$，平均值为 $-27.8‰$，具有明显的倒转现象，页岩气主要为油型裂解气。

气藏页岩气相对密度为 $0.564 \sim 0.565$，气体组分以 CH_4 为主，CH_4 含量为 $97.99\% \sim 99.02\%$，平均值为 98.50%，C_2H_6 平均值为 0.51%；低含 CO_2，平均值为 0.56%；低氮、不含 H_2S 的优质干气气藏；气藏内钻井测试都未见水，返排液为压裂液，试采期间水实验分析结果显示同样为压裂液。

丁山页岩气田包含常压页岩气藏和深层超压页岩气藏。温压表现为从靠近齐岳山断裂浅埋藏带向盆内深层逐渐升高特征。其中浅埋藏带 DY1HF—DY3HF 井区目的层地层中深 $2038.5 \sim 2413.9m$，温度为 $81 \sim 90℃$，地层压力为 $19.81 \sim 25.13MPa$，压力系数为 $0.98 \sim 1.06$（表 5-1-3）。中深埋藏带 DY2HF—DY5HF 井目的层地层中深 $4003.23 \sim 4398m$，温度为 $140.0 \sim 145℃$，地层压力 $71.66 \sim 79.7MPa$，压力系数为 $1.82 \sim 1.85$（图 5-1-8）。

表 5-1-3 丁山页岩气田丁山气藏测压数据汇总表

序号	井号	地层中深/m	地层压力/MPa	压力系数	地层温度/℃	地温梯度/(℃/100m)
1	DY1HF	2038.50	19.81	0.98	81.00	2.83
2	DY3HF	2413.90	25.13	1.06	90.00	3.13
3	DY5HF	4003.23	71.66	1.82	140.00	2.99
4	DY2HF	4398.00	79.70	1.85	145.00	2.84

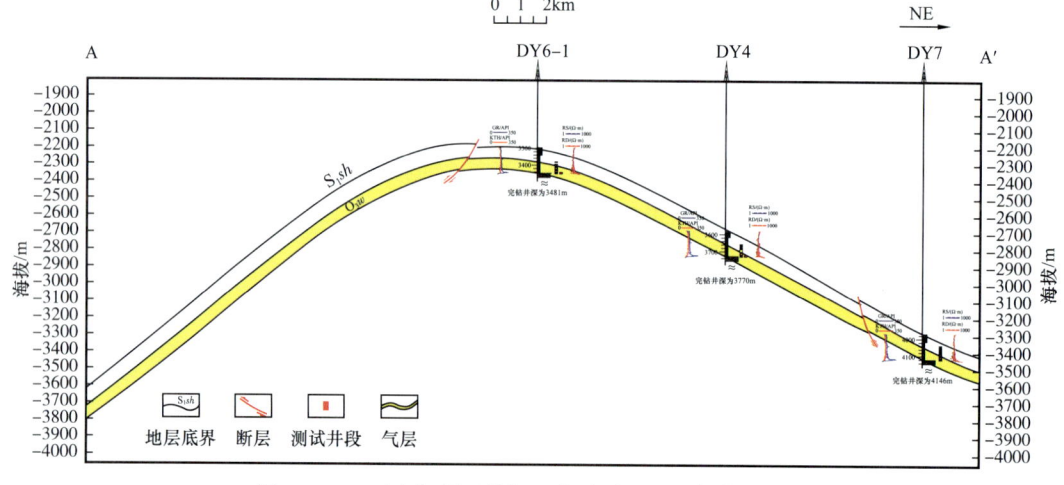

图 5-1-8 丁山气藏五峰组—龙马溪组一段气藏剖面图

3. 测试、试采简况

丁山页岩气藏目前共完成了 9 口井测试，测试产量为（3.36～20.56）×10^4m^3，其中 DY1HF 井、DY2HF 井、DY3HF 井、DY3-1HF 井、DY4HF 井、DY5HF 井和 DY6-1HF 井共 7 口井开展了试采工作（图 5-1-9、图 5-1-10），其中 DY3-1HF 井于 2020 年 7 月 1 日开始试采，配产（4～5）×10^4m^3，稳定试采 11 个月，目前关井，油压为 16.40MPa，套压为 17.20MPa，累计产气 2381.8×10^4m^3；DY6-1HF 井于 2020 年 9 月 27 日开始试采，配产 6×10^4m^3，稳定试采 3 个月，目前关井，油压为 25.15MPa，套压为 25.30MPa，累计产气 695.64×10^4m^3。

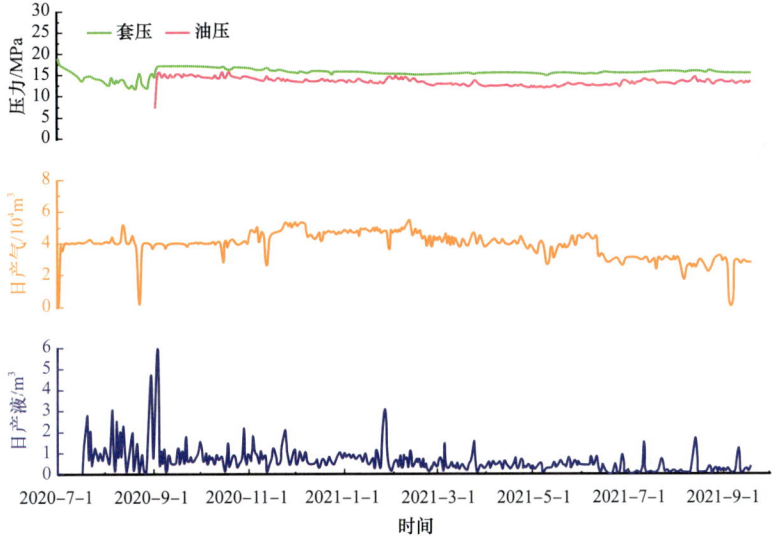

图 5-1-9　丁山页岩气田 DY3-1HF 井五峰组—龙马溪组一段试采曲线图

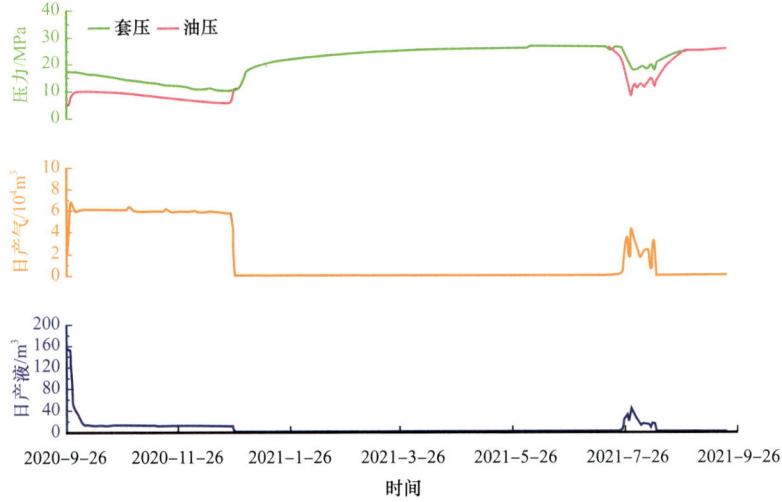

图 5-1-10　丁山页岩气田 DY6-1HF 井五峰组—龙马溪组一段试采曲线图

三、东溪深层页岩气藏

四川盆地五峰组—龙马溪组作为中国页岩气勘探开发的主战场,深层页岩气(埋深≥3500m)资源量超 $20×10^{12}m^3$,占总资源量70%以上,潜力巨大,是页岩气持续增储上产的重要领域之一。相比中浅层,深埋高温高压条件下深层页岩气富集机理不清、关键技术受限,能否实现突破与接替成为制约深层页岩气高质量勘探和效益开发的关键。

为解决上述难题,2017年中国石化设立"东溪深层页岩气试验区",依托国家科技重大专项、中国石油化工股份有限公司油田事业部、中国石油化工股份有限公司科技部及分公司相关科研项目,针对深层页岩气开展前瞻性基础研究和勘探实践,在试验区实施地质—地球物理—工程一体化探索攻关,不断取得东溪深层页岩气勘探重大突破。

1. 气藏概况

东溪页岩气藏位于重庆市綦江区境内,地表以低山丘陵地貌为主,区域构造位于四川盆地川东南綦江地区高陡褶皱带内的东溪构造。主要含气层系为上奥陶统五峰组—下志留统龙马溪组一段页岩,目的层埋深在4000~5000m之间。

2017—2018年开展川东南深层页岩气整体评价研究,评价川东南綦江地区发育东溪、石龙峡、中梁山、石油沟、新场、桃子荡六排高陡构造,优质页岩发育,保存条件良好,是开展深层页岩气攻关有利目标。优选东溪构造为深层页岩气勘探突破最有利目标,2017年部署实施了东溪地区第一口深层页岩气探井DYS1井,压裂测试获得日产 $31.18×10^4m^3$ 的高产页岩气流,取得东溪深层页岩气勘探重大突破。为持续扩大深层页岩气勘探领域,甩开部署实施了DYS2井、DYS3井、DYS4井,其中DYS2井压裂测试获得日产 $41.2×10^4m^3$ 的高产页岩气流,实现了东溪深层页岩气整体控制。

2. 气藏特征

1)气藏地质条件

(1)构造特征。

东溪页岩气藏构造上整体位于齐岳山断裂下盘,东南部与齐岳山断裂呈断汪接触,为北东向构造及近南北向构造结合部位,构造变形较弱,断层相对不发育,构造较为完整,可进一步细化为三个次级构造单元,主体为断背斜构造,东部为东斜坡,中部为向斜。东溪断背斜属盆内狭长型高陡构造,北北西向展布,控制东溪断背斜的断裂向上消失于嘉陵江组膏岩层,整体保存条件好;东部斜坡较为宽缓,北东向展布,与盆缘呈断汪相接,断汪清晰,边界断层不通天,保存条件好(图5-1-11)。

(2)沉积储层特征。

东溪气藏五峰组—龙马溪组一段整体为滨外陆棚浅—深水陆棚沉积,是一个由海侵到缓慢海退的完整沉积旋回,由深水陆棚和浅水陆棚亚相组成的向上变浅的沉积序列组成,岩性整体以灰黑色碳质泥、页岩为主,纵向上连续、无隔层,泥页岩TOC平均值为

2.17%，优质页岩段平均 3.62%。页岩气层段总体具有脆性矿物含量高、黏土含量低的特点，硅质含量（石英）平均值为 35.8%，黏土矿物含量平均值为 47.5%。

气藏页岩储层发育大量纳米级孔隙，储层孔隙度较高，横向展布稳定。储集空间以 1.0～50nm 有机质孔为主，也存在黏土矿物孔、矿物基质孔隙（粒间孔、粒内孔）和微裂缝等。页岩储层裂缝总体不发育，物性较好，优质页岩层段孔隙度平均值为 6.34%，总体表现为低—中孔的特点。

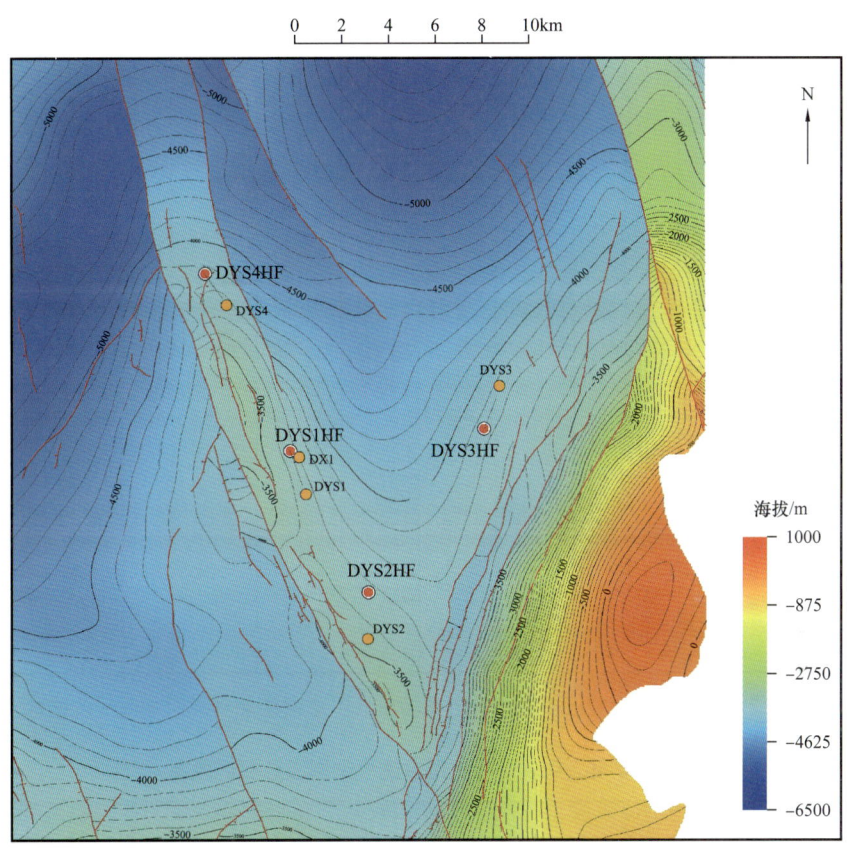

图 5-1-11　四川盆地东南缘东溪地区五峰组底界构造等值线图

（3）有机地球化学及含气性特征。

东溪页岩气藏五峰组—龙马溪组优质页岩有机质丰度高，含气性较好。DYS1 井、DYS2 井、DYS3 井和 DYS4 井等四口井优质页岩厚度分别为 30.5m、30m、30.1m 和 33.5m，优质页岩层段 TOC 平均值分别为 3.63%、3.93%、3.85% 和 3.68%；孔隙度分别为 6.34%、7.38%、5.70% 和 4.96%；总含气量分别为 5.06m³/t、6.69m³/t、4.18m³/t 和 4.06m³/t（图 5-1-12）。

2）气藏类型及流体性质

东溪页岩气藏地层原始压力介于 66～78MPa，压力系数介于 1.85～2.06，属于超压地层，平均温度梯度为 2.80℃/100m（表 5-1-4）。气藏产气不产水，所产页岩气相对密度 0.563～0.565，气体组分以 CH_4 为主，为低氮、不含 H_2S 的优质干气气藏（图 5-1-13）。

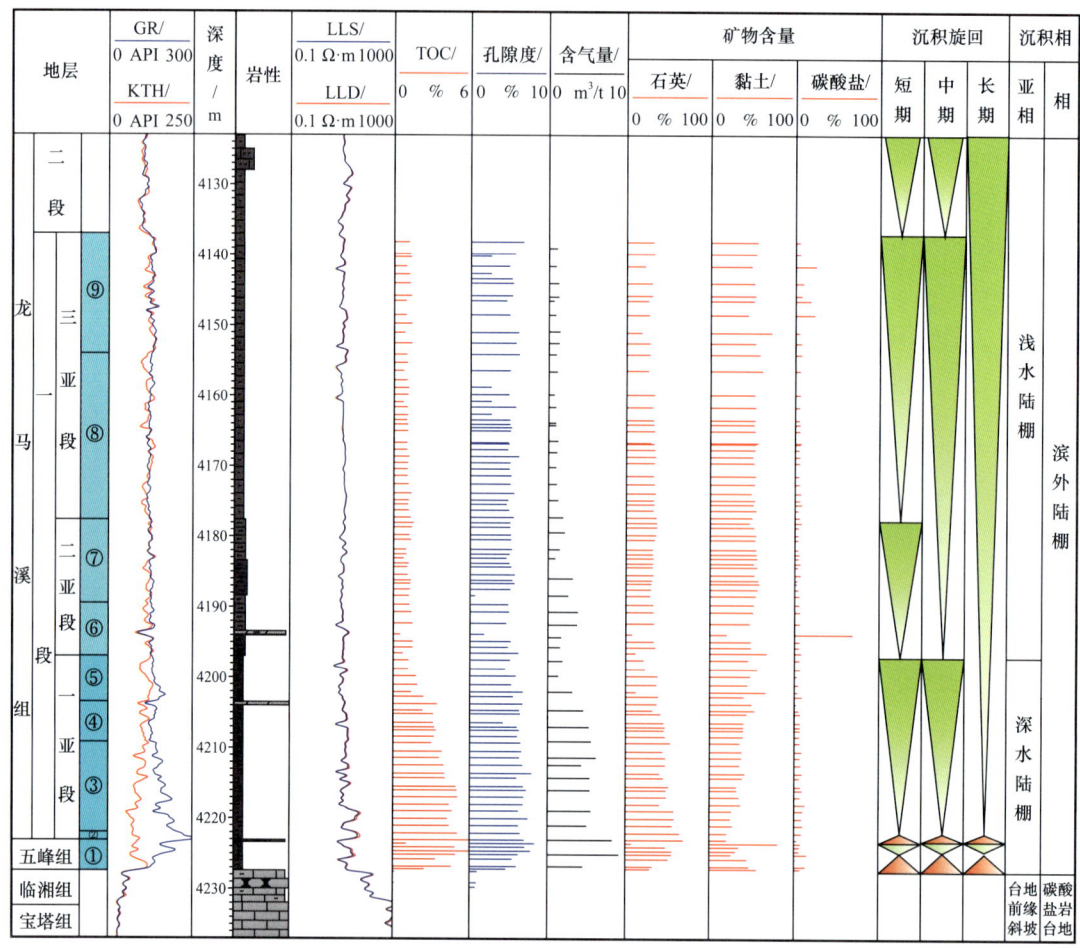

图 5-1-12 川东南丁山地区 DYS1 井上奥陶统—下志留统龙马溪组一段综合柱状图

表 5-1-4 东溪页岩气田东溪气藏测压数据汇总表

构造	构造形态	气藏单元	气层中深/m	气层中深地层压力/MPa	压力系数	气层中深地温/℃	地温梯度/℃/100m
东溪构造	断背斜	DYS1 井区	4257	80.52	1.85	134	2.80

3. 测试、试采简况

东溪页岩气藏目前共完成了四口井测试，测试产量（1.5～41.2）$\times 10^4 m^3$，其中 DYS1 井测试获 $31.18\times 10^4 m^3$，取得了深层页岩气勘探突破，后期针对东溪深层页岩气开展了工程工艺攻关，DYS3 井、DYS4 井制订了强加砂和适度降本的目标，效果不佳。2021 年，围绕"改造体积、缝网复杂程度、长期导流能力"三个方面，总结前期经验教训，优化压裂液体系和支撑剂类型，增加"双暂堵"工艺，形成了"多段少簇、大液量、大排量、强加砂、双暂堵"压裂技术方案，及时在 DYS2 井开展了试验。较前期丁山—东溪地区五口深层页岩气井,在加砂强度、缝网复杂程度、改造体积等方面有了显著提升,压后在 14mm 油嘴、34mm 孔板的制度下求产,测试产量达 $41.22\times10^4\mathrm{m}^3/\mathrm{d}$。目前东溪深层页岩气藏 DYS1HF 井试采,压力、产量较稳定,截至 2021 年 1 月 1 日,套压 7.3MPa,日产气 $5.7\times10^4\mathrm{m}^3$,日产水 $92\mathrm{m}^3$,累计产气 $1997\times10^4\mathrm{m}^3$,返排率 41.8%(图 5-1-14)。

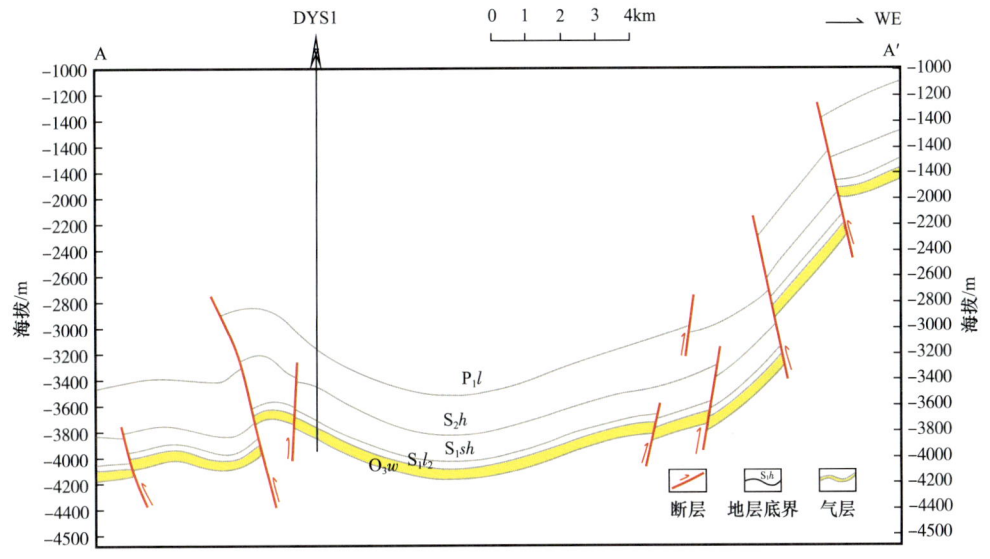

图 5-1-13 东溪页岩气藏五峰组—龙马溪组一段气藏剖面图

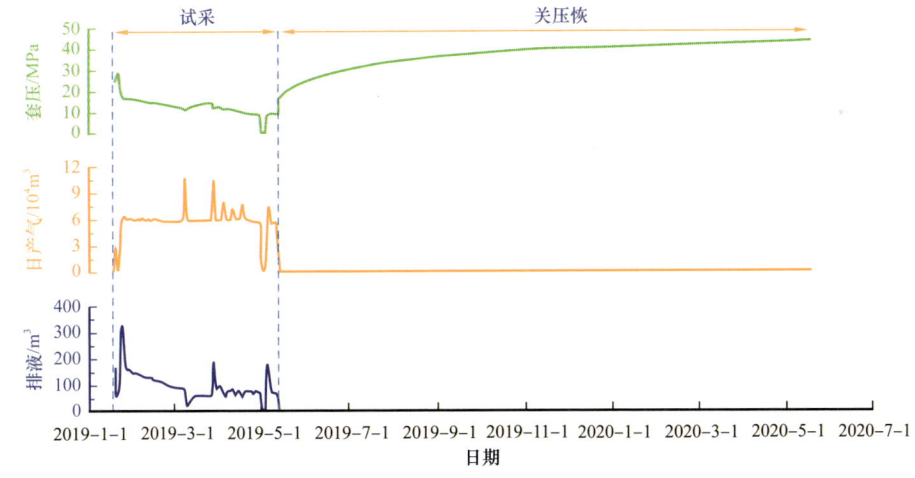

图 5-1-14 东溪页岩气藏 DYS1HF 井五峰组—龙马溪组一段试采曲线图

四、道真常压页岩气藏

1. 气藏概况

道真页岩气藏位于贵州省遵义市道真县境内,属大娄山系中支和东支余脉,海拔介于 300~2000m,区域构造位于四川盆地盆外槽挡转换带残留向斜道真向斜。主要含气层系为上奥陶统五峰组—下志留统龙马溪组一段页岩。

为探索不同类型常压页岩气藏特征及潜力，2018年在道真向斜部署ZY1HF井，2020年1月4日完成侧钻水平井24段压裂施工，2020年4月6日采用14mm油嘴、20mm孔板测试求产获日产$7.49 \times 10^4 m^3$页岩气流。为了实现道真向斜整体控制，落实资源潜力，于2019—2020年在道真向斜西翼浅埋藏带甩开部署ZY3井，在道真向斜东翼ZY1HF井南部甩开部署ZY2井。其中，ZY3井采用油嘴敞放、14mm孔板求得日产$3.1 \times 10^4 m^3$页岩气流。

2. 气藏特征

1) 气藏地质条件

(1) 构造特征。

川东南地区盆外向斜构造位于湘鄂西黔北断褶带内，是上扬子板块的一部分，处于江南—雪峰隆起造山带与齐岳山断裂带之间，东与江南雪峰隆起以石门—慈利—保靖断裂为界，南与黔北坳陷相邻，西以齐岳山断裂与四川盆地分割，北与大巴山弧形构造对突。受晚燕山期—喜马拉雅期东南部雪峰构造挤压应力影响，构造抬升隆起，地层遭受剥蚀，形成以北东—南东向为主的残留背斜与残留向斜相间分布的"隔槽式"构造，喜马拉雅期局部调整变形，形成了现今的构造形态。

道真向斜位于武隆—道真向斜群，在雪峰山挤压与大娄山走滑作用的共同影响下形成，该向斜群被胡家断裂、茶园断裂、大千断裂、南川遵义断裂以及彭水断裂共5条规模较大的断裂分割。道真向斜被南北向二级断裂—茶园断裂将道真—洛龙构造分割为东部道真向斜和西部洛龙向斜，北—北西向三级断裂—沙坝子断裂将道真向斜分割为西翼和东翼两个四级构造单元（图5-1-15）。

(2) 沉积储层特征。

道真常压页岩气藏五峰组—龙马溪组早期为浅水陆棚—深水陆棚沉积环境，深水陆棚相富有机质泥页岩以黑灰—灰黑色含粉砂、粉砂质碳质泥岩和碳质泥岩为主，见笔石、角石生物化石，优质页岩主要发育于五峰组、龙马溪组一段一亚段，厚度介于28～35m（图5-1-16），具有脆性矿物含量高、黏土矿物含量低的特征，脆性矿物含量平均值为51.3%，黏土矿物含量平均值为35.3%，碳酸盐矿物含量平均值为7.8%。道真常压页岩气藏五峰组—龙马溪组优质页岩具有物性好、储集空间类型丰富的特征，ZY1HF井优质泥页岩孔隙度平均值为4.77%，ZY3井优质泥页岩孔隙度平均值为5.08%；储集空间主要发育有机质孔、黏土矿物孔、晶间孔、次生溶蚀孔和微裂缝，孔径主要介于2～200nm，最大孔径约600nm，以中孔为主。

(3) 有机地球化学及含气性特征。

道真向斜五峰组—龙马溪组优质页岩有机质丰度高，含气性较好。ZY1HF井优质页岩段TOC平均值为3.50%，气测显示全烃0.22%～2.51%，平均值为0.99%，解吸气含量平均值为$0.93m^3/t$，总含气量平均值为$5.78m^3/t$，ZY3井优质页岩层段TOC平均值为3.61%，气测显示全烃值0.33%～8.32%，平均值为2.37%，解吸气含量平均值为$0.978m^3/t$，总含气量平均值为$3.121m^3/t$（图5-1-17）。

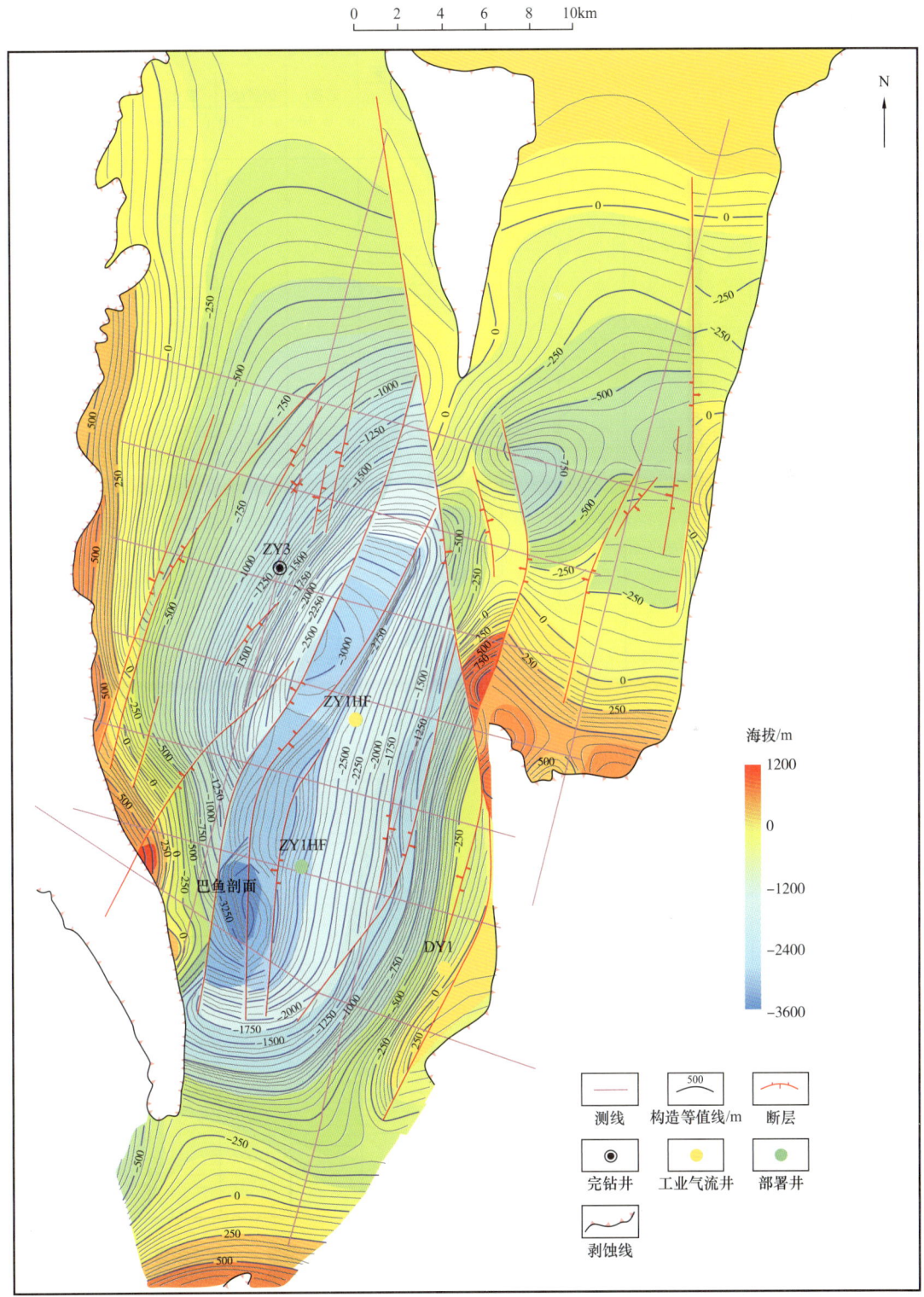

图 5-1-15　川东南盆外残留向斜道真向斜五峰组—龙马溪组构造等值线图

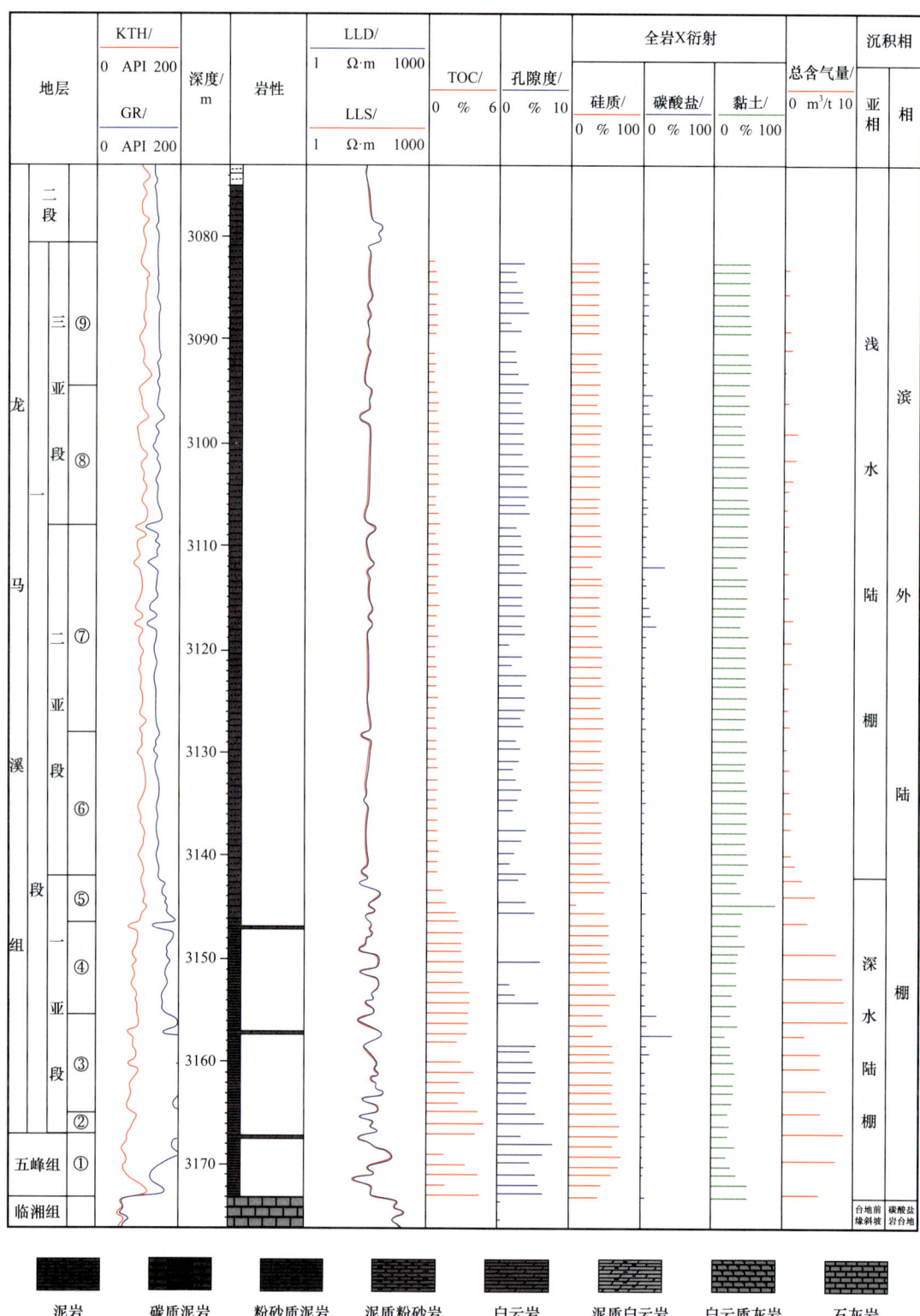

图 5-1-16 道真地区 ZY1HF 井五峰组—龙马溪组一段综合柱状图

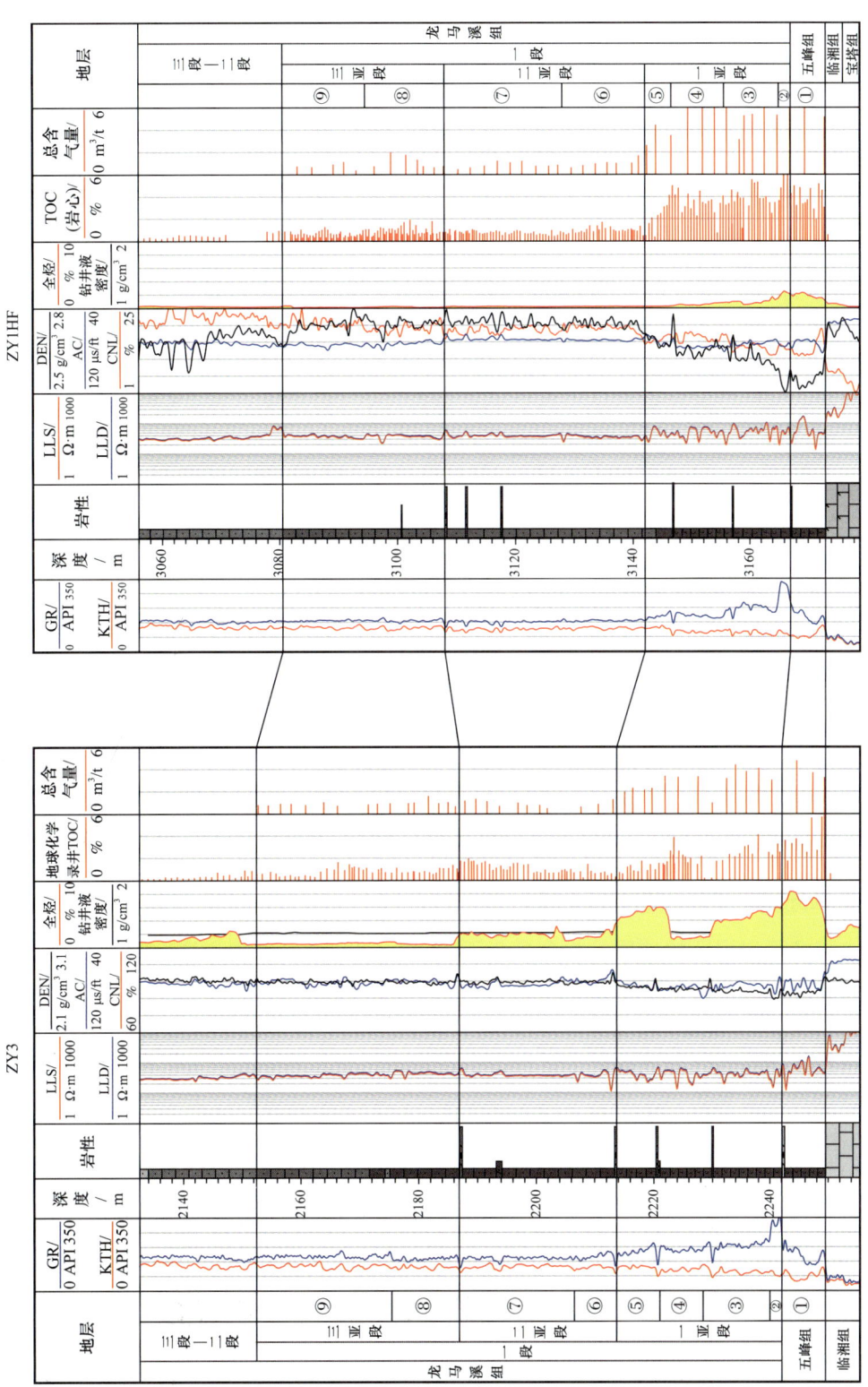

图 5-1-17 ZY3—ZY1HF 井导眼井优质页岩段含气量综合柱状图

2）气藏类型及流体性质

ZY1HF 井和 ZY3 井五峰组—龙马溪组气藏地层原始压力分别为 29.666MPa 和 18.64MPa，压力系数分别为 0.963 和 0.8，均属常压地层。道真常压页岩气藏五峰组—龙马溪组气藏平均地温梯度为 2.698℃/100m，气藏产气不产水，所产页岩气相对密度为 0.5633～0.5651，成分都以甲烷为主，平均含量大于 98%，低含二氧化碳，不含硫化氢，为干气气藏。

第二节 南方海相页岩气富集高产规律认识

中国勘探实践者经过近十几年的勘探实践和持续攻关，对以五峰组—龙马溪组页岩为代表的海相页岩气富集规律认识取得了显著进展。从海相页岩气"成烃控储"和保存条件出发，提出"二元富集"规律认识（郭旭升，2014b），到生烃、储集、保存为核心的"三元富集"理论（王志刚，2015），再到常压页岩气的"三因素控藏"（何希鹏等，2017）、深层页岩气"超压富气"等认识（郭旭升等，2020），海相页岩气富集高产规律的理论认识不断深化，各领域的勘探开发也不断取得突破，页岩气"十三五"攻关期间，海相页岩气的勘探和研究呈现出"百花齐放"的盛世景象。

一、深水陆棚相优质页岩发育是页岩气富集高产的基础

从前期"十二五"攻关认识到，海相页岩气要获得单井高产，就要具备一定连续厚度的深水陆棚相优质页岩（TOC≥2%）。而随着勘探开发和研究的不断推进，中国南方深层、常压海相页岩气勘探效果好的页岩气探井（DYS1 井、ZY1HF 井等），其目的层都位于深水陆棚相带，且水平井靶点及水平段轨迹基本都在深水陆棚优质页岩层段穿越，通过进一步的分析研究和总结，认识到深水陆棚相优质页岩发育是页岩气富集高产的基础。

1. 深水陆棚相优质页岩耦合规律

深水陆棚页岩层段的硅质矿物含量介于 22.9%～80.5%，平均含量达到 49.0%，而浅水陆棚泥岩的硅质矿物含量平均含量仅为 35.8%，且川东南地区五峰组—龙马溪组深水陆棚优质页岩具备高 TOC、高硅质良好正相关的耦合关系。深水陆棚相页岩的高 TOC，即有机质富集，为页岩气形成提供了良好的生烃基础；加之适中的热演化程度，这为有机质孔发育创造了有利条件，而有机质孔的亲油性能够提供大量的比表面积和孔体积，这为页岩气赋存提供了储集空间。而深水陆棚相带高硅质含量主要为生物、生物化学成因，硅质放射虫含量可达 30%，是硅质生物成因的主要证据；页岩中富铁元素等热水沉积痕迹，可以认为属低强度热水沉积，低强度热水可能是海水中生物繁盛同时高硅质含量的重要原因。另外，硅质放射虫页岩夹多层斑脱岩薄层，火山碎屑的水解导致海水中富含硅质，可能是页岩中高硅质含量的次要原因。

综合上述，深水陆棚页岩气储层具有"高 TOC、高孔隙度、高硅质"的三高特征，生烃强度高，有机质孔发育，为页岩气层发育的有利层段，且有利于储层改造，是海相页岩气"成烃控储"的基础。

2. 深水陆棚相优质页岩展布规律

深入研究表明四川盆地及周缘五峰组—龙马溪组优质泥页岩段主要发育在深水陆棚沉积环境中，优质页岩的厚度横向展布较稳定，平面上具有东南部盆地边缘厚度较薄、西北部向盆内方向增厚的特征。盆内五峰组—龙马溪组优质页岩厚度介于30～45m，盆缘复杂构造区优质页岩厚度相对减薄，介于20～30m（图5-2-1）。由此可见，盆内深层五峰组—龙马溪组优质页岩发育，厚度大，无论是深层、常压，深水陆棚相优质页岩发育仍然是页岩气富集高产的基础。

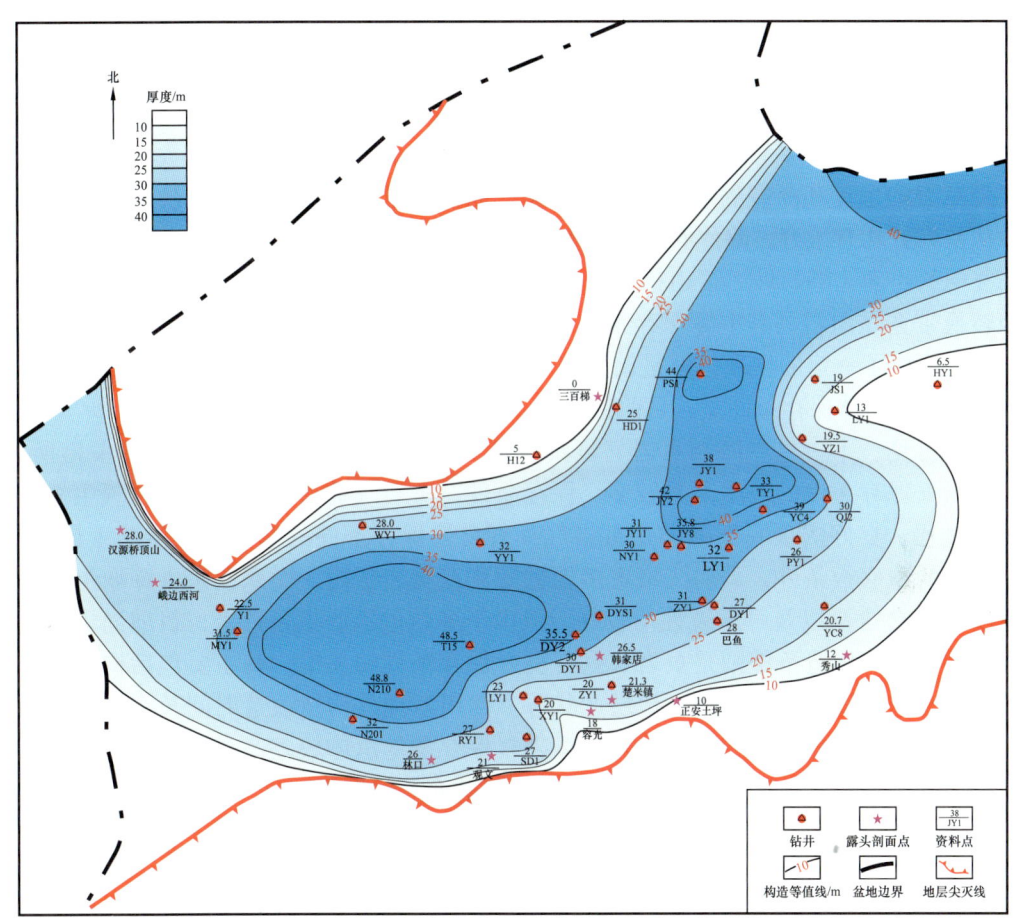

图 5-2-1 四川盆地川东南地区优质页岩厚度分布图

二、良好的保存条件是页岩气富集高产的关键

四川盆地及周缘下古生界龙马溪组海相泥页岩在多数地区原始生烃条件优越，但在整个地质历史过程中经历了复杂的、多期次的构造演化（包括埋藏、抬升、断裂和褶皱等）、热演化（多期次、多种方式的生排烃）和页岩气的聚集与散失，泥页岩含气性表现为区域上分布的不连续性，钻井的产量同样表现出明显的高低不同，而良好的保存条件、高压及超高压是页岩气富集乃至高产的关键。

目前四川盆地及周缘获得突破的页岩气井（如 JY1HF 井、DY2HF 井、DY1HF 井、N201-H1 井、Y201-H2 井、YS108H1-1 井、L101 井等）充分诠释了具有良好油气保存条件和较高压力系数的地区，是四川盆地及周缘下古生界页岩气规模化、效益化勘探开发的现实有利阵地。这些气井位于构造活动相对微弱、构造相对较平缓、通天断裂不发育、顶底板条件优越的地区，即位于构造稳定、具有良好油气保存条件地区，产量通常较高，而在具有相似泥页岩发育但构造改造强烈、保存条件相对较差地区所钻页岩气井（如 HY1 井、YQ1 井、YY1 井等），产气量通常不高。

另外，盆内富顺、永川及焦石坝构造主体、丁山深层、东溪深层等钻井压力系数都在 1.5 以上，总体保存条件好。涪陵页岩气田主体构造稳定区与断裂、裂缝发育带保存条件差异明显，东南部与西南部断裂发育带保存条件差，产量相对主体构造稳定区较低，钻井液漏失量较大，压力系数一般显示为常压区，如东南部 JY3-3 HF 井五峰组—龙马溪组页岩储层实测压力系数只有 0.97。涪陵页岩气田南部钻探效果差异较大，单井产能主要与距断裂的远近和断裂的规模、性质相关。而盆缘复杂构造带保存条件较复杂，保存条件从差到好均有发育，除焦石坝南部复杂构造区和平桥断背斜取得较高的压力系数外，白马复向斜、南天湖斜坡、丁山构造浅层等钻井都显示保存条件受到了不同程度的破坏，槽挡转换带宽缓向斜具有中等保存条件，目前在武隆向斜、道真向斜、桑拓坪向斜、安场向斜等取得了一定的发现，但是钻井揭示为常压特征，仅局部可能存在好的保存条件，隔槽式构造带整体保存条件差，目前钻井均未取得页岩气发现。

由此可见，下古生界海相页岩气藏具有良好的保存条件，是富集高产的关键所在。影响页岩气保存条件的地质因素较多，保存条件对页岩气的富集伴随着页岩气生烃、聚集的全过程。良好的顶底板条件是页岩气具有良好保存条件的基础，在早期生烃阶段，若有良好的顶底板条件，页岩气将更多地被限制在页岩层内，而寒武系牛蹄塘组优质页岩厚度、TOC 含量以及可压裂性均较好，但由于多数地区底板条件差，目前尚未获页岩气商业性发现。构造条件则是页岩气具有良好保存条件的关键，其主要包括构造改造时间、构造改造强度、构造样式、地层产状等。四川盆地外构造改造时间长、构造改造强度大、抬升剥蚀强烈、通天断层发育，页岩气保存条件总体较差，众多钻井均钻遇了优质页岩，但仅获低产页岩气流，尚未获得页岩气的商业性发现。

三、深层页岩气"超压富气"新认识

前文已论述，深层页岩气是国内外关注的重点领域之一，也是今后页岩气勘探的主要攻关方向。深层页岩具备富集高产的基本地质条件，同时由于后期抬升剥蚀弱，保存条件总体较好。目前，中国石化、中国石油已部署埋深 3500~4500m 页岩气评价井目的层多为高压，并取得较高的产量，其中中国石化 DYS1 井试获 $31.18\times10^4m^3/d$ 的高产页岩气流，取得了四川盆地深层页岩气勘探的重大突破。基于前人认识，结合勘探实践，总结川东南地区深层页岩气富集规律，提出了深层海相页岩气"超压富气"新认识。

1. 深层页岩气藏普遍具有"高压、高孔、高含气量"的"超压富气"特征

研究表明，后期构造运动造成的差异抬升剥蚀是造成现今五峰组—龙马溪组页岩埋

深差异的主要原因。与涪陵中深层页岩气田相似，深层页岩气同样具有良好的成藏物质基础，具备富集高产的基本地质条件。实钻揭示，保存条件较好的DY4井、DY5井、DYS1井等深层优质页岩气层（TOC≥2%）压力系数分别为1.42、1.47、1.85；平均孔隙度分别为5.90%、4.78%、6.05%（表5-2-1），有机质孔发育，面孔率高（一般介于10%～40%，局部可达到60%），孔径介于2～200nm，主要为蜂窝状的椭圆形；平均含气量分别为5.17m³/t、6.16m³/t、5.06m³/t；总体具有"高地层压力、高孔隙度、高含气量"的"超压富气"特征。

表5-2-1 深—浅层页岩气井目的层段关键参数对比表

井名	JY1	DYS1	DY5	DY4	DY3	DY1
埋深/m	2415	4278	3818	3731	2272	2054
孔隙度/%	4.65	6.05	4.78	5.90	3.2	3.01
含气量/（m³/t）	5.85	5.06	6.16	5.17	3.09	2.12
压力系数	1.55	1.85	1.47	1.42	1.08	0.98

1) 深层深水陆棚相页岩孔隙发育与保持机理

深层深水陆棚相页岩没有因埋深、上覆岩层压力的增大，孔隙度明显降低的特征，研究发现，"石英抗压保孔"和"储层流体超压"联合作用是深层页岩孔隙得以发育和保持的关键，在两个因素联合作用下，发现了页岩埋深达6000m依然发育高孔优质储层。

（1）深水陆棚生物硅质对于页岩有机质孔的形成、保持具有重要的作用。

五峰组—龙马溪组优质页岩发育于深水陆棚相环境，页岩层中见大量笔石、有孔虫、放射虫、海绵骨针等生物化石，硅质含量高，且有机质含量与硅质含量呈明显的正相关性，另外在Al-Fe-Mn三角判别图上，绝大多数测量值落在了生物成因区［图5-2-2（a）］，因此，五峰组—龙马溪组深水陆棚相优质页岩的硅质矿物以生物成因为主。通过分析DYS1井五峰组—龙马溪组页岩孔隙度与硅质矿物含量的关系表明，孔隙度与硅质含量具有正相关性［图5-2-2（b）］。由此推断生物成因的硅质含量是影响优质页岩孔隙度的一个重要影响因素（郭旭升等，2020）。

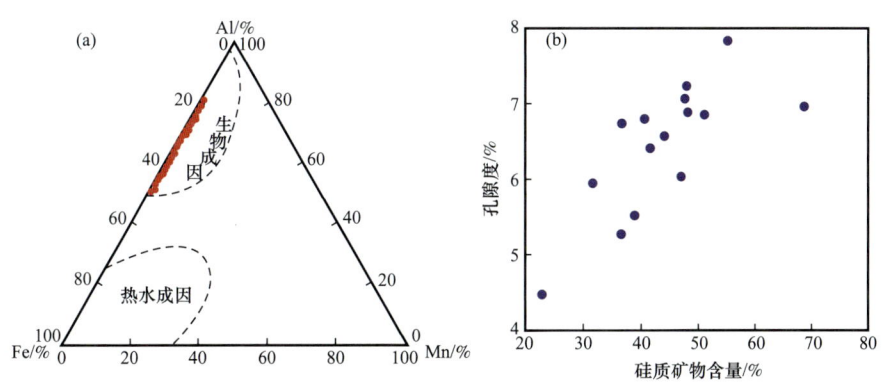

图5-2-2 Al-Fe-Mn三角判别图（a）和硅质矿物含量与孔隙度相关关系图（b）

这主要是在沉积成岩过程中，随着埋深、热演化程度的增大，伴随着干酪根、液态烃裂解生气，有机质孔伴生发育。同时深水陆棚相生物成因的硅质（蛋白石-A），在埋藏成岩早期转化成高硬度晶态石英（图5-2-3），高硬度石英抗压实作用强，为优质页岩储层早期原油充注及纳米级蜂窝状有机质孔的发育和保持提供了空间和保护，是有机质孔得以保存的关键因素。而浅水陆棚相孔隙度与硅质相关性则不好。这可能是由于浅水陆棚硅质含量低、硅质支撑弱，黏土含量高、表现出强压实的特征，早期形成的孔隙没有得到有效保护（郭旭升等，2020）。

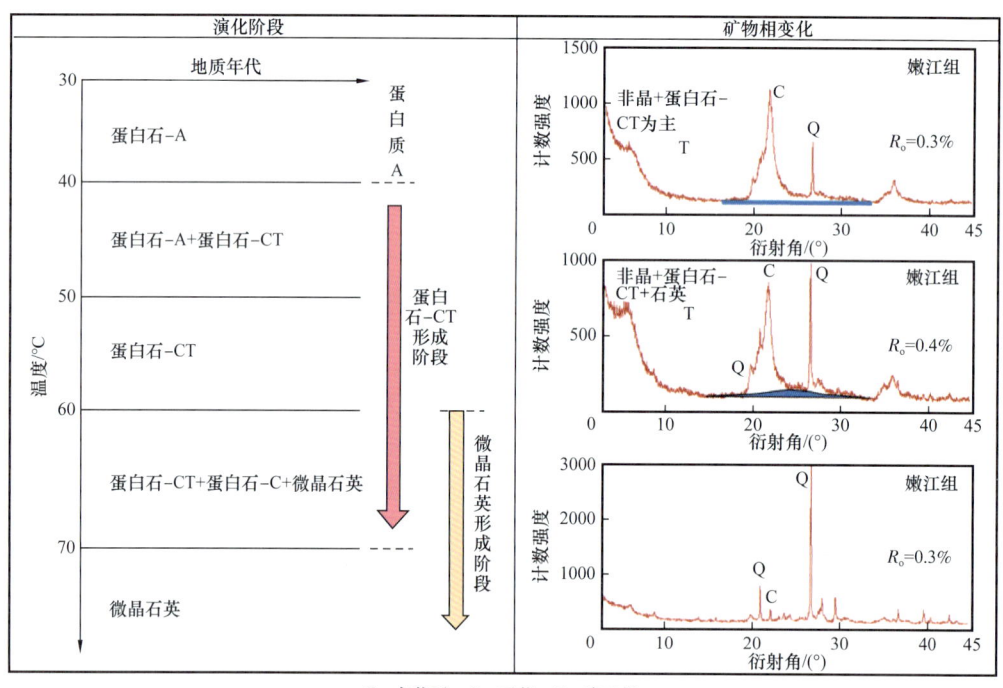

图 5-2-3　蛋白石-CT 向石英晶体转化演化阶段图

（2）深层页岩储层超压有利于有机质孔的保持。

四川盆地南部五峰组—龙马溪组深层页岩构造形变弱，普遍具有超压特征，超压对于页岩孔隙的发育与保持具有明显的保护作用，抵消了上覆地层有效应力对页岩储层的机械压实，从而使已形成的塑性有机质孔保存下来，有利于有机质孔的维持。同样是深层页岩气层，优质页岩层 TOC 相近，超压页岩气层压力系数、含气量较大，孔隙度明显较大（图5-2-4、图5-2-5）；而保存条件较差的井，压力系数、含气量明显较小，孔隙度同样较小。典型的 YZ1 井，该井保存条件较差，压力系数小于1.0，优质页岩实测孔隙度介于0.60%～2.60%，平均值为1.91%，扫描电镜下显示，保存条件、孔隙发育程度相比于 DYS1 井要差，孔径也明显较小。这也进一步证实了深层非超压条件下有机质孔不能有效保存（图5-2-6）。因此，良好的保存条件对深层页岩孔隙发育至关重要（郭旭升等，2020）。而在两个因素联合作用下，发现了页岩埋深达6000m依然发育高孔优质储层。近期勘探实践表明，在"石英抗压保孔"和"储层流体超压"联合作用下，发现了 PS1 井五峰组—龙马溪组埋深近6000m的优质页岩依然具有高孔、有机质孔发育的特征，PS1井优质页岩发育厚44m（5923.5～5967.5m），平均TOC值为3.66%，平均孔隙度为5.22%（图5-2-5），有机质孔发育，呈蜂窝状，孔径主要分布于2～80nm之间，孔隙结构与中浅层、深层相似。

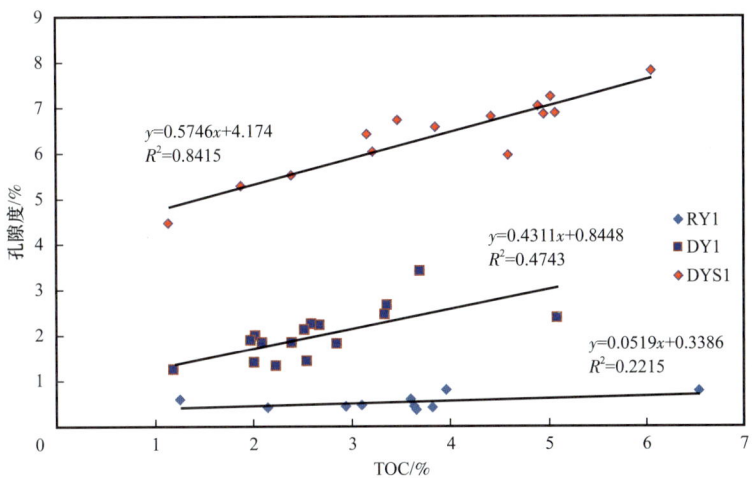

图 5-2-4　不同探井页岩 TOC 与平均孔隙度关系图

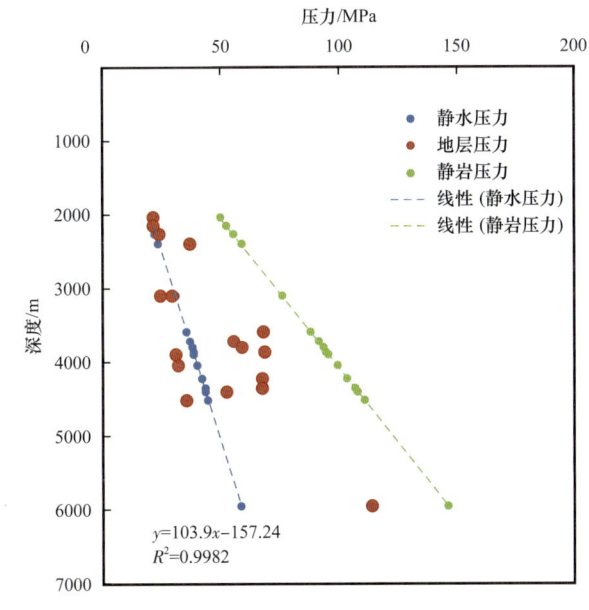

图 5-2-5　川东南地区海相泥页岩孔隙度与埋深关系图

2）深层页岩气赋存及保存机理

研究表明深层深水陆棚相优质页岩气层一般具有超高压特征，在保存条件好、流体压力高的情况下，随埋深、温度增大，页岩气层吸附能力降低、游离气占比增大，游离气更富集。

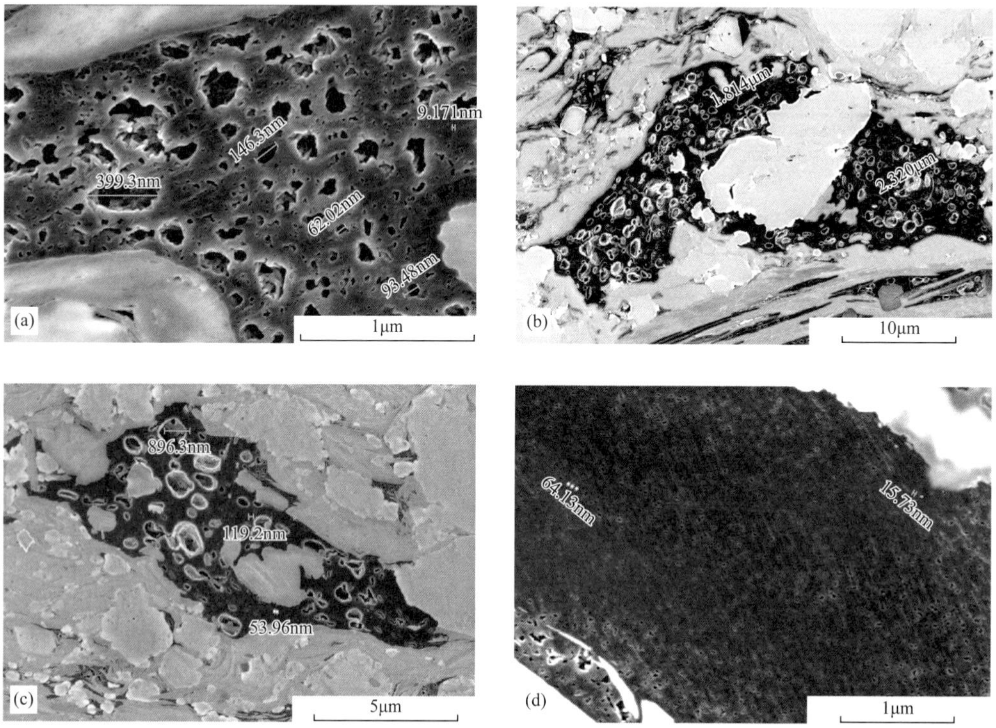

图 5-2-6　深层页岩气五峰组—龙马溪组优质页岩储集特征照片

(a) 有机质孔发育，孔径为 20~200nm，面孔率为 50%，DYS1 井，4139.80m；(b) 有机质孔发育，孔径为 20~200nm，面孔率为 30%，DYS1 井，4199.74m；(c) 有机质孔发育，孔径为 20~200nm，面孔率为 20%，DY5 井，3792.25m；(d) 有机质孔不发育，孔径为 20~200nm，面孔率为 5%，YZ1 井，4151.3m

（1）盆内深层后期抬升改造弱，剥蚀量少，保存条件好，普遍发育超压。

页岩气层超压成因及演化研究结果表明，在持续抬升开始前的最大埋深时刻，深水陆棚相优质页岩气层一般具有高含气量、异常高地层压力的特征。高 TOC、腐泥型—偏腐泥混合型干酪根、热演化程度适中的五峰组—龙马溪组在早深埋期顶、底板良好的封堵条件下，原油、烃类气体滞留在页岩储层中富集，所生成的烃类大幅增压，从而有利于页岩气藏高含气量以及超压的形成。四川盆地南部五峰组—龙马溪组沉积晚期构造抬升作用弱，早期形成的页岩气虽然在抬升剥蚀过程中有一定的散失，但总体上仍然保持了高含气量的特征，超压得以维持（图 5-2-7）；而在盆缘或盆外强变形区，页岩气逸散相对更加强烈，地层泄压，如前文论述的 YZ1 井，压力系数小于 1.0，优质页岩段含气量平均值均小于 $0.5m^3/t$，表现出深层页岩气在保存条件差的地区具有极低的含气量。

（2）深层页岩气在高压情况下，以游离气为主，利于产出。

JY1 井模拟不同埋深及不同压力系数下吸附气和游离气的变化规律表明，五峰组—龙马溪组页岩随着埋深增加，吸附气呈现先增大、在埋深 1000m 后明显减小的趋势；而游离气量则表现出随着埋深、压力系数增大而不断增大的趋势（图 5-2-8）。意味着埋深越深，越有利于游离气的富集，且压力系数越大，游离气量越大。

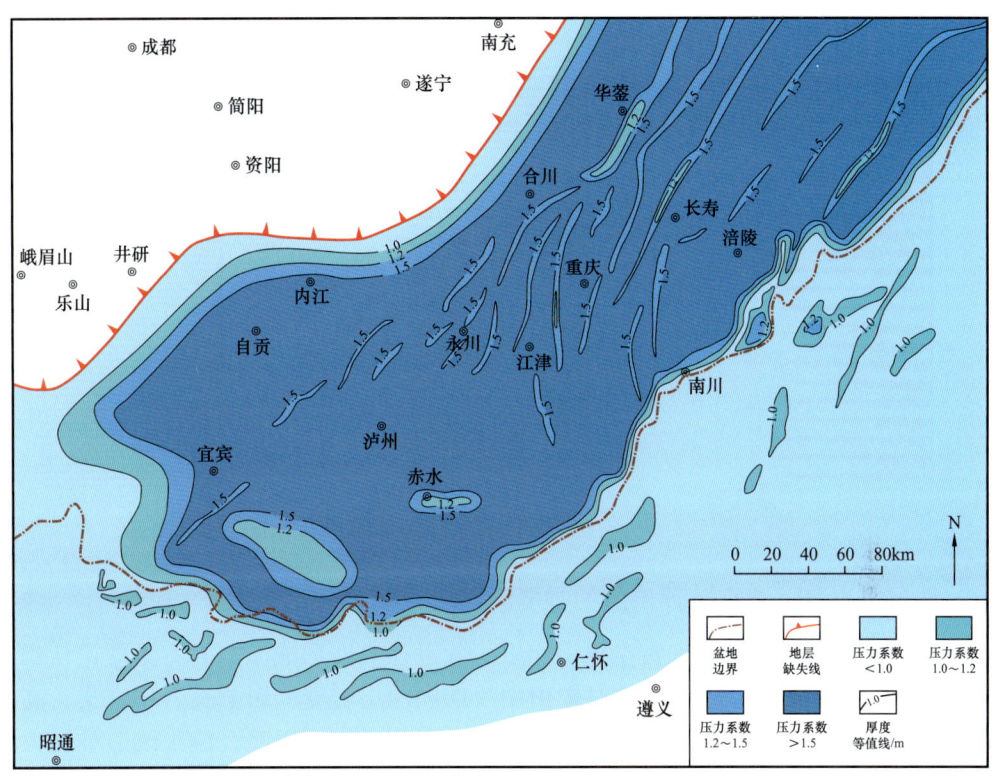

图 5-2-7 川东南地区五峰—龙马溪组流体压力等值线图

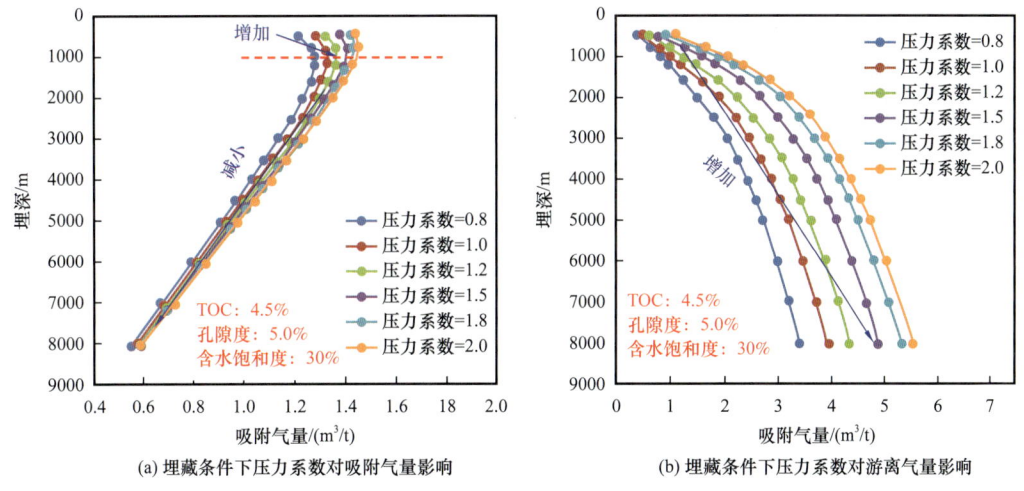

(a) 埋藏条件下压力系数对吸附气量影响　　(b) 埋藏条件下压力系数对游离气量影响

图 5-2-8 不同埋深下页岩吸附气—游离气变化规律

基于上述认识，开展了焦石坝超压区、丁山超压区和东溪超压区吸附气和游离气的定量表征，结果显示焦石坝超压区游离气占 68%，吸附气占 32%；丁山超压区游离气占 81%，吸附气占比 19%；东溪超压区（DYS1 井）游离气占 84%，吸附气占比 16%（图 5-2-9）。尽管都以游离气为主，但焦石坝超压区由于埋藏浅、地层温度低，其游离气含量总体小于丁山、东溪超压区。

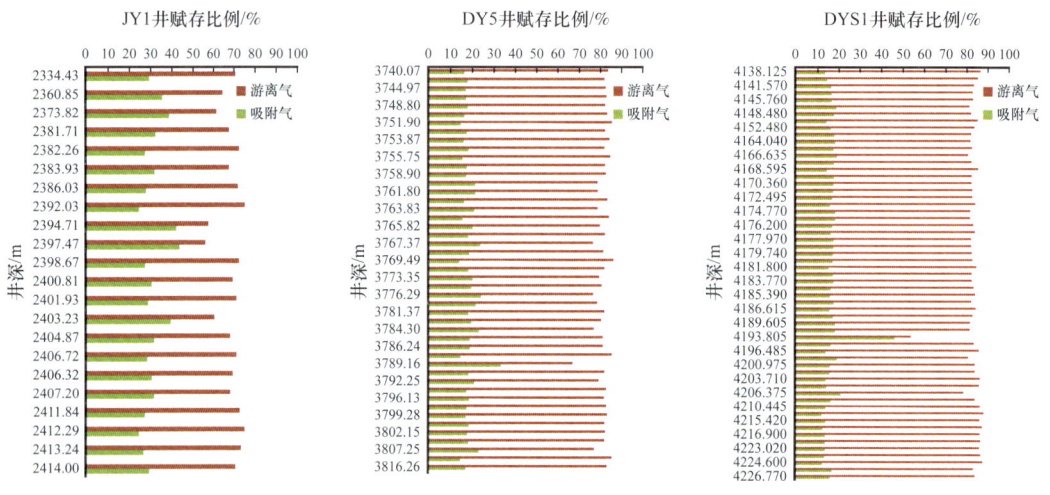

图 5-2-9　不同压力体系吸附气—游离气表征图

2. 深层页岩气"甜点"评价的关键要素

前期通过四川盆地及邻区古生界海相页岩气勘探实践形成了二元富集理论认识（郭旭升，2014b）。近年来，随着勘探对象由中浅层向深层转变，影响页岩气富集、高产的关键因素也有所差异，认识到深层页岩气普遍具埋深大、温压高、施工改造难度大的特点，要获得高产，不仅要考虑优质页岩的发育，还需考虑流体压力、裂缝发育程度、应力大小等因素。即"优质页岩发育、高流体压力、微裂缝发育、低地应力"是深层页岩气"甜点"评价的关键要素。

1）优质页岩发育是"成烃控储"的基础

五峰组—龙马溪组深水陆棚相优质页岩具有高的生烃能力、适中的热演化程度和良好的页岩储层品质，实测优质页岩具有较高的 TOC 含量和硅质含量，TOC 为 1.04%～5.89%，平均值为 3.50%，硅质含量为 31.00%～70.60%，平均值为 44.57%，二者存在明显的正相关关系，总体表现出优质页岩层段高 TOC、硅质含量高的良好耦合特征，是深层页岩气"成烃控储"的基础。

2）超压不仅有利于页岩气富集，还降低页岩储层有效应力，增强页岩脆性

高流体压力是深层页岩气保存条件良好的综合体现，是页岩气富集的前提。

不同围压下三轴实验揭示，围压对页岩脆—延转化起主导作用，随着试验围压的不断升高，峰值强度、弹性模量、残余强度等岩石力学参数不断增大，破碎程度逐渐降低（图 5-2-10、图 5-2-11）。但是对于超压地层而言，由于高流体压力的存在，能够有效地降低实际作用在岩石骨架上的有效应力，即实际围压降低。从而表现出在 60MPa 的围压下，地层岩石力学参数可能与 40MPa 围压下相当，进而改善页岩脆性，增强可压品质。

3）超压背景下页岩气层微裂缝发育，不仅可降低深层页岩气破裂压力，还有利于高产

勘探实践表明，页岩发育大量微细裂缝、微层理结构，与大量的孔隙联合，形成裂缝—基质孔隙网络系统，在超压情况下，微裂缝有可能为弱理面，更容易降低页岩起裂

压力。DYS1HF 井 11～19 段裂缝发育程度相对较高，破裂压力低、加砂量较高、产气量高（图 5-2-12）。小断层及微裂缝引起应力释放，一定程度上可以降低地应力。

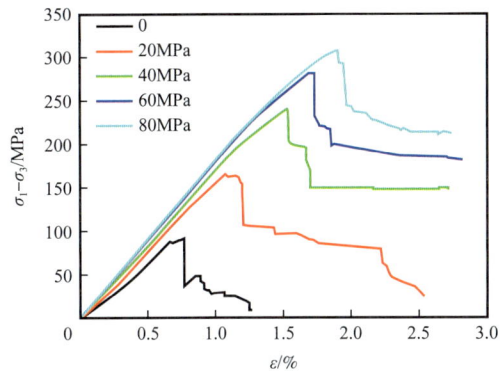

图 5-2-10　不同有效应力下应力—应变曲线图

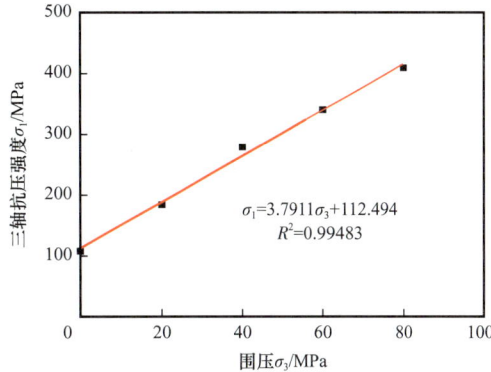

图 5-2-11　围压与三轴抗压强度交会图

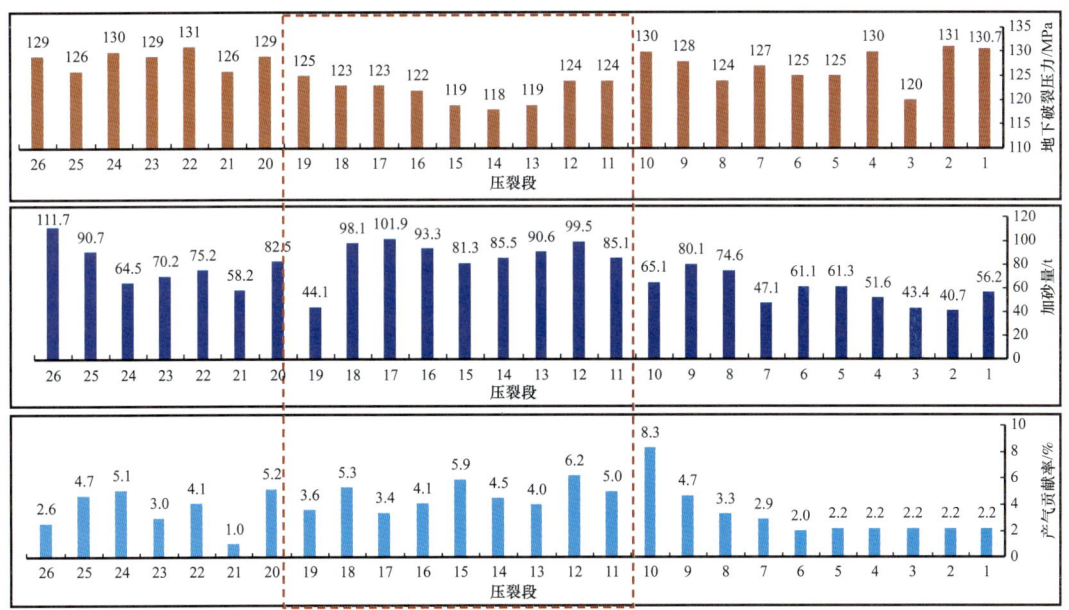

图 5-2-12　DYS1HF 井各压裂段产气贡献图

目前，国内深层页岩气测试产量在 $30×10^4m^3$ 以上的三口井（DYS1 井、L203 井、Z202-H1 井）都位于裂缝相对发育区。其中，DYS1 井位于东溪高陡构造翼部，地层垂深 4270m，水平段穿行构造转折位置，裂缝发育。L203 井位于福集向斜西翼构造转折端，地层垂深 3867m，水平井穿行段微裂缝整体发育程度高，主要发育在转折端拉张应力区和小断层附近，压后测试产量 $137.9×10^4m^3/d$，井口压力为 57.1MPa。

4）低地应力，降低施工难度

与中浅层页岩气相比，深层页岩气普遍具有高地应力特征，在现有的工程工艺技术条件下，要实现深层页岩储层的有效改造难度大。

通过研究表明，现今地应力主要受埋深、现今区域应力、古地应力及断裂等诸多因素的影响。其中随埋深增大，地应力总体变大，不同地区两向应力差和地应力梯度差异大；受现今区域应力影响，远离大型控盆断裂地应力梯度低。现今地应力受构造挤压持续性作用，盆缘复杂构造带靠近控盆断裂地应力梯度较高，总体向盆内地应力梯度降低（图5-2-13）；受构造样式及变形强弱的影响，在同等埋深条件下，宽缓构造应力差及应力梯度相对较小；小断层及微裂缝的存在会引起应力释放，一定程度上可以降低地应力。因此，有必要结合地应力分布规律，优选低地应力区。

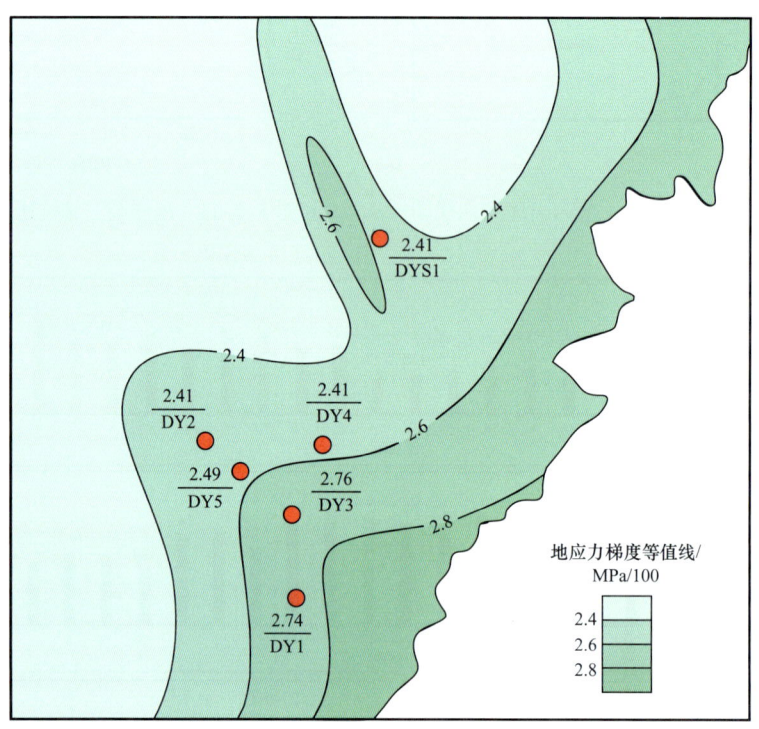

图 5-2-13　丁山—东溪地区地应力梯度等值线图

3. 深层页岩气"超压富气"模式

结合埋藏史研究表明，深层页岩气经历的最大埋深与中浅层相似，均约6000m，后期构造运动造成的差异抬升剥蚀是造成现今页岩埋深差异的主要原因，总体而言，深层页岩同样具有良好的物质基础，具备富集高产的基本地质条件，同时后期差异抬升剥蚀造成其保存条件总体较好。因此，目前国内中国石化、中国石油已部署埋深3500～4500m页岩气评价井目的层多为高压，并取得较高的产量，其中中国石化DYS1井试获$31.18\times10^4 m^3/d$的高产页岩气流，取得了四川盆地深层页岩气勘探的重大突破。通过对典型深层页岩气藏解剖分析，揭示了深层页岩气赋存机理，建立了"超压富气"模式。

1）盆缘单斜构造型深层页岩气超压富集模式

该类目标以丁山鼻状构造目标最为典型，整体受齐岳山断裂控制，向南东方向呈阶梯式抬升，构造主体与齐岳山断裂呈"断凹"相隔，但断洼不明显。沿着齐岳山断裂带向鼻状构造带延伸，构造变形强度、构造抬升剥蚀作用呈现逐渐变弱的趋势，浅埋藏带页岩气发生"垂向+横向联合"逸散，深埋藏带页岩气滞留富集，随着埋深增加，页岩气藏保存条件表征的主要参数，包括孔隙度、含气量及压力系数呈现出远离齐岳山断裂带逐渐变好的趋势。在此基础上，建立了丁山盆缘"齐岳山断裂带主体控制，浅埋藏区垂向、横向联合逸散，深埋逸散较弱"的盆缘低缓断鼻型深层页岩气超压富集模式（图5-2-14）。

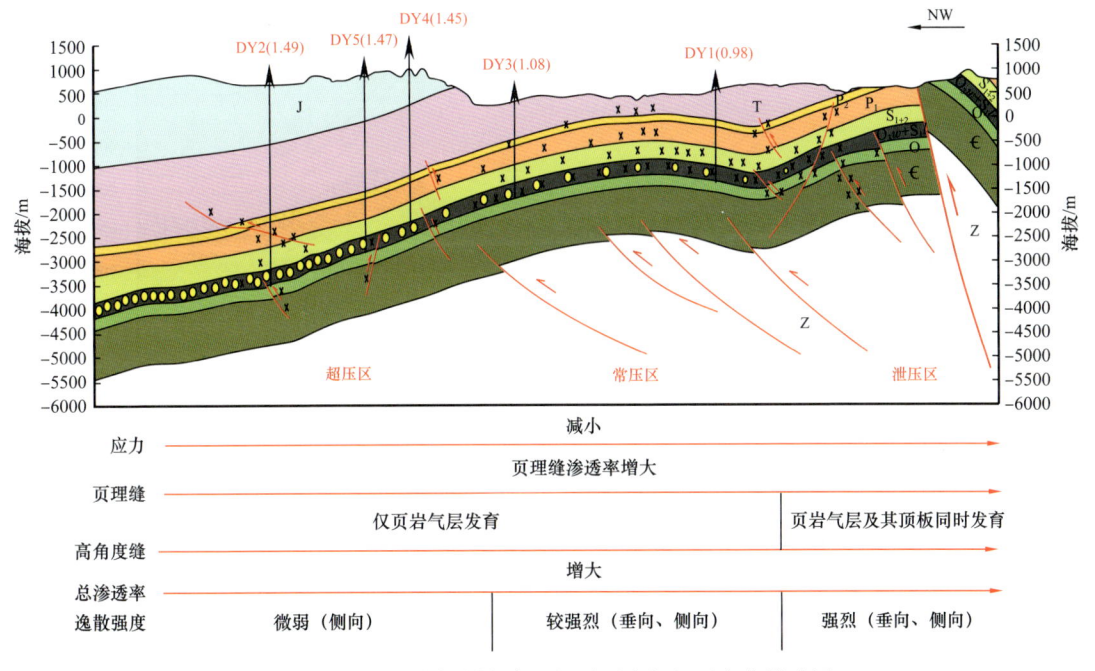

图 5-2-14 盆缘低缓断鼻型深层页岩气超压富集模式图

2）盆内高陡构造型深层页岩气超压富集模式

该类目标最典型的为东溪高陡构造，主要包含盆内受延伸短、在盆内消失的北西向断裂控制的高陡构造和受延伸长、与盆缘断裂相接北西向断裂控制的高陡构造，两类高陡目标都具有纵向分层滑脱相似的特征，差异性则主要为构造形变强度造成的、构造整体冲起幅度的差异、断裂规模的差异。分析认为，下、上分层滑脱、上构造层断裂是否通天、下构造断裂规模大小则是控制盆内高陡构造型深层页岩气是否富集的关键因素（图5-2-15）。

四、盆外复杂构造区常压页岩气富集规律认识

随着页岩气勘探开发的不断推进，深层和常压气藏成为目前页岩气勘探的重要领域。四川盆地内以高压页岩气藏为主，具有含气量高、地层压力系数大、储层物性好、初始产量高、最终产出量大等特征，经济效益显著；常压页岩气藏一般与已发现的丰度高、产量高的涪陵焦石坝和长宁—威远高压页岩气藏相比，盆外广大地区以常压页岩气藏为

主,地层压力系数介于 0.8~1.2,含气量较低,且吸附态天然气占比高,储层物性差、初始产量低、最终产出量低等特征,具有中—低丰度和中—低品位的特征,但其资源总量和储量规模仍较为可观,如何实现经济有效地开发是最根本的问题。美国的常压页岩气藏主要有密执安盆地 Antrim 页岩气藏和伊利诺斯盆地 New Albany 页岩气藏,均为生物成因页岩气藏,具有总含气量较低、吸附气比例较高等特点,由于其埋深较浅、稳产期长,亦能实现经济开发。

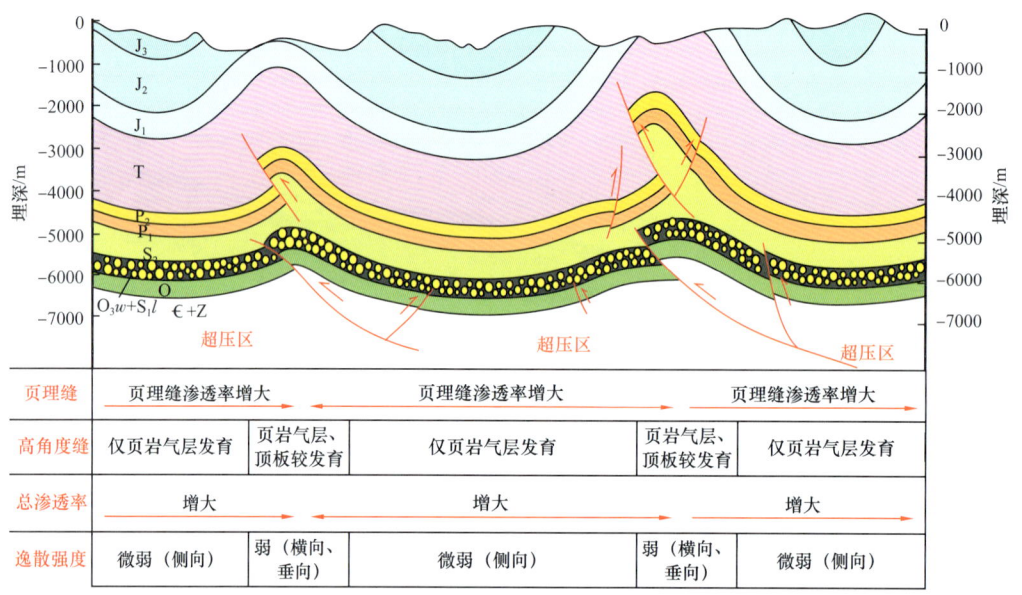

图 5-2-15　盆内高陡构造型深层页岩气超压富集模式图

前人对常压页岩气藏的形成和富集主控因素的分析认为,构造作用造成的天然气逸散是导致常压页岩气藏形成的主要原因,而岩性组合、有机质孔和构造保存条件等因素是常压页岩气形成和演化的关键。换言之,常压页岩气藏的形成主要归因于构造运动导致保存条件破坏、天然气部分散失和气藏压力降低。目前,对常压页岩气藏的类型、分布与形成机制、破坏机制等方面仍缺少深入分析,常压页岩气的富集机理与勘探开发工艺技术仍有待进一步攻关。本节基于四川盆地及其周缘地区五峰组—龙马溪组页岩气的勘探实践,在综合分析页岩品质、构造演化和钻探效果的基础上,探讨了常压页岩气的富集特征、主控因素及发育模式,以期为更准确地评价该类低丰度、大规模的页岩气资源扩展勘探思路,提供理论基础。

1. 常压页岩气地质特征

槽挡转换带常压页岩气和焦石坝区块高压页岩气为中国南方页岩气勘探的两种典型类型,二者具有相似的沉积背景、不同的构造改造条件,在沉积建造、裂缝发育特征、页岩气赋存状态、地应力、气藏参数、生产特征方面存在六大地质特点或差异。

1)优质页岩发育,具备页岩气富集的基础条件

受古隆起控制,盆外复杂构造区优质页岩厚度相对变薄,页岩品质存在一定差异。

具体表现在下志留统深水陆棚相页岩主要发育在古隆起围限的滞流静海盆地及被动大陆边缘，优质页岩由盆内向盆外有减薄趋势，厚度一般为20～30m。优质段TOC值由盆内及盆缘地区的4%左右向盆外降至3%以下，龙马溪组二亚段—三亚段TOC值由普遍大于1.5%降至1.0%左右。实钻资料表明，优质泥页岩厚度总体从北到南具有减薄的趋势，其中武隆—道真向斜优质页岩发育条件好，厚度在30～35m之间，平均TOC大于3.5%（表5-2-2）。

表5-2-2　盆内—盆外五峰组—龙马溪组优质页岩品质对比

地层	JY1		LY1		LY2		ZY1		AY1	
	厚度/m	TOC/%	厚度/m	TOC/%	厚度/m	TOC/%	厚度/m	TOC/%	厚度/m	TOC/%
龙马溪组二亚段—三亚段	51.00	1.66	63.4	2.37	65.9	1.67	61.5	1.01	51.0	1.13
优质段	38.00	3.56	32.0	4.51	40	4.49	31.0	3.50	19.9	2.85

2）整体变现为"低压、相对低孔隙度、低含气量"特征

盆外残留向斜受保存条件影响，具有相对低压、相对低孔隙度、相对低含气量、低游离气含量的特点；特别是保存条件遭到破坏的地区，页岩含气量极低、孔隙结构差、电阻率低。

（1）整体表现为常压特征。

从川东南地区的勘探实践分析可知，距离东南部雪峰造山带越近，保存条件越差。总体保存条件具有以下特点：盆内隔挡式变形带总体保存条件较好，富顺、永川及焦石坝构造主体、丁山深部等钻井压力系数都在1.5以上，仅高陡构造主体核部附近保存条件中等，盆缘复杂构造带保存条件复杂，保存条件从差到好均有发育，除了焦石坝南部复杂构造区和平桥断背斜取得较高的压力系数外，白马复向斜、南天湖斜坡、丁山构造主体、仁怀斜坡等钻井都显示保存条件受到了不同程度的破坏；槽挡转换带宽缓向斜具有中等保存条件，目前在武隆向斜、安场向斜、桑拓坪向斜、安场向斜等地均取得了一定的发现，但是钻井基本显示常压特征，远离剥蚀区、埋深增大地层压力有增大的趋势；隔槽式构造带保存条件差，目前的钻井均未取得页岩气发现。

（2）优质页岩层段孔隙度相对较低。

实钻揭示，盆外复杂构造区取得发现的宽缓向斜五峰组—龙马溪组优质段平均孔隙度在4%以上，而盆内页岩储层孔隙度含量则介于5.0%～6.5%，整体来看复杂构造区页岩孔隙度略低于盆内（表5-2-3）。另外，氩离子扫描电镜结果揭示复杂构造区内五峰组—龙马溪组优质页岩段有机质孔发育，孔隙多呈次圆状、棱角状；但是其孔隙形态的圆度、孔隙间的连通性均较盆内高压区差。综上所述，由盆外高压区至复杂构造常压区孔隙发育程度逐渐变差。

表 5-2-3 JY2—JY5—ZY1—LY2 井优质页岩段孔隙度对比

地层	JY2		JY5		ZY1		LY2	
	厚度/m	孔隙度/%	厚度/m	孔隙度/%	厚度/m	孔隙度/%	厚度/m	孔隙度/%
优质段	40.5	6.20	31.7	4.78	31.0	4.77	40	4.35

（3）常压页岩气含气量总体偏低，吸附气占比高。

通过对比不同构造位置五峰组—龙马溪组的页岩气含气量，发现盆内高压区、盆外槽挡转换带和隔槽式构造带复杂构造区的含气量差异较大。其中，盆内高压区含气量介于 $5.06\sim6.16m^3/t$，盆外槽挡转换带含气量介于 $1.81\sim5.78m^3/t$，隔槽式构造带含气量普遍小于 $1.0m^3/t$（表 5-2-4）。

表 5-2-4 不同构造位置五峰组—龙马溪组页岩气含气量对比表

区域位置	盆内				盆外槽挡转换带				盆外隔槽式构造带		
井号	JY1	DYS1	DY4	DY5	ZY1	PY1	LY3	AY1	HY1	YC7	YD2
含气量/m³/t	5.85	5.06	5.17	6.16	5.78	1.81	3.55	2.8	0.87	0.15	0.03

基于前期建立的游离气—吸附气计算模型，开展了对道真、武隆、彭水等常压区吸附气和游离气的定量表征，结果显示 ZY1 井优质段游离气占 46%，吸附气占 54%；LY1 井优质段游离气占 56%，吸附气占 44%；ZY1 井优质段游离气占 39%，吸附气占 61%；相比于 JY1 井超压气藏，吸附气占比高，一般在 50% 左右（表 5-2-5）。

表 5-2-5 盆外常压—超压页岩气藏吸附气—游离气比对比表

气藏类型	井号	地层压力系数	吸附气占比/%	游离气占比/%
常压页岩气	ZY1	0.98	54.0	46.0
	LY1	1.08	44.0	56.0
	ZY1	0.96	61.0	39.0
高压页岩气	JY1	1.55	32.0	68.0

（4）目的层地应力相对较小，但两向应力差异大。

渝东南盆缘转换带受多期构造运动影响，经历了大规模的挤压、抬升、剥蚀，导致应力释放，形成现今地应力小，两向应力差异大。彭水（桑拓坪向斜）—武隆地区水平地应力介于 $35\sim60MPa$，应力差异系数介于 $0.27\sim0.34$；焦石坝构造水平地应力介于 $45\sim80MPa$，应力差异系数介于 $0.11\sim0.13$（表 5-2-6）。

表 5-2-6　川东南槽挡转换带岩石力学参数及地应力统计表

构造名称	泊松比	杨氏模量/GPa	最大水平主应力/MPa	最小水平主应力/MPa	水平应力差异系数
焦石坝构造	0.20	30.0	55.0	49.0	0.11
武隆向斜	0.20	42.5	55.0	41.0	0.27
桑柘坪向斜	0.23	42.2	59.0	38.9	0.34

2. 常压页岩气富集高产主控因素

以川东南盆外槽挡转换带和隔槽式构造带的多个向斜构造为例，从不同向斜页岩发育特征、后期保存条件、含气性等差异的基础上，探讨常压页岩气成藏富集的关键控制因素。

1）优质页岩发育，是页岩含气性的物质基础

根据前文研究，发现川东南地区五峰组—龙马溪组优质页岩发育，通过对比川东南地区不同构造位置的五峰组—龙马溪组优质页岩特征，可知盆内隔挡式构造带（焦石坝背斜JY1井）、盆外槽挡转换带（武隆向斜LY1井）、盆外隔槽构造带（河坝向斜YC8井）五峰组—龙马溪组优质页岩岩性主要为灰黑色碳质笔石页岩，优质页岩厚度分别为38m、33m、12.3m，TOC分别为3.68%、4.3%、3.15%，有机质类型同为Ⅰ型，R_o分别为2.65%、2.56%、2.27%，硅质含量分别为44.82%、45.76%、55.3%，黏土含量分别为34.33%、29.11%、31.4%。根据以上研究可知，川东南地区盆内、盆外五峰组—龙马溪组优质页岩在厚度上有一定差异，但在岩性、TOC含量、有机质类型、R_o以及矿物组成等方面特征相似，因此川东南地区盆内、盆缘和盆外五峰组—龙马溪组页岩气烃源岩条件基本相似。

通过对比不同构造位置五峰组—龙马溪组的页岩气含气量，发现盆内的JY1井、盆外槽挡过渡带的LY1井和盆外隔槽式构造带的YC8井的含气量分别为5.83m³/t、2.26m³/t和0.12m³/t，不同构造位置的含气量差异较大，总体表现为由盆内向盆外含气量逐渐变小的趋势。根据以上研究发现，研究区不同构造位置五峰组—龙马溪组优质气烃源岩条件基本相似，但含气量差异较大，主要是由于保存条件存在较大差异，后文会详细论述。总之优质页岩发育是高含气量的物质基础，后期保存条件对优质页岩含气性起决定性作用。

2）保存条件是影响页岩含气性差异的关键因素

根据前人研究可知，四川盆地内部页岩气总体保存条件好，为保存持续型页岩气；盆外槽挡过渡带向斜构造探井保存条件相对较好，为散失残存型页岩气；盆外隔槽式变形带保存整体较差，为散失破坏型页岩气。其次压力系数可以反映地层的区域保存条件：川东南地区盆内的JY1井五峰组—龙马溪组地层压力系数为1.55，为高压页岩气藏，页岩气藏埋深为2415m，说明页岩气的保存条件较好；盆外槽挡过渡带LY1井压力系数为1.08，为常压地层，页岩气藏中埋深为2837m，保存条件一般；而盆外隔槽式变形带YC8

井发育负压，页岩气藏埋深仅为912m，优质页岩储层含气性低，保存条件较差。同时从钻井气样 N_2 含量同样揭示不同构造位置保存条件差异较大，对四川盆地海相地层而言，富 N_2 中的氮元素主要来自大气，它表征了地下与地表的连通程度，是一项间接反映油气保存条件的指标，由于有机质氮元素的贫乏，伴随烃类热解产生的有机氮一般应小于5%。盆内和盆外槽挡过渡带的 N_2 的含量低（小于0.5%），受大气影响较小，保存相对较好；盆外隔槽式变形带的 N_2 含量较高，河坝向斜的YC8井和毛坝向斜YC7井的 N_2 的含量高达67%～70%，说明受大气影响大，保存条件差。根据以上研究可知：川东南地区盆内五峰组—龙马溪组页岩气保存条件好，盆外槽挡过渡带较好，而盆外隔槽式变形带较差（表5-2-7）。这正是盆内、盆外隔槽式变形带和盆外页岩气物质条件相似，但含气量差异较大的原因。

表 5-2-7 不同构造带重点向斜构造目标保存条件对比

参数		构造位置					
		盆缘槽挡过渡带				盆外隔槽式构造带	
		松坎复向斜	武隆向斜	道真向斜	安场向斜	桑拓坪向斜	濯河坝向斜
基础地质参数	厚度/m	20～30	30～40	20.5～30	15～25	26	15～25
	TOC/%	2.0～4.6	2.5～4.2	2.0～6.0	2.0～4.0	2.0～4.0	2.5～3.5
	R_o/%	2.0～2.3	2.56	1.5～2.2	2.5～2.7	2.6	2.3
保存条件参数	面积/km²	895	667	289	96	210	1085
	轴长（长轴，短轴）/km	79, 18	61, 20	64, 12	22, 7	35, 8	154, 9
	埋深范围/m	0～6000	0～5500	0～4600	0～4200	0～2500	0～4000
	形状	纺锤状	纺锤状	纺锤状	纺锤状	长条状	长条状
	隆升时间/Ma	84	93	105	100	125	145
	地层倾角/(°)	5～25	6～30	10～20	4～25	10～35	20～80
	出露地层	J、T、P	J、T、P	J、T、P、D	T、P、S	T、P、S、O	J、T、P、S
	反向封闭断层发育情况	否	否	是	是	否	否
	构造稳定性	为"洼中隆"，保存好	形态完整，断层少，保存好	构造形态宽缓，断层少，保存好	构造形态宽缓，断层少，保存好	构造形态简单，断层较少，保存一般	向斜紧闭，地层倾角大，断裂发育，保存一般
综合评价		最好	好	好	好	较好	一般
勘探实施情况		ZY1井显示好	LY1井（5～6）×10⁴m³	ZY1井 7.49×10⁴m³/d	AY1井含气量4.42m³/t	PY1井（2～3）×10⁴m³	YC8井含气性差

不同构造保存条件的差异主要是由于盆外槽挡转换带处于盆内隔挡式构造带与盆外隔槽式构造带之间，抬升时间、构造运动强度明显弱于盆外隔槽构造带，表现为向斜构造面积更大，向斜更宽缓，埋深更大，断裂发育程度相对更弱，区域保存条件相对较好；例如武隆向斜所处槽挡转换带向斜构造面积大，地层平缓，呈纺锤形，埋深大，断裂相对不发育，构造稳定，保存相对较好。而盆外隔槽式构造带向斜构造面积小，呈窄条带状，埋深小，地层倾角变化大，断裂发育，构造改造强度大，保存条件明显变差。

（1）埋深、地层倾角及离剥蚀区距离与保存条件的关系。

研究表明五峰组—龙马溪组页岩层为高塑性地层，且页岩水平页理缝发育，这种页理面、层间滑脱缝发育导致页岩水平渗透率较垂直渗透率高2~8倍，页岩气更容易顺层散失，页岩地层若其侧向出露地表，由于气体横向顺层散失，气藏丰度会逐渐降低乃至彻底破坏。

抬升剥蚀造成页岩埋深变浅，页岩气层渗透率、扩散系数、解吸速率增大，页岩自身封闭性变差。随着埋深减小、上覆压力降低至16MPa，渗透率及有效扩散系数会明显增大。因此埋深越大，页岩的封闭性越好，反之越差。盆外槽挡转换带武隆向斜的LY1井和安场向斜的AY1井五峰组底埋深分别为2415m和2837m，保存条件较好；而盆外隔槽式变形带濯河坝向斜的YC8井和毛坝向斜YC7井五峰组底界埋深分别为912m和863m，含气量或产量较低。总体认为向斜构造越宽缓（倾角小），距离剥蚀区越远，埋深越大，作用在页岩页理面上的正应力越大，页岩水平渗透率越小，逸散方式由渗流强烈扩散逐渐过渡到深埋保存区的微弱扩散，保存条件逐渐变好，压力系数增大，页岩气测试产量变高。

（2）反向逆掩断层遮挡作用。

道真向斜和安场向斜与同属于盆外槽挡转换带的松坎、武隆向斜相比，具有埋深相对较浅、向斜面积小等不利于页岩气保存的构造特征，但往上倾方向发育反向逆断层，遮挡页岩侧向渗漏，保存条件好，同时钻探也揭示发育反向逆断层的盆外向斜构造页岩气保存条件好，含气性好。道真向斜南翼处于断层下盘的ZY1HF井，页岩气层埋深3173m，实测压力系数0.96，测试日产$7.49×10^4m^3$，反映受断层遮挡保存条件较好。安场向斜同样处于断层下盘的AY1井五峰组—龙马溪组全烃最高为7.56%，优质页岩现场解析气量在$0.99~2.36m^3/t$之间，总含气量在$2.8~6.49m^3/t$之间，平均值为$4.42m^3/t$，氮气的含量小于0.5%，同时在石牛栏组、宝塔组、二叠系均钻遇良好油气显示，综合评价其保存条件较好。因此，道真向斜、安场向斜虽然面积小，且埋深较浅，但其发育反向逆断层，仍具有良好的保存条件。

3. 常压页岩气富集模式

通过上述典型钻井解剖，不同期次、不同强度构造运动造成地层褶皱变形、破裂程度、剥蚀程度不同，形成了不同的构造样式，不同的构造样式因横向渗流和扩散作用的差异造成保存条件的不同。构造改造弱的构造样式对页岩气保存最为有效，而构造改造强的构造样式对页岩气保存不利。页岩气层段遭受构造断裂作用或是距离露头区不远，其横向渗流及扩散作用对页岩气的保存将产生不利的影响。整体上，以下构造样式对页岩气的保存较为有效：具有背斜背景、宽缓的构造样式；断层不发育或断层封闭性较好，或断层封挡的断下盘；相对远离露头区或地层缺失区。而埋藏浅和处于断裂带（断层通天，开启性强）的构造样式则对保存条件不利。依据有利的保存构造样式可以归纳为两种有利的保存模式。

1）宽缓残留向斜中心模式

鄂西—渝东地区的桑柘坪向斜、武隆向斜和白马向斜均属于残留向斜型常压页岩气藏。在越靠近盆地的地区，残留向斜的规模越大，抬升时间越晚，越有利于页岩气藏保存。

残留向斜型页岩气藏的保存除受自身断裂和裂缝发育程度影响外，其天然气的散失主要由页岩层上倾方向沿层理面的浓度扩散作用引起（层理的发育使得页岩的水平渗透率远高于垂向渗透率，平均为垂向渗透率的2～8倍）。页岩层的倾角越大、层理越发育，天然气的逸散越强烈；反之，则天然气的逸散强度弱，有利于页岩气富集。

残留向斜中，地层水的向心流对边部页岩气的破坏作用较强。向心流的停滞带对页岩气的保存较为有利，气藏通常也具有相对较高的压力系数和含气量。例如，在桑柘坪、武隆等向斜中心部位，页岩含气量较高，钻井通常具有较好的效果。以彭水地区桑柘坪向斜PY1井、PY3井和PY4井为例，PY4井龙马溪组页岩的埋深为2060m，距龙马溪组出露区5.2km，压力系数为0.94，产气量为（1～3）×10^4m^3/d；PY1井龙马溪组页岩的埋深为2260m，距龙马溪组出露区5.9km，压力系数为0.96，压裂测试的产气量为2.52×10^4m^3/d，产气量稳定在（1.0～1.5）×10^4m^3/d；PY3井龙马溪组页岩的埋深为2809m，距龙马溪组出露区8.1km，压力系数为1.05，压裂测试的产气量为3.2×10^4m^3/d。从PY4井到PY3井，构造位置从向斜翼部逐渐过渡到向斜核心部位，压力系数逐渐增加，单井产量从1.2×10^4m^3/d上升到3.2×10^4m^3/d，生产方式由举升转变为自喷生产，表明从向斜翼部到向斜轴部，页岩气保存条件逐步变好。由于页岩的水平渗透率远高于垂向渗透率，页岩气沿层理方向的逸散量较大，如有逆断层封堵，则能在一定程度上阻止天然气的侧向运移（图5-2-16）。因此，对于残留向斜侧向封堵式页岩气藏，建议勘探区域与目的层的地表出露点保持较远距离，以确保页岩气藏能维持较高的压力状态。因此宽缓向斜构造中心具有良好的保存条件，有利于页岩气富集。

2）上倾方向发育逆断层遮挡向斜模式

逆断层断下盘型页岩气藏在盆缘和盆外残留向斜中均有发育，下盘目的层与上盘致密隔层对接，受逆断层侧向封堵，页岩气滞留于断下盘；川东南盆缘转换带的逆断层断下盘经历燕山早期北西—南东向挤压和燕山晚期南北向走滑作用，形成多期天然缝网交切切割，发育"X"形剪节理，物性较好，利于压裂形成复杂网缝，但页岩气保存条件存在一定风险。

道真向斜位于四川盆地东缘武陵山褶皱带西南段。向斜现今构造样式主要展现为两条对冲逆断层夹持的向斜。受二级断裂——茶园断裂控制，道真向斜与东部洛龙构造呈

"东西分块"的特征；受三级断裂——沙坝子断裂的影响，西部道真向斜又分为南、北两块。道真向斜位于茶园断裂下盘，构造轴向呈北北东向。道真向斜总体面积较大，中部埋深大于1500m以上的距离露头较远，且南、北两翼都有反向断层对遮挡，保存条件相对有利。总体与安场向斜相似，但道真向斜面积更大、埋深更深、倾角更缓的特征（图5-2-17）。ZY1HF井位于道真向斜南翼，页岩气层埋深3173m，实测压力系数为0.96，测试日产气量为$7.49 \times 10^4 m^3$，反映受反向逆掩逆断层遮挡，页岩气横向运移减弱，滞留成藏，页岩气富集程度进一步得到证实。

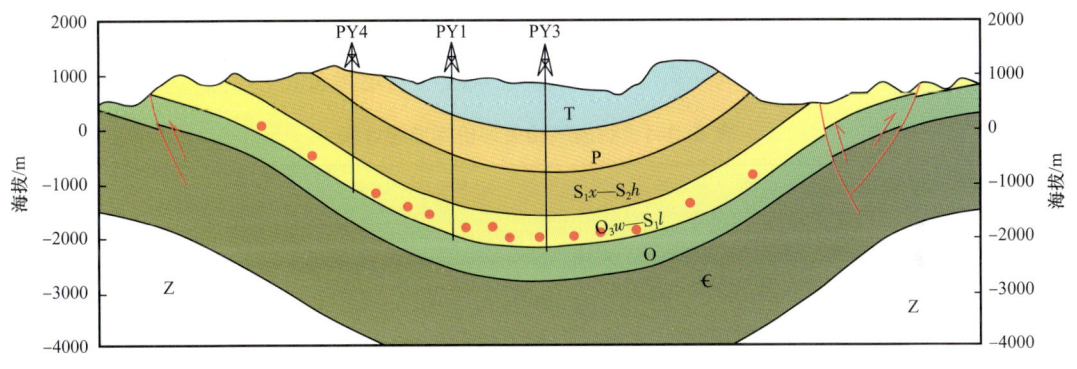

图 5-2-16 宽缓残留向斜中心模式富气模式

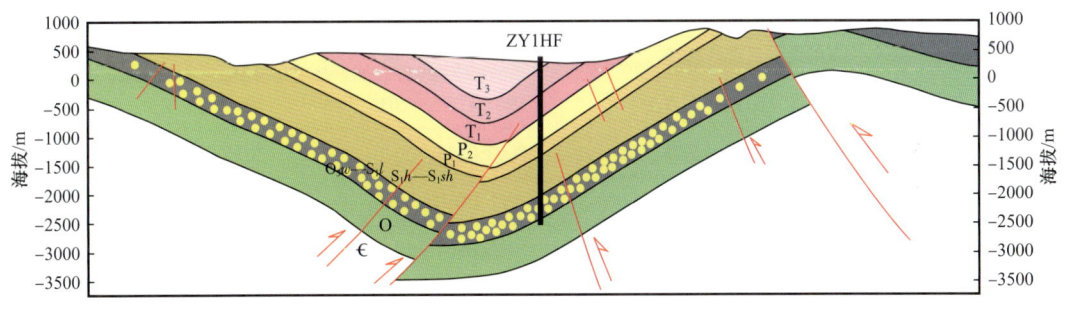

图 5-2-17 上倾方向发育逆断层遮挡向斜富气模式

第三节 中国南方海相页岩气盆地—区带—目标评价体系

早期中国南方选区评价体系主要参考国外典型案例，但是北美页岩年代新、演化适中、地下构造及地表条件好，而中国页岩年代老、演化高、地下构造及地表条件差。因此，不能照搬国外的页岩气勘探评价体系，而应该在参考北美各公司页岩气选区评价方法、评价参数的基础上，根据中国南方的实际地质条件，建立适合中国南方的页岩气勘探评价体系。本节基于各阶段勘探评价的目标，明确了逐级细化的三级评价流程及内容：盆地评价落实页岩品质、资源潜力与保存条件，优选远景区；区带评价进一步落实不同区带含气性差异，增加丰富保存条件，优选有利区；目标评价在保存条件丰度的基础上，进一步评价影响页岩气产出的工程条件，优选有利上钻目标。

一、国内外页岩气盆地、区带、目标评价体系与标准

页岩气勘探评价包括初期的盆地评价,主要落实有利区带;进行区带评价,落实有利目标;目标评价则落实"甜点区",为井位部署提供坚实的基础。针对页岩气盆地、区带、目标评价,目前国内外有诸多评价体系与标准,涵盖了盆地评价、区带评价以及页岩气目标地质评价等多角度参数评价分析(表5-3-1)。盆地评价主要考量盆地构造、地层、相带等方面,侧重基础地质评价;区带评价主要考量区带的定义、评价流程及参数的定性分析;目标评价主要考量目标评价的定义、评价流程、气藏、地球化学分析以及工程经济条件。前期的评价体系侧重盆地油气系统、单一参数步骤流程、参数定性化分析以及单个气藏定性分析等单一角度评价,缺乏系统性与定量分析。

表 5-3-1　页岩气相关评价标准统计表

序号	标准	标准编号	年度	类型
1	页岩气勘探选区评价方法	Q/SH 0506—2013	2013	企标
2	海相页岩气目标评价技术方法	Q/SH 0637—2015	2015	企标
3	盆地评价技术规范	SY/T 5519—2011	2011	行标
4	岩性地层区带评价技术规范	SY/T 6894—2012	2012	行标
5	页岩气资源量和储量估算规范	DZ/T 0254—2020	2020	国标
6	陆相页岩气选区规范	DB61/T 573—2013	2013	陕西地方
7	页岩气地质储量计算方法	DB61/T 572—2013	2013	陕西地方
8	页岩气资源量和储量估算规范	DZ/T 0254—2020	2020	国标
9	油气矿产资源储量分类	GB/T 19492—2020	2020	国标
10	页岩气资源评价方法	Q/SH 0504—2013	2013	企标
11	页岩气藏描述技术方法	Q/SH 0668—2015	2015	企标
12	页岩气藏描述技术规范	NB/T 14001—2015	2015	行标

二、中国南方盆地—区带—目标评价体系

在"二元"富集理论的指导下(郭旭升,2014b),针对海相页岩气构建了以优质页岩发育、构造保存条件为核心的盆地、区带、目标评价优选体系。针对三级三步勘探实践的特点,逐级考量各级、各类型主控因素,构建了页岩气盆地、区带、目标三级评价体系。其中盆地、区带评价主要考量页岩品质、资源规模和保存条件,制订了不同权重赋值;针对目标评价,逐级丰富参数,增加主控因素,进一步评价影响页岩气产出的工程条件,优选有利区上钻目标,进而构建了页岩气目标评价体系。

1. 优选地质评价参数

在调研现行的页岩气地质评价和目标优选的国家和行业标准基础上,重点参考2015

年度和 2017 年度国标，结合页岩气富集主控因素认识，从页岩品质、资源规模、保存条件及工程条件四个方面优选地质评价参数，且每一项评价参数并不是单一的，同样是经过多个评价参数对这四大参数类型进行综合评价。

海相页岩盆地—区带—目标评价考量的因素参数较多，需要在一定原则下进行科学选取才能使评价结果符合实际情况。层次分析法是根据问题的性质和要求，将问题按层次进行分析和求解的一种决策方法，也称为解析递阶过程，是一种定性分析与定量分析相结合的多目标决策分析方法。它将决策者对复杂对象的决策思维过程系统化、模型化、数学化，可用于求解多目标、多准则问题，特别是它将决策者的经验判断予以量化。应用层次分析法进行页岩气盆地—区带—目标进行评价时，首先是针对页岩油气的页岩品质、资源规模、保存条件与工程条件四大核心问题进行深入分析。

南方海相页岩具有高 TOC 含量、高孔隙度、高热演化程度等特点，且海相页岩具有"高 TOC 含量、高硅质含量"良好的耦合特点（郭旭升等，2016）。海相页岩有机质孔较发育，有机质孔是页岩储层尤其是吸附气聚集的主要空间，有机质孔的发育受有机质丰度、类型及演化程度的控制，同时受保存条件的控制。海相页岩油气富集明显受控于页岩发育品质与保存条件等多方面的控制，其评价的考量参数相对更多，本文综合考量海相页岩发育分布特点、富集主控因素及工程条件等多方面参数，进行评价参数的选取及参数标准的制订。

1）页岩品质

页岩品质决定了页岩气单井产量的高低、资源规模大小以及后期开发压裂的难易程度，可以说页岩品质是能否实现页岩气高效、商业化、规模化开发的基础。与页岩品质关联度较大的指标有 TOC 大于 0.5% 的页岩累计厚度、TOC 大于 1.0% 的页岩连续厚度、TOC 大于 2.0% 的页岩连续厚度、岩相组合、纹层发育程度、成熟度、有机碳、有机质类型及孔隙度等地质因素。

2）资源规模

资源规模主要指的是页岩的展布范围以及埋深、资源丰度等方面，不同埋深下页岩的展布面积及资源丰度决定页岩的资源规模及勘探潜力。

3）保存条件

保存条件涉及区域性保存及目标性保存等多方面，区域性保存主要包括区域盖层、区域抬升时间及强度、顶底板条件、含气量及断裂特征等参数；目标的保存进一步考量距一级断裂、二级断裂的距离、距剥蚀区的距离以及压力系数等关键参数。

4）工程条件

工程条件最主要的就是页岩可压裂性。脆性矿物的发育，将形成天然裂隙，有利于后期的压裂改造。页岩可压裂性条件参数包括脆性指数、应力差异系数以及天然裂缝发育程度。

2. 评价参数赋值

1）页岩品质参数

针对不同级别评价，页岩品质参数主要考量多参数的耦合分析，各个参数划分为好（权重 0.75~1.0）、中（0.5~0.75）、差（0~0.5），针对 TOC 大于 0.5% 的页岩累计厚度，划分为大于 60m、30~60m、小于 30m 三级；TOC 大于 1.0% 的页岩连续厚度划分为大于 30m、10~30m、小于 10m 三级；TOC 大于 2.0% 的页岩连续厚度划分为大于 15m、5~15m、小于 5m；岩相组合划分为"页岩型""页岩夹薄（纹）层型""页岩夹中层型""页岩夹厚层型"；纹层发育情况划分为发育、较发育、不发育；成熟度参数细分为 Ⅰ—Ⅱ 型和 Ⅲ 型，Ⅰ—Ⅱ 型页岩划分为 1.3%~3.0%、0.9%~1.3% 或 3.0%~3.5%、小于 0.9% 或大于 3.5%，Ⅲ 型页岩划分为 1.1%~2.5%、0.5%~1.1% 或 2.5%~3.0%、小于 0.5% 或大于 3.0%；有机碳含量划分为大于 2.0%、1.0%~2.0%、小于 1.0%；生源构成主要分为 Ⅱ$_1$ 和 Ⅰ 型为主、Ⅱ$_2$ 型为主、Ⅲ 型为主；孔隙度划分为页岩型和有夹层型，页岩型划分为大于 4.0%、2.0%~4.0%、小于 2.0%，有夹层型页岩划分为大于 3.0%、2.0%~3.0%、小于 2.0%。

2）资源规模参数

资源规模方面主要考量页岩展布面积、埋深及资源丰度三个参数，页岩展布面积划分为大于 300km²、100~300km²、小于 100km²，埋深划分为 1500~3500m、3500~4500m 或 1000~1500m、大于 4500m 和小于 1000m，资源丰度参数划分为大于 $1.0×10^8m^3/km^2$、$(0.5~1.0)×10^8m^3/km^2$、小于 $0.5×10^8m^3/km^2$。

3）保存条件参数

针对海相不同构造位置的保存差异性，综合考量区域盖层、区域抬升时间等 10 个参数。区域盖层划分为大面积分布且厚度大、较发育且厚度中等、局部发育且厚度较小；区域抬升时间划分为小于 40Ma、40—100Ma、大于 100Ma；构造活动强度划分为较弱、中等、较强；顶底板条件划分致密、较致密、不致密 / 不整合面；含气量划分为大于 $5.0m^3/t$、$2.0~5.0m^3/t$、小于 $2.0m^3/t$；断裂特征划分为中等—弱发育、较发育、非常发育；距一级断裂距离划分为大于 10km、5~10km、小于 5km；距二级断裂距离划分为大于 5km、3~5km、小于 3km；距露头区或剥蚀区距离划分大于 10km、5~10km、小于 5km；压力系数划分为大于 1.2、0.9~1.2、小于 0.9。

4）工程条件参数

工程条件方面主要考量脆性指数、水平应力差、天然裂缝发育程度三个参数，脆性指数划分为大于 50%、30%~50%、小于 30%；水平应力差划分为小于 13、13~16、大于 16；天然裂缝发育程度划分为发育、较发育、一般或不发育 3 个等级。

3. 盆地—区带—目标评价体系与标准

盆地评价主要考量页岩品质、资源规模及保存条件三方面，分别给予 35%、30%、35% 权重。页岩品质分别从 TOC 不小于 0.5% 的页岩累计厚度、TOC 不小于 1.0% 的页岩连续厚度、TOC 不小于 2.0% 的页岩连续厚度、岩相组合、纹层发育情况、成熟度、有机碳含量、生源构成及孔隙度 9 个参数来综合判识；资源规模分别从页岩展布面积、埋深 2 个参数来判识资源的分布情况；保存条件分别从区域盖层、区域抬升时间、构造活动强度 3 个参数来开展盆地保存条件评价（表 5-3-2）。

表 5-3-2　盆地—区带—目标评价体系参数与赋值表

评价级别	参数类型	参数名称		参数与赋值					
				盆地		区带		目标	
				权重/%		权重/%		权重/%	
盆地评价 / 区带评价 / 目标评价	页岩品质	TOC≥0.5% 页岩累计厚度		35	5	40	5	45	5
		TOC≥1.0% 页岩连续厚度			10		10		10
		TOC≥2.0% 页岩连续厚度			15		15		15
		岩相组合			5		5		5
		纹层发育情况			5		5		5
		成熟度 R_o	Ⅰ—Ⅱ型		10		10		10
			Ⅲ型						
		有机碳含量/%			20		20		20
		生源构成			10		10		10
		孔隙度/%	页岩		20		20		20
			夹层						
	资源规模	页岩展布面积/km²		30	40	25	30	15	20
		埋深/m			60		40		50
		资源丰度（10⁸m³/km²）					30		30
	保存条件	区域盖层		35	40	35	20	20	15
		区域抬升时间/Ma			30		10		5
		构造活动强度			30		10		5
	保存条件	顶底板条件				35	15	20	10
		含气量/(m³/t)					25		15
		断裂特征					20		5
		距一级断裂距离/km							10
		距二级断裂距离/km							10
		距露头区或剥蚀区距离/km							10
		压力系数							15
	工程条件	脆性指数/%						20	30
		水平应力差							30
		天然裂缝发育程度							40

区带评价主要考量页岩品质、资源规模及保存条件，与盆地评价相比更加注重页岩品质，分别给予40%、25%、35%权重。页岩品质评价方面延续上级评价页岩连续厚度、岩相组合等9个参数的综合判识；资源规模评价方面，增加资源丰度这一参数的考量；保存条件评价方面，在盆地评价考量区域盖层、区域抬升时间、构造活动强度这3个参数外，增加对顶底板条件、含气量、断裂特征这3个参数的考量分析。

目标评价主要考量页岩品质、资源规模、保存条件、工程条件四方面，分别给予45%、15%、20%、20%权重。页岩品质评价方面，目标评价级别与区带评价相比，针对页岩品质的评价权重更高，但考量参数相似；资源规模方面与区带评价保持一致；保存条件方面，在上级考量参数的基础上，增加对距一级断裂距离、距二级断裂距离、距露头区或剥蚀区距离、压力系数的考量，以便针对性地评价目标的保存条件；工程条件方面主要考量脆性指数、水平应力差及天然裂缝发育程度。

通过逐级丰富考量参数，构建的页岩气盆地—区带—目标三级评价体系，支撑了《海相页岩气勘探目标优选方法》（GB/T 35110—2017）国标的制订，为战略选区与目标评价提供了技术支撑。

第六章　页岩气勘探评价地球物理技术

勘探地球物理技术贯穿于页岩气勘探开发的整个过程，在构造与储层高精度地震成像、"甜点"预测、水平井轨迹设计、压裂监测评估等方面发挥了关键作用。"十二五"期间，针对南方探区复杂山地、石灰岩出露等特点，采集上采用"饱和激发"+"地检最佳耦合"+"宽方位、高覆盖、小面元、强耦合滚动"的采集方案（齐中山，2015；撒利明等，2016；陈祖庆等，2016），处理上采用起伏地表叠前时间偏移成像处理及叠前道集 AVO 保幅处理技术，有效提升了浅、中层地震反射成像精度和叠前道集信息的保幅性，为页岩气精细构造解释、地质"甜点"预测奠定了良好的基础。通过"甜点"预测技术攻关，形成适合中国南方中浅层平稳构造区的海相页岩气"甜点"地震预测与评价技术体系，有效地支撑涪陵页岩气田的发现。

然而，随着页岩气勘探的深入，四川盆地及周缘奥陶系五峰组—志留系龙马溪组海相页岩气勘探从浅层走向深层、从平缓构造拓展到高陡复杂构造，中浅层形成的地球物理技术出现了不适应性。深层页岩气目标多位于地表地下构造复杂带，埋深大、各向异性强、优质页岩靶窗小，急需攻关针对性高精度地震采集处理技术，为复杂构造精细解释、多期构造特征分析、各向异性分析、"甜点"预测及水平井方位优选等提供相适应的高精度地震成像数据。深层页岩岩石物理特征不明，页岩"六性"随深度的变化规律不清，具有针对性的岩石物理模型亟需建立。现有的页岩气测井评价方法针对性差，尤其常规测井模型评价页岩气适用性差、精度低，亟待构建高精度测井评价技术体系。同时随埋深增加，地层脆延性变化规律复杂，给地震"甜点"预测技术带来了极大的挑战。深层页岩压裂微地震信号弱、信噪比低、定位难，压裂监测技术有待进一步完善和攻关。

"十三五"期间，聚焦深层页岩气勘探地球物理技术开展攻关，取得明显进步。围绕复杂构造区深层页岩气构造精细解释、水平井设计、各向异性分析及"甜点"预测等对高精度地震成像数据的需求，集成了全方位、高覆盖、强耦合观测与动态井深药量设计、拟真地表各向异性叠前深度偏移及全方位成像等高精度地震采集处理关键技术系列。通过模拟原位的页岩岩石物理及岩石力学测试，结合页岩微纳米孔隙结构与压力特征，建立了微纳米—各向异性岩石物理模型。以含气性多参数联测与导电机理实验为基础，深化了页岩气储层"六性"关系研究，形成了含气性测井解释新方法。以微纳米—各向异性岩石物理模型为驱动，研究页岩 TOC 含量、孔隙压力、含气量、脆性、地应力、微裂缝等地震预测技术，形成页岩气"甜点"地震预测技术系列。基于相控阵原理，提出"蜂窝"阵列采集处理方法，研发了微地震解释技术，形成微地震一体化技术，同时将广域电磁法技术引入页岩气压裂监测，提供了一种有别于传统的快捷、经济监测新方法。

第一节 复杂山地深层页岩气全方位采集及高精度成像处理技术

四川盆地及周缘海相深层页岩气有利目标多位于地表地下构造高陡复杂带，埋深大、各向异性强、优质页岩靶窗小（仅为8m），要实现该领域的勘探突破及战略展开，急需高精度三维地震精细落实地质构造特征及多期构造叠加痕迹、低序级断裂、相对高差小于10m的微幅构造以及优质页岩层厚度、埋深及可压裂性，支撑深层页岩气易于压裂求产的有利目标落实及高精度钻井地质设计，确保水平井优质储层钻遇率达95%以上，为水力压裂体积改造获得高产商业气流奠定基础。

因此，相比常规天然气勘探，页岩气有利目标的高精度落实对地震资料成像品质、精度和信息丰度有更高要求。采集上，复杂高陡构造高品质成像需要反射波照明能量充分、均匀，深部页岩地层高信噪比保幅成像需要反射波照明能量趋于饱和，页岩各向异性信息提取需要反射波方位照明信息采集相对充分完备，高标准的保幅处理需要不同地形地表条件的井炮所激发的单炮地震记录能量基本一致。处理上，页岩气目标层反射波成像需满足高信噪比、高保幅性和较高分辨率，构造归位保真、主控断层与低序级断裂成像清晰，微幅构造异常明显以及叠前方位信息充分保留且相对保幅。

基于上述需求，以"十二五"复杂山地宽方位、高覆盖、强耦合高精度三维地震技术为基础，在观测系统设计、井炮激发、高精度叠前偏移成像及全方位叠前信息保持处理等方面开展了针对性方法攻关，实现了靶区地震资料高精度成像和各向异性信息的充分保留，满足了复杂构造区深层页岩气有利目标高精度落实对高品质、高精度、高信息丰度地震成像资料的需要。

一、页岩气全方位高精度三维地震采集技术

以"十二五"涪陵页岩气田高精度地震采集技术为基础，针对复杂构造区深层页岩气构造高精度成像和页岩各向异性信息提取分析对原始资料采集品质与信息丰度的要求，完善并形成了页岩气地质目标导向的全方位高精度观测系统优化设计与基于近地表结构导引的动态井深药量设计等关键技术，在东溪等探区取得了较好的应用效果。

1. 页岩气地质目标导向的高精度观测系统设计论证技术

为确保复杂构造区深层页岩层地震采集方位、偏移距信息完备及反射点照明充分均匀，以高陡构造区深部页岩层高精度成像CRP面元照明能量充分均匀饱和与各向异性信息表征相对完备为原则，提出了一种页岩气地质目标导向的高精度三维观测系统设计论证技术，如图6-1-1所示。

该技术实现步骤为：首先，综合利用靶区地表高程、地下构造解释、钻测井资料及页岩储层参数，建立真地表、构造和储层单元为一体的三维地震—地质综合模型；其次，运用高斯射线束照明和波动方程波场数值模拟技术，对模型开展逆向、正向和方位多维

度照明分析，确定基本观测参数及精准变观优化设计；最后，利用三维模型地震波模拟数据或工区已有实际数据开展退化处理分析，理论评估基本观测参数的合理性，进一步优化采集设计方案，确保观测系统设计与多期构造叠加痕迹的保真成像以及页岩气"甜点"地震信息的充分、完备采集相匹配。

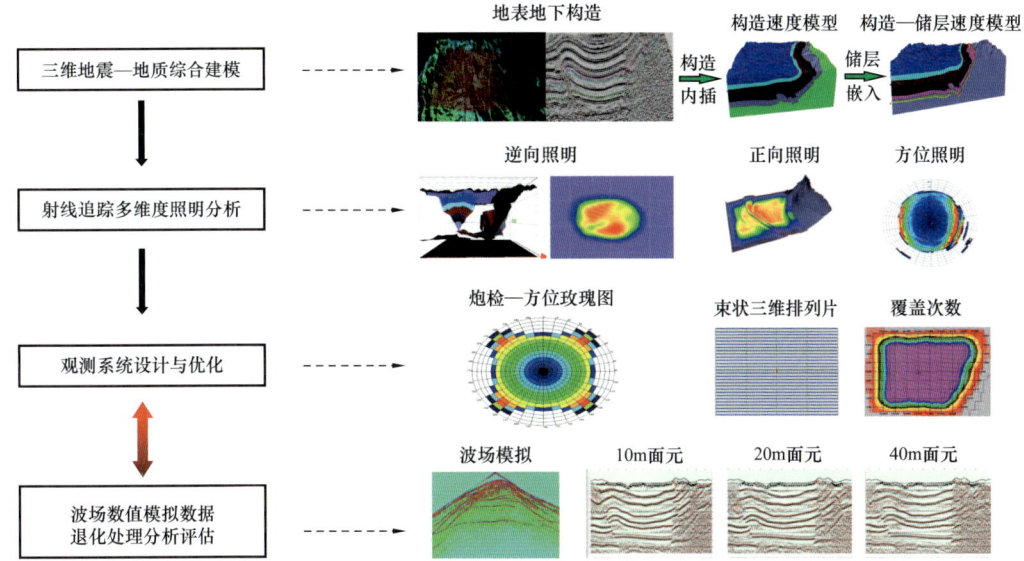

图 6-1-1　页岩气地质目标导向的高精度观测系统设计论证技术流程图

应用到东溪靶区，首次提出并成功实施了全方位、强耦合、高覆盖、均匀、对称的观测系统方案（28L9S252T1R196F，面元为 20m×20m，横纵比为 1，炮道密度达 49 万道 /km^2，炮道均匀性为 1），是目前川东南地区唯一满足广义均匀对称的高精度三维地震，具有观测方位宽、覆盖次数高、方位—偏移距—覆盖次数分布均匀和采样脚印弱四项优势，确保了复杂构造区深部页岩层反射点 CRP 面元照明能量的充分均匀饱和及方位信息采集的相对完备，特别适合高精度地震成像、全方位处理及五维高精度解释，为页岩气有利目标高精度落实奠定了良好的先决条件，如图 6-1-2 所示。

2. 基于近地表结构导引的动态井深药量设计技术

南方山地近地表不仅地貌形态多样，且岩性与构造复杂多变。根据"十二五"井炮饱和激发实验研究表明，传统的固定井深药量在不同近地表结构条件下激发的单炮能量差异大，不利于后续处理，最终可能影响页岩气地层反射波成像的信噪比和保幅性，达不到页岩气对成像品质的高要求。因此，依据近地表结构动态设计井深药量是保证不同地形地表条件下单炮激发能量一致性的关键举措，其首要环节是利用（双井）微测井和其他综合地质资料建立精细近地表结构模型，查明低降速带速度与厚度的纵、横向展布规律及岩性、近地表断裂破碎特征。经过南方复杂山地多个探区多年的攻关实践，逐渐形成了比较完善的近表结构综合调查技术，主要包括精细地面地质调查技术、密集（双井）微测井技术、钻井取心技术和高密度电法技术等。

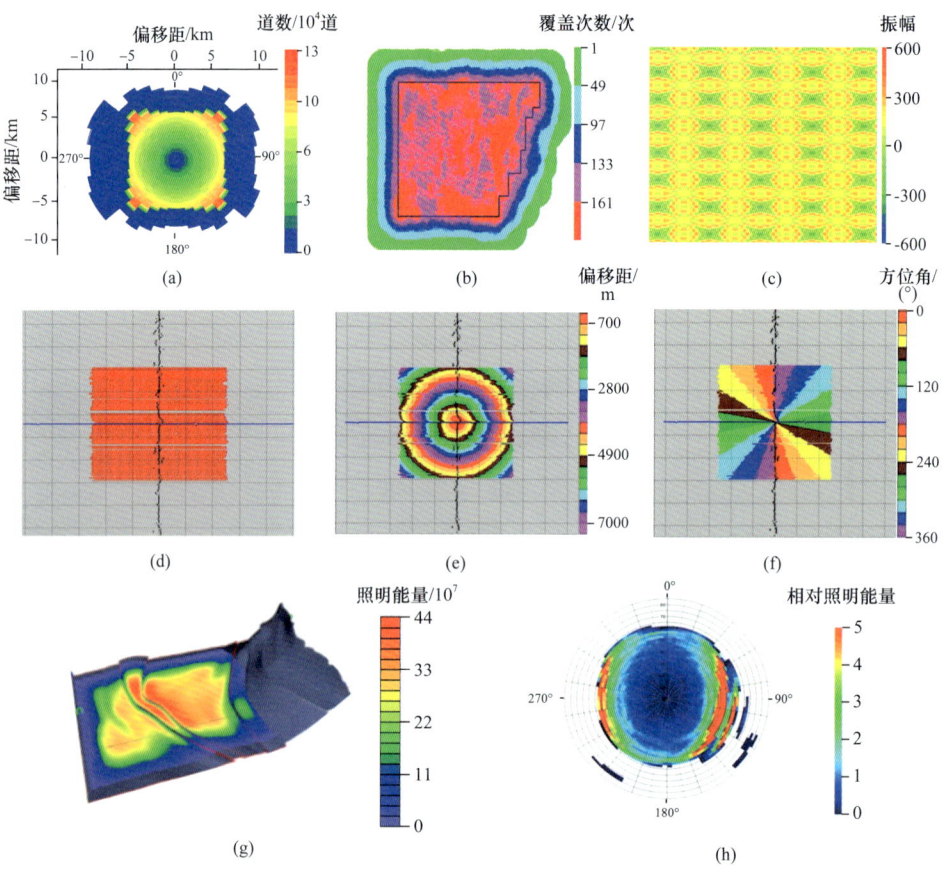

图 6-1-2　东溪全方位三维观测系统属性图
（a）偏移距—方位分布；（b）覆盖次数；（c）采集脚印；（d）十字排列；（e）偏移距；（f）方位角；（g）反射波 CRP 面元正向照明能量；（h）反射波 CRP 面元方位相对照明能量

基于上述认识，为确保同一探区不同近地表条件激发的单炮能量基本一致，提出了近地表结构导向的井深、药量最优化动态设计技术。该技术实现主要包括 4 个关键步骤：（1）根据精细地面地质调查，逐线落实岩性分界点，圈定地表砂泥岩、石灰岩及其他岩性突变带范围；（2）结合详细的地表地质剖面调查、岩性测录井及潜水面等资料，摸清探区近地表地层结构与岩性主体特征；（3）根据（1）与（2）调查结果，选取有代表性的生产前激发因素试验点（包括不同地形区与不同岩性出露区）与生产中考核验证试验点，试验最佳井深与高能炸药药量等激发参数，确保不同试验点激发单炮能量基本一致；（4）利用全区精细的近地表结构调查结果，与（3）中典型试验区近地表结构进行比对，实现全探区动态井深、药量的设计。

应用到东溪靶区，全区平均井深约 22m，平均药量约 11kg。其中，丘陵与山谷（若为砂泥岩区）一般采用 20～22m 井深、10～12kg 药量激发，高山顶或石灰岩出露区一般采用 22～24m 井深、14～16kg 药量激发，山腰或过渡岩性区一般采用 21～23m 井深、12～14kg 药量激发。近地表结构导引的动态井深药量设计，确保了该探区不同近地表结构条件下的单炮激发能量基本一致，如图 6-1-3 所示。

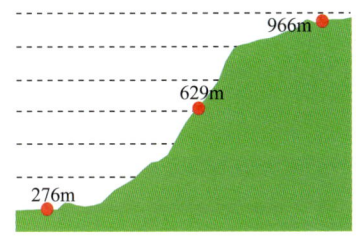
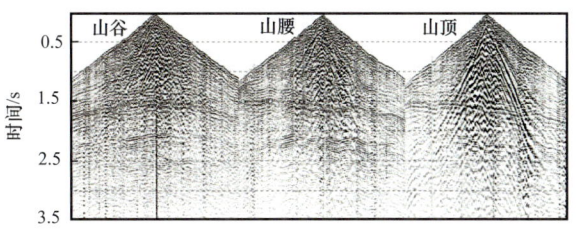

图 6-1-3　不同近地表结构条件下的单炮地震记录对比

二、拟真地表各向异性高精度叠前深度偏移与全方位地震成像处理技术

四川盆地复杂构造区深层海相页岩气主探目的层为五峰组—龙马溪组，优质页岩厚度在 30m 左右。为实现高质量钻探和页岩储层体积压裂改造的目的，地层埋深预测精度要求井震垂深误差小于 1%，水平井轨迹设计精度要求在 8m 靶窗中穿行且轨迹方位要求位于易于压裂求产的"甜点区"，这对地震成像精度与"甜点"预测所需的叠前方位信息的充分保留提出了高要求。

为满足复杂构造区深层页岩气勘探对地震资料的针对性需求，首先，系统分析了常规地震资料处理中影响页岩气地震成像精度和信息丰度的关键因素，包括常规叠前时间偏移和常规叠前深度偏移成像处理存的问题，前者涉及"静校不静"、成像点横向漂移以及偏移过程未考虑全部方位信息保留等，后者涉及大平滑成像基准面的数据基础不合理、深度域速度建模精度低以及未考虑各向异性影响等；然后，针对这些问题，完善并集成了拟真地表成像面构建、高精度深度域速度建模（包括近地表、中深层速度建模以及二者融合建模）、TTI 介质各向异性参数反演建模、TTI 叠前深度偏移以及 OVT 域全方位成像处理等关键技术，实现了高精度地震成像处理的理念转变；最后，形成了复杂构造区深层页岩气高精度地震成像工业化处理流程（图 6-1-4），并实现了规模应用，大幅提升了地震资料成像品质、精度和叠前方位信息丰度，有效支撑页岩气有利目标的高精度落实、"甜点"预测与钻井地质设计。

1. 拟真地表成像面构建及其配套的高频静校正技术

理论与实践表明，叠前时间偏移（记为 PSTM）不适用于复杂地表复杂构造的情况，而叠前深度偏移（记为 PSDM）是复杂地表复杂构造地震高精度成像的必然选择（王华忠等，2012；王延光，2017）。叠前深度偏移地震成像是更接近于地震波真实传播路径的偏移处理技术，需要从真实地表进行波场延拓，但现有的成熟技术还无法做到完全真地表速度建模及其偏移成像，需要采用小距离平滑方法建立近于真实地表的平滑成像基准面，即拟真地表成像面，然后在该成像基准面上进行速度建模及偏移成像处理（王华忠等，2013；刘定进等，2016）。显然，拟真地表面与真实地表面之间存在拟合差引起的高频静校正量。依据反射地震成像分辨率理论分析与南方复杂山地处理实践经验表明（马在田，2005），当该高频静校正量的最大值小于地震波主周期的二分之一时，拟真地表面与真实地表面的地震波传播路径差异通常较小，此时，可采用合适的静校正方法，把真地表面的地震数据校正到拟真地表面上开展速度建模和叠前深度偏移成像。这说明"拟真地表"PSDM 处理的基础是要建立合适的拟真地表成像面及其配套的高频静校正方法，来满足目前叠前深度域成像对基础数据的要求。这与 PSTM 的 CMP 浮动面建立及其静校正方法有本质不同，如图 6-1-5 所示。

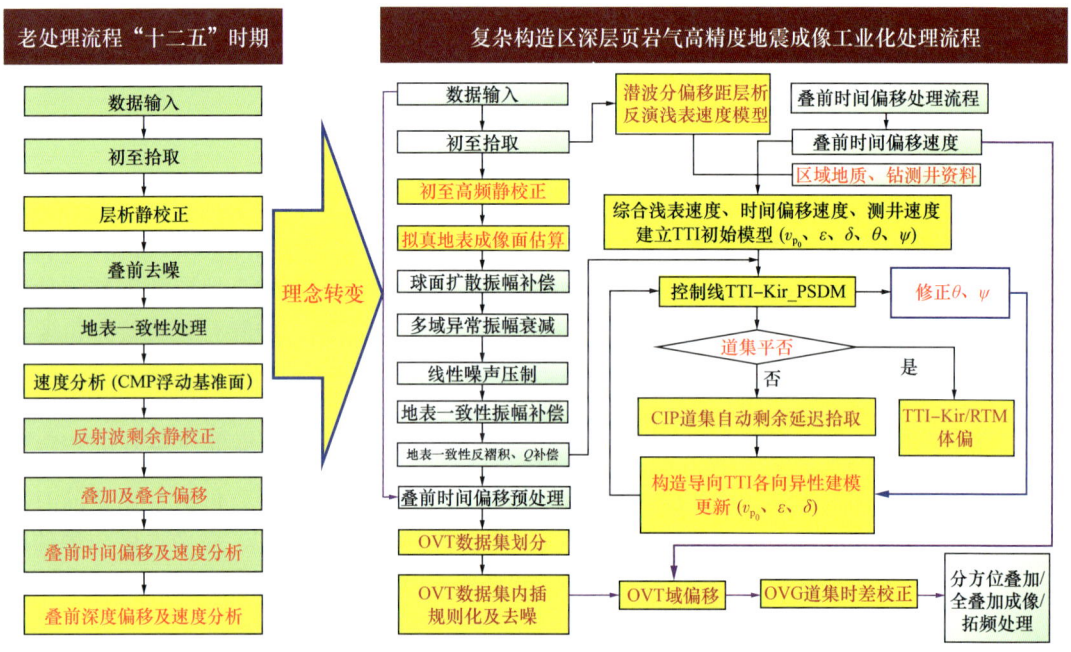

图 6-1-4　复杂构造区深层页岩气高精度地震成像工业化处理流程

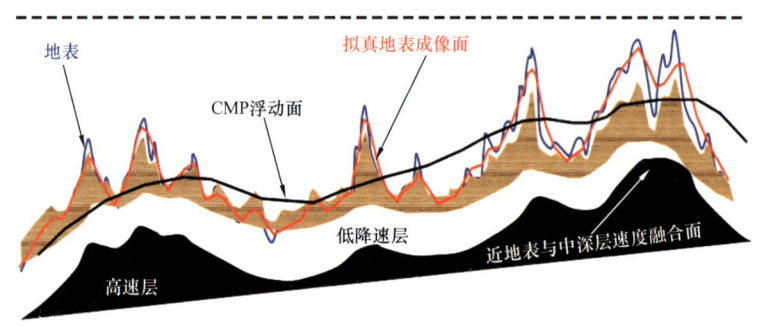

图 6-1-5　地表面、浮动面及拟真地表面示意图

综上所述，构建拟真地表成像面的处理技术流程如图 6-1-6 所示。拟真地表面尽可能保持了地形起伏的相对关系，使得地震波更接近从真实地表传播，输入叠前深度偏移处理的数据基础相对合理。

图 6-1-7 展示了同一 CMP 道集校正到不同处理成像面所对应的地震同相轴形态。真地表面原始数据道间时差包含高频和低频静校正分量，双曲特征不明显。折射层析静校正后的数据置于 CMP 浮动基准面上，同相轴呈双曲线规律，用于时间域速度分析及偏移。高频静校正后的数据位于拟真地表成像面上，消除了道间时差高频分量，但长波长分量道间时差仍保留，需要后续的拟真地表叠前深度偏移成像处理来消除，获得更接近

地震波真实传播路径的高精度成像结果。

2. 近地表与中深层层析反演深度域速度建模及无缝融合技术

拟真地表高精度叠前深度域成像，除了需要运用高精度叠前深度偏移方法外，更重要的基础是要建立高精度叠前深度域偏移速度模型（孙成龙和王华忠，2008；潘兴祥等，2013）。针对四川盆地复杂山地页岩气探区，高精度叠前深度偏移速度建模主要包括近地表深度域速度建模、中深层深度域速度建模及二者融合建模。

1）基于分偏移距潜波层析的高精度近地表速度建模技术

潜波走时层析是近地表高精度速度建模的核心技术之一（刘小民等，2017）。潜波也可归为广义的初至波（折射波），如图6-1-8所示。理论上，潜波能够达到的深度随着炮检距的增加而增加，一

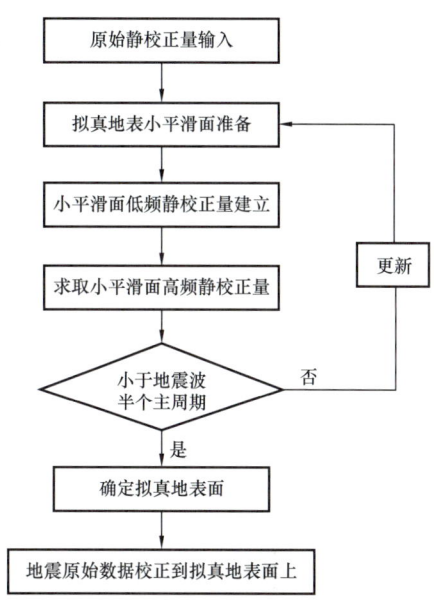

图 6-1-6 拟真地表成像面构建及其数据校正流程

个偏移距对应一个潜波回折深度，这与一个偏移距可对应反射波多个反射点深度存在明显差异。该技术主要利用当前模型计算的初至波理论到达时与拾取的初至波实际到达时进行拟合，将初至走时拟合差通过层析反演投影为速度修改量，通过多次迭代实现更高精度的速度模型建立。

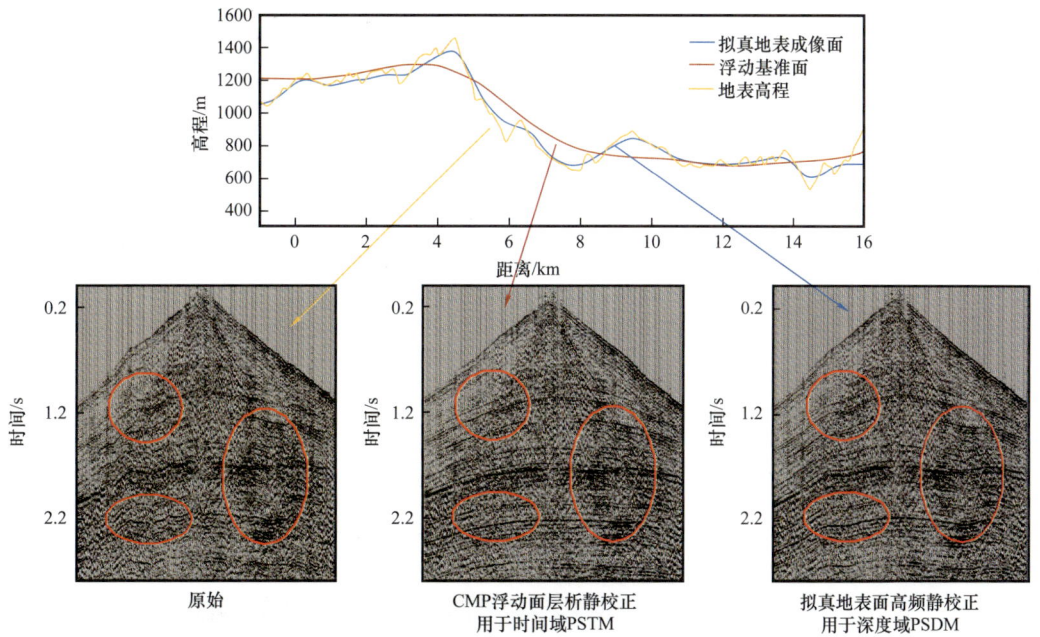

图 6-1-7 不同成像面及其对应的原始 CMP 道集

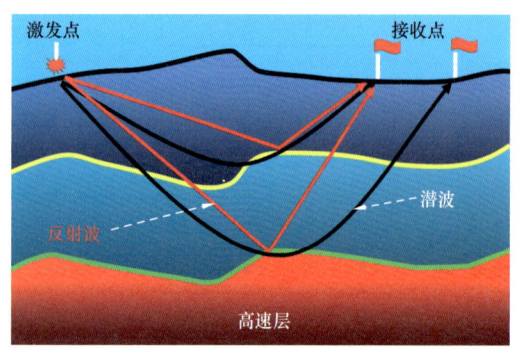

图 6-1-8　潜波射线走时层析原理示意图

为了提高反演分辨率和精度，一方面要改进走时正演计算精度，另一方面要考虑浅层和深层速度变化的尺度效应（蔡杰雄和王静波，2019）。对于后者，可采用分偏移距变网格的策略进行反演，即"先大偏移距反演背景速度，后小偏移距反演浅层速度细节"的分偏移距反演策略。

此外，由于高频假设，射线层析集中在一条没有宽度的"线"上，层析矩阵大量零元素会导致反演不稳定。为此，先采用较大网格减少反演不稳定性，把大网格反演结果作为小网格反演的初始模型，随着迭代次数增加，逐步减小网格来提高反演精度。这种分偏移距变网格的策略，能改善速度建模反演精度与稳定性。

图 6-1-9 为常规方法（不分偏移距不变网格）和新方法（分偏移距变网格）反演的近地表速度及其浅层地震偏移剖面，新方法的近地表速度模型精度和整体成像质量有所改善。图 6-1-10 是潜波层析反演最终模型的模拟单炮初至走时与实际单炮初至走时的拟合误差情况，常规方法的初至走时拟合平均误差约为 31ms，新方法的初至走时拟合平均误差较常规方法降低约 26%，这说明新方法改善了反演精度。

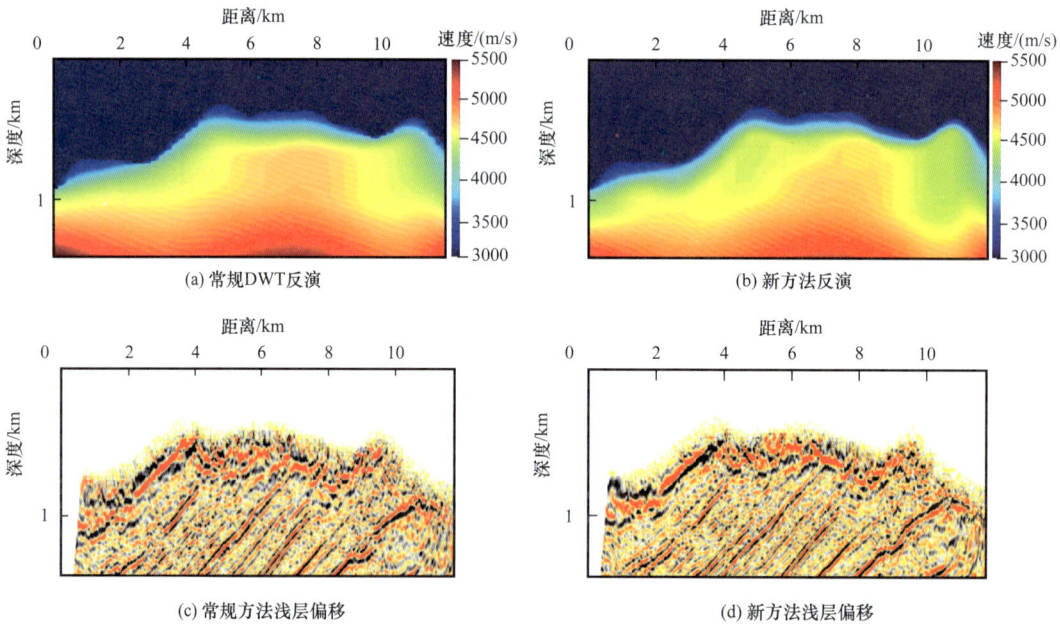

图 6-1-9　常规 DWT 与新方法近地表速度及其浅层偏移剖面对比图

2）近地表与中深层速度模型的无缝融合技术

浅层与中深层速度模型融合是目前叠前深度域速度建模的重要环节。潜波层析反演得到的速度模型在潜波射线包络范围内具有一定的可靠性，但在地震反射波信息为主的中深层，潜波层析可靠性较低。通常情况下，近地表稳定的高速层顶界面以下为反射波产生的主要区域，是反射波走时（剩余延迟）层析反演中深层速度建模起主要作用的区域。因此，在潜波射线包络范围内常常选取稳定高速层顶界面作为融合过渡面，在过渡面上下开窗进行光滑软拼接实现无缝融合。显然，融合面以上为潜波层析建立的近地表速度模型，反射波剩余延迟层析反演不用去更新或更新的权重较低，主要更新中深层速度模型。图 6-1-11 是近地表与中深层速度融合前后的速度模型及 PSDM 剖面（按常速比例到时间域显示），融合近地表模型后的成像质量有所改善，地层反射信噪比与连续性变好。

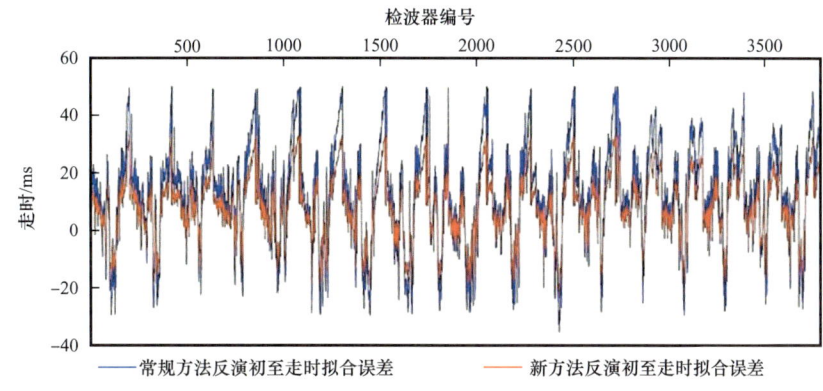

图 6-1-10　丁山三维某一单炮走时拟合时差情况

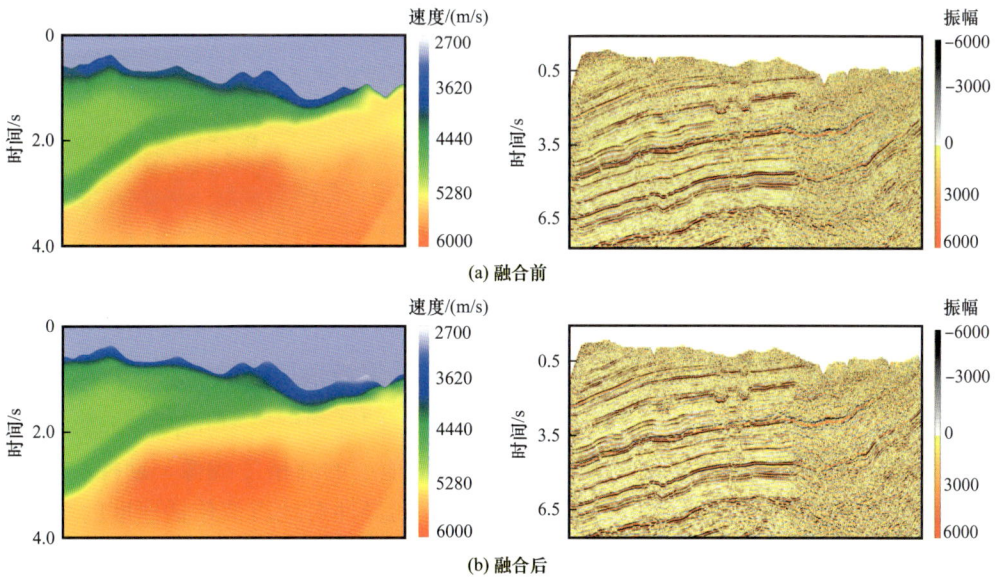

图 6-1-11　近地表速度模型融合前后的速度模型及叠前深度偏移剖面

3）构造导向高精度中深层速度建模技术

层析反演速度建模的另一个重要研究内容是利用包括层位、构造产状、井速度等多种已知信息进行反演约束以实现正则化，提高速度反演稳定性及精度。

从高斯束层析核函数出发，通过地震数据结构张量引入含有构造信息的预条件模型正则化算子，可推导得到构造导向滤波约束下的高斯束层析速度建模方法（郑浩等，2020）。在该方法的预条件模型正则化算子的设计上，首先，引入结构张量算子提取地震偏移图像中平坦、边缘及角点区域等构造梯度信息，用于构造倾角扫描，保证求解的速度模型能够沿构造平滑，达到保边效果；然后，通过各向异性扩散方程解析解建立层析反演预条件模型正则化算子，实现反演过程的自动"软"约束，达到构造导向的保边平滑滤波效果，缓解层析反演多解性，同时避免传统人工解释层位硬约束工作量大、易受人为经验影响的问题；最后，通过与偏移过程同步迭代，实现数据驱动的预条件模型正则化算子和层速度模型的更新，直到获得符合地质认识的保边高精度层速度模型。

图 6-1-12 为构造导向速度建模与无构造导向速度建模的理论模型计算结果，证实了构造导向速度建模结果与真实模型更逼近。该方法应用到丁山探区，较传统方法建立的速度模型更精细，与构造特征更吻合，有效改善了偏移成像品质，如图 6-1-13 所示。

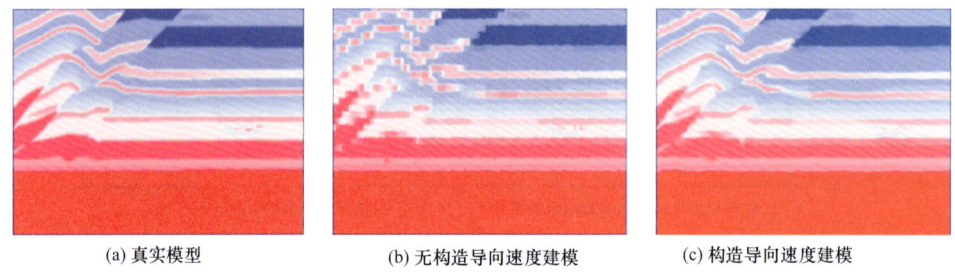

(a) 真实模型　　　　(b) 无构造导向速度建模　　　　(c) 构造导向速度建模

图 6-1-12　构造导向速度建模与其他建模对比图

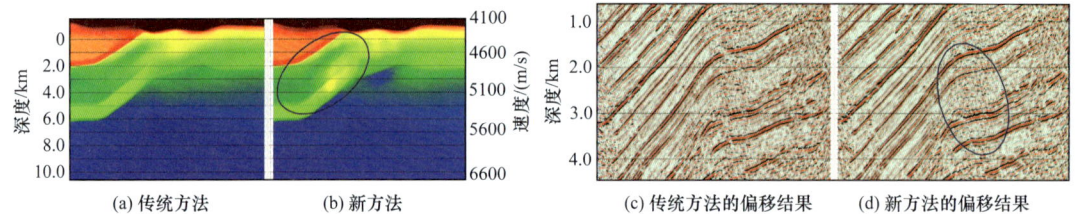

(a) 传统方法　　(b) 新方法　　　　(c) 传统方法的偏移结果　　(d) 新方法的偏移结果

图 6-1-13　传统方法与新方法在丁山探区的应用效果对比

3. TTI 介质各向异性参数反演速度建模及叠前深度域偏移成像技术

由于页岩气地层具有明显的各向异性特征，各向同性速度模型并不表征这一地质特点，因而需要开展各向异性速度建模来支撑页岩气地层的高精度成像。勘探实践表明，四川盆地海相深层页岩气水平层理缝较为发育，各向异性对地震波传播速度的影响主要体现为 TI 介质类型，在地层非水平的情况下，主要表现为 TTI 介质类型。因此，在这种近似情况下，复杂构造区深层页岩气深度域偏移速度建模可简化为 TTI 介质各向异性速度建模问题。

TTI 介质各向异性速度建模主要通过 TTI 各向异性参数层析反演来驱动（居兴国等，2017）。该技术实质在深度域 TTI 各向异性参数初始模型的基础上，通过 TTI-PSDM 得到成像剖面和成像道集，在成像剖面上扫描估计地层倾角 θ 和方位角 ψ，通过成像道集提取反演所需的道集拉平剩余延迟量等信息，代入 TTI 介质射线层析反演公式进行 TTI 参数模型的更新，直到将成像道集拉平，输出最终的 TTI 介质各向异性参数模型及其 TTI 叠前深度偏移成像结果，技术实现流程如图 6-1-14 所示。

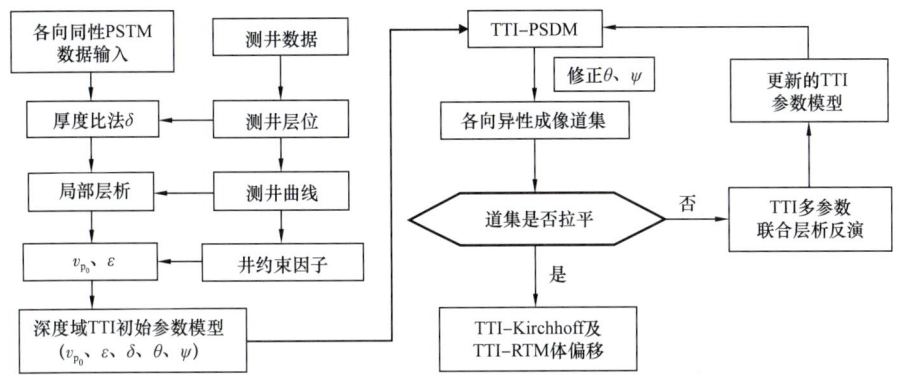

图 6-1-14　基于 TTI 层析反演的各向异性参数建模流程

根据图 6-1-14 所示的新处理流程建立的 TTI 各向异性速度模型，应用 TTI 逆时偏移方法（一种 TTI 双程波 PSDM，简称"TTI-RTM"）可实现更高精度的成像（Fletcher et al.，2009；杨勤勇等，2019）。应用到丁山靶区，得到了最终 TTI 各向异性参数模型（v_{p_0}、ε、δ）及偏移结果，实现了高精度地震成像，地震反射同相轴与实钻井分层标定吻合程度高（图 6-1-15）。同时，新处理流程相较于前期"十二五"的常规方法（井校各向异性速度建模）的偏移结果，波组信噪比明显提高，同相轴可连续追踪性增强，断点更清晰，构造可解释性增强（图 6-1-16）。

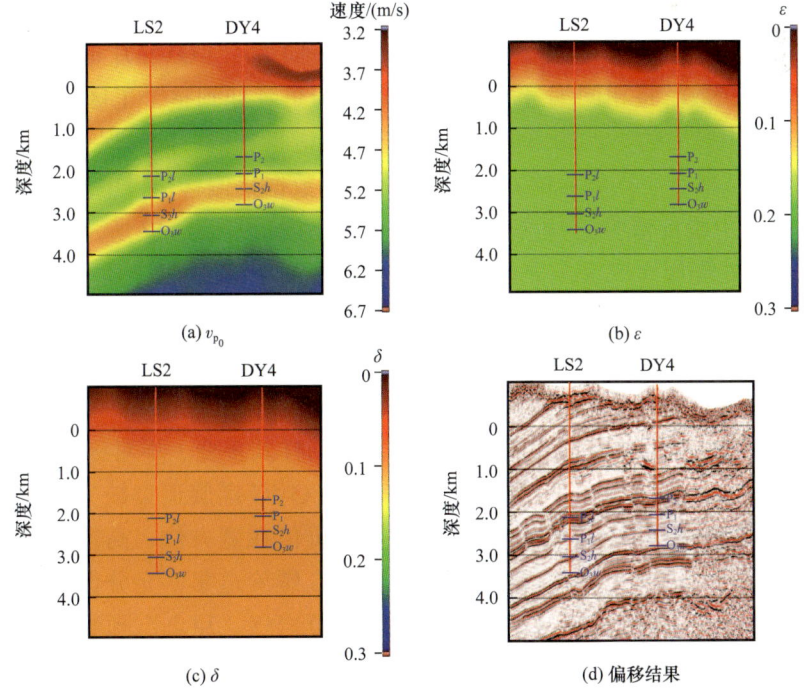

图 6-1-15　过 LS2—DY4 井线各向异性参数模型建模及偏移结果

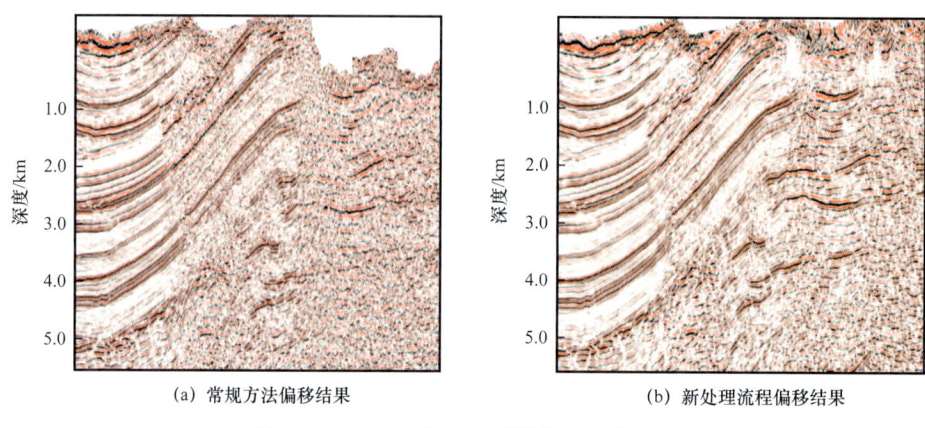

(a) 常规方法偏移结果　　　　　　(b) 新处理流程偏移结果

图 6-1-16　丁山靶区某测线处理效果对比

4. OVT 域全方位地震成像处理技术

研究表明，从地震波中提取地层叠前各向异性信息是开展页岩层裂缝、地应力等"甜点"参数预测的重要基础。因此，在最终的地震偏移成果数据中，保留宽方位地震勘探采集的地震波各向异性信息就显得十分必要。从地震资料处理角度来看，关键是要构建具有方位特性的叠前道集开展全部方位的独立叠前偏移成像处理。OVT 域全方位地震成像处理技术是实现这一目标的有效手段。

OVT（Offset Vector Tile）技术即"偏移距—向量片技术"，最早由 Vermeer 在研究采集工区的最小数据集表达时提出，OVT 片是十字排列道集的自然延伸，是十字排列道集内的一个数据子集（Vemeer，1998）。在一个十字排列中按炮线距和检波线距等距离划分得到许多小矩形，则每一个矩形就对应一个偏移距—向量片（OVT 片），其个数理论上等于地震资料覆盖次数。将相同编号的 OVT 片数据子集延伸到整个工区，就组成 OVT 域单次覆盖数据集（段文胜等，2013），独立偏移后的道集数据可同时保留其方位角和炮检距信息。显然，从所有不同编号的 OVT 域单次覆盖数据集偏移结果中可以抽取组成满覆盖的方位—偏移距叠前成像道集（OVG 螺旋道集），如图 6-1-17 所示。因此，OVT 域全方位地震成像处理属于广义全方位真三维处理范畴。当原始三维地震采集方式相对均匀对称，OVT 域叠前偏移可获得相对规则、保幅的方位—偏移距叠前成像道集（OVG 螺旋道集），避免常规叠前时间偏移 CRP 成像道集方位信息缺失、偏移距信息不全以及 AVO 保幅性较差等弊端，特别适用于五维精细解释、各向异性分析及叠前反演工作。反之，若三维采集方位—偏移距分布不均匀、十字排列样式多变、不对称，会导致 OVT 片划分不均匀、片内道集数据条带状缺失，偏移后的 OVG 螺旋道集缺失明显、信噪比低（图 6-1-18）。因此，OVT 域全方位地震成像处理价值在宽方位、高覆盖、强耦合地震数据中尤为显著，能够获得相对规则、保幅的 OVG 螺旋道集，充分保留页岩气地层各向异性信息，为基于 HTI、VTI 或 OA 介质模型的页岩气"甜点"预测奠定高品质数据基础。

为满足复杂山地变观造成 OVT 域地震道数据缺失、不规则问题以及满足页岩层各向异性振幅信息提取需要，引入匹配追踪傅里叶地震数据内插规则化（MPFI；段文胜等，2013，2016；Nickel et al.，1999）、非刚性匹配地震同相轴时差校正（NRM；Nickel et al.，1999；熊艳梅等，2017）和椭圆拟合各向异性时差校正（段文胜等，2013）等关键技术，建立了适应于复杂山地规模应用的 OVT 域全方位地震成像处理技术流程（图 6-1-4）。

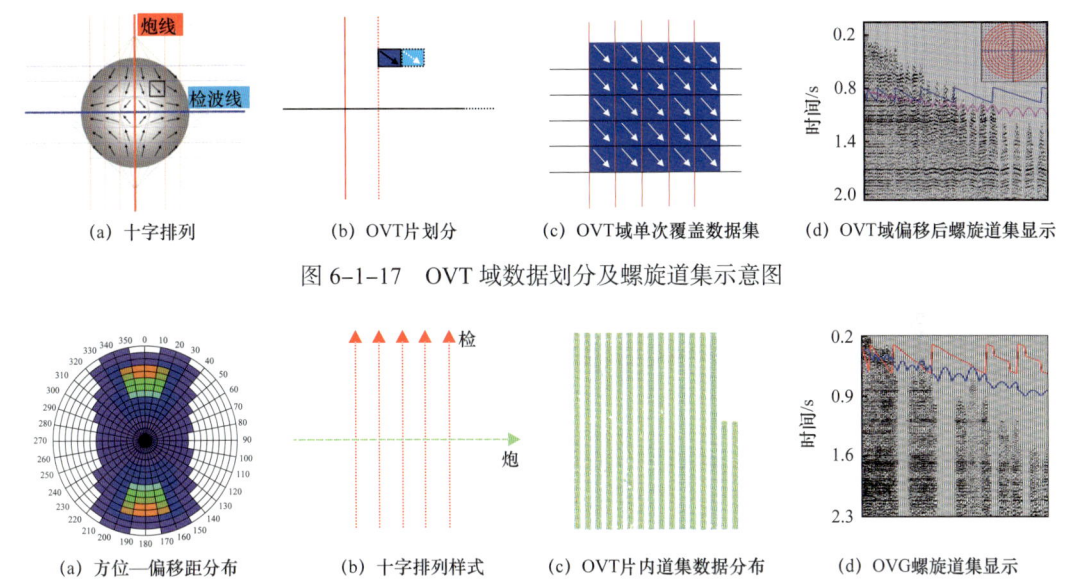

图 6-1-17　OVT 域数据划分及螺旋道集示意图

图 6-1-18　采集均匀性差的三维地震数据 OVT 域处理效果示意图

图 6-1-19 为 MPFI 数据规则化前后相同编号的 OVT 片属性及单次覆盖数据集，解决了炮、检点变观造成的偏移距—向量片（OVT）内数据缺失与不规则问题，为后续叠前偏移成像奠定了基础。相比常规共偏移距域成像道集，OVT 域叠前成像道集具有近、中、远偏移距覆盖次数均匀、叠前信息丰度更高、道集同相性更佳、AVO 保幅性更好、方位信息可灵活划分使用等优点，如图 6-1-20 所示。

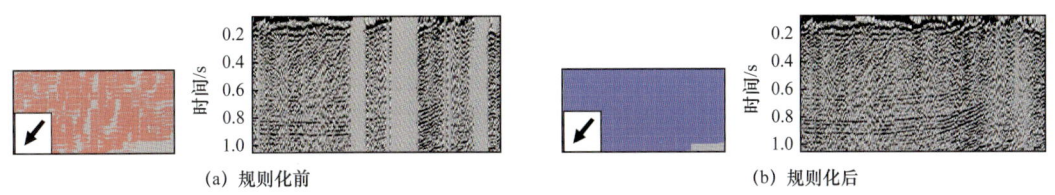

图 6-1-19　MPFI 数据规则化前后 OVT 片属性及其数据

三、重点探区应用效果

上述新方法应用到典型的复杂构造及深层页岩气重点探区——东溪—丁山区块，实现了复杂构造高精度地震成像以及页岩层各向异性地震信息的充分保留，有效支撑了五峰组—龙马溪组深层页岩气复杂构造精细解释、各向异性分析、高精度"甜点"预测及水平井轨迹穿行控制。

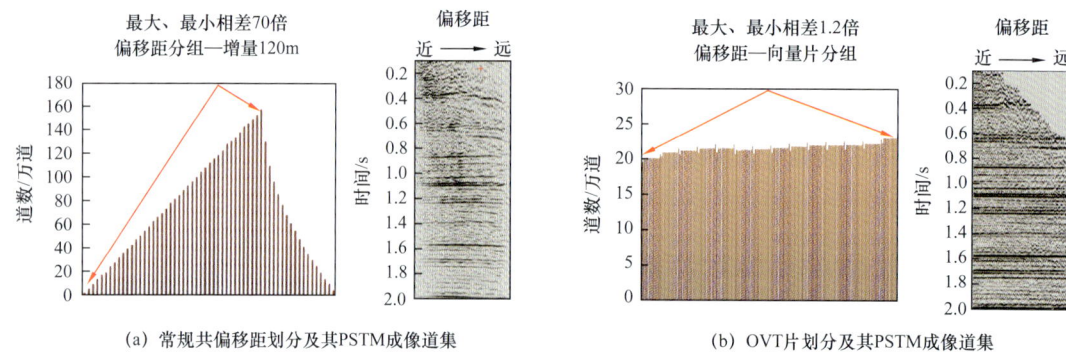

(a) 常规共偏移距划分及其PSTM成像道集　　(b) OVT片划分及其PSTM成像道集

图 6-1-20　东溪三维道集划分与 PSTM 成像道集

1. 精细落实复杂构造特征及有效支撑水平井轨迹精准控制

东溪探区全方位、高覆盖、强耦合的高精度三维地震能够有效改善复杂构造的成像品质，精细落实了复杂构造特征、低序级断裂、微幅构造以及地层埋深（产状）。东溪三维地震揭示了东溪构造奥陶系—志留系主控断层未出露地表，抬升区与齐岳山断裂带存在完成的断洼构造，如图 6-1-21 所示。与此同时，利用东溪三维 OVT 域全方位成像资料开展五维精细解释，有效识别出相对高差仅 10m 左右的微幅构造及低序级层内小断层，提升了构造图精度，预测设计井深与实钻误差小于 1%，支撑了水平井轨迹穿行的精准控制，DYS2 井成功避开小断层，确保了在 8m 靶窗内优质页岩钻遇率达 100%，如图 6-1-22 与表 6-1-1 所示。

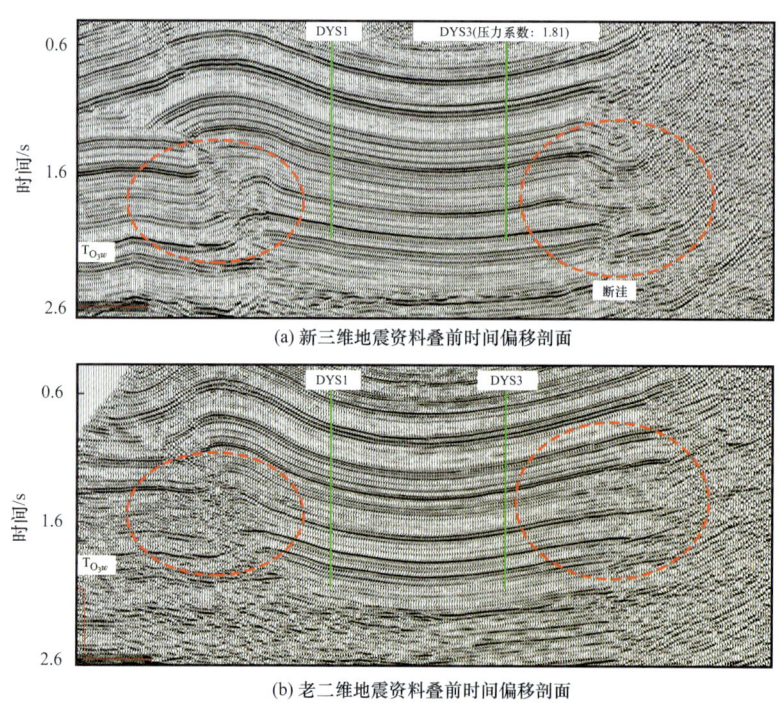

(a) 新三维地震资料叠前时间偏移剖面

(b) 老二维地震资料叠前时间偏移剖面

图 6-1-21　过 DYS1 井与 DYS3 井的新老地震资料叠前时间偏移剖面对比

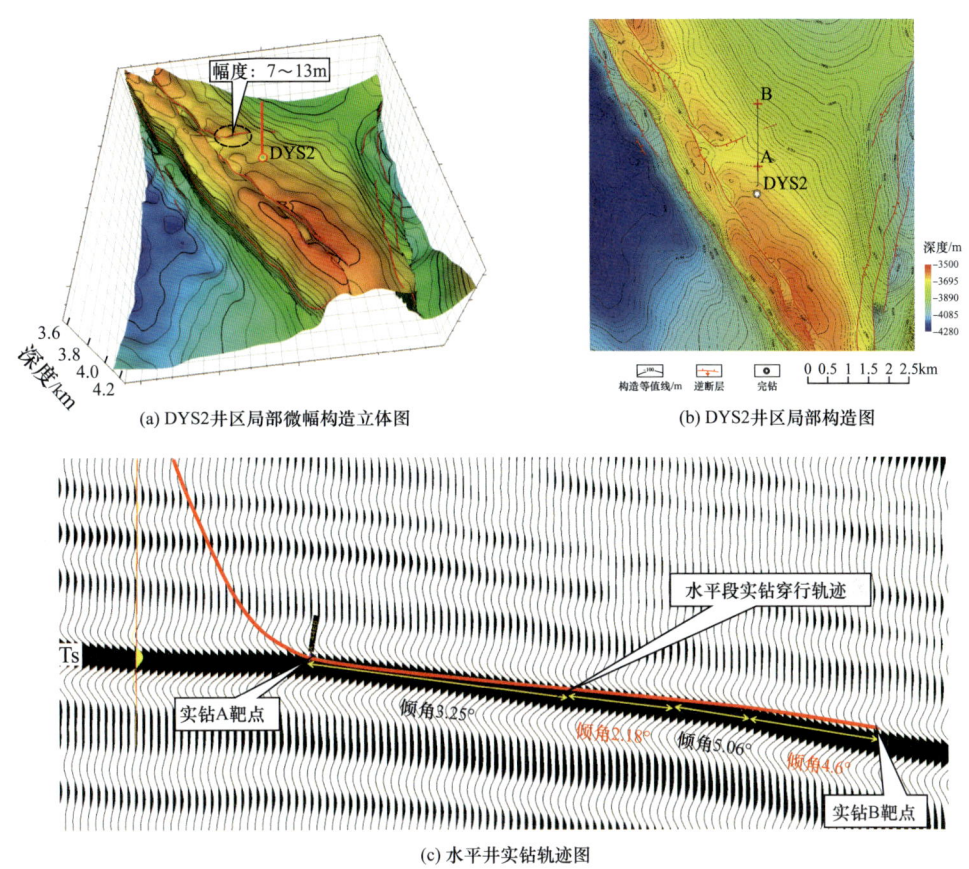

图 6-1-22 东溪三维 DYS2 井应用效果

表 6-1-1 东溪探区全方位高精度三维地震资料设计的水平井 A、B 靶点垂深与实钻误差统计表

井名	DYS1	DYS2
设计 A 靶垂深 /m	4232.80	4229.63
实钻 A 靶垂深 /m	4268.80	4242.17
A 靶相对误差 /%	0.84	0.30
设计 B 靶垂深 /m	4217.40	4324.78
实钻 B 靶垂深 /m	4248.10	4343.80
B 靶相对误差 /%	0.72	0.44

此外，丁山探区井震误差统计表明，拟真地表 TTI-PSDM 新处理地震资料设计的水平井（DY4 井、DY5 井、DY7 井、DY8 井）较前期 PSTM 地震资料设计的水平井（DY1 井、DY2 井、DY3 井）实钻误差明显减小，均控制在 1% 以内，实现了高陡构造带优质页岩钻遇率达 100%（表 6-1-2）。

表 6-1-2　丁山探区前期处理 PSTM 与新处理 PSDM 地震资料设计的水平井 A、B 靶点垂深与实钻误差统计表

井名	DY1	DY2	DY3	DY4	DY5	DY7	DY8
设计 A 靶垂深 /m	2126.58	4376.50	2302.61	3824.00	3892.00	4202.00	4342.26
实钻 A 靶垂深 /m	2125.76	4372.93	2318.20	3836.02	3884.88	4191.6	4354.12
A 靶相对误差 /%	−0.04	−0.08	0.67	0.31	−0.18	−0.25	0.27
设计 B 靶垂深 /m	2186.58	4440.50	2437.14	4069.00	4134.00	4456.00	4640.63
实钻 B 靶垂深 /m	2233.86	4417.36	2509.60	4095.50	4145.41	4461.90	4614.19
B 靶相对误差 /%	2.12	−0.52	2.89	0.65	0.28	0.13	−0.57

2. 有效支撑深层页岩气各向异性分析、"甜点"及可压裂性高精度预测

OVT 域全方位处理结果表明,东溪三维实现了页岩各向异性信息的充分采集,获得了保留全方位—偏移距信息的相对保幅的叠前成像道集（图 6-1-23、图 6-1-24）,为开展深层页岩气叠前高精度反演、各向异性分析、"甜点"及可压裂性高精度预测奠定了良好的资料基础（见第六章第三节）。勘探实践表明,利用 OVT 域叠前地震成像道集开展深层页岩气高精度反演及"甜点"预测,可有效识别出五峰组—龙马溪组 30m 左右的优质页岩储层,高精度地预测出深层页岩气易于压裂求产的"甜点区",在支撑水平井轨迹钻进方位和压裂方案设计等方面,取得了明显勘探实效。

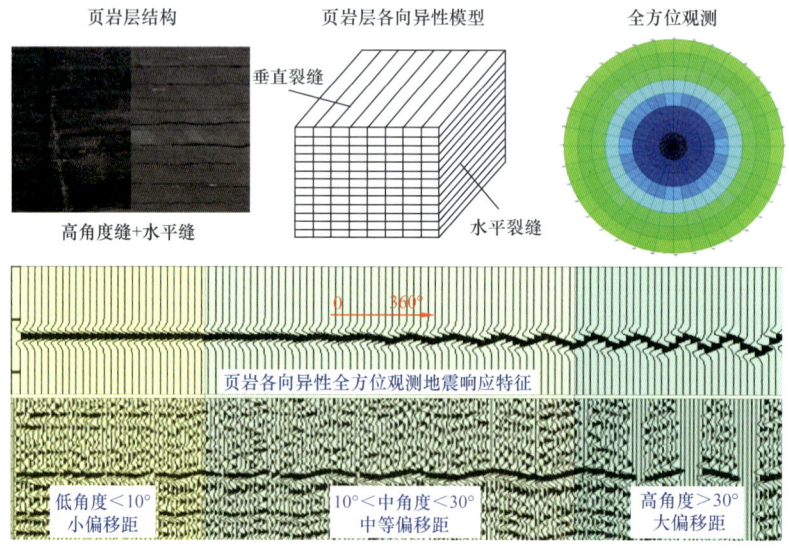

图 6-1-23　页岩各向异性全方位观测的 OVT 域地震成像道集响应特征

截至 2021 年 11 月,DY4 井和 DY5 井压裂测试分获日产 $20×10^4 m^3$ 和 $16×10^4 m^3$ 中高产页岩气流,DY7 井和 DY8 井钻遇优质页岩,油气显示活跃,压裂改造后有望获得高产气流。DYS1 井和 DYS2 井压裂测试分获日产 $31×10^4 m^3$ 和 $41×10^4 m^3$ 的高产页岩气流。

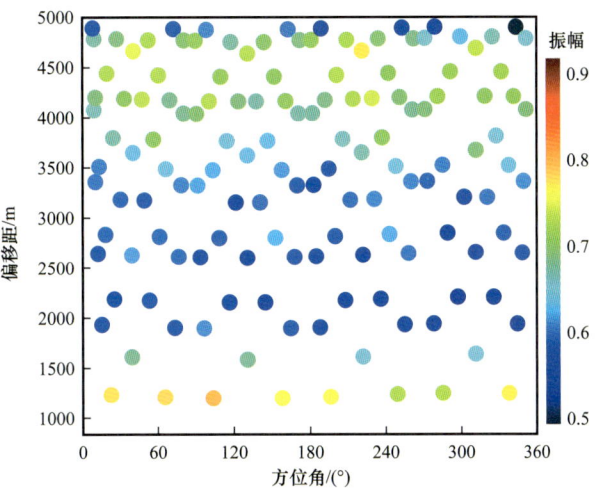

图 6-1-24　DYS1 井旁道目的层 OVT 域地震成像道集的均方根振幅随方位角—偏移距变化图

以上勘探成果表明，以全方位高覆盖强耦合观测与动态井深药量设计、拟真地表各向异性叠前深度偏移和 OVT 域全方位地震成像为核心的高精度三维地震采集处理技术是适用于复杂构造区深层页岩气勘探实践的关键地震技术。该技术的全面推广应用，必将为四川盆地 4000m 以深的页岩气勘探突破及规模增储目标的战略展开奠定高品质的地震数据基础。

第二节　页岩储层测井技术

测井技术在油气勘探中发挥着重要作用，可识别页岩气储层，有效评价储层品质，并为后期完井作业提供重要的岩石力学参数。随着涪陵页岩气田的发现，"十二五"期间海相页岩气测井评价技术取得了较大进步，但一些机理性的测井评价问题仍然有待深入研究，尤其是含气性的机理研究、测井定量计算等。目前针对海相中深层的页岩气储层保压取心难度大，损失气的估算难度大；页岩储层的致密性及其导电机理的复杂性，使得含气饱和度与页岩导电性间的关系变得更加复杂，如何从机理研究入手，构建适合页岩特点的饱和度估算方法也是亟需解决的难题，因此针对上述两个重要技术难题，利用间接法开展了技术攻关，并取得了积极进展。

一、页岩测井评价技术

1. 测井系列优选

测井系列的选取须考虑区块地质条件、井筒环境、测井仪器的技术参数和可操作性等实际问题。主要原则为所选测井方法的目的明确、能解决实际地质问题，根据以上原则确定适用的页岩气测井系列。

1）页岩地层测井系列

页岩气井一般分为探井（地质井、参数井、预探井、评价井）、开发井、大斜度井/

水平井，根据不同井别其不同的钻探目的，按照适用、有效可操作等原则，优化选取合适的测井系列。页岩储层相比常规储层，其矿物组分及含量复杂，孔隙结构复杂，发育纳米级有机质孔。因此，测井项目选择时除了常规测井项目（自然电位、自然伽马、自然伽马能谱、双侧向电阻率、声波时差、中子、岩性密度、井径、井斜、井斜方位角、井温、钻井液电阻率），还需要根据页岩特有特征，开展特殊项目测井，包括电成像、阵列声波、岩性扫描，以及核磁、介电测井。电成像测井能评价地层特征与井旁构造分析，识别岩相、沉积相及沉积微相，裂缝评价，确定最大、最小水平主应力方向，支撑水平井轨迹的穿行；阵列声波测井能评价裂缝和地层各向异性，计算岩石力学参数，评价脆性，支撑水平井的压裂试气；岩性扫描测井能提供地层矿物组分与含量、TOC含量等，相比常规测井的矿物和TOC含量评价方法更具有普适性，不受区域地层的影响；核磁测井能提供地层总孔隙度、有效孔隙度、可动流体孔隙度及孔隙结构；介电扫描提供地层含水孔隙度和含水饱和度值；二者结合完成对页岩气层的岩相、物性及含气性评价。

2）深层、中浅层页岩测井特征分析

深层页岩气与中浅层页岩气储层的测井响应特征相似，在常规测井上具有"高自然伽马、高铀、相对高声波时差、相对高电阻率、低密度、相对低中子、低无铀伽马"的"四高三低"的测井响应特征；FMI电成像静态图像均表现为黄色—亮黄色，动态图像主要为明暗相间的互层状特征，局部发育明显的高导矿物及钻井诱导缝。

2. "十二五"测井评价技术

页岩储层测井评价是以"六性"关系研究为基础，利用常规测井、特殊测井以及岩心等资料进行储层识别、含气性和可压裂性评价，定量解释页岩储层的TOC含量、含气量、孔隙度、含水饱和度、矿物含量及可压裂性等参数。"十二五"期间，通过系统性的测井技术攻关，在页岩气储层识别、参数计算方面取得了一些进展。

页岩气储层识别方面，主要根据储层的测井响应特征差异，利用曲线叠合法和交会法来定性识别页岩储层及其含气性，钍—钾叠合定性识别黏土矿物、密度曲线以及铀曲线值指示优质页岩储层段。测井参数建模的主要思路是利用测井信息与岩心实验资料，开展测井敏感信息分析，利用数理统计结合体积模型等方法开展参数定量计算。TOC计算常用的方法有自然伽马能谱法、体积密度法、ΔlgR法等，海相五峰组—龙马溪组页岩选用体积密度法有较好的效果。矿物含量的计算主要有多元线性回归模型、复杂岩性分析模型、最优化模型以及根据地区实验资料建立的"黏土视骨架密度法"矿物计算模型。孔隙度计算主要利用岩心物性资料与三孔隙度测井信息进行敏感分析，建立一元或多元的回归模型，有元素俘获测井（或岩性扫描测井）资料时，可建立随深度变化的混合骨架参数值，再结合体积模型计算孔隙度。由于海相页岩的孔隙结构以纳米级孔隙为主，游离气饱和度计算难度大。传统方法主要通过岩电实验，利用阿尔奇及衍生公式计算饱和度，当有足够饱和度实验数据时，可利用密度多项式法求取饱和度。总含气量由吸附气、游离气和溶解气组成，由于岩石中溶解气量极少，故含气量可近似表示吸附气含量与游离气含量之和，通过分别求取吸附气和游离气含量求取总含气量。海相页岩现场总含气量与岩心分析TOC含量之间存在良好的相关性，可利用TOC计算总含气量，游离气含量的计算方法与普通砂岩计算方法相似，吸附气含量是利用实验分析 TOC 同等温吸附实验数据建立关系来计算。

二、页岩储层含气性评价新方法

围绕形成页岩气储层测井评价体系的技术目标，以含气性多参数联测与导电机理实验为基础，充分利用岩心（岩屑）全岩、地球化学、物性、含气性、岩石力学特性等实验成果及地球物理测井信息、完井测试、试采等资料，建立了物性、压力系数、含气性、脆性等模型，为井震结合、压裂选层、资源量评估和储量申报提供技术支撑。由于页岩储层矿物组分与含量复杂，常用的页岩气含气性评价方法精度低、适用性差，基于上述存在的问题，开展大量技术攻关与探索，创新形成了含气性评价新方法。

1. 基于声电核磁联测与损失气校正的含气性计算方法

页岩含气量测试结果受地质条件、工程条件、损失气恢复模型等因素影响较大，其中损失气的估算较为重要，目前多采用二阶解析提高时效，同时对一阶解析进行 USBM 拟合和多项式拟合来提高损失气的估算精度，缺点是只考虑了解析时间对解析量的贡献（姚光华等，2016；魏强等，2015）。但开采实践表明这两种方法估算得到的损失气含量与目前页岩气的生产特征不完全相同，不能有效满足页岩气资源评价要求。

岩石的声波时差属性及两种不同赋存状态的甲烷对页岩声学属性具有不同的影响，通过开展等温吸附与声波时差测量实验，尝试从页岩声学属性上寻找区分和计算页岩游离气和吸附气的信息。自制的实验装置主要由气源、加压系统、吸附与联测系统、控制采集系统四部分组成，与传统等温吸附装置相比，该装置最大的改进是通过特制相应的吸附缸以及在吸附缸两端安装声波时差、电阻率测量探头，实现等温吸附与声、电和核磁的联测。装置能对粉末、块状、柱塞状岩心开展实验，模拟实际地层条件，除计算吸附量外，还可以测量吸附过程中岩心声、电和核磁属性参数的变化。

研制了等温吸附与核磁联测夹持器，通过等温吸附与核磁联测仿真实验反推实验提供的总含气量，通过系统考察损失时间、有机质含量、温度、压力、润湿性、核磁 T_2 几何均值等因素的影响，提出并优化了多因素损失气校正模型和校正流程（图 6-2-1）。

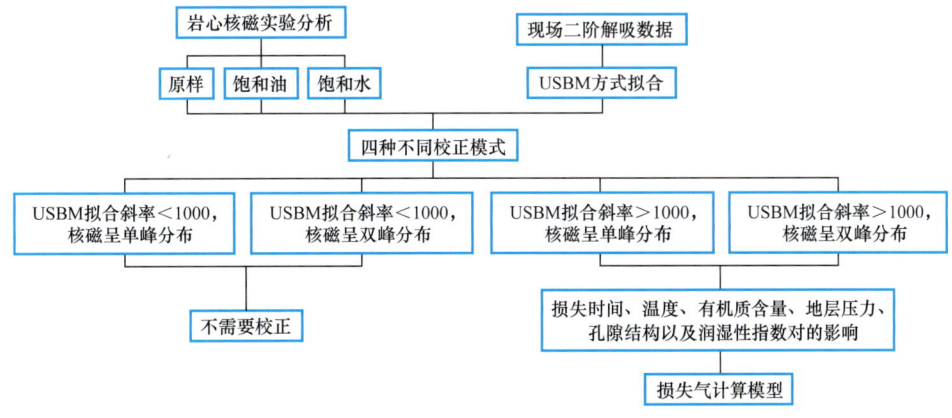

图 6-2-1　多因素损失气校正流程图

第一步，开展页岩岩心等温吸附与核磁联测仿真实验，利用核磁实验结果进行总含气量刻度；第二步，结合现场二阶解吸资料，研究不同产能井的解吸特征，获得不同岩心单位体积累计解析量与单位体积累计速率；第三步，结合岩心核磁实验，根据现场解析资料对页岩岩心进行损失气校正模式分析，得到四种不同模式；第四步，利用核磁实验结果，研究孔隙结构、损失时间、温度、有机质含量、地层压力以及润湿性指数等影响因素对含气量的影响，优选影响因素，从而构建新的损失气计算模型。应用校正后损失气与现场解析气之和作总含气量新刻度标准，结果与生产特征分析法吻合，该方法对含气量标定和资源量再认识具有重要意义。

1）损失气计算

（1）等温吸附与核磁联测确定总含气量 Q_{NMR}。

在多孔介质中，孔径越大，孔中的水弛豫时间越长；孔径越小，孔中的水受到的束缚程度越大，弛豫时间越短，即峰的位置与孔径大小有关，峰的面积大小与对应孔径的多少有关。

图 6-2-2 为 DY4 井页岩岩样 30℃条件下完整的核磁共振 T_2 谱。图中第一个峰为吸附气的 T_2 谱，其面积 S_{p1} 随压力变化

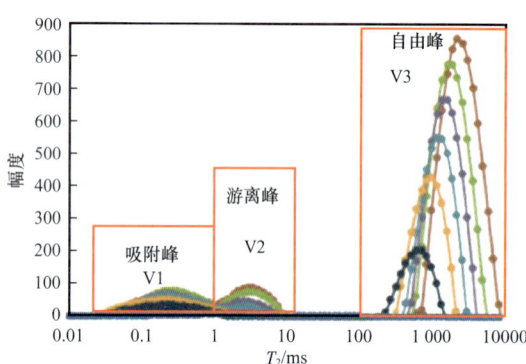

图 6-2-2　页岩等温吸附与核磁联测 T_2 谱典型图

规律符合兰格缪尔曲线[图 6-2-3（a）]；第三个峰 T_2 时间范围与自由甲烷吻合，面积 S_{p3} 与吸附压力变化呈线性关系[图 6-2-3（b）]；第二个峰表示页岩孔隙中游离态甲烷，由于游离气与自由气的存在形态均为气态，游离峰面积 S_{p2} 与压力也呈线性关系。

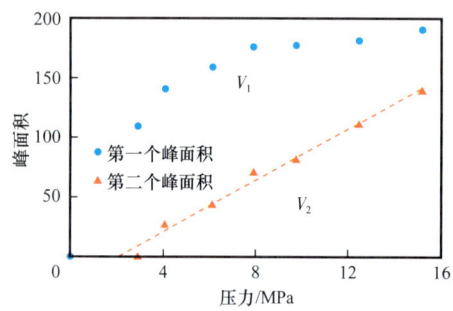 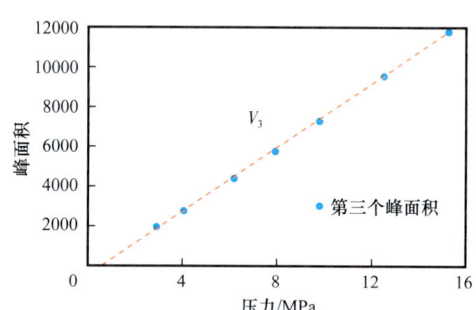

图 6-2-3　不同核磁 T_2 谱峰与吸附压力关系图

通过缸体体积、页岩气体积等可以计算得到游离气与吸附气的含量：

$$V_{\text{sorb}} = V_{\text{总}} - \frac{p\left(V_{\text{样品缸}} - V_{\text{页岩}}\right)}{ZRT} \times 22.4 \times 1000 \tag{6-2-1}$$

$$V_{\text{gas}} = \frac{PV}{ZRT} \times 22.4 \times 1000 \tag{6-2-2}$$

式中　V_{gas}——游离态和自由态甲烷含量，cm^3；

　　　V_{sorb}——吸附态甲烷含量，cm^3；

　　　T——温度，℃；

　　　R——气体常数；

　　　Z——单位体积内气体物质的量。

利用上述体积法计算的吸附气、游离气体积对 T_2 谱进行标定，得到基于等温吸附与核磁联测实验的游离气、吸附气计算方法：

$$V_{gas}=\alpha(S_{p2}+S_{p3}) \quad (6-2-3)$$

$$V_{sorb}=\beta S_{p1} \quad (6-2-4)$$

式中　α、β——标定系数，通过体积法标定后可以计算得到。

根据页岩等温吸附核磁 T_2 谱中游离峰面积与压力呈线性关系，由此可以根据二者关系计算得到实际地层压力（35MPa）下页岩游离峰面积，模拟得到实际地层压力下 T_2 曲线（如图 6-2-4 中虚线所示），进而根据标定系数计算实际地层温压条件下游离气、吸附气含量以及总含气量：

$$V_{游离}=\alpha S_{p2}^n \quad (6-2-5)$$

$$V_{吸附}=\beta S_{p1}^n \quad (6-2-6)$$

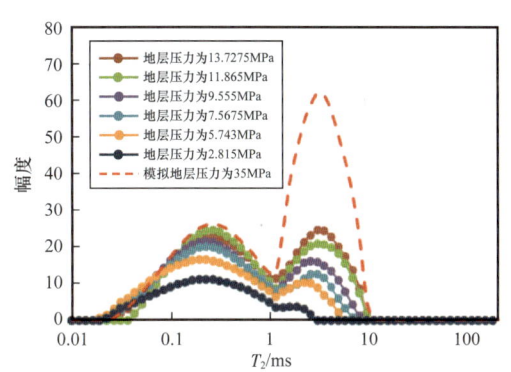

图 6-2-4　模拟地层压力条件下吸附甲烷页岩核磁 T_2 谱

$$Q_{NMR}=V_{吸附}+V_{游离} \quad (6-2-7)$$

式中　Q_{NMR}——总含气量。

（2）现场二阶解吸获得岩心内现场解吸含气量 Q_v。

（3）损失气计算。

$$LG=Q_{NMR}-Q_v \quad (6-2-8)$$

式中　LG——损失气含量，mL/g；

　　　Q_v——现场解吸含气量。

2）损失气量影响因素分析

建立新的损失气计算模型，首先对损失气影响因素进行分析，包括损失时间、温度、地层压力、有机质含量、孔隙结构、润湿指数的影响。损失气含量与有机碳含量和岩心的孔隙结构呈正相关关系，具有较高的相关系数；与岩心的润湿指数呈现负相关关系。

3）建立损失气计算模型

采用单相关加权分析法来确定损失气计算模型：

$$LG = -0.05T + 2.44WI + 1.1TOC + 0.39t + 0.09p - 0.57T_{2LM} + 1.01 \quad (6-2-9)$$

式中　LG——损失气含量，mL/g；

　　　T——温度，℃；

　　　WI——润湿指数，%；

　　　TOC——有机质含量，%；

　　　t——损失时间，h；

　　　p——地层压力，MPa；

　　　T_{2LM}——T_2谱几何平均值，ms。

为拓展建立模型的现场适用性，结合实际，进一步建立了三参数、四参数等多参数计算模型。通过岩心核磁实验获取孔隙结构参数时，采用引入孔隙结构的计算模型，损失时间与温度确定准确时用五参数模型；无孔隙结构参数时用四参数或三参数模型，地层压力无法确定时选用三参数模型。

三参数计算模型：

$$LG = 0.64t - 0.014T + 0.847TOC - 0.173 \quad (6-2-10)$$

四参数计算模型：

$$LG = 0.499t - 0.034T + 0.84TOC + 0.045p + 1.119 \quad (6-2-11)$$

引入孔隙结构三参数计算模型：

$$LG = 0.97TOC + 0.05p - 0.72T_{2LM} + 0.56 \quad (6-2-12)$$

引入孔隙结构五参数计算模型：

$$LG = 0.84t - 0.01T + 1.139TOC + 0.02p - 1.193T_{2LM} + 0.527 \quad (6-2-13)$$

4）实际资料处理

综合现有资料，对井资料进行处理，得到损失气含量（图6-2-5）。根据JY11-4井处理成果可知，采用直线拟合方法计算得到的损失气明显低于采用新方法计算得到的损失气含量。

在损失气计算过程中，参数越多计算结果越精确，采用不同参数计算模型，误差均在10%以内。实际生产开发中，可以根据资料情况，选用不同的计算模型。

5）模型验证

为了验证建立模型的准确性以及得到的总含气量的合理性，采用生产动态特征计算法验证模型的准确性。

生产动态特征验证法指的是根据研究区块页岩气井的生产特征，与研究区块相似且已开采超过两年的页岩气井动态储量的计算是相对准确的。根据勘探开发的实际情况，并不是所有的油藏在压裂过程中都能被压裂和改造。一般而言，页岩气井的动态储量约占储层改造容积区域内页岩总气含量的60%，即储层改造区域页岩气的采收率η为0.6。因此，可以根据页岩气井的动态储量G_0、岩石密度ρ、水平断面长度L_e、裂缝半长X_f和压裂裂缝高度H估算页岩的总含气量V_{tot}，计算公式如式（6-2-14）所示。

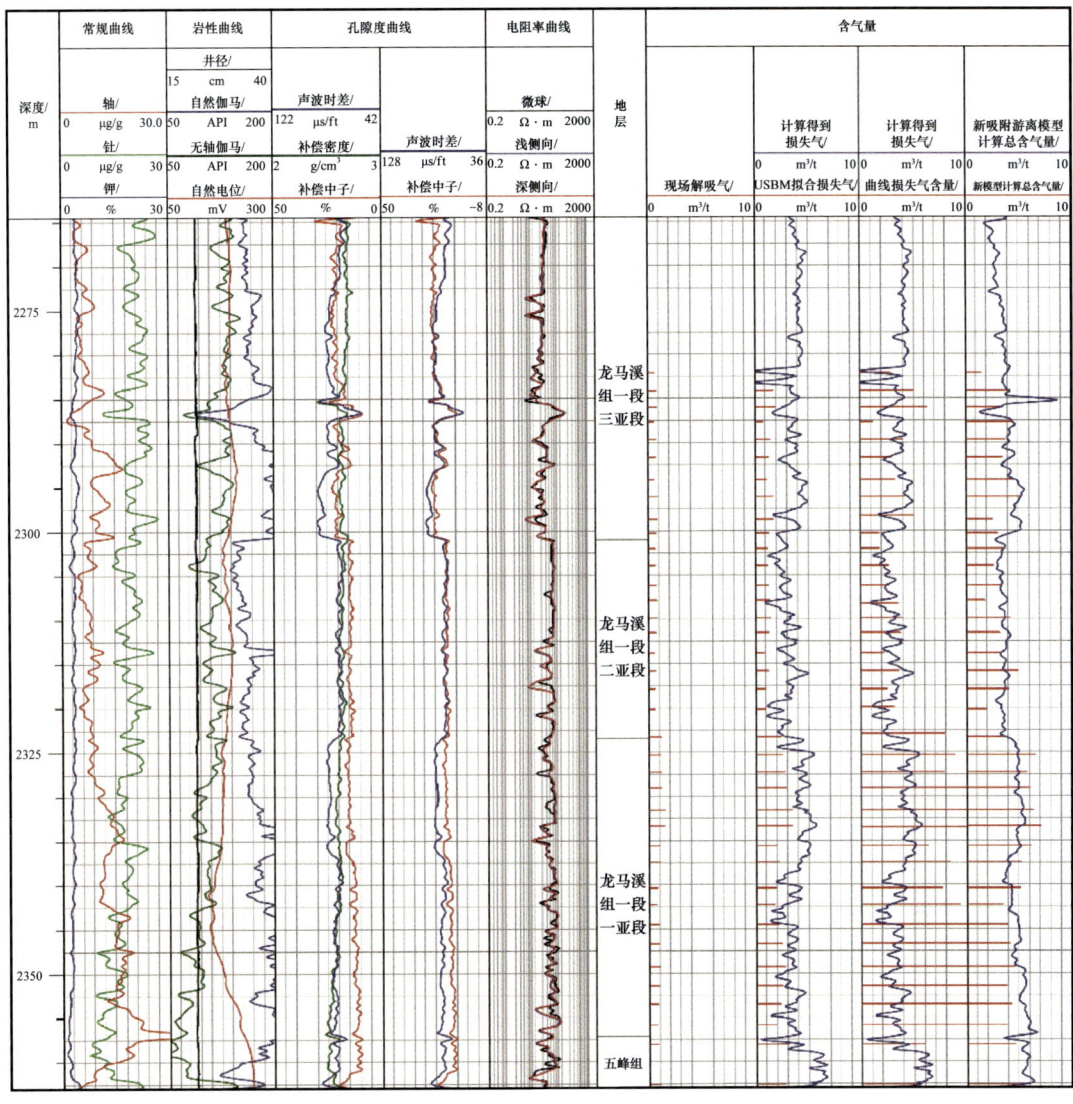

图 6-2-5　JY11-4 井六参数损失气模型处理成果图

$$V_{\text{tot}} = \frac{G_0}{2\eta\rho L_e H X_f} \quad (6\text{-}2\text{-}14)$$

式中　G_0——动态储量，10^8m^3；

　　　ρ——岩石密度，t/m^3；

　　　L_e——水平段长度，m；

　　　X_f——压裂裂缝半长，m；

　　　H——压裂裂缝高度，m。

2. 逐步剥离导电影响因素的页岩气饱和度测井评价技术

页岩致密且易碎，现有的岩电参数实验方法难以让页岩完全饱和水，导致岩电实验获取阿尔奇模型参数困难，国内测井解释人员也尝试了中子密度交会法、核磁法等非电法方法计算页岩含气饱和度（杨小兵等，2012；齐宝权等，2011；张晋言等，2017）。但还存在以下问题：有机质和天然气的影响使中子测井值减小、密度测井值减小，中子密度交会法评价页岩含气性容易受页岩有机质的影响，同时黏土矿物也会对中子密度交会法产生影响。不同孔隙类型及不同赋存状态的页岩气其核磁响应机理需要进一步分析。

研究中从电成像米级尺度、岩电实验厘米级尺度、数字岩心纳米级尺度三个不同尺度开展页岩导电机理研究，提出了多因素逐步剥离导电饱和度模型。该模型的建立为测井技术人员评价页岩饱和度提供了一种新的思路。

1）页岩导电影响因素

通过分析薄互层、黏土、高成熟度有机质、地层水、含气性、黄铁矿对测井电阻率都有一定影响，认为最重要的宏观特征是薄互层，最重要的微观因素是有机质石墨化造成低阻。

以页岩 FIB—SEM 图像构建数字岩心，基于数字岩心在纳米级尺度模拟了页岩的导电规律，得出以下结论：当有机质导电时，在低含量阶段，随有机质含量的增加，页岩电阻率明显降低，在高含量阶段，随着有机质含量的增加，页岩电阻率变化趋缓。黄铁矿对页岩电阻率的影响与黄铁矿的存在状态有关，对于零星分散状黄铁矿，当含量大于 6% 时，随着黄铁矿含量的增加，页岩电阻率急速下降，当黄铁矿成层状分布时，会使电阻率的下降幅度更加明显。具附加导电性和高束缚水含量的黏土含量增加也会使页岩电阻率下降。

2）多因素剥离导电饱和度评价

（1）新多因素导电饱和度模型。

宏观上将页岩划分为低阻层和高阻层。在低阻层内，主要包含黄铁矿、黏土等组分，将低阻层看作一个整体，不区分不同的导电组分。在宏观上，低阻层和高阻层是并联导电的，在微观上，由于导电组分产状多样，导电组分呈混联导电。

（2）剥离高成熟度有机质的影响。

根据前人的研究，结合研究区储层特征，以 TOC 大于 1.5% 为层段是否富有机质、电阻率是否连续小于 $2\Omega \cdot m$、R_o 大于 3.0% 的有机质是否过成熟碳化为依据（王玉满等，2014），当符合上述条件时，说明有机质已碳化，开展饱和度评价已无意义。不符合上述条件时，有机质的影响可忽略。

（3）剥离低阻薄层的影响。

采用浅侧向电阻率刻度电成像静态图，得到一条成像高分辨率电阻率曲线，以 $10\Omega \cdot m$ 作为高低阻薄层电阻率界限，基于水平电阻率导电模型剥离低阻薄层的影响。

（4）剥离黄铁矿的影响。

黄铁矿含量小于 6% 时，测井电阻率与黄铁矿含量关系不明显，不需要剥离；当黄铁矿含量大于 6% 时，页岩电阻率明显下降，通过数字岩心技术得到量化的影响值大小。

（5）剥离地层水和黏土的影响。

页岩孔隙中的地层水和具有阳离子附加导电性的黏土对页岩电阻率有明显影响，且这种影响同时受到地层含水饱和度的控制，因此采用同时剥离地层水和黏土影响的方式开展页岩饱和度评价。

$$\frac{1}{R_\mathrm{F}} = \frac{\phi^m S_\mathrm{w}^2}{abR_\mathrm{w}} + \frac{V_\mathrm{cl}}{R_\mathrm{cl}} S_\mathrm{w}$$ （6-2-15）

$$S_\mathrm{w} = \frac{-\dfrac{V_\mathrm{cl}}{R_\mathrm{cl}} + \sqrt{\left(\dfrac{V_\mathrm{cl}}{R_\mathrm{cl}}\right)^2 + 4\dfrac{\phi^m}{abR_\mathrm{w}}}}{\dfrac{2\phi^m}{abR_\mathrm{w}}}$$ （6-2-16）

$$S_\mathrm{g} = 1 - S_\mathrm{w}$$ （6-2-17）

式中　S_w——含水饱和度，%；
　　　S_g——含气饱和度，%；
　　　V_cl——黏土含量，%；
　　　R_cl——黏土电阻率，Ω·m；
　　　R_F——剥离黄铁矿影响后的电阻率，Ω·m；
　　　R_w——地层水电阻率，Ω·m；
　　　ϕ——孔隙度，%；
　　　a、b——地层因素；
　　　m——孔隙指数。

海相页岩多因素逐步剥离导电饱和度评价流程如图 6-2-6 所示，需要说明的是，采用上述方法计算得到的是地层的游离气饱和度，要评价页岩的总含气量，还需结合页岩吸附气含量计算进行整体评价。

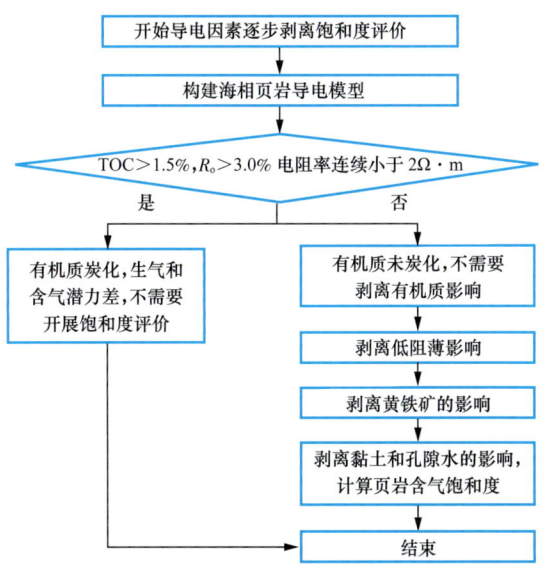

图 6-2-6　多因素逐步剥离导电饱和度评价流程图

3）多种饱和度评价方法对比优化

（1）阵列声波幅度衰减计算含气饱和度模型。

页岩等温吸附与声波联测实验发现（图6-2-7），当页岩孔隙中只有游离气时，声波幅度随含气压力的增加呈线性衰减，当页岩孔隙中既有游离气又有吸附气时，低压下声波幅度随含气压力呈Langmuir式衰减，高压下只有游离气增量时，呈线性衰减，结合体积法游离气和吸附气计算，建立了页岩孔隙游离吸附比与声波衰减系数的关系。

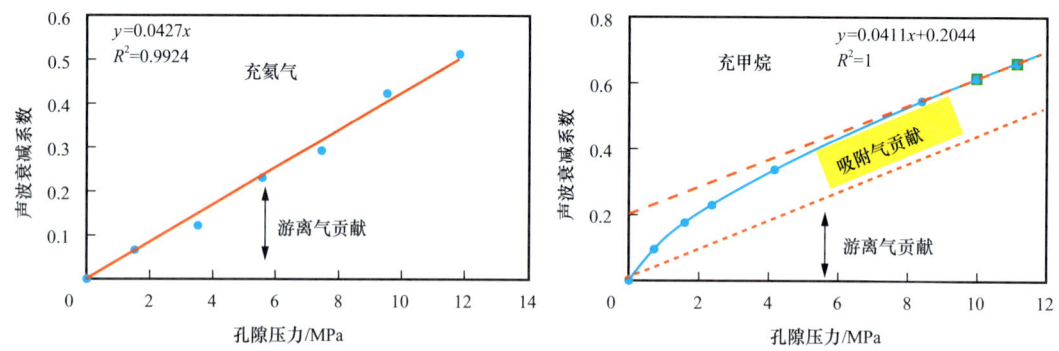

图6-2-7　声波衰减系数区分游离气和吸附气

$$Yb = a \times \phi \times \left(1 - \frac{Amp}{Amp_0}\right)^m \quad (6\text{-}2\text{-}18)$$

式中　Yb——吸附压力为p时的游离吸附比；
　　　a、m——系数；
　　　ϕ——页岩孔隙度，%；
　　　Amp——页岩在吸附压力p下的声波幅度；
　　　Amp_0——页岩在吸附压力为0时的声波幅度。

实验岩心孔隙度为4.2%，带入上述公式得：$a=40$，$m=0.12$。

资料处理时以不含气页岩层段的声幅为Amp_0，利用含气页岩层段的声幅Amp，结合孔隙度可以计算页岩地层的游离吸附比。同时利用多组分等温吸附气计算模型得到吸附气含量，结合游离吸附比和吸附气含量可以计算页岩地层的游离气含量V_{free}。

$$S_g = \frac{V_{free} \times \rho}{\phi} \quad (6\text{-}2\text{-}19)$$

式中　S_g——含气饱和度，%；
　　　ρ——体积密度，g/cm^3；
　　　V_{free}——游离气含量，m^3/t；
　　　ϕ——地层孔隙度，%。

页岩声波幅度的衰减除受含气性影响外，还受微裂缝、地应力等因素的影响，方法还存在一定的局限性，阵列声波幅度衰减法计算的饱和度与岩心饱和度吻合性偏差（图6-2-8）。

（2）核磁法新含气饱和度模型。

针对页岩生排烃造成的超低含水饱和度现象，假设 T_2 值大于 3ms 的有机质孔、碎屑孔隙和微裂缝是完全含气的，小于 3ms 的有机质孔由于油润湿性以及天然气的原位成藏，也是含气的，页岩中的水主要是黏土束缚水，由于黏土束缚水不仅受毛细管压力束缚，且受黏土矿物化学键的束缚，页岩气不能替换黏土孔隙中的水，黏土孔隙 100% 含水，基于页岩孔隙类型划分和孔隙含气性假设，建立以下页岩含气饱和度计算模型：

$$S_w = \frac{\phi_{黏土}}{\phi_T} = \frac{\phi_{黏土}}{\phi_{有机} + \phi_{裂缝} + \phi_{碎屑} + \phi_{黏土}} \quad (6-2-20)$$

式中　S_w——含水饱和度；

　　　$\phi_{黏土}$——黏土孔孔隙度，%；

　　　ϕ_T——总孔隙度，%；

　　　$\phi_{有机}$——有机质孔孔隙度，%；

　　　$\phi_{碎屑}$——碎屑孔孔隙度，%。

结合黏土含量和 TOC，建立黏土孔隙度的二元计算模型：

$$\phi_{黏土} = 0.0277 V_{sh} - 0.106 \text{TOC} + 1.015 \quad (6-2-21)$$

式中　V_{sh}——黏土含量，%。

页岩不同孔隙空间 T_2 值的选取直接影响孔隙大小的确定，进而影响含水饱和度的计算精度，T_2 值的确定需通过大量岩心分析得到。

（3）电成像法新含气饱和度模型。

电成像垂向分辨率为 0.2in（0.00508m），采样间隔是 0.00254m，采用浅侧向电阻率 LLS 刻度电成像静态图，得到一条成像高分辨率电阻率曲线 SRES，SRES 曲线不仅具有高分辨率（0.00254m），还能真实反映地层电阻率，为克服低阻薄层影响，采用电成像高分辨率电阻率曲线 SRES 计算页岩含水饱和度。

成像高分辨率电阻率曲线的提取由于受到岩性的影响，计算的饱和度与岩心分析饱和度趋势吻合性好，但精度还有待提高。

（4）中子密度饱和度模型。

$$S_w = -97.303 \times \text{EDN} + 52.86 \quad (R = 0.979) \quad (6-2-22)$$

$$S_w = 63.972 \text{EDN}^2 - 123 \text{EDN} + 55.212 \quad (R = 0.981) \quad (6-2-23)$$

$$\text{EDN} = |\text{DEN} - \text{DEN}_{基值}| + K|\text{CNL} - \text{CNL}_{基值}| \quad (6-2-24)$$

式中　S_w——含水饱和度，%；

　　　K——中子与密度的叠合系数；

　　　EDN——中子与密度差异值；

　　　$\text{DEN}_{基值}$——JY4 井取值 2.75g/cm³；

　　　$\text{CNL}_{基值}$——JY4 井取值 20%。

中子密度计算饱和度主要是基于大量岩心通过回归分析得到，计算饱和度与岩心饱和度吻合性好（图 6-2-8），但该模型受储层的影响，不同区块的参数模型有所不同。

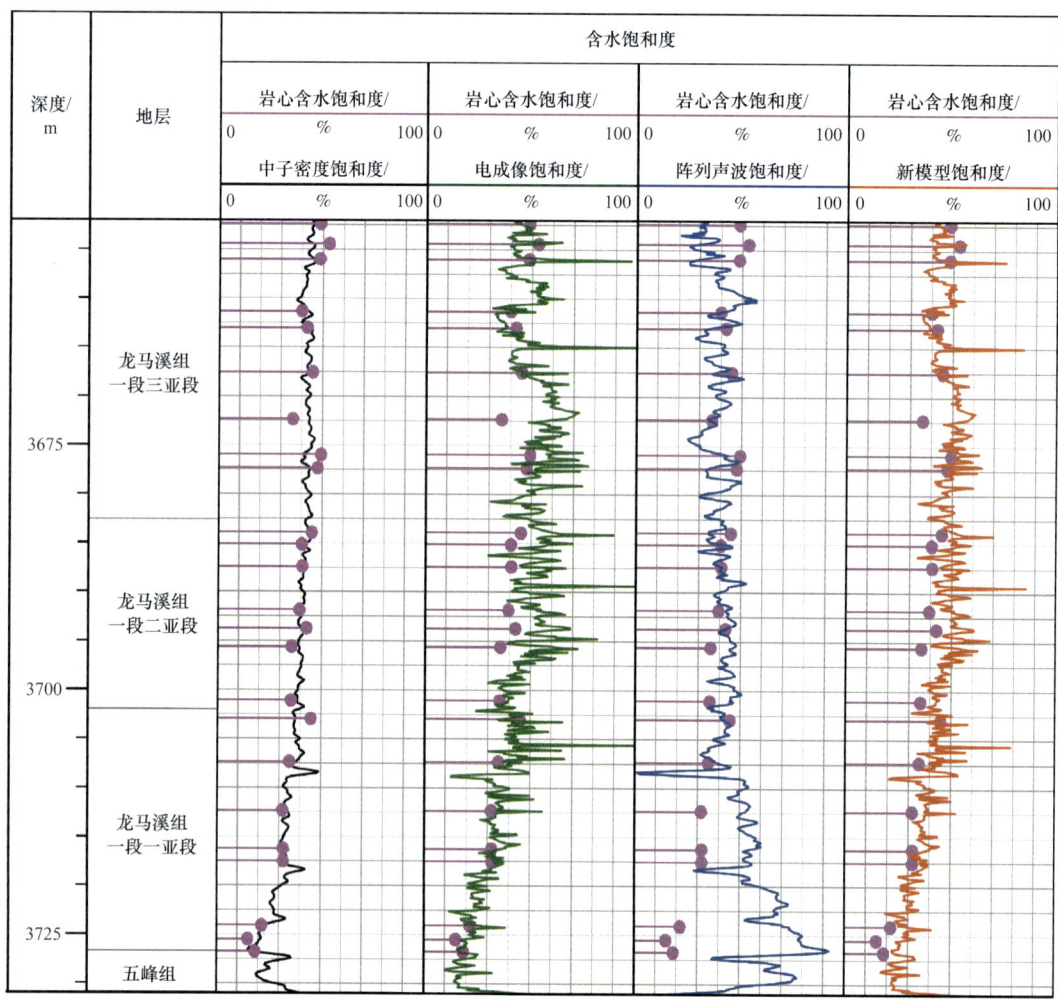

图 6-2-8　DY4 井多方法含水饱和度对比

三、旋转导向与近钻头自然伽马成像技术

1. 基本原理

近钻头自然伽马及自然伽马成像测量主要通过旋转导向系统提供。旋转导向系统作为新一代定向钻井系统，具有在旋转钻进的同时进行定向的能力。相比传统的钻井系统，能提升钻井效率，减小粘卡风险并实现复杂井和超深井的钻井等。除此之外，旋转导向系统也具有一定的钻井及测井参数测量能力，其中斯伦贝谢旋转导向除具有井斜方位测量外，还配备有自然伽马测量探头，可以实现自然伽马及自然伽马成像的功能。由于旋转导向处于最靠近钻头的位置，所以旋转导向测量的自然伽马具有近钻头的特性，通常与钻头距离为 2.5m 左右，有利于在钻进的过程中快速识别地层变化，及时

调整轨迹，追踪有利储层。目前，斯伦贝谢能够提供自然伽马测量的旋转导向系统有 PowerDrive X6、PowerDrive Xceed、PowerDrive Archer、PowerDrive vorteX，PowerDrive Archer 在水平井中应用更为广泛。斯伦贝谢旋转导向能实现全程全部件等速旋转，克服常规钻井液马达遭遇的各种难题，优化钻井作业，提高钻井效率，帮助最大化油藏钻遇率。

通过解释随钻实时自然伽马成像，可以明确所钻轨迹与目的层的上下切割关系。明确了钻具组合是上切还是下切地层钻进，就可以及时纠正轨迹钻进参数，保持与层理或结构平行钻进，从而避免钻出目的层。随钻测井成像图通常从井眼顶部切割展开平铺。穿过井眼的地层边界或断层将在图像上产生正或余弦波。视倾角越大，就会产生振幅越大的正弦波或余弦波。断层或断裂通常具有跨越层边界的方向。当钻具组合上切地层钻进时，工具顶部首先接触层界面的底部，因此首先出现在成像图边缘，自然伽马成像图上显示正弦曲线。当钻具组合下切地层钻进时，层界面首先在井筒底部相交，因此首先出现在成像图中间，自然伽马成像图上显示余弦曲线。通过自然伽马成像可以实时判断轨迹与地层切割关系，指明钻进的方向（图 6-2-9）。

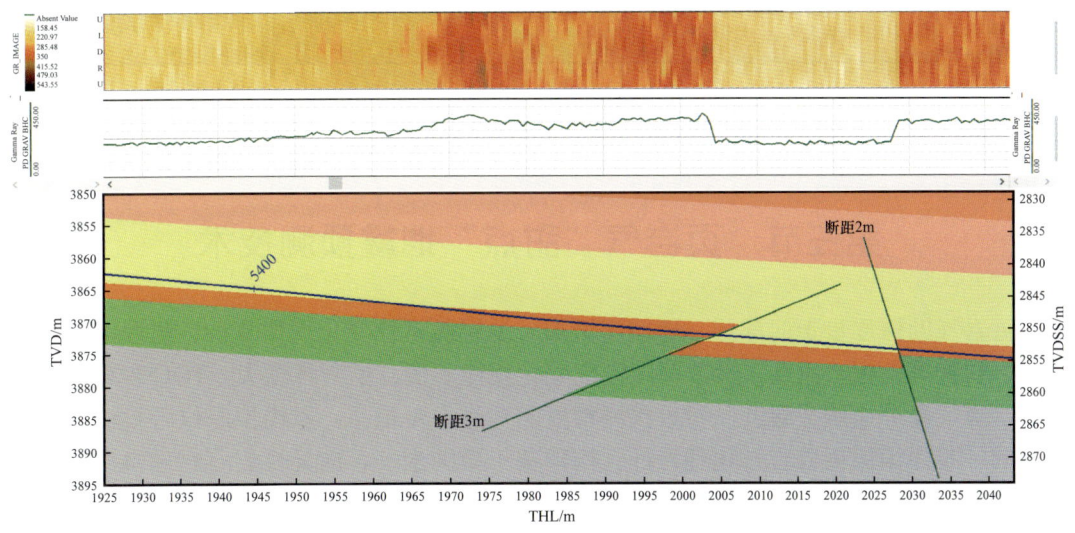

图 6-2-9　DY9 井实时钻井自然伽马成像图

2. 侧钻水平井地质导向应用

地质导向在水平井目的层的钻遇率方面起到非常重要的作用，尤其是针对优质页岩层的钻遇。以川东南地区复杂构造区深层页岩气井 DYS1 井为例，对地质导向的应用评价进行全面介绍。

为了保证优质页岩气层钻遇率、提高产量，选择 DYS1 井导眼井龙马溪组一段一亚段井深 4223m 处（②小层下部）为水平井垂向靶心位置。该垂向靶心位置为位于标志性的高自然伽马峰值处，为优质页岩气层集中发育段，一方面有利于提高水平井产量，另一方面高自然伽马页岩段便于水平井跟踪、井轨迹控制。钻井过程中要求严格控制 A 靶点、B 靶点及井斜方位，A 靶点至 B 靶点井眼轨迹垂直方向中靶半高控制在 4m

以内；水平段水平方向中靶半宽控制在20m以内，水平段要求在优质页岩①—③小层内穿行。

水平井钻前风险分析可能会出现地层厚度、倾角等信息的变化，影响着陆。水平井导向过程中通过实时自然伽马成像提取地层倾角调整轨迹，综合地震、测井、录井信息对钻遇地层进行判断尽量保持轨迹平滑，当地层发生突变时，减少大的调整，避免局部狗腿度过高，导致井眼轨迹复杂。

该井利用旋转导向+近钻头自然伽马成像克服了埋深较深，井温较高的工程难度，两趟钻完成着陆+水平段作业，总进尺1869m，自A点（4610m）完成水平段进尺1452m，大部分井段轨迹很好地控制在靶心上下1m垂深范围内，小部分井段最远距离靶心约2m垂深，靶窗钻遇率100%（图6-2-10）。

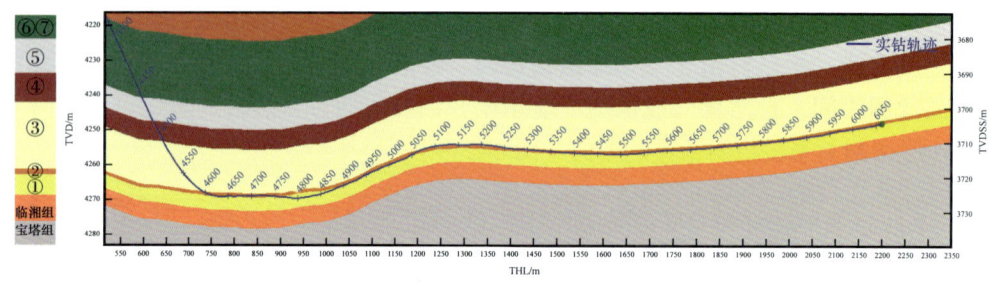

图6-2-10　DYS1井目的层箱体位置

第三节　页岩气"甜点"地震预测技术

页岩气勘探逐步走向深层，随埋深增加，地层脆延性变化规律复杂，脆性指数、地应力、裂缝等工程"甜点"参数等随深度变化规律不清，预测难度大。TOC含量、压力系数、含气量等地质"甜点"参数预测精度需要进一步提高。以模拟原位岩石物理实验为基础，明确深层页岩岩石物理特征，构建基于微纳米—各向异性岩石物理模型，攻关岩石物理驱动的页岩气"甜点"地震预测技术，提高深层页岩气"甜点"预测精度，为井位部署、水平井方位优选等方面提供可靠的参考依据。

一、页岩气储层岩石物理测试分析与建模技术

岩石物理学主要研究岩石的力学、弹性、波传播、孔隙结构等特征及其引起的地球物理响应情况，是联系地下储层特征与地震数据的桥梁和纽带。深层页岩岩石物理研究较为薄弱，制约深层页岩"甜点"地震预测。通过开展岩石物理测试，明确页岩岩石物理特征，构建适应深层页岩岩石的物理模型，为深层页岩气"甜点"地震预测奠定理论基础。

1. 岩石物理测试技术

页岩中层理、页理、天然裂缝和微裂隙等不同尺度的结构面发育，水力压裂过程中，

这些结构面往往先于页岩基质体被破坏，这会显著影响水力裂缝的起裂方式及扩展路径。随着埋深增加，地下温度、压力增压，页岩的脆性发生变化，但变化规律不清。因此，亟待开展页岩各向异性与岩石力学特征测试研究。针对四川盆地页岩气重点勘探区域五峰组—龙马溪组优质页岩气储层开展了系统取心及岩石物理实验分析，形成了基于超声纵、横波速度测试的各向异性参数测试、三轴岩石力学实验技术，为岩石物理建模及"甜点"地震预测提供了基础。

1）岩石各向异性测试技术

岩石弹性各向异性特征是普遍存在的，由于页岩层理、页理、天然裂缝等较为发育，页岩各向异性特征更为显著。国外对页岩的各向异性开展了广泛的研究，Vernik 和 Nur（1992）利用实验测量结果给出了干燥条件下 Bakken 页岩的弹性各向异性特点，分析了有机质含量、成熟度对岩石速度特征与各向异性特征的影响，页岩矿物的优选方向及裂缝决定了各向异性特征。但国内页岩气各向异性特征研究相对较少，通过实验的方法，可明确页岩各向异性的特征和产生原因。在横向各向同性条件下，Thomsen（1995）提出了一种很方便的弹性常数的表达方式，这种表达方式使用了沿对称轴方向传播的纵波、横波速度以及另外的 3 个各向异性参数，如式（6-3-1）所示。

$$\begin{cases} \alpha = \sqrt{\dfrac{C_{33}}{\rho}} \\ \beta = \sqrt{\dfrac{C_{44}}{\rho}} \\ \varepsilon = \dfrac{C_{11} - C_{33}}{2C_{33}} \\ \gamma = \dfrac{C_{66} - C_{44}}{2C_{44}} \\ \delta = \dfrac{(C_{13} + C_{44})^2 - (C_{33} - C_{44})^2}{2C_{33}(C_{33} - C_{44})} \end{cases} \quad (6-3-1)$$

式中　α——纵波速度，m/s；

　　　β——横波速度，m/s；

　　　γ——横波各向异性及双折射率；

　　　ε——准纵波各向异性；

　　　δ——决定准纵波及准-SV波，波阵面形状的复杂程度。

根据式（6-3-1）完全表征页岩的各向异性特征需要 5 个独立的参数，需要得到 5 个不同方向的纵波或横波速度值。根据震动方向、传播方向和层理的关系理论上可以测量得到 9 个速度：平行对称轴（垂直于层理）传播的 v_{P-0}（震动方向平行于对称轴）、v_{SV-0}（层理面内且震动方向垂直于对称轴）、v_{SH-0}（震动方向在层理面内，并与 v_{SV-0} 震动方向垂直）；平行层理（垂直对称轴）方向传播的 v_{P-90}（震动方向垂直于对称轴）、v_{SV-90}（震动方向同时垂直于层理）、v_{SH-90}（震动方向在面内且垂直于对称轴）、与对称轴成一定角度传播的

v_{P-45}（震动方向与传播方向一致）、v_{SV-45}（震动方向水平）、v_{SH-45}（震动方向同时垂直于 v_{qP}、v_{qSV}）。利用这 9 个速度可以计算页岩的各向异性参数。

将所研究的样品分别沿平行层理方向（垂直于对称轴）、垂直于层理方向（平行对称轴）、与对称轴呈一定角度（通常大于 30°）的三个不同方向切制成圆柱状（图 6-3-1）。所切制样品的直径均为 23.4mm（1in），高为 25~60mm，两端面磨平抛光。

采用超声波脉冲穿透法测量岩石声波速度，由发射探头发射一个中心频率为 0.5MHz 或 1MHz 的超声脉冲，测量该脉冲透过岩样到达接收探头的纵横波初至时间，扣除纵横波在发射探头和接收探头内的传播时间（零时），获得纵横波实际透过岩样的传播时间。根据该时间和岩样长度即可计算出超声波穿过岩样的纵横波速度。按照研究区页岩储层的实测压力数据，确定了测试最大围压为 60MPa，配套纵波 PZT 换能器的主频为 500kHz，横波主频为 250kHz。纵横波速度测量结果如图 6-3-2 所示，可以明显看到，平行于层理方向与垂直于层理方向的纵、横波速度具有明显的差异，表明了页岩具有显著的各向异性特征。

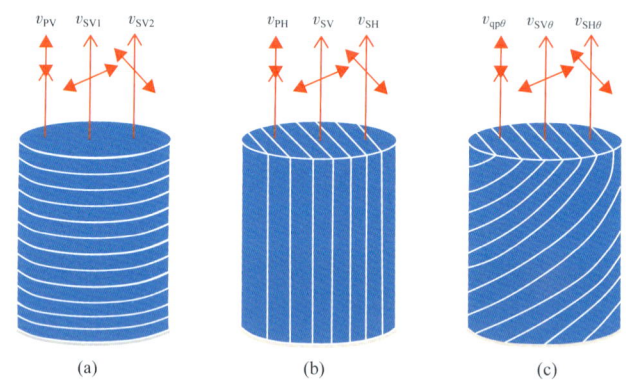

图 6-3-1 实验样品制备与弹性波速度测量示意图
（a）垂直层理切制的样品；（b）平行层理切制的样品；（c）与对称轴成一定角度切制的样品

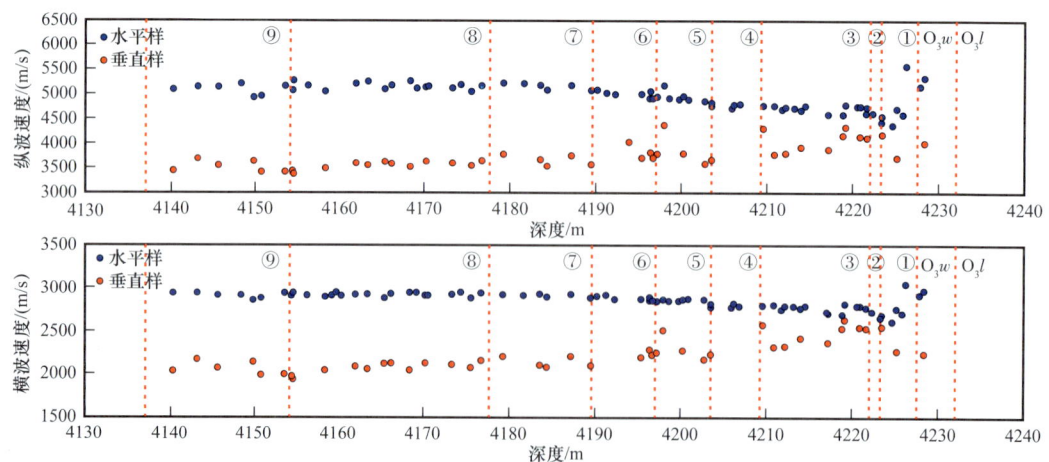

图 6-3-2 DYS1 井岩石样品测量结果对比图

2）岩石力学参数测试技术

实验室一般采用三轴实验来模拟真实情况下岩石的破坏过程，并获取岩石力学参数。测试所采用的设备为MTS815程控伺服岩石力学试验系统，实验过程中，将样品加工成50mm直径、长度直径比为2～2.5的圆柱形标准试样，对样品的端面进行精细加工，使得样品为整体直径误差小于0.3mm、平行度误差小于0.05mm、垂直度误差小于0.25°的标准样品。将岩心放置在压力室内，确认岩心轴线与压力室轴线对准，并保证在放置以及关闭保护门时，不会挤压仪器电线。在样品轴向和环向上加上LVDT位移传感器来精确记录样品的轴向和环向形变。启动围压油泵，向压力室内注入硅油，至充满后关闭，放好活塞，逐渐施加轴向载荷，使得活塞与岩心端面紧紧接触。启动压力试验机，逐渐施加轴向载荷和围压，待围压达到预定围压后，以一定的速度施加轴向应力，直至岩心破坏，记录峰值。

测试不同有效应力下的弹性模量可知（图6-3-3），随着地层有效围压的增加，页岩弹性模量随之增加。因此，有效围压是深层页岩气储层岩石物理建模过程中不可忽略的一个重要因素。

2. 页岩各向异性特征

黏土定向排列使得页岩具有VTI（Transverse Isotropic with a Vertical symmetry axis）各向异性特征。图6-3-2a中蓝色点为平行层理所测纵波速度，红色点为垂直层理所测纵波速度，平行层理速度明显高于垂直层理速度。基于Thomson提出的各向异性理论可以计算得到VTI介质的纵波各向异性参数 ε，其与黏土含量呈良好的正相关关系（图6-3-4），表明由于黏土的定向排列深层页岩地层具有强VTI各向异性背景。

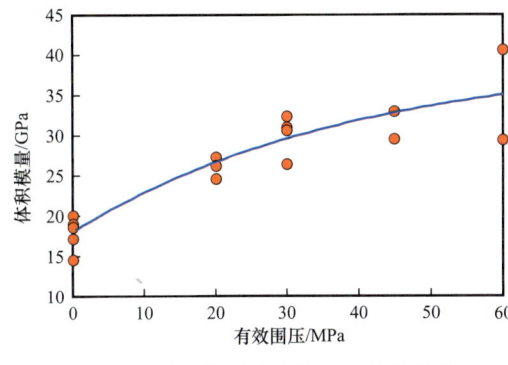

图6-3-3 体积模量随有效围压的变化关系

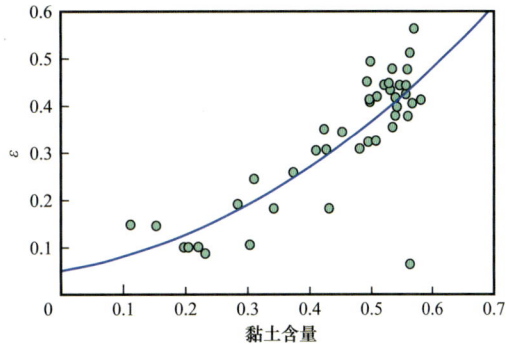

图6-3-4 各向异性参数与黏土含量交会图

此外，裂缝是引起各向异性的重要因素。川东南地区五峰组—龙马溪组一段一亚段裂缝较为发育，从钻井岩心可以清楚观察到被方解石充填的水平缝、高角度缝。页岩高角度缝发育，一般采用具有水平对称轴的横向各向同性介质（Transverse Isotropic with a Horizontal Symmetry Axis，HTI介质）进行描述。从DYS1井成像测井资料中可以清楚地看到高角度缝的纵向发育［图6-3-5（b）］。横波传播穿过裂缝时，通常会分裂为快横波与慢横波（Crampin，1984）。基于偶极子阵列横波测井资料，提取 DYS1 井快、慢横波如图 6-3-5（c）所示，图中蓝色曲线为快横波、红色曲线为慢横波，二者在裂缝发育处表现出明显的差异性，与成像测井裂缝发育段基本一致。计算快慢横波速度比［图 6-3-5（d）］发现，快、慢横波速度之比总体小于 1.1，HTI 各向异性特征较弱。

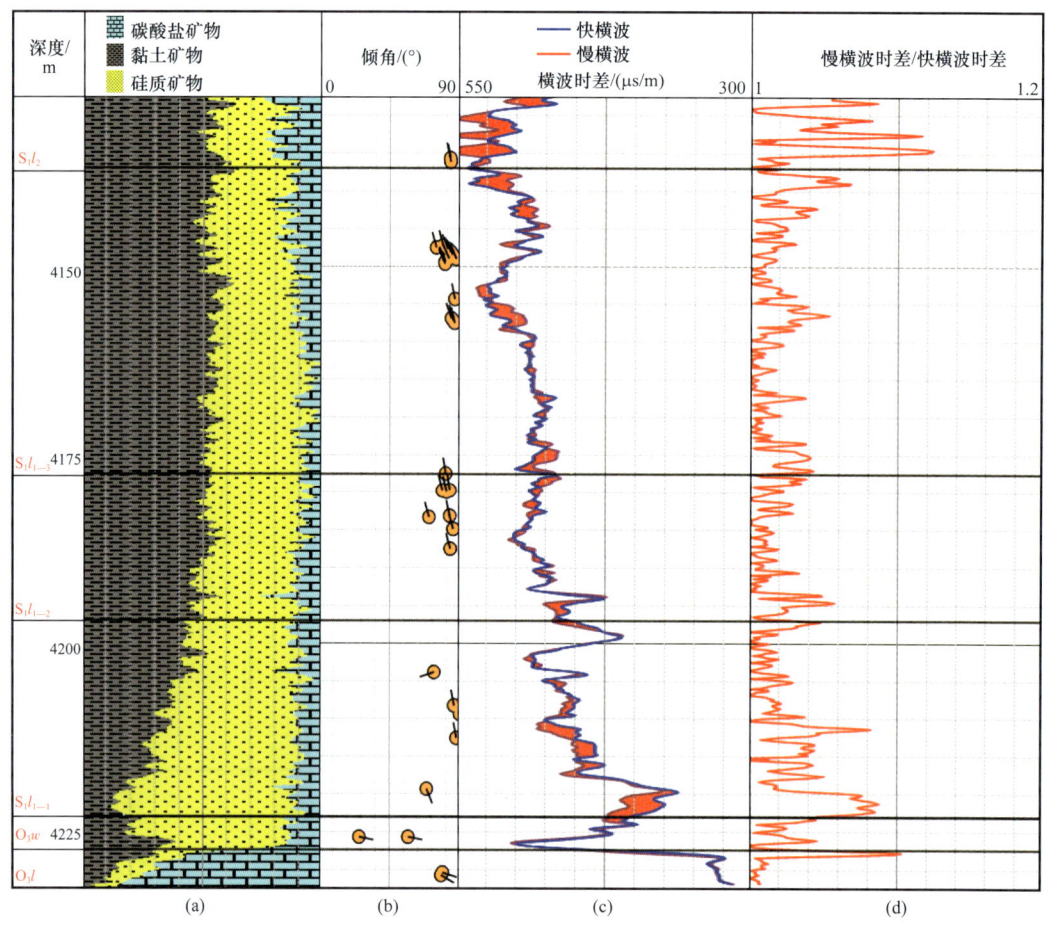

图 6-3-5　DYS1 井裂缝各向异性特征

综上，基于岩心观察、超声实验、成像测井等资料表明，川东南地区深层页岩地层是在强 VTI 介质背景下发育高角度裂缝的介质，可以等效为正交各向异性（Orthogonal Anisotropic media，OA）介质。

3. 微纳米孔隙—各向异性页岩岩石物理模型构建

在了解岩石物理特征的基础上，保证理论模型物理机制和岩石结构相统一，选用合适的等效介质理论进行描述，最终形成页岩气岩石物理建模流程，如图 6-3-6 所示。

1）各向同性基质矿物模量求取

利用 DEM 模型逐步将硅质矿物、黏土矿物与碳酸盐矿物进行混合；或利用 SCA 模型将黏土矿物、硅质矿物、碳酸盐矿物进行混合。

针对陆源、生物化学成因两种不同成因的硅质矿物，需要采用不同的模型进行建模。Berryman（1980，1995）给出了 N 相混合物的自洽模型（SCA），适合多种矿物共同作为岩石骨架。微分等效介质模型（DEM）通过向主相固体矿物中逐渐加入包含物来模拟混合物（Cleary et al.，1980；Norris，1985；Zimmerman，1991）。在保证理论模型物理机制与岩石结构相统一的基础上，在二亚段使用自洽模型，将所有矿物进行混合，一亚段使用 DEM 模型，并将硅质矿物作为第一矿物（主相固体矿物），黏土、碳酸盐矿物等作为包含物夹杂在其中。

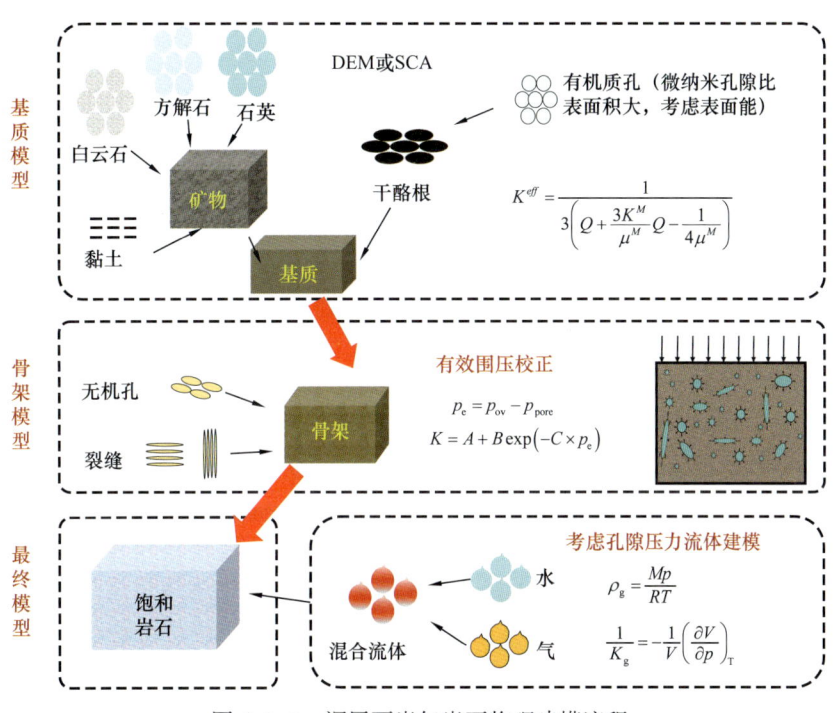

图 6-3-6　深层页岩气岩石物理建模流程

2）添加微—纳米孔隙

按照孔隙尺寸和结构分为无机矿物间的常规孔和干酪根内分布的微纳米孔隙。经典的 Eshelby 模型（Eshelby，1957）只能针对孔径较大的常规孔隙，表面效应极小，忽略了包含物与基质界面处的表面能项，不适用于孔径较小的微纳米孔隙。针对微纳米孔隙，考虑孔隙与岩石基质的相互作用，修正的 Eshelby 张量微纳米孔隙模型，推导得到岩石内部位移场和整体体积模量（Sharma et al.，2004；印林杰等，2020）。

$$u = \begin{cases} p \cdot r, & 0 \leqslant r \leqslant R_0 \\ Q + \dfrac{T}{r^2}, & R_0 \leqslant r \leqslant R_M \end{cases} \quad (6\text{-}3\text{-}2)$$

$$K^{\text{eff}} = \dfrac{1}{3\left(Q + \dfrac{3K^M}{4\mu^M}Q - \dfrac{1}{4\mu^M}\right)} \quad (6\text{-}3\text{-}3)$$

其中，

$$\begin{cases} Q = \dfrac{\sigma^{\infty}\left(4\mu^{M}+3K^{H}\right)}{3K^{M}\left(4\mu^{M}+3K^{H}\right)-4c\mu^{M}\left[3\Delta K+\dfrac{2K^{S}}{R_{0}}\right]} \\ \Delta K = K^{M}-K^{H} \\ T = \dfrac{3\Delta K R_{0}^{3}}{4\mu^{M}+3K^{H}}Q \\ P = Q + \dfrac{T}{R^{3}} \end{cases} \quad (6\text{-}3\text{-}4)$$

式中　σ^{∞}——远场应力，MPa；

R_0——纳米孔半径，nm；

K^H——孔隙体积模量，GPa；

K^{eff}——有效模量，GPa；

K^S——表面能，J/m²；

K^M——基质体积模量，GPa；

μ——剪切模量，GPa；

μ^M——基质的剪切模量，GPa；

c——孔隙半径与基质半径比值的立方；

R——孔隙的半径，nm；

ΔK——基质体积模量模量与孔隙体积模量的差，GPa。

σ^{∞}表示远场应力，上标H代表孔隙，当孔隙半径缩小到纳米级尺度时，孔隙比表面积极大，孔隙半径和表面能K^S的变化对整体有效体积模量影响巨大孔径较小时（<10nm），纳米孔极大地改变宏观模量，随着孔径的增大，纳米孔表面能逐渐减小，退化为经典的Eshelby方法。图6-3-7（a）显示不同孔隙度下有效体积模量随纳米孔隙半径变化曲线，很显然，当孔径小于10nm左右时，随着纳米孔径的增大，有效体积模量急剧增大，此时纳米孔径的变化对有效体积模量的影响极大，而常规孔隙则没有这一性质；当孔径增大到一定程度的时候，孔径的变化对整体模量的改造作用就非常小，这与经典的Eshelby方法一致。图6-3-7（b）表明微纳米孔表面能的存在会降低整体有效体积模量，并且孔径越小，表面能对体积模量的影响越明显。图6-3-7（c）显示不同纳米孔半径下有效体积模量随孔隙度变化曲线，体积模量随孔隙度增大而减小，并且孔径越小，减小速度越快。

3）添加有机质

利用DEM模型将无机矿物孔、步骤2）的包含有机质孔的有机质分别加入步骤1）中的矿物混合介质中。

4）修正有效应力影响

由岩石力学实验可知，有效围压是深层页岩气储层岩石物理建模过程中不可忽略的一个重要因素（图6-3-3）。Dinh等（2016）利用一种孔隙空间刚度方法，推导了岩石模量和有效压力的显示表达式，修正了有效压力对岩石模量的影响。

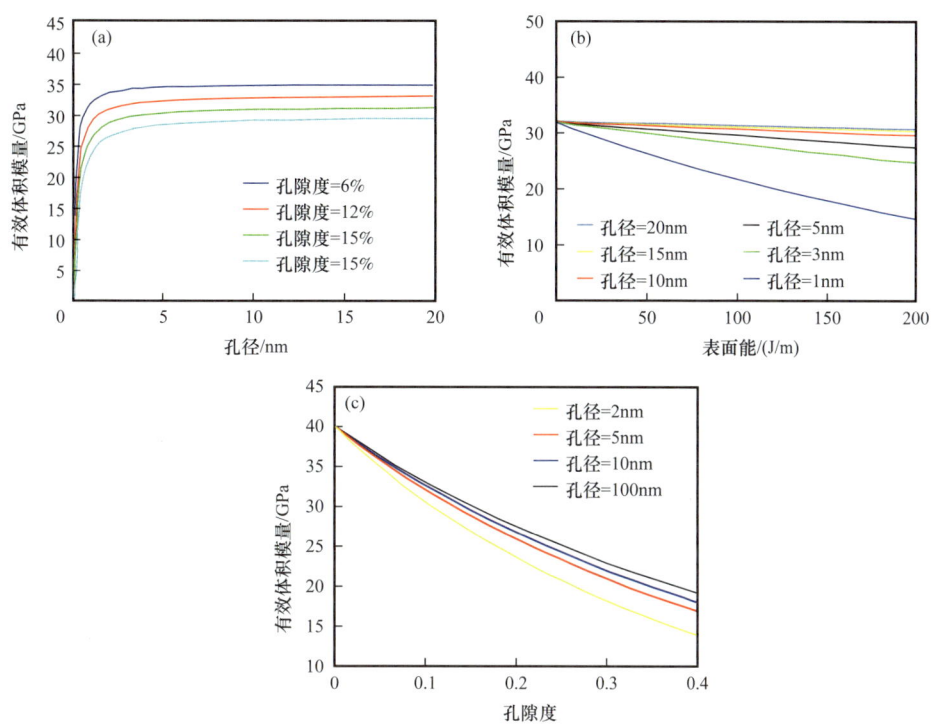

图 6-3-7 弹性模量随孔径（a）、表面能（b）、孔隙度（c）的变化关系

$$k = a + bp_e = K_\phi / K_m \tag{6-3-5}$$

$$K_e = \frac{K_m}{1 + \dfrac{\phi}{k}} \tag{6-3-6}$$

式中 k——孔隙刚度与岩石基质模量的比值；

p_e——有效围压（上覆地层压力—孔隙压力），MPa；

a、b——系数，可以通过实验数据回归得到；

K_e——岩石矿物模量，GPa；

K_ϕ——孔隙刚度，GPa；

K_m——岩石基质模量，GPa；

ϕ——孔隙度，%。

5）利用各向异性 SCA 模型（Hornby et al., 1994）、Eshelby-Cheng 模型（Cheng, 1978, 1993）将裂缝加入上述介质中，建立各向异性等效模型。

6）由于页岩的致密性以及孔隙的非连通性，饱和流体具有高频非弛豫特征，因此然使用 DEM 模型加入流体，计算饱岩石的模量。

二、页岩储层品质评价参数预测技术

总有机碳含量、压力系数、含气量是评价页岩储层品质的重要参数。中浅层页岩气领域形成的地质"甜点"预测方法取得了一定的应用效果,但在深层领域还有待进一步拓展和完善。与国外页岩气不同,国内页岩气 TOC 含量与密度相关性较好,但密度反演的稳定性有待深入研究。保存条件是页岩气"富集高产"的关键,对于深层页岩气仍然至关重要,但影响保存条件的主控因素研究还不够深入,地震预测评价技术在页岩气保存条件的评价方面还大有作为。含气量的控制因素还有待进一步落实,地震预测难度大,需要攻关。

1. 叠前高精度密度反演及 TOC 预测

焦石坝、长宁、威远、昭通等区块的测井与岩石物理研究均表明,密度与 TOC 含量呈较好的负相关性,随着 TOC 含量增加,密度具有明显减小趋势(陈祖庆,2014;陈胜等,2017;刘伟等,2018;曾庆才等,2018)。在深层页岩气勘探中发现,密度与 TOC 含量仍具有良好的关系。图 6-3-8 为丁山地区五峰组—龙马溪组 TOC 含量与密度的交会图,据此建立基于密度的 TOC 地震预测模型如式(6-3-7)所示。叠前反演是获取密度信息的重要技术手段,准确获得密度信息难度较大,本书提出了一种稳定的基于弹性阻抗的叠前密度反演方法,提高了优质页岩的预测精度。

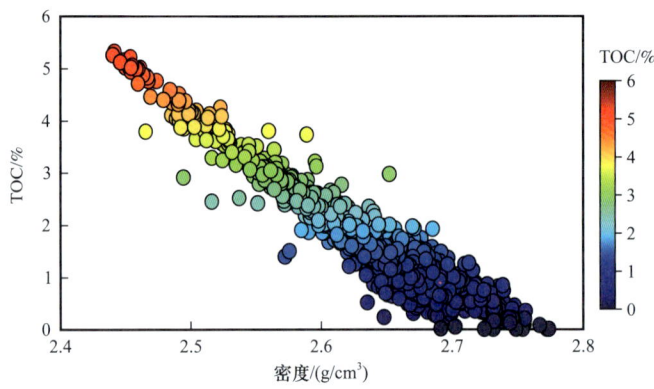

图 6-3-8 五峰组—龙马溪组有机碳含量与密度交会图

$$\text{TOC} = 163.255 - 107.613\rho + 17.5781\rho^2 \tag{6-3-7}$$

1)高精度密度叠前反演方法

Connolly P.(1999)类比叠后反射系数定义方式提出了弹性阻抗的概念,推导了弹性阻抗方程,Whitcombe 等(2002)对 Connolly 弹性阻抗方程进行了标准化处理,其表达式为

$$\begin{cases} EI(\theta) = \bar{v}_\text{p}\bar{\rho}\left(\dfrac{v_\text{p}}{\bar{v}_\text{p}}\right)^{C_\text{p}(\theta)}\left(\dfrac{v_\text{s}}{\bar{v}_\text{s}}\right)^{C_\text{s}(\theta)}\left(\dfrac{\rho}{\bar{\rho}}\right)^{C_\text{d}(\theta)} \\ C_\text{p}(\theta) = 1 + \tan^2\theta \\ C_\text{s}(\theta) = -8g\sin^2\theta \\ C_\text{d}(\theta) = 1 - 4g\sin^2\theta \end{cases} \tag{6-3-8}$$

式中 g——横波速度与纵波速度比值的平方;

$C_p(\theta)$、$C_s(\theta)$、$C_d(\theta)$——简化的物理参数，无明显物理含义；

θ——射角，(°)；

v_p——纵波速度，m/s；

v_s——横波速度，m/s；

ρ——密度，g/cm³；

$\bar{v}_p$——纵波速度的平均值，m/s；

$\bar{v}_s$——横波速度的平均值，m/s；

$\bar{\rho}$——密度的平均值，g/cm³；

$EI(\theta)$——弹性阻抗。

将纵波速度、横波速度、密度分别表示为弹性阻抗的加权解析方程：

$$\begin{cases} L_p = d_p(\theta_1)L_e(\theta_1) + d_p(\theta_2)L_e(\theta_2) + \cdots + d_p(\theta_m)L_e(\theta_m) & \text{(a)} \\ L_s = d_s(\theta_1)L_e(\theta_1) + d_s(\theta_2)L_e(\theta_2) + \cdots + d_s(\theta_m)L_e(\theta_m) & \text{(b)} \\ L_d = d_d(\theta_1)L_e(\theta_1) + d_d(\theta_2)L_e(\theta_2) + \cdots + d_d(\theta_m)L_e(\theta_m) & \text{(c)} \end{cases}$$

（6-3-9）

式中 L_p——纵波速度取对数；

L_s——纵波速度取对数；

L_d——密度取对数。

上式将各弹性参数（取对数）均独立地表示为各角度弹性阻抗（取对数）的加权和，其中加权系数为$d_j(\theta_i)$（$i=1,2,\cdots,m$；$j=$p, s, d），该系数的求取是密度反演的关键。

可以利用井旁道弹性阻抗反演结果与测井曲线回归求取加权系数。在m个入射角、n个时间采样点情形下，$d_j(\theta_i)$（$i=1,2,\cdots,m$；$j=$p, s, d）求取的目标泛函为

$$d_j = \mathrm{argmin}\left(\|L_e d_j - L_j\|_2^2 + \eta \|d_j\|_2^2\right)$$

（6-3-10）

式中 j——根据反演的目标不同分别取不同的值；

L_e——井旁道弹性阻抗组成的矩阵；

L_j——测井曲线向量；

η——正则参数（$\eta \geq 0$），控制求解的稳定性。将求得的加权系数代入式（6-3-9）中即可反演得到纵波速度、横波速度、密度。

2）基于高精度密度反演的 TOC 定量预测效果

图 6-3-9 为过 DY2—DY4 井反演的密度剖面。图中测井密度曲线以 80Hz 高截频滤波后的曲线，测井曲线表明五峰组—龙马溪组一段一亚段优质页岩与下伏奥陶系石灰岩具有显著的差异，反演结果有效地预测五峰组—龙马溪组一段低密度页岩的展布，同时密度变化趋势及页岩层内部小层的边界刻画上更加精细，与实际情况更为吻合。

将高精度密度反演结果代入式（6-3-7），实现 TOC 预测。TOC 预测结果纵向分辨率相对较高，与测井解释 TOC 吻合度较高（图 6-3-10），能够较准确的预测优质泥页岩段 TOC 展布。统计丁山地区主要勘探井的预测误差整体在 5% 以内，TOC 预测精度较高。

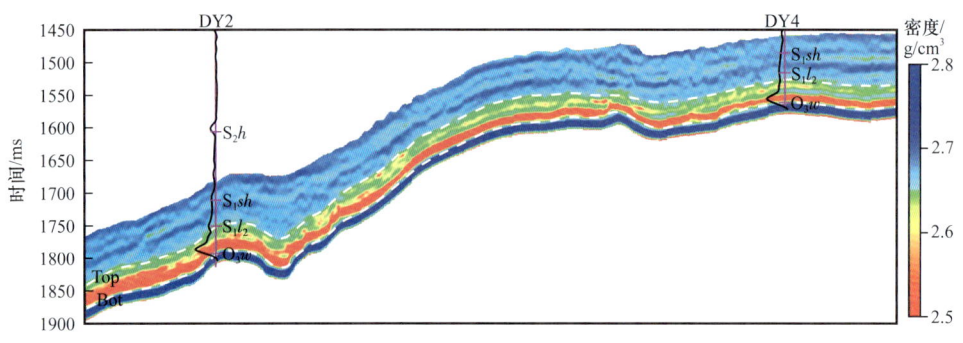

图 6-3-9　丁山区块过 DY2—DY4 井新方法密度反演剖面

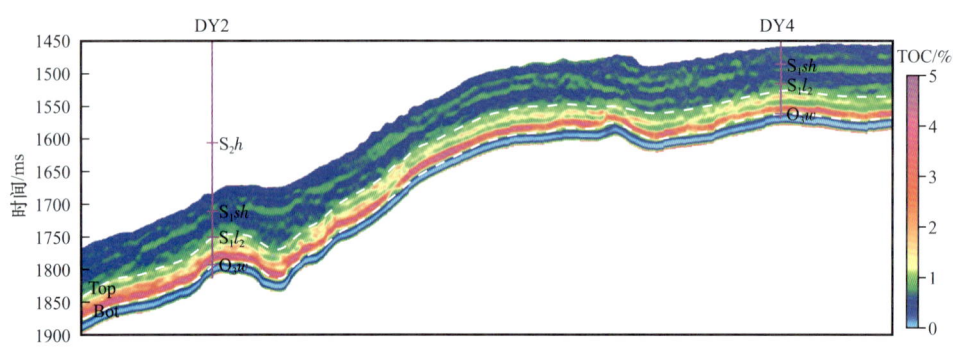

图 6-3-10　丁山地区过 DY2—DY4 井连井 TOC 反演剖面

2. 基于扰动体积模量的孔隙压力预测技术

地层压力是反映页岩气藏保存条件的重要指标。经典的基于地震资料的异常压力预测方法主要是利用超压引起地层的"低速"特征，如压实平衡方程方法、等效深度公式计算方法、Eaton 方法、Stone 方法、Fillippone 方法等。云美厚（1996）对几种经典的地震地层压力预测方法进行了总结归纳，并就如何提高压力预测精度提出了改进措施。但常规基于欠压实成因的地层压力预测方法并不适合直接应用于页岩气储层。岩石的物理性质复杂性是孔隙压力预测的关键（Zimmer et al., 2002）。通过分析高压气层的岩石物理响应特征，发现了体积模量是压力的敏感参数，揭示了扰动体积模量（饱和流体体积模量与固体矿物体积模量的差）与压力系数呈对数正相关，建立基于扰动体积模量的压力预测模型，利用叠前 CRP 道集开展叠前地震反演获得扰动体积模量，实现压力系数地震预测。

1）基于扰动体积模量的孔隙压力地震预测模型

将 ESC 元素测井数据代入岩石物理理论模型可获得不含孔隙和流体的矿物体积模量 K_m，利用测井曲线计算饱和流体体积模量 K_sat：

$$K_\mathrm{sat} = \rho \left(v_\mathrm{p}^2 - \frac{4}{3} v_\mathrm{s}^2 \right) \qquad (6\text{-}3\text{-}11)$$

式中　ρ——密度；

v_p——纵波速度；

v_s——横波速度。

定义矿物体积模量 K_m 与饱和流体体积模量 K_{sat} 之差为扰动体积模量 ΔK：

$$\Delta K = K_m - K_{sat} \quad (6-3-12)$$

通过实钻井压力系数与扰动体积模量交会分析揭示压力系数与扰动体积模量呈对数正相关关系（图 6-3-11）。据此建立基于扰动体积模量的压力系数预测模型为

$$p_c = a\ln\Delta K + b \quad (6-3-13)$$

式中　p_c——压力系数；

　　　a、b——回归系数，可由交会图拟合得到。

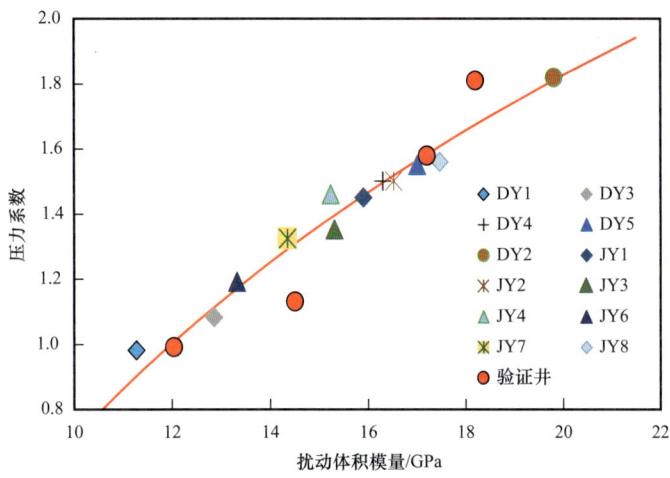

图 6-3-11　压力系数与扰动体积模量的交会图

在叠前道集优化的基础上，开展叠前高精度密度反演，结合井中建立的矿物体积模量与密度的相关模型，获得矿物体积模量。利用等效流体扰动体积模量弹性阻抗方程，开展饱和流体体积模量叠前直接反演（刘晓晶等，2016）。计算矿物体积模量与饱和流体体积模量数据体之差即可获得扰动体积模量数据体，将其代入式（6-3-13）求得基于扰动体积模量的压力系数地震预测结果。

2）压力系数预测效果分析

将丁山、东溪地区的体积模量和矿物体积模量代入压力系数预测模型［式（6-3-13）］中实现丁山、东溪地区压力预测。从图 6-3-12 中可以看出，丁山断鼻 DY1 井、DY3 井靠近齐岳山断层，且顶板地层在构造应力作用下遭受破坏，保存条件较差，预测压力系数小于 1.1，为常压区；远离齐岳山断层的深层 DY4 井、DY5 井、DY2 井，页岩顶底板条件良好，预测压力系数大于 1.5，为高压区；东溪地区整体位于齐岳山断层的下盘，且东斜坡与齐岳山断层断洼相隔，东溪地区具有较好的保存条件，DYS1 井压力系数为 1.58，预测结果与实测结果相一致。

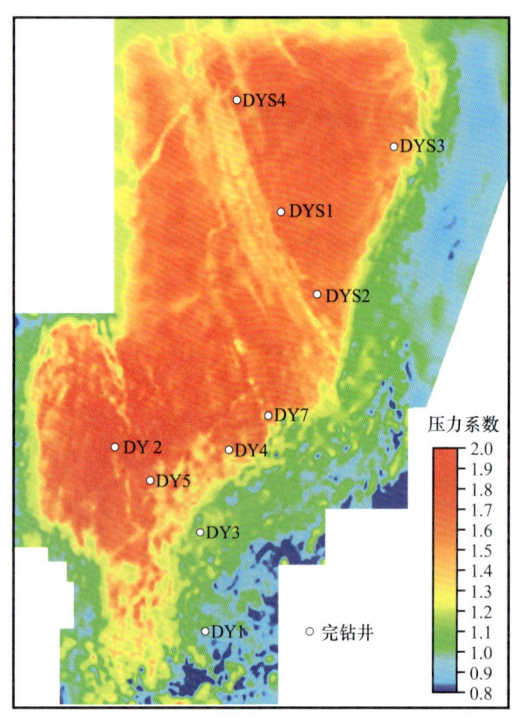

图 6-3-12 川东南丁山—东溪地区连片压力系数预测平面图

3. 二元双约束含气量叠前地震预测技术

页岩含气量是页岩气资源评价和有利区优选的关键性参数，也是评价页岩是否具有开采价值的一，国内外学者对页岩含气量的测定和预测方法进行了大量的探索，主要有解析法、保压岩心法和间接法。解析法和保压岩心法通常只对有限的岩样进行测定，而且价格昂贵；从众多的间接法来看，很少有用地震资料直接定量预测页岩含气量纵向和横向变化特征的研究。在构造稳定去以 TOC 单参数预测模型为主（郭旭升等，2015），在复杂构造区预测精度偏低。首先针对含气量的主控因素开展分析，明确深层复杂构造区页岩含气量主控因素，建立含气量预测模型，攻关关键参数反演方法，实现含气量高精度预测。

1）二元双约束含气量预测模型

根据"二元富集"理论，页岩含气量受 TOC 与孔隙压力双重控制，高 TOC 的页岩提供了足够的物质基础，同时有机质孔更为发育，更有利于页岩气的吸附和储集。压力是影响总含气量的另一重要因素，总含气量与压力系数为正相关关系，含气量受压力系数控制作用尤其明显。川东南地区 53 口页岩气重点探井开展分析，从图 6-3-13（a）可以看出，DY1 井、DY3 井、DY4 井、DY5 井、PS1 井 TOC 相当，但其总含气量差异明显，因而通过 TOC 单参数无法实现构造复杂区预测。

进行多元统计回归分析，构建了含气量与有机碳含量、压力系数间新的表征关系，建立 TOC 及压力系数二元含气量地震预测模型如式（6-3-14）所示，相关系数得到了明显提高，达到了 0.8 [图 6-3-13（b）]。

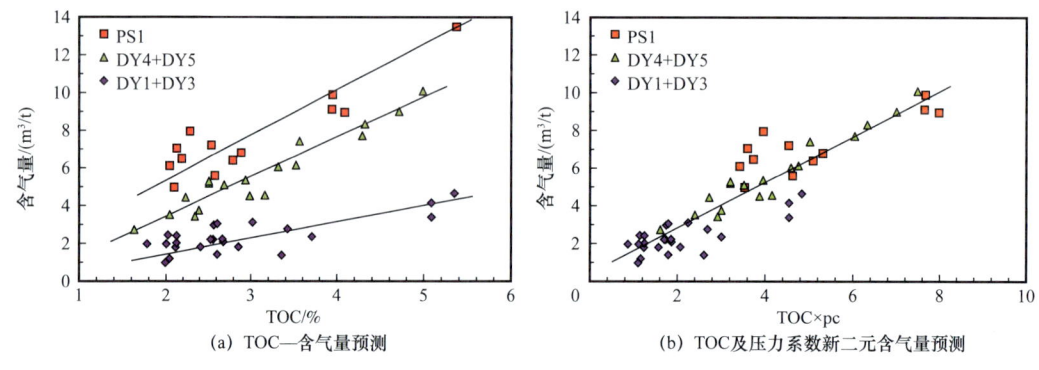

图 6-3-13 川东南地区龙马溪组重点页岩气探井含气量预测拟合关系

$$\text{总含气量} = 1.3483\text{TOC} \times p_c - 1.5465 \quad (6\text{-}3\text{-}14)$$

2）含气量地震预测效果分析

在上述基于扰动体积模量压力系数预测以及高精度密度反演TOC预测的基础上，利用含气量TOC及压力系数二元双约束预测模型即可实现总含气量地震预测。提取五峰组—龙马溪组一段页岩总含气量的平面图，预测结果表明，丁山—东溪地区五峰组—龙马溪组一段整体含气，中深埋藏区总含气量普遍较高，总含气量均大于$4\text{m}^3/\text{t}$（图6-3-14）。盆缘DY1井、DY3井井区，由于靠近齐岳山断裂，抬升较高，对页岩气的富集造成了一定影响，含气量降低。与实钻井对比，TOC与压力系数的双元模型总含气量预测相对误差小于5%，预测精度较高。

三、深层页岩储层可压裂性预测技术

对于深层页岩气而言，地层能否压开、能否压裂形成复杂缝网是能否实现深层页岩气商业开发的关键。脆性指数高、裂缝发育、地应力低、水平应力差小有利于工程压裂，是深层页岩气可压裂性评价的关键参数，但这些参数随埋深的变化规律尚不明确，地震预测模型建立与预测遇到瓶颈。基于钻井、

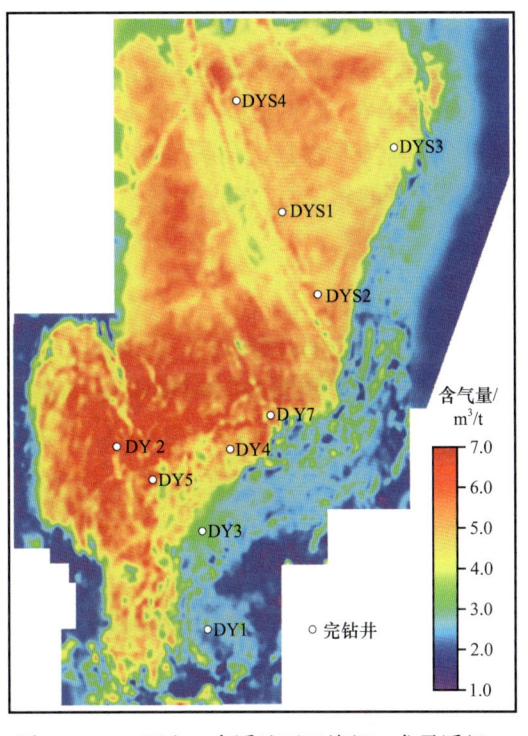

图6-3-14 丁山—东溪地区五峰组—龙马溪组一段总含气量预测图

实验等数据以及岩石物理理论，构建地球物理表征与预测模型，充分挖掘地震信息，实现深层页岩气可压裂性预测与评价，为深层页岩气地质—工程一体化研究提供支撑。

1. 基于脆延性转换因子的脆性指数预测技术

随着埋深的增加，地层温度、压力增加，地层由脆性向塑性转化，目前基于地震资料的脆性指数预测方法主要基于以矿物脆性指数为目标（Rickman et al., 2008；Perez et al., 2013；Yin et al., 2015），这类方法只能反映沉积及岩性岩相的变化，不能反映脆性随深度的变化。从岩石力学实验出发，构建适应深层的页岩脆性指数预测模型，实现深层页岩气脆性客观评价。

1）基于脆延性转换敏感因子的脆性指数构建

丁山、东溪地区脆性矿物含量介于50%~54%，差异不大，但随埋深增加、地层围压增大，岩石破裂难度增大，矿物脆性指数无法有效评价地层可压裂性。侯振坤等（2016）针对龙马溪组页岩脆性特征进行了详细的试验研究，基于跌落系数、应力降系数、软化模量分别定义了综合脆性指数：

$$BI = aB_1 + bB_2 + cB_3 \quad (6\text{-}3\text{-}15)$$

式中 BI——综合脆性指数；

a、b、c——B_1、B_2、B_3 在脆性评价中的权重，$a+b+c=1$；

B_1、B_2、B_3——跌落系数、应力降系数、软化模量相关的岩石力学参数。

基于式（6-3-15），在不同有效围压条件下开展了丁山—东溪地区重点探井优质页岩段岩石力学试验。矿物含量相当时，围压从 0 增加至 80MPa，页岩综合脆性指数 BI 由 0.8696 减小到 0.6586，降幅达到 24.3%（表 6-3-1）。鉴于杨氏模量和泊松比是反映岩石力学性质的两个关键力学参数，开展其与有效围压关系的分析，结果表明泊松比及其变化与有效围压具有较好的相关性，相关系数达 0.81（图 6-3-15），建立泊松比与有效围压的关系：

$$v = ap_{\text{eff}} + b \quad (6\text{-}3\text{-}16)$$

式中 v——泊松比；

a、b——回归系数；

p_{eff}——有效围压，MPa。

表 6-3-1 川东南五峰龙马溪组页岩脆性综合评价指标统计表

围压 /MPa	B_1	B_2	B_3	BI
0	1.0016	0.6072	1	0.8696
20	1.0077	0.3463	0.9993	0.7844
40	1.0201	0.374	0.9508	0.7816
60	1.0131	0.2983	0.9601	0.7572
80	1.04	0.2939	0.6419	0.6586

矿物脆性指数反映单井纵向上脆性的变化，不能反映平面上脆性随深度的变化，而岩石力学参数泊松比反映了脆性随围压的变化趋势，是脆性变化的低频趋势，将二者结合起来，基于泊松比建立深层脆延性转换因子 $f(v)$，对矿物脆性指数进行修正，构建深层页岩气脆性指数：

$$BI_d = f(v) BI_m \quad (6\text{-}3\text{-}17)$$

式中 BI_m——矿物脆性指数；

BI_d——深层脆性指数；

$f(v)$——脆延性转换敏感因子。

泊松比增加，表明脆性降低，为了使得 $f(v)$ 与脆性的变化趋势一致，将 $f(v)$ 表示为泊松比的倒数形式，同时为了实现 $f(v)$ 对 BI_m 的校正作用，利用研究区最大有效围压和最小有效围压的泊松比的平均值将其归一化，将脆塑性转换因子 $f(v)$ 表示为

$$f(v) = \frac{v_{p\max} + v_{p\min}}{2v} \quad (6\text{-}3\text{-}18)$$

式中　v_{pmax}、v_{pmin}——研究区的最大和最小有效围压下的泊松比，其中有效围压可以通过埋深和孔隙压力推算得到。

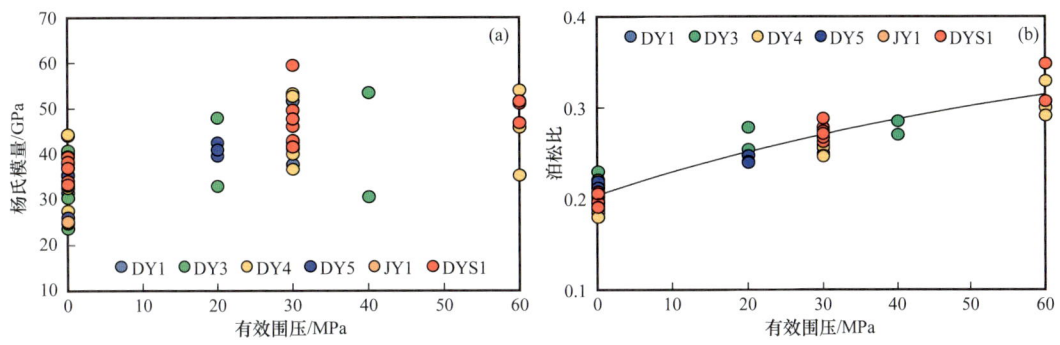

图 6-3-15　杨氏模量（a）及泊松比（b）随围压变化关系图

2）脆性指数地震预测及效果分析

川东南地区丁山—东溪连片五峰组—龙马溪组一段一亚段优质页岩层段矿物脆性指数平面图如图 6-3-16 所示。从图中可以看出，丁山、东溪地区优质页岩层段脆性矿物含量横向上差异不大。但受多期构造应力影响，现今埋深差异大，地层破裂压力随深度增加而增加，矿物脆性指数无法有效评价该地区的脆性特征。

在矿物脆性指数与泊松比反演的基础上，利用式（6-3-17）开展深层页岩脆性指数预测。新的脆性指数预测结果反映了脆性随埋深增加而降低的特征，由东南盆缘向盆内，深度增加，脆性指数降低（图 6-3-17）。

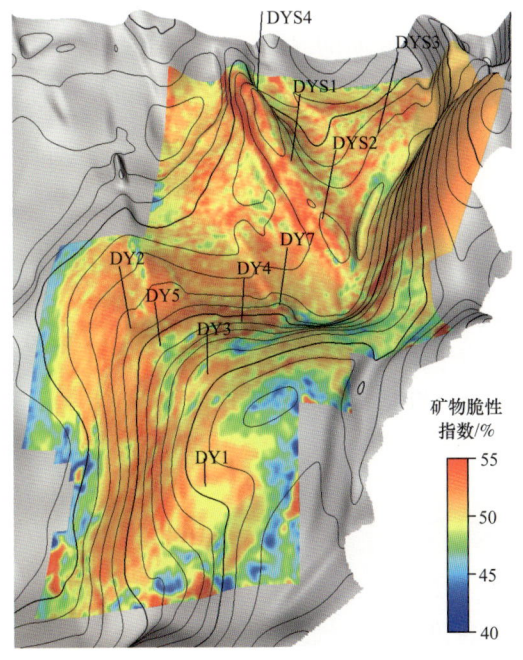
图 6-3-16　矿物脆性指数预测平面图

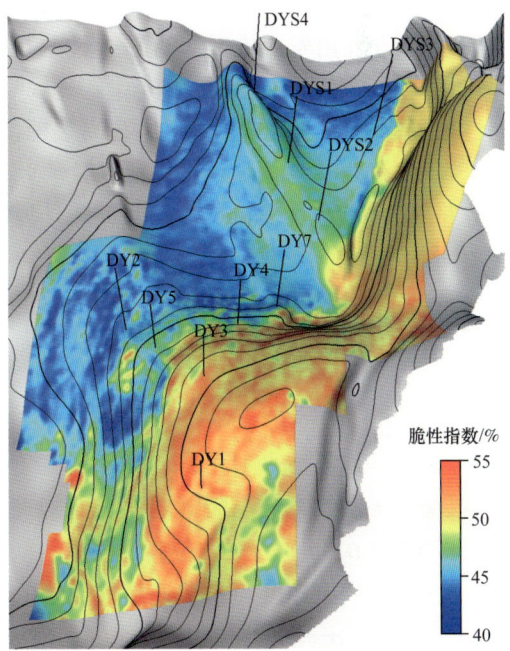
图 6-3-17　新脆性指数预测平面图

从工区内已钻井的矿物脆性预测与破裂压力的交会图可以看出,破裂压力从40MPa变化到120MPa,而矿物脆性指数几乎没有变化,表明矿物脆性指数无法反映该地区可压裂性特征(图6-3-18)。基于脆延性转换因子的深层脆性指数与破裂压力具有良好的负相关关系,相关系数为0.9,很好地体现了埋深增加脆性降低的特征(图6-3-19),脆性预测与评价结果更为客观。

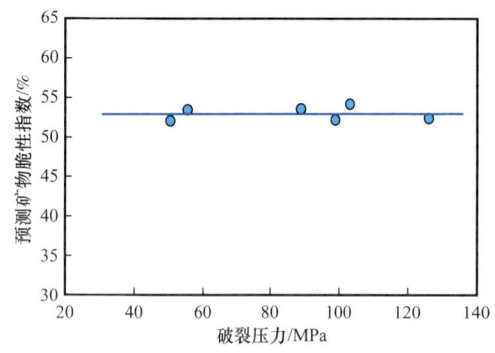

图6-3-18 矿物脆性指数与破裂压力交会图　　图6-3-19 新脆性指数与破裂压力交会图

2. 基于OVT域五维地震数据的裂缝预测技术

天然裂缝具有结构弱面、强度较低、易于被压裂的特点。随着页岩气勘探向深层领域迈进,页岩储层裂缝发育对工程压裂的积极作用逐渐被体现出来。但不经过反演直接利用振幅或属性(频率、衰减等)的裂缝预测方法仅能得到界面两侧地层的综合响应,无法确定是上覆地层还是下伏地层的裂缝发育,精度偏低。从Rüger(1996)提出的方位AVO近似方程出发,推导了方位弹性阻抗方程,将裂缝介质的界面信息转化为地层内部弹性信息,方位弹性阻抗的差异体现了地层的各向异性,通过傅里叶级数展开剔除各向同性信息,提取各向异性信息,提高裂缝预测精度。

1)方位弹性阻抗方程傅里叶级数展开

将Rüger近似(Rüger,1998)推导为方位弹性阻抗方程:

$$\mathrm{AEI}(\theta,\phi) = \bar{v}_\mathrm{p} \bar{\rho} \left(\frac{v_\mathrm{p}}{\bar{v}_\mathrm{p}}\right)^{1+\tan^2\theta} \left(\frac{v_\mathrm{s}}{\bar{v}_\mathrm{s}}\right)^{-8g\sin^2\theta} \left(\frac{\rho}{\bar{\rho}}\right)^{1-4g\sin^2\theta} \times \exp\left(\cos^4\phi\sin^2\theta\tan^2\theta \times \varepsilon^{(v)}\right) \\ \times \exp\left[\sin^2\theta\cos^2\phi\left(1+\tan^2\theta\sin^2\phi\right)\times\delta^{(v)}\right] \times \exp\left(4g\sin^2\theta\cos^2\phi\times\gamma\right) \quad (6\text{-}3\text{-}19)$$

式中　θ——地震波入射角;

ϕ——测线方向与裂缝弱面法向的夹角;

AEI(θ,ϕ)——方位弹性阻抗;

g——横波速度与纵波速度的比值的平方,$g=(v_\mathrm{s}/v_\mathrm{p})^2$;

v_p、v_s、ρ——介质的纵波速度、横波速度、密度;

$\bar{v}_\mathrm{p}$、$\bar{v}_\mathrm{s}$、$\bar{\rho}$——界面两侧纵波速度、横波速度、密度的平均值;

$\varepsilon^{(v)}$、$\delta^{(v)}$、γ——介质的 Thomsen 弱各向异性参数。

对式（6-3-19）分别对等式两边取对数，得到线性化方位弹性阻抗方程，进一步通过傅里叶级数展开得到方位弹性阻抗的傅里叶级数展开式：

$$\ln[EI_A(\theta,\phi)] = A_0 + A_2\cos2\phi + A_4\cos4\phi \quad (6-3-20)$$

其中，A_0、A_2、A_4 的具体表达式为

$$A_0 = (1+\tan^2\theta)\ln v_p - 8g\sin^2\theta\ln v_s + (1-4g\sin^2\theta)\ln\rho \\ + \frac{3\varepsilon}{8}\sin^2\theta\tan^2\theta + \frac{\delta}{2}\sin^2\theta + \frac{\delta}{8}\sin^2\theta\tan^2\theta + 2g\gamma\sin^2\theta \quad (6-3-21)$$

$$A_2 = \frac{\varepsilon}{2}\sin^2\theta\tan^2\theta + \frac{\delta}{2}\sin^2\theta + 2g\gamma\sin^2\theta \quad (6-3-22)$$

$$A_4 = \frac{\varepsilon}{8}\sin^2\theta\tan^2\theta - \frac{\delta}{8}\sin^2\theta\tan^2\theta \quad (6-3-23)$$

式中 A_0——零阶傅里叶系数，背景项，与观测方位无关，也包含了各向异性信息，但各向异性信息较弱掩盖在背景的纵波速度、横波速度、密度中；

A_2、A_4——二阶与四阶傅里叶系数，只与入射角和各向异性参数有关，均反映了裂缝的各向异性特征。

通常情况下，地震波的入射角小于30°，则 $A_4 \approx 0$，A_2 大于 A_4，利用 A_2 开展裂缝预测的稳定性高于 A_4。通过傅里叶级数展开法将弹性阻抗分解为各向异性项与各向同性项，提取二阶傅里叶系数表征裂缝强度，剔除各向同性背景，增强了裂缝各向异性响应敏感性，提高了预测精度。

2）预测效果分析

将该方法应用于丁山—东溪地区，图6-3-20（a）为 DY4 井成像测井解释裂缝成果，图6-3-20（b）、（c）为裂缝预测效果对比图，黑色曲线为裂缝密度曲线。图6-3-20（b）为直接基于方位振幅信息的裂缝预测结果，裂缝预测结果与成像测井裂缝解释成果[图6-3-20（a）]不符，精度较低。图6-3-20（c）为新方法的裂缝预测结果，预测五峰组（O_3w）—龙马溪组一段一亚段（$S_1l_1^1$）裂缝发育强度较高，上覆地层裂缝发育强度低，与图6-3-20（a）中成像测井裂缝解释成果具有较好的一致性。图6-3-21（a）表明了 DY4 井实测裂缝走向为近东西向，图6-3-21（b）为预测裂缝走向，预测结果与成像测井裂缝走向一致。

若地层中裂缝发育，裂缝弱面的存在使得地层更容易发生破裂，实际压裂施工中压裂破裂压力降低。过 DYS1HF 井裂缝发育情况预测剖面如图6-3-22所示，水平井轨迹在优质页岩层段穿行，其中1~9段以及20~26段裂缝密度较低，中间10~19段裂缝较为发育。对比图6-3-22、图6-3-23发现，裂缝发育段（11~19段）地层破裂压力相对其他段较低，其中14~16段为裂缝密度最大处，该段破裂压力最低。本方法精度较高，裂缝预测结果可为页岩气井位部署、水平井设计等提供可靠的参考依据。

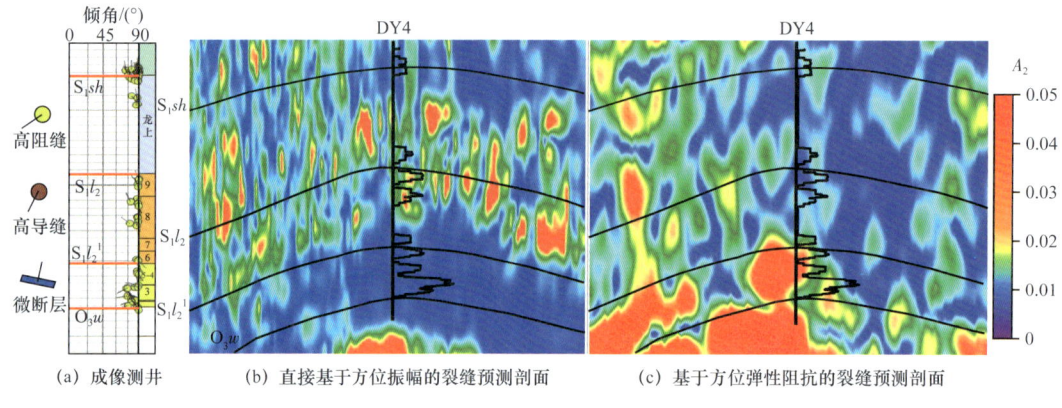

图 6-3-20 DY4 井裂缝密度预测对比剖面

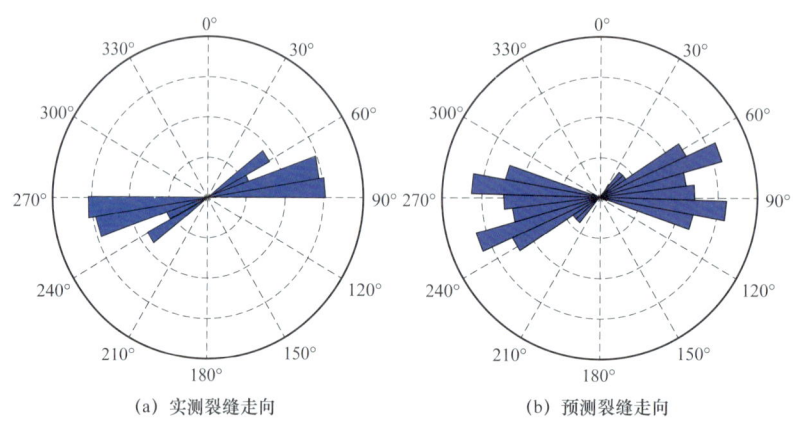

图 6-3-21 DY4 井裂缝走向预测对比

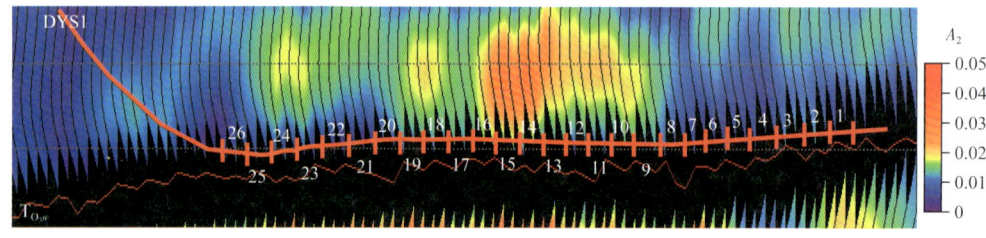

图 6-3-22 过 DYS1HF 井裂缝预测剖面

3. 基于 OA 介质的水平应力差地震预测技术

页岩气藏具有低孔、低渗特点，需要对其进行水力压裂改造，使页岩地层形成大量的裂缝网络，实现商业开发。水平地应力差越小，越易于压裂形成复杂缝网。目前的地应力预测方法多以水平差异系数预测为主，无法实现水平应力差绝对值的预测（印兴耀等，2018）。通过对川东南地区构造特征分析及重点探井解剖，明确了现今地应力受古地应力、现今构造作用及埋深等因素的影响，靠近控盆断裂的强烈挤压区现今应力总体较高，在埋深相同条件下，受构造变形较弱的宽缓构造水平应力差相对较小，发育的小断层及微裂缝引起应力释放，一定程度上可以降低地应力。因此，将地应力分解为背景应力与局部应力扰动，分别基于组合弹簧理论与OA介质各向异性理论计算背景应力与水平应力差异系数，最后将二者融合，实现水平地应力差预测。

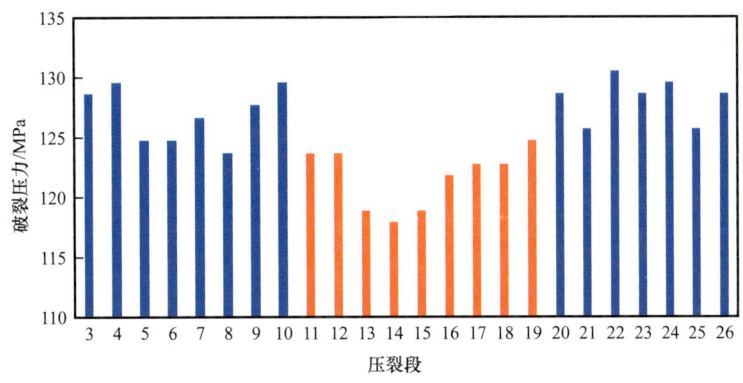

图 6-3-23　DYS1 井 3～26 段破裂压力直方图

1）应力背景地震预测方法

地下的岩层是处于三轴应力状态下的，需要采用应力大小和方向来共同描述。在实际应力场描述中通常采用三个主应力分量来描述，即上覆重量引起的垂直应力、最大水平地应力、最小水平地应力。根据组合弹簧理论得水平主应力计算公式：

$$\begin{cases} S_v = \int_0^H \rho(h)gdh \\ S_H = \dfrac{v}{1-v}(S_v - \alpha p_p) + \alpha p_p + \dfrac{E}{1-v^2}(\varepsilon_H + v\varepsilon_h) \\ S_h = \dfrac{v}{1-v}(S_v - \alpha p_p) + \alpha p_p + \dfrac{E}{1-v^2}(\varepsilon_h + v\varepsilon_H) \end{cases} \quad (6\text{-}3\text{-}24)$$

式中　S_v——垂向应力，MPa；

　　　S_H——最大水平主应力，MPa；

　　　S_h——最小水平主应力，MPa；

　　　v——地层的泊松比；

　　　E——杨氏模量，GPa；

　　　p_p——孔隙压力，MPa；

　　　α——Biot 系数；

　　　ε_H——最大水平主应变；

　　　ε_h——最小水平主应变。

最大主应变、最小主应变可以表示为地层厚度的一半与最大曲率、最小曲率的乘积：

$$\varepsilon_H = \dfrac{h}{2}K_{\max},\ \varepsilon_h = \dfrac{h}{2}K_{\min} \quad (6\text{-}3\text{-}25)$$

2）基于OA介质的水平应力差异系数地震预测

前文岩石物理测试已经揭示了川东南地区页岩具有正交各向异性（OA）特征。Gray

等（2012）建立了基于 HTI 各向异性参数的水平应力差异系数的计算方法，但不适用于川东南地区。马妮等（2017，2018）基于 OA 介质的应力应变分析，推导建立了地应力差系数与弹性参数、各向异性参数之间的定量关系：

$$\mathrm{DHSR} = \frac{2\mu(1+2\gamma)Z_\mathrm{N}}{1+2\mu(1+2\gamma)Z_\mathrm{N}} \tag{6-3-26}$$

式中　DHSR——水平应力差异系数；
　　　μ——剪切模量；
　　　Z_N——高角度裂缝的法向柔度；
　　　γ——VTI 各向异性参数，均可以通过叠前各向异性反演获取。

法向柔度（Z_N）与法向弱度（Δ_N）的关系为

$$Z_\mathrm{N} = \frac{\Delta_\mathrm{N}}{(\lambda+2\mu)(1-\Delta_\mathrm{N})} \tag{6-3-27}$$

式中　λ——拉梅参数；
　　　μ——剪切模量；
　　　Δ_N——裂缝的法向弱度，表达式为

$$\Delta_\mathrm{N} = -\frac{\varepsilon^{(v)}}{2g(1-g)} \tag{6-3-28}$$

式中　g——横波速度与纵波速度比的平方；
　　　$\varepsilon^{(v)}$——高角度缝各向异性参数，可以通过叠前各向异性反演获取。

3）应力背景约束的水平应力差预测

水平地应力差异系数只能反映局部最大、最小水平主应力的相对变化，无法适应整个工区的应力特征分析。区域背景应力只能反映宏观的应力变化规律，无法体现水平井各段的地应力差异特征。为了能够满足实际生产中地应力的评价需求，提出利用区域背景应力与水平应力差异比相融合，实现区域背景约束的水平应力差预测：

$$\Delta\sigma = \mathrm{DHSR}\left[\frac{v}{1-v}(S_\mathrm{v}-\alpha p_\mathrm{p})+\alpha p_\mathrm{p}+\frac{Eh}{2(1-v^2)}(K_{\max}+vK_{\min})\right] \tag{6-3-29}$$

式中　$\Delta\sigma$——水平应力差。

4）预测效果分析

图 6-3-25 为丁山—东溪地区新老方法水平应力差预测结果对比。相比常规的基于组合弹簧理论的预测结果（图 6-3-24），新方法预测水平应力差呈现随着深度的增加而增加趋势，兼具细节特征。东溪地区 DYS1HF 井施工过程共进行了 26 段大型水力压裂，从 DYS1HF 井周水平应力差预测平面图可以看出（图 6-3-26），3~7 段、11~13 段、18~21 段水平应力差较低，预测具有较为复杂的压裂缝网特征，同时对比 DYS1HF 井微

地震监测事件数分布图可以看出，5~7、13~14、19~22，微地震监测事件数局部明显增加，预测结果与微地震监测结果具有较好的吻合度，该技术为水平井设计提供了一定的支撑作用。

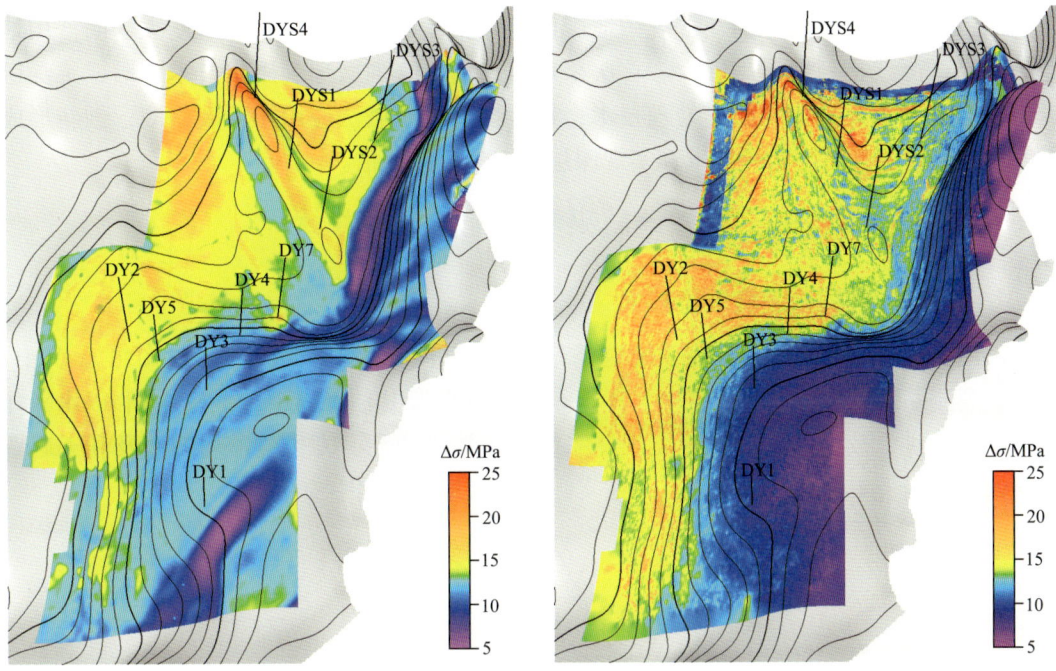

图 6-3-24　老方法水平应力差预测平面图　　　　图 6-3-25　新方法水平应力差预测平面图

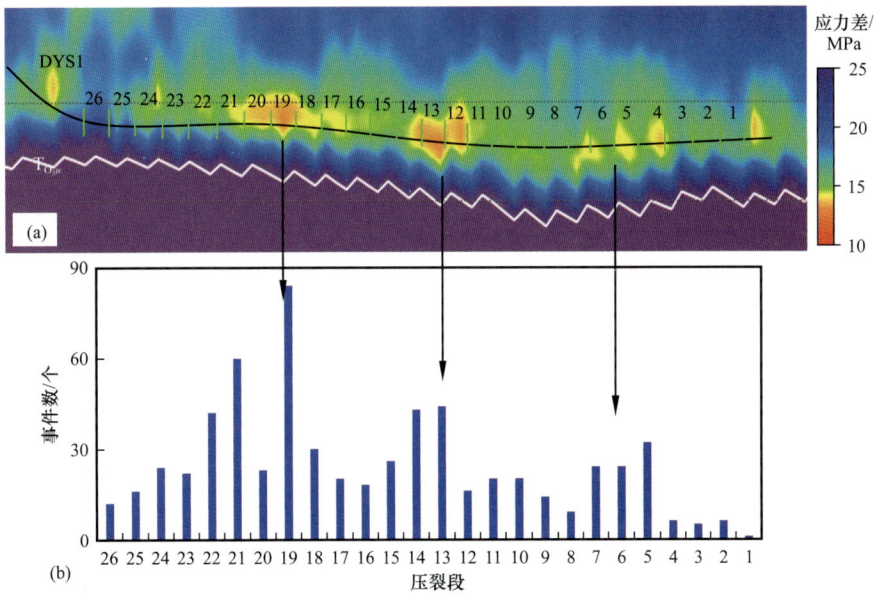

图 6-3-26　DYS1HF 井应力差预测结果与微地震事件对比
（a）过 DYS1 井水平井水平应力差预测剖面；（b）DYS1 井压裂各段微地震事件数

第四节 深层页岩气压裂监测技术

深层页岩气压裂信号弱，常规微地震监测方式噪声大、事件定位难度大，南方山地地形复杂，测线排列铺设难度大。首次采用"蜂窝"阵列微地震采集技术，形成了深层页岩气压裂微地震采集和配套处理技术；首次提出将广域法应用于压裂检测，创新形成了两种深层页岩气压裂监测技术，实现深层页岩气压裂评估。

一、深层页岩气压裂微地震采集和配套处理技术

1."蜂窝"阵列微地震采集技术

广泛使用的地面微地震观测系统主要有放射状和网格状（Duncan et al., 2010）。其中，放射状观测系统又分为以水平井 A、B 靶点地面投影为中心[图 6-4-1（a）]和以水平井口为中心两种。放射状地面微地震观测系统由于施工便利、方位覆盖均匀以及利于后期资料处理中相干噪声的压制等优点，在实际地面微地震监测中应用更为广泛。

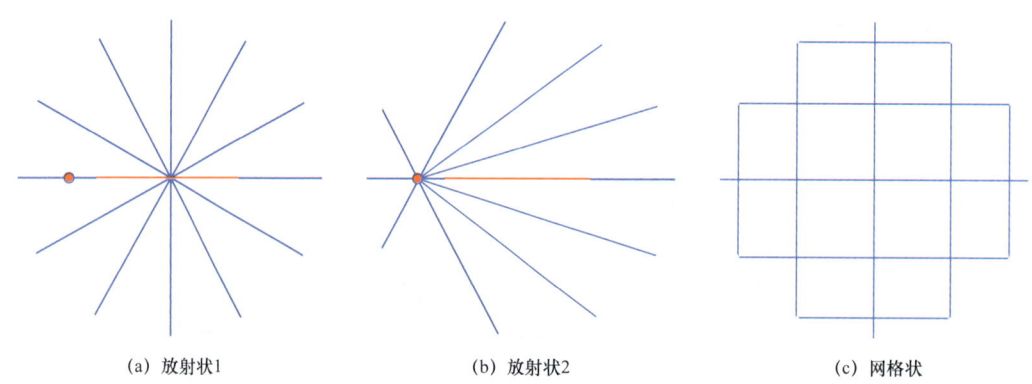

(a) 放射状1　　　　(b) 放射状2　　　　(c) 网格状

图 6-4-1　常用的地面微地震观测系统示意图

但深层页岩压裂微地震信号微弱，叠加复杂的地表条件，地面微地震资料信噪比极低，微地震事件检测困难、震源定位误差大。在研究适合中国南方海相页岩勘探开发区微地震资料采集方式的过程中，受相控阵雷达接收器结构和无线通信基站分布方式的启发（张小飞，2010），探索出了一种"蜂窝"阵列微地震采集方式（图 6-4-2）。通过该方式采集的微地震资料，在后期处理中可通过波束形成方法对全方位信号进行选择性增强或压制（洪菲，2004），突出有效信号，压制噪声。该采集方式对深层页岩气压裂的弱微地震信号具有针对性，可以提高微地震事件识别能力和定位精度。

"蜂窝"阵列接收通过组合处理（类似单点地震室内组合），37 点阵组合信噪比理论上可提高信噪比 6 倍左右，可以识别更弱的微地震弱事件。相比测线采集方式（图 6-4-1），微地震事件检测能力可以提高 30%～50%，且便于判别微地震波场的相位属性，识别反相位信号，避免因相位误判造成的定位误差。同时，"蜂窝"阵列还具有施工灵活的优势，

在设计和实施的过程中,可选择性避开井场、公路、铁路、河流和居民等施工困难区和噪声源。

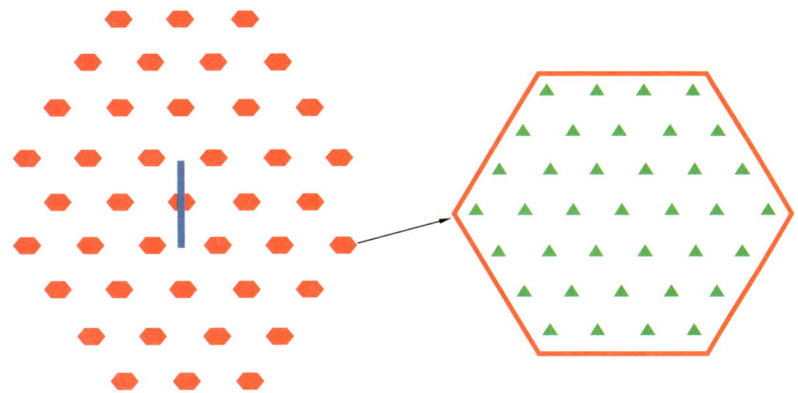

图 6-4-2 "蜂窝"阵列微地震采集方式示意图

2. 基于面阵波束形成的微地震信号处理技术

1)方法原理

对于"蜂窝"阵列采集的微地震数据,使用波束形成算法进行空域或者空时多维处理的方式,以增强有用目标信号,抑制无关干扰和噪声信号,达到弱微地震信号增强和提高资料信噪比的效果。假设每个面阵大小、相对地下埋深可以近似看作一个点,每个信号到达检波器近似平行入射。信号以某个固定的仰角 θ、方位角 ϕ 入射到面阵,第 i 个检波器接收信号的到达时间为(李军,2003)。

$$t_i = \frac{x_i \sin\theta \cos\phi + y_i \sin\theta \sin\phi + z_i \cos\theta}{v} \tag{6-4-1}$$

式中 t_i——时间,s;

θ——仰角,(°);

ϕ——方位角,(°);

v——速度,m/s。

根据时差公式,获得第 k 个信号入射的方向矢量:

$$\boldsymbol{a}(f,\theta_k,\varphi_k) = \begin{bmatrix} e^{-i\omega\Delta t_1} \\ e^{-i\omega\Delta t_2} \\ \vdots \\ e^{-i\omega\Delta t_{ntrx*ntry}} \end{bmatrix} \tag{6-4-2}$$

式中 f——频率域信号带宽,Hz;

θ_k——第 k 个信号的仰角,(°);

φ_k——第 k 个信号的方位角,(°);

i——虚数;

ω——频率，rad；

Δt——时间差，s。

其中 ntrx，ntry 分别代表方阵的 x 方向检波器个数与 y 方向的检波器个数。通过加权矢量与观测信号相乘，即可获得频率域宽带阵列信号波束形成的输出：

$$y(f) = w^T(f)[x_1(f)\ x_2(f)\ \cdots x_M(f)]^T \quad (6-4-3)$$

从上式可以看出，通过加权矢量，使得波束形成的输出仅含有期望信号，抑制干扰信号。

为适应自适应波束形成，通过波达方向估计，建立线性约束最小方差（LCMV）准则，求解最佳加权矢量。采用基于阵列流形内插方法进行角度估计。

$$\begin{cases} w^T a(\theta_d) = 1 \\ w^T a(\theta_{\text{noise}}) = 0 \end{cases} \quad (6-4-4)$$

在满足约束条件情况下，加权矢量 w 使得波束形成的输出功率最小，即

$$J(w) = \min E[|y(t)^2|] = \min\{w^H R w\} \quad (6-4-5)$$

其中，R 为观测数据的协方差矩阵。用拉格朗日乘子求取最佳加权矢量表达式为

$$w = R^{-1}C[C^H R^{-1}C]^{-1}F \quad (6-4-6)$$

根据式（6-4-6）求取的最佳权矢量，再结合式（6-4-3）最终提取有效信号。

为了分析波束形成处理对提高信噪比方面的作用，设计了含噪信号模型进行了测试，图 6-4-3 为原始信号，图 6-4-4 为处理后信号。从处理结果来看，波束形成除了能够压制特定方向的干扰外，还可以压制随机噪声，在一定程度上提高了信噪比。

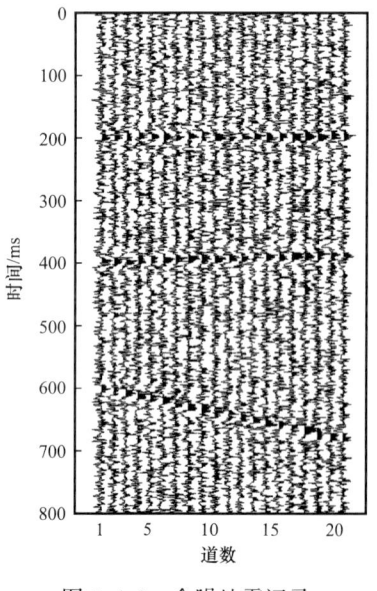

图 6-4-3 含噪地震记录

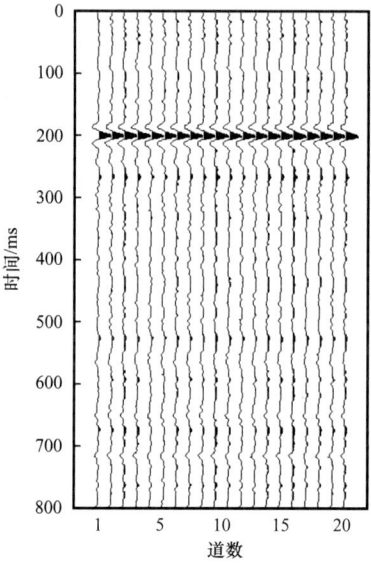

图 6-4-4 波束形成处理结果

2）DYS1 井监测效果分析

DYS1 井侧钻水平井位于重庆市綦江区篆塘镇白坪村二组，构造位置属于四川盆地东南部东溪断背斜相对高部位，井型为水平井，导眼井为 DYS1 井。该井以五峰组—龙马溪组优质页岩气层段①—⑤小层为目的层。2018 年在该井水力压裂改造期间开展了"蜂窝"阵列微地震采集及处理试验。在工区内地面，以 DYS1HF 井水平段 A 点和 B 点地面投影点为圆心，压裂层深度 4200m 为半径，两个圆圈的包络 60km^2 范围内均匀布设蜂窝状阵列（图 6-4-5）。具体采集参数设计见表 6-4-1。

表 6-4-1 DYS1HF 井具体采集参数

阵列数量	总道数	阵列内道间距 /m	阵列类型	埋置方式	采用间隔 /ms
41	1476	30	37 点蜂窝	检波坑深 30cm，用土掩埋	1

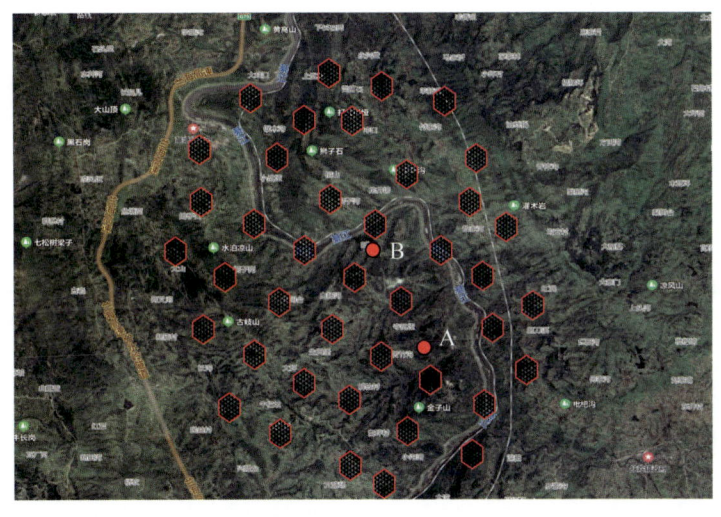

图 6-4-5 DYS1HF 井"蜂窝"阵列微地震采集方案

从图 6-4-6 中可见，经过阵列处理后，弱信号的信噪比得到了明显提高，更有利于弱微地震信号的识别。DYS1HF 井所有 26 段压裂微地震资料经过波束形成方法处理后，共检测有效微地震事件 639 个，相对于阵列处理前 410 个事件检测结果，检测能力提高 50% 以上。信噪比的提高一方面提升了弱信号检测能力，另一方面利于提高震源定位的稳定性和精度。图 6-4-7 为部分段的微地震事件定位结果，对比发现阵列处理提高信噪比后，定位更加稳定，压裂裂缝形态也更加清晰，"蜂窝"阵列为地震采集方法取得明显效果。

3. 压裂裂缝微地震解释技术

在非常规储层压裂改造过程中，受压裂液和主应力差异的影响，压裂裂缝和天然裂缝会发生剪切或以剪切为主的破裂，并作为震源向外辐射地震波。其中，编号为 n 的检波器记录到的信号可以表示为（Aki et al., 1980）

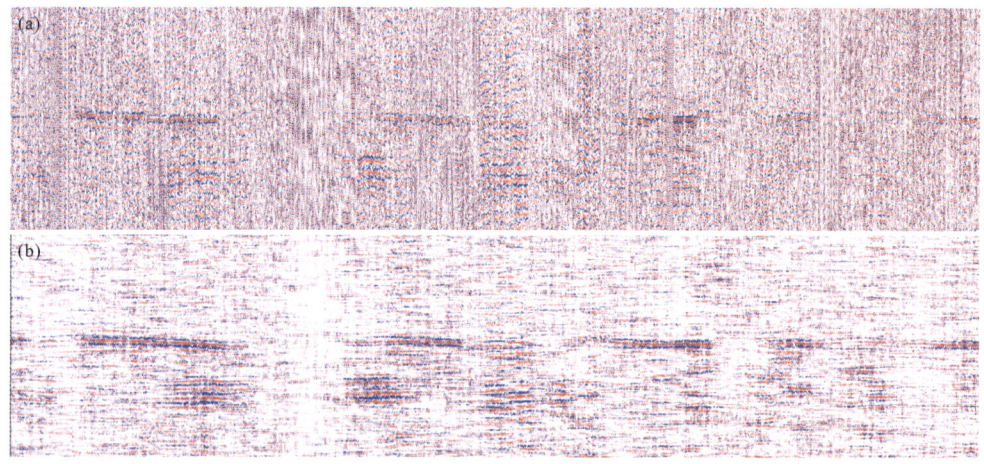

图 6-4-6　DYS1HF 井压裂微地震信号波束形成处理效果
（a）增强前；（b）增强后

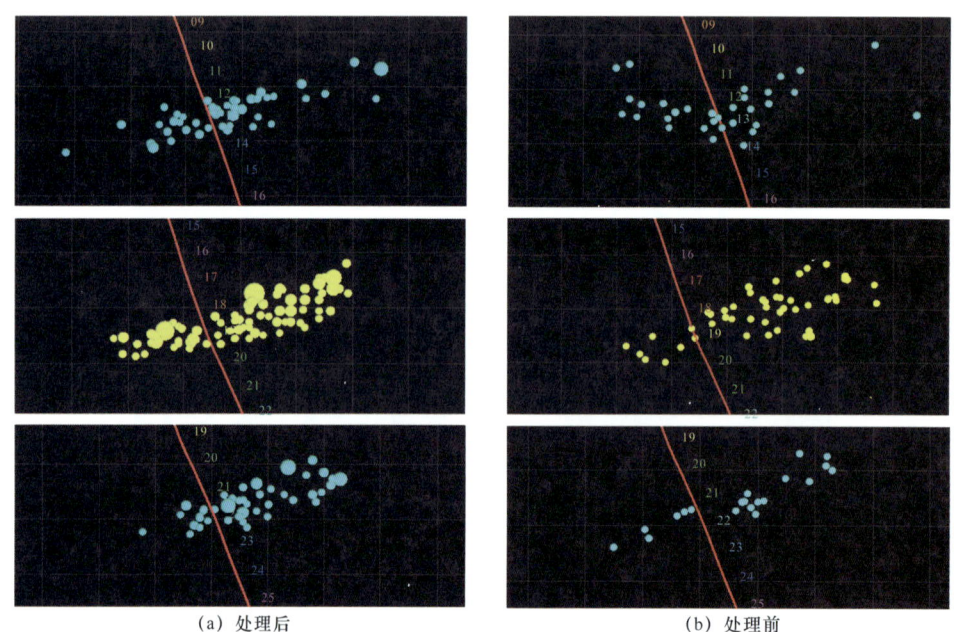

（a）处理后　　　　　　　　　　　　　（b）处理前

图 6-4-7　DYS1HF 井部分段阵列处理前后的微地震事件定位结果对比

$$U(\pmb{x}^{[n]}, t) = G^{[n]} \pmb{M}(t) \qquad (6\text{-}4\text{-}7)$$

式中　t——记录时间，s；

$\pmb{x}^{[n]} = [x^n y^n z^n]$——检波器空间位置坐标；

$U(\pmb{x}^{[n]}, t)$——该检波器记录的位移；

$G^{[n]}$——该检波器对应的传播函数；

$\pmb{M}(t)$——地震矩阵，满足 $\pmb{M}(t) = \pmb{m} \cdot f(t)$。

考虑到压裂裂缝的破裂时间很短，可近似认为 $f(t) = \delta(t)$。$\pmb{m}$ 为矩张量，是一个

3×3 的对称矩阵，可表示为

$$\boldsymbol{m} = \begin{bmatrix} m_{xx} & m_{xy} & m_{xz} \\ m_{yx} & m_{yy} & m_{yz} \\ m_{zx} & m_{zy} & m_{zz} \end{bmatrix} \quad (6\text{-}4\text{-}8)$$

若假设破裂为纯剪切错动，则破裂裂缝产状和地震矩张量之间的关系可直接表示为

$$\begin{cases} m_{xx} = -M_0 \left(\sin\delta\cos\lambda\sin 2\phi + \sin 2\delta\sin\lambda\sin^2\phi \right) \\ m_{xy} = m_{yx} = +M_0 \left(\sin\delta\cos\lambda\cos 2\phi + \frac{1}{2}\sin 2\delta\sin\lambda\sin 2\phi \right) \\ m_{xz} = m_{zx} = -M_0 \left(\cos\delta\cos\lambda\cos\phi + \cos 2\delta\sin\lambda\sin\phi \right) \\ m_{yy} = +M_0 \left(\sin\delta\cos\lambda\sin 2\phi - \sin 2\delta\sin\lambda\cos^2\phi \right) \\ m_{yz} = m_{zy} = -M_0 \left(\cos\delta\cos\lambda\sin\phi - \cos 2\delta\sin\lambda\cos\phi \right) \\ m_{zz} = +M_0 \sin 2\delta\sin\lambda \end{cases} \quad (6\text{-}4\text{-}9)$$

式中　ϕ——破裂裂缝面的方位角，（°）；
　　　δ——倾角，（°）；
　　　λ——滑动角，（°）。

在震源、检波器位置以及地层模型已知的情况下，可以利用记录的位移信息反演破裂裂缝的产状信息。通过在全空间对压裂裂缝破裂面进行扫描，选择与实际 P 波辐射花样相关性最好的一组（ϕ，δ，λ）作为破裂面反演结果。该反演的目标函数定义方式如下：

$$R = \frac{\sum_{n=1}^{N} \left(U^{[n]} - \overline{U} \right) \left(V^{[n]} - \overline{V} \right)}{\sqrt{\sum_{n=1}^{N} \left(U^{[n]} - \overline{U} \right)^2} \cdot \sqrt{\sum_{n=1}^{N} \left(V^{[n]} - \overline{V} \right)^2}} \quad (6\text{-}4\text{-}10)$$

式中　$U^{[n]}$——第 n 道检波器记录到的直达 P 波振幅；
　　　$\overline{U}$——所有 N 道的平均振幅；
　　　$V^{[n]}$——在扫描格点上计算得到的第 n 道直达 P 波振幅；
　　　$\overline{V}$——计算得到的平均振幅；
　　　R——实际观测和理论计算之间的相关系数，R 值越接近 1 表明反演结果越接近真解。

在利用震源机制反演方法研究单裂缝的破裂特征之外，还可以利用多微地震震源的空间位置和发震时间进行压裂裂缝网络的构建。即将每个微地震事件依次按照一定的规则添加到裂缝网络中，从而形成能够表征人工缝网发育规律和复杂度等特征的压裂裂缝网络模型（图 6-4-8）。

一种可选缝网构建规则为"点—缝"链接准则（Hugot et al., 2015）：
（1）按时间 t 顺序排列微地震事件并形成集合 P，缝网 N 最初为空集；

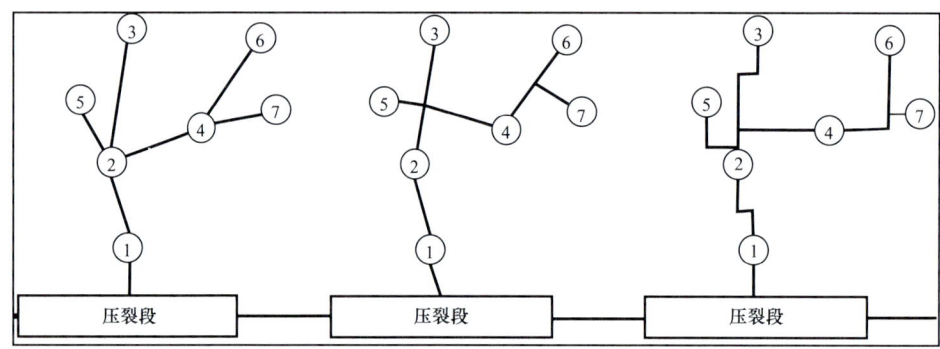

图 6-4-8 "点—缝"链接准则示意图

（2）将起裂点 p0 作为初始裂缝网加入 N；

（3）选择微震事件序列 P 中序号 i 最小的点 pi 为研究对象，计算已有裂缝网 N 中所有线段到 pi 最近的点 q；

（4）如果 q 本来就是 N 中某条线段的端点，则直接将线段 piq 加入 N。否则，q 即是 N 中某线段（记为 ab）的内点；

（5）从事件序列 P 中删除 pi。

重复步骤（3）、（4）、（5）直到序列 P 成为空集。

利用微地震事件的空间—时序关系裂缝网络模型的过程中引入震源机制节面解作为约束，获得的压裂缝网模型可以更合理，主次裂缝更清晰（图 6-4-9）。

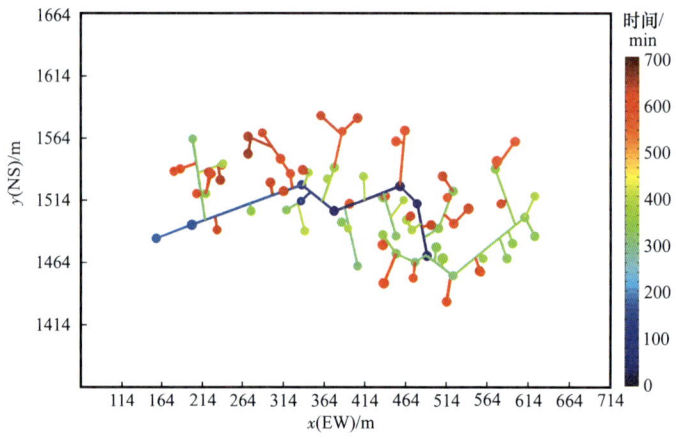

图 6-4-9 基于微地震事件"空间—时序"关系的压裂缝网构建

二、基于广域电磁法的压裂监测新技术

广域电磁法，是我国著名应用物理学家、中国工程院院士何继善及其团队历经数十年取得的一项重大发明，最初用于探测固体矿产。通过求解电磁波在地下传播方程的"严格解"，构建了全息电磁勘探技术体系，发明了高精度电磁勘探技术装备及工程化系统，打破了国外电磁法仪器装备的长期垄断，具有分辨率高、抗干扰能力强、探测深度大、工作效率高等优势（何继善，2010）。

压裂液为带有电解质的溶液,相对于围岩电阻率较低,通过电法观测识别低电阻率发育区,即可推断地下压裂裂缝的推进发育情况。因此,将广域电磁法技术引入埋深大于 4000m 的深层页岩气压裂监测,分析压裂前与压裂中获得的电磁场数据,得出由于压裂裂缝及充填液所导致的压裂目标层位电阻率变化特征,从而间接地推断出压裂波及范围及效果,提供了一种有别于传统的压裂监测新方法。

1. 广域电磁法基本原理

均匀大地表面水平电流源的电场 x 分量、y 分量分别为

$$E_x = \frac{IdL}{2\pi\sigma r^3}\left[1 - 3\sin^2\phi + e^{-ikr}(1+ikr)\right] \quad (6-4-11)$$

$$E_y = \frac{3\sin 2\phi IdL}{2\pi\sigma r^3} \quad (6-4-12)$$

式中 I——供电电流;

dL——电偶极源的长度;

i——纯虚数,$\sqrt{-1}$;

k——均匀半空间的波数;

r——收发距,即观测点距偶极子中心的距离;

σ——导电率;

ϕ——电偶极源方向和源的中点到接收点矢径之间的夹角。

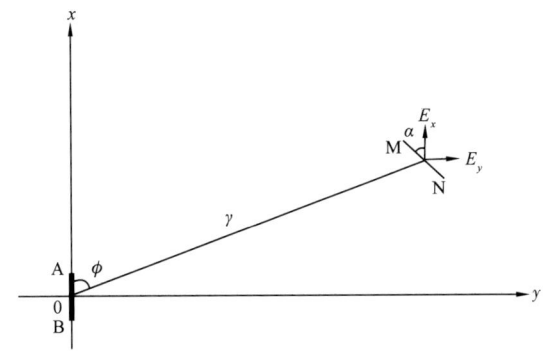

图 6-4-10 任意水平电场分量计算示意图

任意水平电场分量 E_{MN} 可以由下式进行计算:

$$E_{MN} = E_x\cos\alpha + E_y\sin\alpha \quad (6-4-13)$$

广域电磁法根据场源形式或观测方式可以做更详细的划分,考虑到野外实际情况,如今采用水平电流源发射信号,测量电场的 x 分量的 E-E_x 广域电磁法应用最为广泛,这里以电场水平分量 E_x 来说明 E-E_x 广域电磁法和广域电阻率的概念。

视电阻率为地下电性不均匀体和地形起伏的一种综合反映,主要反映介质电性的空间变化,或者说视电阻率为空间上介质真电阻率的复杂加权平均。从均匀大地表面水平

谐变电偶极子的电场 x 分量表达式（6-4-11）可知，视电阻率可表示为

$$\rho_a = K_{E-E_x} \frac{\Delta V_{MN}}{IF_{E-E_x}(ikr)} \tag{6-4-14}$$

$$F_{E-E_x}(ikr) = 1 - 3\sin^2\phi + e^{-ikr}(1+ikr) \tag{6-4-15}$$

$$K_{E-E_x} = \frac{2\pi r^3}{dL \cdot MN} \tag{6-4-16}$$

式中　$F_{E-E_x}(ikr)$——与地下电阻率、工作频率以及发送—接收距离有关的函数；

　　　K_{E-E_x}——只与极距有关的系数，称为广域电磁测深提取视电阻率的装置系数。

只要测量出电位差、发送电流以及有关的极距参数，采用迭代法计算，便可提取出地下的视电阻率信息。在实际勘探中，E_x 测量是通过测量两点（M、N）之间的电位差来实现，即

$$\Delta V_{MN} = E_x \cdot MN = \frac{IdL\rho}{2\pi r^3} F_{E-E_x}(ikr) \cdot MN \tag{6-4-17}$$

由上述推演可知广域视电阻率有严格的定义，其中没有经过任何近似和舍弃。而可控源声频大地电磁法（CSAMT）采用 Cagniard 视电阻率定义为

$$\rho_a = \frac{1}{\omega\mu} \left| \frac{E_x}{H_y} \right|^2 \tag{6-4-18}$$

式中　ω——角频率，rad；

　　　μ——大地磁导率，H/m。

CSAMT 方法在满足"远区"条件而舍弃了一些高次项得出的一个近似计算公式。当不满足"远区"条件时，式（6-4-18）不能成立，因此 CSAMT 只适用于"远区"测量。而广域视电阻率定义不存在近似条件，不必限制在"远区"，可以在广大非"远区"工作。

图 6-4-11 显示了 CSAMT（蓝色）与广域电磁法（红色）的对比，CSAMT 方法是平面波解。在浅层勘探具有较好的近似进度。当收发距为 10km 时，CSAMT 视电阻率在 500m 深，误差就增大了；到 600m 以深就是完全错误的，这是因为不能满足公式的近似条件了。如果想用 CSAMT 法探测 4km 深，收发距就要大于 60km，而信号强度是与距离的三次方成反比，为了得到应有的信号强度，发送机的功率要增加 200 倍。而不做简化，严格从电磁波方程出发，求得基本解，在任意位置都有精确解，适用于地下 4000m 左右的探测。图 6-4-12 所示是在 $\rho = 100\Omega \cdot m$ 的均匀大地上，广域电磁法与 CSAMT 理论计算的视电阻率对比结果。广域电磁法获得的视电阻率都为 $100\Omega \cdot m$，呈一条水平线，正确地反映了 $\rho = 100\Omega \cdot m$ 的均匀大地的电性分布。而 CSAMT 获得的视电阻率只是在高频段视电阻率才正确反映了 $\rho = 100\Omega \cdot m$ 的均匀大地的真实电阻率；当频率低于 1Hz 特别是在 0.1Hz 以下时，得到的视电阻率不能反映地下的真实电阻率，而是呈 45°的渐近线急剧上升，表明广域电磁法的测量区域比 CSAMT 的测量区域广阔得多，精度要高。

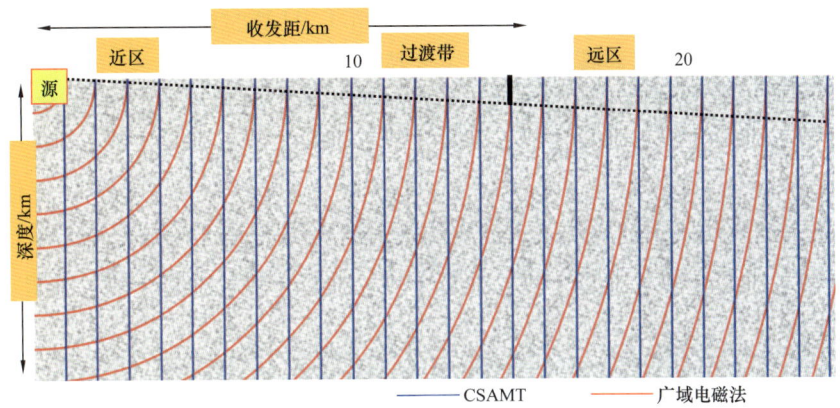

图 6-4-11　CSAMT（蓝色）与广域电磁法（红色）

2. 时域差分法异常求解

页岩气压裂前后，被压裂地层的电性特征发生变化。如果在地面测量时，固定观测系统，保证观测系统的系数不变，则可以采用时间域差分方法，将压裂液导致的压裂层电性变化精确测量。

压裂前后的幅度差异可以表示为

$$\eta_{MN} = \frac{E_{MN2} - E_{MN1}}{E_{MN1}}$$
$$= \frac{\cos\alpha\left[e^{-ik_2 r}\left(1+ik_2 r\right) - e^{-ik_1 r}\left(1+ik_1 r\right)\right]}{\cos\alpha\left[1 - 3\sin^2\phi + e^{-ik_1 r}\left(1+ik_1 r\right)\right] + 3\sin\alpha\sin\phi\cos\phi} \quad (6-4-19)$$

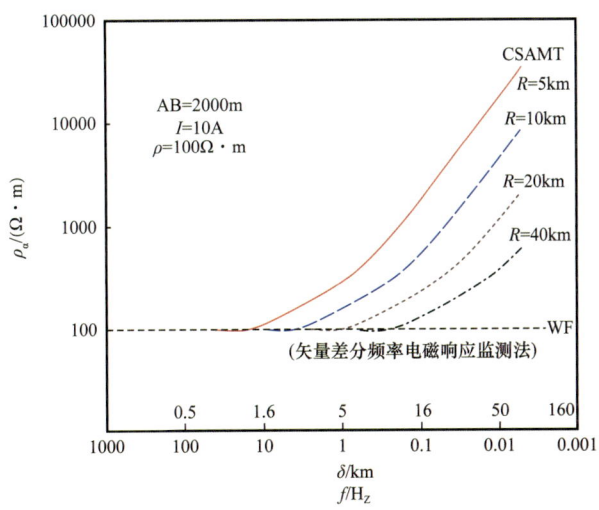

图 6-4-12　广域电磁法与 CSAMT 对比

式（6-4-19）与电流源强度无关，与位置信息（收发距、观测角度）、地层信息（电性参数、层厚）及频率有关。可在广大区域（包括近场源）进行测量，观测人工源电磁场的一个分量（而不是彼此正交的一组电、磁分量），计算时域差分异常，这就是电磁法三维实时监测的基本原理。该技术有以下主要特点：

（1）只需要测量电磁场的一个分量，如电场的水平分量 E_x、E_{MN}，磁场的垂直分量 Hz 等，大大提高了监测速度和精度。

（2）不必要求在"远区"工作，可以在"非远区"测量，在"非远区"工作大大减小了收发距离，相对于 CSAMT 法更大的优势是获得同样信号大小的情况下，发送电流大大减小，因此设备更加轻便，或者说监测深度更大。反之，要达到与本技术同样的监测深度，CSAMT 法需要更大的发送电流、更大的发送功率，在很多情况下，或许根本无法实现。

（3）速度快，测量精度高、抗干扰能力强。目前国内外电磁法基本上均采用变频法，但变频法有一个很大的缺陷，工作时是一次供一个频率，故工作效率低，且由于野外电磁干扰是随机的，导致每个频率测量的精度相差较大。本技术发送伪随机电流信号，一次发送就包含了多个有效频率，发射系统能同时发射多个频率，故在工作效率和采集精度上均有提高，目前该系统能同时发射 19 个频率，工作效率提高的同时，野外成本大幅降低。

（4）接收机仅需测量一个电磁场分量，信号通道量最低可减少到一个，因而接收机的成本相对较低，能够实现一台发送机发送、许多台接收机同时接收；并且实现了多通道接收，一次性可测量多个测点，目前最多达到 16 通道，一台接收机可同时监测 16 个测点信息。因此，可实现大规模三维电磁实时监测，极大地提高了工作效率、测量精度和监测效果。

（5）监测深度大，分辨率高。最小发射频率可达 0.03125Hz，能有效识别深部电阻率变化引起的电磁异常响应；三维电磁实时监测网格密度大，点距一般为 100m，横向监测分辨率高；伪随机信号中存在着大量谐波成分，通过谐波提取技术可在不增加野外工作量的前提下增加频率个数，大大提高纵向监测分辨率。

3. DY5 井广域电磁法压裂监测

以高效频谱电磁实时监测技术为基础，实现基于数字岩石物理技术开展压裂层位的物性分析；揭示主缝和网缝的电阻率随时间的变化规律；以压裂区的地球物理资料构建页岩气压裂的地球物理模型，建立压裂响应的量板；开展广域电磁实时监测攻关，形成深层页岩气压裂实时监测技术。

针对 DY5HF 井部署了如图 6-4-13 所示的广域电磁 13 频波压裂监测观测系统，收发距为 13km，观测线距为 100m，每条侧线点距为 100m，完成采集物理点 1320 个以上，完成剖面长度总计 130km 以上，根据目标层位的电阻率响应特征来研究推断水力压裂改造储层的裂缝的空间展布及压裂效果，并对 DY5HF 井井下压裂情况进行试验性监测研究。图 6-4-14 分别展示了第 11 段垂直井轨迹施工前后接受电阻率的变化，从图中可以看到，中心点位置（第 11 段正下方，图 6-4-14 中间的图）压裂前后电场差异明显，向两侧电场变化几乎没有差异。图 6-4-15 为 DY5HF 所有段压裂前后的电阻率差的平面图与立体图，图中蓝色为压裂后的电阻率差的低值，指示了压裂的范围，有效地反映了 DY5HF 井储层主缝和缝网在空间的展布情况。由此计算的压裂缝高、缝长及压裂改造体积，如图 6-4-16 中红色曲线所示，压裂改造体积与压裂停泵后的水击效应具有较好的一致性。

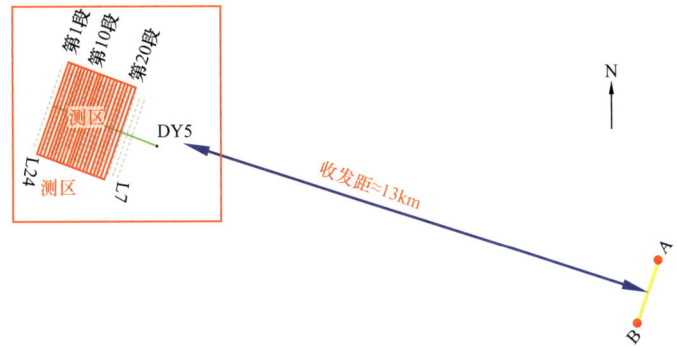

图 6-4-13 DY5HF 井广域电磁法压裂监测观测系统

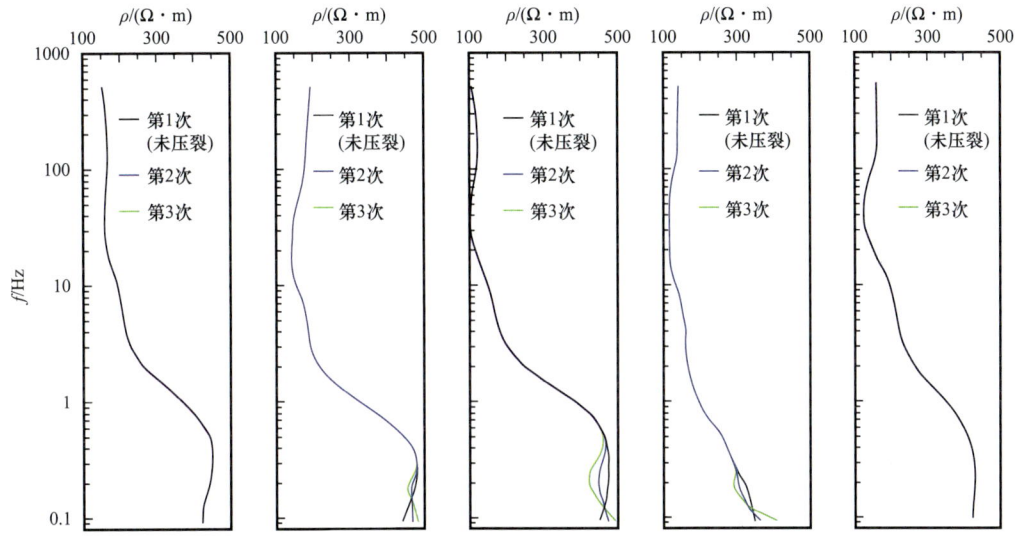

图 6-4-14 DY5HF 井第 11 段电磁法压裂监测前后电场的变化

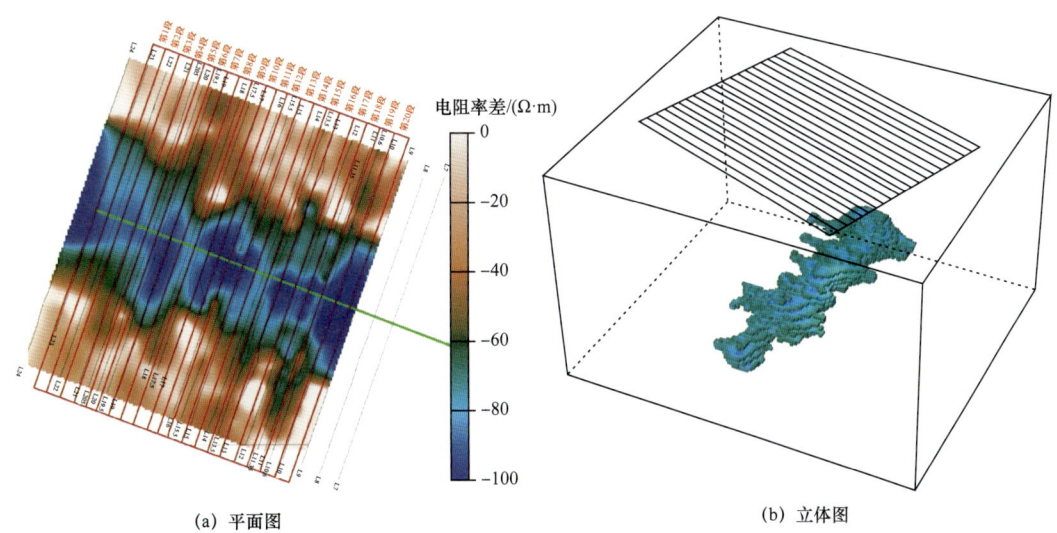

(a) 平面图　　　　　　　　　　　　　　(b) 立体图

图 6-4-15 DY5HF 井压裂储层平面波及范围

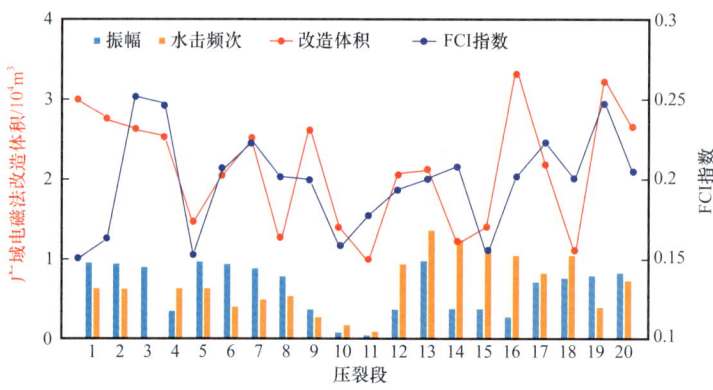

图 6-4-16　DY5HF 井压裂改造体积与压裂停泵后的水击效应对比

第七章 工程"甜点"评价及储层改造技术

早期实践证明，由于与北美页岩特征差异较大，国外成功的压裂工艺技术无法在南方页岩中直接复制应用（贾承造等，2012；邹才能等，2017）。"十二五"期间，在引进北美页岩气成功经验的基础上，结合南方海相五峰组—龙马溪组页岩特点，国内探索形成了"复杂缝网+支撑主缝"等压裂模式及配套工艺技术，为涪陵等大型页岩气田的勘探开发提供了有效技术支撑（王志刚，2015）。国内3500m以浅页岩气水平井缝网压裂工艺技术已然成熟，但针对深层、常压等更复杂地质条件领域的页岩气压裂工艺技术亟待攻关。"十三五"以来，中国石化勘探分公司注重地质—工程相结合，在地质评价"甜点区"优中选优，通过工程"甜点"评价及针对性改造技术优化研究，实现了深层页岩气及常压页岩气两大领域压裂工艺技术进步，助推丁山—东溪地区深层页岩和道真地区常压页岩气的获得勘探重大突破。

第一节 工程"甜点"评价技术

地质"甜点"及工程"甜点"评价即行业熟知的可压裂性评价。工程"甜点"是对储层岩石破裂和缝网建造难易程度的表征，除地质"甜点"评价外，页岩气高效开发离不开近井工程"甜点"的准确评价。国内页岩气高效开发当前比较普遍的问题是地质"甜点"与工程"甜点"匹配度不高及可压裂性评价技术体系仍不完善。大量现场统计资料表明，较多页岩气井特别是深层页岩气井压后裂缝复杂度较低，部分单井形成复杂缝网的段簇占比不到一半，部分压裂段几乎不贡献产量或贡献少部分产量。改进完善工程"甜点"与可压裂性评价技术体系，以提高其评价精度与适用性，可促进页岩气高效开发。尤其是针对深层、常压页岩，通过"双甜点"评价，可以为后续实现高效压裂奠定基础和提供有利压裂条件，进一步提高压后产能。关于地质"甜点"的认识及评价技术进展，较多的专著、文献进行过论述，本书其他章节内容也有涉及。本节只针对页岩储层工程"甜点"评价技术进行阐述。

一、影响工程"甜点"评价的因素

页岩气工程参数还有很多，国外开发页岩气时间较长，总结了较好的页岩气储层具备的工程参数特征（表7-1-1）。

一般而言，影响工程"甜点"主要包括岩石矿物组成、岩石力学参数、弱层理面、微裂缝、地应力分布等，是否为工程"甜点"，可以通过单一脆性和综合可压裂性进行表征。

表 7-1-1　国外较好页岩气储层的工程参数评价指标

参数	期望指标
含水饱和度 /%	<40
孔隙度 /%	>2
石英或者碳酸盐岩含量 /%	>40
黏土含量 /%	<30
原始地质储量 /（m³/段）	>2.8×10⁷
渗透率 /D	>100×10⁻⁹
泊松比	<0.25
地层压力梯度 /（MPa/m）	>0.0113
储层温度 /℃	>110
热成熟度	>1.4
厚度 /m	>30
总有机碳含量 /%	>2
润湿性	亲油性
杨氏模量 /MPa	>20000

二、单一脆性评价方法及其局限性

1. 基于矿物成分的脆性评价方法

基于矿物成分的脆性评价方法利用储层岩石中脆性矿物的含量占总矿物量的百分比来表征脆性指数，起初仅石英被当成脆性矿物，后经进一步研究证明除石英外页岩储层中的脆性矿物还包括长石、云母和碳酸盐矿物等。其计算式如下：

$$B_{\text{rit}} = \frac{(W_{\text{QFR}} + W_{\text{Carb}})}{W_{\text{tot}}} \qquad (7\text{-}1\text{-}1)$$

式中　B_{rit}——脆性指数，数值介于 0～1；

W_{QFR}——石英、长石和云母的总含量，%；

W_{Carb}——碳酸盐矿物含量（主要包括白云石、方解石和其他碳酸盐组分），%；

W_{tot}——总矿物量，%。

这种方法计算出的脆性指数只考虑了岩体脆性矿物组分的影响，并没有考虑到成岩作用不同等其他因素造成的岩体脆性程度的差异，工程应用局限性较大。

2. 基于弹性参数的岩石脆性评价方法

Rickman 等（2008）运用统计学方法，回归得到适用于北美福特沃斯（Fort Worth）盆地页岩储层的脆性指数计算公式[式（7-1-2）]。图 7-1-1 为 R. Rickman 等中给出的脆性指数与弹性模量和泊松比之间的关系图，脆性指数与弹性模量和泊松比密切相关，岩石杨氏模量越高，泊松比越低，脆性越强。

$$\begin{cases} YM_{\text{BRIT}} = \dfrac{YM - YM_{\text{cmin}}}{YM_{\text{cmax}} - YM_{\text{cmin}}} \times 100\% \\ PR_{\text{BRIT}} = \dfrac{PR - PR_{\text{cmin}}}{PR_{\text{cmax}} - PR_{\text{cmin}}} \times 100\% \\ B_{\text{rit}} = \dfrac{YM_{\text{BRIT}} + PR_{\text{BRIT}}}{2} \end{cases} \quad (7\text{-}1\text{-}2)$$

式中　　YM——静态杨氏模量，GPa；

　　　　YM_{cmax}、YM_{cmin}——区域最大、最小静态杨氏模量，GPa；

　　　　YM_{BRIT}——归一化后的杨氏模量，数值介于 0～1；

　　　　PR——静态泊松比；

　　　　PR_{cmax}、PR_{cmin}——区域内最大、最小静态泊松比；

　　　　PR_{BRIT}——归一化后的泊松比，数值介于 0～1。

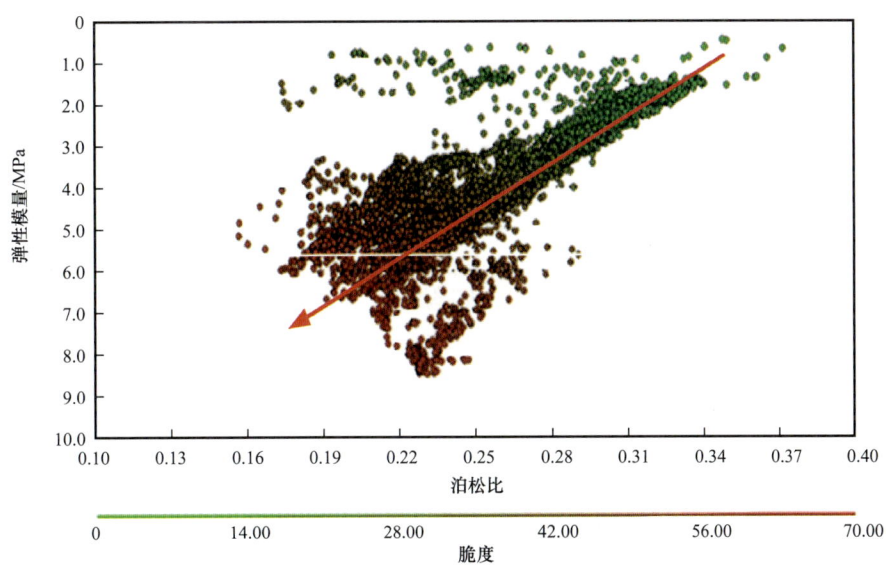

图 7-1-1　弹性参数与脆度关系

因为该方法是基于统计学原理，所以需要大量的样本，该方法只考虑弹性模量和泊松比对于岩体脆性的衡量，并未考虑岩石强度等其他参数对岩体脆性特征变化的影响。而事实上，岩石强度与岩体的脆性破坏模式密切相关。

3. 基于应力—应变曲线的脆性评价方法

基于应力—应变曲线特征参数的岩石脆性指标，以岩石应力—应变特征定量评价岩石脆性，分析岩石发生脆性破坏过程中峰前积聚的弹性能和耗散能，如图 7-1-2，可以反映岩石破坏本质特征。

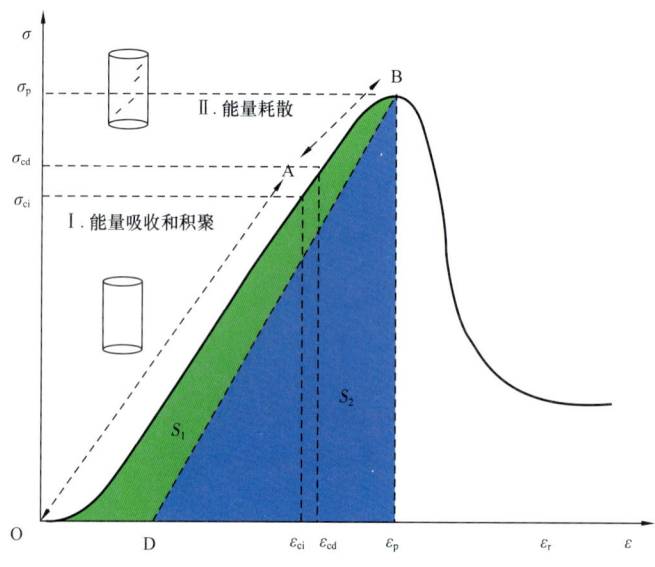

图 7-1-2　岩石破坏过程中峰前能量转化示意图

岩石受到外部机械压力作用到达峰值应力 p 时，外力功一部分转化为耗散能，该部分耗散能使得岩石内部微结构黏聚力丧失，即 S_1 面积所代表的能量，该耗散能不可逆；另一部分转化为可恢复的弹性能，为卸除岩石压力后能恢复的能量，即 S_2 面积代表的能量。可利用峰前弹性能的积聚率表征岩石的脆性，且与脆性呈正相关，因此，岩石峰前脆性指标可用峰前弹性能的积聚率表示：

$$B_{\text{pre}} = \frac{S_1}{S_1 + S_2} \quad (7\text{-}1\text{-}3)$$

$$S_2 = \frac{\sigma_{\text{p}}^2}{2E} \quad (7\text{-}1\text{-}4)$$

式中　B_{pre}——峰前弹性能的积聚率；

S_1——峰前耗散能，等于峰前机械能 W_{pre} 减去峰前弹性能，其中，W_{pre} 由应力—应变曲线积分计算获得，J；

S_2——峰前弹性能，J；

σ_{p}——应力—应变曲线峰值强度，MPa；

E——弹性模量，MPa。

B_{pre} 表征了岩石在峰前存储弹性能的能力，B_{pre} 越高，表明岩石在达到峰值强度时内部的弹性能存储率越高,能为岩石的峰后破裂行为提供更多能量,提高峰后自主断裂能力和裂纹扩张能力,进而表现出更高的脆性水平。B_{pre}的取值范围为0~1,当岩石处于理想弹性状态时,峰前机械能W_{pre}全部转化为弹性能S_2存储在岩体内部,$B_{pre}=1$;当岩石处于完全塑性状态时,峰前机械能W_{pre}完全转化为耗散能S_1,$B_{pre}=0$。

基于岩石三轴压缩实验得到的应力—应变曲线,采用基于应力—应变曲线的脆性评价方法,计算了不同围压下所在储层的岩石脆性指数。图7-1-3给出了四块龙马溪组岩心的应力应变曲线的能量区域划分,表7-1-2基于应力—应变曲线的脆性指数。从结果可以看出,基于岩心应力—应变曲线计算出的脆性指数均高于60%,反映储层脆性好。

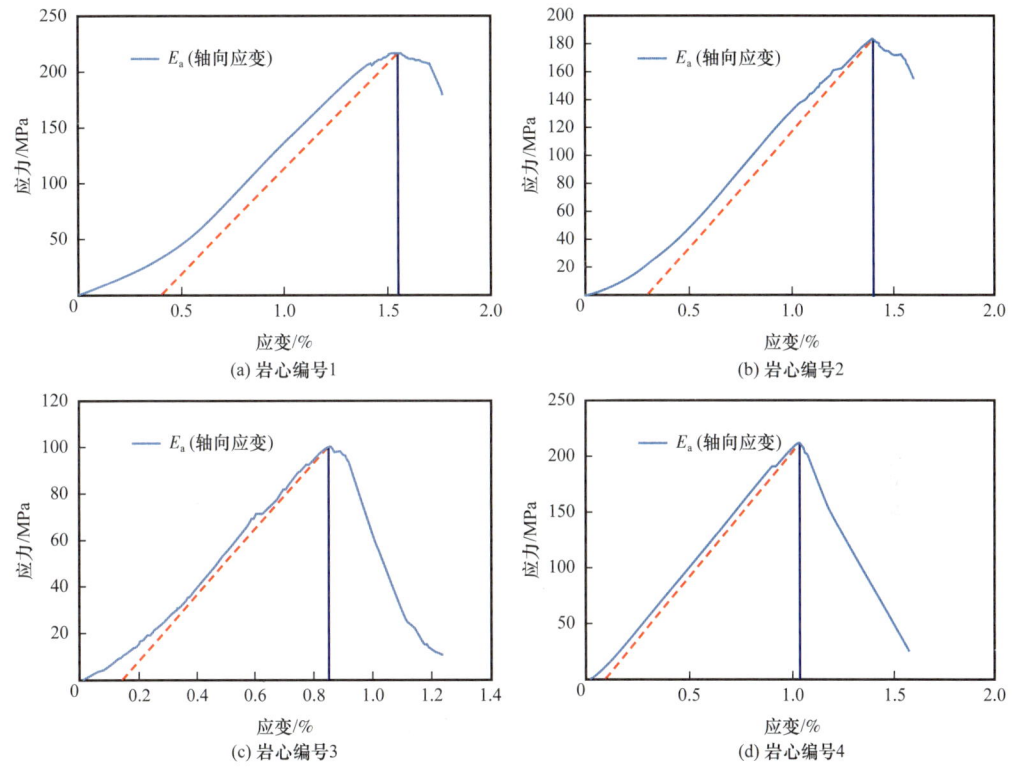

图7-1-3 室温条件下各岩心的应力应变曲线的能量区域划分

表7-1-2 基于应力—应变曲线的峰前能量演化的脆性指数

岩心编号	温度/℃	围压/MPa	抗压强度/MPa	弹性模量/GPa	S_2/MPa	W_{pre}/MPa	脆性指数/%
1	25	30	216.67	18929.3	1.24	1.55	79.77
2	25	30	183.50	16539.3	1.02	1.16	87.39
3	25	30	100.43	14165.2	0.36	0.39	91.52
4	25	30	212.36	22651.6	1.00	1.06	94.01

实际上岩石的破裂过程不仅受峰前能量的作用，缝后能量演化同样对岩石的破坏起着重要作用。在岩石破坏的能量演化过程中，峰前积聚的弹性能越多，峰后应力—应变曲线跌落越快，岩石峰后破裂过程所需的外部机械能越少。岩石破裂主要依靠峰前弹性能维持峰后岩石破裂所需能量，峰前弹性能的积聚程度和峰后外部机械做功大小直接影响到峰后岩石破裂所需能量，岩石破坏各部分能量演化示意图如图7-1-4所示。

当岩石受力达到峰值强度后，进入破坏阶段，克服内部黏聚力和摩擦力破坏所需的能量一部分由峰前积聚的弹性能提供，不足部分由外部机械能提供。岩石峰后破裂过程中主要依靠自身储备的弹性能来维持，所需外部提供的机械能越少，峰后岩石破裂所需的能量 $S_2+S_3-S_4$ 中，耗散的弹性能 S_2-S_4 占比越高，则岩石的脆性越高。因此，峰后脆性指标可用峰后弹性能的耗散率表征如下：

$$B_{\text{post}} = \frac{S_2 - S_4}{S_2 + S_3 - S_4} \tag{7-1-5}$$

$$S_4 = \frac{\sigma_r^2}{2E} \tag{7-1-6}$$

式中　B_{post}——峰后维持自我断裂和裂纹扩展的能力；
　　　S_3——峰后机械能，J；
　　　S_4——岩石处于残余应力状态时内部残留的弹性能，J；
　　　σ_r——应力—应变曲线残余强度，MPa。

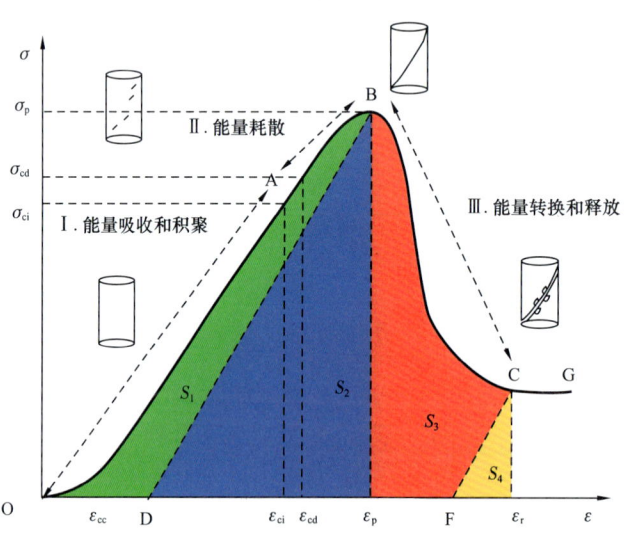

图 7-1-4　岩石破坏过程中峰前和缝后能量转化示意图

B_{post} 表征了岩石在峰后维持自我断裂和裂纹扩展的能力，B_{post} 值越高，表明岩石在达到峰值强度后维持自我断裂的岩体破坏能力越强，裂纹扩展的能力越强，岩体破坏也表现出更高的脆性。B_{post} 的取值范围为 0～1，理想脆性条件下，峰后机械能 S_3 为 0，则 $B_{\text{post}}=1$；

理想塑性条件下，峰后所需机械能 S_3 无限大，残余弹性能 S_4 与峰前弹性能 S_2 相等，$B_2=0$。

峰前和峰后脆性指标基础上建立起能反映应力—应变全过程的脆性评价方法。B_{pre} 和 B_{post} 都与岩石脆性呈正相关关系，二者取值范围都为 0~1。通常，如果允许每个索引的值之间进行相等的贡献，则应使用加法合成方法。但是，如果有意对某些指标削弱，则应选择乘法综合法计算总评价值。因此，本项目采用了一种多指标乘法综合方法建立一个可以评估峰前峰后岩石脆性的指标。乘法合成方法不涉及峰前脆性指数和峰后脆性指数的权重，这些权重可以在指数相互关联的情况下使用。这种方法的一个优点是不会导致评价结果重复，另一个优点是适合评价等级的分类，并且评价结果是连续且单调的，建立的评价指数的取值范围为 0~1，表示如下：

$$\text{BI}_{\text{new}} = B_{\text{pre}} \times B_{\text{post}} \tag{7-1-7}$$

基于岩石三轴压缩实验得到的全应力—应变曲线，采用基于应力—应变曲线的峰前和峰后能量演化的脆性评价方法，计算了 180℃不同围压所在储层的岩石脆性指数。高温条件下各岩心的应力应变曲线的能量区域划分如图 7-1-5 所示。表 7-1-3 给出了高温下基于应力—应变曲线的峰前和峰后的脆性指数。从结果可以看出，基于高温下岩心的应力—应变曲线计算得出的脆性指数，围压为 30MPa 时均值为 66.7%，围压为 60MPa 时均值为 59.02%，可以看出高围压下岩石的脆性指数具有降低趋势。

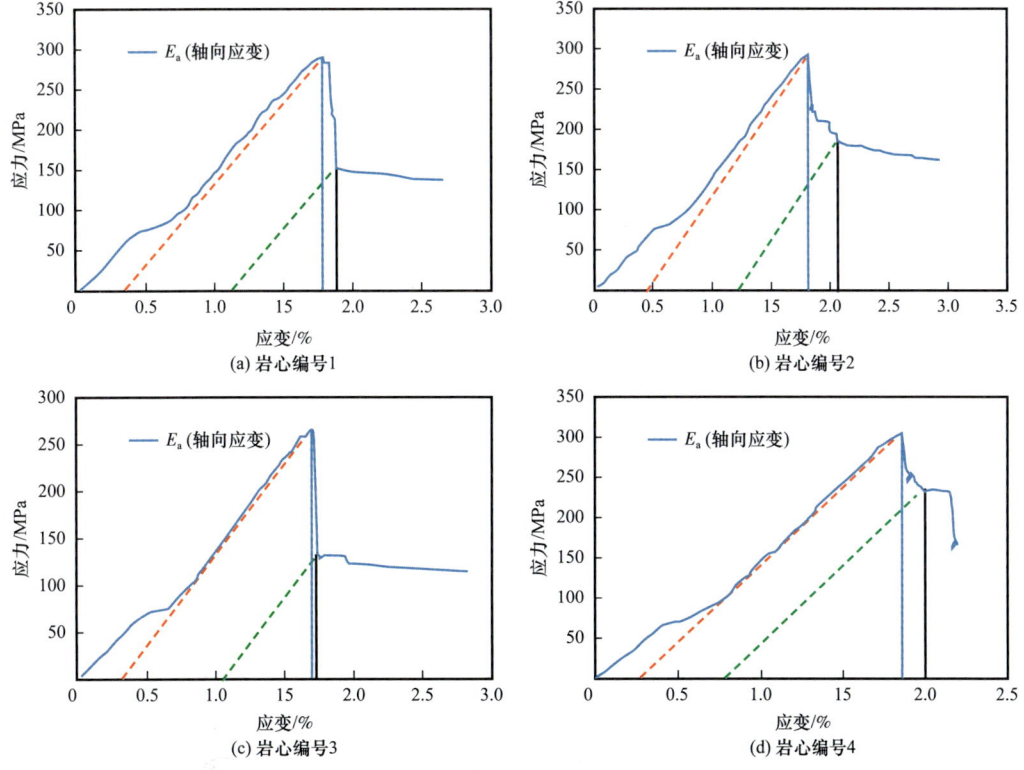

图 7-1-5　高温条件下各岩心的应力应变曲线的能量区域划分

表 7-1-3　基于应力—应变曲线的峰前和峰后能量演化的脆性指数

岩心编号	温度/℃	围压/MPa	抗压强度/MPa	残余强度/MPa	弹性模量/MPa	S_2/MPa	W_{pre}/MPa	S_4/MPa	W_{tot}/MPa	脆性指数/%
1	180	30	288.78	153.53	20240.1	2.06	2.44	0.58	2.69	72.23
2	180	30	290.80	184.94	21235.2	1.99	2.46	0.81	3.00	55.58
3	180	30	265.79	133.15	19360.1	1.82	2.07	0.46	2.16	82.76
4	180	30	305.94	235.43	19300.5	2.42	2.67	1.44	3.00	68.10
5	180	30	299.27	180.00	20356.1	2.20	2.46	0.80	3.34	54.97
6	180	60	254.53	167.43	24530.5	1.32	2.66	0.57	4.08	17.14
7	180	60	433.33	247.98	19350.5	4.85	5.24	1.59	7.33	56.44
8	180	60	431.03	229.81	19560.7	4.75	5.54	1.35	6.48	67.14
9	180	60	331.48	240.60	19365.6	2.84	3.04	1.49	3.20	83.48
10	180	60	321.83	250.15	20386.9	2.54	2.99	1.53	3.19	70.88

三、页岩气综合可压裂性评价方法

深层页岩气脆性矿物含量高，但抗压强度增强，单一的脆性评价局限性大，结合岩石弹性可压裂性、缝网构建（岩石强度与天然裂缝相关）与含气性，建立更加全面反映地层压裂和生产的综合指标，可以更加有利于选择优势压裂井段。

1. 缝网综合可压裂性评价流程

缝网可压裂性评价不再是经典模式下仅对页岩可压裂性的评价，而是涵盖了页岩可压裂性、评价区内的储集性与裂缝影响。因此深层页岩储层缝网压裂综合评价与表征流程为：

（1）量化储层中页岩气含量，选取与其相关的孔隙度、TOC 等特征参数，建立储集性评价因子，用以表征储集性；

（2）基于等效介质理论，量化储层矿物、岩石力学脆性，并将其整合，建立缝网可压裂性评价因子，用以表征储层岩石基质的可改造性；

（3）依据相控理论，识别深层页岩岩相对天然裂缝的对应关系，建立裂缝发育评价因子，用以表征储层裂缝发育强度；

（4）运用以获取各类评价因子，进行深层页岩储层缝网可压裂性综合评价与表征。

2. 页岩储层可压裂性因子

1）地质可压裂性因子建立

（1）总有机碳含量模型。

总有机碳含量直接决定含气量，若已有数据中不存在总有机碳含量，则选用含气饱和度决定含气量。定义 f_i，当 i=1，2，3 时分别代表石英、碳酸盐和黏土矿物，因此，ω_0 如下公式计算：

$$\omega_0 = a_2\omega + b_2 f_3 + d_2 f_1 \tag{7-1-8}$$

式中　ω——总有机碳含量，%；

　　　ω_0——等效总有机碳/饱和度含量，%；

　　　a_2、b_2、d_2——权重系数。

（2）孔隙度计算模型。

确定孔隙度常用到如下模型：物质平衡体积模型［式（7-1-9）］、环境校正模型［式（7-1-10）］、一元与多元回归模型［式（7-1-11）］和密度曲线—矿物模型［式（7-1-12）］。

$$\lg_T = V_m \cdot \lg_m + \phi_e \cdot \lg_{fl} + V_{sh} \cdot \lg_{sh} \tag{7-1-9}$$

$$\phi_e = \phi_{CNL} \cdot P_x + \phi_\rho \cdot (1 - P_x) \tag{7-1-10}$$

$$\begin{cases} \phi_e = a \cdot \lg_1 + b \\ \phi_e = a \cdot \lg_1 + b \cdot \lg_2 + c \cdot \lg_3 + \cdots \end{cases} \tag{7-1-11}$$

$$\phi_e = \frac{\rho_m - \rho_\phi \left(\rho_m \dfrac{\omega_{lab}}{\rho_k} - \omega' + 1 \right)}{\rho_m - \rho_f + \omega_{lab} \rho_f \left(1 - \dfrac{\rho_m}{\rho_f} \right)} \tag{7-1-12}$$

式中　$\lg_T$、V_m、$\lg_m$、$\lg_{fl}$、V_{sh}、$\lg_{sh}$——测井总体积参数、矿物体积、测井岩石骨架值、测井流体值、泥质含量与泥岩数值；

　　　ϕ_{CNL}——中子孔隙度；

　　　P_x——孔隙度计算比例因子；

　　　ϕ_ρ——密度孔隙度；

　　　$\lg_1$、$\lg_2$、$\lg_3$——与孔隙度相关联的测井参数值；

　　　a、b、c——各测井参数值的影响系数；

　　　ω_{lab}——室内分析获取的 TOC 均值，%；

　　　ρ_f——流体密度，g/cm^3；

　　　ρ_m——岩石基质密度，g/cm^3；

　　　ρ_ϕ——含孔隙岩石密度，g/cm^3；

　　　ω'——无量纲化的总有机碳/饱和度含量；

　　　ρ_k——有机质（干酪根）密度，g/cm^3。

已有评价方法对页岩储层储集空间等赋存特征参数等因素尚考虑不足。因此，为解决包括 Langmuir 体积与压力模型、密度反演等手段进行 TOC 预测进而以此进行储集性评价尚存在的缺陷，充分考虑深层页岩储层各向非均质性，对有机碳含量进行预测评估，实现了国内深层页岩气储层含气评价的突破，总体来说，矿场实践多采取地球物理方法对有机碳含量进行表征。因此，从深层页岩储层特殊的含气性角度考虑，选取孔隙度与 TOC 或饱和度作为关键参数，建立地质可压裂性评价因子。

① 建立地层可压裂性熵权系数 a_1、b_1，实现深层页岩气对产能差异贡献能力，建立深层页岩地质可压裂性评价因子：

$$B_G = a_1\phi' + b_1\omega' \quad (7-1-13)$$

其中：

$$\omega' = (\omega_o - \omega_{min})/(\omega_{max} - \omega_{min}) \quad (7-1-14)$$

$$\phi' = (\phi_e - \phi_{min})/(\phi_{max} - \phi_{min}) \quad (7-1-15)$$

式中　B_G——地质可压裂性评价因子；
　　　a_1、b_1——物性权重系数；
　　　ω_{max}、ω_{min}——最大、最小 TOC/饱和度含量，%；
　　　ω_o——等效总有机碳/饱和度含量，%；
　　　ϕ_{max}、ϕ_{min}——工区最大、最小孔隙度，%；
　　　ϕ_e——有效孔隙度，%；
　　　ϕ'——无量纲化的孔隙度。

② 地质可压裂性权重模型。

利用熵权法对含气贡献进行权重处理。首先进行参数无量纲化处理，见式（7-1-16）：

$$Y_{ij} = \frac{X_{ij} - \min x_j}{\max x_j - \min x_j} (i=1,2,\cdots,k; j=\phi,\omega) \quad (7-1-16)$$

式中　Y_{ij}——第 i 个地球物理数据点对应的归一化 ϕ 值或 TOC；
　　　$\min x_j$——地球物理数据点对应的最小 ϕ 值或最小 TOC 值，%；
　　　$\max x_j$——地球物理数据点对应的最大 ϕ 值或最大 TOC 值，%；
　　　ω——总有机碳含量 TOC，%；
　　　ϕ——孔隙度。

构建熵值模型见公式：

$$E_j = -\ln k^{-1} \sum_{i=1}^{k} p_{ij} \ln P_{ij} \quad (7-1-17)$$

其中：

$$P_{ij} = Y_{ij} \bigg/ \sum_{i=1}^{k} Y_{ij} \qquad (7\text{-}1\text{-}18)$$

式中　k——地球物理数据点总数量；

　　　P_{ij}——第 i 个地球物理数据点对应的归一化 ϕ 值或 TOC 值的总占比。

构建权值模型见公式（7-1-19）：

$$W_j = \frac{1-E_j}{k-\sum E_j}, \ W_j = \begin{cases} a_1 & j = \phi \\ b_1 & j = \text{TOC} \end{cases} \qquad (7\text{-}1\text{-}19)$$

式中　E_j——含气表征熵值；

　　　W_j——含气量的权值；

　　　X_{ij}——第 i 个地球物理数据点对应的 ϕ 值或 TOC，%。

2）基质可压裂性因子建立

弹性模量、泊松比是岩石抗破裂能力的综合内在表现。可压裂性评价以优选高弹性模量、低泊松比的页岩层为目的。当满足较小泊松比、较大弹性模量的条件，页岩储层形成缝网的可能性将增大（图 7-1-6），由此可见，弹性模量与泊松比的准确演算成为储层改造体积评估的关键。因此，弹性力学参数和泊松比可以直观反映储层可压裂性。

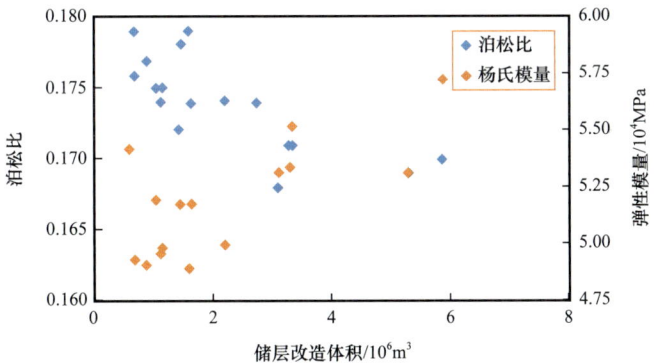

图 7-1-6　压裂段微地震检测与弹性参数关系图

借鉴经典模型，利用地球物理测试获取的横波、纵波来计算弹性模量与泊松比，见式（7-1-20）：

$$E = \rho v_s^2 \frac{3v_p^2 - 4v_s^2}{v_p^2 - v_s^2}, \ v = \frac{0.5v_p^2 - v_s^2}{v_p^2 - v_s^2} \qquad (7\text{-}1\text{-}20)$$

式中　v_s——横波速度，m/s；

　　　v_p——纵波速度，m/s。

然而在工区内并非各导眼井进行了阵列声波测试，压裂水平井更是缺失横波数据，这为缝网压裂评价因子的计算带来困难。矿场实践中通常采用已有阵列声波测井资料对全区各生产井应用，未能反映储层原位特征，使得应用效果较差，多因素反演模型则优势明显。因此，研究充分利用矿物组分与弹性力学参数之间的相关性，并加强与储集性评价因子之间的联系。

首先，以 Voigt–Reuss–Hill 模型为基准，考虑多类岩矿成分的影响，获取深层页岩基质等效弹性力学参数，见式（7-1-21）、式（7-1-22）：

$$K_\mathrm{e} = (K_\mathrm{V} + K_\mathrm{R})/2 \qquad (7\text{-}1\text{-}21)$$

$$G_\mathrm{e} = (G_\mathrm{V} + G_\mathrm{R})/2 \qquad (7\text{-}1\text{-}22)$$

其中：

$$K_\mathrm{V} = \sum K_i f_i, \quad \frac{1}{K_\mathrm{R}} = \sum \frac{1}{K_i} f_i \qquad (7\text{-}1\text{-}23)$$

$$G_\mathrm{V} = \sum G_i, f_i, \quad \frac{1}{G_\mathrm{R}} = \sum \frac{1}{G_i} f_i \qquad (7\text{-}1\text{-}24)$$

式中　K_e、G_e——V–R–H 模型计算得到的骨架岩石等效体积模量和切变模量，MPa；

i——不同矿物种类，包括硅质矿物、碳酸盐矿物、黄铁矿及黏土等；

K_i、G_i——第 i 类岩矿成分的基质岩石弹性模量，MPa；

K_R、G_R——Reuss 平均弹性模量，MPa；

K_V、G_V——Voight 平均弹性模量，MPa；

f_i——第 i 类脆性矿物含量，%。

以 Gassman 理论为基准，同时基于两相介质中应力—应变的等价关系，考虑储层内流体与孔隙的影响，得到饱和流体岩石体积模量 K_sat、剪切模量 G_sat 的计算公式：

$$K_\mathrm{sat} = K_\mathrm{e}(1-\alpha) + \alpha^2 p, \quad G_\mathrm{sat} = G_\mathrm{e}(1-\alpha) \qquad (7\text{-}1\text{-}25)$$

其中：

$$\frac{1}{p} = \frac{\alpha - \phi_\mathrm{e}}{K_\mathrm{m}} + \frac{\phi_\mathrm{e}}{K_\mathrm{f}} \qquad (7\text{-}1\text{-}26)$$

式中　p——随体积应变和流量增大的压力，MPa；

α——Biot 系数；

ϕ_e——有效孔隙度，%；

K_m、G_e、K_f——岩石基质体积模量、切变模量与孔隙流体体积模量，MPa。

将储层的气水两相均视为流体，利用含水饱和度 S_w、含气饱和度 S_o（$1-S_\mathrm{w}$）等效计算获取孔隙流体体积模量：

$$\frac{1}{K_\mathrm{f}} = \frac{S_\mathrm{w}}{K_\mathrm{w}} + \frac{1-S_\mathrm{w}}{K_\mathrm{o}} \qquad (7\text{-}1\text{-}27)$$

式中 K_w——水体积模量，MPa；

K_o——气体积模量，MPa。

建立饱和流体岩石体积模量 K_{sat}、剪切模量 G_{sat}、密度 ρ_{sat} 对其纵横波 v_p、v_s 速度表达式：

$$v_p = \sqrt{\frac{K_{sat} + \frac{4}{3}G_{sat}}{\rho}}, v_s = \sqrt{\frac{G_{sat}}{\rho}} \quad (7\text{-}1\text{-}28)$$

式中 ρ——岩石密度，g/cm³。

最终，获得目标储层岩石力学参数杨氏模量和泊松比。

基质可压裂性因子应实现对岩石基质脆性做出反映。将不同脆性矿物进行等效整合得到的矿物脆性指数，是目前页岩储层勘探评价广泛应用的参数，但仅反映了岩石微观组分量变的特征，不能反映矿物含量变化引起的岩石致密程度变化及内在机理。因此，简单的叠加岩矿脆性、力学脆性进行可压裂性评价缺乏理论依据，需将矿物脆性与力学脆性耦合。

建立基质可压裂性因子 B_N：

$$\begin{cases} B_N = \dfrac{B_n - B_{nmin}}{B_{nmax} - B_{nmin}} \times 100\% \\ B_n = E_n / v_n \end{cases} \quad (7\text{-}1\text{-}29)$$

$$\begin{cases} E_N = \dfrac{E_n - E_{min}}{E_{max} - E_{min}} \times 100\% \\ v_n = \dfrac{v - v_{min}}{v_{max} - v_{min}} \end{cases} \quad (7\text{-}1\text{-}30)$$

式中 E——杨氏模量，GPa；

v——泊松比；

E_n、v_n——无量纲化的杨氏模量、泊松比；

B_{nmax}、B_{nmin}、E_{max}、E_{min}、v_{max}、v_{min}——整合系数、杨氏模量、泊松比的最大值、最小值。

3）缝网可压裂性因子建立

（1）裂缝发育强度。

已有研究表明，天然弱面发育受控于生物硅的大量富集与成岩收缩作用、生烃增压作用，并与有机质、硅质组分关系密切。此外，碳酸盐矿物可以实现对天然裂缝的充填，可减弱储层基质与裂缝的抗张强度，从而有利于裂缝的起裂延伸。因此，借鉴上述经验与方法，选取实验获取的硅质与碳酸盐含量为主要参数进行回归，建立分级指标，提出不同岩石类型的裂缝发育强度可以采用对应的 TOC、硅质矿物、碳酸盐矿物含量回归耦合关系来描述：

$$I_{\mathrm{n}} = 0.5 \times f_{\mathrm{Si}} + 2 \times f_{\mathrm{Ca}} + 55.0 \qquad (7\text{-}1\text{-}31)$$

式中　I_{n}——裂缝发育强度，条·mm/m；

　　　f_{Si}——硅质矿物含量，%；

　　　f_{Ca}——钙质矿物含量，%。

（2）层理发育强度。

页岩层理属于间接影响因素：一方面，页理的发育表明相邻两层在沉积过程中势必存在物源组构的变化，碳酸盐矿物组分的参与是应力弱面的体现；另一方面，储层中存在的应力弱面受到的端应力 σ_{ij} 与层理厚度 W 具有负幂指数关系，层理厚度越大，裂缝面密度发育程度随之越小。与页岩黏土转化、重结晶等矿物颗粒增大的现象有关。因此，研究采用硅质、碳酸盐矿物的回归模型获得：

$$S_{\mathrm{n}} = \begin{cases} 5.5 \times f_{\mathrm{Si}} - 130.0, & f_{\mathrm{Si}} < 50 \\ -f_{\mathrm{Si}} + 1.5 \times f_{\mathrm{Ca}} + 150, & f_{\mathrm{Si}} > 50 \end{cases} \qquad (7\text{-}1\text{-}32)$$

式中　S_{n}——层理缝发育强度。

然而，层理与裂缝指数并非越大越好，层理或裂缝发育密度过大，均易造成近井地带的大量滤失现象，不利于裂缝向远处扩展，或者延伸路径上造成压裂液的大量滤失导致动态缝长受限。裂缝带的发育同样会制约缝网的扩展。层理与裂缝指数也应存在峰值范围，既能保证地质条件，又能保证工程条件。

现有技术已能对宏观上存在的天然裂缝带、断裂带进行预测，使得页岩储层水平井钻井能有效避开不利地带。而页岩储层实则大量分布了米级及以下规模的微裂缝和层理等天然弱面，成为实际压裂过程中影响裂缝扩展的主要因素之一。因此，将层理发育强度、天然裂缝发育强度整合，建立缝网可压裂性因子 L_{F}：

$$L_{\mathrm{F}} = \frac{2(S_{\mathrm{N}} \times I_{\mathrm{N}})}{S_{\mathrm{N}} + I_{\mathrm{N}}} \qquad (7\text{-}1\text{-}33)$$

$$\begin{cases} S_{\mathrm{N}} = \dfrac{S_{\mathrm{n}} - S_{\mathrm{nmin}}}{S_{\mathrm{nmax}} - S_{\mathrm{nmin}}} \times 100\% \\ I_{\mathrm{N}} = \dfrac{I_{\mathrm{n}} - I_{\mathrm{nmin}}}{I_{\mathrm{nmax}} - I_{\mathrm{nmin}}} \times 100\% \end{cases} \qquad (7\text{-}1\text{-}34)$$

式中　S_{N}、I_{N}——层理发育指数和裂缝发育指数；

　　　S_{nmax}、S_{nmin}、I_{nmax}、I_{nmin}——层理、裂缝发育强度的最大值、最小值。

4）地质—工程"双甜点"综合可压裂性模型建立

首先，将基质可压裂性因子与缝网可压裂性因子整合成为与地质可压裂性因子相对应的工程可压裂性因子：

$$B_{\mathrm{E}} = \eta_{\mathrm{F}} L_{\mathrm{F}} + (1 - \eta_{\mathrm{F}}) B_{\mathrm{N}} \qquad (7\text{-}1\text{-}35)$$

式中 B_E——工程可压裂性因子；

η_F——缝网因子权重系数。

随后，结合地质可压裂性因子与工程可压裂性因子，充分考虑诸多地质工程因素对页岩储层可压裂性的综合影响，构建页岩储层工程—地质"双甜点"综合可压裂性模型。

$$B_{\text{ECrit}} = \left(B_{\text{Emax}} - B_{\text{Emin}}\right) \cdot \eta_E + B_{\text{Emin}} \quad (7\text{-}1\text{-}36)$$

$$B_{\text{GCrit}} = \left(B_{\text{Gmax}} - B_{\text{Gmin}}\right) \cdot \eta_G + B_{\text{Gmin}} \quad (7\text{-}1\text{-}37)$$

式中 B_{GCrit}、B_{ECrit}——工程可压裂性阈值和地质可压裂性阈值；

B_{Emax}、B_{Emin}——工程可压裂性指数最大值与最小值；

B_{Gmax}、B_{Gmin}——地质可压裂性质素最大值与最小值；

η_E、η_G——工程可压裂性、地质可压裂性阈值权重系数。

3. 综合可压裂性技术体系应用

以川东南地区DY4井为例，进行综合可压裂性评价分析。DY4井导眼井五峰组—龙马溪组一段富有机质泥页岩孔隙度在2.07%～5.59%之间，平均值为3.06%；渗透率为0.04～6.04mD，平均值为0.34mD。优质泥页岩层段有效孔隙度在3.00%～5.59%之间，平均值为3.77%；渗透率为0.056～6.04mD，平均值为0.75mD。

根据FMI电成像及LithoScanner岩性扫描测井解释成果，DY4井导眼井五峰组—龙马溪组解释页岩气层9层，厚度共计83.0m。五峰组—龙马溪组一段泥页岩黏土矿物含量在10.4%～48.5%之间，平均值为35.4%；硅质矿物含量在20.7%～57.1%之间，平均值为35.4%；碳酸盐矿物含量在6.9%～36.1%之间，平均值为14.9%。优质页岩层段（五峰组—龙马溪组一段一亚段）黏土矿物含量在10.4%～39.5%之间，平均值为26.4%；硅质矿物含量在20.7%～57.8%之间，平均值为41.1%；碳酸盐矿物含量在8.0%～36.1%之间，平均值为14.4%。优质页岩层段黏土矿物含量从上到下逐渐降低（表7-1-4）。

表7-1-4 DY4井优质页岩层段各小层主要矿物含量统计表

小层	井深/m	黏土矿物含量/%	硅质矿物含量/%	碳酸盐矿物含量/%
④—⑤	3702～3716.3	23.7～39.5/32.0	20.7～50.4/37.9	8.4～32.6/14.1
③	3716.3～3726.2	11.6～31.4/22.8	35.0～53.0/42.3	8.0～19.2/14.2
②	3725.17～3727.17	13.9～17.0/14.9	46.0～57.1/53.4	8.7～18.3/12.2
①	3727.17～3730.9	10.4～29.9/17.7	29.7～57.8/48.7	9.8～25.5/14.2
平均		10.4～39.5/26.4	20.7～57.8/41.1	8.0～36.1/14.4

根据DY4井导眼井岩心描述和FMI成像测井显示，龙马溪组一段三亚段向上到石牛栏组（3428～3578m），发育高阻缝有120条，①—⑨小层内（3647.5～3730.5m）发育高

阻缝 40 条。根据岩石力学参数测试和抗拉强度测试试验结果，DY4 井侧钻水平井按深度和小层划分对应的岩石力学参数见表 7-1-5。水平井段穿行 ③ 小层为主，占比为 81%，$E=43.8$ GPa，$v=0.22$。

表 7-1-5　DY4 导眼井取心岩石力学试验按小层统计参数表

小层	杨氏模量均值 /MPa	泊松比平均值	黏聚力 /MPa	内摩擦角 /(°)	抗拉强度 /MPa
⑨	40131.67	0.252667	28.79	35.67	10.29
⑧	41651.58	0.244083	20.2	40.45	6.65
⑤	37054.67	0.252833	22.31	34.85	6.57
③	43817.8	0.2218	44.03	45.15	11.31
②	37993.4	0.248	21	47.6	10.25
①	51845.67	0.264	—	—	16.27
临湘组	45779.5	0.232167	23.12	47.18	13.33

计算得出基质可压裂性因子为 0.11～0.90，缝网可压裂性为 0.19～0.79，工程可压裂性因子由基质可压裂性和缝网可压裂性因子整合而成，综合可压裂性因子范围为 0.32～0.63（图 7-1-7）。

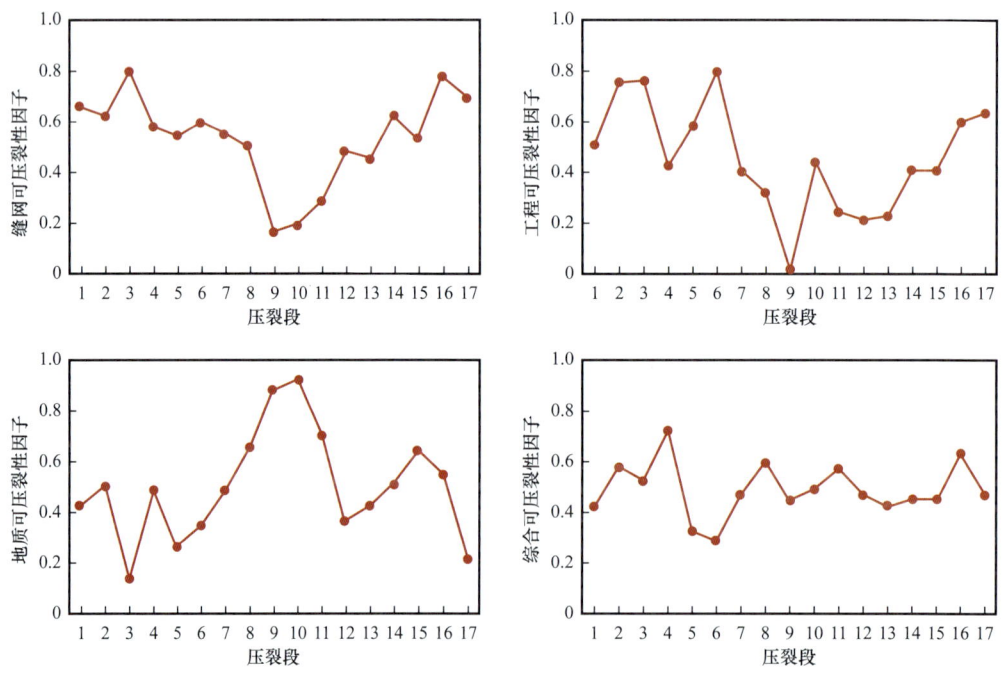

图 7-1-7　综合可压裂性因子计算结果

第二节　页岩气储层改造技术

页岩气储层改造技术核心问题是实现对储层的缝网建造和缝网有效支撑，缝网建造包括扩展最大 SRV 条件下的高复杂度缝网体系，缝网支撑主要是实现对缝网裂缝的有效铺置，为不具备自然产能的页岩储层提供有效的渗流通道（邹才能等，2015）。页岩储层缝网扩展为压裂缝与天然裂缝的相交和延伸行为，受天然裂缝分布、地应力、岩石力学性质、逼近角、缝间应力场调整、压裂液劲度、施工排量、射孔参数等影响（Nagel N.B. et al.，2011；陈勉，2013）。"十二五"期间，在引进北美页岩气成功勘探开发经验的基础上，国内结合自身页岩气地质条件较为复杂的特点，形成"控近扩远、混合压裂、分级支撑"等高效网络压裂模式及配套工艺技术。"十三五"以来，国内页岩气工作者从天然裂缝发育程度与人工裂缝扩展过程中的诱导地应力场入手，在揭示页岩气复杂缝网形成机理的基础上，建立不同类型页岩气储层形成复杂缝网的工艺技术体系，为提高页岩气储层改造效果奠定理论基础，积极推进了页岩气（特别是深层、常压页岩气）压裂工艺技术的发展。

一、页岩压裂复杂缝网扩展理论

国内外页岩气的改造技术为水平井分段多簇缝网压裂，其施工特点包括高泵注排量、大压裂液量、低压裂液黏度、多压裂段、多簇射孔等。

1. 多簇水力裂缝延伸理论基础

水平井各压裂段存在多个射孔簇（通常为 3 簇以上），压裂过程中有多条水力裂缝同时起裂并延伸，而由于应力干扰效应，水力裂缝会发生非平面转向延伸，随着射孔簇增多，簇间距缩小，缝间应力干扰效应加剧，部分裂缝延伸可能严重受限，甚至出现无法起裂延伸，形成无效射孔簇。通常采用段内暂堵转向压裂工艺，在压裂过程中向井下泵入暂堵球等暂堵材料，封堵前期的优势裂缝射孔簇，提高后期劣势裂缝的液体流入量，实现各簇裂缝均匀延伸。

2. 压裂过程中的多物理场动态耦合

1）页岩压裂地层应力场变化机理与模型

页岩水平井缝网压裂过程中，由于多条水力裂缝同时张开，导致周围地层岩石产生弹性形变，从而产生诱导应力。水平井缝网压裂时，单段压裂中通常有多条水力裂缝同时从射孔点起裂并延伸。由于延伸时水力裂缝之间的应力干扰作用，导致各裂缝会出现转向延伸的现象。

建立如图 7-2-1 所示 x—y 二维笛卡尔坐标系，将模型中的位移不连续边界，即水力裂缝离散为 N 段，每段长度为 $2a_i$。分别以每段中心为原点建立该单元 ξ-ζ 局部坐标系，其中，ξ 沿离散裂缝单元切向方向，ζ 沿离散裂缝单元法向方向。可计算出坐标平面域内任一点的诱导应力分量和应变分量：

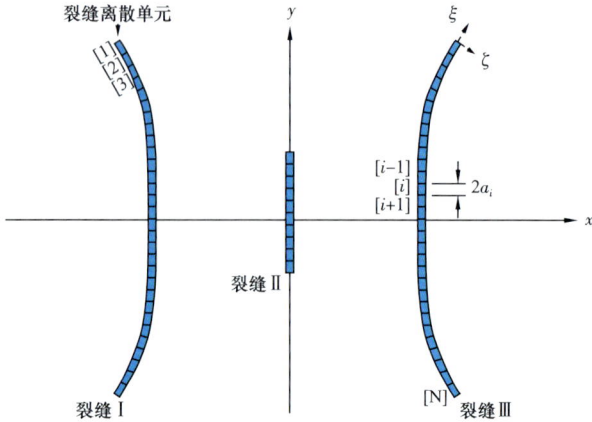

图 7-2-1 水力裂缝离散单元 x-y 截面示意图

$$\Delta\sigma_{xx} = \frac{G\hat{u}_n}{2\pi(1-\nu)}\left[2nlF_3 + (n^2-l^2)F_4 + \zeta(lF_5+nF_6)\right] \\ + \frac{G\hat{u}_t}{2\pi(1-\nu)}\left[2n^2F_3 - 2nlF_4 + \zeta(nF_5-lF_6)\right] \quad (7\text{-}2\text{-}1)$$

$$\Delta\sigma_{yy} = \frac{G\hat{u}_n}{2\pi(1-\nu)}\left[2nlF_3 + (n^2-l^2)F_4 - \zeta(lF_5+nF_6)\right] \\ - \frac{G\hat{u}_t}{2\pi(1-\nu)}\left[2l^2F_3 + 2nlF_4 + \zeta(nF_5-lF_6)\right] \quad (7\text{-}2\text{-}2)$$

$$\Delta\sigma_{xy} = \frac{G\hat{u}_n}{2\pi(1-\nu)}\zeta(lF_6-nF_5) + \frac{G\hat{u}_t}{2\pi(1-\nu)}\left[F_4 + \zeta(lF_5+nF_6)\right] \quad (7\text{-}2\text{-}3)$$

$$\Delta\sigma_{zz} = \nu(\Delta\sigma_{xx} + \Delta\sigma_{yy}) \quad (7\text{-}2\text{-}4)$$

$$u_x = \frac{\hat{u}_n}{4\pi(1-\nu)}\left\{\left[l^2+(l^2-n^2)(1-2\nu)\right]F_1 + nl(3-4\nu)F_2 - \zeta[nF_3-lF_4]\right\} \\ + \frac{\hat{u}_t}{4\pi(1-\nu)}\left\{nl(3-4\nu)F_1 + \left[n^2+(n^2-l^2)(1-2\nu)\right]F_2 + \zeta[lF_3+nF_4]\right\} \quad (7\text{-}2\text{-}5)$$

$$u_y = \frac{\hat{u}_n}{4\pi(1-\nu)}\left\{nl(3-4\nu)F_1 + \left[n^2+(n^2-l^2)(1-2\nu)\right]F_2 - \zeta[lF_3+nF_4]\right\} \\ + \frac{\hat{u}_t}{4\pi(1-\nu)}\left\{\left[l^2+(l^2-n^2)(1-2\nu)\right]F_1 + nl(3-4\nu)F_2 + \zeta[nF_3-lF_4]\right\} \quad (7\text{-}2\text{-}6)$$

式中　$\Delta\sigma_{xx}$、$\Delta\sigma_{yy}$、$\Delta\sigma_{zz}$、$\Delta\sigma_{xy}$——地层诱导应力分量，MPa；

　　　G——地层岩石剪切模量，MPa；

　　　v——地层岩石泊松比；

　　　$\hat{u}_n$、$\hat{u}_t$——裂缝离散单元在局部坐标系内的切向位移和法向位移，m；

　　　l、n——局部坐标轴 ζ 与 x 轴和 y 轴夹角的余弦值；

　　　F_3、F_4、F_5、F_6——4 类 Papkovitch 函数偏导方程；

　　　u_x、u_z——地层诱导应变分量，m。

由于原始地应力场和诱导应力场均为三维二阶张量场，其分量可以进行线性叠加。因此，可利用叠加原理计算当前地应力场，地层中任意点当前应力张量可表示为

$$\begin{bmatrix} \sigma_{xx} & \sigma_{xy} & \sigma_{xz} \\ \sigma_{yx} & \sigma_{yy} & \sigma_{yz} \\ \sigma_{zx} & \sigma_{zy} & \sigma_{zz} \end{bmatrix} = \begin{bmatrix} \sigma_{xx}^{(0)} + \Delta\sigma_{xx} & \sigma_{xy}^{(0)} & \sigma_{xz}^{(0)} + \Delta\sigma_{xz} \\ \sigma_{yx}^{(0)} & \sigma_{yy}^{(0)} + \Delta\sigma_{yy} & \sigma_{yz}^{(0)} \\ \sigma_{zx}^{(0)} + \Delta\sigma_{xz} & \sigma_{zy}^{(0)} & \sigma_{zz}^{(0)} + \Delta\sigma_{zz} \end{bmatrix} \quad (7\text{-}2\text{-}7)$$

式中　$\sigma_{xx}^{(0)}$、$\sigma_{yy}^{(0)}$、$\sigma_{zz}^{(0)}$、$\sigma_{xy}^{(0)}$、$\sigma_{yz}^{(0)}$、$\sigma_{xz}^{(0)}$——原始地应力值分量，Pa；

　　　σ_{xx}、σ_{yy}、σ_{zz}、σ_{xy}、σ_{yz}、σ_{xz}——当前地应力值分量，Pa。

2）页岩压裂储层压力场变化与模型

针对页岩储层渗流特征，建立其储层压力场模型。

多孔介质中的单相流体连续性方程为

$$\nabla \cdot (\rho v) - q_{sc} = \frac{\partial}{\partial t}(\rho\phi) \quad (7\text{-}2\text{-}8)$$

式中　ρ——流体密度，kg/m³；

　　　v——流体流动速度，m/s；

　　　q_{sc}——在地面标准情况下，单位岩石体积内的液体流入点源流量，s⁻¹；

　　　t——时间，s；

　　　ϕ——孔隙度；

　　　∇——汉密尔顿算子。

在多孔介质中，流体流动属于渗流，其速度满足达西公式：

$$v = -\frac{\bar{\bar{K}}}{\mu} \cdot \nabla \Phi \quad (7\text{-}2\text{-}9)$$

$$\Phi = p + \gamma Z \quad (7\text{-}2\text{-}10)$$

式中　$\bar{\bar{K}}$——渗透率张量，D；

　　　μ——液体黏度，Pa·s；

　　　p——流体压力，Pa；

　　　Φ——流体势，Pa；

γ——流体重度，Pa/m；

Z——坐标高度，m。

假设地层与流体为微可压缩流体，则

$$\frac{\partial(\rho\phi)}{\partial t}=\phi\rho C_{\mathrm{l}}\frac{\partial p}{\partial t}+\rho C_{\mathrm{f}}\frac{\partial p}{\partial t}=\rho\left(\phi C_{\mathrm{l}}+C_{\mathrm{f}}\right)\frac{\partial p}{\partial t}=\rho C_{\mathrm{t}}\frac{\partial p}{\partial t} \quad (7-2-11)$$

$$C_{\mathrm{t}}=\phi C_{\mathrm{l}}+C_{\mathrm{f}} \quad (7-2-12)$$

式中　C_{l}——流体压缩系数，Pa^{-1}；

C_{f}——岩石压缩系数，Pa^{-1}；

C_{t}——地层综合压缩系数，Pa^{-1}。

将达西公式代入流体连续性方程中，并引入地层综合压缩系数，得到多孔介质三维单相流体流动方程张量形式为

$$\nabla\cdot\left(\frac{\bar{\bar{K}}}{\mu}\cdot\nabla\varPhi\right)+q_{\mathrm{sc}}=C_{\mathrm{t}}\frac{\partial p}{\partial t} \quad (7-2-13)$$

3）页岩压裂地层温度场变化与模型

在压裂液与地层的热传导与热对流过程中，压裂液温度逐渐升高，地层温度逐渐降低，如图7-2-2所示。

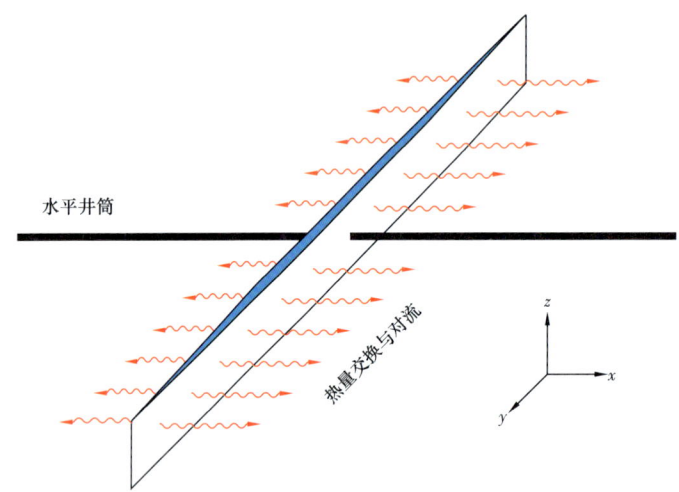

图7-2-2　水力裂缝与地层热量交换示意图

随着温度场的变化，压裂液的流动性质将发生变化，主要表现为压裂液黏度降低，不仅会降低水力裂缝内净压力进而影响其延伸行为，还将改变压裂液滤失进入地层后的渗流行为，影响储层压力场的变化。

（1）水力裂缝能量方程。

水力裂缝中的流体连续性方程为

$$\frac{\partial w_\text{f}}{\partial t}h_\text{f} + \frac{\partial q}{\partial y} + 2h_\text{f}q_\text{L} = 0 \tag{7-2-14}$$

式中 w_f——裂缝内任意位置处平均开度，m；

h_f——裂缝高度，m；

q_L——压裂液滤失速度，m²/s；

q——裂缝内流体流量，m³/s。

水力裂缝内压裂液能量守恒方程为

$$\frac{\partial (w_\text{f}T_\text{f})}{\partial t}h_\text{f} = -\frac{\partial (q)}{\partial y} - 2q_\text{L}h_\text{f}T_\text{f} + 2\frac{\alpha_\text{fr}h_\text{f}}{\rho_\text{f}C_\text{f}}(T_\text{rw} - T_\text{f}) \tag{7-2-15}$$

式中 T_f——裂缝内任意位置处压裂液温度，K；

T_rw——地层滤失带温度，K；

ρ_f——压裂液密度，kg/m³；

C_f——压裂液比热容，J/(kg·K)；

T_rw——裂缝壁面温度，K；

α_fr——压裂液与裂缝壁面换热系数，J/(m²·s)。

通常情况下，可将水力裂缝壁面与缝内压裂液温度视为相等，但实际情况中，裂缝壁面与压裂液之间温度也存在差异。根据流体能量守恒原理，并考虑到裂缝壁面与压裂液的温度差异，结合水力裂缝连续性方程与压裂液能量守恒方程，得到裂缝延伸能量方程：

$$w_\text{f}h_\text{f}\frac{\partial T_\text{f}}{\partial t} = -q\frac{\partial T_\text{f}}{\partial y} + \frac{2\alpha_\text{fr}h_\text{f}}{\rho_\text{f}C_\text{f}}(T_\text{rw} - T_\text{f}) \tag{7-2-16}$$

（2）滤失区域能量方程。

在水力裂缝附近的压裂液滤失区域内，考虑垂直于裂缝壁面方向上的温度梯度以及热对流，建立滤失区域的能量方程为

$$\frac{\partial T_\text{rw}}{\partial t} = \frac{1}{\delta}\left[\frac{\rho_\text{f}C_\text{f}}{(\rho C)_\text{ef}}q_\text{L}(T_\text{f} - T_\text{rw}) + \frac{\alpha_\text{ef}}{(\rho C)_\text{ef}}\frac{\partial T_\text{r}}{\partial x}\bigg|_\text{HF} + \frac{\alpha_\text{fr}}{(\rho C)_\text{ef}}(T_\text{f} - T_\text{rw})\right] \tag{7-2-17}$$

式中 T_r——储层温度，K；

α_ef——地层有效热传导系数，W/(m·K)；

$(\rho C)_\text{ef}$——地层密度与比热容的有效乘积，J/(m³·K)；

δ——滤失带厚度，m；

T_rw——地层滤失带温度，K；

α_fr——压裂液与裂缝壁面换热系数，J/(m²·s)。

（3）近缝地层能量方程。

近缝地层能量方程为

$$\frac{\partial T_\text{r}}{\partial t} = \frac{\alpha_\text{ef}}{(\rho C)_\text{ef}}\left(\frac{\partial^2 T_\text{r}}{\partial x^2}\right) - \frac{\rho_\text{f} C_\text{f}}{(\rho C)_\text{ef}} q_\text{L} \frac{\partial T_\text{r}}{\partial x} \quad (7\text{-}2\text{-}18)$$

其中：

$$\alpha_\text{ef} = \alpha_\text{r}(1-\phi) + \alpha_\text{f}\phi \quad (7\text{-}2\text{-}19)$$

$$(\rho C)_\text{ef} = \rho_\text{r} C_\text{r}(1-\phi) + \rho_\text{f} C_\text{f}\phi \quad (7\text{-}2\text{-}20)$$

式中　ρ_r——岩石密度，kg/m^3；
　　　α_r——储层热传导系数，W/（m·K）；
　　　α_f——裂缝热传导系数，W/（m·K）；
　　　C_r——岩石比热容，J/（kg·K）。

3. 缝网体积理论表征方法

综合上述各个模型及其相关数学方程与求解方法，建立页岩水平井压裂 SRV 动态表征方法，在该模型计算流程过程中，总共涉及多个循环迭代、耦合计算与参数传递：

（1）四层迭代循环，包括裂缝内流体压力、单缝延伸长度、多缝延伸长度、滤失量；

（2）五次耦合计算，包括水力裂缝延伸模型＋地层应力场模型、水力裂缝延伸模型＋储层压力场模型、水力裂缝延伸模型＋地层温度场模型、储层压力场模型＋地层温度场模型、应力场模型＋压力场模型＋天然裂缝模型；

（3）参数传递，包括水力裂缝内压力、水力裂缝宽度、水力裂缝延伸参数、储层压力场、地层应力场、储层渗透率场、地层流体黏度场、水力裂缝滤失量、天然裂缝破坏位置等。

计算 SRV 体积的积分方程为

$$V_\text{SRV} = \iiint_{\Omega_\text{SRV}} 1 \text{d}x\text{d}y\text{d}z \quad (7\text{-}2\text{-}21)$$

式中　V_SRV——SRV 体积，m^3；
　　　Ω_SRV——SRV 三维空间展布体。

页岩水平井缝网压裂时，张性破坏储层改造体积（tensile-SRV）和剪切破坏储层改造体积（shear-SRV）分别为储层中天然裂缝发生张性破坏和剪切破坏的区域；总体储层改造体积（total-SRV）则为二者的空间并集。因此，基于发生天然裂缝破坏的储层网格数据集合，通过数值积分法，利用下式可分别计算得到张性破坏 SRV、剪切破坏 SRV 和总体 SRV。

$$\begin{cases} V_\text{tensile-SRV} = \sum_{\varepsilon \in \varepsilon_\text{tensile}} \Delta x(\varepsilon) \cdot \Delta y(\varepsilon) \cdot \Delta z(\varepsilon) \\ V_\text{shear-SRV} = \sum_{\varepsilon \in \varepsilon_\text{shear}} \Delta x(\varepsilon) \cdot \Delta y(\varepsilon) \cdot \Delta z(\varepsilon) \\ V_\text{total-SRV} = \sum_{\varepsilon \in \varepsilon_\text{tensile} \cup \varepsilon_\text{shear}} \Delta x(\varepsilon) \cdot \Delta y(\varepsilon) \cdot \Delta z(\varepsilon) \end{cases} \quad (7\text{-}2\text{-}22)$$

式中 $V_{\text{tensile-SRV}}$、$V_{\text{shear-SRV}}$、$V_{\text{total-SRV}}$——张性破坏 SRV、剪切破坏 SRV、总体 SRV 体积，m^3；
ε——网格单元；
$\varepsilon_{\text{tensile}}$、$\varepsilon_{\text{shear}}$——发生张性破坏、剪切破坏的储层网格单元集合；
$\Delta x(\varepsilon)$、$\Delta y(\varepsilon)$、$\Delta z(\varepsilon)$——ε 网格单元 x、y、z 方向网格边长，m。

利用页岩气水平井压裂缝网体积模拟计算方法，分析不同水平应力差下压裂排量和压裂液量对缝网体积的影响，进而为压裂工艺参数评价提供理论依据。

低应力差下（5～7MPa）页岩水平井压裂排量对 SRV 体积及其展布影响如图 7-2-3、图 7-2-4 所示；高应力差下（17～22MPa）页岩水平井压裂排量对 SRV 体积及其展布影响如图 7-2-5、图 7-2-6 所示。不同水平应力差条件下，随着压裂排量增大，SRV 逐渐增大，但增大速度前期较快，随后减缓，存在最优值范围，低水平应力差条件下（5～7MPa）最优排量为 17～18m^3/min；高水平应力差条件下（17～22MPa）最优排量为 18～20m^3/min。

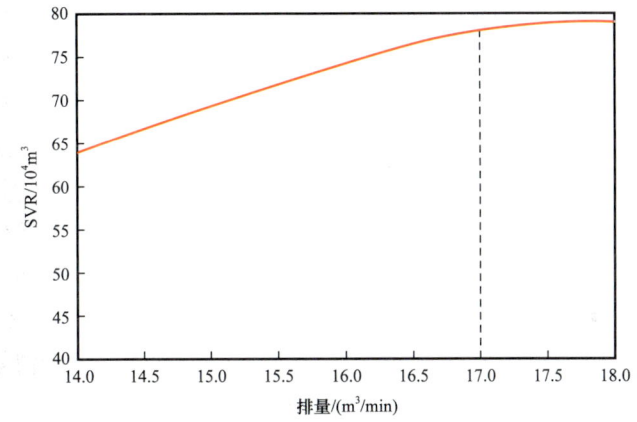

图 7-2-3 低应力差下深层页岩水平井压裂排量对 SRV 体积影响

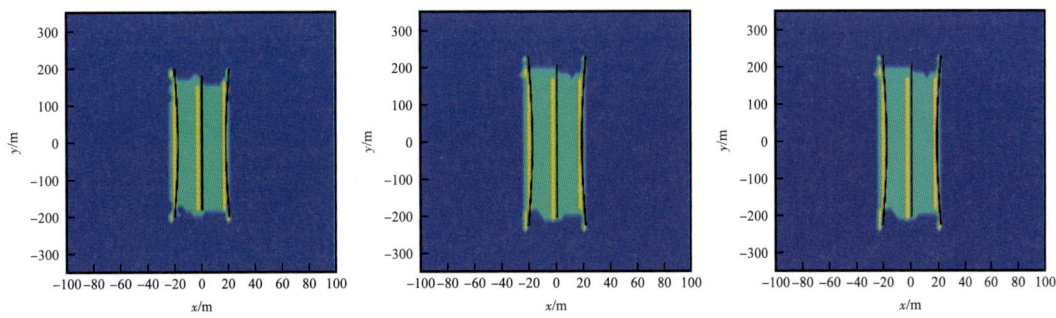

图 7-2-4 低应力差下深层页岩水平井压裂排量对 SRV 展布影响
从左至右排量：14m^3/min、16m^3/min、18m^3/min

低应力差下（5～7MPa）页岩水平井压裂液量对 SRV 体积及其展布影响如图 7-2-7、图 7-2-8 所示；高应力差下（17～22MPa）页岩水平井压裂液量对 SRV 体积及其展布影响如图 7-2-9、图 7-2-10 所示。不同水平应力差条件下，随着压裂液量增大，SRV

逐渐增大，但增大速度前期较快，随后减缓，存在最优值范围，低水平应力差条件下（5～7MPa）最优液量为 1900～2000m³；高水平应力差条件下（17～22MPa）最优液量为 2400～2500m³。

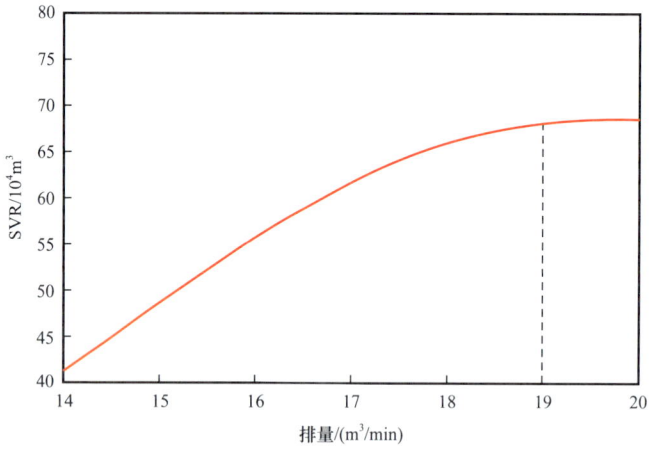

图 7-2-5　高应力差下深层页岩水平井压裂排量对 SRV 体积影响

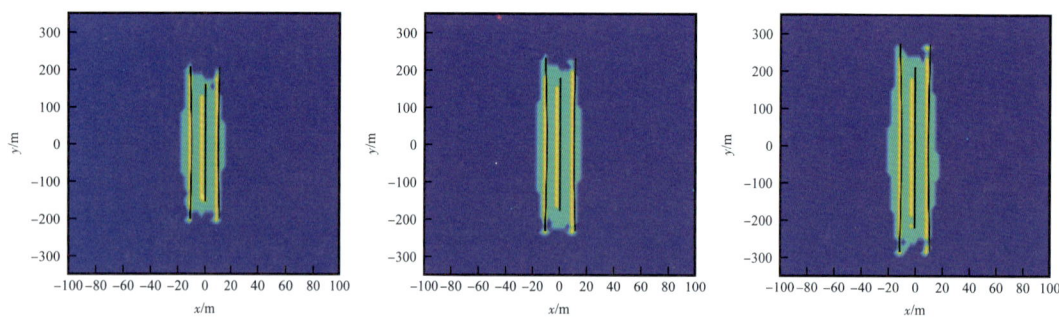

图 7-2-6　高应力差下深层页岩水平井压裂排量对 SRV 展布影响
从左至右排量：16m³/min、18m³/min、20m³/min

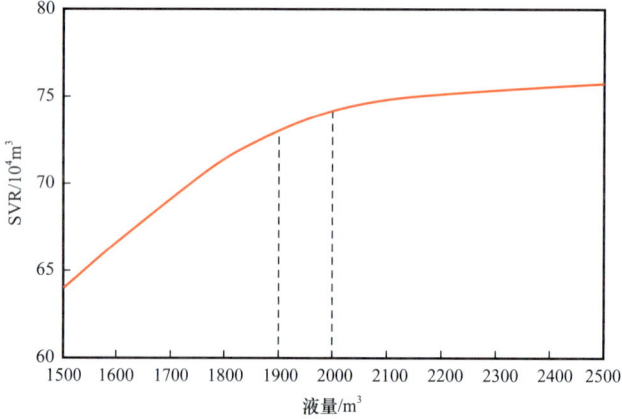

图 7-2-7　低应力差下深层页岩水平井压裂液量对 SRV 体积影响

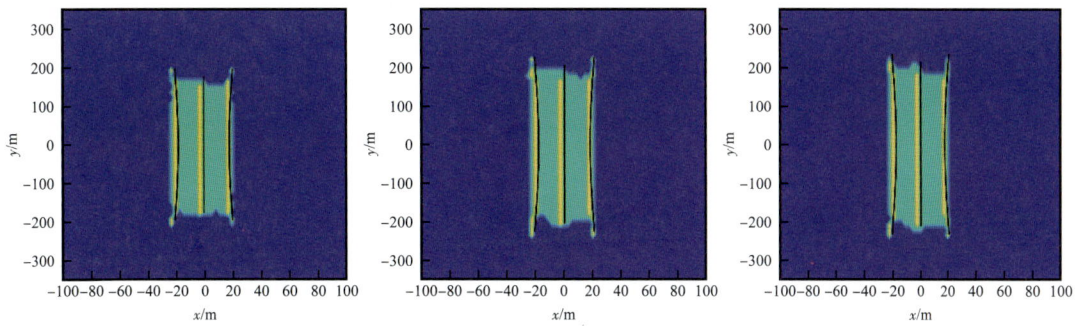

图 7-2-8　低应力差下深层页岩水平井压裂液量对 SRV 展布影响
从左至右簇间距：1500m³、2000m³、2500m³

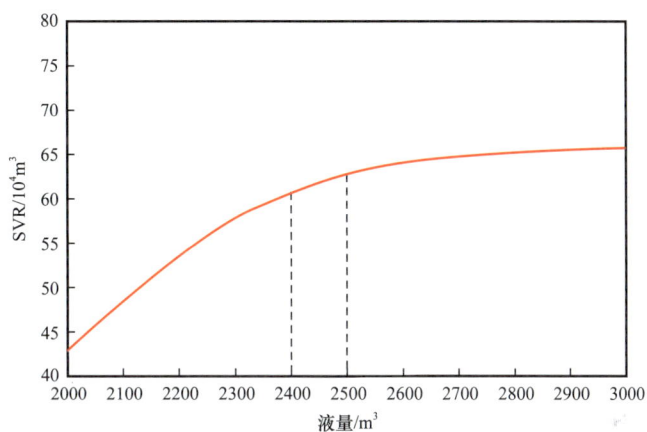

图 7-2-9　高应力差下深层页岩水平井压裂液量对 SRV 体积影响

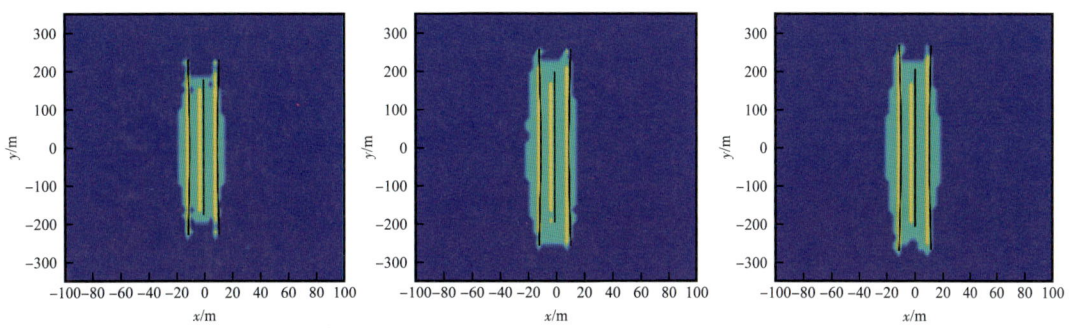

图 7-2-10　高应力差下深层页岩水平井压裂液量对 SRV 展布影响
从左至右簇间距：2000m³、2500m³、3000m³

4. 高闭合压力下导流能力要求

1）水力裂缝渗流模型

页岩气藏水力裂缝模型的建立需综合考虑裂缝的导流能力、裂缝的方位角、次生裂缝形态等因素。通过流量分配原理、物质平衡定律与等压方程将次生裂缝的渗流考虑到模型中。通过离散水力裂缝，采用叠加原理方法得到压裂水平井的压力响应。

（1）离散裂缝模型建立（图7-2-11）。

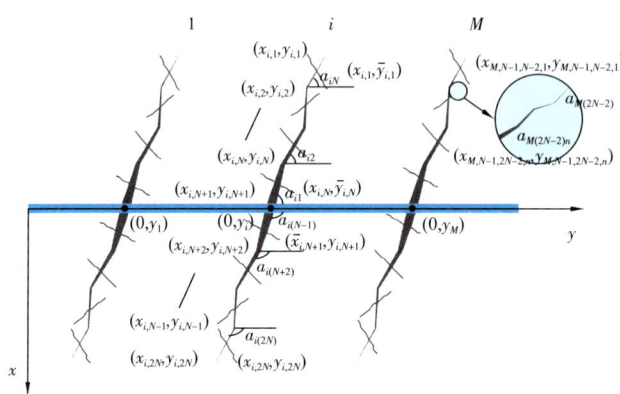

图7-2-11　有限导流多级压裂水平井裂缝离散示意图

（2）离散主裂缝微元坐标确定。

水力裂缝从水平井最左端到最右端依次编号为1到 M，每一条水力裂缝离散后微元从左翼尖端到右翼尖端依次编号为1到 $2N$，共有 $2 \times N \times M$ 个裂缝单元。

裂缝微元中心坐标（$1 \leqslant j \leqslant N$）：

$$\begin{cases} x_{i,j} = -\sum_{k=1}^{N-j+1} x_{i,j,k} \\ y_{i,j} = y_i + \sum_{k=1}^{N-j+1} y_{i,j,k} \end{cases} \quad (7\text{-}2\text{-}23)$$

其中，$x_{i,j,k} = x_{i,j,k-1} + \dfrac{x_{\mathrm{fl}i}\left(\sin\alpha_{ik} + \sin\alpha_{i(k-1)}\right)}{2N}(k \geqslant 2), x_{i,j,1} = \dfrac{x_{\mathrm{fl}i}\sin\alpha_{i1}}{2N}$

$y_{i,j,k} = y_{i,j,k-1} - \dfrac{x_{\mathrm{fl}i}\left(\cos\alpha_{ik} + \cos\alpha_{i(k-1)}\right)}{2N}(k \geqslant 2), y_{i,j,1} = \dfrac{x_{\mathrm{fl}i}\cos\alpha_{i1}}{2N}$

式中　$x_{\mathrm{fl}i}$——第 i 簇裂缝上侧半翼长度，m；

$x_{\mathrm{fr}i}$——第 i 簇裂缝下侧半翼长度，m。

裂缝微元中心坐标（$N+1 \leqslant j \leqslant 2N$）：

$$\begin{cases} x_{i,j} = \sum_{k=1}^{j-N} x_{i,j,k} \\ y_{i,j} = y_i + \sum_{k=1}^{j-N} y_{i,j,k} \end{cases} \quad (7\text{-}2\text{-}24)$$

其中，$x_{i,j,k} = x_{i,j,k-1} + \dfrac{x_{\mathrm{fr}i}\left(\sin\alpha_{i(k+N)} + \sin\alpha_{i(k+N-1)}\right)}{2N}(k \geqslant 2), x_{i,j,1} = \dfrac{x_{\mathrm{fr}i}\sin\alpha_{i(N+1)}}{2N}$

$$y_{i,j,k}=y_{i,j,k-1}+\frac{x_{\text{fri}}\left(\cos\alpha_{i(k+N)}+\cos\alpha_{i(k+N-1)}\right)}{2N}(k\geqslant 2),\ y_{i,j,1}=\frac{x_{\text{fri}}\cos\alpha_{i(N+1)}}{2N}$$

（3）离散次生裂缝微元坐标确定。

对于任意一条水力裂缝上的次生裂缝，从左往右、从上往下，依次编号为1到$4N$。每条次生裂缝离散后的微元从连接地层一端到连接水力主裂缝一端依次编号为1到n，共有$4\times n\times N\times M$个次生裂缝单元。

次生裂缝微元中心坐标（$1\leqslant j\leqslant N$，$1\leqslant c\leqslant 2N$，$1\leqslant v\leqslant n$）：

$$\begin{cases}x_{i,j,c,v}=x_{i,j,c,v+1}-\dfrac{x_{\text{fic}}}{2n}\left[\sin\left(\alpha_{icv}\right)+\sin\left(\alpha_{ic(v+1)}\right)\right]\\ y_{i,j,c,v}=y_{i,j,c,v+1}+\dfrac{x_{\text{fic}}}{2n}\left[\cos\left(\alpha_{icv}\right)+\cos\left(\alpha_{ic(v+1)}\right)\right]\end{cases} \quad (7\text{-}2\text{-}25)$$

其中，$x_{i,j,c,n}=x_{i,j}-\dfrac{x_{\text{fic}}}{2n}\sin(\alpha_{icn})$，$y_{i,j,c,n}=y_{i,j}+\dfrac{x_{\text{fic}}}{2n}\cos(\alpha_{icn})$（$c$为奇数时，$c=2j-1$；$c$为偶数时，$c=2j$）。

次生裂缝微元中心坐标（$N\leqslant j\leqslant 2N$，$2N\leqslant c\leqslant 4N$，$1\leqslant v\leqslant n$）：

$$\begin{cases}x_{i,j,c,v}=x_{i,j,c,v+1}+\dfrac{x_{\text{fic}}}{2n}\left[\sin\left(\alpha_{icv}\right)+\sin\left(\alpha_{ic(v+1)}\right)\right]\\ y_{i,j,c,v}=y_{i,j,c,v+1}+\dfrac{x_{\text{fic}}}{2n}\left[\cos\left(\alpha_{icv}\right)+\cos\left(\alpha_{ic(v+1)}\right)\right]\end{cases} \quad (7\text{-}2\text{-}26)$$

其中，$x_{i,j,c,n}=x_{i,j}+\dfrac{x_{\text{fic}}}{2n}\sin(\alpha_{icn})$，$y_{i,j,c,n}=y_{i,j}+\dfrac{x_{\text{fic}}}{2n}\cos(\alpha_{icn})$（$c$为奇数时，$c=2j-1$；$c$为偶数时，$c=2j$）。

2）水力裂缝导流能力优化

根据页岩气井累计产量预测结果可以发现，随着主裂缝导流能力不断增大，气井累计产量逐渐提高，但增速逐渐减缓（图7-2-12、图7-2-13）。主裂缝导流能力超过4.5D·cm后、分支缝与主裂缝导流能力倍比超过0.08后，气井累计产量增速显著降低。故确定主裂缝与分支缝的最优导流能力分别为4.5D·cm和0.36D·cm。

二、深层页岩气压裂工艺技术

随着埋深增加，储层地应力、地层温度、天然裂缝发育、物性等将发生根本性的变化，对压裂模式、工艺技术优选带来了巨大挑战，也影响了压裂效果。

1. 深层页岩压裂体积的影响因素

改造体积为改造面积与改造高度的乘积，即不仅要沿水平井筒方向形成复杂裂缝，提高改造带宽，还要在纵向上尽可能改造好优质页岩段，前期深层页岩气井改造体积通常小于$1\times 10^7 \text{m}^3$，压后初产与稳产效果均不理想，因此，提高改造体积也是深层页岩获得较好改造效果的关键之一。

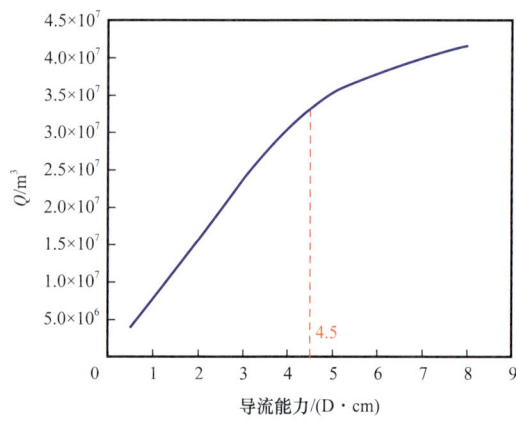 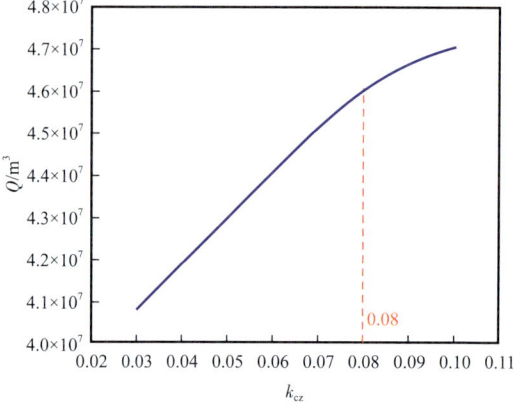

图 7-2-12　不同主缝导流能力下的气井累计产量　　　图 7-2-13　不同分支缝与主裂缝导流能力
　　　　　　　　　　　　　　　　　　　　　　　　　　　　　　　倍比下的累计产量

深层页岩的两向应力差、三向应力关系以及物理模拟等研究表明，深层页岩两向应力差异大，近井筒裂缝容易沿层理起裂扩展，纵向上台阶式起裂，裂缝高度受限，裂缝相态相对单一，这些特点使得深层页岩要提高改造体积面临极大难度，包括：

（1）两向应力差异大，裂缝转向困难，裂缝复杂性低。深层页岩两向应力差在8.0MPa以上，有的区块甚至达到20MPa以上，因此，欲使裂缝转向，就需要克服两向应力差异，要求缝内净压力足够高，必须要结合射孔簇间距、簇数以及施工排量综合来考虑。

（2）层理缝发育，影响裂缝纵向穿透，抑制缝高延伸。深层页岩天然裂缝发育程度不高，而层理缝较为发育，若在近井筒使层理缝起裂扩展，人工裂缝要穿过多个层理缝才能达到一定高度，一定程度上限制了缝高在纵向上的扩展，于形成大的改造体积不利。

（3）深层页岩地应力高，裂缝宽度窄，加砂较为困难，实现大砂量压裂难度高，将限制裂缝长度的延伸，影响改造面积。

2. 深层页岩体积压裂工艺技术对策

深层页岩体积压裂受限因素较多，要实现较大的改造体积，必须综合考虑裂缝平面上改造的复杂性和纵向上改造达到一定高度，其工艺技术对策主要为以下四点。

1）短簇距射孔，大排量施工，尽可能使裂缝复杂化

深层页岩两向应力差大，要综合利用簇射孔多裂缝的诱导应力以及裂缝内的净压力叠加作用克服两向应力差，尽可能使裂缝复杂化。模拟计算诱导应力的作用距离，深层页岩水平应力差大，所以形成的诱导应力距离较短，需缩小簇间距，才可提高裂缝复杂性。将簇距从30~35m缩短到20~25m，缝间诱导应力可提高4~5MPa，有助于实现复杂缝，15MPa高水平应力差，净压力从5MPa增加到17MPa，不同缝间距之间产生的干扰应力不同，13MPa净压力可以实现20m以内的缝间干扰，因此簇间距的设计要根据净压力来计算得出（图7-2-14）。总的原则是水平应力差越大，就越需要少簇，短间距。

表 7-2-1 为不同射孔簇数与排量下的净压力计算结果，在相同的排量下，簇数越多，单孔排量越低，净压力越低，对于深层页岩而言，要达到 8.0MPa 以上的裂缝净压力，对于 2 簇射孔，排量需达到 10m³/min 以上，对于 3 簇射孔，排量需达到 12m³/min 以上，对于 4 簇射孔，排量需则需达到 14m³/min 以上，因此，2～3 簇射孔，欲保证缝内净压力达到 8.0MPa 以上，压裂排量要达到 12m³/min 以上。为此，深层页岩要实现裂缝充分转向，在施工压力允许的条件下，应尽可能提高施工排量。

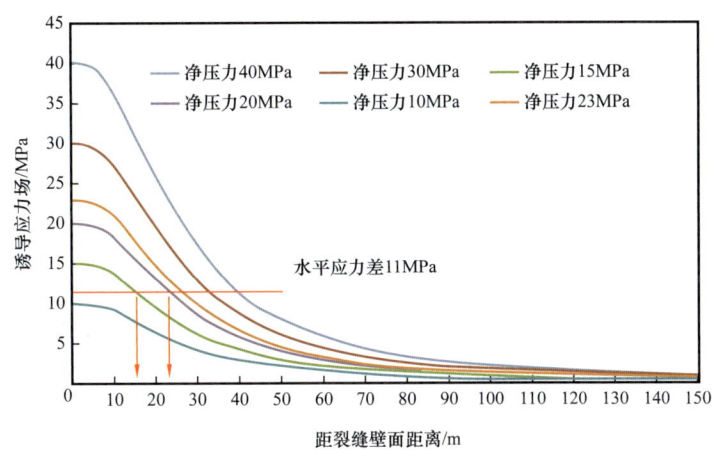

图 7-2-14　不同诱导应力作用距离

表 7-2-1　不同射孔簇数与排量下的净压力计算结果

排量 /（m³/min）	4 簇射孔净压力 / MPa	3 簇射孔净压力 / MPa	2 簇射孔净压力 / MPa
6	3.0	4.9	5.2
8	4.4	6.0	7.9
10	5.1	6.5	8.6
12	6.9	8.5	10.2
14	7.7	9.7	12.1
15	8.9	10.9	13.2
16	10.1	12.2	13.9

2）前置胶量，变黏度压裂液多尺度造缝

为提高裂缝的纵向改造程度，提高改造体积，模拟计算了不同前置胶液量对缝高的影响，结果得到前置胶液对于提高纵向改造程度非常有利，单段三簇优化前置胶液量为 150m³ 较为合适，缝高 60m，平均缝宽 0.13cm，如图 7-2-15 所示，单段两簇优化前置胶液量为 120m³ 较为合适，缝高 64m，平均缝宽 0.17cm。

图 7-2-16 模拟计算了远井筒采用中黏滑溜水（9～12mPa·s）+ 高黏滑溜水（20～

25mPa·s）+胶液（50～80mPa·s）组合对缝宽与改造体积的影响，结果表明，滑溜水与胶液的比例在 8∶2 时对提高改造体积是有利的。

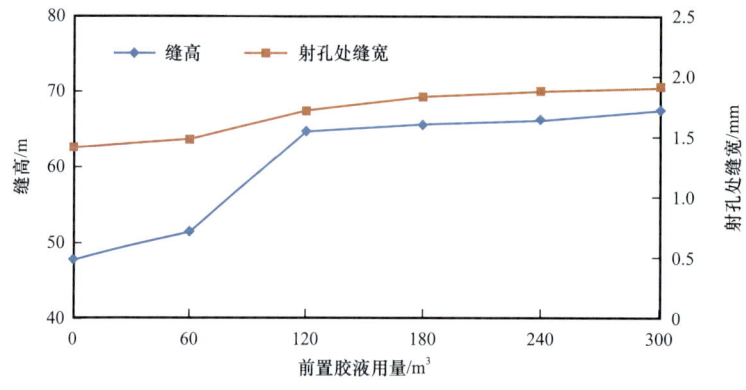

图 7-2-15　前置胶液对裂缝高度的影响

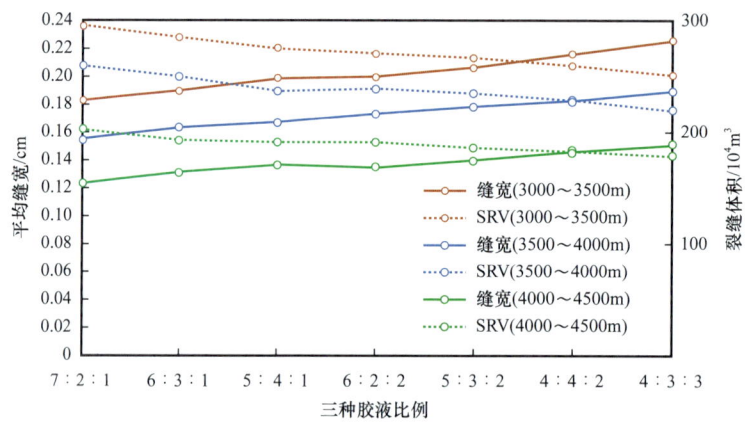

图 7-2-16　不同液体比例对缝宽与改造体积的影响

3）大规模加砂与高排量施工

深层页岩大规模加砂与高排量施工均是一个难题，但对于提高改造体积非常有利。图 7-2-17 模拟计算的是压裂规模与改造体积的关系曲线，单段支撑剂用量 70～90m³，单段液量达到 2200～2600m³，排量 16.0m³/min 条件下单段改造体积可以达到（280～310）×10⁴m³。排量对提高改造体积也是有益的，初期压裂施工排量 12～14m³/min，后期在压力允许的情况下可提至 16～18m³/min（图 7-2-18）。

4）微粒径支撑剂充填微裂缝，提高有效改造体积

深层页岩的分支缝及微小裂缝缝宽小，40/70 目主体支撑剂很难进入这些微小裂缝，如图 7-2-19 所示，这些微小裂缝如得不到支撑，在高闭合压力下很容易闭合失去导流能力，即这部分的改造体积是无效的。因此，采用 100 目以下的微支撑剂充填微小裂缝，使其成为有效改造体积，对提高压后产量和长期稳产均是有利的。

依据微小裂缝宽度与支撑剂粒径的匹配关系，选用 100 目以下粒径支撑剂来充填微裂缝是较为合适的，应用比例 20%～30%（表 7-2-2）。

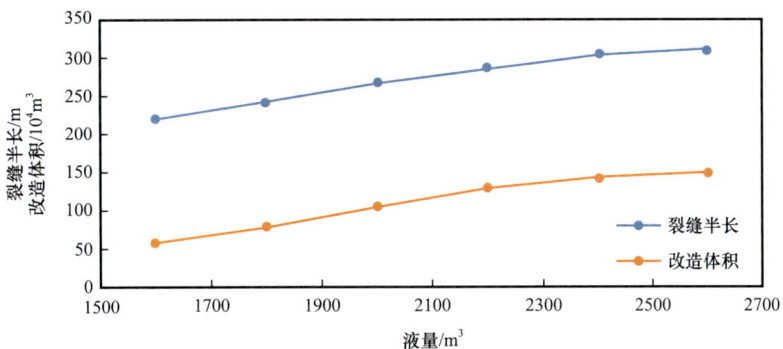

图 7-2-17　不同用液量对改造体积的影响

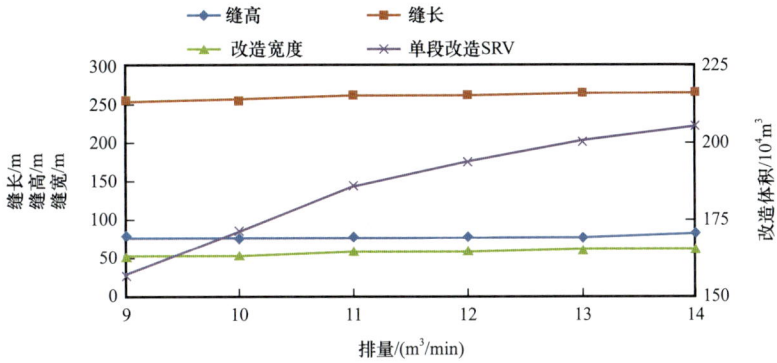

图 7-2-18　不同施工排量对改造体积的影响

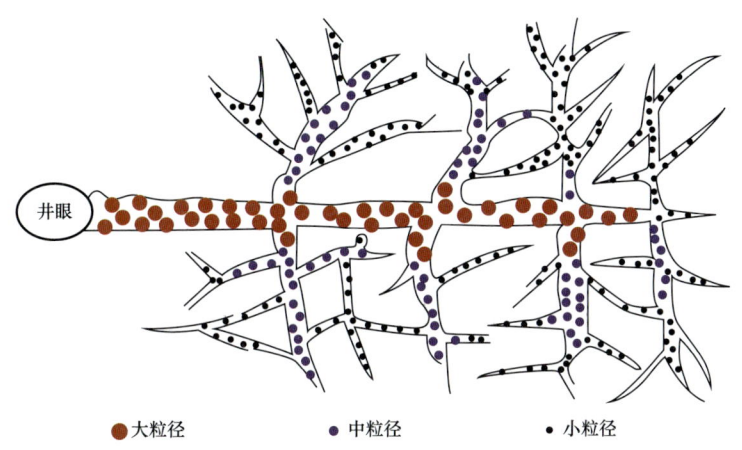

图 7-2-19　不同粒径支撑剂充填示意图

表 7-2-2　不同目数支撑剂粒径范围表

支撑剂目数 / 目	粒径范围 /mm	备注
230/300	0.050～0.065	标准
140/230	0.065～0.105	标准

续表

支撑剂目数 / 目	粒径范围 /mm	备注
70/140	0.105～0.224	标准
40/70	0.224～0.45	标准
50/80	0.180～0.355	非标
30/50	0.355～0.60	标准

3. 应用效果

丁山—东溪地区五峰组—龙马溪组深层页岩与焦石坝地区同层位的中浅层页岩具有较好相似性，但由于埋深增加，岩石力学特征复杂，可压裂性变差，压裂施工难度较大，主要包括：（1）储层塑性增强，复杂缝网形成受限；（2）地应力高、两向应力差异大，压裂裂缝转向难度大；（3）储层滤失严重、压裂裂缝缝宽窄，加砂难度大；（4）闭合压力高，长期导流能力难以保持；（5）破裂压力高、延伸压力高、泵送压力高，压裂施工难度大。

针对上述深层页岩气的特点及难点，中国石化勘探分公司研究并探索出了多段少簇密切割分段分簇、"大液量""高排量""滑溜水 + 胶液"混合注入、超高压泵注、主体使用高黏滑溜水、缝口及缝内"双暂堵"压裂等工艺技术，试验应用井压裂增产效果显著（表 7-2-3），为该地区深层页岩气勘探取得重大突破提供了有力技术支撑。部署在重庆綦江东溪构造的 DYS2 井试获日产 $41.2\times10^4\mathrm{m}^3$ 高产页岩气，实现了埋深超过 4000m 的深层页岩气勘探开发重大突破，进一步落实了东溪—丁山地区 $5000\times10^8\mathrm{m}^3$ 页岩气资源增储上产新阵地，揭示了中国石化川东南探区资源量超 $2\times10^{12}\mathrm{m}^3$ 深层页岩气商业开发潜力。

表 7-2-3 丁山—东溪地区五口深层页岩气井压裂实施效果表

井号	水平段长 /m	水平段垂深 /m	分段数 / 段	压后测试气量 / $10^4\mathrm{m}^3/\mathrm{d}$	主要配套压裂工艺
DY2	1034.23	4417.36	12	10.50	前置酸 + 胶液 + 滑溜水 + 胶液
DY4	1234.00	4095.46	17	20.56	前置酸 + 胶液 + 滑溜水 + 胶液，超高压，高黏滑溜水
DY5	1520.00	4145.41	20	16.33	前置酸 + 胶液 + 滑溜水 + 胶液，超高压，高黏滑溜水，控近扩远
DYS1	1452.00	4248.07	26	31.18	密切割，前置酸 + 胶液 + 高黏滑溜水 + 胶液，超高压，高黏滑溜水
DYS2	1503.00	4343.80	30	41.20	密切割，前置酸 + 胶液 + 高黏滑溜水 + 胶液，超高压，高黏滑溜水，"双暂堵"

三、常压页岩气压裂优化技术

常压页岩气由于页岩气品质普遍较低，保存条件较差，通常压后效果较低。中国石化持续在盆外槽挡转换带残留向斜开展页岩气勘探实践，前期井测试产量较低（表7-2-4）。近期，在根据道真地区目标储层压裂品质特征建立多簇裂缝同步扩展机制及工艺方案优化研究的基础上，形成了少段多簇+投球暂堵+低成本压裂材料+高强度加砂工艺技术，实际应用取得了明显的增产效果。

表7-2-4 中国石化常压页岩气"十二五"期间探井测试情况统计表

井名	埋深/m	压力系数	测试产量/(10^4m³/d)	生产方式
PYHF-1	2260	0.96	2.5	电潜泵
PY3HF	2809	1.05	3.8	自喷生产
PY4HF	2060	0.94	1.7	电潜泵
PY5HF	2933	1.09	3～3.5	自喷生产
LY1HF	2287	1.08	4.6	自喷生产
LY2HF	2495	1.06	9.0	机抽排水采气

1. 多簇裂缝同步扩展机制

1）多簇裂缝同步扩展数学模型

（1）基本假设。

① 各压裂裂缝为垂直于最小水平主应力的横向裂缝；

② 岩石是均质、各向同性的线弹性体；

③ 不考虑压裂液压缩性；

④ 假设所有簇裂缝均起裂。

（2）基本方程。

① 裂缝内流体流动方程。

$$\frac{\partial p}{\partial x} = -\frac{64}{\pi} \frac{q\mu}{w^3 H} \qquad (7\text{-}2\text{-}27)$$

式中　p——缝内压力，MPa；

　　　q——缝内流量，m³/s；

　　　μ——压裂液黏度，Pa·s；

　　　w——裂缝宽度，m；

　　　H——裂缝高度，m。

② 连续性方程。

裂缝内：

$$-\frac{\mathrm{d}q}{\mathrm{d}x} = \int_0^L \frac{2HC_L}{\sqrt{t-\tau(x)}} \mathrm{d}x + \frac{\mathrm{d}w}{\mathrm{d}t} \qquad (7\text{-}2\text{-}28)$$

式中 C_L——滤失系数；

$\tau(x)$——裂缝长度方向 x 坐标位置处的滤失时间，s；

t——压裂施工时间，s。

井筒内：

$$Q_{\mathrm{in}} = \sum_{i=1}^{n} Q_i \qquad (7\text{-}2\text{-}29)$$

式中 Q_{in}——入口流量，m³/s；

Q_i——各裂缝的进液流量，m³/s。

③ 裂缝宽度方程。

$$w = \frac{2H(1-v^2)p_{\mathrm{net}}}{E} \qquad (7\text{-}2\text{-}30)$$

式中 p_{net}——缝内净压力，MPa；

v——泊松比；

E——杨氏模量，MPa。

在水平井分段压裂过程中，形成的人工裂缝会在周围产生诱导应力场，影响到相邻裂缝的延伸扩展。为此，引入缝间干扰因子来近似表示应力干扰强度，为

$$\frac{w_{\mathrm{e}}}{w_{\mathrm{e}}(0)} = 1 - \frac{1}{2}\Psi_\xi \qquad (7\text{-}2\text{-}31)$$

$$\frac{w_{\mathrm{i}}}{w_{\mathrm{i}}(0)} = 1 - \Psi_\xi \qquad (7\text{-}2\text{-}32)$$

式中 Ψ_ξ 为缝间干扰因子。

④ 井筒内压力分布。

沿程摩阻方程：

$$\Delta p = 2f \frac{\rho v^2 L}{d}(1 - R_{\text{降阻}}) \qquad (7\text{-}2\text{-}33)$$

式中 Δp——沿程摩阻，Pa；

L——井筒长度，m；

$R_{\text{降阻}}$——降阻率；

v——井筒内平均流速，m/s；

d——井筒内平均直径，m；

f——摩阻系数。

井口压力：

$$p_{井口} = p_{净压力} + \sigma_{min} + \Delta p + p_{孔} \quad (7-2-34)$$

式中　σ_{min}——最小水平主应力，Pa。

⑤孔眼摩阻。

$$p_{孔} = \frac{8\rho Q_i^2}{\pi^2 n_{孔}^2 C d_{孔}^4} \quad (7-2-35)$$

式中　C——系数；

$d_{孔}$——射孔孔眼直径，m；

$n_{孔}$——射孔孔眼孔数。

（3）求解方法。

摩阻压降、应力遮挡等复杂因素的多缝同步扩展数学方程组非线性较强，需通过迭代数值解法才能获得求解。考虑到该方程组求解的关键是各射孔簇进液量的流量分配，对此，先假设一个多缝流量的分布，并计算该条件下的缝内压力分布，然后根据全井筒连续性方程及井口压力一致的原则，基于牛顿迭代法反复迭代，调整多缝流量的分布，直到满足要求的精度，并进入下一个时间步的计算。

2）多簇裂缝同步扩展规律

根据数值模型，编译了水平井分段多簇射孔压裂条件下多簇裂缝扩展的计算程序。在此计算上，以川东南地区某页岩气井为例，进行了敏感性分析。相关计算参数见表7-2-5。敏感性因素主要包括孔眼数、簇数、簇间距、排量、黏度、降阻率、弹性模量、滤失系数。

表 7-2-5　计算参数表

计算参数	数值	计算参数	数值
弹性模量 /GPa	23.3	压裂液黏度 /mPa·s	1
泊松比	0.22	储层高度 /m	30
压裂液排量 /（m³/min）	16	孔眼直接 /mm	14
簇数	10	簇间距 /m	15

主要计算结果及认识：

（1）随着孔眼数的增加，多簇裂缝长度及进液的均匀性增强。

（2）随着簇数的增加，多簇裂缝长度及进液的均匀性增强。

（3）随着簇间距的增加，多簇裂缝长度及进液的均匀性增强。

（4）随着排量的增加，多簇裂缝长度及进液的均匀性增强。

(5)随着黏度的增加,多射孔裂缝的进液非均衡性增强,裂缝长度略有降低。

(6)随着降阻率的增加,多簇裂缝的长度及进液的均匀性略有增加。

(7)随着弹性模量的增加,多簇裂缝的长度及进液的均匀性下降。

(8)随着滤失系数的增加,多簇裂缝的长度及进液的均匀性增强。

2. 限流射孔技术

基于各簇射孔孔眼摩阻的差异,提出了考虑施工限压的限流射孔技术,以解决多簇裂缝均衡延伸程度不高的局限性。以3簇射孔为例,设置3簇流量分配分别为1:1:1、1:1.5:2、1:2:3、1:1.5:3、1:2:4、1:2:5,上述6种条件下各簇裂缝形态与流量分配系数呈正相关关系,多簇流量分配差异越小,各簇裂缝扩展越均衡,段内SRV可提高9.5%~26.3%。

图7-2-20展示了不同流量分配条件下的裂缝扩展形态。

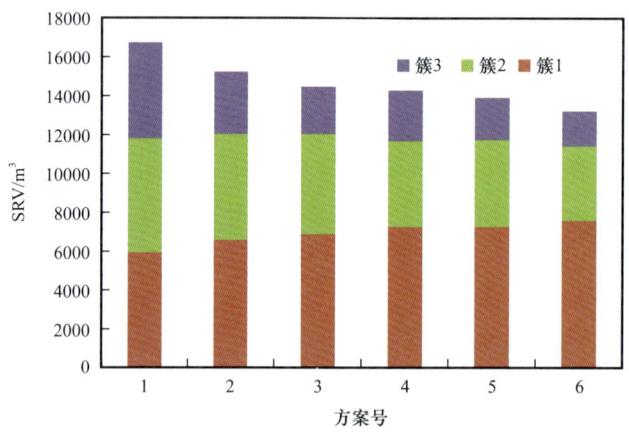

图7-2-20 模拟方案各簇SRV对比

多簇裂缝均衡扩展流量分配原则:各簇孔眼摩阻+各簇破裂压力(考虑诱导应力的影响)= 井筒内压力(26m簇间沿程摩阻在0.25MPa以内)。

破裂压力计算公式如下:

$$p_f = 3\sigma_{\min} - \sigma_{\min} - p_i + T \qquad (7\text{-}2\text{-}36)$$

式中 p_f——射孔簇处地层破裂压力,MPa;

$\sigma_{\min}$——最小水平主应力,MPa;

$\sigma_{\max}$——最大水平主应力,MPa;

p_i——地层孔隙压力,MPa;

T——岩石抗张强度,MPa。

孔眼摩阻计算公式如下:

$$\Delta p_{pf} = 2.33 \times 10^{-10} \frac{Q^2 \rho_s}{(D_{en}h)^2 D_p^2 C_d^2} \qquad (7\text{-}2\text{-}37)$$

式中　Δp_{pf}——射孔簇处孔眼摩阻，MPa；

　　　Q——泵排量，m³/min；

　　　ρ_s——压裂液密度，kg/m；

　　　D_{en}——射孔密度，孔/m；

　　　h——施工层段有效打开厚度，m；

　　　D_p——孔眼直径，m；

　　　C_d——排出系数。

不同射孔孔眼数产生的摩阻如图 7-2-21 所示，可知孔数为 3 孔及以上时，会导致孔眼摩阻大幅上升，因此最优单簇孔数应控制在 3 孔以上。

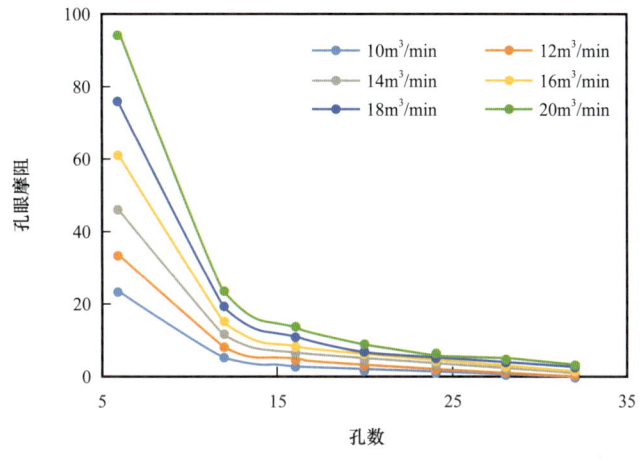

图 7-2-21　孔数对孔眼摩阻的影响

通过优化射孔参数，可以在理论上实现各簇裂缝均衡扩展。而若出现各簇裂缝进液不相等的情况，靠近跟部的射孔簇排量一般相对较大，则靠近跟部的射孔簇处的摩阻会增加，也会反过来制约排量的增加；而对靠近趾部的射孔簇而言，由于排量小，孔眼摩阻也小，压裂液更易进入，从而又有利于提高排量。可以说，上述按各簇排量相等设计的非均匀射孔参数，具有自适应调节排量的功能，最终可基本确保各簇射孔处的排量相等或相当（图 7-2-22）。

可将限流技术配合密切割技术进行现场应用，多簇裂缝均衡扩展概率提高 50% 以上，累计产量较常规压裂提高 41%（图 7-2-23）。

3. 高强度加砂技术

不同尺度的裂缝空间造出后，如何实现全尺度裂缝的饱充填是提高 ESRV 的终极目标，利用长段塞或低砂比连续加砂工艺，可以实现强加砂的目的。

1）长段塞加砂

将携砂液阶段的单个段塞容积由 1 个井筒容积提高到 2～5 个井筒容积，一个压裂段采用 2 个以上的长段塞加砂，依据施工压力变化，长段塞可以在加砂前期、中期或后期实施，通过减少总用液量来提高综合砂液比。

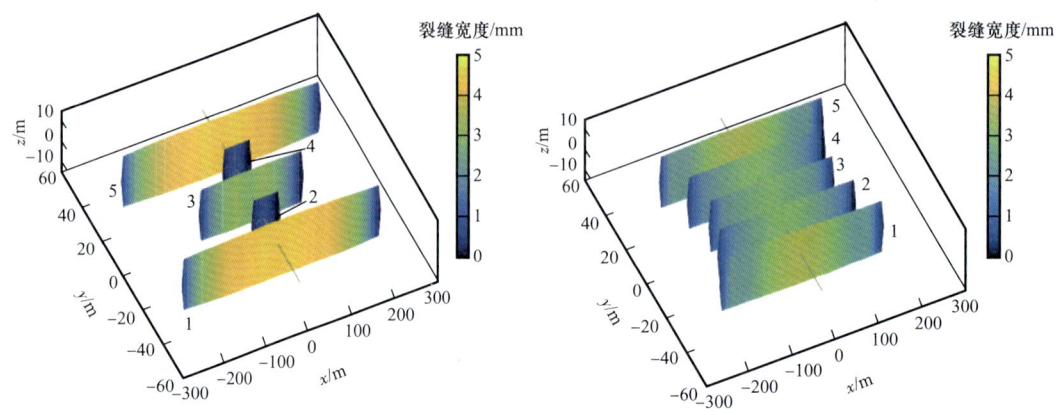

图 7-2-22 限流射孔促进多簇均衡扩展

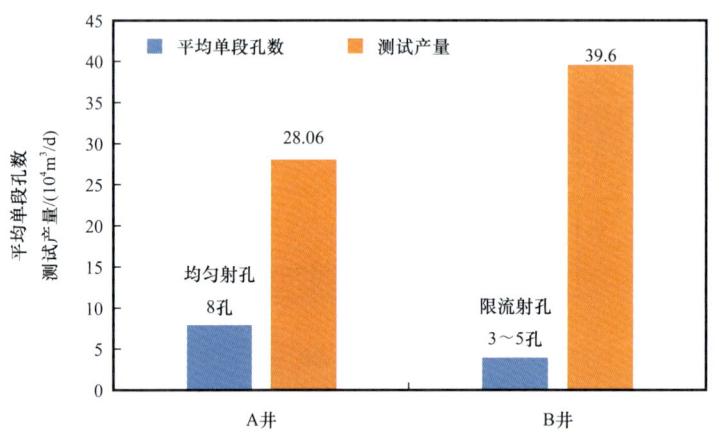

图 7-2-23 不同工艺井测试产量对比

2）低砂比连续加砂

在携砂液阶段中期或者后期采用的低—中等砂比连续加砂，砂液比3%～8%，最高砂液比控制在8%以内。模拟计算了综合砂液比2%、3%、4%、5%、6%、7%条件下的裂缝导流能力，综合砂液比为4%时导流能力达1.3μm²·cm，可以满足页岩气对导流能力1～3μm²·cm的需求，因此确定最优综合砂液比为4%～6%。同时，适当增加小粒径支撑剂的比例，对于不同尺度裂缝均强加砂才可实现增产稳产的目的。图7-2-24展示了现场常压页岩气井加砂强度与测试产量具有一定的正相关关系。

3）低成本压裂技术

利用变黏度、变排量、变粒径组合优化，适度增加低黏液及小粒径比例，再用胶液中顶，确保不同尺度裂缝系统间的有效连通。数值模拟结果显示（图7-2-25），裂缝缝长的增加分为快速增加阶段（65%～75%）、稳步增加阶段（15%～23%）及缓慢增加阶段（10%～13%）；快速增加阶段造缝效率最高，之后裂缝延伸速率明显减慢。液量在1600m³左右时，缝长延伸出现拐点，达到90%的设计缝长，裂缝开始扩展缓慢，此时为最佳液量。

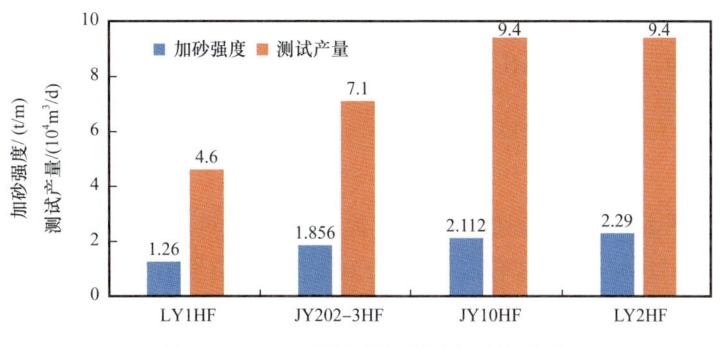

图 7-2-24　加砂强度与测试产量的关系

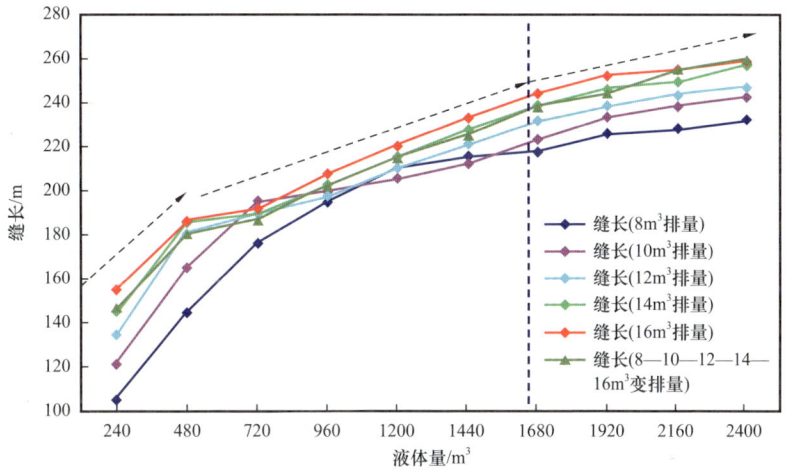

图 7-2-25　不同排量及液量下缝长演化规律

此外，通过优选压裂材料也可大幅降低压裂作业成本。使用降阻水胶液一体化压裂液，可将压裂液成本降低 60%；将石英砂替代陶粒作为常压页岩气井的主体支撑剂，如使用陶粒和石英砂 1∶1 混合加砂模式，在 65MPa 压力下导流降低 30%（图 7-2-26），但支撑剂成本降低 27%。

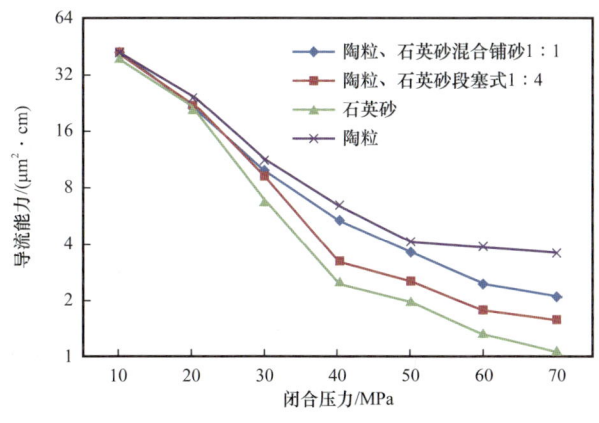

图 7-2-26　不同支撑剂组合下的导流能力

通过探求规模和改造效果的最佳匹配关系，优化低成本压裂施工材料，可以达到降低压裂施工成本的目的。ZY1HF井使用石英砂作为支撑剂，压裂材料对测试产量影响不大。

4. 应用效果

ZY1HF井位于盆外复杂构造区槽挡转换带道真向斜，完钻井深5244m，水平段长1869m（A靶垂深3165.52m，B靶垂深3125.08m），优质页岩钻遇率100%。该井为典型常压页岩气，吸附气占比较大，对压裂缝网复杂程度和有效改造体积要求高，另外地应力较高和裂缝发育，使复杂缝网形成具有较大难度。2020年3月，该井压后过12mm油嘴、20mm孔板测试求产，井口套压3.12MPa，日产气量$7.49\times10^4m^3$，取得盆外围复杂构造区常压页岩气勘探新突破（表7-2-6）。

ZY1HF井压裂技术思路及方案有以下4点。（1）优化分段分簇：多簇射孔+投球暂堵转向压裂工艺，实现"密切割"，增加裂缝复杂度，通过多簇射孔，充分动用储层，加强干扰，提升压后产能；通过投球暂堵转向，促进多簇裂缝均匀起裂、扩展。（2）优化压裂液：优选一体化滑溜水体系，少量胶液前置，实现降滤失扩主缝；（3）优化支撑剂：增加100~200目小粒径支撑剂用量，实现更多微小裂缝有效支撑，进一步降低滤失，提高净压力，提高改造体积；（4）优化泵注程序：超前加砂、高砂比高强度连续铺砂，提高长期导流能力。

表7-2-6 道真地区ZY1HF井主要压裂施工参数表

项目	施工参数
分段数/总簇数	24段/126簇
段长/单段分簇	73m/5~7簇为主
平均簇间距/m	11.5
施工排量/（m³/min）	11~17
总净液量/m³	43570
总砂量/m³	4506 （140/200目18%，70/140目30%，40/70目52%）
单段液量/m³	1798.95
单段砂量/m³	187.75
加砂强度/（t/m）	3.86
综合砂液比/%	10.34

第八章　页岩气勘探前景与展望

美国和加拿大是世界上最早进行页岩气勘探开发并成功实现商业化开采的国家，页岩气资源评价方法体系也最为完善。由于北美页岩气勘探开发程度相对较高，目前主要以基于生产数据的统计法（体积法、FORSPAN 模型法、EUR 类比法）和动态法（递减曲线法、物质平衡法等）开展页岩气资源量计算。如前人利用体积法计算了 Antrim 页岩的资源量，USGS 采用 FOSPAN 法估算了沃斯堡盆地 Barnett 页岩气资源量，ARI 用 EUR 类比法估算了全美 48 州的页岩气资源，EIA 也采用该方法评价了美国未探明致密油技术可采资源量。前人采用随机模拟法评价了美国尤因塔盆地致密砂岩气可采储量，西加拿大盆地也是采用该方法开展的致密油资源量评价。前人针对页岩气递减模型作了改进。2002—2013 年期间，多家机构陆续开展了加拿大不同地区的页岩气资源评价工作，采用的方法也主要是统计法和动态法。而除采用统计法和动态法外，国外在页岩气的资源评价过程中也采用了成因法和类比法，如前人采用成因法计算了页岩中残留天然气的资源量，澳大利亚和德国学者对美国 Marcellus 页岩和 Bakken 页岩的含油气性进行了盆地模拟。英国能源与气候变化部通过类比美国页岩气成藏条件，预测了英国页岩气资源潜力。

从 2002 年开始，国内外科研机构、企事业单位和专家学者对中国页岩气资源开展了多轮系统评价工作，评价结果显示我国页岩气可采地质资源量分布在 $(10\sim36.1)\times10^{12}m^3$ 之间，不同时期和机构的评价结果存在较大的差异。从采用的评价方法来看，国外机构由于掌握实际地质资料较少，主要是采用类比法粗略估算中国主要盆地和地区的页岩气资源量，而我国主要是采用静态法中的体积法和类比法开展页岩气资源评价工作。除体积法和类比法外，也有学者采用成因法估算页岩气资源量，如王香增等（2012）采用体积法计算了鄂尔多斯盆地延长油区长七段和川西凹陷须五段的页岩气资源量。随着四川盆地页岩气勘探开发程度的提高，有学者尝试采用 EUR 法和动态法中的递减曲线法预测页岩气可采储量。本次研究主要采用"压力系数"分级资源类比法和存滞系数法两种方法开展了页岩气资源评价，期以总结"十三五"页岩气勘探研究成果的基础上，为"十四五"页岩气勘探和研究指明方向。

第一节　资源评价与勘探潜力

中国南方海相页岩气资源丰富，分布广泛，自 2012 年四川盆地涪陵焦石坝 JY1 井取得页岩气战略性突破之后，中国在页岩气勘探开发理论和技术上均取得了长足的进步，陆续发现了涪陵、长宁、威远、昭通、威荣—永川等页岩气田，累计探明页岩气含气面积 $1105.25km^2$，探明地质储量 $10455.67\times10^8m^3$，展示了良好的页岩气勘探潜力。

一、页岩气资源评价方法分类

近 20 年来，随着国内外页岩气资源勘探开发的快速发展，特别是中国涪陵页岩气田获得重大突破后，页岩气地质评价与勘探开发力度逐年加大，这也带动了页岩气资源评价方法的完善与进步。页岩气资源评价方法较多（李延钧等，2011；姜生玲等，2017），依据各资评方法基于的原理，目前常用的页岩气资评方法可划分为三大类：静态法、动态法和综合法，每种方法下又可细分为若干种具体评价方法（图 8-1-1）。

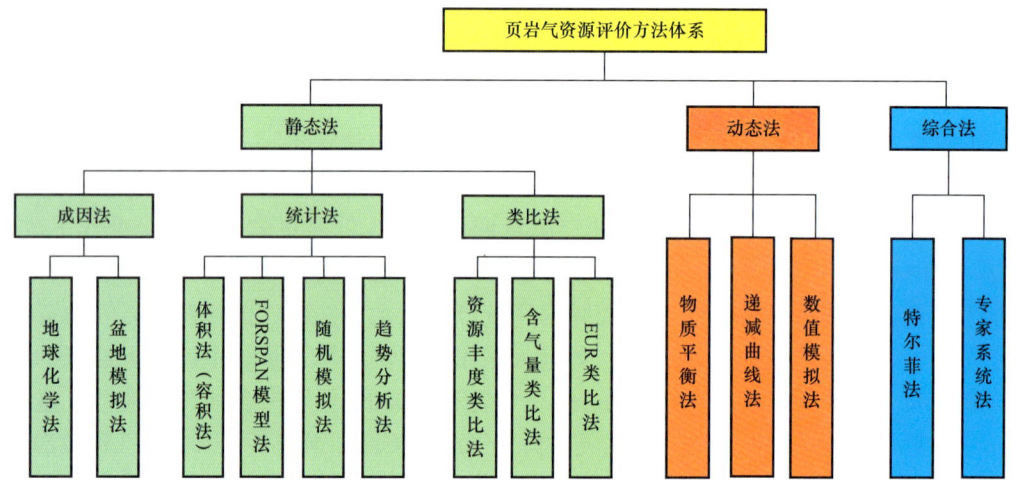

图 8-1-1　页岩气资源评价方法分类

静态法：主要依据富有机质泥页岩层系的静态地质指标计算页岩气资源量，具体又可以划分为成因法、统计法和类比法。

成因法主要是从泥页岩生、排、滞留烃演化过程出发，通过计算待评价区泥页岩生/排油、气量和原油裂解气量得到泥页岩中残余天然气量。成因法主要包括地球化学法和盆地模拟法两种。统计法是常规油气资源评价中常用的一种评价方法，也是一种较成熟的评价方法，是通过对中高勘探程度区大量静态地质参数或动态生产数据进行统计分析，建立相关数学预测模型，进而预测页岩气资源量的一种方法。依据原始资料的不同，统计法主要包括体积法（容积法）、FORSPAN 模型法、随机模拟法和趋势分析法等。类比法采用的是由已知推测未知的经典地质思想，根据低勘探程度盆地/地区与高勘探程度区（如涪陵）页岩气形成地质条件的相似性粗略估算资源量的一种方法。根据类比参数的不同，又可以分为资源丰度类比法、含气量类比法和 EUR 类比法。

动态法：主要根据页岩气在实际开发过程中的动态生产资料计算资源量，根据采用生产数据的不同又可以细分为物质平衡法、递减曲线法和数值模拟法。动态法主要用来计算可采资源量。

综合法：主要是针对高勘探程度区，根据专家经验和地质认识得到更可靠的资源量估算结果，主要包括特尔菲法与专家系统法。

二、页岩气"压力系数"分级资源评价及典型应用

鉴于中国南方地质构造特征复杂，不同地区页岩气保存条件与含气性特征差异较大，且大部分地区仍属于低勘探程度区，页岩气勘探实测资料较少，准确评价低勘探程度复杂构造地区页岩气资源潜力难度较大。在结合勘探实践经验与前人研究成果基础上，创新引入页岩气"压力系数"作为分级类比评价关键参数，建立科学完善的页岩气分级资源类比评价方法，开展南方地区海相页岩气资源评价。

页岩气"压力系数"分级资源评价方法是一种改进后的类比法，重点考虑了页岩气资源分布的非均质性以及保存条件的重要影响。该方法主要原理是：首先依据研究区勘探程度差异，将整个研究区划分为高勘探程度刻度区与低勘探程度评价区，然后应用页岩气"压力系数"将刻度区与评价区划分为A、B、C类区，最后根据典型刻度区资源丰度，分级类比评价其他地区页岩气资源潜力的方法。因此，页岩气"压力系数"分级资源评价主要内容可划分为刻度区解剖、地质与工程风险程度评价及评价区资源评价三个部分。

其中高勘探程度区指评价目的层具有地震详查或三维地震资料，有大量钻遇目的层的预探井、评价井以及相关分析化验、测井等资料，对该区基本石油地质条件及油气富集规律清楚，可较为全面地获取评价关键参数资料的地区；低勘探程度区指仅有少量二维地震资料与钻遇目的层的预探井或区域探井等资料、有部分分析测试资料，对基本石油地质条件基本不清楚，评价关键参数不完善或缺乏的地区。针对不同勘探程度区，运用不同的方法进行评价，其中高勘探程度刻度区主要运用曲面积分法（吴晓智等，2016）。相对低勘探区主要运用分级资源丰度类比法计算页岩气资源量（郭秋麟等，2011），该方法首先需要根据评价区的保存条件预测压力系数，并将评价区划分为A、B、C三个级别和若干地质单元；最后再选择与所分类区地质特征相似的典型刻度区分别进行地质条件类比评价，确定各评价区对应的相似系数，进而求得评价区的资源丰度、地质资源量与可采资源量（图8-1-2）。

1. 评价单元划分

受不同构造地区优质页岩展布与保存条件影响，页岩气富集成藏主控因素存在较大差异，因此，为准确评价研究区页岩气资源，在一级构造单元划分基础上，结合构造地质特征，进一步划分二级构造单元，作为页岩气资源评价基本单元。

以四川盆地为例，在盆地内部共划分5个一级构造单元，盆地边缘划分为6个一级构造单元；在此基础上进一步进行了二级构造单元或区带的划分，盆地内部共划分出12个评价区带，盆地周缘划分出11个区带，四川盆地及周缘总计划分23个区带，作为本次页岩气资源评价基本单元。

四川盆地及周缘非常规页岩气评价层系主要包括6套层系，分别是寒武系牛蹄塘组/筇竹寺组、上奥陶统—下志留统五峰组—龙马溪组、二叠系龙潭组、大隆组以及侏罗系自流井组与千佛崖组。结合平面评价单元与纵向评价层系，四川盆地及周缘页岩气资源评价可划分为24个"层区带"，即24个评价计算单元（表8-1-1）。

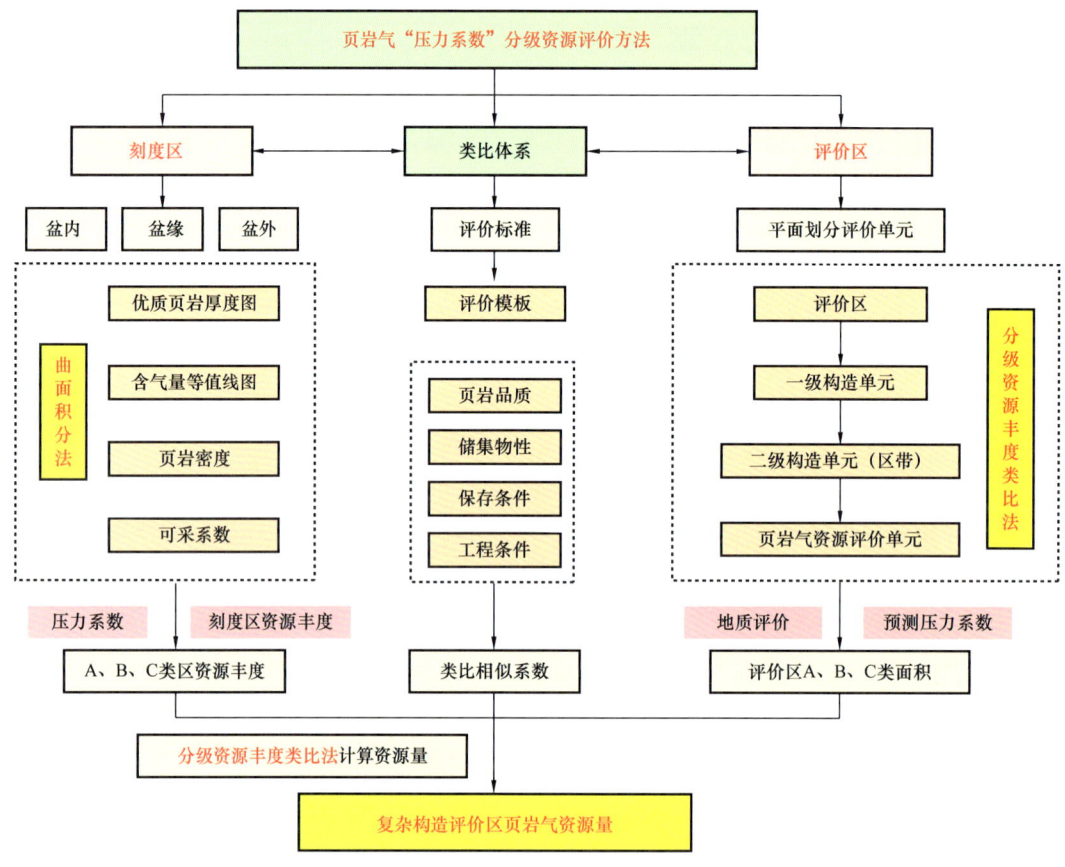

图 8-1-2 页岩气分级资源评价方法体系

表 8-1-1 四川盆地及周缘页岩气资源评价及计算单元

一级构造	二级构造	区块	评价单元	评价层系	计算单元数
川北低缓构造带	川北低缓褶皱带	通南巴、巴中	川北低缓褶皱带	J_2q、J_1da、J_1do	3
	米仓山前缘断褶带		米仓山前缘断褶带	P_2d	1
米仓山构造带	米仓山隆起推覆带	南江	米仓山隆起推覆带	ϵ_1	1
	米仓山隆起前缘断褶带		米仓山隆起前缘断褶带	P_2d、ϵ_1	2
南大巴山构造带	南大巴山前缘推覆带	镇巴	南大巴山前缘推覆带	ϵ_1	1
	南大巴山前缘断褶带		南大巴山前缘断褶带	$O_3—S_1$、ϵ_1	2
	南大巴山前缘褶皱带		南大巴山前缘褶皱带	$O_3—S_1$、ϵ_1	2
川东高陡构造带	川东高陡褶皱带	涪陵、綦江	川东高陡褶皱带	J_1da、J_1do、$O_3—S_1$	3

续表

一级构造	二级构造	区块	评价单元	评价层系	计算单元数
川东高陡构造带	川东隔挡式高陡褶皱带	涪陵、綦江	川东隔挡式高陡褶皱带	$O_3—S_1$	1
	渝东隔挡式高陡断褶带		渝东隔挡式高陡断褶带	$O_3—S_1$	1
	川东南高陡褶皱带		川东南高陡褶皱带	$O_3—S_1$	1
川东槽挡转换带	川东槽挡转换带	涪陵、綦江	川东槽挡转换带	$O_3—S_1$	1
川南低陡构造带	川南低陡褶皱带		川南低陡褶皱带	$O_3—S_1$	1
川西南低陡褶皱带	川西南低陡褶皱带	美姑—五指山	川西南低陡褶皱带	$O_3—S_1$	1
大凉山断褶带	五指山褶皱带		五指山褶皱带	$O_3—S_1$	1
	美姑—甘洛断褶带		美姑—甘洛断褶带	$O_3—S_1$	1
黔北断褶带	黔北断褶带	綦江南	黔北断褶带	$O_3—S_1$	1

2. 资源评价关键参数取值

页岩气在构造特征、储集空间类型、储层物性、富集机理等方面与常规气藏有较大差异。页岩气在选区评价中所采用的主要有地质条件类和工程技术条件类参数，前者控制页岩气的生成与富集，包括含气页岩面积、厚度、有机质丰度、类型、成熟度及含气量等；后者控制页岩气的开发成本，包括埋藏深度、地表地貌条件、水源条件等。

页岩气资源评价的关键参数取值都有一定的参数要求，如页岩的有效厚度，一般海相泥页岩要求单层厚度应大于10m、TOC不小于1.0%、Ⅰ—Ⅱ$_1$型干酪根 R_o 介于1.3%～4.0%。该类参数作为页岩气资源评价的一般参数前人已有大量研究，本节重点阐述页岩气"压力系数"的分级与评价标准。

1）压力系数分级

优选"压力系数"作为页岩气资源分级评价指标，主要是由于晚期构造改造作用是页岩气具有良好保存条件的关键，包括构造改造强度、构造改造时间等，而压力系数是保存条件的综合判断指标。高压或超压意味着良好的保存条件，压力高也是较好孔隙性和含气性特征的指示。以JY2井、DY1井和RY1井为例，这三口井都位于川东南地区五峰组—龙马溪组深水陆棚相区，但位于不同构造带，压力系数分别为1.55、1.08、1.00，其中JY2和DY1井测试日产量分别为 $33.69×10^4m^3$、$3.40×10^4m^3$，RY1井气测显示差，未测试。北美及中国页岩气的勘探开发实践证实，页岩气高产区的气藏压力系数通常大于1.2。

为准确反映不同地区构造保存条件差异，本次页岩气资源评价引入压力系数来划分A、B、C类区，压力系数大于1.2超压区作为A类区，压力系数为1.0～1.2常压区作为B类区，压力系数为0.8～1.0地区作为C类区。

2）压力系数评价标准

依据前期地质勘探实践，认识到区域盖层、顶底板条件、页岩自封闭性、构造改造条件、断裂发育情况及地层形变强度等条件均对页岩气保存富集存在一定影响，其中页岩埋深、距剥蚀区距离及距不同级次断裂距离为主要影响因素（郭旭升等，2016，2017）。

（1）页岩层埋深。

具有一定的埋深是页岩气具有持续保存能力的必要条件，高演化程度的海相泥页岩由于抬升剥蚀作用，地层压力大幅度减小而造成自身裂缝开启程度增加是页岩气保存条件遭受破坏的重要因素。

（2）距剥蚀区距离。

由前述分析页岩气层段横向散失作用远远大于垂向，扩散作用是造成页岩气散失的重要因素。影响扩散作用最重要的因素就是页岩层距离地层露头剥蚀区或地层缺失区的距离，距离越短，散失作用越强烈。通过实钻数据统计：距离剥蚀露头区或地层缺失区距离小于5km，保存条件差；在5~10km之间，保存条件一般；在10~15km之间，保存条件较好；大于15km，保存条件好。

（3）距不同级次断裂的距离。

构造断裂规模及性质对压力系数影响较大，一般认为延伸长度大、纵向切穿地层多、断距大，保存条件相对较差，同时走滑断裂对页岩气产量、压力系数影响较大。对川东南地区断裂的影响范围进行了统计，初步认为：距一级断裂10km以上保存条件较好；距二级走滑断裂3km以上保存条件较好，距二级走滑较弱的断裂2km以上保存条件较好；距三级断裂1km以上保存条件较好，四级断裂影响范围较小，有的穿过断裂的井也有较好的产量。

综合前期研究认识，在综合考虑抬升剥蚀、顶底板条件、断裂分布等构造保存条件分析基础上，可以建立四川盆地五峰组—龙马溪组页岩气资源评价压力系数评价标准，对不同评价参数设定不同权值，依据评价区实际地质条件进行打分，可类比评价确定研究区压力系数取值（表8-1-2）。

表8-1-2　五峰组—龙马溪组页岩气资源评价压力系数评价标准

因素	评价参数		评分等级			
			0.75~1.0	0.5~0.75	0.25~0.5	0~0.25
封盖条件（0.4）	区域盖层	出露地层	K—J_2	J_1—T_2	T_1—P_2	P_1—S
		区域盖层厚度/m	>300	150~300	50~150	<50
		区域盖层岩石类型	膏盐、泥岩	泥岩、粉砂质泥岩	粉砂质泥岩、泥质粉砂岩	泥质粉砂岩、致密碳酸盐岩
		区域盖层分布情况	大面积连片	较大面积连片	较小面积连片	小面积零星分布

续表

因素	评价参数		评分等级			
			0.75~1.0	0.5~0.75	0.25~0.5	0~0.25
封盖条件（0.4）	顶底板条件	与页岩气层接触关系	整合	整合	平行不整合	角度不整合
		厚度/m	>50	30~50	15~30	<15
	页岩自封闭性	埋深/m	>3500	2500~3500	1500~2500	<1500
		厚度/m	>120	60~120	30~60	<30
构造作用（0.6）	构造改造时间	抬升时间/Ma	晚	较晚	较早	早
	断裂发育情况	断裂规模	三级或四级	二级或三级	二级	一级
		断裂发育程度	中等—弱发育	中等发育	较发育	非常发育
		距断裂的距离/km	一级断裂：>10，二级以下断裂：>6	一级断裂：5~10，二级以下断裂：3~6	一级断裂：2~5，二级以下断裂：1~3	一级断裂：<2，二级以下断裂：<1
		距目的层露头区或剥蚀区距离/km	>15	10~15	5~10	<5

3）压力系数分布

依据五峰组—龙马溪组页岩气资源评价压力系数评价标准，结合钻井实测数据，可编制四川盆地及周缘五峰组—龙马溪组压力系数等值线图。从图中可以看出，四川盆地内压力系数相对较高，大部分为压力系数大于1.2的超压区，仅在高陡构造带存在部分常压区（压力系数为1.0~1.2）。盆缘地区保存条件复杂，不同地区压力系数存在较大差异，总体存在压力系数由盆内向盆外逐渐降低的趋势，受控盆深大断裂影响明显。盆外地区保存条件相对较差，仅在残留向斜中心地带存在常压或超压区，页岩气由残留向斜中心向边缘逐渐逸散，压力系数逐渐降低（图8-1-3）。

4）类比相似系数

对比分析发现不同评价单元内页岩分布厚度、地球化学参数、埋深、保存条件及可压裂性均存在一定差异。为类比评价表示评价区与刻度区成藏条件的相似程度，需要对页岩品质、储集物性、保存条件及工程条件等方面建立类比参数评价标准，进行地质风险评价。主要类比参数包括页岩厚度、成熟度 R_o、有机质类型、孔隙度、渗透率、顶底板条件、断裂发育情况、构造样式、压力系数、脆性矿物含量、硅质矿物含量、埋深条件、地表与水源条件等参数（表8-1-3）。

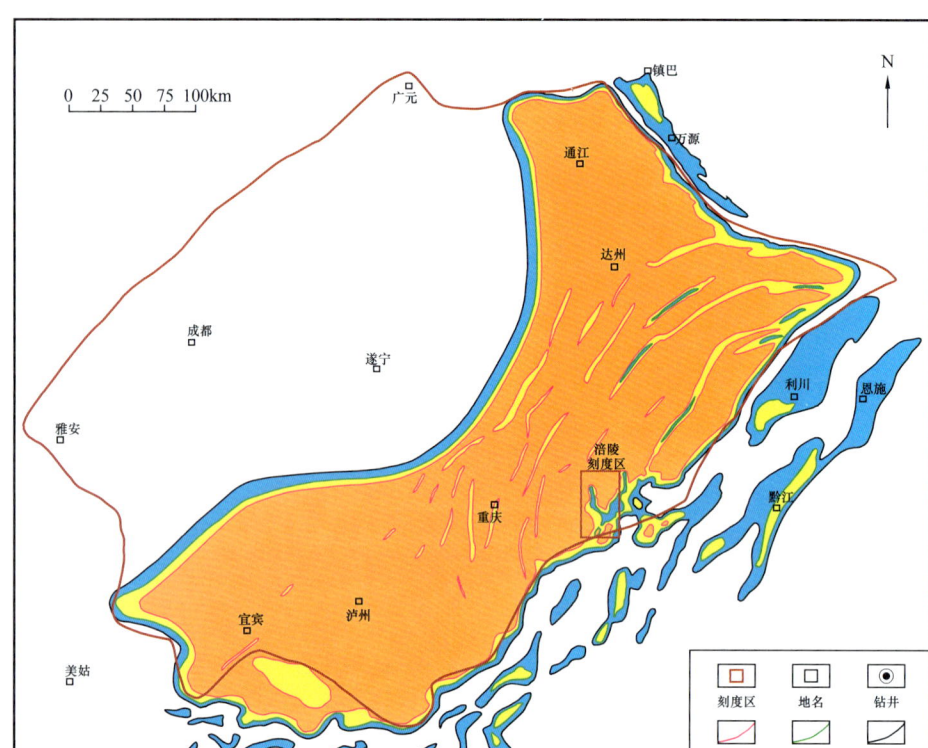

图 8-1-3　四川盆地及周缘五峰组—龙马溪组压力系数等值线图

表 8-1-3　五峰组—龙马溪组页岩气类比参数评价标准

参数类型	参数名称	赋值		
		0.75～1.0	0.5～0.75	0～0.5
页岩分布与地球化学特征	富有机质页岩厚度 /m	>60	30～60	10～30
	成熟度 R_o/%	2.0～3.0	1.3～2.0 或 3.0～4.0	<1.3 或 >4.0
	有机碳含量 /%	>3	2～3	<2
	有机质类型	Ⅰ型	Ⅱ$_1$型	Ⅱ$_2$型
储集物性条件	孔隙度 /%	>3	2～3	<2
	基质渗透率 /mD	>0.1	0.01～0.1	<0.01
保存条件	顶底板条件	致密	较致密	不致密 / 不整合面
	断裂发育情况	断裂较少	断裂较发育	断裂发育
	压力系数	>1.2	1.0～1.2	<1.0

根据五峰组—龙马溪组页岩气类比参数评价标准，结合评价区具体参数数值，对各评价单元进行地质工程风险评价，获得页岩气形成与富集条件的风险（地质、工程）评价结果，再类比相对应级别的刻度区评价结果，可获得该评价单元相似系数，计算公式如下：

$$a_i = R_e / R_c \qquad (8-1-1)$$

式中　a_i——评价单元与对应刻度区的相似系数；

　　　R_e——评价单元页岩气形成与富集条件风险评价结果；

　　　R_c——刻度区页岩气形成与富集条件风险评价结果。

以川东地区为例，评价结果显示川东高陡褶皱带、川东南高陡褶皱带与川南低陡褶皱带主体位于盆内地区，页岩气保存条件相对较好，富有机质页岩厚度较厚，类比相似系数分别为 0.87、0.75 及 0.72，为四川盆地五峰组—龙马溪组页岩气重点勘探地区。川东隔挡式高陡褶皱带与渝东隔挡式高陡断褶带构造褶皱较紧闭，断裂活动对页岩气保存条件影响较大，类比相似系数分别为 0.67 与 0.63。川东槽挡转换带与黔北断褶带主体位于盆缘及盆外地区，埋深相对较浅，构造断裂活动分析与实际钻探资料表明该区带内页岩气保存条件相对较差，类比相似系数分别为 0.61 与 0.58。

3. 典型类比刻度区建立

刻度区指在类比法评价油气资源量中作为类比参照标准的地质单元，通过刻度区解剖，可获得资源丰度等类比参数（王玉满等，2016）。对照刻度区建立基本条件，涪陵页岩气田目前在焦石坝主体、江东区块以及平桥区块提交地质明储量 $6008.14 \times 10^8 m^3$。勘探有利层段具有高 TOC、高孔隙度、高硅质矿物和高含气量的"四高"特征，成藏主控因素明确，基本符合高勘探程度、高探明程度和高地质认识程度的"三高"特征，可作为川东南地区五峰组—龙马溪组页岩气刻度区进行解剖（郭旭升，2014b；魏祥峰等，2017）。

1）焦石坝页岩气刻度区

（1）刻度区范围。

涪陵页岩气田刻度区位于四川盆地东部川东隔挡式褶皱带、盆地边界断裂齐岳山断裂以西，行政区划隶属于重庆市涪陵区。刻度区范围主要包括焦石坝主体一期三维区和焦石坝南部二期三维区，包括目前已提交探明储量地区包括焦石坝主体、江东区块 JY9 井区和平桥区块 JY8 井区北部，面积 $1530 km^2$。

（2）曲面积分法计算资源量。

应用曲面积分法计算页岩气资源量，首先确定涪陵页岩气田刻度区页岩有效厚度与总含气量分布，绘制平面分布等值线图，确定刻度区页岩有效厚度主要分布在 65~120m，含气量主要分布为 $3.5 \sim 5.3 m^3/t$。

根据实测数据确定刻度区五峰组—龙马溪组泥页岩密度为 $2.55 \sim 2.64 g/cm^3$，平均值为 $2.60 g/cm^3$，可采系数采用刻度区储量计算值 0.25。将计算图层与参数输入 PetroV 软件，可确定涪陵刻度区五峰组—龙马溪组页岩气地质资源量达 $15491.10 \times 10^8 m^3$，可采资源量为$3872.78×10^8m^3$。涪陵焦石坝刻度区页岩气面积资源丰度平均值达$10.13×10^8m^3/km^2$，体积资源丰度平均值达$101.50×10^8m^3/km^3$。不同井区资源丰度差异较大，焦石坝主体与西部风来向斜深层区资源丰度高于其他地区，而靠近断裂区资源丰度相对较低。

涪陵页岩气刻度区面积资源丰度分布受页岩有效厚度差异影响较大，南区五峰组—龙马溪组TOC大于1%的页岩厚度较大，导致面积资源丰度明显大于北部地区，最高可达$13.36×10^8m^3/km^2$，高于北部焦石坝主体地区，与含气量分布差异较大，未能较好反映保存条件对含气性与单井产量影响。因此，本次页岩气分级资源评价方法体系推荐使用体积资源丰度类比法计算评价单元页岩气资源量。

（3）A/B/C类刻度区资源丰度。

根据涪陵五峰组—龙马溪组页岩气刻度区单井压力系数实测值及构造保存条件，绘制刻度区压力系数平面分布图。涪陵页岩气刻度区压力系数主要受大耳山断裂、白家断裂及乌江断裂等二级断裂影响，断裂附近页岩气保存条件较差，压力系数偏低。

在运用曲面积分法计算焦石坝刻度区页岩气资源量的基础上，借助PetroV软件得到焦石坝地区页岩气面积资源丰度与体积资源丰度分布；再结合刻度区压力系数分布等值线图，可分别得到刻度区A、B、C类区不同级别面积资源丰度与体积资源丰度，作为下一步类比法计算评价区页岩气资源量的类比关键参数。考虑面积资源丰度受页岩有效厚度差异影响较大，而体积资源丰度分布与压力系数分布吻合性较好，优选使用体积资源丰度类比法计算评价区资源。刻度区解剖最终可获得A、B、C类区类比体积资源丰度，分别为$116.55×10^8m^3/km^3$、$97.26×10^8m^3/km^3$及$75.62×10^8m^3/km^3$，作为低勘探程度评价区页岩气资源评价关键参数（表8-1-4）。

表8-1-4　涪陵页岩气刻度区资源丰度关键参数

刻度区	类比关键参数	A类（>1.2）	B类（1.0~1.2）	C类（0.8~1.0）
涪陵焦石坝 五峰组—龙马溪组	面积资源丰度/（$10^8m^3/km^2$）	10.64	8.40	7.22
	体积资源丰度/（$10^8m^3/km^3$）	116.55	97.26	75.62

2）丁山页岩气解剖区

在运用曲面积分法与容积法综合计算丁山解剖区页岩气资源量的基础上，可借助PetroV软件得到丁山地区页岩气面积资源丰度与体积资源丰度分布；再结合解剖区压力系数分布等值线图，可分别得到解剖区A、B、C类区不同级别面积资源丰度与体积资源丰度，作为下一步类比法计算评价区页岩气资源量的类比关键参数。

（1）面积资源丰度。

丁山五峰组—龙马溪组解剖区页岩气面积资源丰度平均值达$4.71×10^8m^3/km^2$，不同井区资源丰度差异较大，丁山西北部高压区资源丰度相对较高，最高达$9.19×10^8m^3/km^2$，DY1井区及其东南部地区资源丰度较低，分布范围为$(1.6~3.5)×10^8m^3/km^2$。依据地质条件及压力系数差异将解剖区分为A、B、C三类区，A类高压力系数区（大于1.2）面积资源丰度平均值为$7.59×10^8m^3/km^2$；B类常压力系数区（1.0~1.2）面积资源丰度平均值为

$5.67×10^8m^3/km^2$；C类常压力系数区（0.8~1.0）面积资源丰度平均值为$3.99×10^8m^3/km^2$。

（2）体积资源丰度。

依据地质条件及压力系数差异将解剖区分为A、B、C三类区，A类高压力系数区（大于1.2）体积资源丰度平均值为$87.32×10^8m^3/km^2$；B类常压力系数区（1.0~1.2）体积资源丰度平均值为$68.25×10^8m^3/km^2$；C类常压力系数区（0.8~1.0）体积资源丰度平均值为$44.30×10^8m^3/km^2$（表8-1-5）。

表8-1-5 丁山五峰组—龙马溪组页岩气解剖区资源类比资源丰度

解剖区	类比关键参数	A类（>1.2）	B类（1.0~1.2）	C类（0.8~1.0）
丁山五峰组—龙马溪组	面积资源丰度/（$10^8m^3/km^2$）	6.88	5.14	3.62
	体积资源丰度/（$10^8m^3/km^3$）	87.32	68.25	44.30

4.资源量计算与潜力分析

评价区面积、类比资源丰度及相似系数是分级资源丰度类比法计算的三个关键性参数，类比资源丰度与相似系数由刻度区解剖与地质风险评价获得，而评价区面积主要根据富有机质页岩分布、埋深及保存条件分析确定。

1）四川盆地及周缘页岩气资源潜力

四川盆地及周缘海相页岩气评价层系主要包括四套层系，分别是寒武系牛蹄塘组/筇竹寺组、上奥陶统—下志留统五峰组—龙马溪组、二叠系吴家坪组及大隆组。不同层系依据富有机质页岩分布及保存条件可初步确定分布有利区，如五峰组—龙马溪组页岩气评价有利区主要分布在川东南涪陵、綦江地区，二叠系吴家坪组及大隆组页岩气评价有利区则主要分布在川东北南江、普光及川东建南地区。

（1）上奥陶统五峰组—下志留统龙马溪组。

四川盆地及周缘五峰组—龙马溪组优质页岩主要分布在川东南、川南及川西南地区，在考虑顶底板条件、抬升剥蚀、断裂分布等构造保存条件分析基础上，绘制四川盆地及周缘五峰组—龙马溪组地层压力系数等值线图，叠合该地区五峰组底界埋深图，可最终确定A类区（压力系数>1.2）、B类区（压力系数介于1.0~1.2）和C类区（压力系数介于0.8~1.0）面积。

根据评价区的面积、刻度区与评价区相似系数和刻度区的油气资源面积丰度的概率分布求出评价区的油气资源量的概率分布。通过解剖涪陵与丁山五峰组—龙马溪组页岩气刻度区，可以确定A、B、C类区面积资源丰度与体积资源丰度用以资源类比评价。

考虑到体积资源丰度能较好体现页岩厚度与保存条件差异对资源量影响，本次页岩气资源评价选用体积资源丰度分级类比法，计算得到川东高陡褶皱带五峰组—龙马溪组页岩气地质资源量页岩气地质资源量为$20287.94×10^8m^3$、川东南高陡褶皱带页岩气地质资源量为$31550.09×10^8m^3$、川东隔挡式高陡褶皱带页岩气地质资源量为$1906.32×10^8m^3$、渝东隔挡式高陡断褶带页岩气地质资源量为$3856.53×10^8m^3$、川南低陡褶带页岩气地质资源量为 7176.03×10^{8}m^3、川东槽挡转换带页岩气地质资源量为 4089.43×10^{8}m^3、黔北断褶带页岩气地质资源量为 1895.80×10^{8}m^3、五指山褶皱带页岩气地质资源量为 403.83×10^{8}m^3、川西南低陡褶带页岩气地质资源量为 1081.21×10^{8}m^3、南大巴山前缘断褶带页岩气地质资源量为 943.13×10^{8}m^3、南大巴山前缘褶皱带页岩气地质资源量为 313.58×10^{8}m^3；四川盆地及周缘探区内五峰组—龙马溪组页岩气总地质资源量为 73503.90×10^{8}m^3，其中，埋深小于 3500m 的资源量为 14251.65×10^{8}m^3，埋深为 3500～4500m 的资源量为 12634.15×10^{8}m^3，埋深为 4500～6000m 的资源量为 46618.09×10^{8}m^3（表 8-1-6）。

表 8-1-6　四川盆地及周缘五峰组—龙马溪组页岩资源分布统计表

构造带	埋深/m				合计资源量/10^{8}m^3
	<2000	2000～3500	3500～4500	4500～6000	
川东高陡褶皱带	0	5249.08	4312.91	10725.95	20287.94
川东南高陡褶皱带	0	2494.5	3621.16	25434.43	31550.09
川东隔挡式高陡褶皱带	0	311.79	283.47	1311.06	1906.32
渝东隔挡式高陡断褶带	261.3	1374.02	1155.57	1065.64	3856.53
川南低陡褶皱带	0	0	798.22	6377.81	7176.03
川东槽挡转换带	390.87	2428.37	962.03	308.15	4089.43
黔北断褶带	0	1084.19	210.63	600.98	1895.80
五指山褶皱带	0	54.47	349.36	0	403.83
川西南低陡褶皱带	0	0	287.14	794.07	1081.21
南大巴山前缘断褶带	0	289.47	653.66	0	943.13
南大巴山前缘褶皱带	0	313.58	0	0	313.58
合计资源量/10^{8}m^3	652.17	13599.47	12634.15	46618.09	73503.89

（2）下寒武统筇竹寺组。

寒武系优质泥页岩厚度受沉积控制明显，被动大陆边缘优质泥页岩厚度大，介于40～80m，绵阳—长宁拉张槽和鄂西坳陷厚度相对小，介于20～40m。筇竹寺组页岩含气性主要受页岩厚度、热演化程度、顶底板、后期改造等条件控制，含气性、产量较好的井多部署在页岩厚度较大、R_o 较低的地区。川西南地区热演化程度相对较高，普遍超过3.5%，川东南地区筇竹寺组页岩欠发育，因此四川盆地探区内寒武系筇竹寺页岩气勘探有利区主要位于川东北南江—镇巴地区。

运用分级资源丰度类比法计算得到寒武系页岩气资源量米仓山隆起前缘褶皱带为 1532.71×10^{8}m^3、米仓山前缘断褶带为 1087.94×10^{8}m^3、南大巴山前缘断褶带为 2820.08×10^{8}m^3 及南大巴山前缘褶皱带为 575.02×10^{8}m^3；四川盆地及周缘探区内寒武系筇竹寺组页岩气总地质资源量为 $6015.75\times10^8m^3$。

（3）二叠系大隆组与吴家坪组。

四川盆地二叠系富有机质泥页岩主要发育在大隆组和吴家坪组，主要分布在川东北及川东地区，泥地比大，非均质性较弱，厚度分布在 10～42m，深水陆棚大隆组一段 TOC 含量高，平均值在 2% 以上，最大可达 7% 左右。二叠系页岩埋深相对较大，埋深小于 6000m 有利区主要分布在川东涪陵、建南、普光及川北元坝地区。

应用分级资源丰度类比法计算二叠系大隆组页岩气资源量为 $3485.8\times10^8m^3$，其中米仓山前缘褶皱带南江李子坪大隆组页岩气资源量为 $1410.3\times10^8m^3$，普光大隆组页岩气资源量为 $2075.5\times10^8m^3$；二叠系吴家坪组页岩气资源量为 $9691.0\times10^8m^3$，其中川东高陡褶皱带建南地区页岩资源量为 $5084.0\times10^8m^3$、涪陵地区页岩资源量为 $1055.2\times10^8m^3$ 及普光地区页岩资源量为 $1293.2\times10^8m^3$，川北低缓褶皱带页岩资源量为 $2258.6\times10^8m^3$；合计二叠系页岩气资源量为 $13176.8\times10^8m^3$。

2）南方外围页岩气资源评价

南方外围地区发育多套优质页岩，包含南盘江—桂中坳陷北缘泥盆系—石炭系、雪峰隆起及其周缘寒武系、宁蒗—盐源地区龙马溪组等众多领域。南方外围非常规页岩气评价层系主要包括桂中坳陷的泥盆系、石炭系，南盘江坳陷的石炭系，黔中隆起及黔南坳陷的寒武系，湘中坳陷的石炭系及二叠系，沅麻盆地的寒武系，楚雄盆地及雪峰西缘的寒武系，宁蒗盆地的奥陶系及志留系。

南盘江—桂中坳陷泥盆系发育罗富组、纳标组两套暗色泥页岩，罗富组优质页岩集中发育在上部，纳标组 TOC 比较稳定，厚度大，最厚可达 90m，有机质类型均为Ⅰ型。南盘江—桂中地区石炭系页岩主要分布于下石炭统鹿寨组，鹿寨早期整体呈现海侵的特征，深水陆棚相优质泥页岩主要发育在鹿寨组二段，具有厚度大、TOC 高的特点。鹿寨组优质泥页岩厚度一般超过 50m，最厚超过 100m，在南盘江—桂中坳陷大面积分布，湘中地区主要发育台内洼陷灰质泥岩、泥灰岩。湘中地区上二叠统大隆组发育深水陆棚优质页岩，是该区页岩气勘探的重点层系。另外，雪峰西缘属于被动大陆边缘，寒武系优质泥页岩厚度大、TOC 高、分布稳定；矿权区内发育芙蓉残留向斜、凯里推覆带下原地体两个目标，寒武系优质页岩发育、底板条件好、演化程度适中。宁蒗—盐源地区志留系发育不同于四川盆地的被动大陆边缘斜坡深水陆棚相富有机质页岩，但勘探研究程度较低。

运用分级资源丰度类比法计算得到黄平、凯里、龙里区块牛蹄塘组页岩气资源量为 $5485.43\times10^8m^3$；东山区块牛蹄塘组页岩气资源量为 $555.26\times10^8m^3$；沅麻盆地、雪峰牛蹄塘组页岩气资源量为 $2424.06\times10^8m^3$；宁蒗区块五峰组—龙马溪组页岩气资源量为 $2304.46\times10^8m^3$；郎岱区块泥盆系页岩气资源量为 $2362.80\times10^8m^3$；郎岱区块石炭系页岩气资源量为 $4908.22\times10^8m^3$；册亨、向阳、西林区块石炭系页岩气资源量为 $2985.98\times10^8m^3$；河池—宜山、环江—柳州区块石炭系页岩气资源量为 $6465.68\times10^8m^3$；涟源、邵阳区块石炭系页岩气资源量为 $299.84\times10^8m^3$；册亨、向阳、西林区块二叠系页岩气资源量为 $2836.97\times10^8m^3$；涟源、邵阳区块二叠系页岩气资源量为 $720.48\times10^8m^3$；应用特尔菲法计算南方外围地区页岩气资源量总计 $31349.17\times10^8m^3$。

第二节 继承与展望

通过"十三五"页岩气国家重大专项项目的攻关研究，在中国南方取得了页岩气勘探的多项重大突破和理论与技术的进展，页岩气资源丰富。目前也已经发现了多个页岩气田，提交了探明储量，但重点地区如四川盆地及周缘，由于其页岩油气勘探领域多、对象复杂、埋深深，特别是针对深层和常压新领域、二叠系、寒武系等新层系，以及其他盆地其他层系，迫切需要开展新一轮基础地质研究工作，深化构造及地应力研究、页岩储层赋存机理、高产富集主控因素认识，继续探索选区评价、钻完井和压裂技术、开发技术政策等攻关，落实有利勘探区带及目标，为国家能源安全提供强有力的保障。

中国海相页岩气资源丰富，但各领域地质条件存在明显差异性，基础理论研究与勘探开发难度也不尽相同，按照战略展开、战略突破和战略准备三个层次，实现国家能源安全页岩气资源储备需求。

一、深层页岩气

四川盆地及其周缘五峰组—龙马溪组中浅层页岩气（埋深<3500m）领域面积约为 $6.3 \times 10^4 km^2$，是中国页岩气勘探开发的主阵地。但随着海相页岩气勘探开发的不断深入，针对中国页岩气资源阵地不足等问题，页岩气勘探开发的主战场逐渐转向深层。埋深大于3500m的面积为 $12.8 \times 10^4 km^2$，深层面积约是中浅层的两倍，深层页岩气资源量巨大，具有广阔的勘探空间和巨大的勘探前景，是下一步页岩气勘探开发现实的、重要的接替区。

1. 地质特征

研究表明，后期构造运动造成的差异抬升剥蚀是造成现今五峰组—龙马溪组页岩埋深差异的主要原因，深层页岩气与中浅层页岩气相似，同样具有良好的成藏物质基础，具备富集高产的基本地质条件。实钻揭示，保存条件较好的DY4井、DY5井、DYS1井等深层优质页岩气层（TOC≥2%）压力系数分别为1.5、1.55、1.58；平均孔隙度分别为5.90%、4.78%、6.34%，有机质孔发育，面孔率高（一般介于10%~40%，局部可达到60%）；平均含气量分别为 $5.17m^3/t$、$6.16m^3/t$、$5.06m^3/t$，总体具有"高地层压力、高孔隙度、高含气量"的"超压富气"特征。

四川盆地及其周缘海相埋深大于3500m的海相深层页岩气资源约 $27 \times 10^{12} m^3$，占总资源量70%以上，主要发育在盆内川东高陡褶皱带、川东南高陡褶皱带、川南低陡褶带，具有广阔的勘探空间和巨大的勘探前景，是下一步页岩气勘探开发现实的、重要的接替区。

2. 勘探现状

在发现涪陵页岩气田以后，中国石化在2013年即针对深层页岩气开展了前瞻性基础研究和勘探实践,优选了丁山地区部署实施了 DY2HF 井。该井于 2013 年 12 月试获日产 $10.5×10^4m^3$ 的页岩气流(导眼井完钻井深为 4418m,是国内首口深层获得工业气流的页岩气井),取得深层页岩气的首次发现。持续开展五峰组—龙马溪组深层页岩气地质、地球物理和工程技术的探索和攻关,取得了多个重要突破和商业发现。其中,中国石化勘探分公司在丁山—东溪地区实施的 DY4 井(垂深为 4095m)、DY5 井(垂深为 4146m)、DYS1 井(垂深为 4268m)分别试获工业气流,日产页岩气量分别为 $20.56×10^4m^3$、$16.33×10^4m^3$、$31.18×10^4m^3$。2018—2019 年,中国石化西南油气分公司在威远—荣县、荣昌—永川新增深层页岩气含气面积 $172.17km^2$,探明页岩气地质储量 $1481.31×10^8m^3$。中国石油在四川盆地南部大足、合川等地区同样取得了深层页岩气勘探的重大突破,多口井获得了 $(10.56\sim137.9)×10^4m^3/d$ 页岩气流。其中 2019 年 3 月,中国石油部署在四川省泸县雷达村的 L203 井(导眼井上奥陶统五峰组底深度为 3892m)在五峰组—下志留统龙马溪组获日产 $137.9×10^4m^3$ 的高产页岩气流。这也是目前国内首口单井测试日产气量超过百万立方米的页岩气井。此外,在埋深为 6000m 左右的超深层页岩气领域,中国石化勘探分公司利用在川东隔挡式褶皱带黄泥塘高陡构造带实施的常规风险探井——PS1 井在埋深 $5917.66\sim5971.00$m 钻遇五峰组—龙马溪组页岩气储层平均 TOC 为 3.66%、平均孔隙度为 5.22%、平均总含气量为 $7.74m^3/t$,进一步证实了深层页岩气"超压富气"的特征。

前期的勘探攻关,在深层页岩气优质储层形成机理、富集规律等方面形成了一系列理论认识,为深层页岩气领域建成增储阵地打下了坚实的理论基础。一是揭示了深层深水陆棚相页岩孔隙发育与保持机理,明确深层页岩能够发育"高孔"优质储层;二是明确了深层页岩压裂品质随埋深的变化规律,揭示深层页岩气可压裂性影响的关键因素;三是创新形成深层页岩气"超压富气"新认识,明确了深层页岩气富集高产的主控因素,建立了深层页岩气选区评价体系;四是查明了复杂构造区页岩气保存条件的主控因素,揭示复杂构造区页岩气散失机制,建立了复杂构造区页岩气选区评价体系。

3. 攻关方向

1)"双甜点"预测技术攻关

深层页岩气普遍具埋深大、温压高、施工改造难度大的特点,要获得高产,不仅要考虑优质页岩的发育,还需考虑流体压力、裂缝发育程度、应力大小等因素。即"优质页岩发育、高流体压力、微裂缝发育、低地应力"是深层页岩气地质、工程"甜点"评价的关键要素。但深层页岩气"甜点"地质模型及"甜点"预测技术仍需攻关完善;特别是深层页岩气储层压裂品质评价参数不全面,需要加强硬度、塑性系数、断裂韧性、三向应力之间的关系以及平面应力特征、延伸压力等参数研究,加强三向地应力随深度变化的规律研究和深层非线性破裂压力预测研究,攻关形成深层页岩气工程"甜点"评价技术。

2)继续开展深层页岩气压裂技术攻关

深层页岩地应力高、水平两向应力差大、塑性强等力学特征决定了深层页岩压裂施工压力高、复杂缝网难以形成、改造体积受限,因此,要继续加强提高改造体积、降低施工压力、提高砂液比等方面的深层页岩气压裂技术攻关。

二、常压页岩气

常压页岩气藏的压力系数和含气量较低,地层能量较弱,五峰组—龙马溪组是主要的勘探层系,具有中—低丰度、资源总量大的特征,在中国南方广泛分布,且中、上扬子地区常压页岩气领域已展示出较好的开发潜力。特别是川东南齐岳山断裂与来凤—假浪口断裂、赫章—金沙断裂(来凤—德江—遵义—毕节一线以北)之间的槽挡转换带,发育一系列的复向斜,是常压页岩气有利的勘探区带。

1. 地质特征

川东南地区向盆外方向五峰组—龙马溪组页岩有利岩相减薄,页岩品质有所降低,自焦石坝向盆外道真—安场地区优质页岩厚度从接近40m逐渐减薄至20m左右,盆外残留向斜武隆—彭水优质页岩沉积相对稳定;厚度大,介于24~40m,靠近雪峰隆起的YC8井优质页岩变薄到12.3m;往南受黔中隆起的影响,綦江南优质页岩厚度较盆内变薄,厚度介于20~27m;总体,川东南盆外槽挡转换带残留向斜优质页岩厚度为20~40m之间,展布相对稳定,为页岩气的形成提供了良好的物质基础。

川东南盆外残留向斜常压页岩气处于齐岳山断裂以东,受雪峰古隆起自南东向北西挤压递进发展的影响,渝东南地区构造变形时间、抬升幅度、变形程度、断裂发育程度、构造样式等有显著差异,表现出不同构造现今保存条件差异较大,其中,彭水—建始断裂以西的槽挡转换带残留向斜构造相对宽缓,保存条件相对较好,但向斜剥蚀严重,五峰组—龙马溪组残存于向斜中,页岩气向四周扩散且逸散时间长,保存条件较差,具有低压、地层压力系数介于0.95~1.08、相对低孔隙度、相对低含气量、低游离气含量、低含气饱和度的特征。孔隙结构上介孔所占比例相比盆内高压区有所降低;单井产气量较低[测试日产气(1.7~9.2)×10^4m^3],多数井不能自喷生产,表明地层能量弱,页岩气富集程度低。

盆外常压页岩气形成的页岩气藏类型丰富多样,不同类型页岩气藏富集规律亦有明显不同。通过对转换带分区研究、典型井解剖,结合压裂实践进行分类评价,依据页岩气聚集、逸散特点和构造样式等,建立了背斜型、反向逆断层遮挡型和宽缓残留向斜型三种页岩气藏模式,评价武隆、彭水、道真、建新—石宝等有利向斜目标,有利区面积为3140km^2、资源量为12075×10^8m^3。

2. 勘探现状

中国石化在盆外槽挡转换带残留向斜开展持续攻关,先后在彭水、武隆、道真等向斜取得勘探突破,其中,近期道真向斜2口井都取得了良好的效果,展现了川东南盆外残留向斜具有良好的勘探潜力。

彭水向斜2011年钻探PY1井,测试日产气量最高为2.52×10^4m^3,2012年华东油气分公司于桑柘坪向斜部署PY2HF井、PY3HF井、PY4HF井、PY5井,以评价桑柘坪向斜的页岩气资源潜力，四口水平井气测显示较好，其中，PY3HF 井最高日产气量 $3.2 \times 10^4 m^3$、PY5 井稳定日产气量 $3.5 \times 10^4 m^3$。

武隆向斜探井效果较好，2013—2014 年，华东分公司在武隆向斜部署 LY1HF 井、LY2HF 井，LY1 井压力系数为 1.08，试获 $4.6 \times 10^4 m^3/d$，试采累计产量为 $3700 \times 10^4 m^3$；LY2HF 井压力系数为 1.06，试获 $9.22 \times 10^4 m^3/d$，目前日产气量 $2.0 \times 10^4 m^3$，累计产气 $1750 \times 10^4 m^3$；在 LY1 井、LY2 井钻探评价的基础上，建立了残留向斜型页岩气聚散模式，明确"向核更甜"地质认识，优选火炉次凹核部部署 LY3 井，完钻井深 3425m，试获日产气量 $7.2 \times 10^4 m^3$，压力系数 1.17。近期，在武隆向斜北部老厂坪背斜部署 PD1 井，页岩埋深为 979m，压力系数为 0.99，试获日产气 $1.08 \times 10^4 m^3$。

道真向斜位于彭水区块内，地理位置位于贵州省最北部，近期勘探分公司在道真向斜实施 2 口页岩气探井都能自喷生产取得了良好的效果。其中，ZY1HF 井在道真向斜东翼取得勘探突破，测试日产气量 $7.49 \times 10^4 m^3$，压力系数为 0.96，自 2020 年 11 月 9 日开始，经过 4 个多月试采，平均套压为 13.49MPa，平均日产气量 $5 \times 10^4 m^3$；目前以销定产，日产气量 $3.5 \times 10^4 m^3$，累计产气量 $900 \times 10^4 m^3$；ZY2 井水平井压裂测试日产气量为 $3.1 \times 10^4 m^3$，西翼浅埋藏带甩开勘探获得新突破，实测压力系数为 0.80。

3. 攻关方向

虽然川东南常压区目前已有多口页岩气井取得突破且试采效果较好，并对页岩气富集特征有一些认识。但印支期以来，受多构造体系的复合和叠合，致使川东南地区古生界页岩气保存条件较为复杂，目前对常压页岩气富集特征和成藏机理的认识还不够深入，勘探效益也不明显。因此，应加强以下几方面的攻关：一是页岩气含量的控制因素研究，包括含气量测试及恢复技术方法、不同区域含气量差异变化、含气量与断裂的关系等方面研究；二是加强常压页岩气保存模式的深入研究，建立常压页岩气保存条件综合评价指标体系；三是进一步攻关优快钻完井技术、低成本高效压裂技术优化，实现"提产、降本"目标，促进常压页岩勘探。

三、页岩气新层系

1. 寒武系页岩气

下寒武统页岩是中国南方海相最好的烃源岩层系之一，具有分布面积广、连续厚度大、有机碳含量高等有利条件，TOC 大于 1.5% 的页岩分布面积达 $38.65 \times 10^4 km^2$，占扬子地区的 41.9%，是扩大页岩气勘探的重要领域。

1）地质特征

受早寒武世陆内拉张槽和被动大陆边缘深水陆棚控制，中国南方寒武系黑色页岩主要有三个发育中心，是富有机质页岩发育的主要地区。

一是四川盆地西缘长宁—绵阳及汉南—米仓山隆起周缘的川北地区（筇竹寺组），优质页岩厚 20~100m，TOC 值为 1.1%~7.5%，靠近拉张槽和古陆边缘，有机碳含量皆较低。有机质类型主要为Ⅰ—Ⅱ$_1$ 型，孔隙度平均值小于 2%，汉南古陆周缘 R_o 小于 2.5%，孔隙度也相对较高。由于桐湾运动影响，该区部分区域底板封闭性较差。

二是鄂西、渝东及雪峰西缘湘黔地区（水井沱组或牛蹄塘组），优质页岩厚40~100m，TOC普遍较高，总体分布在0.71%~6.57%之间，平均值4.55%，有机质类型主要为Ⅰ—Ⅱ₁型。R_o主要集中在2.0%~4.5%之间，雪峰隆起段西缘地区的慈利—保靖断褶带和沉麻坳陷R_o相对较低，为2.8%~3.4%。该区底板为泥岩、硅质岩，封闭条件较好，慈利—保靖断裂以东，挤压变形弱，普遍含气，整体保存条件相对好。

三是下扬子地区（荷塘组或幕府山组），下寒武统富有机质页岩主要发育在休宁—安吉和滁州—盐城两个北东向斜列式深水海盆，以硅质页岩为主，钻井岩心TOC平均值为2.6%~5.9%，露头剖面TOC平均值为2.73%，有机质类型为Ⅰ型，孔隙度普遍小于2%，R_o平均值为4.0%。

由于沉积环境的差异，页岩矿物组成也有明显差异，下扬子地区石英+长石含量明显较高，而黏土矿物和碳酸盐矿物含量明显偏低，中扬子地区反之，上扬子地区居中。

整体来看，下寒武统页岩具有高TOC、高热演化程度、有机质类型好、构造改造强烈、保存条件差的特征。扬子板块内部优质页岩主要分布在川西拉张槽和鄂西裂陷槽，处于被动大陆边缘的黔南、湘西等地区优质页岩明显厚度更大。

2）勘探现状

寒武系页岩气勘探程度较低，但取得了一些积极进展。在四川盆地川中古隆起，2011年W201井压裂获气$1.08×10^4m^3/d$，2014年JY1HF井压裂获得页岩气无阻流量$10.5×10^4m^3/d$；在中扬子黄陵古隆起周缘，2017年EYY1HF井压裂获得$6.02×10^4m^3/d$、无阻流量为$12.38×10^4m^3/d$的高产页岩气流；在黔南坳陷，2011年HY1井压裂获得$418m^3/d$低产气流；汉南古陆周缘部署的直井取心含气性较好。但很多部署在断褶带等构造复杂区的探井测试多为无气、微气或氮气。勘探效果较好的探井主要分布在古隆起周缘。演化程度高、有利相带多处于盆外复杂区，是该层系难以获得商业突破的关键因素。

已有勘探表明，相带、热演化程度、构造条件控制了寒武系页岩含气性和产量。古隆起周缘不仅构造相对稳定，而且经历的最大埋深相对更小，热演化程度相对低，是寒武系页岩气勘探有利区。按照"深水陆棚相、古隆起及构造相对稳定区"相结合的原则，寒武系页岩气有利勘探区可分为两类，一类是盆内构造稳定区，以四川盆地川中古隆起JY1井为代表的拉张槽型页岩，制约其展开的因素主要是整体埋深较大，盆内勘探难以展开；另一类是盆外围绕古隆起叠加连续厚层优质页岩的地区，以汉南古隆起、黄陵古隆起、雪峰古隆起为代表，制约突破的关键因素是保存条件。综合评价表明，下寒武统页岩气勘探有利区主要分布在川西南的威远、井研—犍为东南部地区和川北南江西、雪峰西缘等地区，发育井研—犍为、南江西、宜昌斜坡、黄平—凯里原地体等有利勘探目标，合计勘探有利面积为$3153km^2$、资源量为$13220×10^8m^3$，通过进一步评价优选，针对不同类型部署探井查明页岩气形成条件和开发潜力，有望形成新的接替区块。

3）攻关方向

寒武系页岩经历了更为漫长的地质历史演变，经历了复杂的板块拼合历史和陆内盆山运动体制。多期次的构造运动叠加作用导致了现今复杂的构造面貌，使得页岩气保存条件异常复杂，含气性差异很大，未形成寒武系页岩气富集特征和成藏规律认识，将来应加强以下两方面的研究。

（1）古隆起及周缘构造演化研究。

古隆起是板内变形与周缘地块或地块与地块联合响应的结果，经历了晋宁构造变形期、加里东构造变形期、海西—印支构造变形期、燕山构造变形期和喜马拉雅构造变形期等多期次构造作用，复杂的构造演化导致断裂活动具有多期次、多段性，如何在复杂的构造背景中优选出构造改造影响相对较弱的构造稳定区，如寻找古隆起周缘远离断层的向斜稳定区以及残留向斜区块等，为目标评价奠定基础。

（2）古老地层页岩气保存条件综合评价指标体系。

前期研究表明，顶底板条件、页岩自身封盖作用是寒武系页岩气早期滞留于页岩内的关键因素，后期构造改造强度与所持续的时间对页岩气藏的含气丰度具有明显的调整作用。目前复杂构造区页岩气保存条件的研究仍处于探索阶段，缺乏准确有效的评价标准。如何基于制约保存条件的根本因素——构造变动来探讨复杂构造变动区页岩气保存条件的研究方法、评价指标体系仍是当前需要解决的重要问题。后期可加强热液流体活动、水文地质地球化学指标、目标区页岩裂隙发育特征等研究，为古老地层页岩气保存条件的评价提供支持。

2. 二叠系页岩气

二叠纪南方扬子地区处于拉张背景，为古特提斯演化转折期，沉积了海相、海陆过渡相的泥页岩和煤系地层，发育茅口组孤峰段、吴家坪组、大隆组深水沉积泥页岩、茅口组一段碳酸盐岩缓坡灰泥灰岩和梁山组、龙潭组潮坪—潟湖相煤系泥页岩及粉砂质泥岩，是二叠系页岩气勘探的新兴领域。

1）地质特征

大隆组受陆缘裂陷沉积格局的控制，深水陆棚相发育富有机质硅质泥页岩，具有"高TOC、高硅质矿物、高孔隙度、高含气量"的特征。TOC普遍大于5%，干酪根类型为II_1—I型；硅质矿物含量介于37.3%~49.1%；孔隙度较高，主要发育有机质孔，见少量无机孔、微裂缝，孔隙度与TOC、硅质矿物存在较好正相关性，这与五峰组—龙马溪组海相页岩特征一致。LB1井灰黑色碳质硅质泥岩孔隙度最高达5.70%，平均值为3.48%。热化程度适中，R_o主要介于2.0%~3.0%，有利于有机质孔发育；含气性好，含气量与TOC、孔隙度呈明显的正相关关系，LB1井大隆组现场岩心含气量平均值为4.62m^3/t（直线法），解吸过程点火，火焰高3~4cm。川东北开江—梁平陆棚大隆组深水陆棚相碳质硅质泥页岩大面积展布、厚度较大，厚20~40m，北西—南东向有增厚趋势，保存条件较好，评价南江李子坪、普光雷音铺两个有利目标页岩气资源量为3485.8×$10^8 m^3$。下扬子地区大隆组TOC大于2%、厚度大于30m的页岩气勘探有利区主要分布在黄桥地区，面积为10170km^2。

吴家坪组下部的凝灰质岩、含凝灰质页岩主要分布在川东北和川东南斜坡—陆棚相带。YB701井实测TOC为0.3%~5.4%、孔隙度为2.4%~9.9%、含气量为4.3~13.1m^3/t，整体表现出高 TOC、高孔隙度、高含气量特征；孔隙主要为黏土矿物收缩孔、有机质孔、层间孔缝。涪陵—建南地区吴家坪组凝灰质岩、含凝灰质页岩与元坝具有相同特征，建南目标整体相对较浅。

茅口组孤峰段泥岩主要沿扬子地区北部分布。川北 LB1 井孤峰段页岩岩性扫描测井解释有效孔隙度为 2.0%～3.8%、TOC 为 3.3%～12.5%、含气量为 3.0～9.4m^3/t，具有高 TOC、较高孔隙度及高含气量特征，页岩品质较好，川东北地区页岩一般厚 10m，局部较厚，但总体埋深较大；建南地区有埋深较浅的区域，勘探潜力需要进一步评价。下扬子孤峰段发育北东部黄桥句容和西南部泾县两个页岩发育区，TOC2%～4%。其中黄桥—句容地区孤峰组 TOC 为 2.35%～5.21%，平均值为 3.6%，R_o 小于 1.35%，处于相对低成熟区，以凝析油为主；句容地区 R_o 为 1.35%～1.5%，处于相对低成熟—高成熟过渡区域，以凝析油 + 页岩气为主。

茅口组一段灰泥灰岩为一套介于页岩气与常规储层之间的特殊碳酸盐岩储层。茅口组一段沉积时期，四川盆地整体为碳酸盐岩缓坡沉积。川东南地区以外缓坡沉积为主，灰泥灰岩大面积分布、厚度稳定，厚度在 50～75m 之间，TOC 含量介于 0.39%～2.41%，TOC 大于 0.5% 的烃源岩占 79.3%；储集空间包含黏土成岩收缩缝（孔）、矿物粒缘缝（孔）、有机质孔，孔径以介孔和大孔为主，主体喉道分布在 20～50nm，孔隙发育受 TOC、黏土矿物含量的控制。根据构造区带、构造样式、保存及埋深，评价川东南地区埋深小于 4500m 的有利面积为 2797km^2，资源量为 5674×10^{8}m^3。

早二叠世梁山组沉积期，伴随着全球范围内海平面降低，中国南方仅在滇黔桂及其东部区域发育陆棚沉积环境，但剥蚀改造强烈。四川盆地梁山组滨岸—潮坪相煤系泥页岩由于保存条件好且分布面积广，因此具有一定的页岩气勘探潜力。川中古隆起威远构造带南斜坡实施的 JH1 井揭示梁山组泥页岩 TOC 平均值为 2.28%，R_o 平均值为 2.7%，孔隙度平均值为 7.04%，脆性矿物含量平均值为 47%，总含气量平均值为 0.98m^3/t，具有高孔隙度低含气性特征。四川盆地梁山组泥页岩在川东南部分井见良好油气显示，初步估算川东南地区、川中地区埋深 1500～4500m 有利区面积为 3632km^2，资源量为 2125×10^{8}m^3，但泥页岩整体厚度薄（4～12m），可作为兼探层开展页岩气勘探。

川中—川东南地区发育与川东北吴家坪组同期异相的龙潭组含煤碳质泥页岩，含煤碳质泥页岩厚度介于 40～80m，煤层累计厚度 2～14m。煤及相邻碳质泥页岩具有"高 TOC、高孔隙度、高含气量"特征，有机质类型以Ⅲ型为主，含煤碳质泥页岩储集空间以无机孔、微裂缝及有机质结构孔为主，孔隙度为 4.10%～8.63%，黑色煤（孔隙度平均值为 10.91%）。含煤页岩层系泥页岩整体黏土矿物含量高，塑性和非均质性较强，可压裂性较差，压裂工艺是制约勘探突破的主要原因。

2）勘探现状

二叠系富有机质泥页岩发育，页岩气勘探层系多，展现出了较好的勘探苗头，但整体勘探程度整体较低，勘探潜力有待落实。

川东北地区 LB1 井大隆组钻遇优质页岩 25m、直井簇射孔水力压裂测试获日产气 1400m^3。YB7 井茅口组—吴家坪组联合测试获高产工业气流、普光 M1 井直井测试获日

产气 $3.85\times10^4m^3$、建南 HY 1HF 井日产气 $8.9\times10^4m^3$,揭示了吴家坪组凝灰质岩类勘探潜力。川中 JH1 井在梁山组—韩家店组直井测获日产气 $1.20\times10^4m^3$、川东南南川 DS1 井、DS2 井、DS1-1 井测试获日产气（$8\sim22$）$\times10^4m^3$、FM1 井茅口组一段 1000m 水平段测试获日产气 $4.02\times10^4m^3$,揭示了梁山组、茅口组一段较好的勘探前景。目前,大隆组、吴家坪组和茅口组一段的勘探开展相对多一些,但都处于突破阶段。

根据目前的勘探形势,初步评价大隆组和吴家坪组勘探潜力最大,是最可能实现增储的层系。茅口组孤峰段、茅口组一段页岩品质高,是潜在的突破层系;龙潭组和梁山组煤系泥页岩层段须进一步研究落实勘探潜力。

3）攻关方向

目前二叠系页岩气研究主要集中于沉积相和富有机质烃源岩评价方面。储层的研究相对较少,储层的孔隙结构类型、有机质孔特征及与微孔隙的关系、各层系硅质矿物与页岩物性、有机质、储集空间之间关系不明确,储层测井解释、地球物理预测技术和压裂工艺不成熟。煤系地层页岩气勘探潜力的评价方法还需要深入研究。各层系虽具有较好的页岩气地质基础,但有机质类型、矿物组成差异大,泥页岩非均质性强,各层系页岩气成藏规律有待研究。

3. 泥盆系—石炭系页岩气

南方泥盆系—石炭系页岩主要发育于黔桂地区台—盆相间的古地理环境,南盘江坳陷、桂中坳陷及黔西南坳陷等残留向斜区中泥盆统罗富组、下石炭统鹿寨组是陆棚相富有机质泥页岩主要分布区。

1）地质特征

泥盆系罗富组优质泥岩整体厚度较大,横向变化较快,厚度一般超过 20m,最厚可达 90m。在南盘江坳陷南北方向也存在多个厚度中心,如在 S1 井,优质泥页岩厚度为 72m,岩性以碳质泥岩为主;南丹地区 GY1 井位于裂陷槽中,优质页岩厚度为 95m,罐子窑剖面优质页岩厚度为 15m。优质泥页岩一般沿垭紫罗、南丹—都安、南盘江、弥勒—师宗、龙胜—永福五大裂陷槽展布。泥盆系罗富组优质页岩段有机质类型以 I 型为主,TOC 主要分布在 $2.1\%\sim10.63\%$ 范围之间,平均值为 3.9%,上段硅质含量 $22\%\sim91\%$,平均值为 54.86%,具有高 TOC、高硅质的特点。GY1 井优质页岩孔隙度平均值为 3.84%;储集空间类型以有机质孔为主,晶间孔、黏土矿物孔均有发育,孔径主要分布在 $20\sim300nm$。区域上罗富组优质泥岩一般 R_o 介于 $2.0\%\sim4.0\%$,有利区一般为 $2.5\%\sim3.5\%$。

石炭系相比泥盆系台盆相区沉积范围变大,优质页岩较泥盆世分布也更为广泛,主要发育在下石炭统鹿寨组。南盘江—桂中坳陷鹿寨组优质页岩发育在垭紫罗—河池、右江、南盘江、南丹—都安、龙胜—永福等主要裂陷（坳陷）槽。下石炭统优质泥页岩厚度介于 $20\sim100m$,一般超过 40m。优质泥页岩沉积中心主要位于郎岱—罗甸、河池—宜州—鹿寨的台盆相区,在北部斜坡或中部台地相区优质泥页岩厚度明显变薄,一般在 10m 以下。鹿寨组优质页岩段 TOC 主要分布在 $2\%\sim10.61\%$,平均值为 6.24%,有机质类型为

Ⅰ—Ⅱ₁型；平均孔隙度在2.36%～5.07%；硅质含量为35.6%～75.2%，平均值为47.3%；YY1井岩心总含气量为2.706～3.835m³/t，平均值为3.195m³/t。DY1井岩心解析气量值为0.15～2.02m³/t。QY2井总含气量在1.381～2.348m³/t之间，平均值为1.799m³/t，显示鹿寨组具有较好的含气性。

2）勘探现状

近年来，多家单位在大南盘江地区针对石炭系页岩气钻探了QY2井、DY1井、SY1井、CY1井、DY2井、YY1井及针对泥盆系钻探了GY1井等页岩气探井，钻探结果揭示了保存条件和页岩展布的复杂性。其中SY1井获得$2.0×10^4$m³/d的产量，YY1井、QY2井、DY1井虽未突破，但也具有较高的含气量，展现该区下石炭统鹿寨组、中泥盆统罗富组具有较好的勘探潜力。

目前的勘探研究，基本落实了罗富组和鹿寨组页岩特征及空间展布，郎岱地区是开展页岩气泥盆系和石炭系多层系叠合勘探的有利地区，优选具有较好保存条件的新寨向斜、陇脚向斜为有利构造，是实现黔桂地区泥盆系—石炭系页岩气勘探突破的最有利目标。

3）攻关方向

中泥盆统罗富组、下石炭统鹿寨组页岩形成于台—盆相间的沉积环境，且南盘江—桂中坳陷处于构造复杂区，因而罗富组、鹿寨组页岩具有沉积环境构造复杂、保存环境构造复杂的双重特征，加之泥盆系—石炭系页岩气勘探研究工作起步较晚，因此，该层系的页岩气攻关应以构造—沉积充填特征和保存条件研究为重点。

（1）泥盆系—石炭系构造—沉积充填特征研究。

早泥盆世中—晚期，南盘江—桂中坳陷发育了北西向和北北东—北东向两组边界断裂，同时由南向北的海侵范围不断扩大，南盘江—桂中坳陷北缘出现台盆和台地相互包绕的格局，中—晚泥盆世及早石炭世，总体继承了早泥盆世的沉积格局。印支期—燕山期以来，泥盆系—石炭系经历了多期构造运动，构造抬升、地层变形褶皱以及上覆地层剥蚀，早期构造进一步被改造，原型盆地沉积充填特征有待深入研究，以利于进一步落实页岩展布特征。

（2）页岩气保存条件研究。

南盘江—桂中坳陷在印支运动、燕山运动的区域性褶皱逆冲和喜马拉雅运动隆升作用背景下，多期断裂活动形成了复杂的构造样式，对页岩气的保存条件的影响评价需要探索有效的评价方法。

中国南方外围新层系页岩气勘探领域多处于构造复杂区，多期构造运动叠加改造导致页岩气保存条件存在一定风险，尚未获得工业突破，可以作为战略准备区，进一步开展评价工作，以期实现新突破。

参 考 文 献

包书景,李世臻,徐兴友,等,2019.全国油气资源战略选区调查工程进展与成果[J].中国地质调查,6(2):1-17. DOI:10.19388/j.zgdzdc.2019.02.01.

蔡杰雄,王静波,2019.一种基于改进快速扫描法的多尺度近地表层析方法[J].石油物探,58(6):819-827. DOI:10.3969/j.issn.1000-1441.2019.06.004.

蔡勋育,赵培荣,高波,等,2021.中国石化页岩气"十三五"发展成果与展望[J].石油与天然气地质,42(1):16-27.

曹海涛,詹国卫,余小群,等,2019.深层页岩气井产能的主要影响因素——以四川盆地南部永川区块为例[J].天然气工业,39(S1):118-122.

陈科,翟刚毅,包书景,等,2020.华南黄陵隆起构造演化及其对页岩气保存的控制作用[J].中国地质,47(1):161-172.

陈勉,2013.页岩气储层水力裂缝转向扩展机制[J].中国石油大学学报(自然科学版),37(5):88-94.

陈胜,赵文智,欧阳永林,等,2017.利用地球物理综合预测方法识别页岩气储层甜点——以四川盆地长宁区块下志留统龙马溪组为例[J].天然气工业,37(5):20-30.

陈旭,樊隽轩,王文卉,等,2017.黔渝地区志留系龙马溪组黑色笔石页岩的阶段性渐进展布模式[J].中国科学:地球科学,47(6):720-732.

陈践发,张水昌,鲍志东,等,2006.相优质烃源岩发育的主要影响因素及沉积环境[J].海相油气地质,(3):49-54.

陈尚斌,张楚,刘宇,2018.页岩气赋存状态及其分子模拟研究进展与展望[J].煤炭科学技术,46(1):36-44.

陈章明,张树林,万龙贵,1988.古龙凹陷北部青山口组泥岩构造裂缝的形成及其油藏分布的预测[J].石油学报,(4):7-15.

陈祖庆,2014.海相页岩TOC地震定量预测技术及其应用——以四川盆地焦石坝地区为例[J].天然气工业,34(6):24-29.

陈祖庆,杨鸿飞,王静波,等,2016.页岩气高精度三维地震勘探技术的应用与探讨——以四川盆地焦石坝大型页岩气田勘探实践为例[J].天然气工业,36(2):9-20.

戴金星,李剑,罗霞,等,2005.鄂尔多斯盆地大气田的烷烃气碳同位素组成特征及其气源对比[J].石油学报,(1):18-26.

戴金星,邹才能,张水昌,等,2008.无机成因和有机成因烷烃气的鉴别[J].中国科学(D辑:地球科学),(11):1329-1341.

杜永灯,沈俊,冯庆来,2012.放射虫在生产力和烃源岩研究中的应用[J].地球科学(中国地质大学学报),37(S2):147-155.

段华,李荷婷,代俊清,等,2019.深层页岩气水平井"增净压、促缝网、保充填"压裂改造模式——以四川盆地东南部丁山地区为例[J].天然气工业,39(2):66-70.

段文胜,李飞,王彦春,等,2013.面向宽方位地震处理的炮检距向量片技术[J].石油地球物理勘探,48(2):206-213.

段文胜,裴家定,李飞,等,2016.OVT域内插炮检线压制采集脚印[J].石油地球物理勘探,51(1):40-48. http://www.ogp-cn.com/CN/Y2016/V51/I1/40. DOI:10.13810/j.cnki.issn.1000-7210.2016.01.006.

范明,俞凌杰,徐二社,等,2018.页岩气保存机制探讨[J].石油实验地质,40(1):126-132.

方栋梁,孟志勇,2020.页岩气富集高产主控因素分析——以四川盆地涪陵地区五峰组—龙马溪组一段页岩为例［J］．石油实验地质，42（1）：37-41．
冯文光，1986．天然气非达西低速不稳定渗流［J］．天然气工业，（3）：41-48+5．
付广，张建英，赵荣，1997．泥质岩盖层微观封闭能力的综合评价方法及其应用［J］．海相油气地质，（1）：36-41+5．
付广，张绍臣，刘厚发，1996．利用地震资料研究盖层及其封闭能力［J］．石油物探，（4）：97-105．
高全芳，2019．武隆向斜五峰组—龙马溪组优质页岩特征及水平井靶窗优选［J］．非常规油气，6（3）：99-105．
郭秋麟，周长迁，陈宁生，等，2011．非常规油气资源评价方法研究［J］．岩性油气藏，23（4）：12-19．
郭彤楼，张汉荣，2014．四川盆地焦石坝页岩气田形成与富集高产模式［J］．石油勘探与开发，41（1）：28-36．
郭旭升，2014a．涪陵页岩气田焦石坝区块富集机理与勘探技术［M］．北京：科学出版社．
郭旭升，2014b．南方海相页岩气"二元富集"规律——四川盆地及周缘龙马溪组页岩气勘探实践认识［J］．地质学报，88（7）：1209-1218．
郭旭升，蔡勋育，刘金连，等，2021．中国石化"十三五"天然气勘探进展与前景展望［J］．天然气工业，41（8）：12-22．
郭旭升，郭彤楼，魏志红，等，2012．中国南方页岩气勘探评价的几点思考［J］．中国工程科学，14（6）：101-105+112．
郭旭升，胡东风，黄仁春，等，2020．四川盆地深层—超深层天然气勘探进展与展望［J］．天然气工业，40（5）：1-14．
郭旭升，胡东风，李宇平，等，2017．涪陵页岩气田富集高产主控地质因素［J］．石油勘探与开发，44（4）：481-491．
郭旭升，胡东风，刘若冰，等，2018．四川盆地二叠系海陆过渡相页岩气地质条件及勘探潜力［J］．天然气工业，38（10）：11-18．
郭旭升，胡东风，魏志红，等，2016．涪陵页岩气田的发现与勘探认识［J］．中国石油勘探，21（3）：24-37．
郭旭升，尹正武，李金磊，2015．海相页岩含气量地震定量预测技术及其应用——以四川盆地焦石坝地区为例［J］．石油地球物理勘探，50（2）：144-149．
何继善，2010．广域电磁测深法研究［J］．中南大学学报（自然科学版），41（3）：1065-1072．
何建华，丁文龙，付景龙，等，2014．页岩微观孔隙成因类型研究［J］．岩性油气藏，26（5）：30-35．
何希鹏，高玉巧，唐显春，等，2017．渝东南地区常压页岩气富集主控因素分析［J］．天然气地球科学，28（4）：654-664．
何希鹏，王运海，王彦祺，等，2020．渝东南盆缘转换带常压页岩气勘探实践［J］．中国石油勘探，25（1）：126-136．
何治亮，聂海宽，胡东风，等，2020．深层页岩气有效开发中的地质问题——以四川盆地及其周缘五峰组—龙马溪组为例［J］．石油学报，41（4）：379-391．
何治亮，聂海宽，张钰莹，2016．四川盆地及其周缘奥陶系五峰组-志留系龙马溪组页岩气富集主控因素分析［J］．地学前缘，23（2）：8-17．
洪菲，2004．用优化聚束滤波方法消除低信噪比地震资料中的多次波［J］．地球物理学报，47（6）：1106-1110．
侯振坤，杨春和，魏翔，等，2016．龙马溪组页岩脆性特征试验研究［J］．煤炭学报，41（5）：1188-1196．
胡东风，2019．四川盆地东南缘向斜构造五峰组—龙马溪组常压页岩气富集主控因素［J］．天然气地球科学，30（5）：605-615．

胡东风，魏志红，刘若冰，等，2018.桂中坳陷下石炭统黑色页岩发育特征及页岩气勘探潜力［J］.天然气工业，38（10）：28-37.

胡东风，张汉荣，倪楷，等，2014.四川盆地东南缘海相页岩气保存条件及其主控因素［J］.天然气工业，34（06）：17-23.

黄昌武，2019.中国诞生第一口百万方级页岩气井［J］.石油勘探与开发，46（2）：341.

贾承造，郑民，张永峰，2012.中国非常规油气资源与勘探开发前景［J］.石油勘探与开发，39（2）：129-136.

姜生玲，张金川，李博，等，2017.中国现阶段页岩气资源评价方法分析［J］.断块油气田，24（5）：642-646.

蒋廷学，周健，张旭，等，2017.深层页岩气井裂缝扩展及导流特性研究及展望［J］.中国科学：物理学力学天文学，47（11）：33-40.

金之钧，胡宗全，高波，等，2016.川东南地区五峰组—龙马溪组页岩气富集与高产控制因素［J］.地学前缘，23（1）：1-10.

居兴国，郭恺，刘定进，2017.基于相速度的TTI介质射线追踪方法研究［J］.石油物探，56（2）：171-178.DOI：10.3969/j.issn.1000-1441.2017.02.002.

孔德涛，宁正福，杨峰，等，2014.页岩气吸附规律研究［J］.科学技术与工程，14（6）：108-111+117.

匡立春，董大忠，何文渊，等，2020.鄂尔多斯盆地东缘海陆过渡相页岩气地质特征及勘探开发前景［J］.石油勘探与开发，47（3）：435-446.

李博，魏国庆，洪克岩，等，2016.中国南方盆外复杂构造区页岩气井评价与认识——以湖北来凤咸丰区块来页1井为例［J］.天然气工业，36（8）：29-35.

李剑，马卫，王义凤，等，2018.腐泥型烃源岩生排烃模拟实验与全过程生烃演化模式［J］.石油勘探与开发，45（3）：445-454.

李军，2003.面阵数字波束形成算法研究［D］.成都：电子科技大学.

李建国，David J Batten，2005.孢粉相：原理及方法［J］.古生物学报，（1）：138-156.

李新景，胡素云，程克明，2007.北美裂缝性页岩气勘探开发的启示［J］.石油勘探与开发，199（4）：392-400.

李延钧，刘欢，刘家霞，等，2011.页岩气地质选区及资源潜力评价方法［J］.西南石油大学学报（自然科学版），33（2）：28-34+8-9.

梁兴，王高成，张介辉，等，2017.昭通国家级示范区页岩气一体化高效开发模式及实践启示［J］.中国石油勘探，22（1）：29-37.

梁兴，徐政语，张朝，等，2020.昭通太阳背斜区浅层页岩气勘探突破及其资源开发意义［J］.石油勘探与开发，47（1）：11-28.

梁狄刚，郭彤楼，边立曾，等，2009.中国南方海相生烃成藏研究的若干新进展（三）南方四套区域性海相烃源岩的沉积相及发育的控制因素［J］.海相油气地质，14（2）：1-19.

梁狄刚，张水昌，张宝民，等，2000.从塔里木盆地看中国海相生油问题［J］.地学前缘，（4）：534-547.

刘伟，梁兴，姚秋昌，等，2018.四川盆地昭通区块龙马溪组页岩气"甜点"预测方法及应用［J］.石油地球物理勘探，53（S2）：211-217.DOI：10.13810/j.cnki.issn.1000-7210.2018.S2.032.

刘定进，蒋波，李博，等，2016.起伏地表逆时偏移在复杂山前带地震成像中的应用［J］.石油地球物理勘探，51（2）：315-324.DOI：10.13810/j.cnki.issn.1000-7210.2016.02.015.

刘方槐，1991.盖层在气藏保存和破坏中的作用及其评价方法［J］.天然气地球科学，（5）：220-227+232.

刘金萍，耿安松，卢家烂，等，2007.热成熟及水的作用对热解烃同位素组成的影响［J］.石油实验地质，

（2）：199-202+206.

刘金钟，唐永春，1998. 用干酪根生烃动力学方法预测甲烷生成量之一例［J］. 科学通报，（10）：1187-1191.

刘乃震，王国勇，2016. 四川盆地威远区块页岩气甜点厘定与精准导向钻井［J］. 石油勘探与开发，43（6）：978-985.

刘若冰，2015. 超压对川东南地区五峰组—龙马溪组页岩储层影响分析［J］. 沉积学报，33（4）：817-827.

刘树根，邓宾，钟勇，等，2016. 四川盆地及周缘下古生界页岩气深埋藏—强改造独特地质作用［J］. 地学前缘，23（1）：11-28. DOI：10.13745/j.esf.2016.01.002.

刘树根，孙玮，李智武，等，2008. 四川盆地晚白垩世以来的构造隆升作用与天然气成藏［J］. 天然气地球科学，97（3）：293-300.

刘文斌，胡凯，蒋小琼，等，2008. 海相烃源岩有机显微组分的样品前处理方法［J］. 煤田地质与勘探，（2）：6-10.

刘小民，邹达，梁硕博，等，2017. 潜水波胖射线走时层析速度反演及其在深度偏移速度建模中的应用［J］. 石油物探，56（5）：718-726. DOI：10.3969/j.issn.1000-1441.2017.05.012.

刘晓晶，印兴耀，宗兆云，等，2016. 等效流体体积模量稳定反演方法［J］. 石油地球物理勘探，51（6）：1164-1170. DOI：10.13810/j.cnki.issn.1000-7210.2016.06.016.

刘尧文，2021. 复杂构造区深层页岩气藏射孔参数优化及应用——以涪陵页岩气田白马区块为例［J］. 天然气工业，41（1）：136-145.

柳广弟，吴孔友，查明，2002. 断裂带作为油气散失通道的输导能力［J］. 石油大学学报（自然科学版），（1）：16-17+22-8.

楼章华，李梅，金爱民，等，2008. 中国海相地层水文地质地球化学与油气保存条件研究［J］. 地质学报，（3）：387-396.

卢龙飞，刘伟新，魏志红，等，2022. 四川盆地志留系页岩成岩特征及其对孔隙发育与保存的控制［J］. 沉积学报，40（1）：73-87.

卢龙飞，秦建中，申宝剑，等，2018. 中上扬子地区五峰组—龙马溪组硅质页岩的生物成因证据及其与页岩气富集的关系［J］. 地学前缘，25（4）：226-236.

吕建中，刘嘉，张焕芝，等，2019. 技术组合是油气上游增产降本提效的关键——美国页岩油气开发的成功实践与启示［J］. 国际石油经济，27（7）：34-38.

吕延防，付广，张发强，等，2020. 超压盖层封烃能力的定量研究［J］. 沉积学报，（3）：465-468+479. DOI：10.14027/j.cnki.cjxb.2000.03.024.

马妮，印兴耀，孙成禹，等，2017. 基于正交各向异性介质理论的地应力地震预测方法［J］. 地球物理学报，60（12）：4766-4775.

马妮，印兴耀，孙成禹，等，2018. 基于方位地震数据的地应力反演方法［J］. 地球物理学报，61（2）：697-706.

马新华，2018. 四川盆地南部页岩气富集规律与规模有效开发探索［J］. 天然气工业，38（10）：1-10.

马新华，李熙喆，梁峰，等，2020. 威远页岩气田单井产能主控因素与开发优化技术对策［J］. 石油勘探与开发，47（3）：555-563.

马新华，谢军，2018. 川南地区页岩气勘探开发进展及发展前景［J］. 石油勘探与开发，45（1）：161-169.

马永生，2007. 四川盆地普光超大型气田的形成机制［J］. 石油学报，（2）：9-14+21.

马永生，蔡勋育，赵培荣，2018. 中国页岩气勘探开发理论认识与实践［J］. 石油勘探与开发，45（4）：561-574.

马永生,楼章华,郭彤楼,等,2006.中国南方海相地层油气保存条件综合评价技术体系探讨[J].地质学报,(3):406-417.

马在田,2005.反射地震成像分辨率的理论分析[J].同济大学学报(自然科学版),33(9):1144-1153.

马中良,申宝剑,潘安阳,等,2020.四川盆地五峰组—龙马溪组页岩气成因与碳同位素倒转机制——来自热模拟实验的认识[J].石油实验地质,42(3):428-433.

马中良,郑伦举,徐旭辉,等,2017.富有机质页岩有机孔隙形成与演化的热模拟实验[J].石油学报,38(1):23-30.

孟凡巍,周传明,燕夔,等,2006.通过C_{27}/C_{29}甾烷和有机碳同位素来判断早古生代和前寒武纪的烃源岩的生物来源[J].微体古生物学报,(1):51-56.

米敬奎,张水昌,王晓梅,2009.不同类型生烃模拟实验方法对比与关键技术[J].石油实验地质,31(4):409-414.

潘兴祥,秦宁,曲志鹏,等,2013.叠前深度偏移层析速度建模及应用[J].地球物理学进展,28(6):3080-3085. DOI:10.6038/pg20130632.

庞河清,熊亮,魏力民,等,2019.川南深层页岩气富集高产主要地质因素分析——以威荣页岩气田为例[J].天然气工业,39(S1):78-84.

蒲泊伶,董大忠,王凤琴,等,2020.沉积相带对川南龙马溪组页岩气富集的影响[J].中国地质,47(1):111-120.

蒲泊伶,蒋有录,王毅,等,2010.四川盆地下志留统龙马溪组页岩气成藏条件及有利地区分析[J].石油学报,31(2):225-230.

齐宝权,杨小兵,张树东,等,2011.应用测井资料评价四川盆地南部页岩气储层[J].天然气工业,31(4):44-47.

齐中山,2015.改善灰岩裸露区地震激发环境的方法探讨[J].石油物探,54(4):382-387.

秦建中,潘安阳,申宝剑,2020.烃源岩中不溶有机质:源于生物体的骨壁壳有机大分子[J].石油实验地质,42(6):946-956.

秦建中,申宝剑,陶国亮,等,2014.优质烃源岩成烃生物与生烃能力动态评价[J].石油实验地质,36(4):465-472.

撒利明,张玮,张少华,等,2016.中国石油"十二·五"物探技术重大进展及"十三·五"展望[J].石油地球物理勘探,51(2):404-419. DOI:10.13810/j.cnki.issn.1000-7210.2016.02.026.

申宝剑,秦建中,腾格尔,等,2018.中国南方海相烃源岩中细菌状化石识别[J].天然气地球科学,29(4):510-517.

申宝剑,仰云峰,腾格尔,等,2016.四川盆地焦石坝构造区页岩有机质特征及其成烃能力探讨——以焦页1井五峰—龙马溪组为例[J].石油实验地质,38(4):480-488+495.

沈传波,梅廉夫,徐振平,等,2007.四川盆地复合盆山体系的结构构造和演化[J].大地构造与成矿学,(3):288-299. DOI:10.16539/j.ddgzyckx.2007.03.002.

施民,邹晓艳,朱炎铭,等,2015.川南龙马溪组笔石类生物与页岩气成因相关性研究[J].煤炭科学技术,43(4):106-109.

舒志国,周林,李雄,等,2021.四川盆地东部复兴地区侏罗系自流井组东岳庙段陆相页岩凝析气藏地质特征及勘探开发前景[J].石油与天然气地质,42(1):212-223.

孙成龙,王华忠,2008.叠前深度偏移速度建模方法研究[C]//中国地球物理学会.中国地球物理学会第二十四届年会论文集.北京:中国地球物理学会:85-86.

孙焕泉,周德华,蔡勋育,等,2020.中国石化页岩气发展现状与趋势[J].中国石油勘探,25(2):14-26.

孙焕泉，周德华，赵培荣，等，2021. 中国石化地质工程一体化发展方向［J］. 油气藏评价与开发，11（3）：269-280. DOI：10.13809/j.cnki.cn32-1825/te.2021.03.001.

腾格尔，申宝剑，俞凌杰，等，2017. 四川盆地五峰组—龙马溪组页岩气形成与聚集机理［J］. 石油勘探与开发，44（1）：69-78.

腾格尔，陶成，胡广，等，2020. 排烃效率对页岩气形成与富集的影响［J］. 石油实验地质，42（3）：325-334+344.

天工，2019. 2018年国际石油十大科技进展（二）——"长水平井+超级压裂"技术助推非常规油气增产增效［J］. 天然气工业，39（5）：78.

天工，2021. 中国石化威荣深层页岩气田一期产能全面建成［J］. 天然气工业，41（1）：213.

汪生秀，焦伟伟，方光建，等，2017. 渝东南地区五峰组—龙马溪组页岩气地球化学特征及其成因分析［J］. 海相油气地质，22（4）：77-84.

王勤，钱门辉，蒋启贵，等，2017. 中国南方海相烃源岩中笔石生烃能力研究［J］. 岩矿测试，36（3）：258-264.

王德新，江裕彬，吕从容，1996. 在泥页岩中寻找裂缝油、气藏的一些看法［J］. 西部探矿工程，（2）：12-14.

王海涛，蒋廷学，卞晓冰，等，2016. 深层页岩压裂工艺优化与现场试验［J］. 石油钻探技术，44（2）：76-81.

王华忠，刘少勇，杨勤勇，等，2013. 山前带地震勘探策略与成像处理方法［J］. 石油地球物理勘探，48（1）：151-159.

王华忠，张兵，刘少勇，等，2012. 山前带地震数据成像处理流程探讨［J］. 石油物探，51（6）：574-597.

王香增，高胜利，高潮，2014. 鄂尔多斯盆地南部中生界陆相页岩气地质特征［J］. 石油勘探与开发，41（3）：294-304.

王香增，张金川，曹金舟，等，2012. 陆相页岩气资源评价初探：以延长直罗—下寺湾区中生界长7段为例［J］. 地学前缘，19（2）：192-197.

王延光，2017. 地震叠前深度偏移技术进展及应用问题与对策［J］. 油气地质与采收率，24（4）：1-7.

王玉满，董大忠，程相志，等，2014. 海相页岩有机质碳化的电性证据及其地质意义——以四川盆地南部地区下寒武统筇竹寺组页岩为例［J］. 天然气工业，34（8）：1-7. DOI：10.3787/j.issn.1000-0976.2014.08.001.

王玉满，黄金亮，王淑芳，等，2016. 四川盆地长宁、焦石坝志留系龙马溪组页岩气刻度区精细解剖［J］. 天然气地球科学，27（3）：423-432.

王玉满，李新景，陈波，等，2018. 海相页岩有机质炭化的热成熟度下限及勘探风险［J］. 石油勘探与开发，45（3）：385-395.

王志峰，张元福，梁雪莉，等，2014. 四川盆地五峰组—龙马溪组不同水动力成因页岩岩相特征［J］. 石油学报，35（4）：623-632.

王志刚，2015. 涪陵页岩气勘探开发重大突破与启示［J］. 石油与天然气地质，36（1）：1-4.

魏强，晏波，肖贤明，2015. 页岩气解吸方法研究进展［J］. 天然气地球科学，26（9）：1657-1665. DOI：10.11764/j.issn.1672-1926.2015.09.1657.

魏祥峰，李宇平，魏志红，等，2017. 保存条件对四川盆地及周缘海相页岩气富集高产的影响机制［J］. 石油实验地质，39（2）：147-153.

魏志红，2015. 四川盆地及其周缘五峰组—龙马溪组页岩气的晚期逸散［J］. 石油与天然气地质，36（4）：659-665.

魏志红，魏祥峰，2014. 页岩不同类型孔隙的含气性差异——以四川盆地焦石坝地区五峰组—龙马溪组为例[J].天然气工业,34(6):37-41.

吴晓智,王社教,郑民,等,2016.常规与非常规油气资源评价技术规范体系建立及意义[J].天然气地球科学,27(9):1640-1650.

肖贤明,王茂林,魏强,等,2015.中国南方下古生界页岩气远景区评价[J].天然气地球科学,26(8):1433-1445.

谢泰俊,1997.海相生烃碎屑岩的沉积环境及有机质的分布[J].沉积学报,(2):14-18.

熊亮,葛忠伟,王同,等,2021.川南寒武系筇竹寺组勘探潜力研究[J].油气藏评价与开发,11(1):14-21+55. DOI:10.13809/j.cnki.cn32-1825/te.2021.01.003.

熊艳梅,徐春梅,邹达理,等,2017.非刚性匹配技术在地震资料一致性处理中的应用[J].地球物理学进展,32(1):306-310. DOI:10.6038/pg20170143.

闫建萍,张同伟,李艳芳,等,2013.页岩有机质特征对甲烷吸附的影响[J].煤炭学报,38(5):805-811.

杨勤勇,郭恺,李博,等,2019.各向异性地震成像技术及其在页岩气勘探中的应用[J].石油物探,58(6):882-889. DOI:10.3969/j.issn.1000-1441.2019.06.011.

杨小兵,杨争发,谢冰,等,2012.页岩气储层测井解释评价技术[J].天然气工业,32(9):33-36.

姚光华,王晓泉,杜宏宇,等,2016.USBM方法在页岩气含气量测试中的适应性[J].石油学报,37(6):802. DOI:10.7623/syxb201606011.

叶曦雯,刘素美,张经,2003.生物硅的测定及其生物地球化学意义[J].地球科学进展,(3):420-426.

印林杰,印兴耀,宗兆云,等,2020.基于微纳米孔隙理论的页岩气储层岩石物理建模方法[J].地球物理学报,63(4):1642-1653.

印兴耀,马妮,马正乾,等,2018.地应力预测技术的研究现状与进展[J].石油物探,57(4):488-504.

于炳松,2013.页岩气储层孔隙分类与表征[J].地学前缘,20(4):211-220.

俞凌杰,范明,腾格尔,等,2016.埋藏条件下页岩气赋存形式研究[J].石油实验地质,38(4):438-444+452.

云美厚,1996.地震地层压力预测[J].石油地球物理勘探,31(4):575-586.

曾庆才,陈胜,贺佩,等,2018.四川盆地威远龙马溪组页岩气甜点区地震定量预测[J].石油勘探与开发,45(3):406-414. DOI:10.11698/PED.2018.03.05.

翟刚毅,王玉芳,包书景,等,2017.我国南方海相页岩气富集高产主控因素及前景预测[J].地球科学,42(7):1057-1068.

张奥博,汤达祯,陶树,等,2019.中美典型含油气页岩地质特征及开发现状[J].油气地质与采收率,26(1):37-45.

张晨晨,刘滋,董大忠,等,2019.深层海相页岩脆性特征分析与表征[J].新疆石油地质,40(5):555-563.

张贺,李雅君,徐康宁,等,2018.珠江口盆地恩平组烃源岩热压模拟实验及生烃条件[J].大庆石油地质与开发,37(5):36-42.

张晋言,李淑荣,王利滨,等,2017.低阻页岩气层含气饱和度计算新方法[J].天然气工业,37(4):34-41. DOI:10.3787/j.issn.1000-0976.2017.04.005.

张翔,陈波,郭志辉,2016.石柱复向斜五峰组—龙马溪组笔石页岩特征浅析[J].非常规油气,3(6):49-54.

张小飞,2010.阵列信号处理的理论和应用[M].北京:国防工业出版社.

赵金洲,任岚,蒋廷学,等,2021.中国页岩气压裂十年:回顾与展望[J].天然气工业,41(8):121-

142.

赵靖舟，李军，徐泽阳，2017. 沉积盆地超压成因研究进展［J］. 石油学报，38（9）：973-998.

赵文韬，荆铁亚，熊鑫，等，2018. 海相页岩有机质石墨化特征研究：以渝东南地区牛蹄塘组为例［J］. 地质科技情报，37（2）：183-191.

赵文智，贾爱林，位云生，等，2020. 中国页岩气勘探开发进展及发展展望［J］. 中国石油勘探，25（1）：31-44.

赵文智，李建忠，杨涛，等，2016. 中国南方海相页岩气成藏差异性比较与意义［J］. 石油勘探与开发，43（4）：499-510.

郑浩，蔡杰雄，王静波，2020. 基于构造导向滤波的高斯束层析速度建模方法及其应用［J］. 物探与化探，44（2）：372-380. DOI：10.11720/wtyht.2020.1300.

郑伦举，马中良，2010. 中国石化无锡石油地质研究所实验地质技术之地层孔隙热压生排烃模拟实验技术［J］. 石油实验地质，32（3）：202.

郑述权，谢祥锋，罗良仪，等，2019. 四川盆地深层页岩气水平井优快钻井技术——以泸203井为例［J］. 天然气工业，39（7）：88-93.

周德华，焦方正，郭旭升，等，2013. 川东北元坝区块中下侏罗统页岩油气地质分析［J］. 石油实验地质，35（6）：596-600+656.

周庆凡，2021. 美国页岩气和致密油发展现状与前景展望［J］. 中外能源，26（5）：1-8.

朱光亚，刘先贵，李树铁，等，2007. 低渗气藏气体渗流滑脱效应影响研究［J］. 天然气工业，（5）：44-47+150.

邹才能，翟光明，张光亚，等，2015. 全球常规—非常规油气形成分布、资源潜力及趋势预测［J］. 石油勘探与开发，42（1）：13-25.

邹才能，董大忠，杨桦，等，2011. 中国页岩气形成条件及勘探实践［J］. 天然气工业，31（12）：26-39+125.

邹才能，陶士振，杨智，等，2012. 中国非常规油气勘探与研究新进展［J］. 矿物岩石地球化学通报，31（4）：312-322.

邹才能，赵群，董大忠，等，2017. 页岩气基本特征、主要挑战与未来前景［J］. 天然气地球科学，28（12）：1781-1796.

Aki K, Richards P G, 1980. Quantitative seismology［M］. San Francisco：W. H. Freeman.

Berryman J G, 1980. Confirmation of Biot's theory［J］. Applied Physics Letters, 37（4）：382-384.

Berryman J G, 1995. Mixture Theories for Rock Properties［M］. Ahrens, Thomas J. Washington, DC：American Geophysical Union.

Billa R J, Mota J F, Schneider B, et al., 2011. Drilling performance improvement in the Haynesville shale［C］. Society of Pertoleum Engineers, 139842-Ms.

Cheng C H, 1978. Seismic velocities in porous rocks：direct and inverse problems［D］. Massachusetts Institute of Technology.

Cheng C H, 1993. Crack Models For A Transversely Anisotropic Medium［J］. Journal of Geophysical Research, 98（B1）：675-684.

Cleary M P, Chen I W, Lee S M, 1980. Self-Consistent Techniques for Heterogeneous Media［J］. Journal of Engineering Mechanics, 106（5）：861-887.

Connolly P, 1999. Elastic impedance［J］. The Leading Edge, 18（4）：438-452.

Crampin S, 1984. Effective anisotropic elastic constants for wave propagation through cracked solids［J］. Ge-ophysical Journal of the Royal Astronomical Society, 76（1）：135-145. DOI：10.1111/j.1365-

246X. 1984. tb05029. x.

Curtis J B, 2002. Fructured shale-gas systems [J]. AAPG Bulletin, 86（11）1921-1938.

Dinh H, van der Baan M, Russell B, 2016. Pore space stiffness approach for a pressure-dependent rock physics model [C]// SEG Technical Program Expanded Abstracts 2016.

Duncan M P, Eisner L, 2010. Reservoir characterization using surface microseismic monitoring [J]. Geophysics, 75（5）: 139-146.

EIA, 2020. Dry Shale Gas Production Estimates by Play [EB/OL].（2020-12）.

EIA, 2021. Proved Reserves of Crude Oil and Natural Gas in the United States, Year-End 2019 [EB/OL]. （2021-01-11）.

Eshelby J D, 1957. The determination of the elastic field of an ellipsoidal inclusion, and related problems [J]. Proceedings of the Royal Society of London. Series A. Mathematical and Physical Sciences, 241（1226）: 376-396.

Fletcher R P, Du X, Fowler P J, 2009. Reverse time migration in tilted transversely isotropic（TTI）media [J]. Geo-physics, 74（6）: WCA179-WCA187. DOI: 10. 1190/1. 3269902.

Gray D, Anderson P, Logel J, et al., 2012. Estimation of stress and geomechanical properties using 3D seismic data [J]. First break, 30（3）: 59-68.

Guo X, Shen Y, He S, 2015. Quantitative pore characterization and the relationship between pore distributions and organic matter in shale based on Nano-CT image analysisA case study for a lacustrine shale reservoir in the Triassic Chang 7 member, Ordos Basin, China [J]. Journal of Natural Gas Science and Engineering, 271630-1640.

Haj-Kacem, Herráez, Al-Arfaj, et al., 2017. Correlation analysis of the power law parameters for viscosity of some engineering fluids [J]. Physics and Chemistry of Liquids, 55（6）.

Hornby B E, Schwartz L M, Hudson J A, 1994. Anisotropic effective - medium modeling of the elastic properties of shales [J]. Geophysics, 59（10）: 1570-1583. DOI: 10. 1190/1. 1443546.

Hugot A, Dulac J-C, Gringarten E, et al., 2015. Connecting the Dots: Microseismic-Derived Connectivity for Estimating Reservoir Volumes in Low-Permeability Reservoirs [C]// Proceedings of the 3rd Unconventional Resources Technology Conference. Tulsa, OK, USA: American Asso-ciation of Petroleum Geologists.

Jack P, 2019. Horizontally drilled wells dominate U. S. tight formation production [EB/OL].（2019-06-06）. https://www. eia. gov/today-inenergy/detail. php？ id=39752.

Jarvie D M, Hill R J, Ruble T E, et al., 2007. Unconventional shale-gas systemsThe Mississippian Barnett Shale of north-central Texas as one model for thermogenic shale-gas assessment [J]. AAPG Bulletin, 91 （4）: 475-499.

Larry Prado, 2018. Super Laterals: Going Really, Really Long in Appalachia [J]. Hart Energy.

Nagel NB, Gil I, Sanchez-Nagel M, et al., 2011. Simulating hydraulic in real fractured rocks-overcoming the limits of pseudo 3D [C]//SPE Hydraulic Fracturing Tech-nology Conference, 24-26 January, The Woodlands, Texas USA. DOI: http://dxdoiorg/102118/140480-MS.

Nickel M, Sønneland L, 1999. Non-rigid Matching of Migrated Time-lapse Seismic [C]// SEG Technical Program Expanded Abstracts 1999: 872-875.

Norris A N, 1985. A differential scheme for the effective moduli of composites [J]. Mechanics of Materials, 4(1): 1-16. DOI: 10. 1016/0167-6636（85）90002-X.

Perez R, Marfurt K, 2013. Brittleness estimation from seismic measurements in unconventional reservoirs: Application to the Barnett Shale [M]// SEG Technical Program Expanded Abstracts 2013. Society of

Exploration Geophysicists: 2258-2263 [2015-02-07]. DOI: 10. 1190/segam2013-0006. 1.

Philip H, Pete S, Bob F, 2018. America's energy future reshaped by oil, gas supplies from tight rock formations [EB/OL]. (2018-04-01). https: //cdn. ihs. com/www/pdf/Americas-Energy-Future. pdf.

Rickman R, Mullen M J, Petre J E, et al., 2008. A practical use of shale petrophysics for stimulation design optimization: All shale plays are not clones of the Barnett shale [C] // Society of Petroleum Engineers: 115258.

Rüger A, 1996. Reflection Coefficients and Azimuthal AVO Analysis in Anisotropic Media [D]. Colorado: Colorado School of Mines.

Rüger A, 1998. Variation of P-wave reflectivity with offset and azimuth in anisotropic media [J]. Geophysics, 63 (3): 935-947.

Sharma P, Ganti S, 2004. Size-dependent Eshelby's tensor for embedded nano-inclusions incorporating surface/interface energies [J]. Journal of Applied Mechanics, 71 (5): 663-671.

Thomsen L, 1995. Elastic anisotropy due to aligned cracks in porous rock [J]. Geophysical Prospecting, 43(6): 805-829.

Vemeer G J O, 1998. Creating image gathers in the absence of proper common-offset gathers [J]. Exploration Ge-ophysics, 29 (4): 636-642.

Vernik L, Nur A, 1992. Ultrasonic velocity and anisotropy of hydrocarbon source rocks [J]. Geophysics, 57(5): 727-735. DOI: 10. 1190/1. 1443286.

Whitcombe D N, Connolly P A, Reagan R L, et al., 2002. Extended elastic impedance for fluid and lithology prediction [J]. Geophysics, 67 (1): 63-67. DOI: 10. 1190/1. 1451337.

Yin X Y, Liu X J, Zong Z Y, 2015. Pre-stack basis pursuit seismic inversion for brittleness of shale [J]. Petroleum Science, 13 (4): 618-627. DOI: 10. 1007/s12182-015-0056-3.

Zimmer M, Prasad M, Mavko G, 2002. Pressure and porosity influences on VP-VS ratio in unconsolidated sands [J]. The Leading Edge, 21 (2): 178-183. DOI: 10. 1190/1. 1452609.

Zimmerman R W, 1991. Compressibility of sandstones [M]. New York: Elsevier.